电路理论基础

（第3版）

主　编　赖旭芝

副主编　宋学瑞　陈　宁

李中华　张婵娟

中南大学出版社

总　序

我的面前摆放着十多本封面五颜六色的电工电子学系列课程教材，它们是中南大学信息科学与工程学院电子科学与技术系电工电子学系列课程教学团队多年辛勤劳动和教学实践的结晶。

电流所经过的路径叫电路。大学生学习(电工电子)电路课程的意义犹如行人、游人、司机学习行路知识和人们探求人生之路的真谛一样重要。无论是"电路"、"前进道路"还是"人生道路"，都有一个"路"字。俗话说，"路是人走出来的"。人生之路是探索出来的，行路见识是体验出来的，电路知识是学习得来的。研究发现，人类社会的许多自然现象、科技和人文问题都可用电路的方法来模拟，人类自身的许多活动和智能行为也可用电路的方法通过硬件与软件来模仿。因此，电工电子学系列课程作为技术基础课程对高校人才培养所起的重要作用是不言而喻的。电工电子学的基础知识、基础理论和基本技能正通过教学活动和人的智能活动向各个学科领域扩展和渗透，发挥着越来越大的作用。通过本系列课程学习，学生能够获得关于电工电子学的基本理论、基本知识和基本技能，为后续专业课程的学习和毕业后参加工作打下基础。

现由中南大学出版社出版的这套电工电子学系列教材，是根据电工电子学系列课程教学体系而编写的，其教学目标在于培养学生的创新能力，满足不同专业学生的培养要求和个性化人才培养的需求。该系列教材分为3大类别：第1为基础知识类，第2为扩展知识类，第3为实践技能类。其中，基础知识教材又分为电类、机电类、非电类、文理类4个层次共9个模块；扩展知识类教材主要是电工电子学新知识的扩展与延伸，共有10个模块；实践技能类教材分为实验、实习和课程设计3个模块。

中南大学信息科学与工程学院电子科学与技术系教学人员在全校电工电子学系列课程教学中取得了不俗成绩。2002年电工电子学系列课程获得湖南省优秀课程；2005年电工电子学教学实验中心获省级示范实验中心，2007年电工电子学实习基地被评为省级优秀实习基地。现在3门课程获得校级精品课，1门课程获得省级精品课，3部教材获得"十一五"国家规划教材。他们还获得省级教学成果一等奖2项、二等奖1项、三等奖1项；参加该系列课程学习的6名学生获得全国大学生电子设计竞赛一等奖，12名学生获得全国大学生电子设计竞赛二等奖，3名学生获得第二届"博创杯"全国大学生嵌入式设计大赛二等奖，

2名学生获全国大学生“挑战杯”创业大赛金奖。这些成果不仅表明这支电工电子学系列课程教学团队具有很强的实力和很高的水平，而且也从一个侧面反映出该系列课程教学的丰硕成果。

这套电工电子学系列教材的编写精益求精，内容系统全面，取材新颖，反映了本学科及其教材研究和应用的新进展，值得进一步推广使用。我相信，该系列新版教材的问世和使用，将为我国电工电子学科和教材的发展做出更大的贡献。

蔡自兴

中南大学教授、博士生导师

全国高等学校首届国家教学名师

国际导航与运动控制科学院院士

2008年6月5日

于长沙岳麓山下

再版前言

电路理论课是国家教育部规定的电子信息类专业的专业基础课与专业主干课,也是电气工程、控制科学与工程、计算机科学与技术等各类专业必修的专业基础课或专业主干课。根据工科电路课程教学指导委员会指定的《电路》课程教学基本要求,结合我们多年的教学实践经验,编写了《电路理论基础》这本教材。

为了使教材条理清晰和重点突出,全书主要内容分为4部分。第1部分为直流电路,即第1~4章,主要介绍了电路的基本元件和电路定律、电路的等效变换、电阻电路的一般分析方法和电路基本定理等内容;第2部分为交流电路,即第5~9章,详细描述了正弦交流电路相量法,正弦交流电路的分析、含有耦合电感电路的分析、三相电路和非正弦周期电流电路的分析;第3部分为动态电路,即第10~12章,主要介绍了一阶电路、二阶电路和复频域分析;第4部分为高级电路篇,即第13~15章,重点阐述了二端口网络、电路的矩阵形式和非线性电阻的分析。

本教材内容的选择与编排力求与有关专业的前设和后续课程有良好的衔接,各专业可根据本专业的特点取舍教学内容,教材计划教学时数为64~96学时。

这次编写也得到了电子所其他老师的支持和帮助。可以说该书是电子所电路课程组集体劳动的成果。编写大纲经过了电路组及21世纪电工电子学课程系列教材编委会的多次讨论,吸收了许多合理的建议,在此表示诚挚的感谢。

本书共15章,赖旭芝编写了第1章、第2章和第3章;宋学瑞编写了第9章、第10章和第11章;陈宁编写了第5章、第6章和第15章;李中华编写了第12章、第13章和第14章;张婵娟编写了第4章、第7章和第8章。

书中标有星号(*)的章节均属参考内容,教学时可以根据实际需要和可能有所取舍,不一定都要讲授。

由于编者水平有限,书中难免有错误和不当之处,恳请读者批评指正。

编　者

2009年10月8日

再版前言

目　录

第 1 章　电路模型与电路定律

本章从引入电路模型的概念开始，首先提出电流和电压的参考方向；接着讲解吸收、发出功率的表达式和计算方法；然后介绍常用的电路元件、反映电路连接关系的基尔霍夫定律以及有关图论的初步知识。

1.1　电路和电路模型

电在日常生活、生产和科学研究工作中得到了广泛应用，在收录机、电视机、录像机、音响设备、计算机、通信系统和电力网络中都可以看到各种各样的电路。这些电路的特性和作用各不相同。虽然电路功能不同，实际电路也千差万别，但不同的电路都遵循着同样的基本电路规律。

根据电路的功能将电路分为两种：一种是实现电能传输和分配，并将电能转换成其他形式的能量，如电力系统或通信系统；另一种功能是对信号进行处理，通过电路把输入的信号（又称为激励）进行变换或加工变为所需要的输出（又称为响应），如放大电路把微弱信号进行放大，如收音机、电视机的放大电路，调谐电路，存储电路，整流滤波电路等。

为了实现电能的产生、传输及使用的任务把所需要的电路元件按一定的方式连接起来，即构成电路。所以，电路是由电器设备构成的总体。它提供了电流流通的路径，在电路中随着电流的通过，进行着能量的转换、传输、分配。一个完整的电路要有 3 个基本组成部分，第 1 个组成部分是电源，它是产生电能或信号的设备，是电路中的信号或能量的来源，工作时将其他形式的能量变为电能，例如发电机、干电池等，电源又被称为激励；第 2 个组成部分是负载，它是用电设备，消耗电能的装置，工作时将电能变为其他形式的能量，例如电动机、电阻器等；第 3 个组成部分是电源与负载之间的连接部分，这部分除连接导线外，还可能有控制、保护电源用的开关和熔断器等。

由电阻器、电容器、线圈、变压器、晶体管、运算放大器、传输线、电池、发电机和信号发生器等一些电气器件和设备按一定的方式连接而成的电流的通路，称为实际电路。实际电路是为完成某种预期的目的而设计、安装、运行的。在实际电路中，如果其器件和部件的外形尺寸，较之电路工作时通过其中的电磁波的波长来说非常小，以致可以忽略不计，这种元件就称为集总元件，由它们构成的电路叫集总电路，一般这种电路中的元件是理想化的，是不占有空间尺寸的。实际电路的电路模型是由理想电路元件相互连接而成的，理想电路元件是组成电路模型的最小单位，是具有某种确定的电磁性质的假想元件，它是一种理想化的模型并具有精确的数学定义。在一定假设条件下，可以用足以反映其电磁性质的理想电路元件或它们的组合来模拟实际电路中的器件。

电路理论讨论的不是实际电路而是它的电路模型。通过对电路模型的分析计算来预测实际电路的特性，从而改进实际电路的电气特性和设计出新的电路。

在电路分析中，有3种最基本的无源理想电路元件：只表示消耗电磁能、转换电磁能为其他形式能量的电阻元件；只表示电场现象的电容元件；只表示磁场能量的电感元件。此外，还有电压源、电流源等两种理想电源元件。这些元件都具有两个端子与外电路相连，称为二端元件。理想二极管也是二端元件，常用于电子器件的模型中。除二端元件外，还有四端元件，如受控源、理想变压器和互感器等。人们从实践应用中总结出这些少数几种理想元件，用来构成实际电路的电路模型。以后将陆续介绍这些理想电路元件及其特性。

实际电路用电路模型表示后，就可绘出用理想电路元件组成的电路图。每个理想电路元件都有一定的符号表示，如电阻元件用长条形符号表示；电容元件用两根平行的直线表示；理想导线用线段来表示等。如图1-1(a)所示电路是一个简单的手电筒实际电路，干电池可用一个电阻模型与一个电压源模型的组合来构成，而灯泡可用一个电阻模型来替代，则可得它的电路模型如图1-1(b)所示。

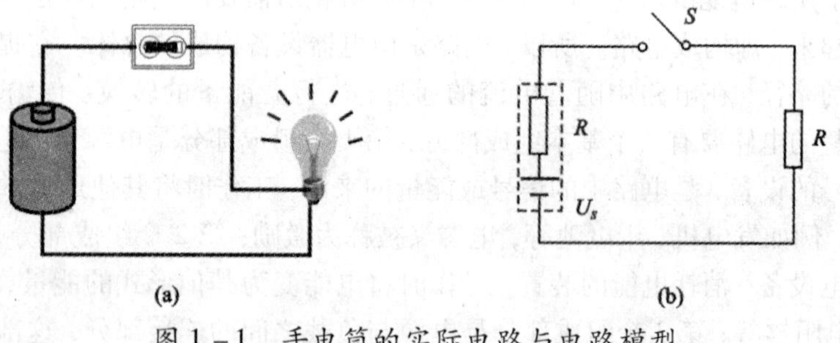

图1-1　手电筒的实际电路与电路模型

1.2　电路变量及其参考方向

电路理论研究电路中发生的电磁现象，并用电流、电荷、电压和磁通等物理量描述其过程。它主要用于计算电路中流过各器件的端子电流和端子之间的电压，以及元件的功率，一般不涉及内部发生的物理过程。

1.2.1 电流及其参考方向

1. 电流的定义

电流又称为电流强度，定义为单位时间内通过电荷的变化率，用符号 i 表示，即

$$i=\frac{\mathrm{d}q}{\mathrm{d}t} \tag{1-1}$$

习惯上把正电荷运动的方向规定为电流的方向。如果电流的大小和方向不随时间变化，则这种电流叫做恒定电流，简称直流，可用符号 I 表示。如果电流的大小和方向都随时间变化，则称为交变电流，简称交流，用 i 表示。在国际单位制中，电荷的单位是库仑(C)，电流的单位是安培(A)。

2. 电流的参考方向

上面已经提到正电荷运动的方向规定为电流的方向，但在实际问题中，电流的真实方向往往难以在电路图中标出。例如，当电路中的电流为交流时，就不可能用一个固定的箭头来表示真实方向，即使电流为直流，在求解较复杂电路时，也往往难以事先判断电流的真实方向。为了解决这种困难，电路中引入电流参考方向这一概念。电流参考方向就是假设电路中元件的电流方向。电流参考方向的表示方法有两种，一种方法是用箭头，如图1-2(a)所示；另一种方法是用双下标，如图1-2(b)所示。根据电流参考方向的规定，当电流为正值时，该电流的实际方向与参考方向一致；当电流为负值时，该电流的实际方向与参考方向相反。这样，可利用电流的正负值结合着参考方向来表明电流的真实方向，例如 $i=-2\mathrm{A}$，表示正电荷以2C/s的速率逆着参考方向移动。在分析电路时，我们尽可先任意假设电流的参考方向，并以此为基准进行分析、计算，从最后答案的正、负值来确定电流的实际方向。在未标示电流参考极性的情况下，电流的正负是毫无意义的。

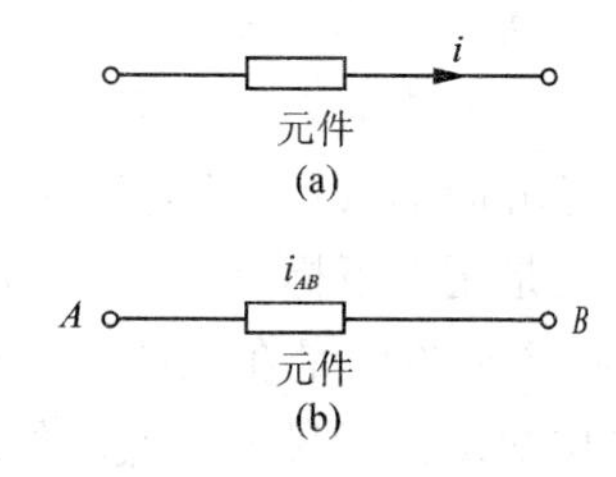

图1-2　电流参考方向

1.2.2　电压及其参考方向

电荷在电路中流动，就必然有能量的交换发生。电荷在电路的某些部分(例如电源处)获得能量而在另外一些部分(如电阻元件处)失去能量。电荷在电源处获得的能量是由电源的化学能、机械能或其他形式的能量转换而来的。

电荷在电路某些部分所失去的能量，或转换为热能(电阻元件处)，或转换为化学能(电池处)，或贮藏在磁场中(电感元件处)等。失去的能量是由电源提供的，因此，在电路中存在着能量的流动，电源可以提供能量，有能量流出；电阻等元件吸收能量，有能量流入。为便于研究这个问题，在分析电路时引用电压这一物理量。

1. 电压的定义

电路中A、B两点间的电压表明单位正电荷由A点转移到B点时所获得或失去的能量，即

$$u=\frac{\mathrm{d}W}{\mathrm{d}q} \tag{1-2}$$

如图1-3所示，其中q为由A点转移到B点的电荷；W为转移过程中电荷q所获得或失去的能量，单位为焦耳(J)，电压的单位为伏特(V)。

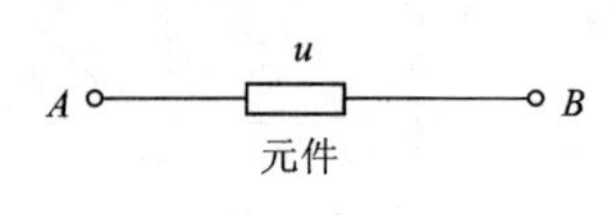

图1-3 电压的定义

如果正电荷由A转移到B，获得能量，则A点为低电位，即负极，B点为高电位，即正极。如果正电荷由A转移到B，失去能量，则A点为高电位，即正极，B点为低电位，即负极。

同样，如果电压的大小和方向不随时间变化，则这种电压叫恒定电压，简称直流电压，可用符号U表示。如果电压的大小和方向都随时间变化则被称为交变电压，用u表示。

2. 电压的参考方向

如同需要为电流规定参考方向一样，同样也需要为电压规定参考方向。电压参考方向的表示方法有3种，第1种方法是用箭头，如图1-4(a)所示；第2种方法是用双下标，如图1-4(b)所示，A点表示高电位端，B点表示低电位端；第3种方法是在元件或电路的两端用“+”“-”符号来表示，“+”号表示高电位端，“-”号表示低电位端，如图1-4(c)所示。

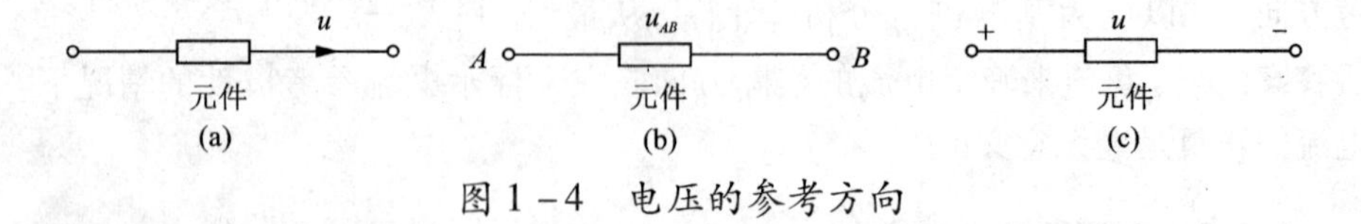

图1-4 电压的参考方向

根据电压参考方向的规定，当电压为正值时，该电压的实际方向与参考方向相同；当电压为负值时，该电压的实际方向与参考方向相反。在未标示电压参考极性的情况下，电压的正负也是毫无意义的。

和电流标示参考方向一样，在电路图中，对元件所标的电压参考方向也可以任意选定，参考方向不一定代表电压的实际方向，它们配合着电压的正值或负值，表明电压的真实极性。

在电路分析中，虽然同一段元件的电压和电流的参考方向可以各自选定，不必强求一致。但为了分析方便，常选定元件的电压和电流的参考方向一致，即电流从正极性端流入该元件，而从它的负极性端流出，这样假定的电压电流参考方向为关联参考方向，如图1－5所示，这种相关联的参考方向的设定为分析计算带来方便。相反，则为非关联参考方向，如图1－6所示。

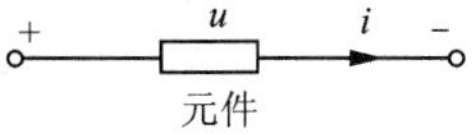

+ u i −
元件

图1－5　关联参考方向

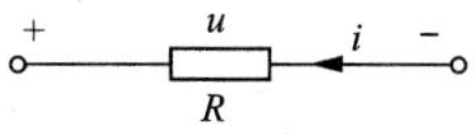

+ u i −
R

图1－6　非关联参考方向

1.2.3　功率和能量

在电路分析中，功率和能量的计算也是非常重要的。因为，尽管在基于系统的电量分析和设计中，电压和电流是有用的变量，但是系统有效的输出经常是非电气的，这种输出用功率和能量来表示比较合适。另外，所有实际器件对功率的大小都有限制。因此，在设计过程中只计算电压和电流是不够的。

元件从 t_0 到 t 时间内吸收的能量 W，可以根据电压的定义求得为

$$W=\int_{q(t_0)}^{q(t)}u\mathrm{d}q \tag{1-3}$$

由于 $i=\mathrm{d}q/\mathrm{d}t$，把它代入式(1－3)，有

$$W=\int_{t_0}^{t}ui\mathrm{d}t \tag{1-4}$$

式中 u 和 i 都是时间的函数，因此，能量也是时间的函数。元件的功率是单位时间内所做的功，即

$$P=\frac{\mathrm{d}W}{\mathrm{d}t}=ui \tag{1-5}$$

其中，P 是功率，单位为瓦特(W)。式(1－5)表示基本电路元件的功率等于流过元件的电流和元件两端电压的乘积。根据电压和电流参考方向的定义，可知电压和电流可能为正，也可能为负，因此，功率也就可正可负。如何根据功率的正负判断元件是吸收功率还是发出功率，电压和电流参考方向是否关联对判断元件吸收或发出功率起重要的作用。

当元件的电压和电流为关联参考方向时，式(1－5)表示元件吸收功率，即

当元件功率大于零时，元件吸收功率，在电路中消耗能量，相当于负载；当元件功率小于零时，元件发出功率，此时，元件在电路中相当于电源，并向外提供能量。

当元件的电压和电流为非关联参考方向时，式(1-5)表示元件发出功率，即当元件功率大于零时，元件发出功率，此时，元件在电路中相当于电源，并向外提供能量；当元件功率小于零时，元件吸收功率，在电路中消耗能量，相当于负载。

例 1-1 图 1-7 所示电路中，各元件电压和电流的参考方向均已设定。已知：$I_1=2A$，$I_2=-1A$，$I_3=-1A$，$U_1=7V$，$U_2=3V$，$U_3=4V$，$U_4=8V$，$U_5=4V$。求各元件吸收或向外发出的功率。

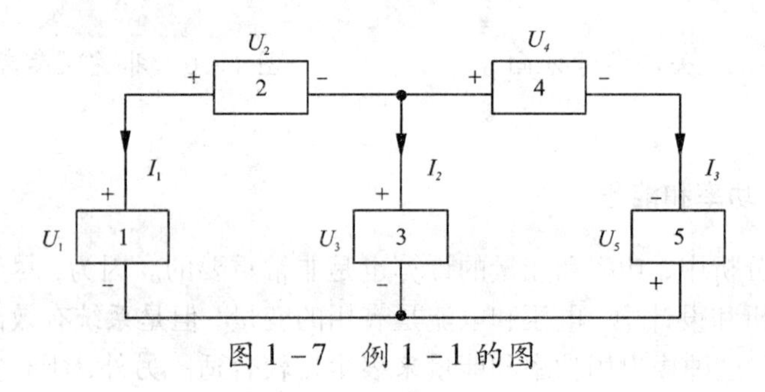

图 1-7 例 1-1 的图

解 元件 1、3、4 为关联参考方向，有：$P_1=U_1I_1=7\times2=14$ W(吸收功率，负载)，$P_3=U_3I_2=-4\times1=-4$ W(发出功率，电源)，$P_4=U_4I_3=-8\times1=-8$ W(发出功率，电源)。

元件 2、5 为非关联参考方向，$P_2=U_2I_1=3\times2=6$ W(发出功率，电源)，$P_5=U_5I_3=-4\times1=-4$ W(吸收功率，负载)。

由例 1 可以看出，整个电路功率守恒，即有

$$P_1+P_3+P_4=P_2+P_5$$

1.3 电路元件

在电路理论中，实际的电路元件是用理想化的电路元件的组合来表示的。理想的电路元件有二端和多端元件之分，又有有源和无源的区别。本节主要介绍本书在电路分析所用到的无源理想二端元件，如电阻、电感和电容；有源理想二端元件，如电压源和电流源。

1.3.1　电阻元件

1. 电阻元件的定义

电阻是具有两个端子的理想元件，它是从实际电阻器抽象出来的模型，其图形符号如图1－8所示，电阻在关联参考方向下，用欧姆定律

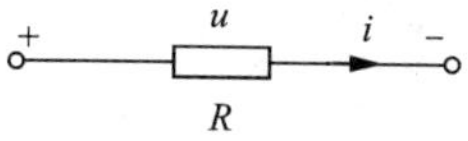

图1－8　电阻元件的图形符号

$$u = Ri \tag{1-6}$$

来定义电阻元件，式中 u 为电阻元件两端的电压，单位为伏(V)；i 为流过电阻元件的电流，单位为安(A)；R 为电阻，单位为欧(Ω)。R 为常数，故电阻两端电压和流过它的电流成正比，所以，由欧姆定律定义的电阻元件，称为线性电阻。

欧姆定律体现了电阻器对电流呈现阻力的本质。对电流既有阻力，电流要流过，就必然要消耗能量，因此，沿电流流动方向就必然会出现电压降，欧姆定律表明这一电压降的大小，其值为电流与电阻的乘积。由于电流与电压降的真实方向总是一致的，所以，只有在关联参考方向的前提下，图1－8才可运用式(1－6)。如为非关联参考方向，则欧姆定律应改为

$$u = -Ri \tag{1-7}$$

电压与电流是电路的变量，从欧姆定律式(1－6)可知，线性电阻可以用它的电阻来表征它的特性，因此，R 是一种“电路参数”。电阻元件也可用另一个参数——电导来表征，电导用符号 G 表示，其定义为

$$G = \frac{1}{R}$$

在国际单位制中电导的单位是西门子，简称西(国际代号为S)。用电导表征线性电阻元件时，在关联参考方向下，欧姆定律为

$$i = Gu \tag{1-8}$$

2. 电阻元件的伏安特性曲线

如果把电阻元件的电压取为纵坐标(或横坐标)，电流取为横坐标(或纵坐标)，电压和电流的关系曲线为电阻的伏安特性曲线。

显然，线性电阻元件的伏安特性曲线是一条经过坐标原点的直线，如图1－9所示，电阻值可由直线的斜率来确定。如果电阻元件的关系曲线不是经过原点的直线就是非线性电阻。

不论是从式(1－6)或是从图1－9所示的伏安特性曲线都可看到：在任一时刻，线性电阻的电压(或电流)是由同一时刻的电流(或电压)所决定的。这

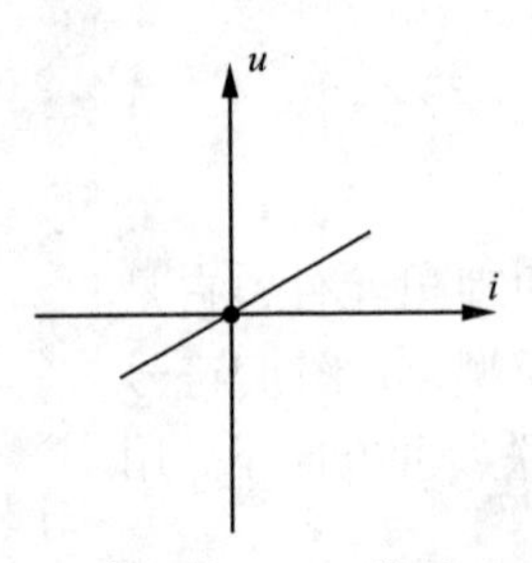

图 1－9　线性电阻元件的伏安特性

就是说，线性电阻的电压(或电流)不能“记忆”电流(或电压)在“历史”上起过的作用。

3. 电阻元件的功率

电压、电流为关联参考方向时，根据欧姆定律和功率计算，有

$$P_R = ui = Ri^2 = \frac{U^2}{R} \tag{1-9}$$

在关联参考方向下，根据式(1－9)可知，不管电阻上电流为正还是负，电阻功率 $P_R = Ri^2$ 都大于零，因此电阻吸收功率，是耗能元件；在非关联参考方向情况下，电阻的功率为 $P_R = -Ri^2$，不管电阻上电流为正还是负，电阻功率都小于零，同样，电阻吸收功率，还是耗能元件，即电阻元件在任何时刻都只能从外电路吸收能量，它在任何时刻都消耗电路的电能，把它转换为其他形式的能量。

根据能量定义，电阻从 t 到 t_0时间内，从外界电路输入的总能量 W_R为

$$W_R = \int_{t_0}^{t} P_R \mathrm{d}\xi \tag{1-10}$$

在关联参考方向情况下，在任何时刻，电阻消耗的功率 $P_R > 0$，根据式(1－10)可知，线性电阻只能从电路中吸收电能量，不能发出电能量，说明电阻是无源元件。

4. 电阻元件的两种特殊情况

线性电阻有两种值得注意的特殊情况——开路和短路。一个电阻元件不论两端电压是多大，流过它的电流恒等于零时，则此电阻元件称为开路。在 $u-i$ 平面上，开路的特性曲线即为 u 轴，如图 1－10 所示。

类似地，一个电阻元件不论流过它的电流 i 是多大，其两端电压恒等于零，则此电阻元件称为短路。在 $u-i$ 平面上，短路的特性曲线即为 i 轴，如图 1－11所示。

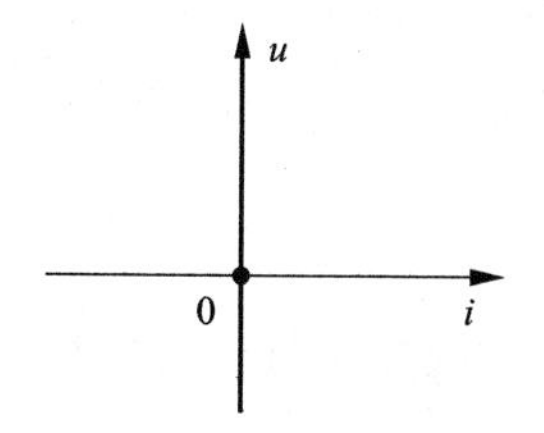

图1－10　电阻元件的开路特性

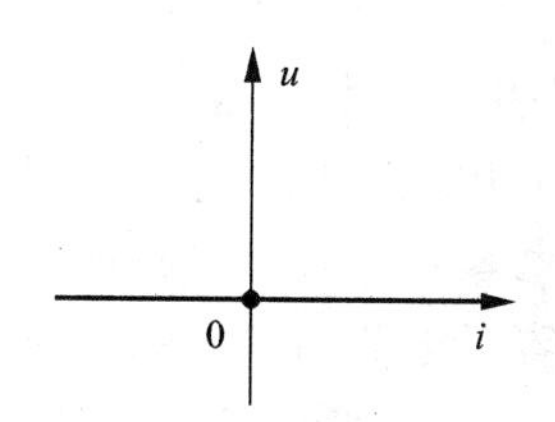

图1－11　电阻元件的短路特性

例1－2　有一盏“220V 60W”的电灯。(1)试求电灯的电阻；(2)当接到220V电压下工作时的电流；(3)如果每晚用3 h，问一个月(按30 d计算)用多少电？

解　(1)根据$P=U^2/R$，得

$$R=U^2/P=220^2/60=807\ (\Omega)$$

(2)根据式(1－5)，有

$$I=P/U=60/220=0.273\ (\mathrm{A})$$

(3)根据式(1－4)，有

$$W=Pt=60\times60\times60\times3\times30=1.944\times10^7(\mathrm{J})$$

在实际生活中，电量常以“度”为单位，即“千瓦时”。对60W的电灯，每天使用3h，一个月(30d)的用电量为

$$W=(60/1000)\times3\times30=5.4\ \mathrm{kW\cdot h}$$

1.3.2　电容元件

电容器是实际电路中经常用到的电器件。基本结构是在两层金属极板中间隔以绝缘介质。当对电容器施以电压时，两极板上分别聚集等量异号的电荷，在介质中建立起电场，并存储电场能量。移去电源，电荷可以继续聚集在极板上，电场继续存在，储存的能量继续存在。因此说，电容器的主要电磁特性是储存电场能量。用以表征此类电磁特性的理想电路元件为电容元件。除电阻以外，电容元件是电子元件中最常用的一个器件。

1. 电容元件的定义

当对电容外加一个电压u时，电容的两块金属板分别带上等量的正负电荷q，对线性电容而言，所带电荷q与外加电压u成正比，即

$$q=Cu \tag{1-11}$$

其中，C为电容元件的参数，称为电容，它是一个正实常数。电容元件的图形符号如图1－12所示。

在国际单位制中，电荷为库仑(C)，电压为伏特(V)，电容单位为法拉(F)。对电容来讲，法拉单位太大，在实际使用时，一般都用微法(μF，1μF = 10^{-6}F)和皮法(pF，1pF = 10^{-12}F)。

2. 电容元件的库伏特性

电容以电荷为纵坐标或横坐标，电压为横坐标或纵坐标，电荷和电压之间的关系曲线为电容的库伏特性，如图1－13所示。

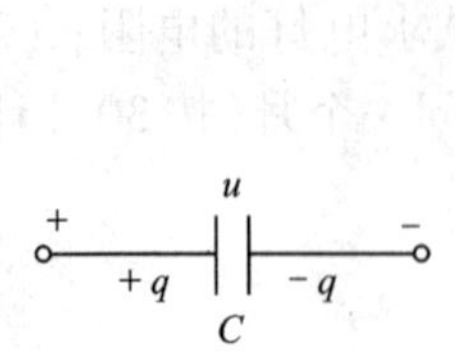

图1－12　电容元件的图形符号

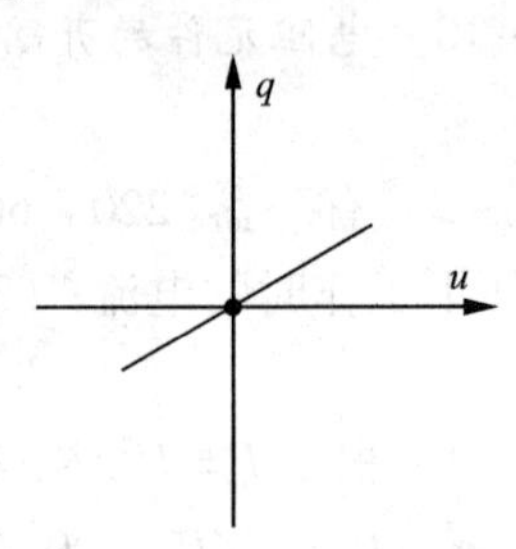

图1－13　电容元件的库伏特性

对于线性电容，电荷和电压的库伏特性是通过原点的直线。对于非线性电容，电容值不等于一个常数，其库伏特性为曲线。本书主要分析线性电路，没有特殊说明，所有电容同样都是指线性电容。

3　电容元件的电压和电流的关系

对于电容元件，它不像电阻元件，在任何时刻其电压(或电流)不是由同一时刻的电流(或电压)所决定的。如果已知电容电压，根据式(1－1)和式(1－11)，在电容电压电流为关联参考方向时，如图1－14所示，电容的电流与电压微分关系为

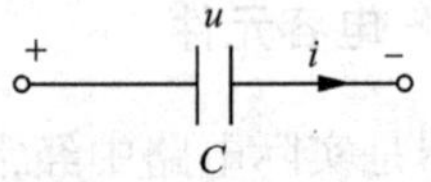

图1－14　电容元件为关联参考方向

$$i = C\frac{\mathrm{d}u}{\mathrm{d}t} \tag{1-12}$$

对于电容元件，如果已知电容电流，在关联参考方向情况下，电容的电压为

$$u(t) = u(-\infty) + \frac{1}{C}\int_{-\infty}^{t} i\mathrm{d}\tau \tag{1-13}$$

根据电容元件的微分关系式(1－12)可知，在直流电路中，由于电压为常数，则流过电容的电流恒等于零，所以，在直流电路中电容相当于开路。根据电容元件的积分关系式(1－13)可知，电容元件两端的电压不仅与电容初始电压值有关，而且与电容元件整个变化过程中电流的变化都有关，因此，电容元件具有

“记忆”功能。

当电容的电压和电流为非关联参考方向，如图 1－15 所示，则其电压和电流的数学关系为

$$i=-C\frac{\mathrm{d}u}{\mathrm{d}t} \tag{1-14}$$

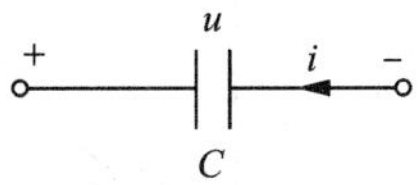

图 1－15　电容元件为非关联参考方向

4. 电容元件的功率和能量

在关联参考方向下，根据式(1－5)和式(1－12)，电容元件的功率为

$$P_C=ui=Cu\frac{\mathrm{d}u}{\mathrm{d}t} \tag{1-15}$$

P_C 的正负决定于电容两端电压和电压变化率乘积的符号。P_C 为正值时，表示电容从外电路吸收能量，并以电场能量的形式储存起来；P_C 为负值时，表示电容向外电路输送能量，把电容以前储存的电场能量输送出去。

根据能量定义，电容从 t_0 到 t 时间内，从外界电路输入的总能量 W_C 为

$$W_C=\int_{t_0}^{t}p_C\mathrm{d}\tau=C\int_{u(t_0)}^{u(t)}u\mathrm{d}u=\frac{1}{2}Cu^2(t)-\frac{1}{2}Cu^2(t_0) \tag{1-16}$$

当 $u(t)>u(t_0)$ 时，$W_C>0$，电容从外电路输入能量；当 $u(t)<u(t_0)$ 时，$W_C<0$，表示电容把储存的电场能量向外电路输送。

例 1－3　$C=1$ F，流过该电容的电流波形如图 1－16 所示，电容的电压与电流为关联参考方向，当初始电压 $u(0)=0$V 时，求：(1) $u(t)$ 的波形；(2) $P(t)$；(3) $t=1$s，2s，∞ 时的电容的能量。

解　(1) $u(t)$ 波形。

根据图 1－16，可先写出 $i(t)$ 的函数方程为

$$i(t)=\begin{cases}1, & 0<t<1\text{s}\\ 2t-4, & 1<t<2\text{s}\\ 0, & t>2\text{s}\end{cases}$$

根据电容电压和电流的关系 $u(t)=u(0)+\int_0^t i(t)\mathrm{d}t$，则可得

当 $0<t<1$s 时，$u(t)=u(0)+\int_0^t 1\mathrm{d}\tau=0+t=t$，所以有 $u(1)=1$V

当 $1<t<2$s 时，$u(t)=u(1)+\int_1^t(2\tau-4)\mathrm{d}\tau=1+(\tau^2-4\tau)\big|_1^t=$

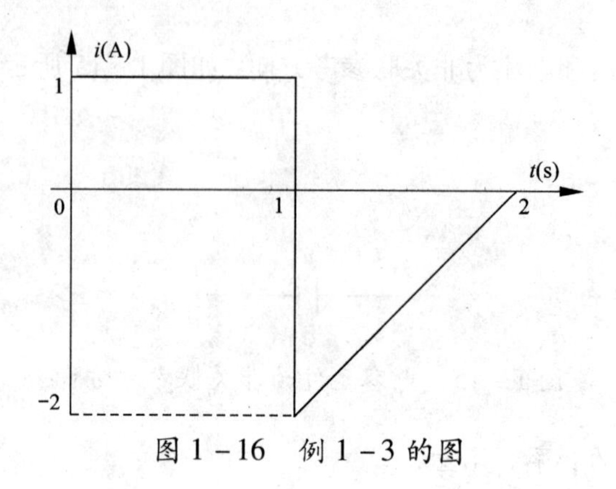

图 1-16 例 1-3 的图

t^2-4t+4，则有

而 $u(2)=2^2-4\times2+4=0$ (V)

当 $t>2\text{s}$ 时，$u(t)=u(2)+\int_2^t 0\text{d}\tau=0+0=0$

所以，函数 $u(t)$ 为

$$u(t)=\begin{cases}t, & 0<t<1\text{s}\\ t^2-4t+4, & 1<t<2\text{s}\\ 0, & t>2\text{s}\end{cases}$$

$u(t)$ 波形为如图 1-17 所示。

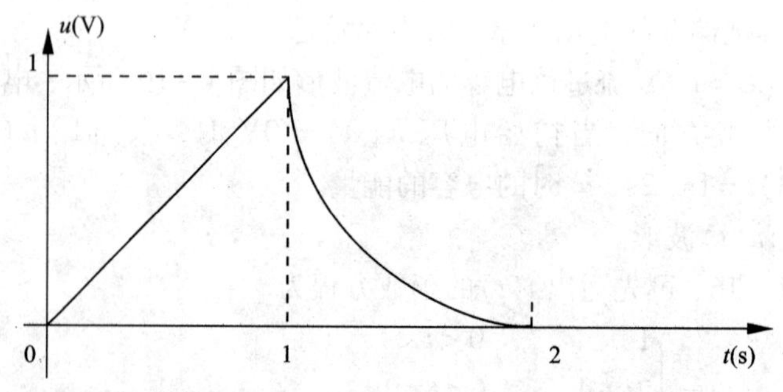

图 1-17 例 1-3 的电容两端电压的波形

(2) 求 $P(t)$。

因为

$$i(t)=\begin{cases}1, & 0<t<1\text{s}\\ 2t-4, & 1<t<2\text{s}\\ 0, & t>2\text{s}\end{cases}\qquad u(t)=\begin{cases}t, & 0<t<1\text{s}\\ t^2-4t+4, & 1<t<2\text{s}\\ 0, & t>2\text{s}\end{cases}$$

$$而\ P(t)=u(t)\cdot i(t)=\begin{cases}t, & 0<t<1\text{s}\\ 2t^3-12t^2+24t-16, & 1\text{s}<t<2\text{s}\\ 0, & t>2\text{s}\end{cases}$$

(3)$t=1\text{s}$、2s、∞时的储能。

因为 $u(0)=0$，所以 $W(0)=\frac{1}{2}Cu^2(0)=0$ (J)

当 $t=1\text{s}$ 时，$u(1)=1\text{V}$，$W(1)=\frac{1}{2}Cu^2(1)=\frac{1}{2}\times 1^2=0.5$ (J)

当 $t=2\text{s}$ 时，$u(2)=0$，$W(2)=\frac{1}{2}Cu^2(2)=0$ (J)

当 $t=\infty$ 时，$u(\infty)=0$，$W(\infty)=\frac{1}{2}Cu^2(\infty)=0$ (J)

1.3.3　电感元件

电感元件是另一种储能元件，电感元件的原始模型为导线绕成圆柱线圈，如图1－18(a)所示。当线圈中通以电流 i，在线圈中就会产生磁通量 Φ，以及磁通链 ψ，并储存磁场能量。电感元件的图形符号如图1－18(b)所示。

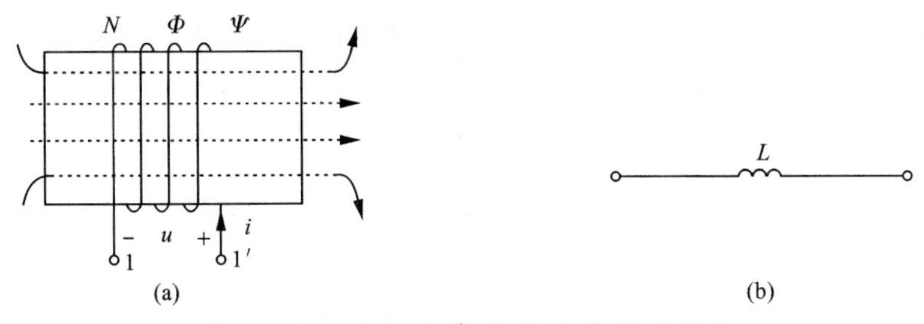

图1－18　实际电感线圈及其图形符号

1. 电感元件的定义

对线性电感而言，当电感的电流与磁通链满足右手螺旋法则时，则磁通链 ψ 与外加电流 i 成正比，即

$$\psi=Li \tag{1-17}$$

式中 L 为电感元件的电感，它是正实常数。

在国际单位制中，当磁通链单位为韦伯(Wb)，电流单位为安培(A)，则电感单位为亨利(简称亨)(H)。电感单位还有毫亨(mH，$1\text{mH}=10^{-3}\text{H}$)和微亨(μH，$1\mu\text{H}=10^{-6}\text{H}$)。

2. 电感元件的韦安特性

电感以磁通链为纵坐标或横坐标，电流为横坐标或纵坐标，磁通链和电流之间的关系曲线为电感的韦安特性，如图1－19所示。

对于线性电感，磁通链和电流的韦安特性是通过原点的直线。对于非线性电感，电感值不等于一个常数，其韦安特性为曲线。

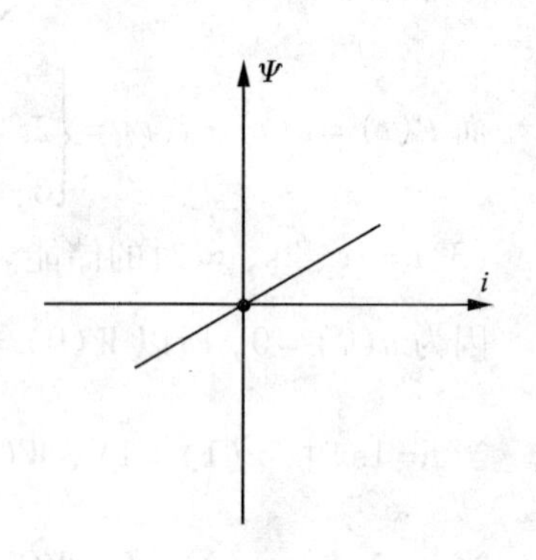

图1－19　电感线圈的韦安特性

3. 电感元件的电压和电流的关系

虽然电感描述了ψ与i的关系，但在电路分析中，我们主要感兴趣的却是元件的u与i的关系。当电感线圈中通过的电流发生变化时，磁通链也相应发生变化，根据电磁感应定律，电感两端出现感应电压，即当磁通变化时，会在交链的线圈上产生感应电压，感应电压的方向和大小遵循楞次定律与电磁感应定理。当感应电压与磁通链满足右手螺旋法则时，磁通链与感应电压的关系为

$$u=\frac{\mathrm{d}\psi}{\mathrm{d}t} \tag{1-18}$$

当电感的电流与磁通链满足右手螺旋法则时，则满足数学关系式(1－17)。而感应电压与磁通链满足右手螺旋法则时，则得数学关系式(1－18)。所以，根据式(1－17)和式(1－18)，在电感电压和电流为关联参考方向时，如图1－20所示，电感电压与电流微分关系为

$$u=L\frac{\mathrm{d}i}{\mathrm{d}t} \tag{1-19}$$

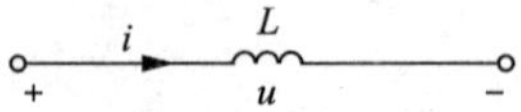

i　L
$+$　u　$-$

图1－20　电感元件为关联参考方向

对于电感元件，如果已知电感电压，在关联参考方向情况下，根据式(1－19)可求得电感电流为

$$i(t)=i(-\infty)+\frac{1}{L}\int_{-\infty}^{t}u\mathrm{d}\tau \tag{1-20}$$

根据电感元件的微分关系式(1－19)可知，在直流电路中，由于电流为常数，则电感两端的电压恒等于零，所以，在直流电路中，电感相当于短路。根据电感元件的积分关系式(1－20)可知，流过电感元件的电流不仅与电感电流初始值有关，而且与电感元件整个变化过程中电压的变化都有关，因此，电感元件具有“记忆”功能。

当电感的电压和电流为非关联参考方向时，如图1－21所示，则其电压和

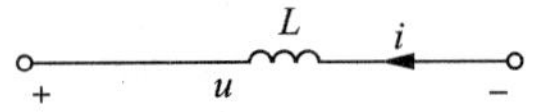

L　i　$+$　u　$-$

图1－21　电感元件为非关联参考方向

电流的数学关系为

$$u = -L\frac{\mathrm{d}i}{\mathrm{d}t} \tag{1-21}$$

4. 电感元件的功率和能量

在关联参考方向下，根据式(1－5)和式(1－19)，得电感元件的功率为

$$p_L = ui = Li\frac{\mathrm{d}i}{\mathrm{d}t} \tag{1-22}$$

P_L 的正负决定于流过电感的电流和电流变化率乘积的符号。P_L 为正值时，表示电感从外电路输入能量，并以磁场能量的形式储存起来；P_L 为负值时，表示电感向外电路输送能量，把电感以前储存的磁场能量输送出去。

根据能量定义，电感从 t_0 到 t 时间内，从外界电路输入的总能量 W_L 为

$$W_L = \int_0^t P_L \mathrm{d}\tau = L\int_{i(t_0)}^{i(t)} i\mathrm{d}i = \frac{1}{2}Li^2(t) - \frac{1}{2}Li^2(t_0) \tag{1-23}$$

当 $i(t) > i(t_0)$ 时，$W_L > 0$，电感从外电路输入能量；当 $i(t) < i(t_0)$ 时，$W_L < 0$，表示电感把储存的磁场能量向外电路输送。

1.4　独立电源

前面介绍的电阻、电容和电感都是无源元件，它们在电路中不能对电路提供能量，要使电路工作，电路中必须有独立电源。独立电源是二端元件，在电路中是能量的提供者，在电路中起“激励”作用。当电路有电流通路时，独立电源就会在电路中产生相应的电压和电流，这种“激励”作用下产生的电压和电流，叫做电路的“响应”。独立电源分为电压源和电流源两种类型。

1. 电压源

电压源是向电路提供固定电压的二端元件，符号如图1－22所示。

其中“＋”、“－”号表示电源电压的参考极性，U_s 为电压源的电压的大小。

电压源有两个特点：

(1)电源两端的电压与通过它的电流无关，其大小不随外电路而变。

(2)流过电压源的电流随外电路而变。直流电压源 U_s 的伏安特性如图1－23所示。

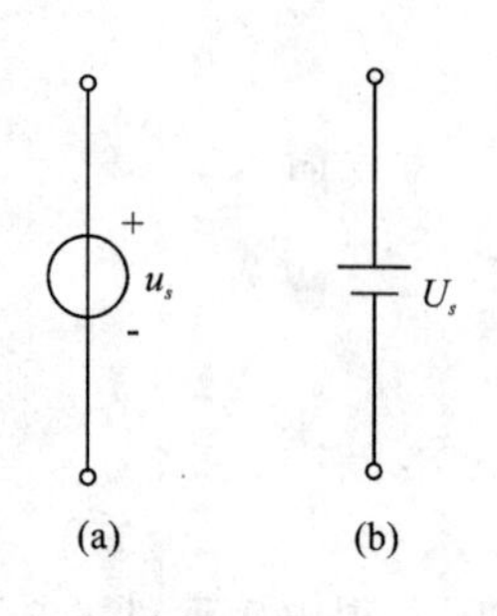

图 1-22 电压源的图形符号

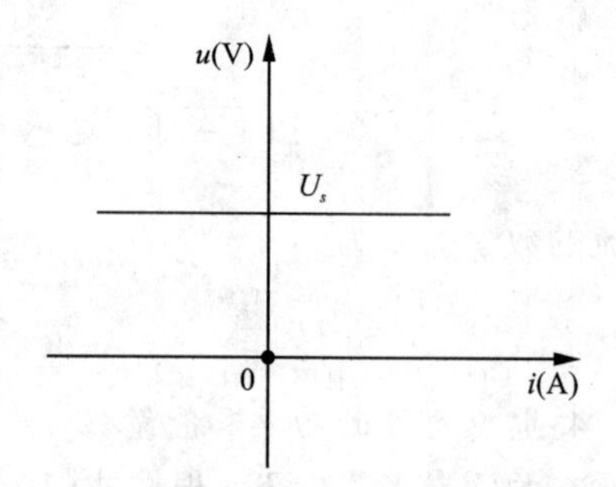

图 1-23 电压源的伏安特性

2. 电流源

电流源是向电路提供固定电流的二端元件，符号如图 1-24 所示。

其中，i_s 为电流源的电流大小，箭头为电流源电流的参考方向。理想电流源有以下特点：

(1)电流源提供的电流与它两端的电压无关，其大小不随外电路而变。

(2)电流源的端电压随外电路而变。直流电流源 I_s 的伏安特性如图 1-25 所示。

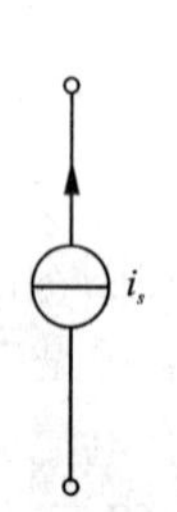

图 1-24 电流源的图形符号

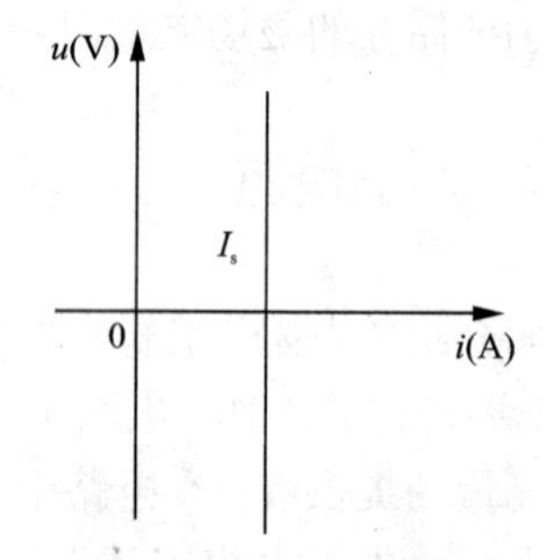

图 1-25 电流源的伏安特性

1.5 受控源

顾名思义，受控源(非独立源)提供的电压或电流受其他支路电压或电流的控制，因此，受控源有两对端子，一对为输出端子，对外提供电压或电流，另一对为输入端子，即施加控制的端子。受控源是一种非独立电源，它共有 4 种形式，即电压控制电压源(VCVS)、电压控制电流源(VCCS)和电流控制电压源(CCVS)、电流控制电流源(CCCS)，其电路符号分别如图 1-26(a)、(b)、(c)

和(d)所示。

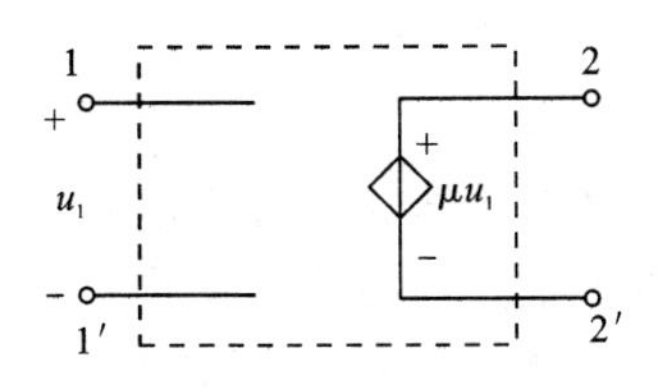

(a) 电压控制电压源(VCVS)

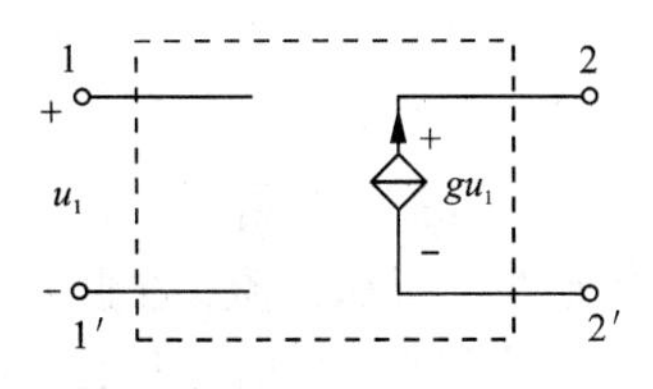

(b) 电压控制电流源(VCCS)

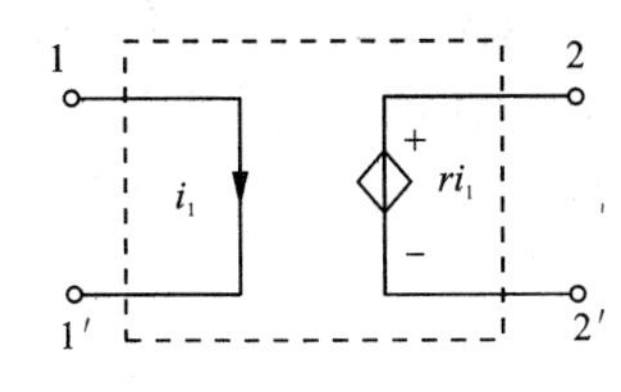

(c) 电流控制电压源(CCVS)

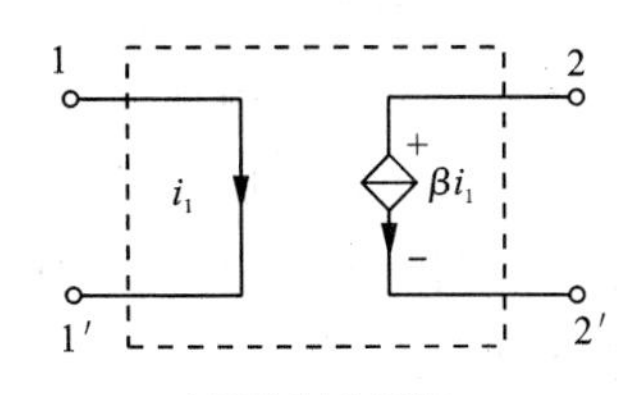

(d) 电流控制电流源(CCCS)

图 1－26　受控源的分类

对于线性受控源，图中 μ，r，g 和 β 都是常数。其中，μ 和 β 为没有量纲的常数，r 具有电阻量纲，g 具有电导量纲。

在电路分析中，对具有受控源的电路，其处理方法与具有独立电源的处理方法并无原则上的不同。

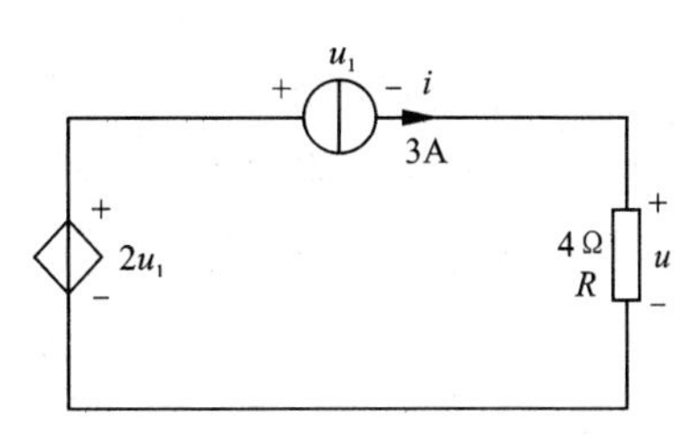

图 1－27　例 1－4 的图

例 1－4　试求图 1－27 所示电路中各元件的功率。

解　根据欧姆定律，有

$$u = Ri = 4 \times 3 = 12\ (\mathrm{V})$$

而

$$2u_1 = u_1 + u$$

有 $u_1 = 12\mathrm{V}$，则

$$P_{3A} = u_1 \times i = 36\mathrm{W}，吸收功率$$

$$P_{4\Omega} = \frac{u^2}{R} = 36\mathrm{W}，吸收功率$$

$$P_{受控源} = 2u_1 \times i = 72\mathrm{W}，发出功率$$

1.6 基尔霍夫定律

在电路分析中，电路图中每个元件既有电压又有电流，分析电路的目的是求解每个元件电压和电流，在此基础上，分析每个元件吸收或发出的功率。但是，对于一个给定了结构和参数的电路而言，知道每个元件本身电压和电流的约束关系(VCR)不足以达到分析电路的目标。在电路图中，所有电流之间和所有电压之间分别满足一定的约束关系，这就是基尔霍夫定律。它包括有基尔霍夫电流定律和基尔霍夫电压定律。基尔霍夫电流定律描述电路中各个电流之间满足的一类约束关系；基尔霍夫电压定律描述电路中各个电压之间满足的一类约束关系。支路、结点和回路的概念是学习基尔霍夫定律时需要了解的基础知识。单个元件即为一条支路；多个支路的连接点称为结点；而由支路构成的闭合路径称为回路。

1. 基尔霍夫电流定律

基尔霍夫电流定律(简称KCL)：对于集总电路中的任一结点，在任一时刻，流出该结点的所有支路电流的代数和为零，即

$$\sum i = 0 \qquad (1-24)$$

“流出”结点电流是相对于电流参考方向而言，“代数和”指电流参考方向如果是流出结点，则该电流前面取“+”；相反，电流前面取“-”。

如图1-28所示，对结点②和③列KCL方程，它们为

结点②：$-i_2 + i_3 + i_4 = 0$

结点③：$-i_4 + i_5 - i_6 = 0$

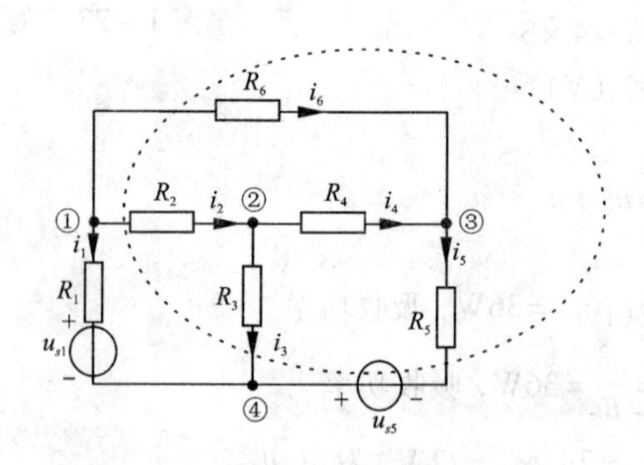

图1-28 KCL方程

广义基尔霍夫电流定律：在集总电路中，在任一时刻，流出任一闭合面的

电流代数和恒等于零。“代数和”指电流参考方向如果是流出闭合面，则该电流前面取“+”；相反，电流前面取“-”。

如图1-28所示，通过虚线闭合面，电流代数和等于零，即 $-i_2+i_3+i_5-i_6=0$。这个广义结点的电流代数和，也可以根据上面结点②和结点③的KCL方程相加推出。

基尔霍夫电流定律，就其实质来说，是电流连续性原理在集总参数电路中的表现形式。所谓电流的连续性，对于集总参数电路而言，就是说，在任何一个无限小的时间间隔内，流入任一结点或广义结点的电荷量与流出该结点的电荷量必然相等，换言之，基尔霍夫电流定律表明了在任一结点上电荷的守恒性。如图1-28所示，结点②的KCL方程为：$-i_2+i_3+i_4=0$，则 $i_2=i_3+i_4$，即流出结点②的电流等于流入结点②的电流。

例1-5　电路如图1-29所示，已知结点 a 处 $i_1=5\text{A}$，$i_2=2\text{A}$，$i_3=-3\text{A}$，求 i_4。

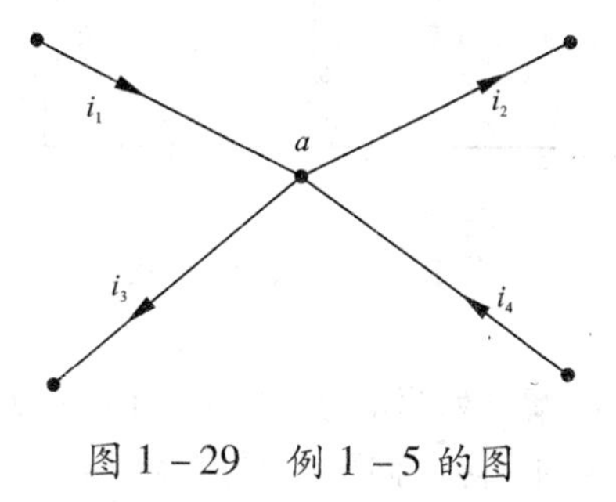

图1-29　例1-5的图

解　根据KCL，有

$$-i_1+i_2+i_3-i_4=0$$

则可求得：$i_4=-i_1+i_2+i_3=-5+2+(-3)=-6\text{A}$，即电流 i_4 的实际方向与参考方向相反。

2. 基尔霍夫电压定律

基尔霍夫电压定律(简称KVL)：对于集总电路中的任一回路，在任一时刻，沿着该回路的所有支路电压的代数和为零，即

$$\Sigma u=0 \tag{1-25}$$

用基尔霍夫电压定律列回路方程，首先必须假定回路的绕行方向，“代数和”指支路电压参考方向如果与假定回路绕行方向一致时，则该支路电压前面取“+”；相反，支路电压前面取“-”。

如图1-30所示，由支路1、2、3组成回路1，由支路2、4、6组成回路2，且取回路1和2的绕向为顺时钟方向。则对回路1和回路2分别列出KVL方程，有

回路1：$-R_1i_1-u_{s1}+R_2i_2+R_3i_3=0$

回路2：$-R_2i_2-R_4i_4+R_6i_6=0$

基尔霍夫电压定律的本质是电压与路径无关。如图1-30所示，结点①与③结点之间的电压从支路 R_6 计算为 R_6i_6，如果从支路 R_2 和 R_4 来计算，则为 $R_2i_2+R_4i_4$。而对回路2有：$-R_2i_2-R_4i_4+R_6i_6=0$，则 $R_6i_6=R_2i_2+R_4i_4$，所以

电压与路径无关。

还须指出，基尔霍夫电压定律不仅适用于由若干支路构成的具体回路，也适用于不完全是由支路构成的闭合路径。如图1-30所示电路中，对由结点和支路①、R_2、R_3、④和①组成的闭合路径，在结点①和结点④之间不存在支路，但对此闭合路径，KVL同样成立，即有：$R_2 i_2 + R_3 i_3 + u_{41} = 0$。

例1-6 电路如图1-31，求电路中各个元件的功率。

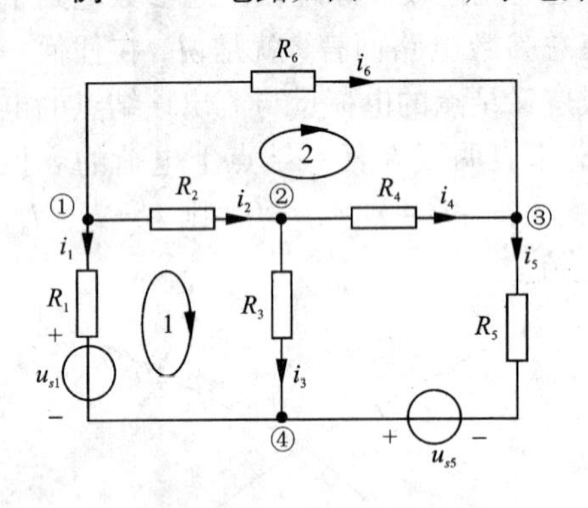

图1-30 KVL方程

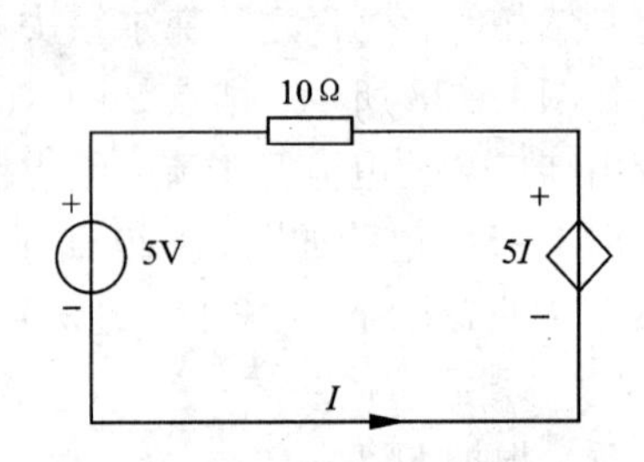

图1-31 例1-6的图

解 列写电路方程：$-10I + 5I - 5 = 0$，解出 $I = -1\text{A}$。由受控源的电压和电流的实际方向可以看出，受控源发出的功率为 $P = 5I \times I = (-5) \times (-1) = 5\text{W}$，电阻吸收的功率 $P_R = RI^2 = 10\text{W}$，电压源吸收的功率 $P_{5\text{V}} = 5I = -5\text{W}$。

例1-7 图1-32为某电路中的一部分，试确定其中的 i_x，u_{ab}。

解 根据KCL，有

结点①：$i_1 = -(2+1) = -3\ (\text{A})$；

结点②：$i_2 = i_1 + 4 = 1\ (\text{A})$；

结点③：$i_x = -5 + i_2 = -4\ (\text{A})$。

如直接选取广义结点，则有 $i_x = -1 - 2 + 4 - 5 = -4\ (\text{A})$。

将 a、b 两端之间设想有一条虚拟的支路，该支路两端的电压为 u_{ab}。这样，由结点 a 经过结点①、②、③到结点 b 就构成了一个闭合路径。这个回路为广义回路，对广义回路应用KVL，可得：$-3 + 10i_1 + 5i_2 - u_{ab} = 0$，则 $u_{ab} = -28\text{V}$。

例1-8 电路如图1-33所示，已知 $I_s = 4\text{A}$，$R_1 = 6\Omega$，$R_2 = 2\Omega$，求电流源两端电压 U。

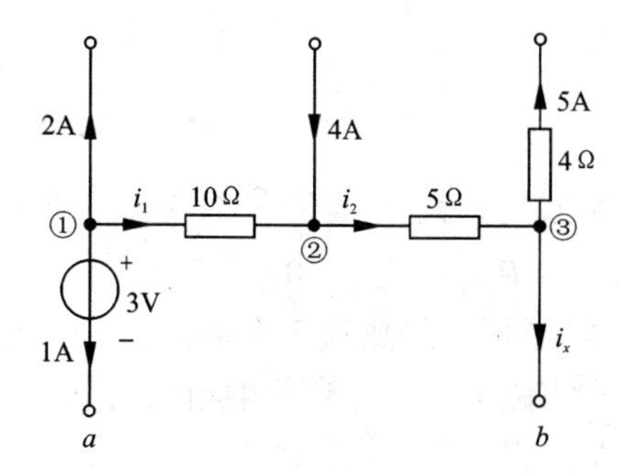

图 1－32　例 1－7 的图

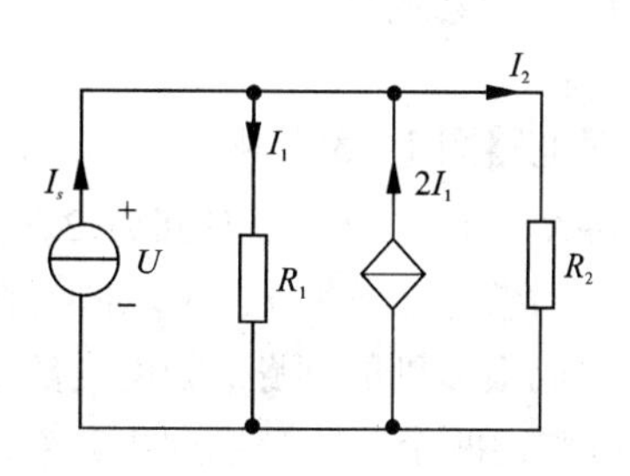

图 1－33　例 1－8 的图

解　根据 KCL 有

$$I_1+I_2-2I_1-I_s=0$$

而

$$I_1=\frac{U}{6},\ I_2=\frac{U}{2}$$

解得 $U=12\text{V}$

例 1－9　在图 1－34 所示直流电路中，$I=1\text{A}$，求电阻 R 和电压 u_x。

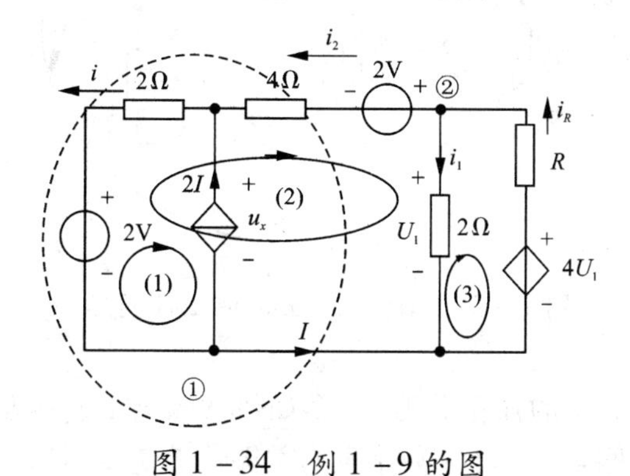

图 1－34　例 1－9 的图

解　对结点①利用 KCL，$-i+2I+I=0$，得：$i=3\text{A}$。

对回路(1)根据 KVL，$u_x-2-2i=0$，得：$u_x=8\text{V}$。

对由虚线构在的广义结点，利用 KCL，可得 $i_2=I=1\text{A}$。

对回路(2)根据 KVL，$U_1-2-2i-4i_2-2=0$，得：$U_1=14\text{V}$，由欧姆定律，得 $i_1=7\text{A}$。

对结点②利用 KCL，$i_2+i_1-i_R=0$，得 $i_R=8\text{A}$。

对回路(3)根据 KVL，$-Ri_R+4U_1-U_1=0$，得：$R=5.25\Omega$。

1.7 电路的图

对电路图1-35，根据KVL可列出很多电路方程，如对回路1，有：$-R_1i_1-u_{s1}+R_2i_2+R_3i_3=0$；对回路2，有：$-R_2i_2-R_4i_4+R_6i_6=0$；对回路3，有：$-R_3i_3+R_4i_4+R_5i_5-u_{s5}=0$。但对此电路，除了可以组成这3个回路以外，还可以组成很多别的回路，如由支路1、6、5和支路1、4、6、3等组成的回路。同样，可对这两个回路分别列出其对应的KVL方程。现对由支路1、6、5组成的回路4，列出其KVL方程为：$-R_1i_1-u_{s1}+R_6i_6+R_5i_5-u_{s5}=0$。通过观察可以看出，回路4的KVL方程可由回路1、回路2和回路3的KVL方程相加得到。可见这4个回路方程不是相互独立的，因为其中任何一个回路方程可由其他3个回路方程推出。因此，这4个方程就只有3个是独立的。

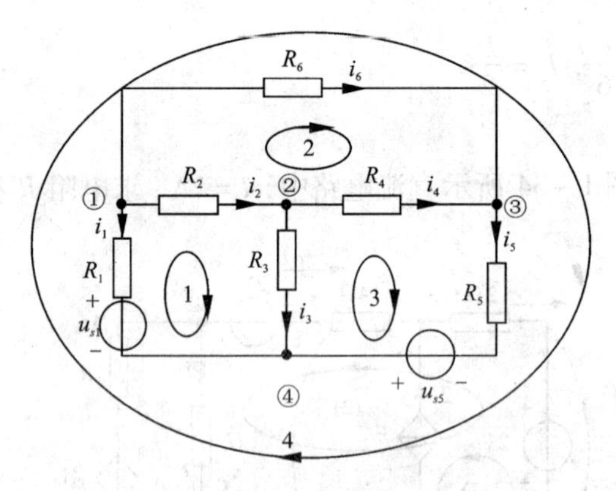

图1-35 KVL方程的独立性问题

如何确定电路方程的独立个数，以及如何选择电路独立方程，是分析电路的一个比较重要的问题。本小节就借助有关图论的初步知识，来解决电路方程的独立性问题。

同时，上小节提到基尔霍夫电流定律描述了电路中各个电流之间满足的一类约束关系；基尔霍夫电压定律描述了电路中各个电压之间满足的一类约束关系。因此，基尔霍夫定律与元件的性质无关，研究基尔霍夫定律，可以只使用电路的图，而不一定使用电路图。

1. 支路、结点和回路

一个电路的图是由支路和结点所组成，通常用G来表示。每一条支路代表一个电路元件，或者代表一些元件的某种组合。而结点是支路与支路的连接点。在电路的图中，只有抽象的线段和点，所以，电路的图只说明电路的连接关系。

对于图1－36(a)所示电路，当每一个元件即为一条支路时，得图1－36(b)电路的图，则8个元件就有8条支路，同时结点有5个，它们分别为①、②、③、④和⑤。如果把电压源与电阻的串联组合或电流源与电阻的并联组合看成一条支路，则图1－36(a)电路的图如图1－36(c)所示，就只有6条支路，这时，电路的结点就只有4个，它们是结点①、②、③和④。

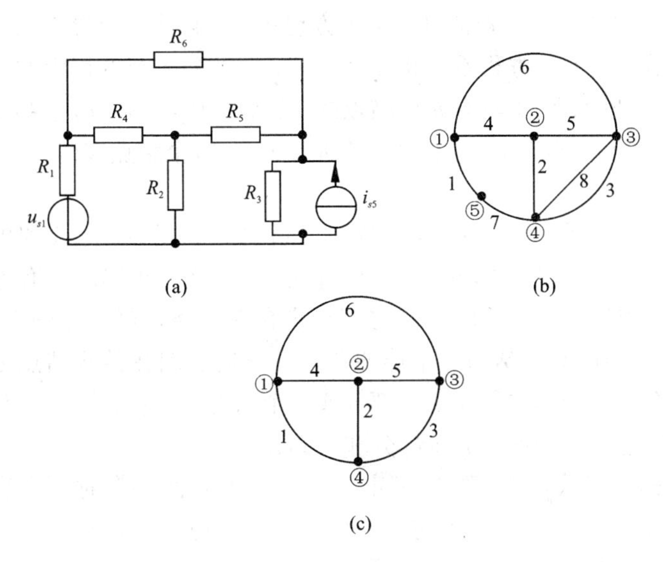

图1－36　电路的图

从电路的一个结点出发，经过一系列支路与结点，又回到原来起始结点(中间经过的所有支路与结点都只通过一次)，这种闭合路径称为回路。如图1－36(c)所示，支路1、4、2和1、3、6等分别构成了回路。

没有方向的电路的图为无向图，如图1－36(b)和(c)都是无向图；有方向的电路的图为有向图，如图1－37就为有向图。有向图的方向通常代表支路电压和支路电流的参考方向(即取为关联参考方向)。讨论关于KVL独立方程个数时，回路和独立回路的概念与支路的方向无关，因此可以用无向图的概念来描述。

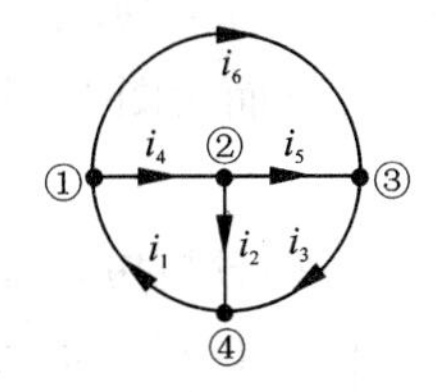

图1－37　有向图

下面讨论关于KCL方程的独立性的问题。如图1－37所示的一个电路的图，对结点①、②、③和④分别列出KCL方程，有

结点①：$-i_1+i_4+i_6=0$

结点②：$i_2-i_4+i_5=0$

结点③：$i_3-i_5-i_6=0$

结点④：$i_1-i_2-i_3=0$

由于对所有结点都列写了 KCL 方程，而每一支路无例外地与2个结点相连，且每个支路电流必然从其中一个结点流出，再流入另一个结点。因此，在所有 KCL 方程中，每个支路电流必然出现2次，一次为正，另一次为负(指每项前面的“+”或“-”)。若把以上4个方程相加，必然得出等号两边为零的结果。这就是说，这4个方程不是相互独立的，但上列4个方程中的任意3个是独立的。可以证明，对于具有 n 个结点的电路，在任意$(n-1)$个结点上可以得出$(n-1)$个独立的 KCL 方程，此时，相应的$(n-1)$个结点被称为独立结点。

2. 树

从图论的观点看，图是结点和支路的一个集合，其中每条支路的两端都连到相应的结点上。图的一部分(上述集合的子集)称为子图。图有连通图和非连通图之分，连通图在任意两结点之间至少存在一条路经。如图1-38(a)为图 G，图1-38(b)为图 G 的一个连通子图。非连通图在某些结点之间并无路经相通，整个电路的图被分成两个部分或两个以上部分。如图1-38(c)和(d)为非连通图，它们分别被分成2部分和3部分。

一个图的回路数很多，如何确定它的一组独立回路有时不太容易。利用“树”的概念有助于寻找一个图的独立回路组。连通图 G 的树 T 是满足下面3个条件的子图：①属于图 G 的连通子图；②包含图 G 的全部结点；③不含有任何回路。

如1-38(b)为图 G 的一个连通子图，但它不是树，因为它包含回路。对于图1-38(a)所示的图 G，符合上述定义的树有很多，图1-39(a)、(b)绘出其中的2个。树中包含的支路称为该树的树支，而其他支路则称为对应于该树的连支。如图1-39(a)的树 T_1，它的树支为(1，2，4，6)，相应的连支则为(3，5，7，8)。而对图1-39(b)的树 T_2，其树支为(1，2，6，7)，相应的连支为(3，4，5，8)。

从上面分析可以看出，图1-38(a)的图 G 有5个结点，8条支路，且它的每一个树都具有4条支路。可以证明，对任一个只有 n 个结点的连通图，它的任何一个树的树支数都为$(n-1)$。

下面讨论关于 KVL 方程的独立性的问题。

由于图 G 的树是连接所有结点又不形成回路的最少支路的组合，因此，对于图 G 的任意一个树，加入一个连支后，就会形成一个回路，并且此回路除所

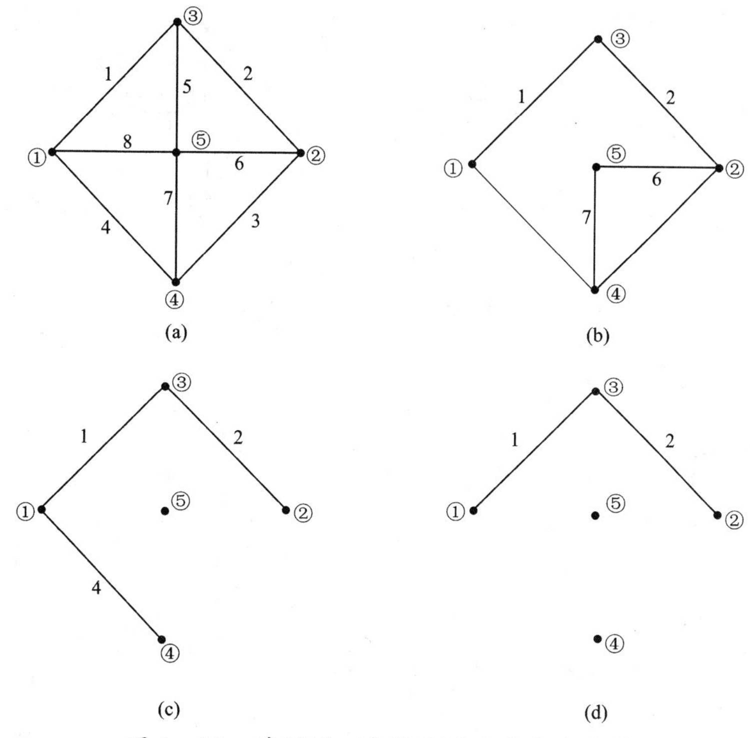

图1－38　连通图、连通子图以及非连通图

加连支外均由树支组成，这种回路称为单连支回路或基本回路。对于图1－38(a)所示图 G，取图1－39(a)的树 T_1，它的树支为(1、2、4、6)，相应的连支为(3、5、7、8)，对应于这一树的基本回路是(2、5、6)，(1、2、3、4)，(1、2、6、8)和(1、2、6、7、4)，它们分别如图1－40(a)、(b)、(c)和(d)所示，每一个基本回路仅含一个连支，且这一连支并不出现在其他基本回路中。由全部连支形成的基本回路就构成了基本回路组。显然，基本回路组是独立回路组，根据基本回路列出的KVL方程组是独立方程。所以，独立回路个数等于电路的连支数。

对一个结点数为 n，支路数为 b 的连通图，其树支数等于$(n-1)$，连支数等于$(b-n+1)$，则独立回路数 l 等于连支数 $(b-n+1)$。因此，选择不同的树，就可以得到不同的基本回路组。

3. 平面图与非平面图

平面图：把一个图画在平面上，能使它的各条支路除连接的结点外不再交叉，这样的图称为平面图，否则，称为非平面图。如图1－41(a)是一个平面

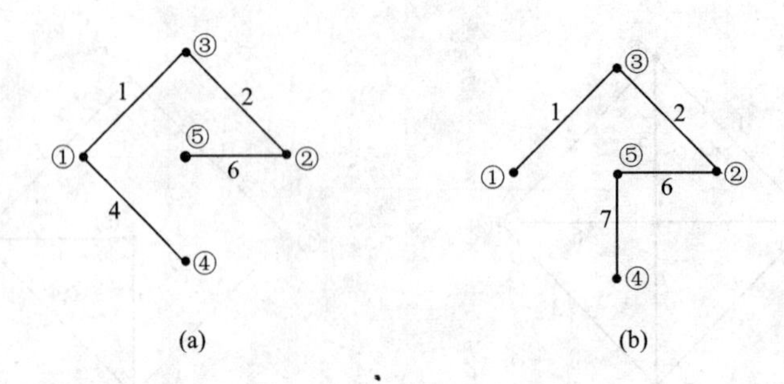

图 1-39 连通图 G 的树

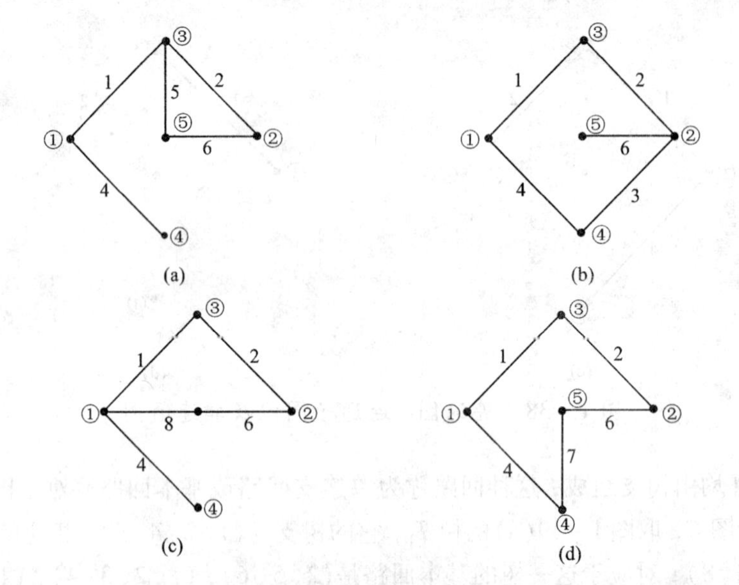

图 1-40 基本回路

图，图 1-41(b)则是典型的非平面图。

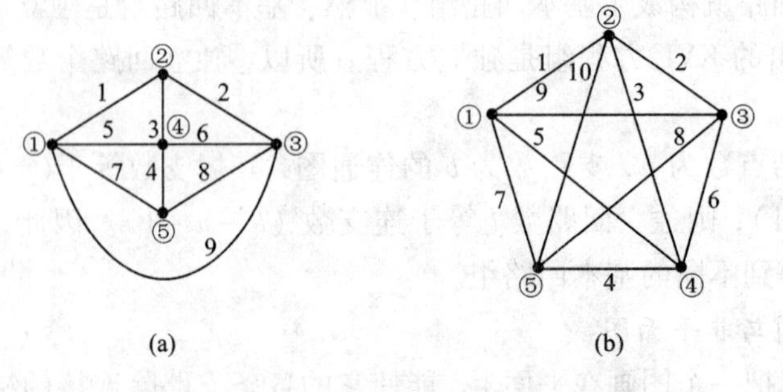

图 1-41 平面图与非平面图

对于平面图，它由一些"网孔"组成。网孔是平面图的一个自然"孔"，它限定的区域内不再含有支路。平面图的全部网孔就组成了平面图的一组独立回路；且平面图的网孔数等于对应电路的独立回路数。

本章小结

电路是各种各样电器装置的连接体。电路主要是分析实际电器装置工作中的电磁过程，而描述电路电磁过程的物理量主要是电流、电压、电荷和磁通等。因此电磁过程分析的最终目标是分析电路中的电压、电流和功率。本书研究的电路是实际电路的电路模型。某些实际器件可用一个理想电路元件代替，某些实际器件需用几个理想电路元件的组合来代替。电路模型就是用理想电路元件代替实际器件组成的电路。

在分析电路时，首先需假定电路中支路电流和电压的参考方向。当电压和电流为正值时，实际方向和参考方向一致；当电压和电流为负值时，实际方向和参考方向相反。当元件电流和电压参考方向一致时，该元件为关联参考方向；否则，为非关联参考方向。

在关联参考方向下，功率表示元件吸收功率，即功率大于零，元件吸收功率，该元件为负载；功率小于零，元件发出功率，该元件为电源。在非关联参考方向下，功率表示元件发出功率，即功率大于零，元件发出功率，该元件为电源；功率小于零，元件吸收功率，该元件为负载。

电路中常用的理想电路元件有电阻、电感、电容、电压源、电流源和受控源。理想电路元件分无源元件和有源元件。无源元件包括电阻、电感和电容，同时电感和电容还是储能元件。电阻元件的电压和电流关系是一条通过原点的直线，其电压和电流是瞬时一一对应的。电感和电容元件电压和电流的关系是微积分关系。有源元件包括电压源和电流源。受控源表示电路中一条支路电压或电流对另一条支路电压或电流的控制作用。受控源有受控电压源和受控电流源。

分析电路时要利用电路中存在的两类约束关系。第一类约束是元件本身电压和电流的关系(VCR)。第二类约束(拓扑约束)是基尔霍夫定律，它描述电路中的连接约束关系。基尔霍夫定律包括基尔霍夫电流定律(KCL)和基尔霍夫电压定律(KVL)。KCL 描述电路连接中各支路电流之间存在的约束关系，它的本质是电流是连续移动的。KVL 描述电路连接中各个支路电压之间存在的约束关系，它的本质是电压与路径无关。对一个 n 个结点，b 条支路的电路，KCL 的独立方程个数为$(n-1)$，而 KVL 的独立方程个数为$(b-n+1)$。

复习思考题

(1)根据图 1－42 所示参考方向和数值确定各元件的电流和电压的实际方向，计算各元件的功率并说明元件是吸收功率还是发出功率。

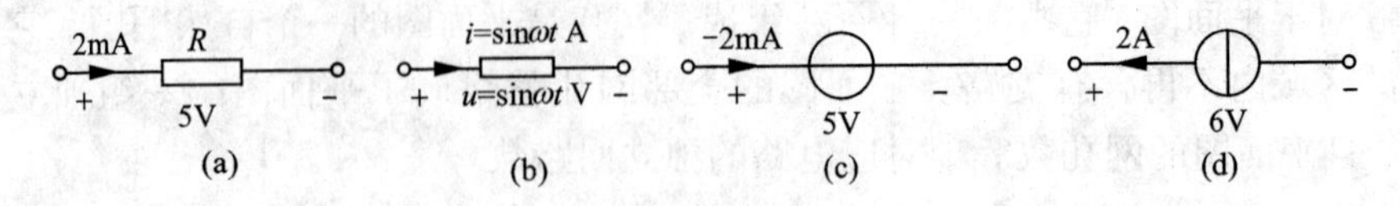

图1-42

(2)在图1-43所示电路中：

①元件A吸收10W功率，求其电压u_a；

②元件B吸收-10W功率，求其电流i_b；

③元件C发出10W功率，求其电流i_c；

④元件D发出10mW功率，求其电流i_d；

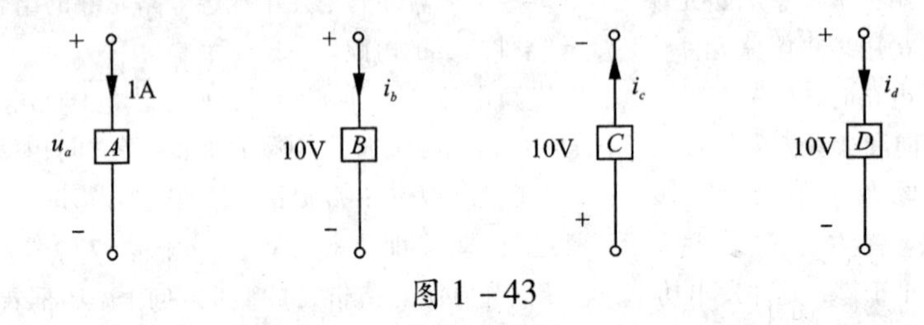

图1-43

(3)电路如图1-44所示，求各电路中所标出的未知量u、i、R或P的值。

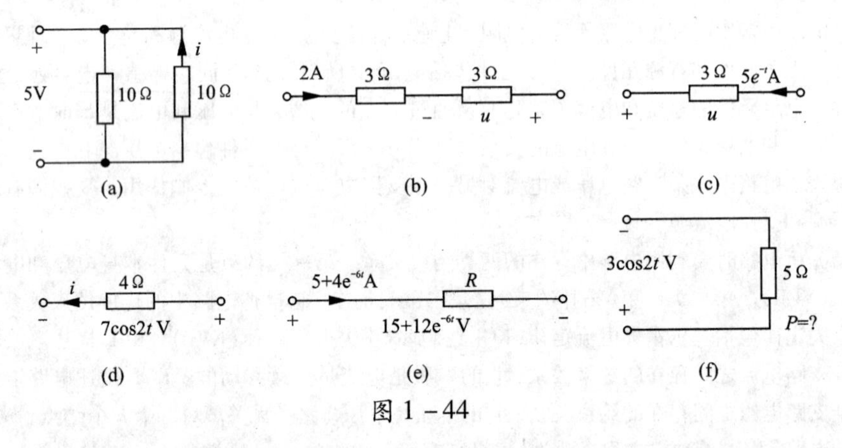

图1-44

(4)已知电容元件电压u的波形如图1-45(b)所示，①试求$i(t)$并绘出波形图；②若已知其电流i的波形如图1-45(c)所示，设$u(0)=0\text{V}$，试求$u(t)(t\geqslant 0)$，并绘出波形图。

(5)一个自感为0.5H的电感元件，当其中流过变化率为$\frac{\mathrm{d}i}{\mathrm{d}t}=20\text{A/s}$的电流时，该元件的端电压应为多少？若电流的变化率为$\frac{\mathrm{d}i}{\mathrm{d}t}=-20\text{A/s}$，此元件的端电压有何改变？

(6)直流电路如图1-46所示，求电感电流和电容电压。

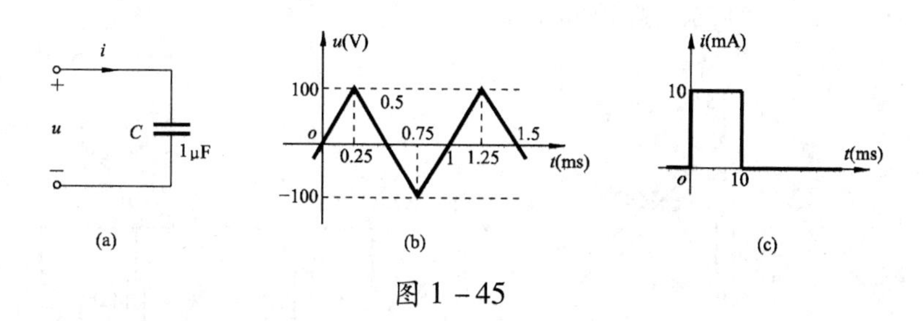

图 1 – 45

(7)求图 1 – 47 中的电感电压 $u_L(t)$ 和电流源的端电压 $u(t)$。

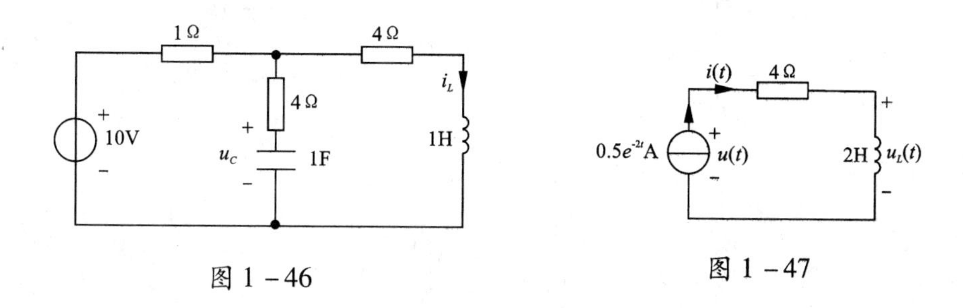

图 1 – 46　　图 1 – 47

(8)图 1 – 48 所示各电路中的电源对外部是提供功率还是吸收功率？其功率为多少？

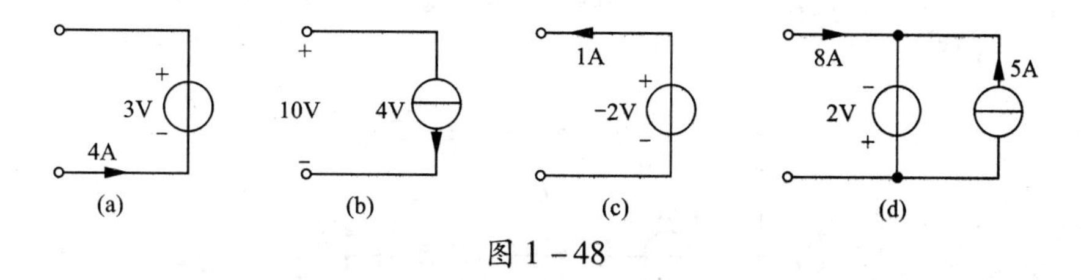

图 1 – 48

(9)①求图 1 – 49(a)电路中受控电压源的端电压和它的功率；②求图 1 – 49(b)电路中受控电流源的电流和它的功率。

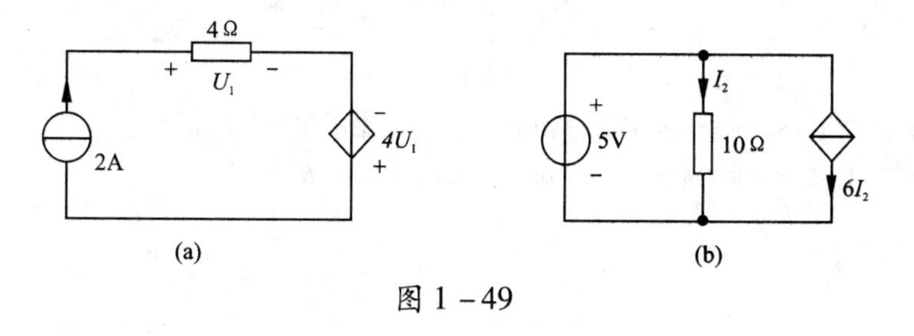

图 1 – 49

(10)求图 1 – 50 所示电路中电压 U_s 和电流 I。

(11)求图1-51所示电路中的电压 u_1 和 i_1。

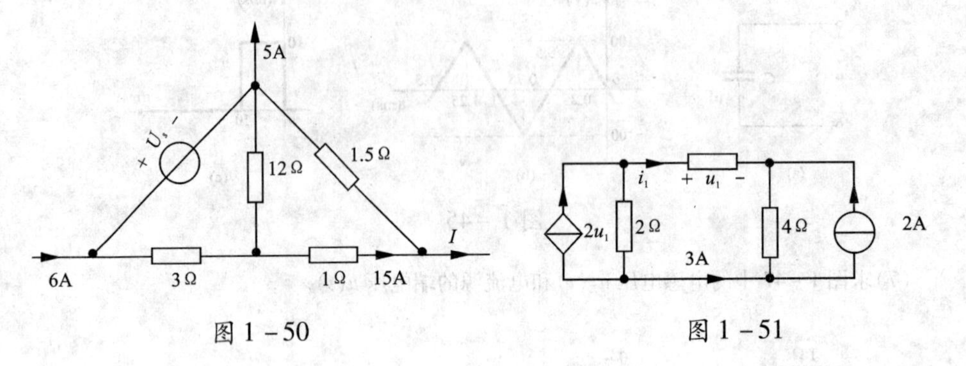

图1-50 图1-51

(12)求图1-52所示电路中的电压 u。

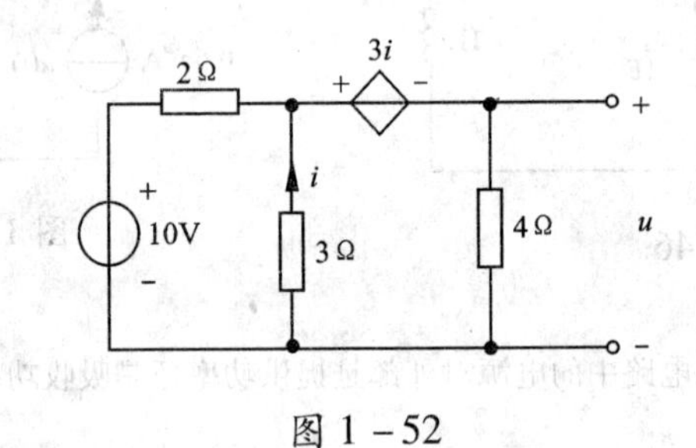

图1-52

(13)求图1-53所示电路中的电压 U。

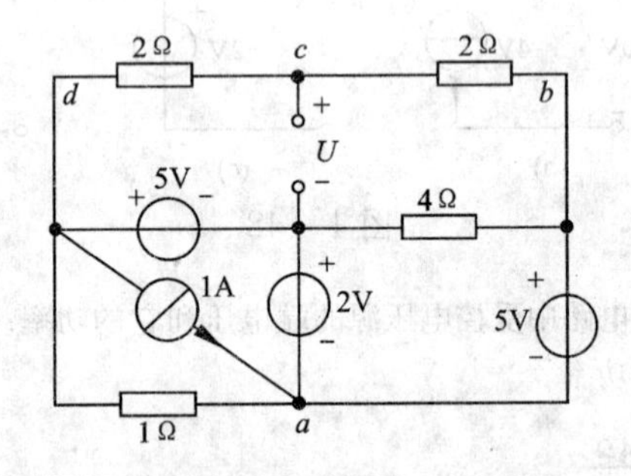

图1-53

(14)求图1-54所示电路中，已知 $u_{ab}=-5\text{V}$，求电压源电压 u_s。

(15)图1-55所示的电路中，已知 $u_{ab}=2\text{V}$，求电阻 R。

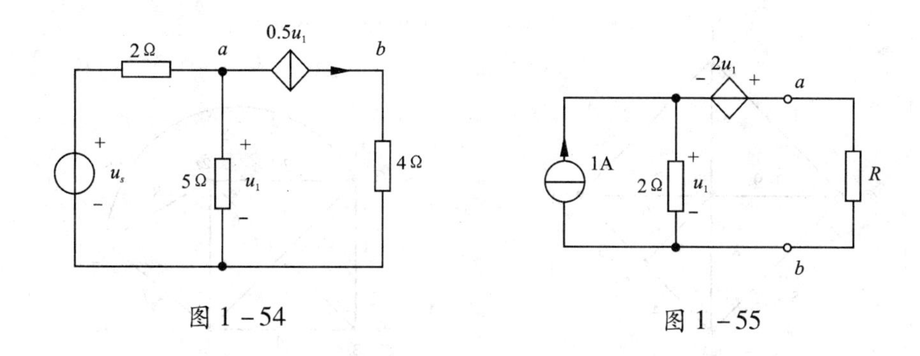

图 1－54　　　　图 1－55

(16) 电阻电路如图 1－56 所示，试求支路电压 u_x。

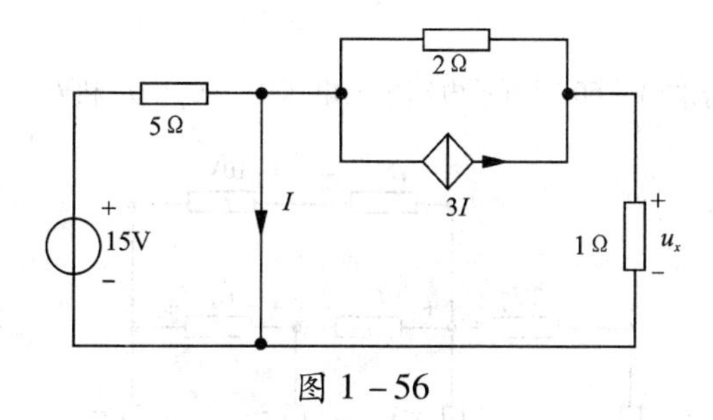

图 1－56

(17) 以电压源和电阻的串联组合，电流源和电阻的并联组合作为一条支路处理，画出图 1－57 的电路的图，并指出其结点数，支路数和 KCL、KVL 独立方程数。

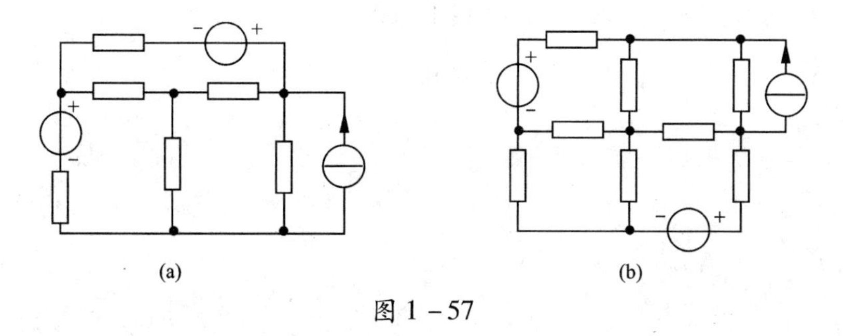

图 1－57

(18) 对如图 1－58 所示，如果选 1、2、3、4、8 支路为树，则其基本回路组是什么？如果选择自然网孔为基本回路组，则其对应的树由哪些支路组成？

(19) 对非平面电路图 1－59，分别选择支路(1、2、3、8)和(1、3、4、9)为树，求它们所对应的基本回路组。

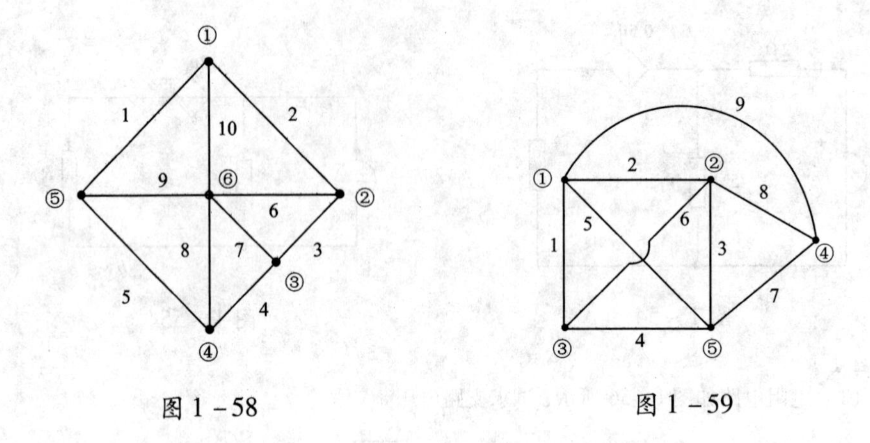

图 1-58　　　　图 1-59

(20)根据 KVL 求图 1-60 图所示电路中的电压 U_1、U_2、U_3 和 U_4

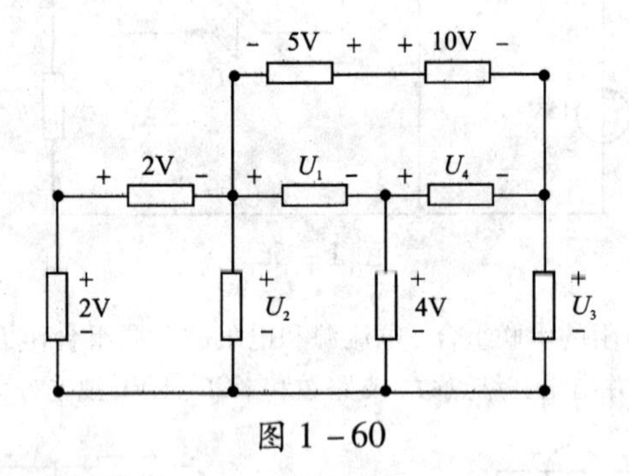

图 1-60

第 2 章　电路的等效变换

本章介绍电路的等效变换的概念，其内容包括：电阻和电源的串并联等效变换；电阻的 Y/Δ 等效变换；电源的等效变换和一端口输入电阻的定义和计算。

2.1　电路的等效变换

在电路分析中，如图 2－1 所示，把一组元件当作一个整体 N，而当这个整体只有两个端子与外电路相连接，并且进出这两个端子的电流为同一电流时(即 $i_1=i_2$)，则把由这一组元件构成的这个整体称之为一端口网络，或者称为二端网络(单口网络)。

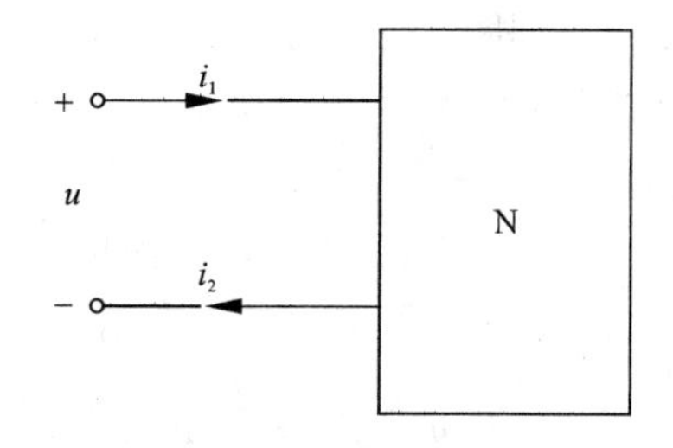

图 2－1　一端口网络

一端口网络的等效变换：如果一个一端口网络 N 的端口伏安特性和另一个一端口网络 N′的端口伏安特性完全相同，则这两个一端口网络 N 和 N′对外电路来说是等效的，即两个网络对同一外电路来说，它们具有完全相同的影响，所以，一端口网络的等效电路是对外等效。

2.2　电阻的串联和并联

2.2.1 电阻的串联

1. 串联及其等效变换

如图 2－2(a)所示电路，n 个电阻流过同一个电流，则它们的连接方式为串联。

对图 2－2(a)，根据 KVL 以及电阻的欧姆定律，可得

$$u=u_1+u_2+\cdots+u_n=(R_1+R_2+\cdots+R_n)i=R_{\mathrm{eq}}i \tag{2-1}$$

其中

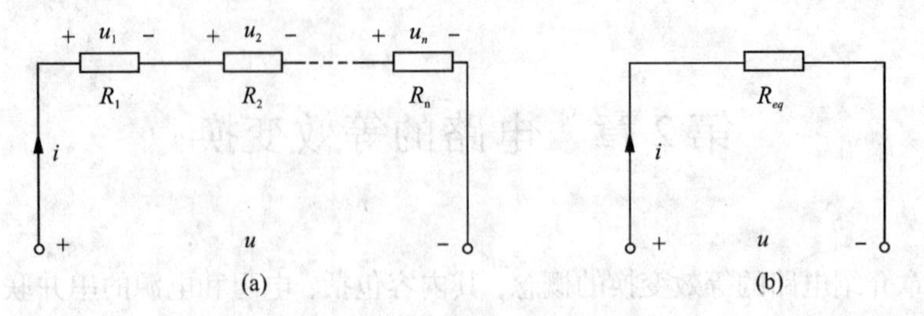

图 2-2 电阻的串联及其等效电路

$$R_{\mathrm{eq}}=\frac{u}{i}=R_1+R_2+\cdots+R_n=\sum_{k=1}^{n}R_k \tag{2-2}$$

由此可见：n 个电阻串联等效为一个电阻 R_{eq}，此电阻等于串联电路中各电阻之和，即图 2-2(a)可用图 2-2(b)所替代，替代后对此一端口网络以外电路的电压和电流没有任何影响。

2. 分压公式

式(2-1)给出了串联电路的电压 u 与电流 i 的关系。如果给定串联电路两端的电压 u，容易求出各个电阻上所分有的电压。电阻 R_k 上的电压为

$$u_k=R_ki=\frac{R_k}{R_{\mathrm{eq}}}u,\ k=1,2,\cdots,n \tag{2-3}$$

式(2-3)即为串联电阻电路的分压公式，即各个电阻上所分的电压与电阻成正比。

2.2.2 电阻的并联

1. 并联及其等效变换

如图 2-3(a)所示电路，n 个电导(或电阻)两端都是同一个电压，它们的连接方式为并联。

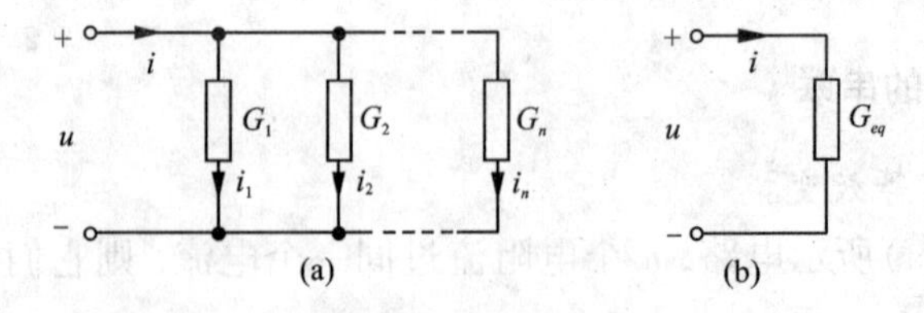

图 2-3 n 电阻并联及其等效电路

对图 2-3(a)，根据 KCL 以及电阻的欧姆定律，得

$$i=i_1+i_2+\cdots+i_n$$

$$= (G_1 + G_2 + \cdots + G_n)u$$
$$= G_{eq}u \tag{2-4}$$

其中

$$G_{eq} = \frac{i}{u} = G_1 + G_2 + \cdots + G_n = \sum_{k=1}^{n} G_k \tag{2-5}$$

上式表明：n 个电导并联等效为一个电导 G_{eq}，此电导等于各个并联的电导之和，即图2-3(a)可用图2-3(b)所替代。

2. 分流公式

式(2-4)给出了并联电路的电压 u 与电流 i 的关系。如果流过并联电路端口的电流为 i，容易求出各个电阻或电导上所分有的电流。电阻 R_k 或 G_k 上的电流为

$$i_k = G_k u = \frac{G_k}{G_{\text{eq}}} i = \frac{R_{\text{eq}}}{R_k} i,\ k = 1, 2, \cdots, n \tag{2-6}$$

式(2-6)即为并联电阻电路的分流公式，即各个支路电流按电导成正比分配，却按电阻成反比分配。

2.2.3 电阻的混联

如图2-4(a)所示电路，既有串联又有并联的电阻，它们的连接方式为混联。其等效电阻 $R_{\text{eq}} = R_1 + R_2 /\!/ R_3 /\!/ (R_4 + R_5)$，其等效电路如图2-4(b)。

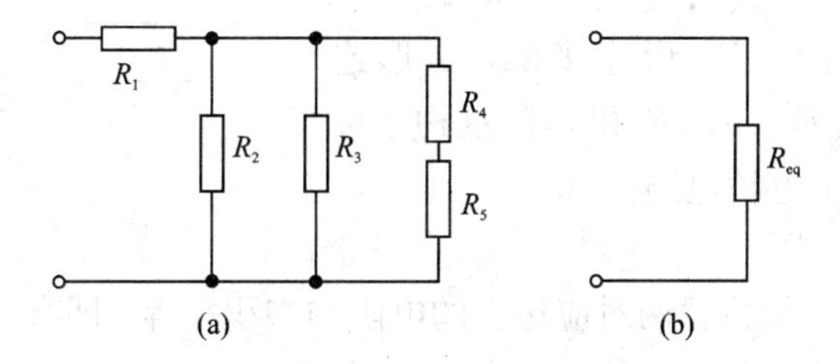

图2-4　电阻的混联及其等效电路

例2-1　求图2-5(a)所示电路的 R_{ab}、R_{ac}。

解　(1) 求 R_{ab}。

因为2Ω、8Ω被短路

所以　$R_{ab} = 4 /\!/ [3 + (6 /\!/ 6)] = 4 /\!/ (3 + \frac{6}{2}) = 4 /\!/ 6 = 2.4\Omega$

(2) 求 R_{ac}。

原电路可改画为如图2-5(b)所示电路，所以，其等效电阻为

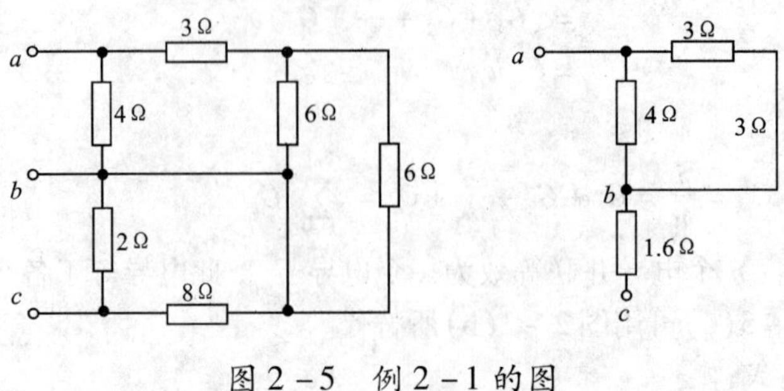

图2-5 例2-1的图

$$R_{ac}=[4/\!/(3+3)]+1.6=2.4+1.6=4\Omega$$

2.3 电阻的Y形连接和Δ形连接的等效变换

2.3.1 电桥电路

1. 电桥电路的组成

如图2-6所示电路中，电路的电阻既非串联又非并联，电阻的连接方式有Y形也有Δ形。电阻R_1、R_4和R_5连接方式叫做电阻的星形连接(或Y形连接)；电阻R_1、R_2和R_5连接方式叫做电阻的三角形连接(或Δ形连接)，而电阻R_1、R_2、R_3、R_4和R_5的这种连接方法，组成了一个电桥电路。

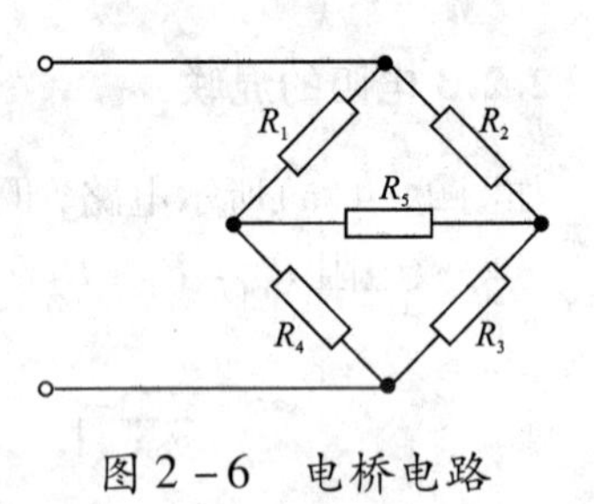

图2-6 电桥电路

2. 电桥平衡

如果电桥电路的桥臂两对应边上的电阻的乘积相等，即有

$$R_1R_3=R_2R_4 \tag{2-7}$$

则称电桥平衡，此时R_5所在的支路可视为断路，流过电桥R_5支路的电流为零。当电桥平衡时，R_5两端电位相等，此时R_5所在的支路则可视为短路。

例2-2 试求图2-7所示电路的等效电阻R_{ab}。

解 从图2-7可知，该电路是电桥平衡电路，c，d两个点电位相等，可视为短路或开路。则当cd短路时，有

$$R_{ab}=(20/\!/20)+(60/\!/60)=40\Omega$$

当cd开路时，有

$$R_{ab}=(20+60)/\!/(20+60)=40\Omega$$

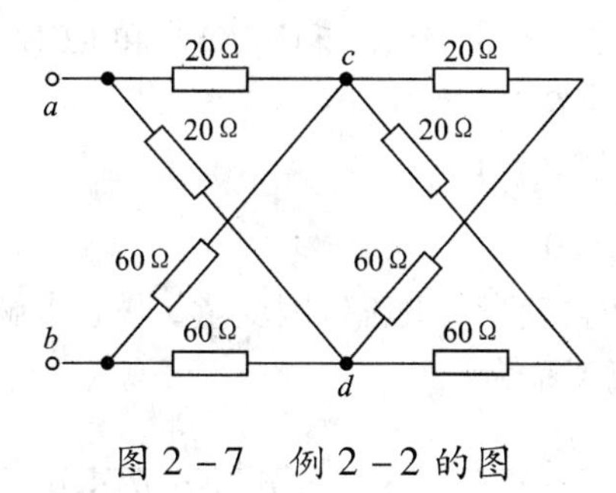

图2-7 例2-2的图

可见当 cd 等电位点的时候，将 cd 点开路或短路处理对电路无任何影响。

2.3.2 Y-Δ等效变换

星形连接电路和三角形连接电路都是通过3个结点与外电路相连接，这两种连接方式可进行等效变换的条件同样是必须保证它们的外特性相同，即对星形连接和三角形连接，两个图的端口电压和流过端子的电流之间数学关系相同。

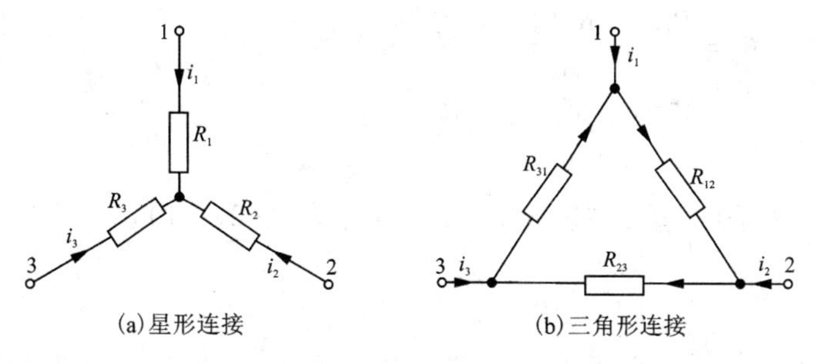

(a)星形连接 (b)三角形连接

图2-8 电阻的星形连接和三角形连接

对三角形连接，如图2-8(b)所示，根据KCL和元件本身欧姆定律，可得三角形连接端口电压和流过端子电流之间的关系为

$$
\begin{aligned}
i_1 &= \frac{u_{12}}{R_{12}} - \frac{u_{31}}{R_{31}} \\
i_2 &= \frac{u_{23}}{R_{23}} - \frac{u_{12}}{R_{12}} \\
i_3 &= \frac{u_{31}}{R_{31}} - \frac{u_{23}}{R_{23}}
\end{aligned}
\tag{2-8}
$$

对星形连接，如图 2－8(a)所示，利用 KVL 和 KCL 可得

$$\begin{aligned} u_{12} &= R_1 i_1 - R_2 i_2 \\ u_{23} &= R_2 i_2 - R_3 i_3 \\ i_1 + i_2 + i_3 &= 0 \end{aligned} \tag{2-9}$$

把式(2－9)中的电压作自变量，电流作因变量，联立求解可得星形连接的端口电压和流过端子的电流关系为

$$\begin{aligned} i_1 &= \frac{R_3 u_{12}}{R_1R_2 + R_2R_3 + R_3R_1} - \frac{R_2 u_{31}}{R_1R_2 + R_2R_3 + R_3R_1} \\ i_2 &= \frac{R_1 u_{23}}{R_1R_2 + R_2R_3 + R_3R_1} - \frac{R_3 u_{12}}{R_1R_2 + R_2R_3 + R_3R_1} \\ i_3 &= \frac{R_2 u_{31}}{R_1R_2 + R_2R_3 + R_3R_1} - \frac{R_1 u_{23}}{R_1R_2 + R_2R_3 + R_3R_1} \end{aligned} \tag{2-10}$$

比较式(2－8)和式(2－10)，为了使三角形和星形连接之间进行等效变换，需要两个电路图的端口电压和流过端子的电流之间数学关系相同，则必须满足

$$\begin{aligned} R_{12} &= \frac{R_1R_2 + R_2R_3 + R_3R_1}{R_3} \\ R_{23} &= \frac{R_1R_2 + R_2R_3 + R_3R_1}{R_1} \\ R_{31} &= \frac{R_1R_2 + R_2R_3 + R_3R_1}{R_2} \end{aligned} \tag{2-11}$$

式(2－11)的左边和右边分别相加，再结合式(2－11)，可得

$$\begin{aligned} R_1 &= \frac{R_{31}R_{12}}{R_{12} + R_{23} + R_{31}} \\ R_2 &= \frac{R_{12}R_{23}}{R_{12} + R_{23} + R_{31}} \\ R_3 &= \frac{R_{23}R_{31}}{R_{12} + R_{23} + R_{31}} \end{aligned} \tag{2-12}$$

式(2－11)为星形变为三角形等效变换必须满足的条件，即三角形电阻为星形电阻两两乘积除以星形不相邻电阻。如果星形 3 个电阻相等，则等效变换后的三角形电阻也相等，且等于星形电阻的 3 倍。

式(2－12)为三角形变为星形等效变换必须满足的条件，即星形电阻为三角形相邻两电阻乘积除以三角形 3 个电阻之和。如果三角形 3 个电阻相等，则等效变换后的星形电阻也相等，且等于三角形电阻的三分之一。

例 2－3 对图 2－9(a)所示电桥电路，应用 Y－Δ 等效变换求：(1)对角

线电压 U；(2)电压 U_{ab}。

解　把(10Ω, 10Ω, 5Ω)构成Δ形等效变换为Y形如图2-9(b)。

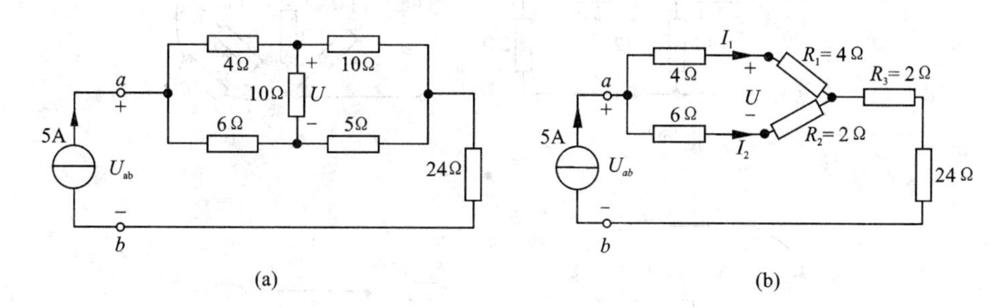

图 2-9　例 2-3 的图

由于两条并联支路的电阻相等，因此有

$$I_1 = I_2 = \frac{5}{2} = 2.5\text{A}$$

应用 KVL 得电压

$$U = 6 \times 2.5 - 4 \times 2.5 = 5\text{V}$$

$$R_{ab} = (4+4) /\!/ (6+2) + 2 + 24 = 34\Omega$$

所以

$$U_{ab} = 5 \times R_{ab} = 150\text{V}$$

例 2-4　求图 2-10(a)电路中的等效电阻 R_{ab}。

解　图 2-10(a)电路中(1Ω, 1Ω, 2Ω)和(2Ω, 2Ω, 1Ω)构成两个Y形连接，分别将两个Y形转化成等值的Δ形连接，如图 2-9(b)和(c)所示。

$$R_1 = (1 + 1 + \frac{1 \times 1}{2}) = 2.5\Omega \qquad R_2 = (1 + 2 + \frac{1 \times 2}{1}) = 5\Omega$$

$$R_3 = (1 + 2 + \frac{1 \times 2}{1}) = 5\Omega$$

$$R_1' = (2 + 2 + \frac{2 \times 2}{1}) = 8\Omega \quad R_2' = (1 + 2 + \frac{1 \times 2}{2}) = 4\Omega \quad R_3' = (1 + 2 + \frac{1 \times 2}{2}) = 4\Omega$$

并接两个Δ形，最后得图 2-9(d)所示的等效电路，所以

$$R_{ab} = [2 /\!/ (R_2 /\!/ R_2') + R_1 /\!/ R_1'] /\!/ (R_3 /\!/ R_3') = 1.269\Omega$$

2.4　电压源、电流源的串联和并联

1. 电压源串联

当电路中有多个电压源串联时，如图 2-11(a)所示的 n 个电压源串联为

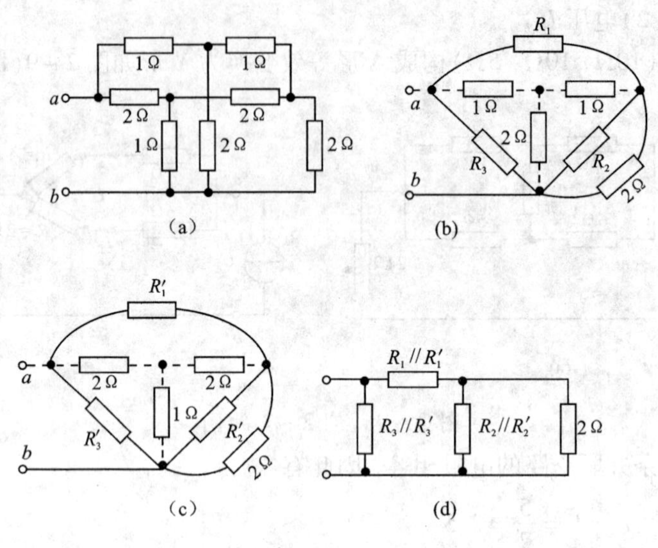

图 2－10 例 2－4 的图

例，对于外电路来说可以等效成一个电压源[见图 2－11(b)]，即多个电压源串联时，其等效电压源的电压为各个电压源电压的代数和。因为根据 KVL 有

$$u_s = u_{s1} + u_{s2} + \cdots + u_{sn} = \sum_{k=1}^{n} u_{sk} \tag{2-13}$$

u_{sk}与 u_s 同向取正，反之取负。

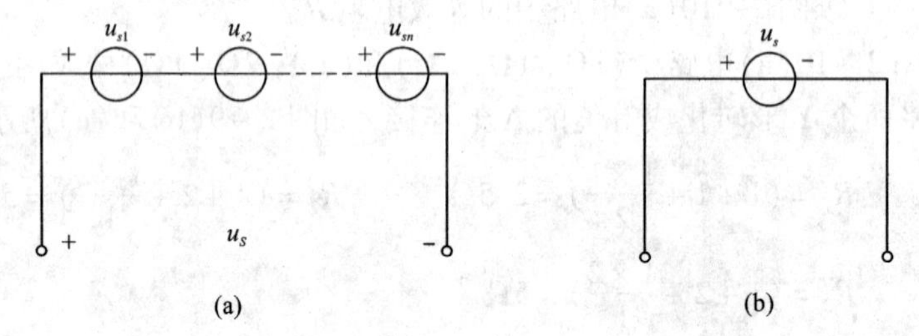

图 2－11 n 个电压源串联及其等效电路

对于电压源的并联，则必须满足大小相等、方向相同这一条件方可进行，并且其等效电压源的电压就是其中任一个电压源的电压。

2. 电流源并联

当电路中有多个电流源并联时，如图 2－12(a)所示的 n 个电流源并联为例，对于外电路来说可以等效成一个电流源，如图 2－12(b)所示，即根据 KCL 有

$$i_s = i_{s1} + i_{s2} + \cdots + i_{sn} = \sum_{k=1}^{n} i_{sk} \tag{2-14}$$

i_{sk}与 i_s 同向取正，反之取负。

对于电流源的串联，则必须严格满足大小相等、方向相同这一条件，并且其等效电流源的电流就是其中任一个电流源的电流。

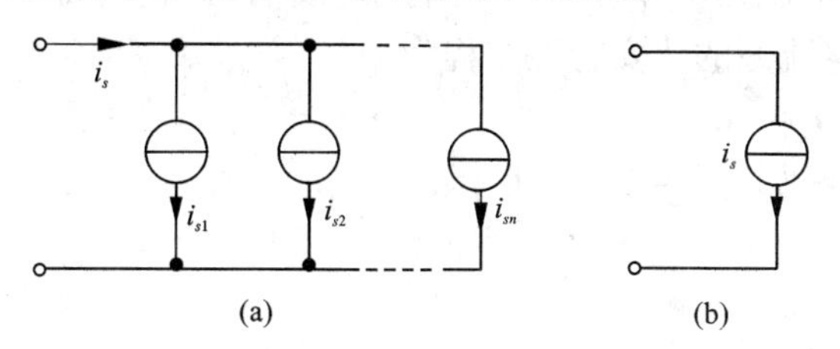

图 2－12　n 电流源并联及其等效电路

在对电压源和电流源等效变换，有两种特殊情况，需特别说明。第 1 种是与电压源 u_s 并联的任何一条支路（i_s，R 和一般支路），均可用 u_s 替代如图 2－13（a）所示。第 2 种是与电流源 i_s 串联的任何一条支路（u_s，R 和一般支路），均可用 i_s 替代如图 2－13（b）所示。

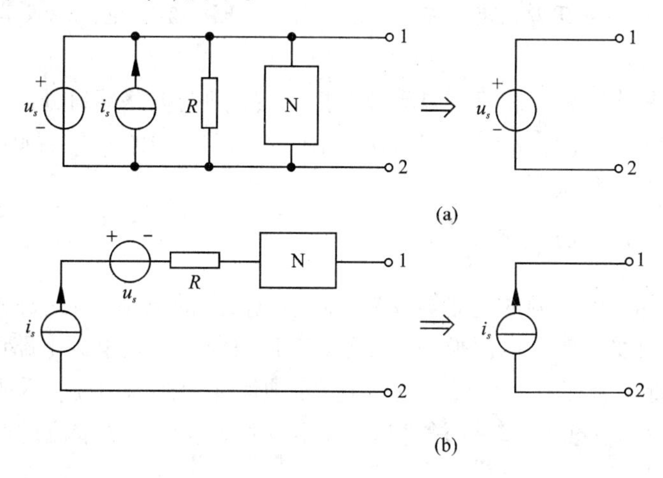

图 2－13　电压源和电流源等效变换的特殊情况

2.5　实际电源的两种模型及其等效变换

前面第 1 章以及 2.4 节所谈到的电源是理想情况，在实际使用时，这种理想情况是不存在的。例如一个干电池，它总是有内阻的。由于内阻损耗与电流有关，电流越大，损耗越大，实际电压源端电压也就越低。在这种情况下，实际电压源的电路模型如图 2-14(a)所示，即实际电压源可用一个电压源 U_s 和内阻 R 相串联的组合模型来表征。实际电压源的伏安特性方程为

$$u = U_s - Ri \tag{2-15}$$

则其伏安特性曲线如图 2-14(b)所示。

一个实际电流源是一个电流源与电导(或电阻)的并联组合，如图 2-15(a)所示，实际电流源的伏安特性方程为

$$i = I_s - uG \tag{2-16}$$

则其伏安特性曲线如图 2-15(b)所示。

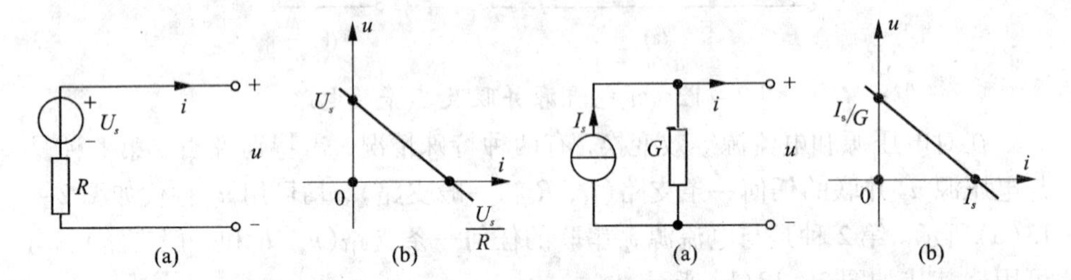

图 2-14 实际电压源及其伏安特性　　图 2-15 实际电流源及其伏安特性

如果两种实际电源相互间是等效变换电路，则两电路端口处的电压与电流的伏安特性必须相同，即图 2-14(b)与图 2-15(b)中的实际电源的电压电流关系直线的斜率和截距相等，有

$$U_s = RI_s,\ R = \frac{1}{G} \tag{2-17}$$

由此可将实际的电压源的电路等效为实际的电流源的电路，反之亦然。

对于具有受控源的电源模型，其等效变换情况与实际电源电路的等效变换情况完全相同，只是在等效变换过程中，必须保存受控源的控制量所在支路。

例 2-5 电路如图 2-16(a)所示，用电源等效变换法求流过负载 R_L 的电流 I。

解 由于 5Ω 电阻与电流源串联，对于求解电流 I 来说，5Ω 电阻为多余元件可去掉，如图 2-16(b)所示。以后的等效变换过程分别如图 2-16(c)、(d)所示。最后由简化后的电路图 2-16(d)可求得电流 $I = 4\text{A}$。

例 2-6 利用电源的等效变换，求图 2-17 所示电路中的电流 i。

解 利用电源的等效变换，原电路可以等效为题解图 2-18 的(a)、(b)和(c)。

根据图 2-18(c)和(a)，有

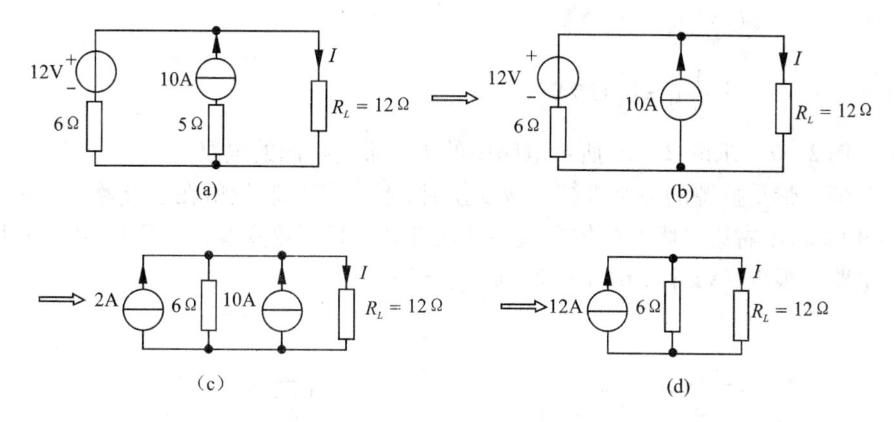

图2－16　例2－5的求解过程

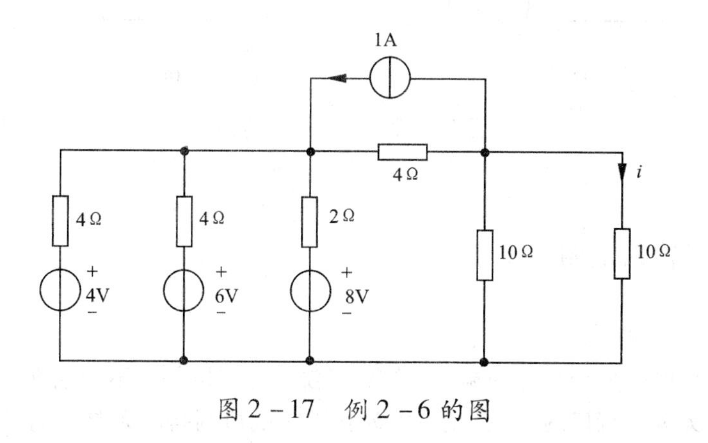

图2－17　例2－6的图

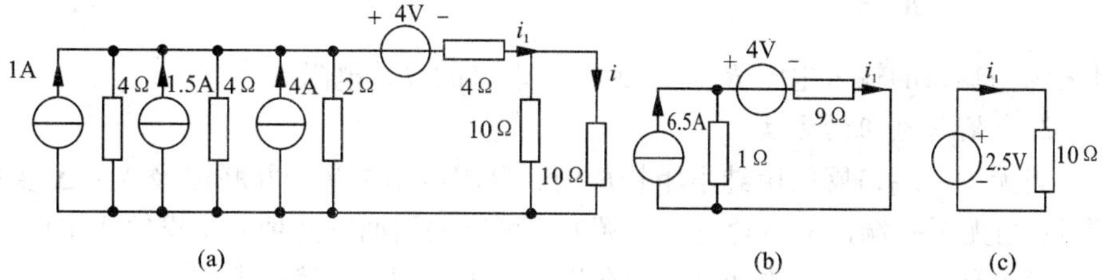

图2－18　例2－6的求解过程

$$i_1=\frac{2.5}{10}=0.25\text{A}$$

$$i=\frac{1}{2}i_1=0.125\text{A}$$

例2-7 求图2-19所示电路中的U_R(带受控源的电路)。

解 带受控源的电路进行等效变换时,要保留控制量所在的支路,如对图2-19(a)中右边电阻与受控电流源并联部分进行等效变换,得图2-19(b)所示电路。根据KVL得,$6U_R=12$,则$U_R=2\text{V}$。

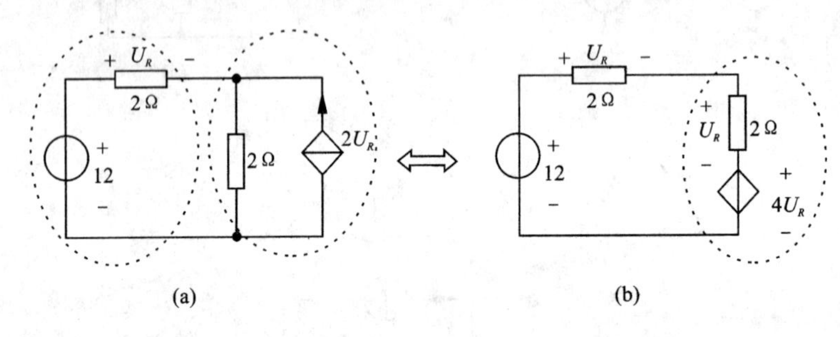

图2-19 例2-7的图

2.6 输入电阻

1. 输入电阻定义

一端口网络分为含源一端口网络和无源一端口网络。不含独立电源的一端口网络为无源一端口网络,反之,则为含源一端口网络。无源一端口网络的端电压与端电流之比为一端口网络的输入电阻R_{in},有

$$R_{in}=\frac{u}{i} \tag{2-18}$$

且无源一端口的输入电阻R_{in}等于无源一端口的等效电阻R_{eq}。

2. 求输入电阻的方法

当无源一端口网络由纯电阻构成时,可用电阻的串、并联以及Y-Δ变换求得;当无源一端口网络含有受控源时,可以采用如下两种方法求输入电阻。

第1种方法是外加电压法:即在端口加电压源u_s,然后求端口电流i,再求比值u_s/i,即为输入电阻;第2种方法是外加电流法:即在端口加电流源i_s,然后求端口电压u,再求比值u/i_s,即为输入电阻。

例2-8 求图2-20(a)所示电路一端口的输入电阻R_{in},并求其等效

电路。

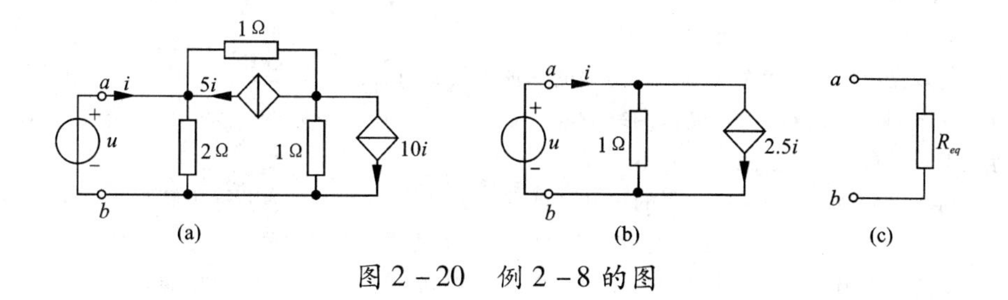

图 2－20　例 2－8 的图

解　先将图 2－20(a)的 ab 端外加一电压为 u 的电压源。再把 ab 右端电路进行简化得到图 2－20(b)，由图 2－20(b)可得到

$$u=(i-2.5i)\times 1=-1.5i$$

因此，该一端口输入电阻为

$$R_{in}=\frac{u}{i}=-1.5\Omega$$

由此例可知，含受控源电阻电路的输入电阻可能是负值，也可以为零。图 2－20(a) 电路可等效为图 2－20(c)所示电路，其等效电阻值为

$$R_{eq}=R_{in}=-1.5\Omega$$

例 2－9　求图 2－21 电路的输入电阻 R_{in}。

解　对图 2－21 电路外加电压源 u，根据 KVL 方程有

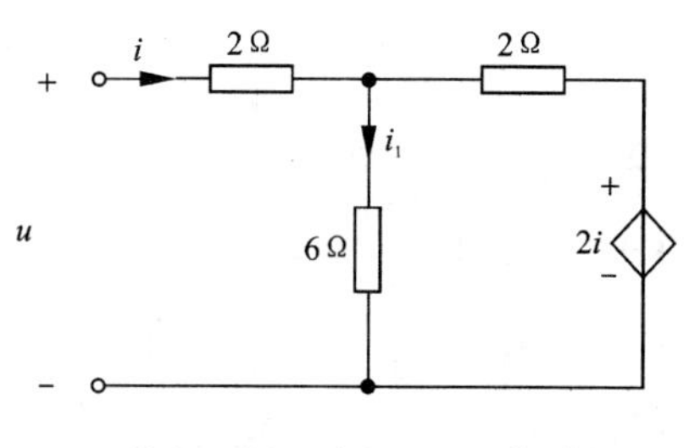

图 2－21　例 2－9 的图

$$\begin{cases}2i+6i_1=u\\2i+2(i-i_1)+2i=u\end{cases}$$

利用上面方程，消去变量 i_1，得输入电阻为

$$R_{in}=\frac{u}{i}=5\Omega$$

本章小结

等效变换是对具有简单结构的电路的一种有效分析方法。如果两个一端口网络的伏安特性完全相同，则这两个一端口网络对同一个外电路来说是等效的。所以，一端口网络的等效电路是对外等效，但对内并不等效。

对电阻网络，一般采用电阻的串并联或 Y－Δ 等效变换对电路进行化简。而对于电桥电路，当电桥平衡时，则流过桥上的电流为零，且桥的两个端子之间的电压也为零。

电压源的串联其等效电压是各个电压源的代数和，且只有相同的电压源才能并联。电流源的串联其等效电流也是各个电流源的代数和，且只有相同的电流源才能串联。实际电压源是电阻与电压源的串联；而实际电流源是电导(或电阻)与电流源的并联。实际电压源和实际电流源之间可以进行等效变换。在用等效变换法分析电路时，受控电源的处理方法与独立电源的处理方法相同，但必须保证受控源的控制量能够用正确的表达式写出。

无源一端口网络(可含受控源)对外电路来说相当于一个电阻，因此，无源一端口网络可用一个电阻来等效。在无源一端口网络端口处外加一个电压源(或电流源)，产生一个流过端子的电流(或在端口处产生电压)，则端口电压与端口电流之比为无源一端口网络的输入电阻，且此输入电阻即为无源一端口网络的等效电阻。

复习思考题

(1)写出图 2－22 所示各电路的端口电压电流的伏安特性方程。

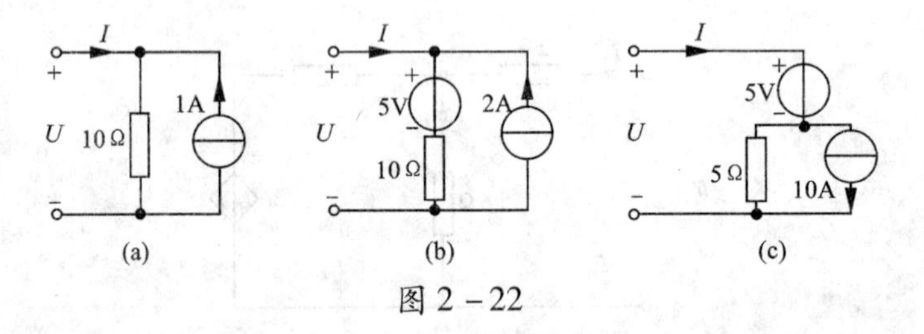

图 2－22

(2)在图 2－23 所示电路中，在开关 S 断开的条件下，求电源送出的电流和开关两端的电压 U_{ab}；在开关闭合后，再求电源送出的电流和通过开关的电流。

(3)已知电路如图 2－24 所示，试计算 a、b 两端的电阻，其中电阻 $R=8\Omega$。

(4)利用电源等效变换，化简图 2－25 的一端口网络。

(5)利用电源的等效变换求图示 2－26 电路中的电流 I。

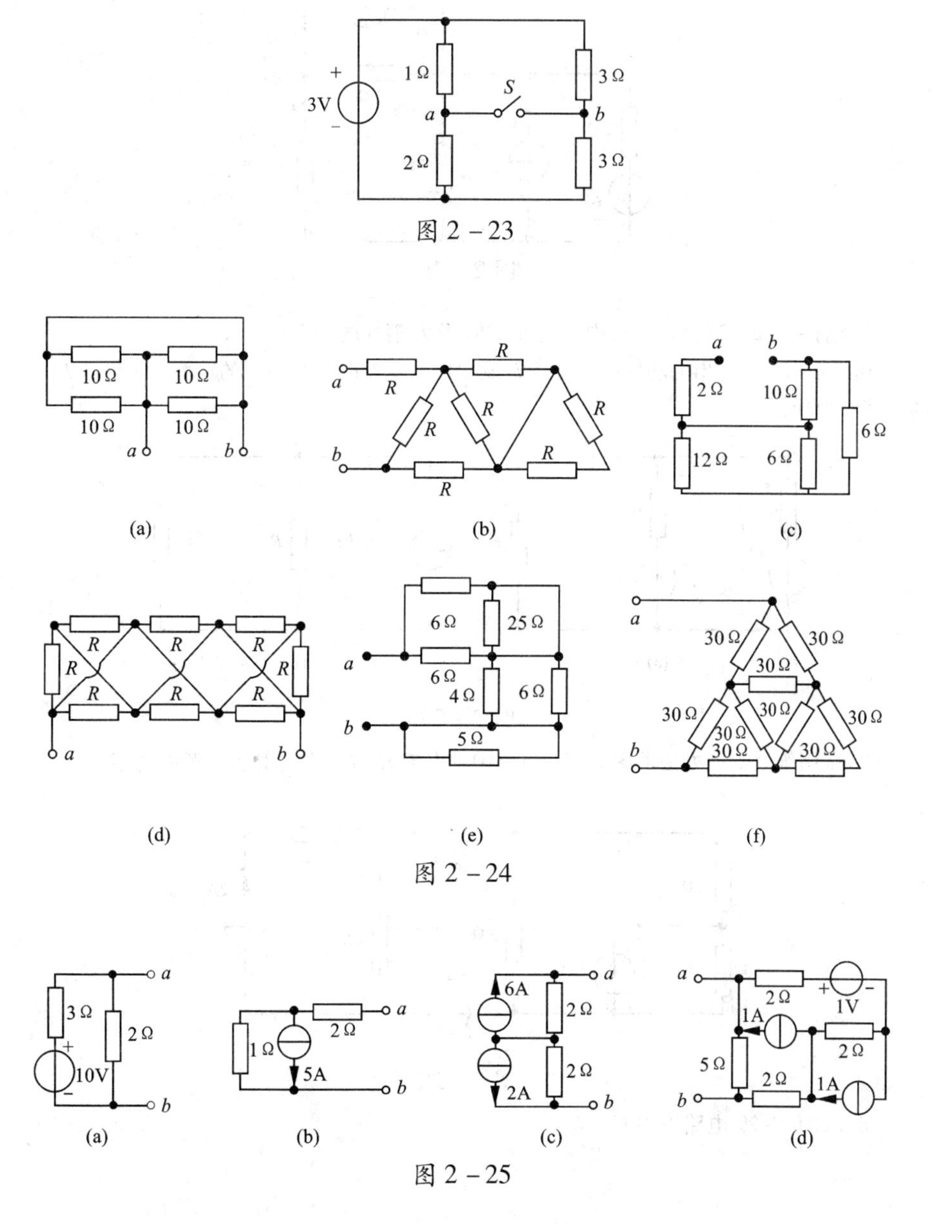

图 2－23

图 2－24

图 2－25

（6）已知图 2－27（a）所示电路中 $u_{s1}=24\mathrm{V}$，$u_{s2}=6\mathrm{V}$，$R_1=12\Omega$，$R_2=6\Omega$，$R_3=2\Omega$，图 2－27（b）为经电源等效变换后的电路。

①试求图 2－27（b）中的 i_s 和 R；

②根据等效电路求 R_3 中的电流和其消耗的功率；

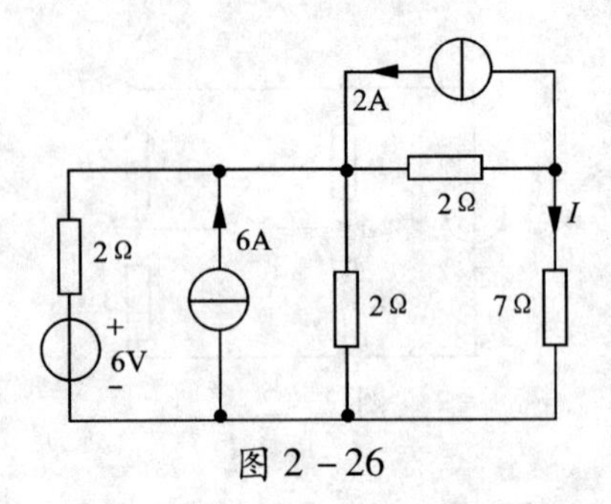

图 2-26

③分别在图 2-27(a)、(b)中求出 R_1, R_2 及 R 消耗的功率;

④试问 u_{s1}, u_{s2} 发出的功率是否等于 i_s 发出的功率? R_1, R_2 消耗的功率是否等于 R 消耗的功率?为什么?

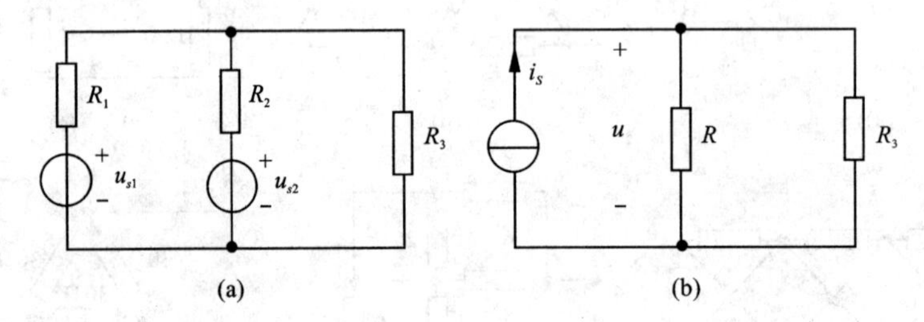

图 2-27

(7)试用等效变换方法求图 2-28 电路中的电流 I_1、I_2,并计算各电源的功率。

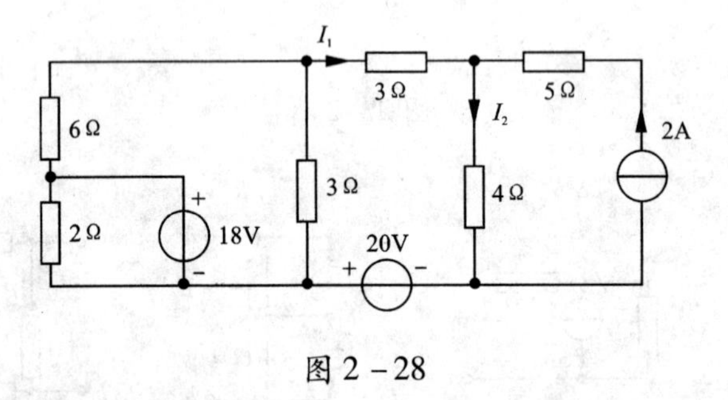

图 2-28

(8)求图 2-29 电路中的 U_0, I_0。

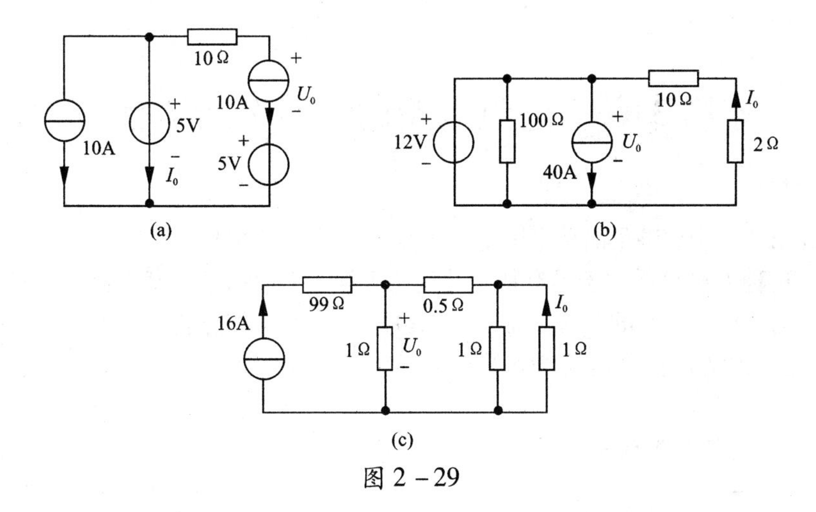

图 2 – 29

(9) 求图 2 – 30 各电路的输入电阻 R_{in}。

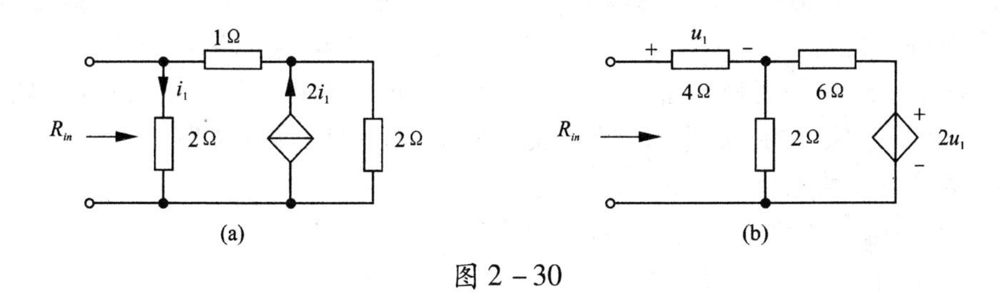

图 2 – 30

(10) 试求图 2 – 31(a) 和 (b) 的输入电阻 R_{in}。

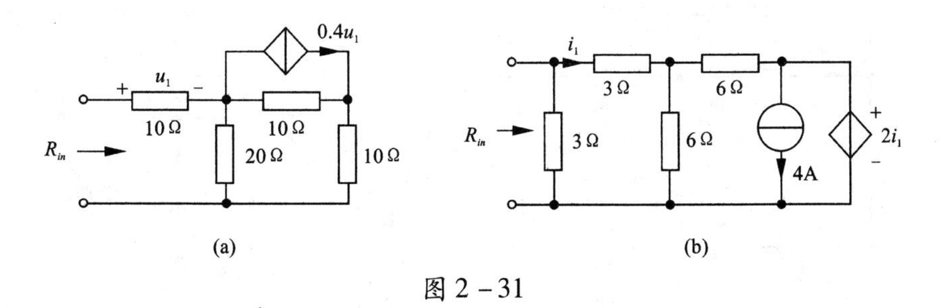

图 2 – 31

第3章　电阻电路的一般分析方法

在第2章中，讲了简单电阻电路的分析方法，基本上是通过化简电路进行计算。这种方法只适用于具有特定结构的电路，不适用于任意电路。为此，必须寻求通用的、普遍的方法。本章介绍电阻电路的一般分析法，包括支路电流法、网孔电流法、回路电流法和结点电压法。

3.1　支路电流法

求解电路的目的是要求出电路中各支路的电流、电压和功率等，而支路电流法是最直接的方法。该方法以支路电流为独立变量，按照KCL、KVL列方程进行求解。其基本方法是：对于有 n 个结点、b 条支路的电路，以支路电流为未知量，按照KCL可以列出 $(n-1)$ 独立的结点电流方程，按照KVL可以列出 $(b-n+1)$ 个独立的回路电压方程，联立 b 个方程，解出 b 个支路电流，从而得出电路中各支路电压和功率。

以图3-1为例，首先选择各支路电流的参考方向、独立回路及其绕行方向。分别列出结点①、②、③的KCL方程和3个独立回路1、2、3的KVL方程如下。

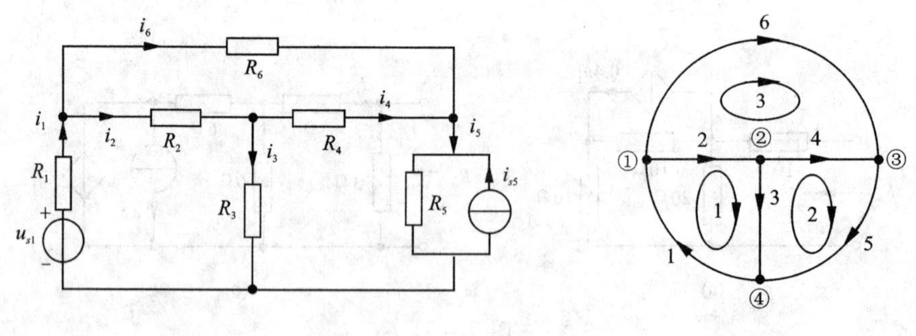

图3-1　支路电流法

$$
\text{KCL:}\begin{cases} -i_1+i_2+i_6=0 \\ -i_2+i_3+i_4=0 \\ -i_4+i_5-i_6=0 \end{cases} \tag{3-1}
$$

$$\text{KVL}:\begin{cases} u_1+u_2+u_3=0 \\ -u_3+u_4+u_5=0 \\ -u_2-u_4+u_6=0 \end{cases} \tag{3-2}$$

然后，根据各支路元件组成的特点，可找到支路电流和支路电压之间的关系为

$$\text{VCR}:\begin{cases} u_1=-u_{s1}+R_1i_1 \\ u_2=R_2i_2 \\ u_3=R_3i_3 \\ u_4=R_4i_4 \\ u_5=R_5i_5+R_5i_{s5} \\ u_6=R_6i_6 \end{cases} \tag{3-3}$$

把式(3－3)代入式(3－2)，整理得

$$\begin{cases} R_1i_1+R_2i_2+R_3i_3=u_{s1} \\ -R_3i_3+R_4i_4+R_5i_5=-R_5i_{s5} \\ -R_2i_2-R_4i_4+R_6i_6=0 \end{cases} \tag{3-4}$$

联立式(3－1)和式(3－4)，可解出 6 个支路电流。

式(3－4)可归纳为一般形式

$$\sum R_ki_k=\sum u_{sk} \tag{3-5}$$

其中，方程左边描述回路中所有电阻的电压降，R_ki_k 为回路中第 k 条支路电阻上的电压，i_k 参考方向与回路绕行方向一致时，此项取“＋”，否则取“－”；方程右边描述回路中所有电源的电压升，u_{sk} 为回路中第 k 条支路的电源电压，当 u_{sk} 与回路绕行方向一致时取“－”(因移到等号另一侧)，否则取“＋”。

例 3－1　电路如图 3－2 所示，用支路电流法求各支路电流。

解　该电路共有 4 个结点，6 条支路，因此，独立结点数 3，独立回路数 3。选结点①、②、③为独立结点，独立回路 1、2 和 3 如图 3－2 所示。以支路电流为未知量，利用 KCL 和 KVL 列方程，可得

$$\begin{cases} i_1-i_5-i_6=0 \\ -i_1+i_2+i_3=0 \\ -i_2-i_4+i_5=0 \\ 4i_1+4i_2+6i_5=18 \\ -4i_2+4i_3+6i_4=-9+54 \\ -6i_4-6i_5+6i_6=-54+27 \end{cases}$$

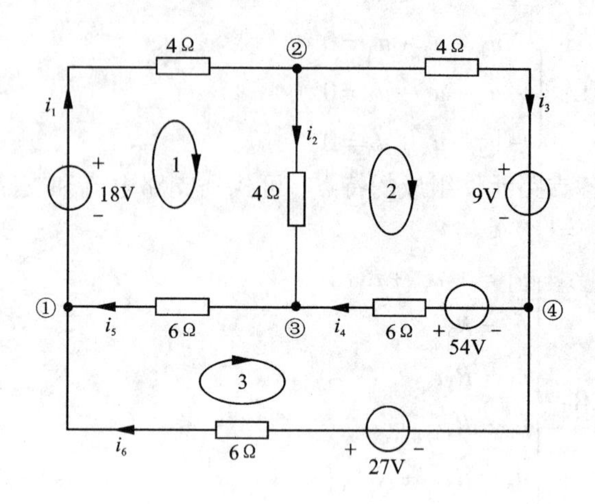

图 3-2　例 3-1 的图

求解上面方程组，可得

$$i_1=3\text{A},\ i_2=-1.5\text{A},\ i_3=4.5\text{A},\ i_4=3.5\text{A},\ i_5=2\text{A},\ i_6=1\text{A}$$

使用支路电流法求解电路的步骤归纳如下：

(1)选定各支路电流，标明其参考方向；

(2) 选取$(n-1)$个独立结点，列出各结点的KCL电流方程；

(3)选取$(n-1)$个基本独立回路，指定回路的绕行方向，列出KVL电压方程；

(4)联立上面的KCL和KVL方程，求得b条支路电流，再由支路电流，根据元件特性算出支路电压及功率。

3.2　网孔电流法和回路电流法

支路电流法求解b个支路电流，需解b个联立方程，工作量大，因此必须设法减少方程的个数。一种方法是设法消去KCL方程，只列$(b-n+1)$个KVL方程；另一种方法是设法消去KVL方程，只列$(n-1)$个KCL方程。利用消去KCL方程使方程个数减少的方法称为网孔电流法或回路电流法；利用消去KVL方程使方程个数减少的方法称为结点电压法。两种方法的方程个数都比支路电流法方程个数少。

3.2.1　网孔电流法

网孔电流法是以假想的网孔电流为独立变量，列出$(b-n-1)$个KVL方程进行求解的方法。但这种方法仅适用平面网络。如图3－3(a)所示电路，假定网孔1和2的网孔电流为i_{m1}和i_{m2}，且网孔电流参考方向如图3－3(b)所示，根据KVL列写电路方程，有

$$\begin{cases}R_1i_1+R_2i_2+u_{s2}-u_{s1}=0\\-R_2i_2-u_{s2}+u_{s3}+R_3i_3=0\end{cases}\tag{3-6}$$

支路电流可利用假想网孔电流求得为

$$i_1=i_{m1},\ i_2=i_{m1}-i_{m2},\ i_3=i_{m2}$$

把网孔电流描述的支路电流代入式(3－6)，整理可得

$$\begin{cases}(R_1+R_2)i_{m1}-R_2i_{m2}=u_{s1}-u_{s2}\\-R_2i_{m1}+(R_2+R_3)i_{m2}=u_{s2}-u_{s3}\end{cases}\tag{3-7}$$

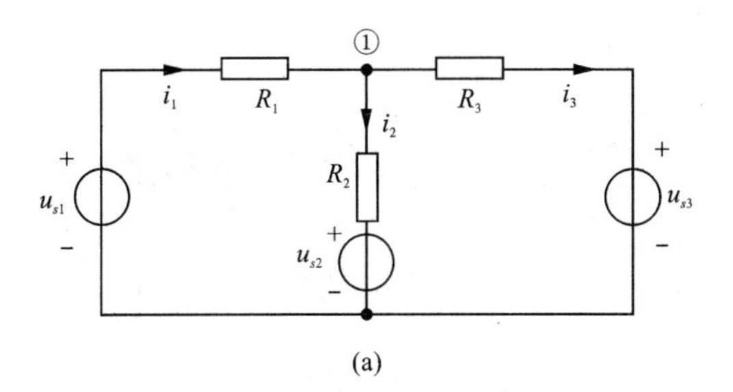

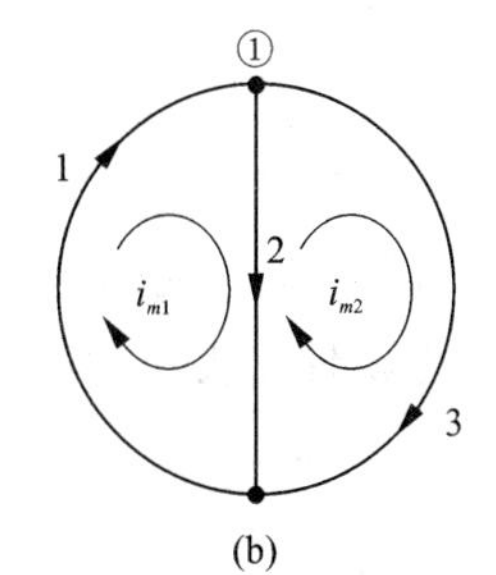

图3－3　网孔电流法

将方程组(3－7)简写成为一般形式，有

$$\begin{cases}R_{11}i_{m1}+R_{12}i_{m2}=u_{s11}\\R_{21}i_{m1}+R_{22}i_{m2}=u_{s22}\end{cases}\tag{3-8}$$

式(3－8)所描述的网孔电流法方程具有一定的规律性，以网孔1为例，其中：$R_{11}=R_1+R_2$是网孔1的自电阻，即网孔1所有电阻之和，恒为正；$R_{12}=-R_2$是网孔1与网孔2的公共支路上的电阻，当网孔1的电流i_{m1}与网孔2的电流i_{m2}在公共支路方向相同时，取"＋"，反之取"－"；$u_{s11}=u_{s1}-u_{s2}$是网孔1内经过的所有电源电压的代数和，电压源的方向与网孔电流i_{m1}方向一致时取"－"，反之取"＋"。同理，网孔2的KVL方程也有上述规律。

网孔电流法自动满足KCL，如例对图3－4(a)的结点①，有

$$-i_1+i_2+i_3=-i_{m1}+(i_{m1}-i_{m2})+i_{m2}=0$$

推广到具有m个网孔的平面电路时，设m个网孔的电流分别为i_{m1}，i_{m2}，i_{m3}，…，i_{mm}，则其网孔电流方程普遍形式为

$$\begin{cases}R_{11}i_{m1}+R_{12}i_{m2}+R_{13}i_{m3}+\cdots+R_{1m}i_{mm}=u_{s11}\\R_{21}i_{m1}+R_{22}i_{m2}+R_{23}i_{m3}+\cdots+R_{2m}i_{mm}=u_{s22}\\\vdots\\R_{m1}i_{m1}+R_{m2}i_{m2}+R_{m3}i_{m3}+\cdots R_{mm}i_{mm}=u_{smm}\end{cases}\tag{3-9}$$

方程中的等式左边，描述的是各网孔电流在某个网孔上的电阻压降代数和。一般情况下，电阻 $R_{ii}(i=1,2,\cdots,m)$ 为第 i 个网孔的自电阻，等于第 i 个网孔中各支路的电阻之和，值恒为正；电阻 $R_{ij}(i\neq j,i,j=1,2,\cdots,m)$ 为第 i 个网孔与第 j 个网孔之间的互阻，等于第 i 个与第 j 个网孔之间公共支路的电阻之和，值可正可负可为零；当两个网孔电流在公共支路上电流流向相同时，互阻为正，相反时为负，如果两者之间的公共支路上没有电阻，则互阻 $R_{ij}=0$，且在一般情况下有 $R_{ij}=R_{ji}(i\neq j,i,j=1,2,\cdots,m)$。

方程的等式右边是第 i 个网孔 $(i=1,2,\cdots,m)$ 所经过的所有电压源之代数和，当电压源的方向与回路绕行方向相同时，取"-"，相反时取"+"。

有时，为了使所列网孔电流方程更容易写出，一般设定网孔电流的参考方向都是顺时针或均为逆时针，这样方程中所有的互阻总是负值。

例3-2　用网孔电流分析法求解图3-2所示电路的各支路电流。

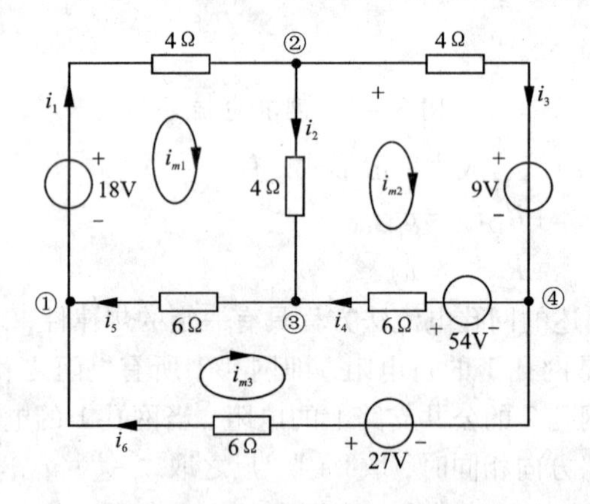

图3-4　例3-2的网孔选择

解　图3-2电路的网孔选择如图3-4所示，则网孔电流方程为

$$\begin{cases}(4+4+6)i_{m1}-4i_{m2}-6i_{m3}=18\\-4i_{m1}+(4+4+6)i_{m2}-6i_{m3}=-9+54\\-6i_{m1}-6i_{m2}+(6+6+6)i_{m3}=-54+27\end{cases}$$

$$\Rightarrow\begin{cases}14i_{m1}-4i_{m2}-6i_{m3}=18\\-4i_{m1}+14i_{m2}-6i_{m3}=45\\-6i_{m1}-6i_{m2}+18i_{m3}=-27\end{cases}$$

求解得：$i_{m1}=3\text{A}$，$i_{m2}=4.5\text{A}$，$i_{m3}=1\text{A}$，则电路的所有支路电流为

$i_1=i_{m1}=3\text{A}$，$i_2=i_{m1}-i_{m2}=-1.5\text{A}$，$i_3=i_{m2}=4.5\text{A}$，

$i_4=i_{m2}-i_{m3}=3.5\text{A}$，$i_5=i_{m1}-i_{m3}=2\text{A}$，$i_6=i_{m3}=1\text{A}$。

3.2.2　回路电流法

网孔电流法仅适用于平面网络，回路电流法则无此限制。回路电流法对于平面网络、非平面网络均适用，因此获得了广泛的应用。

回路电流法是以假想的回路电流为独立变量，列出$(b-n+1)$个KVL方程进行求解的方法，在列方程的规则上与网孔电流法类似，关键是如何选取独立回路。

以图3－5(a)电路为例，选支路(1，5，6)组成树(实线画出)，则电路的连支是(2，3，4)，如图3－5(b)所示。由连支组成的基本回路组为(1，2，5)、(4，5，6)和(1，3，5，6)，它们就是一组独立回路。

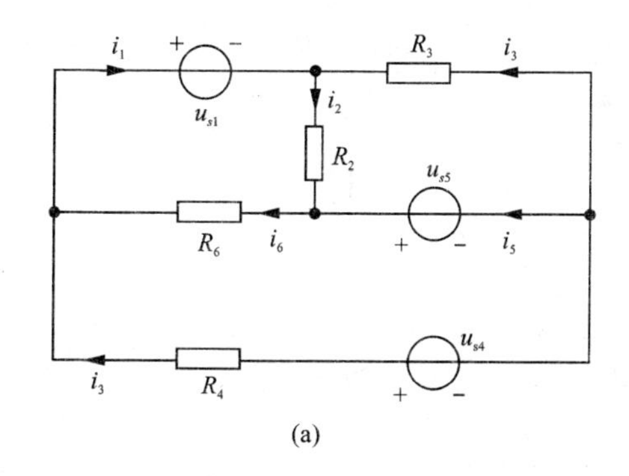

(a)

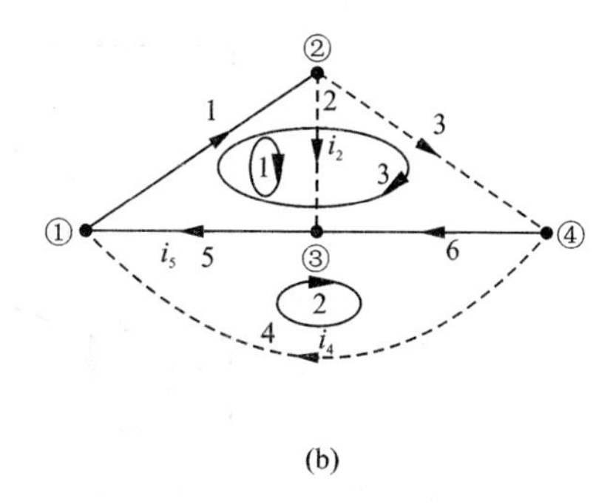

(b)

图3－5　回路电流法

选连支电流为假想回路电流，并且两者的参考方向一致，有

$$i_{l1}=i_2,\ i_{l2}=i_4,\ i_{l3}=i_3$$

根据回路电流法求假想回路电流，再由电路结构图，全部支路电流可用回路电流的线性关系式来描述。例如，对图3－5(b)所示电路的1、5、6这3条树支，则树支电流分别为

$$i_1=i_{l1}+i_{l3},\ i_5=i_{l1}-i_{l2}+i_{l3},\ i_6=-i_{l2}+i_{l3}$$

回路电流法自动满足KCL定律，例如对图3－5的结点③，有

$$-i_2+i_5-i_6=-i_{l1}+(i_{l1}-i_{l2}+i_{l3})-(-i_{l2}+i_{l3})=0$$

与网孔电流法相似，经过推广到一般情况，对于一个具有 n 个结点和 b 条支路的电路，它的独立回路数为 $l=b-n+1$ 个，设 l 个独立回路的电流分别为 i_{l1}，i_{l2}，…，i_{ll}，则其回路电流方程的一般形式为

$$\begin{cases}R_{11}i_{l1}+R_{12}i_{l2}+R_{13}i_{l3}+\cdots+R_{1l}i_{ll}=u_{s11}\\R_{21}i_{l1}+R_{22}i_{l2}+R_{23}i_{l3}+\cdots+R_{2l}i_{ll}=u_{s22}\\\vdots\\R_{l1}i_{l1}+R_{l2}i_{l2}+R_{l3}i_{l3}+\cdots+R_{ll}i_{ll}=u_{sll}\end{cases}\tag{3-10}$$

一般情况下，电阻 $R_{ii}(i=1,2,\cdots,l)$ 是各回路的所有电阻之和，叫自阻，恒为正；电阻 $R_{ij}(i\neq j,i,j=1,2,\cdots,l)$ 是第 i 个回路与第 j 个回路的公共电阻之和，叫互阻。若两个回路电流通过公共电阻时方向一致，互阻取“+”，否则取“-”；当两个回路之间无公共电阻时，则相应的互阻为零，且一般情况下，$R_{ij}=R_{ji}(i\neq j,i,j=1,2,\cdots,l)$。方程右边的 u_{s11}，u_{s22}，…，u_{sll} 为各个回路所经过的电压源的代数和，当电源电压的方向与回路电流方向一致时取“-”，否则取“+”。

例 3-3 写出图 3-6 所示电路的回路电流方程。

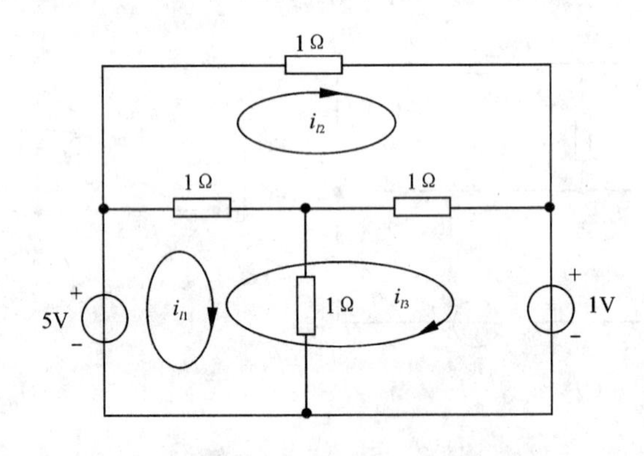

图 3-6 例 3-3 的图

解 假定回路电流分别为 i_{l1}、i_{l2} 和 i_{l3}，根据 KVL 可列出回路电流方程为

$$\begin{cases}(1+1)\times i_{l1}-1\times i_{l2}+1\times i_{l3}=5\\-1\times i_{l1}+(1+1+1)\times i_{l2}-(1+1)\times i_{l3}=0\\1\times i_{l1}-(1+1)\times i_{l2}+(1+1)\times i_{l3}=5-1\end{cases}$$

整理上述方程，得

$$\begin{cases}2i_{l1}-i_{l2}+i_{l3}=5\\-i_{l1}+3i_{l2}-2i_{l3}=0\\i_{l1}-2i_{l2}+2i_{l3}=4\end{cases}$$

在利用回路电流法分析电路时，除按通用的方法处理以外，还会碰到如下几种特殊问题。

第1种是电路中含有受控源，它的处理方法是暂时把它当做独立电源来处理，然后把控制量用待求的回路电流表示，以作为辅助方程。

第2种是电路中含有不并电阻的电流源(称无伴电流源)支路的情况，由于该支路的电压无法用回路电流来表示，所以采用回路电流法建立与该支路相连的回路方程时，就会出现困难，对这种情况的处理办法有两种。

方法1　选择假定回路电流时，使无伴电流源只在一个回路中出现，这样，该假定的回路电流就可利用无伴电流源求出。

方法2　假设无伴电流源两端的电压，把它作为附加变量列入KVL方程，这样，电路分析就多了一个变量(假想的电压)，为此，根据无伴电流源与假定回路电流之间的关系，增加一个回路电流与无伴电流源电流之间的约束关系方程。

下面通过几个例题来介绍回路电流法这几种特殊情况的处理方法。

例3-4　试用回路电流法求图3-7所示电路中受控源的控制量I_x。

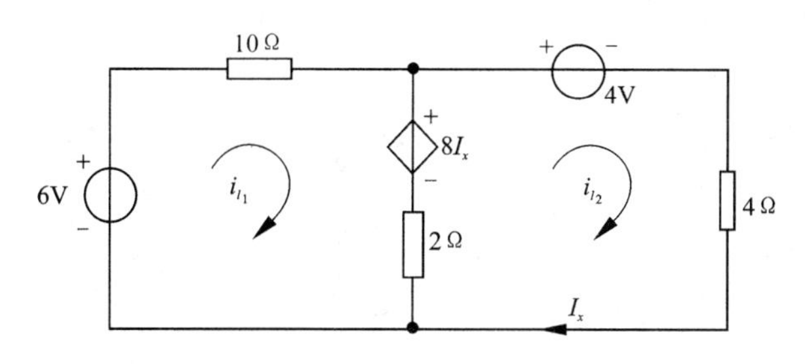

图3-7　例3-4的图

解　先将受控电源等同于独立电源处理，写出如下回路电流方程

$$\begin{cases}12i_{l1}-2i_{l2}=-8I_x+6\\-2i_{l1}+6i_{l2}=-4+8I_x\end{cases}\tag{3-11}$$

将受控源控制量用回路电流表示，有$I_x=i_{l2}$。

把$I_x=i_{l2}$代入方程式(3-11)，整理得

$$\begin{cases}12i_{l1}+6i_{l2}=6\\-2i_{l1}-2i_{l2}=-4\end{cases}\tag{3-12}$$

从方程式(3－12)可见，在有受控源时，$R_{ij}=R_{ji}(i\neq j)$不再成立。解方程式(3－12)，得 $i_{l1}=-1\mathrm{A}$，$i_{l2}=3\mathrm{A}$，$I_x=3\mathrm{A}$。

此例题还说明，对于平面电路，独立回路可以选择网孔，网孔电流法就是回路电流法的特例。

例3－5 试用回路电流法求图3－8所示电路的电流 I_1。

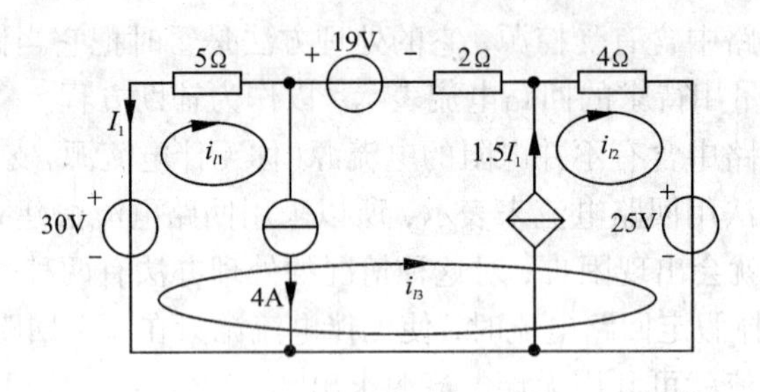

图3－8 例3－5的图

解 对于受控源的情况，处理方法与上面例题相同。对于无伴电流源4A和无伴受控电流源 $1.5I_1$，处理方法有两种，下面分别介绍。

方法1 把无伴电流源4A和无伴受控电流源 $1.5I_1$ 选择为连支，使这两个无伴电流源分别都只在一个回路中出现，如图3－8所示，它们分别出现在回路1和回路2中，第3个独立回路都不包含这两条支路，得回路电流方程为

$$\begin{cases}i_{l1}=4\\ i_{l2}=1.5I_1\\ 5\times i_{l1}+4\times i_{l2}+(5+2+4)\times i_{l3}=-25+30-19\end{cases}$$

增加辅助方程 $I_1=-i_{l1}-i_{l3}$

联立求解得

$$i_{l1}=4\mathrm{A},\ i_{l2}=-3\mathrm{A},\ i_{l3}=-2\mathrm{A},\ I_1=-2\mathrm{A}$$

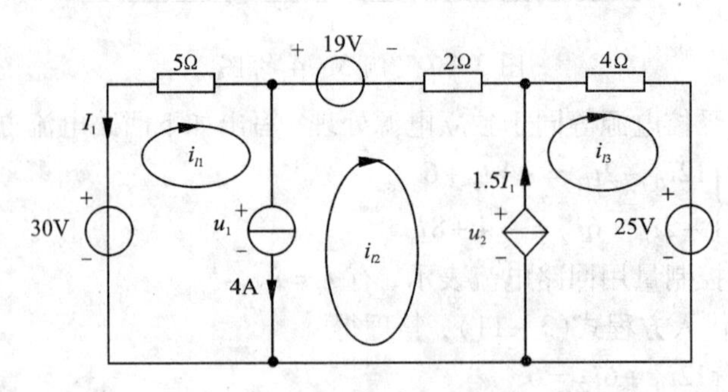

图3－9 例3－5的另一种解法

方法2　回路选择如图3－9所示，此时，利用KVL列写回路电流方程时，无法用回路电流和已经参数来表达无伴电流源两端的电压。对这种选择情况的处理方法是，分别假设无伴电流源4A和无伴受控电流源$1.5I_1$两端的电压为u_1和u_2，在此假设下可列出回路电流方程为

$$\begin{cases} 5i_{l1}=30-u_1 \\ 2i_{l2}=-19+u_1-u_2 \\ 4i_{l3}=-25+u_2 \end{cases} \tag{3-13}$$

增加辅助方程

$$\begin{cases} I_1=-i_{l1} \\ i_{l1}-i_{l2}=4 \\ i_{l3}-i_{l2}=1.5I_1 \end{cases} \tag{3-14}$$

联立求解式(3－13)和式(3－14)，同样可求得$I_1=-2\text{A}$。

例3－6　电路如图3－10所示，试用回路法求受控源的功率。

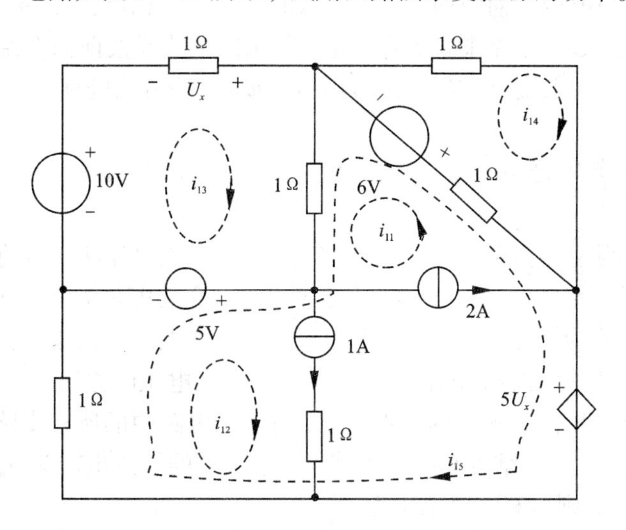

图3－10　例3－6的图

解　回路选择如图3－10所示，回路电流方程分别为

$$\begin{cases} i_{l1}=2 \\ i_{l2}=1 \\ i_{l1}+(1+1)\times i_{l3}-i_{l5}=10-5 \\ i_{l1}+(1+1)\times i_{l4}-i_{l5}=-6 \\ -(1+1)\times i_{l1}+i_{l2}-i_{l3}-i_{l4}+(1+1+1)\times i_{l5}=6+5-5U_x \end{cases}$$

对受控电压源，增加辅助方程为 $U_x = -1 \times i_{l3}$。把 $U_x = -i_{l3}$ 代入上述方程组得

$$i_{l1} = 2\text{A},\ i_{l2} = 1\text{A},\ i_{l3} = -17.5\text{A},\ i_{l4} = -23\text{A},\ i_{l5} = -38\text{A}$$

则受控电压源的功率 $P = 5U_x \times i_{l5} = -5i_{l3} \times i_{l5} = -3325\text{W}$，且其电流和电压为关联参考方向，所以，受控电压源发出功率。

在用回路电流法分析时，当一个电路的电流源较多时，只要选择了合适的独立回路，采用回路分析法求解电路，可以使求解变量大为减少。因此回路分析法最适合含有多个电流源支路的电路。

回路电流法的分析步骤可归纳如下：

(1)根据给定的电路，首先确定独立回路方程数，并指定各回路电流的参考方向；

(2)按通用形式，列出回路电流方程。注意回路方程的自阻总是正的，互阻的正负由相关的两个回路电流通过公有电阻时，两者的参考方向是否相同而定，方向相同时为"+"，方向相反时为"-"。方程右边的项是对应回路电压源的代数和，电源电压方向与回路绕行一致时取"-"，相反，取"+"。

(3)当电路中含有特殊支路的情况时，除特殊情况按前面介绍的对应方法进行处理以外，一般支路方程的列写仍然按步骤(2)方法处理。

3.3　结点电压法

当电路的独立结点数少于独立回路数时，用结点电压法比较简单。

任意选择电路中的某一结点作为参考结点，令其电位为零，其他结点到参考结点的电压称为结点电压。结点电压法是以结点电压为未知量$(n-1)$个，根据 KCL 列$(n-1)$个方程，并求解出$(n-1)$个结点电压的方法。

根据结点电压法所求得的结点电压，可求出电路中的所有支路电压。如图 3-11 所示电路，选择结点③为参考结点，结点①的结点电压为 u_{n1}，结点②的结点电压为 u_{n2}，则所有支路电压为

$$u_1 = u_{n1},\ u_2 = u_{n2},\ u_3 = u_{n1} - u_{n2}$$

由于任一支路电压都等于两结点电压之差，因此，结点法对任意回路自动满足 KVL。如对由结点①、②、③组成的回路，有

$$-u_1 + u_2 + u_3 = -u_{n1} + u_{n2} + (u_{n1} - u_{n2}) = 0$$

下面以图 3-11 为例，来推导结点电压法的标准方程。根据 KCL 可列出两个独立的结点电流方程为

$$\begin{cases} i_1 + i_3 - i_{s3} = 0 \\ i_2 - i_3 - i_{s2} + i_{s3} = 0 \end{cases} \tag{3-15}$$

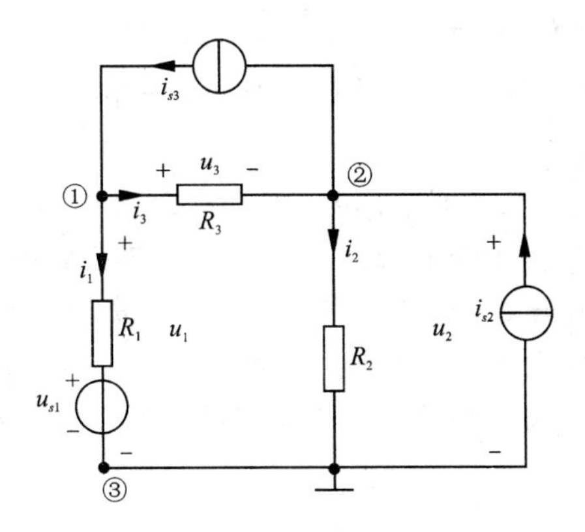

图 3－11　结点电压法

对每条支路利用元件电压和电流的关系，有

$$i_1 = G_1(u_{n1} - u_{s1}),\ i_2 = G_2 u_{n2},\ i_3 = G_3(u_{n1} - u_{n2})$$

$$G_i = 1/R_i,\ (i = 1、2、3)$$

把用结点电压描述的支路电流代入式(3－15)，整理得结点电压方程的

$$\begin{cases}(G_1 + G_3)u_{n1} - G_3 u_{n2} = G_1 u_{s1} + i_{s3} \\ -G_3 u_{n1} + (G_2 + G_3)u_{n2} = i_{s2} - i_{s3}\end{cases} \tag{3-16}$$

标准形式为

$$\begin{cases}G_{11}u_{n1} + G_{12}u_{n2} = i_{s11} \\ G_{21}u_{n1} + G_{22}u_{n2} = i_{s22}\end{cases} \tag{3-17}$$

式(3－16)所描述的结点电压法方程有一定规律。其中，方程左边系数中，主对角线元素为该结点所连接的各支路电导的和，称为自导，恒为正值，如：$G_{11} = G_1 + G_3$，$G_{22} = G_2 + G_3$；非对角线元素为相邻的结点之间公共电导之和的负值，称为互导，恒为负值，如：$G_{12} = -G_3$，$G_{21} = -G_3$。方程右边为本结点所连接的独立电流源的代数和，流入结点的电流为“＋”，流出结点的电流为“－”，$i_{s11} = G_1 u_{s1} + i_{s3}$（注意：$G_1 u_{s1}$为利用电源等效变换，把电压源与电阻的串联组合变成电流源与电阻的并联组合，而得出的流入结点①的电流），$i_{s22} = i_{s2} - i_{s3}$。

从上面例题可以看出，当电路中不含受控源时，有下列式子成立

$$G_{12} = G_{21} = -G_3$$

推广到一个具有 n 个结点的电路，独立结点数为$(n-1)$。假设$(n-1)$个独立结点电压为 u_{n1}，u_{n2}，…，$u_{n(n-1)}$，则其结点电压方程的一般形式为

$$
\begin{cases}
G_{11}u_{n1}+G_{12}u_{n2}+G_{13}u_{n3}+\cdots+G_{1(n-1)}u_{n(n-1)}=i_{s11} \\
G_{21}u_{n1}+G_{22}u_{n2}+G_{23}u_{n3}+\cdots+G_{2(n-1)}u_{n(n-1)}=i_{s22} \\
\vdots \\
G_{(n-1)1}u_{n1}+G_{(n-1)2}u_{n2}+G_{(n-1)3}u_{n3}+\cdots+G_{(n-1)(n-1)}u_{n(n-1)}=i_{s(n-1)(n-1)}
\end{cases}
\tag{3-18}
$$

一般情况下，自导 $G_{ii}(i=1,2,\cdots,n-1)$ 为连接到第 i 个结点的所有支路电导之和，总为正；互导 $G_{ij}(i\neq j,\ i,j=1,2,\cdots,n-1)$ 是连接在结点 i 和结点 j 之间的公共支路上电导之和的负值，互导总为负，且 $G_{ij}=G_{ji}(i\neq j,\ i,j=1,2,\cdots,n-1)$；$i_{sii}$ 为流入第 i 个结点的电流源的代数和，且流入结点取“+”，流出结点取“-”。

例3-7 列出图3-12所示电路的结点电压方程。

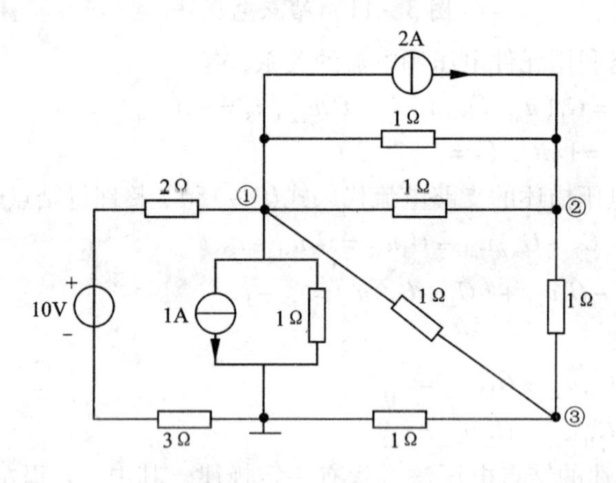

图3-12 例3-7的图

解 设结点①、②、③的结点电压分别为 u_{n1}、u_{n2} 和 u_{n3}，根据列写结点电压方程的规律，不难得出结点电压方程为

$$
\begin{cases}
\left(\frac{1}{2+3}+1+1+1+1\right)\times u_{n1}-(1+1)\times u_{n2}-1\times u_{n3}=\frac{10}{2+3}-1-2 \\
-1+1)\times u_{n1}+(1+1+1)\times u_{n2}-1\times u_{n3}=2 \\
-1\times u_{n1}-1\times u_{n2}+(1+1+1)\times u_{n3}=0
\end{cases}
$$

整理得

$$
\begin{cases}
4.2u_{n1}-2u_{n2}-u_{n3}=-1 \\
-2u_{n1}+3u_{n2}-u_{n3}=2 \\
-u_{n1}-u_{n2}+3u_{n3}=0
\end{cases}
$$

例3-8 两个实际电压源并联向3个负载供电的电路如图3-13所示。其中 R_1、R_2 分别是两个电源的内阻，R_3、R_4、R_5 为负载，求负载两端的电压。

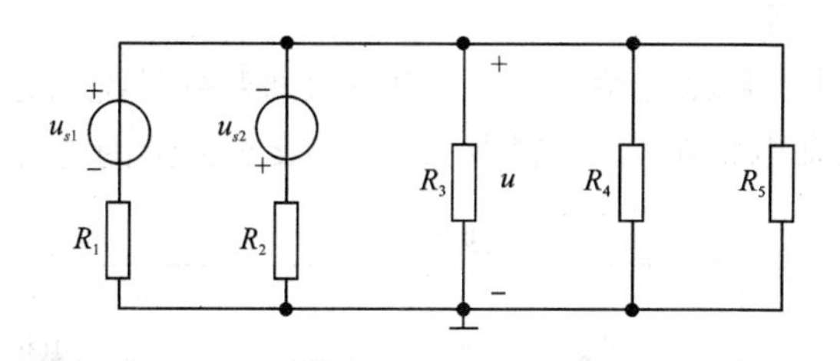

图 3－13　例 3－8 的图

解　由于电路只有两个结点，所以只需要列一个结点电压方程。参考结点如图 3－13 所设，结点电压为 u，其 KCL 方程为

$$\left(\frac{1}{R_1}+\frac{1}{R_2}+\frac{1}{R_3}+\frac{1}{R_4}+\frac{1}{R_5}\right)u=\frac{u_{s1}}{R_1}-\frac{u_{s2}}{R_2}$$

即

$$(G_1+G_2+G_3+G_4+G_5)u=G_1u_{s1}-G_2u_{s2}$$

所以

$$u=\frac{G_1u_{s1}-G_2u_{s2}}{G_1+G_2+G_3+G_4+G_5}$$

像例 3－8 所示电路，当支路多但结点却只有两个时，此时采用结点电压法分析电路最为简便，它只需要列一个方程就可以求解。其通用式子为

$$u=\frac{\Sigma Gu_s}{\sum G} \tag{3-19}$$

上式常被称为弥尔曼定理。

在利用结点法分析电路时，除按上面通用的方法处理以外，还会碰到如下几种特殊问题。

第 1 种是电路中含有电流源与电阻串联支路的情况，对这种特殊情况的处理方法是忽略此电阻的存在。

第 2 种是电路中含有受控源，它的处理方法是暂时把它当做独立电源来处理，然后把控制量用待求的结点电压表示，以作为辅助方程。

第 3 种是电路中含有不串电阻的电压源（称无伴电压源）支路的情况，由于该支路的电流无法用结点电压表示，所以采用结点电压法建立与该支路相连的结点 KCL 方程时，就会出现困难，对这种情况的处理办法有两种：

方法 1　选择结点电压时，使无伴电压源的其中一个结点为参考结点；

方法 2　假设流过无伴电压源的电流，把它作为附加变量列入 KCL 方程，这样，电路分析就多了一个变量（假想的电流），为此，根据无伴电压源的两个结点电压之差为无伴电压源的电压参数，增加一个结点电压与无伴电压源电压之间关系的约束方程。

下面通过几个例题来介绍结点电压法这几种特殊情况的处理方法。

例3-9 已知电路如图3-14所示,求6Ω电阻上的电流。

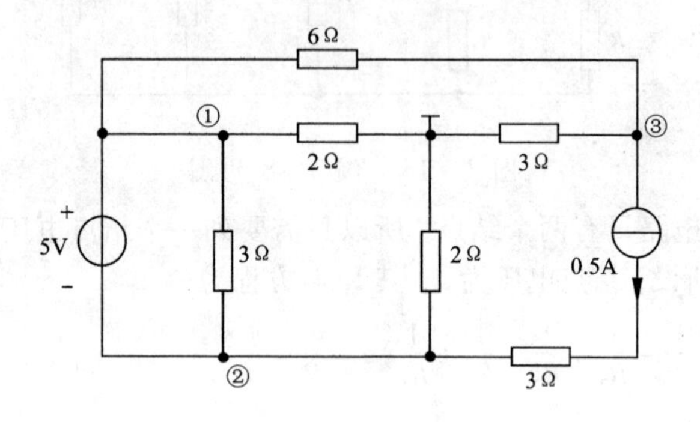

图3-14 例3-9的图

解 对0.5A电流源与电阻3Ω串联支路,处理方法是忽略3Ω电阻的存在,如图3-15所示。对纯电压源的处理方法,有下面两种方法。

方法1 将纯电压源的电流作为变量添加在方程中。

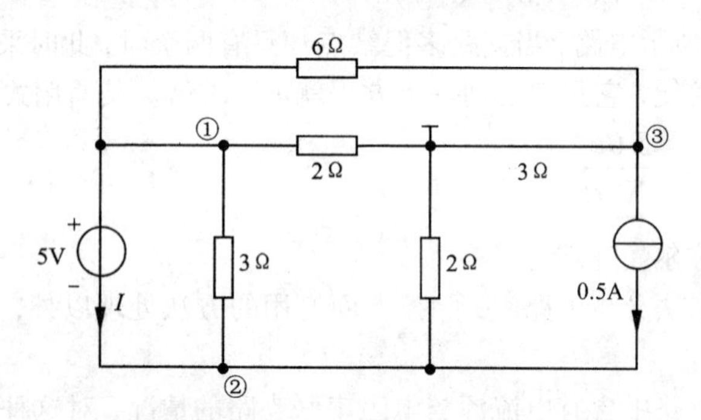

图3-15 例3-9的一种解法

设纯电压源支路的电流为I,方向如图3-15所示。根据结点法直接列写方程组如下

$$\begin{cases}\left(\frac{1}{3}+\frac{1}{2}+\frac{1}{6}\right)\times u_{n1}-\frac{1}{3}u_{n2}-\frac{1}{6}u_{n3}=-I\\-\frac{1}{3}u_{n1}+\left(\frac{1}{2}+\frac{1}{3}\right)\times u_{n2}=I+0.5\\-\frac{1}{6}u_{n1}+\left(\frac{1}{3}+\frac{1}{6}\right)\times u_{n3}=-0.5\end{cases}$$

在以上直接列写的方程组中,添加方程:$u_{n1}-u_{n2}=5\text{V}$,这样4个方程,4

个变量，即可求解出电路的各个结点电压分别为：$u_{n1}=2.55\text{V}$，$u_{n2}=-2.45\text{V}$，$u_{n3}=-0.15\text{V}$。则6Ω电阻上待求的电流为$\dfrac{u_{n1}-u_{n3}}{6}=0.45\text{A}$。

方法2　选择5V电压源的一端为参考结点，并重新标注其他结点，如图3-16所示。

由于结点①的电压正好是电压源电压，采用这种方法列写的结点电压方程为

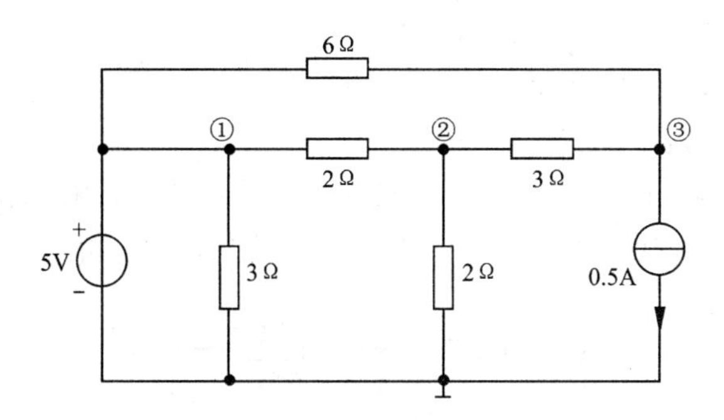

图3-16　例3-9的另外一种解法

$$\begin{cases} u_{n1}=5 \\ -\dfrac{1}{2}u_{n1}+(\dfrac{1}{2}+\dfrac{1}{2}+\dfrac{1}{3})\times u_{n2}-\dfrac{1}{3}u_{n3}=0 \\ -\dfrac{1}{6}u_{n1}-\dfrac{1}{3}u_{n2}+(\dfrac{1}{3}+\dfrac{1}{6})\times u_{n3}=-0.5 \end{cases}$$

这样3个方程，3个变量，即可求解出电路的各个待求量，其中$u_{n3}=2.3\text{V}$，所以6Ω电阻上待求的电流为$\dfrac{5-2.3}{6}=0.45\text{A}$。

例3-10　写出图3-17电路的结点电压方程。

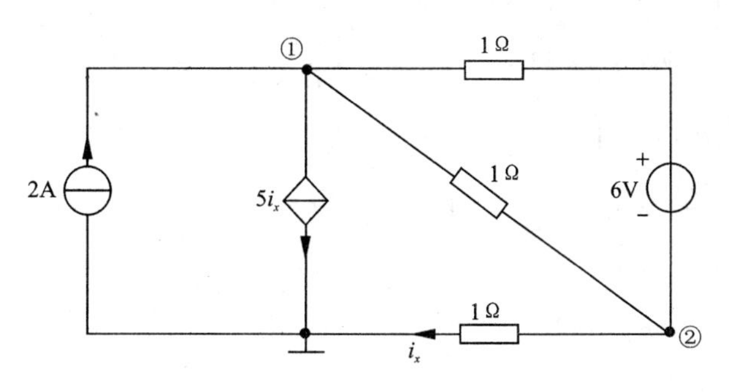

图3-17　例3-10的图

解 对电压源6V和1Ω电阻的串联组合，可看成是为电流源6A和1Ω电阻的并联组合；对受控源，在建立结点电压方程时，首先按独立源对待，得结点电压方程为

$$\begin{cases}(1+1)\times u_{n1}-(1+1)\times u_{n2}=2+6-5i_x\\-(1+1)\times u_{n1}+(1+1+1)\times u_{n2}=-6\end{cases}\tag{3-20}$$

对受控源的控制量用结点电压表达，得约束关系方程为

$$i_x=u_{n2}$$

把 $i_x=u_{n2}$ 代入式(3-20)，整理得

$$\begin{cases}2u_{n1}+3u_{n2}=8\\-2u_{n1}+3u_{n2}=-6\end{cases}\tag{3-21}$$

从方程式(3-21)可见，在有受控源时，$G_{ij}=G_{ji}\,(i\neq j)$ 不再成立。

例3-11 用结点电压法求3-18所示电路的各结点电压。

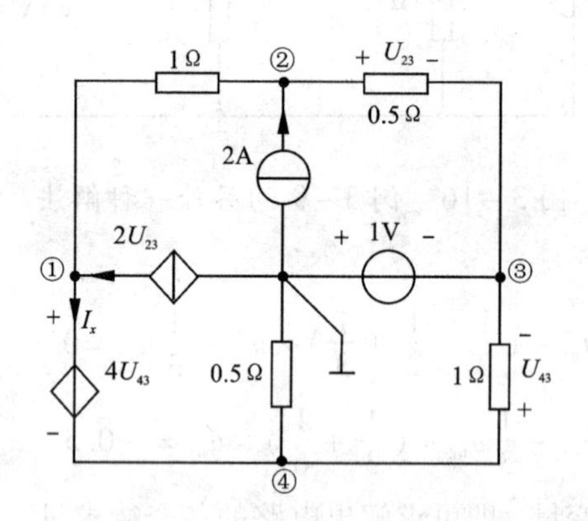

图3-18 例3-11的图

解 选1V电压源的一端为参考结点，列写的结点电压方程为

$$\begin{cases}1\times u_{n1}-1\times u_{n2}=-I_x+2U_{23}\\-1\times u_{n1}+(1+\dfrac{1}{0.5})\times u_{n2}-\dfrac{1}{0.5}\times u_{n3}=2\\u_{n3}=-1\\-1\times u_{n3}+(\dfrac{1}{0.5}+1)\times u_{n4}=I_x\end{cases}$$

再加上受控源与其涉及到的结点电压变量之间的关系

$$U_{23}=u_{n2}-u_{n3}$$

$$U_{43}=u_{n4}-u_{n3}$$

此时联立上面方程最终可以得出待求量

$$u_{n1}=5.67\text{V},\ u_{n2}=1.89\text{V},\ u_{n3}=-1\text{V},\ u_{n4}=0.33\text{V}$$

结点电压法的分析步骤可归纳如下：

(1)指定参考结点，其余结点对参考结点之间的电压就是结点电压；

(2)列出结点电压方程(按普遍形式)。注意结点电压方程的自导总是正的，互导是相关的两个结点之间公共支路的电导之和的负值。方程右边的项是对应结点电源电流的代数和，电流流出结点时取“－”；相反，取“＋”。

(3)当电路中含有特殊支路的情况时，除特殊情况按前面介绍的对应方法进行处理以外，一般结点的方程列写仍然按步骤(2)方法处理。

本章小结

线性电阻电路的一般分析方法是不改变电路的结构，它包括支路电流法、网孔电流法、回路电流法和结点电压法。

支路电流法以支路电流为未知量，根据 KVL 和 KCL 列方程求解的方法。对一个具有 n 个结点，b 条支路的电路，它的独立回路数为 $l=b-n+1$ 个，独立结点数 $=n-1$ 个。支路电流法根据$(n-1)$个独立结点列出 KCL 方程，$(b-n+1)$个独立回路列出 KVL 方程，求出所有支路电流，从而达到分析电路的目的。根据回路列出的 KVL 方程的一般形式为 $\sum R_k i_k=\sum u_{sk}$，方程左边描述回路所有电阻上电压降，即电阻上电压与回路绕行方向一致，前面取“＋”，相反，前面取“－”；方程右边描述回路所有电压源的电压升，即电压源的电压与回路绕行方向一致，前面取“－”，相反，前面取“＋”。

网孔电流法则是以假想网孔电流为未知量，根据 KVL 列方程求解分析电路的方法。回路电流法是以假想回路电流为未知量，根据 KVL 列方程求解的方法，它的本质是 KVL 的体现。网孔电流法是回路电流法的特例，且仅适用于平面电路。对于一个具有 n 个结点，b 条支路的电路，独立回路数为 $l=b-n+1$ 个的电路，其回路电流方程的一般形式为

$$\begin{cases}R_{11}i_{l1}+R_{12}i_{l2}+R_{13}i_{l3}+\cdots+R_{1l}i_{ll}=u_{s11}\\ R_{21}i_{l1}+R_{22}i_{l2}+R_{23}i_{23}+\cdots+R_{2l}i_{ll}=u_{s22}\\ \vdots\\ R_{l1}i_{il}+R_{l2}i_{l2}++R_{l3}i_{l3}\cdots+R_{ll}i_{ll}=u_{sll}\end{cases}$$

其中 R_{11}，R_{22}，…，R_{ll}是各回路的所有电阻之和，叫自阻，为正。R_{12}，R_{1l}，…，R_{ll}是各回路之间的互阻，$R_{ij}(i\neq j,\ i,\ j=1,\ 2,\ \cdots,\ l)$的绝对值为第 i 个回路和 j 个回路之间公共支路电阻之和，当这两个回路的假想回路电流在公共支路上同向时，取值为“＋”，相反为“－”；当两个回路之间无共有电阻时，则相应的互阻为零。u_{sll}，u_{s22}，…，u_{sll}为各个回路电源电压升的代数和。

回路电流分析时，对含有无伴电流源支路或受控源支路，要做特殊处理。

结点电压法就是以结点电压为未知量，根据 KCL 列方程求解的方法，它的本质是 KCL 的体现。对于一个具有 n 个结点的电路，独立结点数为$(n-1)$。其结点电压方程的一般形式为

$$\begin{cases} G_{11}u_{n1}+G_{12}u_{n2}+G_{13}u_{n3}+\cdots+G_{1(n-1)}u_{n(n-1)}=i_{s11} \\ G_{21}u_{n1}+G_{22}u_{n2}+G_{23}u_{n3}+\cdots+G_{2(n-1)}u_{n(n-1)}=i_{s22} \\ \vdots \\ G_{(n-1)1}u_{n1}+G_{(n-1)2}u_{n2}+G_{(n-1)3}u_{n3}+\cdots+G_{(n-1)(n-1)}u_{n(n-1)}=i_{s(n-1)(n-1)} \end{cases}$$

其中，自电导 G_{11}，G_{22}，…，$G_{(n-1)(n-1)}$ 为各结点所连接的所有支路电导之和，总为正；G_{12}，G_{13}，$G_{1(n-1)}$，…，是各回路之间的互电导，互电导 $G_{ij}(i\neq j,\ i,j=1,2,\cdots,n-1)$ 为第 i 个结点和 j 个结点之间公共支路电导之和的负值；i_{s11}，i_{s22}，…，$i_{s(n-1)(n-1)}$ 分别为流入各结点电流源的代数和。结点电压分析时，对含有无伴电压源支路或受控源支路，要做特殊处理。

复习思考题

(1)用支路电流法求解图 3－19 所示电路中各支路电流及各电阻上吸收的功率。

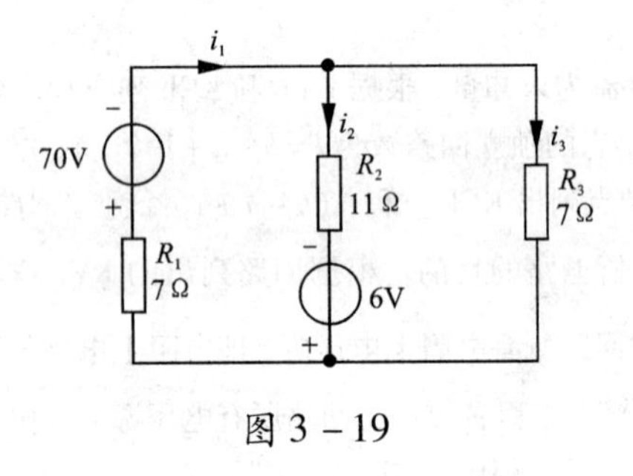

图 3－19

(2)用网孔电流分析法求解图 3－20 电路的各支路电流。

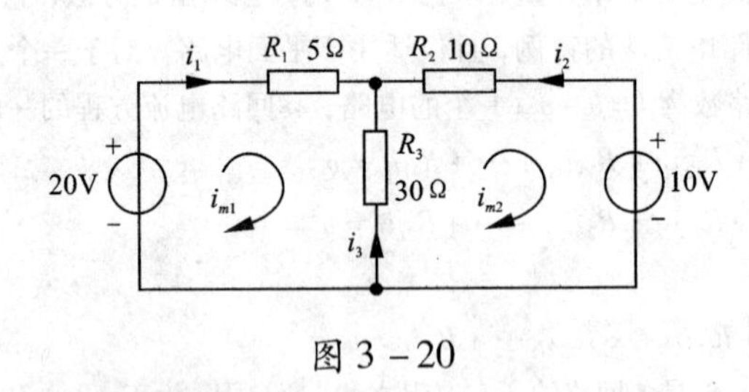

图 3－20

(3)用网孔电流分析法求图 3－21 所示电路中电压源的功率。

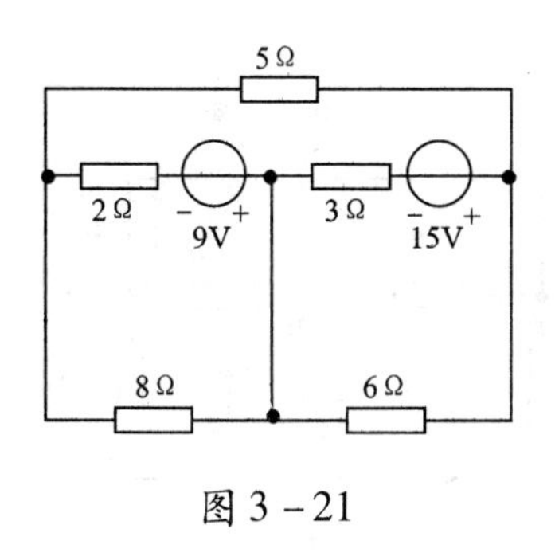

图 3－21

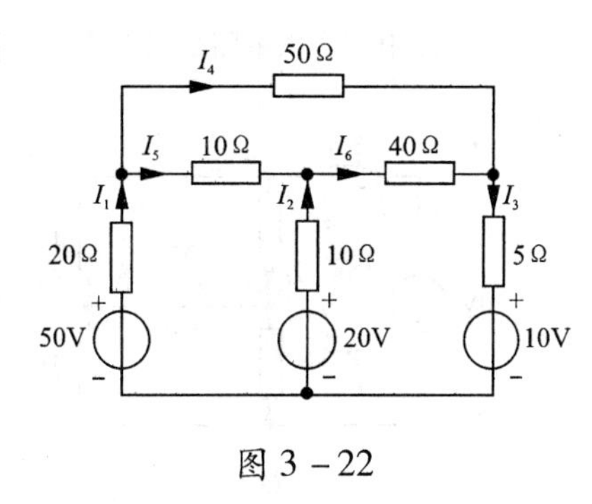

图 3－22

(4)试用回路电流法求图3－22所示电路中各支路电流。

(5)试用回路电流法求图3－23中的电流 I。

(6)图3－24的电路，试用回路电流法求电压 U_0。

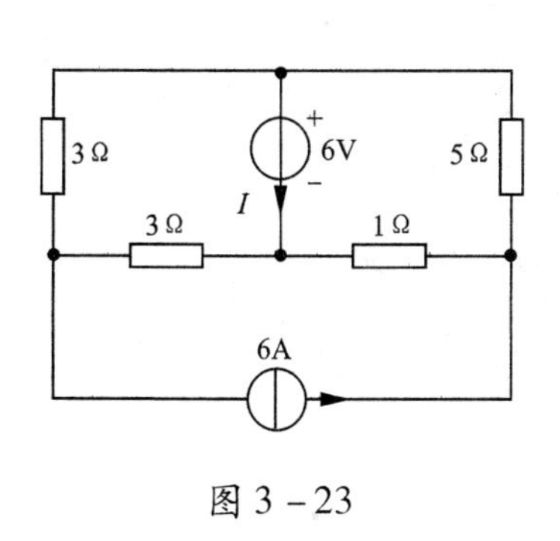

图 3－23

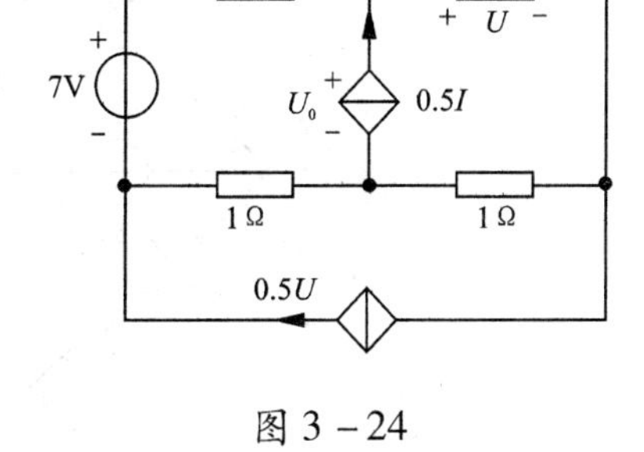

图 3－24

(7)试用回路电流法求图3－25所示电路的电压 u。

(8)电路如图3－26所示，试用回路电流法求各元件功率，并验证电路功率守恒。

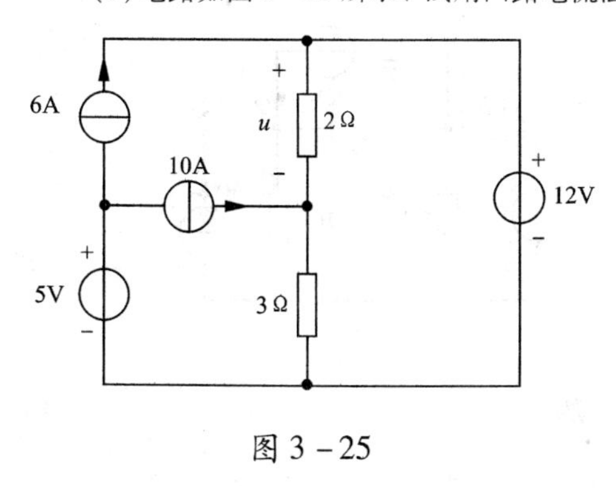

图 3－25

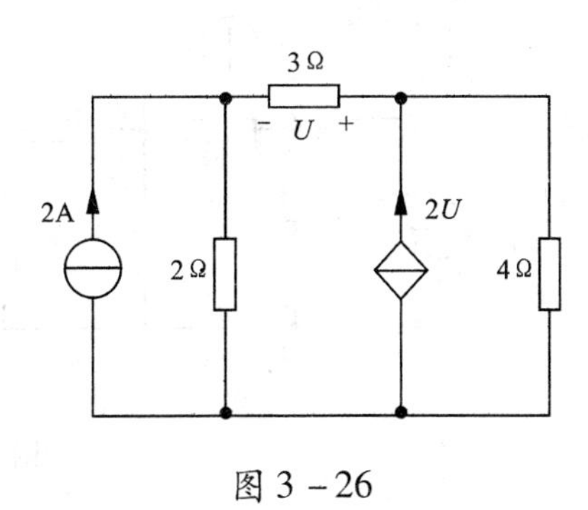

图 3－26

(9)用回路电流法求解图3－27各电路中的I_X。

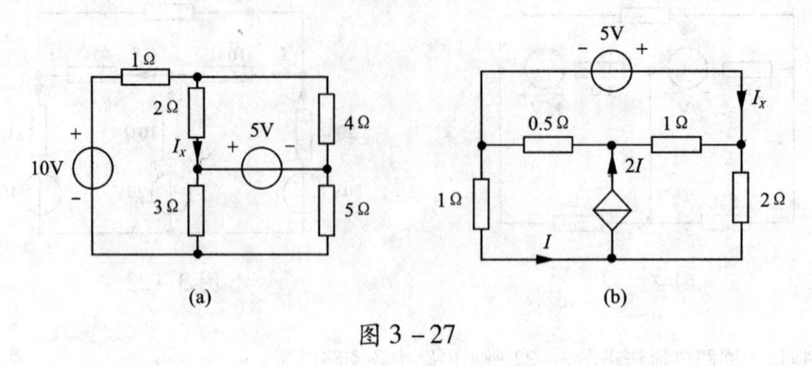

图 3－27

(10)用回路电流法求图3－28电路中受控源的功率。

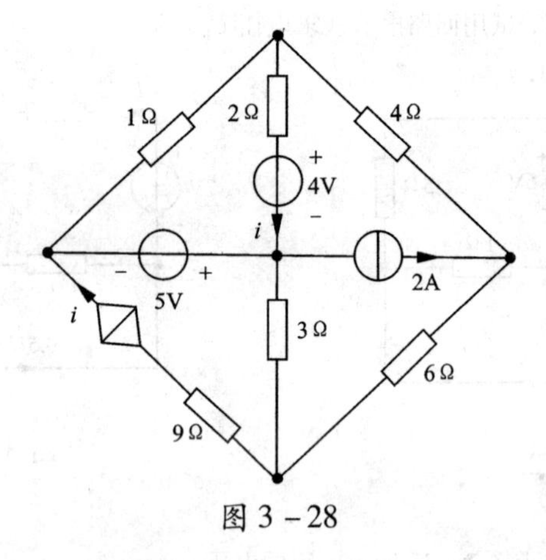

图 3－28

(11)列出图3－29(a)、(b)中电路的结点电压方程。

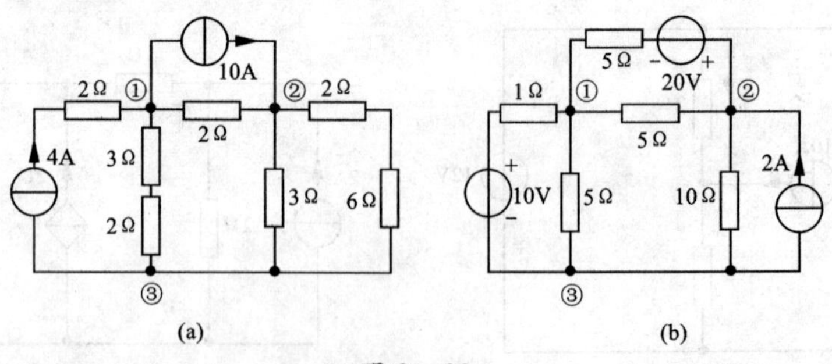

图 3－29

(12)电路如图3－30所示，试求各结点电压。

(13)试用结点法求图3－31电路中的U_1。

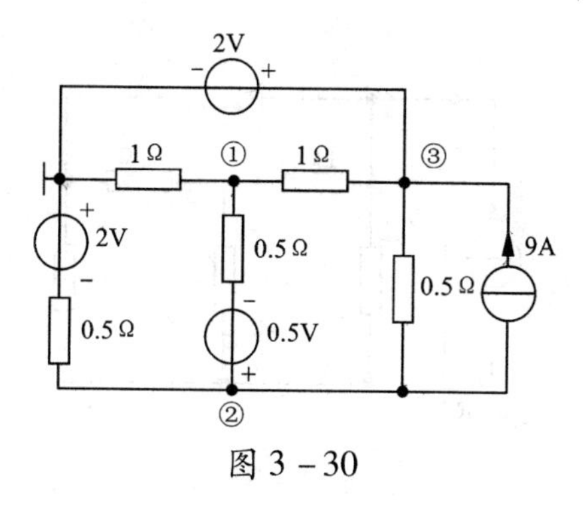

图 3－30

(14)如图 3－32 所示电路，若结点电压 $U_B=6V$，求结点电位 U_A 和电流源电流 I_s。

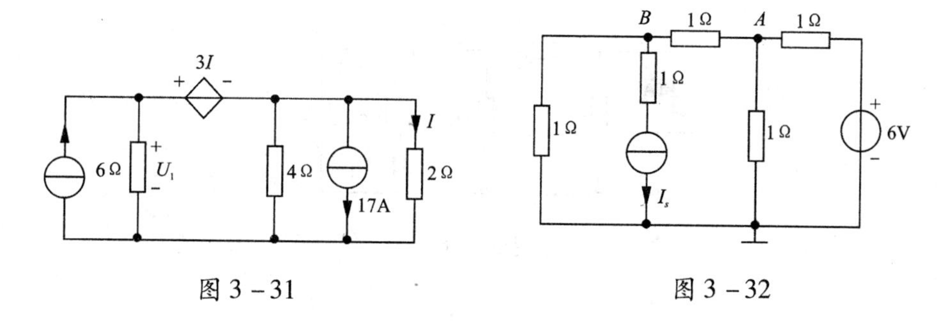

图 3－31　　　　图 3－32

(15)用结点电压分析法求图 3－33 电路中的电流 I_0 和受控源的功率。

(16)如图 3－34 所示电路，求受控电流源输出的功率。

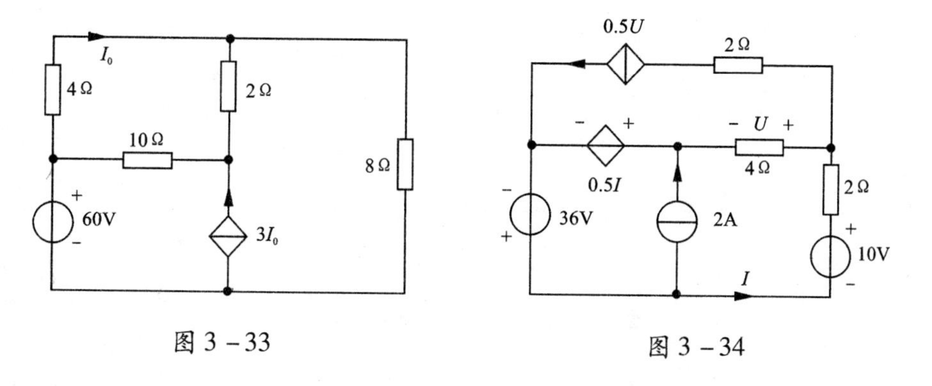

图 3－33　　　　图 3－34

(17)为求无源二端网络的端口等效电阻，可在输入端施加一个电流源 I，用结点分析法求出输入端电压 U，然后按 $R=\frac{U}{I}$ 来求解，如图 3－35 所示，试求此电阻网络的端口等效电

阻 R_{eq}。

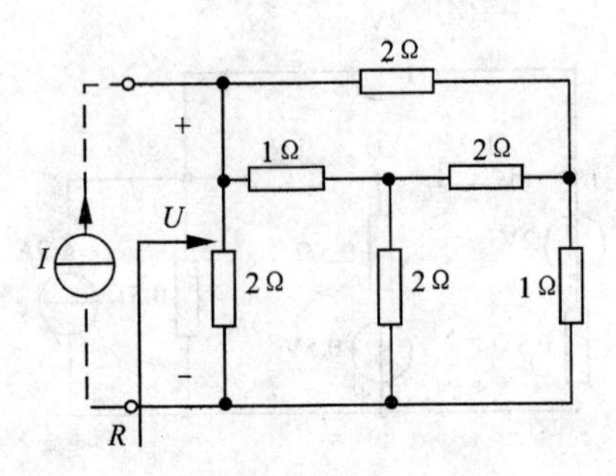

图 3 −35

(18)试用结点法求解图 3 −36 中受控源两端的电压及其吸收的功率。

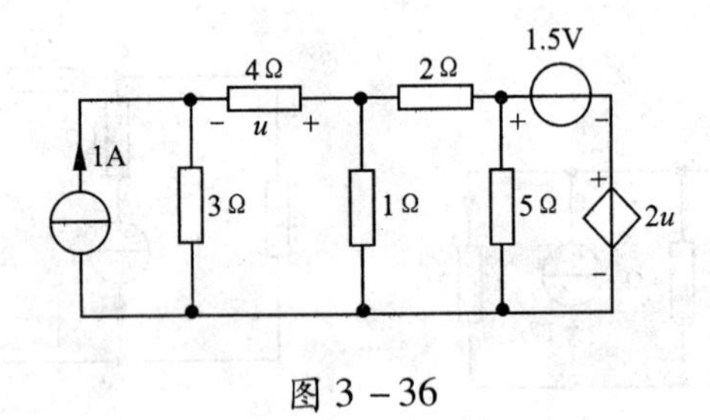

图 3 −36

第 4 章　电路基本定理

本章介绍线性电路的基本定理。线性电路的基本定理包括齐性定理、叠加定理、替代定理、戴维宁定理、诺顿定理、特勒根定理和互易定理。这些定理不仅揭示了线性电路所具有的特性，而且对分析求解电路起到了开阔思路、增加解题手段的作用。合理地运用电路定理，可以使电路分析计算得到简化。

4.1　叠加定理

叠加定理是线性电路的一个重要定理。不论是进行电路分析还是推导电路中其他电路定理，它都起着十分重要的作用。

下面用图 4－1(a)所示线性电阻电路来具体说明叠加定理。该电路由电阻和独立源组成，试求响应 i。

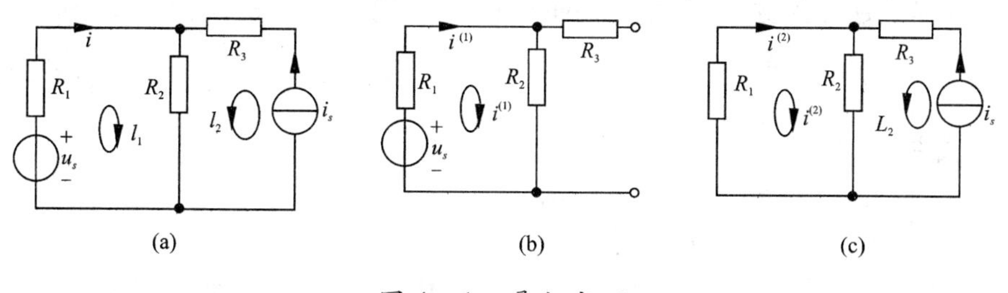

图 4－1　叠加定理

对图 4－1(a)，如用回路电流法求解，可得

$$(R_1+R_2)i+R_2i_s=u_s$$

整理后，得

$$i=\frac{u_s-R_2i_s}{R_1+R_2}=\frac{1}{R_1+R_2}u_s-\frac{R_2}{R_1+R_2}i_s \tag{4-1}$$

从式(4－1)可看出，响应 i 是由两项组成，而每一项又只与某一个激励 u_s 或 i_s 成比例。若令

$$i^{(1)}=\frac{u_s}{R_1+R_2},\ i^{(2)}=\frac{-R_2i_s}{R_1+R_2}$$

则可将电流 i 写为

$$i = i^{(1)} + i^{(2)} \tag{4-2}$$

式中，$i^{(1)}$ 可看做是原电路中将电流源 i_s 置零时的响应，也即是激励 u_s 单独作用时产生的响应，如图 4-1(b)所示；$i^{(2)}$ 可看做是原电路中将电压源置零时的响应，也即是激励 i_s 单独作用时产生的响应，如图 4-1(c)所示。电流源置零时相当于开路；电压源置零时相当于短路。响应与激励的关系式表明：有两个激励产生的响应等于每一激励单独作用时产生的响应之和。

叠加定理体现了线性电路的叠加性，其内容为：在线性电路中，各独立电源共同作用在某一条支路产生的支路电压和支路电流，等于电路中各个独立电源分别单独作用时，在该支路产生的电压和电流响应的叠加。

可以通过任一具有 m 个网孔的线性电阻电路来论述叠加定理的正确性。设电路各网孔的电流分别为 i_1，i_2，…，i_m，则该电路的网孔电流方程为

$$\begin{cases} R_{11}i_{m1} + R_{12}i_{m2} + \cdots + R_{1m}i_m = u_{s11} \\ R_{21}i_{m1} + R_{22}i_2 + \cdots + R_{2m}i_m = u_{s22} \\ \vdots \\ R_{m1}i_{m1} + R_{m2}i_{m2} + \cdots + R_{mm}i_m = u_{smm} \end{cases} \tag{4-3}$$

求解上述方程组，可得第 j 个网孔电流 i_{mj}，有

$$i_{mj} = \frac{\Delta_j}{\Delta} \tag{4-4}$$

式中

$$\Delta = \begin{vmatrix} R_{11} & R_{12} & \cdots & R_{1j} & \cdots & R_{1m} \\ R_{21} & R_{22} & \cdots & R_{2j} & \cdots & R_{2m} \\ \vdots & \vdots & \vdots & \vdots & & \\ R_{m1} & R_{m2} & \cdots & r_{nj} & \cdots & R_{mm} \end{vmatrix}$$

$$\Delta_j = \begin{vmatrix} R_{11} & R_{12} & \cdots & u_{s11} & \cdots & R_{1m} \\ R_{21} & R_{22} & \cdots & u_{s22} & \cdots & R_{2m} \\ \vdots & \vdots & & \vdots & & \vdots \\ R_{m1} & R_{m2} & \cdots & u_{smm} & \cdots & R_{mm} \end{vmatrix}$$

$$= \Delta_{1j}u_{s11} + \cdots + \Delta_{kj}u_{skk} + \cdots + \Delta_{mj}u_{smm}$$

其中，Δ_{kj} 为 Δ 中第 j 列元素对应的代数余子式，$k = 1,2,\cdots,m$，$j = 1,2,\cdots,m$，故 Δ 和 Δ_{kj} 仅取决于电路的结构和参数，与激励无关. 所以

$$i_{mj} = \frac{\Delta_{1j}}{\Delta}u_{s11} + \frac{\Delta_{2j}}{\Delta}u_{s22} + \cdots + \frac{\Delta_{mj}}{\Delta}u_{smm} \tag{4-5}$$

上式表明，每一个网孔电流都可以看做是各网孔等效独立电压源分别单独作用时在该网孔所产生电流的代数和。电路中任意支路的电流是流经该支路网孔电流的代数和，而各网孔等效独立电压源又等于各网孔内独立电压源的代数和，所以电路中任一支路的电流都可以看做是电路中各独立源单独作用时在该支路中所产生电流的代数和。而每一支路电压与支路电流及该支路中的独立源线性相关，所以电路中任一支路的电压也可以看做是电路中各独立源单独作用时在该支路所产生电压的代数和。由此可见，对任意线性电路，叠加定理都是成立的。

利用叠加定理进行电路分析时，必须注意如下几个方面的问题：

(1)各个电源分别单独作用是指独立电源，而不包括受控源，在用叠加定理分析电路时，独立电源分别单独作用时，受控源一直在每个分解电路中存在；

(2)独立电流源不作用，在电流源处相当于开路；独立电压源不作用，在电压源处相当于短路；

(3)线性电路中电流和电压一次性函数可以叠加，但由于功率不是电压或电流的一次性函数，所以功率不能采用叠加定理；

(4) 叠加时注意电压、电流的参考方向；

(5)可以将电路中的所有激励分成几组，每组中可以包含一个或多个激励源，计算各组激励单独作用下的响应，然后进行叠加。

例4-1　应用叠加定理求图4-2(a)所示电路中电压 u_2。

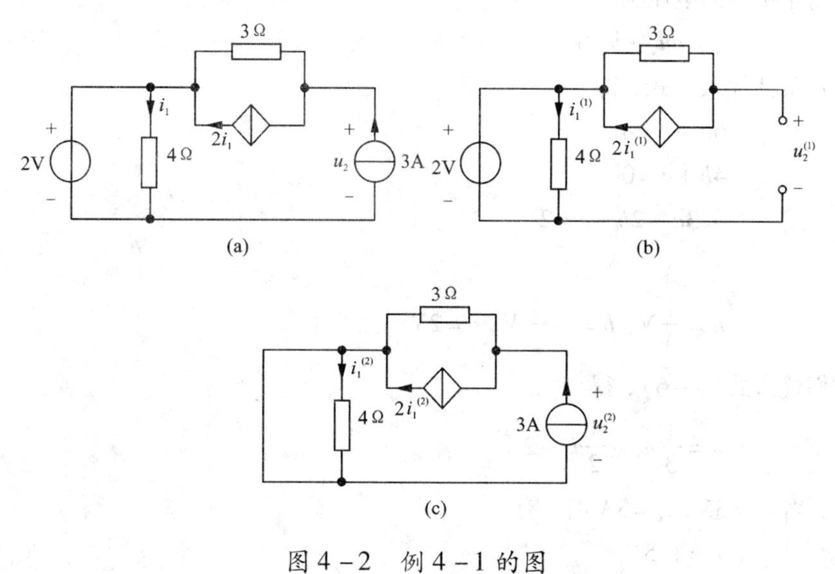

图4-2　例4-1的图

解　根据叠加定理，作出2V电压源和3A电流源单独作用时的分电路如图

4-2(b)和图4-2(c)，受控源均保留在分电路图中，对图4-2(b)，有

$$i_1^{(1)}=\frac{2}{4}=0.5\text{A}$$

根据KVL，有 $u_2^{(1)}=-3\times2i_1^{(1)}+2=-1\text{V}$

由图4-2(c)，得 $i_1^{(2)}=0$

$$u_2^{(2)}=3\times3=9\text{V}$$

故原电路中的电压 $u=u_2^{(1)}+u_2^{(2)}=-1+9=8\text{V}$

例4-2 如图4-3所示电路，N为含独立源的线性电阻电路。已知：当 $u_s=6\text{V}$，$i_s=0\text{A}$ 时，$u=4\text{V}$；当 $u_s=0\text{V}$，$i_s=4\text{A}$ 时，$u=0\text{V}$；当 $u_s=-3\text{V}$，$i_s=-2\text{A}$ 时，$u=2\text{V}$. 求当 $u_s=3\text{V}$，$i_s=3\text{A}$ 时的 u。

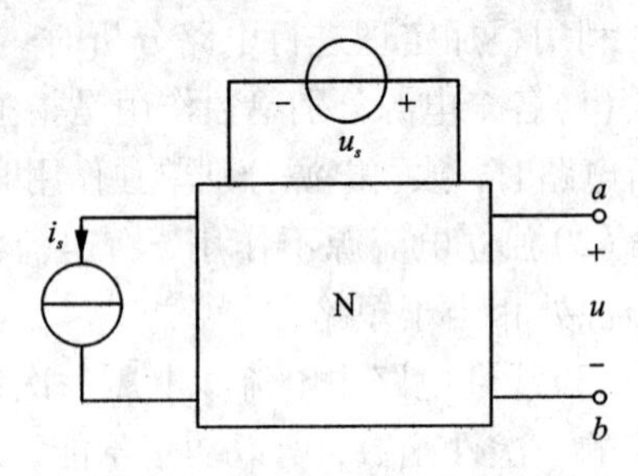

图4-3 例4-2的图

解 将激励源分成3组：电压源 u_s，电流源 i_s 和N内部的独立源。并设 $u_s=1\text{V}$ 单独作用在 ab 处产生电压为 a；$i_s=1\text{A}$ 单独作用在 ab 处产生电压为 b；而N内部的独立电源单独作用在 ab 处产生电压为 c，则根据叠加定理，3组激励源共同作用时的电压为

$$u=au_s+bi_s+c \tag{4-6}$$

将已知条件代入上式，得

$$6a+c=4$$

$$4b+c=0$$

$$-3a-2b+c=2$$

解得

$$a=\frac{1}{3}\text{V},\ b=-\frac{1}{2}\text{V},\ c=2\text{V}$$

将它们代入式(4-6)，得

$$u=\frac{1}{3}u_s-\frac{1}{2}i_s+2$$

于是，当 $u_s=3\text{V}$，$i_s=3\text{A}$ 时，有

$$u=1.5\text{V}$$

4.2　齐性定理和替代定理

4.2.1　齐性定理

齐性定理体现了线性电路的齐次性，其内容为：如果线性电路的所有激励(独立电压源和独立电流源)增大或减小K倍时，响应也同样增大或减小K倍。

显然，当只有一个激励源作用于线性电路时，其任一支路的响应与该激励源成正比。用齐性定理分析梯形电路特别有效。

例4-3　求图4-4梯形电路中各支路电流。

解　首先设R_5的电流$i_5{}'=1\text{A}$，则

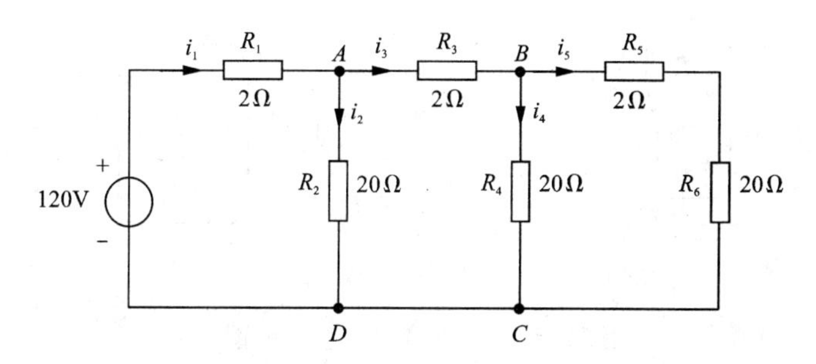

图4-4　例4-3的图

$$u'_{BC}=(R_5+R_6)i'_5=22\text{V}$$

$$i'_4=\frac{u'_{BC}}{R_4}=1.1\text{A},\ i'_3=i'_4+i'_5=2.1\text{A}$$

$$u'_{AD}=R_3i'_3+u'_{BC}=26.2\text{V}$$

$$i'_2=\frac{u'_{AD}}{R_2}=1.31\text{A},\ i'_1=i'_2+i'_3=3.41\text{A}$$

$$u'_s=R_1i'_1+u'_{AD}=33.02\text{V}$$

现给定$u_s=120\text{V}$相当于将以上激励u'_s增大$K=\frac{u_s}{u'_s}=\frac{120}{33.02}=3.63$倍，故各支路电流应同时增大3.63倍

$$i_1=Ki'_1=12.38A,\ i_2=Ki'_2=4.76\text{A}$$

$$i_3=Ki'_3=7.62\text{A},\ i_4=Ki'_4=3.99\text{A}$$

$$i_5=Ki'_5=3.63\text{A}$$

本例计算是先从梯形电路最远离电源的一端开始，倒退至激励处，这种计

算方法称为“倒退法”。先对某个电压或电流设一便于计算的值，如本例设 $i_5' = 1\text{A}$，最后再按齐性定理予以修正。

4.2.2　替代定理

替代定理是关于电路中任一支路两端的电压或其电流可用电源替代的定理。此定理称：任一线性电阻电路中的一支路两端有电压 u 或流过该支路的电流为 i 时[图 4－5(a)]，此支路可以用一个电压为 u 的电压源[图 4－5(b)]或电流为 i 的电流源[图 4－5(c)]替代，替代后电路中全部电压和电流均将保持原值。

按照此定理，图 4－5 中的 3 个电路的工作情形完全相同，即 3 个电路中对应的支路电流和支路电压分别相等。

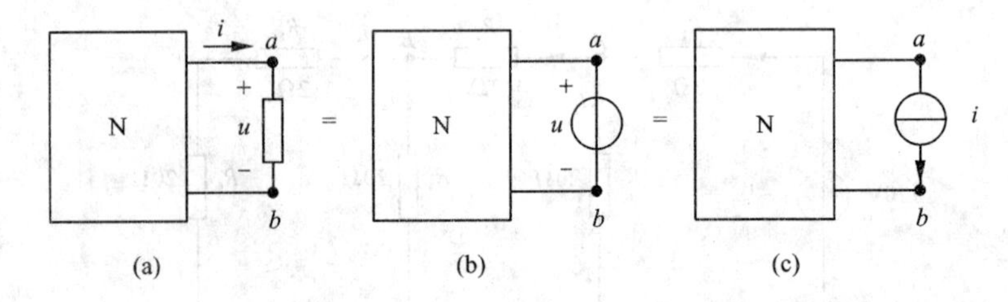

图 4－5　说明替代定理用图

图 4－5(a)所示线性电阻电路中，当 ab 处用电压源 u 替代后，得替代电路 4－5(b)，图 4－5(a)和图 4－5(b)两电路的连接完全相同，所以两个电路的 KCL 和 KVL 方程也就相同。除支路 ab 外，两个电路的其余支路的约束关系也相同，而图 4－5(b)的支路 ab 的电压和图 4－5(a)的支路 ab 电压相同。对于线性电阻电路，各支路电压和电流都只唯一解。而图 4－5(a)的支路电压和电流又都满足图 4－5(b)的全部约束关系，因此，替代定理成立。如果 ab 支路用一个电流源替代图 4－5(c)，也可以证明。

例如，图 4－6(a)的电路中右边的 2Ω 的电阻上的电压是 2V，其中的电流是 1A，将此电路用一个 2V 的电压源或一个 1A 的电流源代替，便分别得到图 4－6(b)和图 4－6(c)的电路，容易看出，这 3 个电路中相对应的电流和支路电压都相等。

替代定理可推广到非线性电路。

4.3　戴维宁定理和诺顿定理

由第 2 章的等效变换可知，由线性电阻和线性受控源组成的无源一端口网

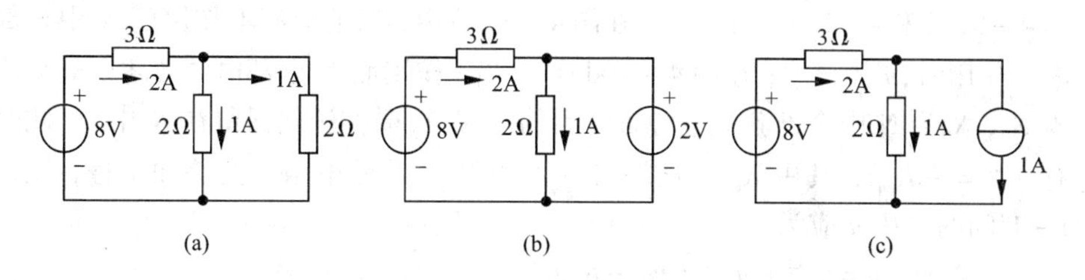

图4-6 替代定理的例子附图

络可以等效为一个电阻。对于一个既含电阻和受控源又含独立源的一端口网络，其等效电路会是什么样，如何求出其等效电路，本节介绍的戴维宁定理和诺顿定理将求得含源一端网络的等效电路。

4.3.1 戴维宁定理

戴维宁定理： 任何一个线性含源一端口网络 N_s[图4-7(a)]，对外电路而言，含源一端口网络 N_s 可以用一个电压源和电阻的串联组合[图4-7(b)]来等效置换，此等效变换电压源的电压等于网络 N_s 在端口处断开时的开路电压 u_{oc}[图4-7(c)]，而电阻等于把此含源一端口网络 N_s 变成无源一端口网络 N_o（独立电压源处短路，独立电流源处开路）时的等效电阻 R_{eq}[图4-7(d)]。

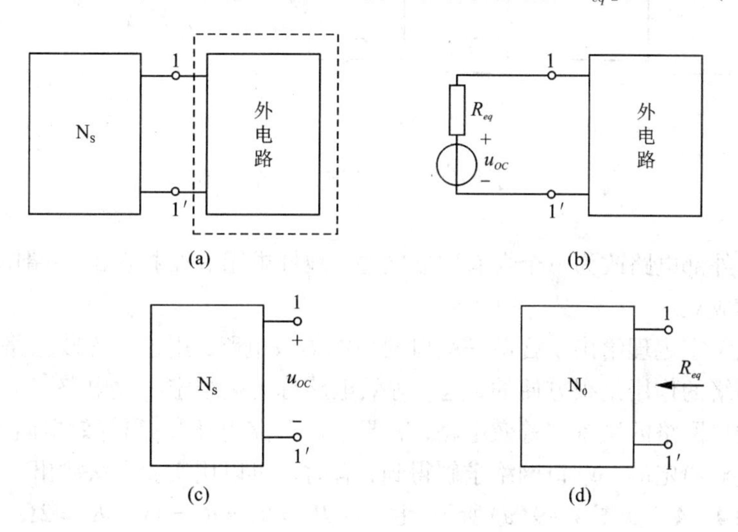

图4-7 戴维宁定理

证明： 在图4-8所示的电路中，N_s 为含源一端口网络，设外电路为一个电阻负载。根据替代定理，用 $i_s=i$ 的电流源替代外电路，替代后的电路如图4-8(b)所示。应用叠加定理，图4-8(b)产生的端口电压 u 和电流 i，相当于

图4-8(c)和4-8(d)的叠加。在图4-8(c)中，当电流源不作用而N_s中全部电源作用时,$u^{(1)}=u_{oc}$；在图4-8(d)中，当i作用而N_s全部电源置零时，N_s成为N_0，N_0为N_s中全部独立电源置零后的一端口(受控源仍保留在N_0中)。此时有$u^{(2)}=-R_{eq}i$，其中R_{eq}为从端口看入的N_0的等效电阻。按叠加定理，端口1-1′间的电压u应为

$$u=u^{(1)}+u^{(2)}=u_{oc}-R_{eq}i$$

根据上式可得N_s的等效电路如图4-8(e)所示，戴维宁定理得证。

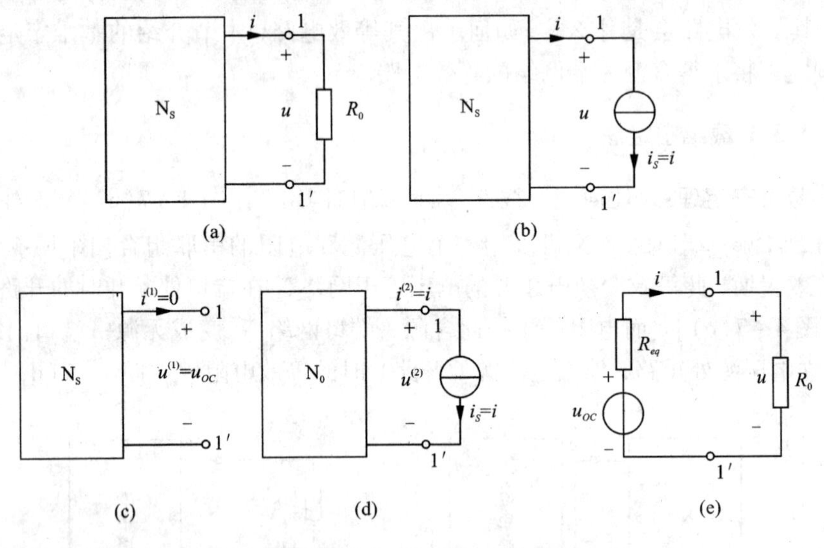

图4-8 戴维宁定理的证明

当外部电路改为一个含有独立电源、线性电阻和受控源的一端口，以上结论仍然成立。

戴维宁定理给出了含源一端口网络的等效电路，用这一等效电路去考虑一端口网络的作用是很方便的，这一等效电路称为戴维宁等效电路。为求得一含源一端口网络的戴维宁等效电路，需要求出开路电压u_{oc}和等效电阻R_{eq}，这可以通过对给定的一端口网络求解得到，有时还可以用实验方法测出。

例4-4 如图4-9(a)所示，已知：$R_1=R_2=R_4=1\Omega$，$R_3=2\Omega$，$R_5=1\Omega$，$U_s=10V$，用戴维宁定理求支路电流I_5。

解 断开电阻R_5，用戴维宁定理化简a、b两端的电路，如图4-9(b)所示。

(1)求开路电压u_{oc}。由于R_1和R_2，R_3和R_4分别是串联，容易求出

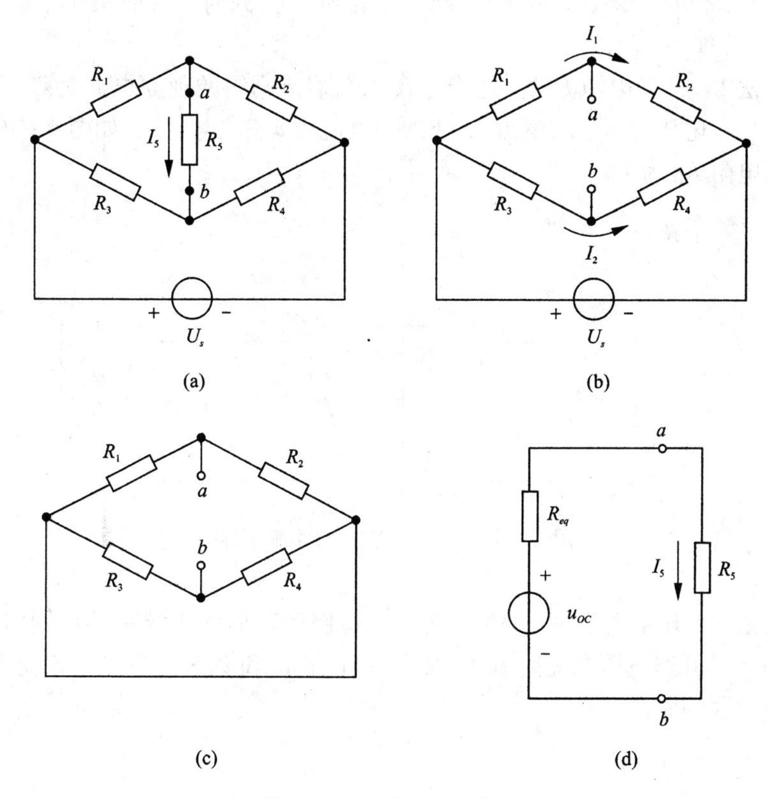

图4－9　例4－4的图

$$I_1=\frac{U_s}{R_1+R_2}=\frac{6}{1+1}=3(\mathrm{A})$$

$$I_2=\frac{U_s}{R_3+R_4}=\frac{6}{1+2}=2(\mathrm{A})$$

故
$$u_{oc}=u_{ab}=I_1R_2-I_2R_4=1(\mathrm{V})$$

（2）求等效电阻 R_{eq}。令电压源电压为零，得到图4－9(c)的电路，而 R_1 与 R_2 是并联的，R_3 与 R_4 是并联的，这两个并联后的电阻是串联的，所以

$$R_{\mathrm{eq}}=\frac{R_1R_2}{R_1+R_2}+\frac{R_3R_4}{R_3+R_4}=\frac{7}{6}\ \Omega$$

画出戴维宁等效电路，如图4－9(d)所示，则

$$I_5=\frac{U_{oc}}{R_{\mathrm{eq}}+R_5}=\frac{6}{13}\ \mathrm{A}$$

当含源一端口网络中不含受控源时，等效电阻 R_{eq} 可以用电阻的等效变换

方法求得，但是如果含源一端口网络中含有受控源时，一般采用下面的两种方法。

方法1 外加电源方法，是指令含源一端口网络的独立电源为零，在两个端子间加一电压源 u_s，求电流 i；或加一电流源 i_s，求电压 u，如图4－10所示，则等效电阻 R_{eq} 为

$$R_{eq}=\frac{u_s}{i}=\frac{u}{i_s} \tag{4-7}$$

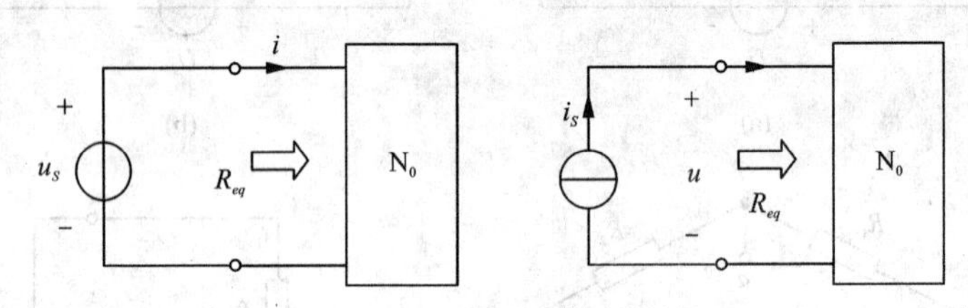

图4－10 等效电阻的求解方法1

方法2 开路短路法，是指含源一端口网络对应的无源一端口网络的等效电阻等于其开路电压和短路电流的比值(注意 u_{oc} 和 i_{sc} 参考方向的设定)，如图4－11所示，即

$$R_{eq}=\frac{u_{oc}}{i_{sc}} \tag{4-8}$$

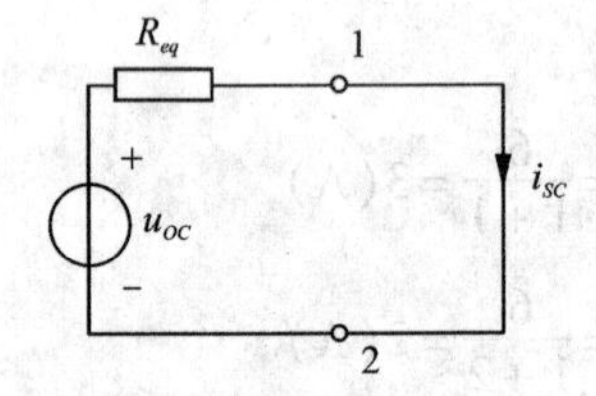

图4－11 等效电阻的求解方法2

用戴维宁定理分析电路的一般步骤：

①断开需求解的负载支路，求开路电压。

②求等效电阻。对含受控源电路只能用外加电压(或电流)法或开路短路法。

③画出戴维宁等效电路，接上断开的负载支路求解各未知量。

例4－5 用戴维宁定理求图4－12(a)支路电压 U。

解 断开电阻50Ω，用戴维宁定理化简 a、b 两端的电路，如图4－12(b)所示。

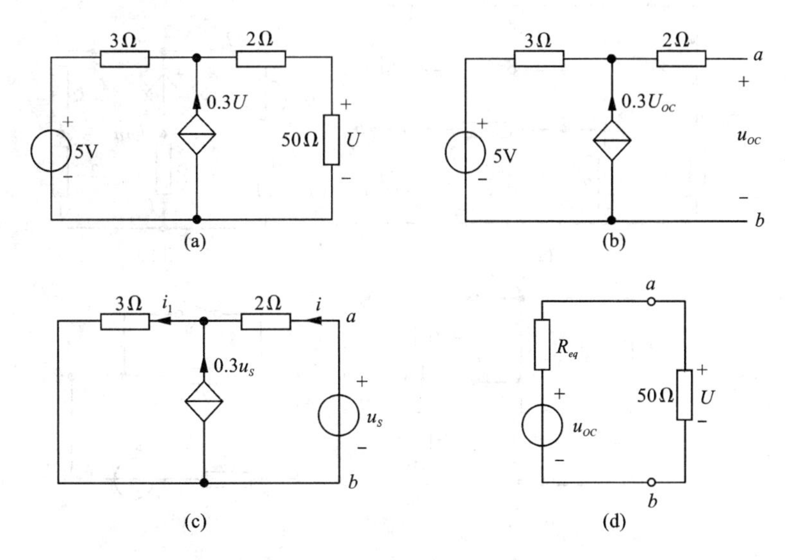

图4－12　例4－5的图

（1）求开路电压 u_{oc}：

$$u_{oc}=0.3u_{oc}\times3+5$$

解得

$$u_{oc}=50\text{V}$$

（2）求等效电阻 R_{eq}。由于电路中含有受控源，用外加电源法，先将电压源置零，在端口添加电压源 u_s，并其产生的响应 i，由基尔霍夫定律，得

$$u_s=2\times i+i_1\times3$$

又　$$i_1=0.3u_s+i$$

故　$$R_{\text{eq}}=\frac{u_s}{i}=50\Omega$$

则原电路可等效为图4－12(d)所示电路，再对图4－12(d)，不难求得

$$U=25\text{V}$$

例4－6　在图4－13(a)所示电路中，当开关 S 闭合后，I_2增为原有值(开关 S 闭合前)的一倍，试问 R_x 应为何值，并求此时的 I_2。

解　去掉 ab 支路，求 ab 端口的戴维宁等效电路，即图4－13(b)所示电路中的 u_{oc}、R_{eq}。

对图4－16(b)，利用KCL和KVL，得

$$6I_1=3I_1+2I_3$$

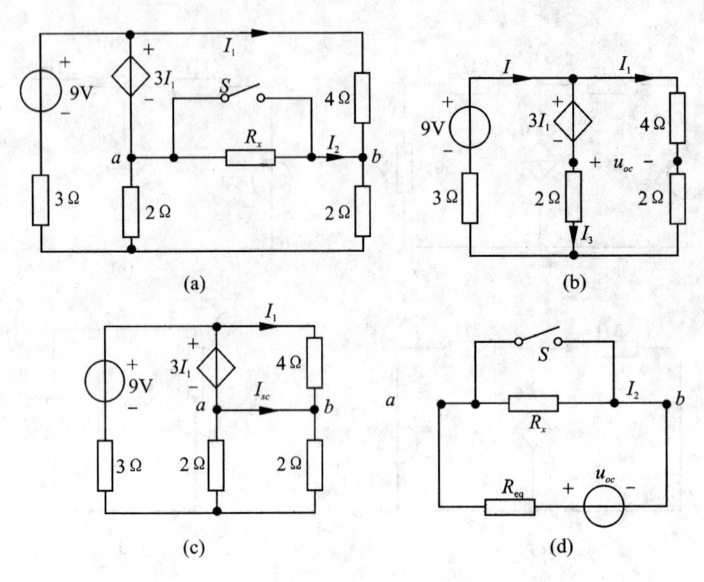

图 4－13

$$6I_1 = 9 - 3I$$

$$I = I_1 + I_3$$

求解上面方程组，得

$$I_1 = \frac{2}{3}\text{A}$$

而

$$U_{oc} = 4I_1 - 3I_1 = \frac{2}{3}\text{V}$$

短接 ab 得图 4－13(c)，求短路电流 I_{sc}。

由 KVL 有 $3I_1 = 4I_1$，则 $I_1 = 0$，在图 4－13(c)中

$$I_{sc} = \frac{1}{2} \times \frac{9}{4} = \frac{9}{8}\text{A}$$

$$R_{eq} = \frac{u_{oc}}{I_{sc}} = \frac{16}{27}\Omega$$

在图 4－13(d)电路中，依题意有

$$\frac{U_{oc}}{R_{eq}} = 2\,\frac{U_{oc}}{R_{eq} + R_x}$$

$$R_x = 16/27\Omega，I_2 = 9/8\text{A}$$

4.3.2 诺顿定理

诺顿定理： 任何一个线性含源一端口网络 N_s，对外电路而言[见图4－14(a)所示]，含源一端口网络 N_s 可以用一个电流源和电阻的并联组合来等效置换，此等效变换电流源的电流等于网络 N_s 在端口处短路时的短路电流 i_{sc}[见图4－14(c)]，而电阻等于把此含源一端口网络变成无源一端口网络时的等效电阻 R_{eq}[如图4－14(d)]，含源一端口网络的这种等效置换就叫诺顿等效置换，如图4－14(b)所示。

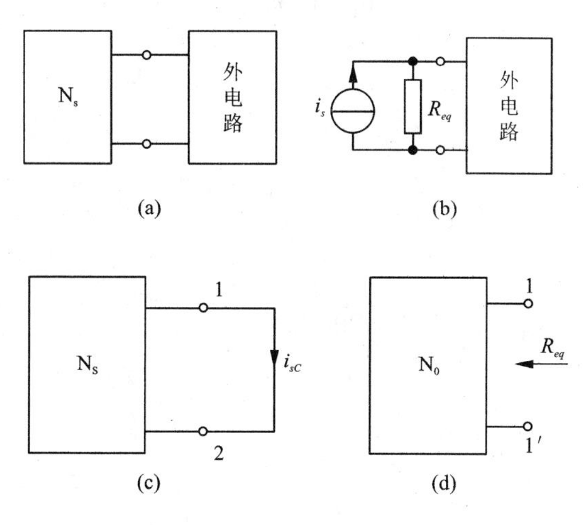

图4－14　诺顿定理

例4－7　求图4－15(a)含源一端口网络的诺顿等效电路。

解　(1)求短路电流 i_{sc}。

电路如图4－15(b)所示，用回路法求解短路电流，对回路1和回路2列回路方程，有

$$(4+4)i-4i_{sc}=12$$
$$-4i+(4+4)i_{sc}=8i_1$$

且

$$i_1=i-i_{sc}$$

联立求解得 $i_{sc}=1.8\text{A}$。

(2) 求等效电阻 R_{eq}。

将电路中独立电压源短路，保留受控源，外加一个电压源 u_s，如图4－15(c)所示，对结点①，列KCL方程得

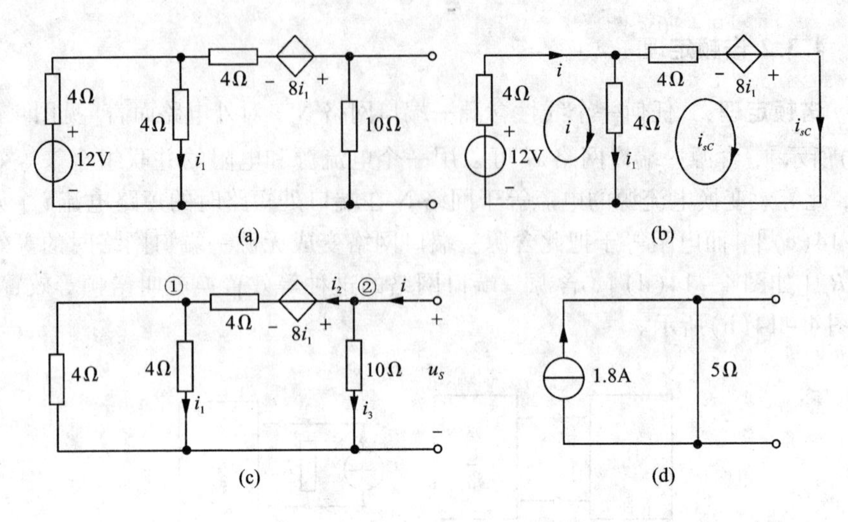

图 4－15　例 4－7 的图

$$i_2 = 2i_1$$

利用 KVL，得

$$u_s = 8i_1 + 4i_2 + 4i_1 = 20i_1$$

对结点②，列 KCL 方程得

$$i = \frac{u_s}{10} + i_2 = 4i_1$$

故

$$R_{eq} = \frac{u_s}{i} = 5\Omega$$

(3)画出诺顿等效电路。

原电路的诺顿等效电路如图 4－15(d)所示。

戴维宁定理和诺顿定理统称为等效发电机定理。

当含源一端口内部含受控源时，在它的内部独立电源置零后，输入电阻或戴维宁等效电阻有可能为零或为无限大。当 $R_{eq}=0$ 时，等效电路成为一个电压源，这种情况下，对应的诺顿等效电路就不存在，因为 $G_{eq}=\infty$。同理，如果 $R_{eq}=\infty$ 即 $G_{eq}=0$，诺顿等效电路成为一个电流源，这种情况下，对应的戴维宁等效电路就不存在。通常情况下，两种等效电路是同时存在的。

4.3.3 最大功率传输

戴维宁定理和诺顿定理一个典型的应用，就是寻找一个负载在什么情况下可以从电源处获得最大功率，以及获得的最大功率是多少。

电路如图4－16(a)所示，其中电阻 R 可变，试问当电阻 R 等于多少时？电阻获得的功率最大，并求此时电阻获得的最大功率。

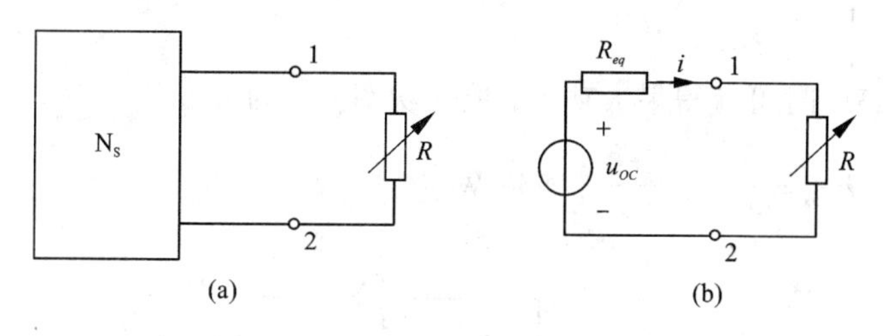

图4－16　最大传率传输

根据戴维宁定理可得图4－16(a)的戴维宁等效电路如图4－16(b)所示。可变电阻获得的功率为

$$P=i^2R=\frac{u_{oc}^2}{(R+R_{eq})^2}R$$

为求得 R 上吸收的功率为最大的条件，取 P 对 R 的导数，并令它等于零，即

$$\frac{dP}{dR}=\frac{u_{oc}^2(R_{eq}-R)}{(R+R_{eq})^3}=0$$

因此，当 $R=R_{eq}$ 时，负载 R 获得的功率最大，此最大功率为

$$P_{max}=\frac{u_{oc}^2}{4R_{eq}} \tag{4-9}$$

例4－8　当图4－17(a)中电阻 R 等于多少时？它能获得最大功率，且求此最大功率 P_{max}？

解　要求解电阻 R 的最大功率，首先要将电阻 R 支路从电路中移去，求出移去电阻 R 支路后一端口网络的开路电压 u_{oc} 和等效电阻 R_{eq}。求 u_{oc} 的电路如图4－17(b)所示，列出网孔电流方程为

$$(20+20)i_1-20i_2=20$$

$$i_2=1\text{A}$$

解得：$i_1=1\text{A}$，$u_{oc}=20+20i_2+20i_1=60\text{V}$。

求等效电阻 R_{eq} 的电路如图4－17(c)，将20V和1A独立电源置零，端口外施电压源 u。

列出网孔电流方程：$(20+20)i_1+20i=10i$

$$20i_1+(20+20)i=u+10i$$

解得

$$50i = 2u$$

则有

$$R_{\text{eq}} = \frac{u}{i} = 25\Omega$$

当 $R = R_{\text{eq}} = 25\Omega$ 时可获得最大功率，最大功率 $P_{\max}$ 为

$$P_{\max} = \frac{u_{oc}^2}{4R_{\text{eq}}} = \frac{60^2}{4 \times 25} = 36\ \text{W}$$

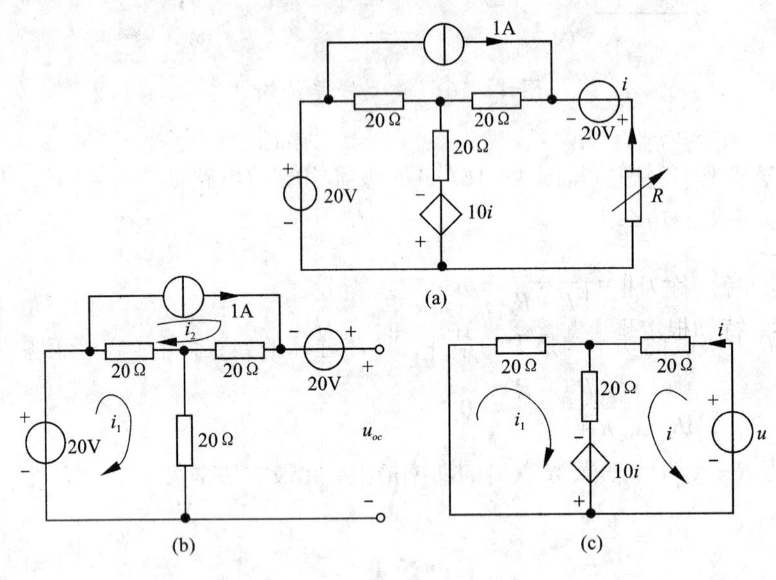

图 4-17　例 4-8 的图

4.4　特勒根定理和互易定理

4.4.1　特勒根定理

特勒根定理是对所有集总参数电路都成立的定理。它只需要根据基尔霍夫定律来证明。基尔霍夫定律是反映电路结构对电流、电压的约束，不涉及电路元件。因此论证和应用特勒根定理均与电路元件无关。特勒根定理有两种形式。

特勒根定理1　对于一个具有 n 个结点和 b 条支路的电路，假设各支路电流与支路电压取关联参考方向，并令(i_1, i_2, …, i_b)和(u_1, u_2, …, u_b)分别为 b 条支路的电流与电压，则对任何时刻 t，有

$$\sum_{k=1}^{b} u_k i_k = 0$$

即电路中各支路吸收的功率的代数和恒为零。

特勒根定理 1 是电路功率守恒的具体体现。

特勒根定理 2　如果有两个具有 n 个结点和 b 条支路的电路，它们分别由不同的二端元件组成，但它们的图 G 完全相同，假设各支路电流与支路电压取关联参考方向，并设 $(i_1, i_2, \cdots i_b)$，$(u_1, u_2, ..., u_b)$ 和 $(\hat{i}_1, \hat{i}_2, \cdots \hat{i}_b)$，$(\hat{u}_1, \hat{u}_2, \cdots, \hat{u}_b)$，分别为两个图的 b 条支路的电流和电压，则对任何时刻 t，有

$$\sum_{k=1}^{b} u_k \hat{i}_k = 0 \tag{4-10}$$

$$\sum_{k=1}^{b} \hat{u}_k i_k = 0 \tag{4-11}$$

式(4 – 10)和式(4 – 11)中的每一项是一个电路的支路电压和另一个电路相对应支路的支路电流的(或电压)乘积。它虽具有功率的量纲，但并不表示任何支路的功率，称为拟功率，故特勒根定理 2 有时也称拟功率定理。

显然，特勒根定理 1 是定理 2 在 N 和 N’为同一电路的特例。下面用两个一般性的电路的图来验证该定理的正确性。

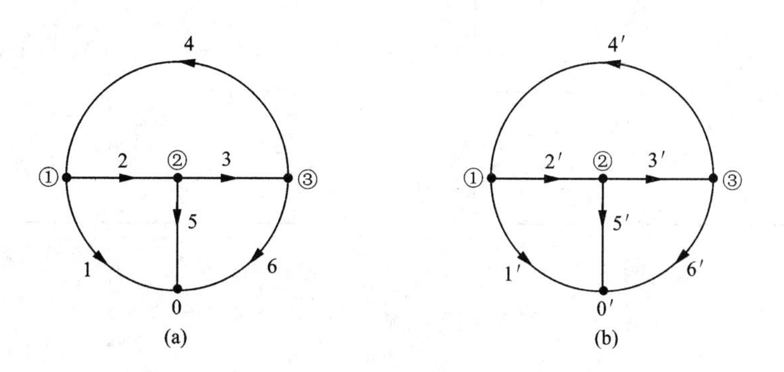

图 4 – 18　特勒根定理验证

图 4 – 18 是两个不同的电路的图，支路可由任一元件构成，显然它们具有相同的拓扑结构，且支路电压和支路电流取关联参考方向。

对图 4 – 18(a)，将各支路电压用结点电压表示，有

$$\begin{aligned} &u_1 = u_{n1},\ u_2 = u_{n1} - u_{n2},\ u_3 = u_{n2} - u_{n3},\ u_4 = u_{n3} - u_{n1} \\ &u_5 = u_{n2},\ u_6 = u_{n3} \end{aligned} \tag{4-12}$$

对图 4 – 18(b)，根据对结点①、②、③列 KCL 方程，有

$$\begin{aligned}&\hat{i}_1+\hat{i}_2-\hat{i}_4=0\\&-\hat{i}_2+\hat{i}_3+\hat{i}_5=0\\&-\hat{i}_3+\hat{i}_4+\hat{i}_6=0\end{aligned}\tag{4-13}$$

将式(4-12)、式(4-13)代入式(4-10)，有

$$\begin{aligned}\sum_{k=1}^{6}u_k\hat{i}_k&=u_1\hat{i}_1+u_2\hat{i}_2+\cdots+u_6\hat{i}_6\\&=u_{n1}(\hat{i}_1+\hat{i}_2-\hat{i}_4)+u_{n2}(-\hat{i}_2+\hat{i}_3+\hat{i}_5)+u_{n3}(-\hat{i}_3+\hat{i}_4+\hat{i}_6)=0。\end{aligned}$$

同理可得：$\sum_{k=1}^{6}\hat{u}_k i_k=0$，从而验证了特勒根定理，上述论证过程可推广到任一电路。

在上述论证过程中，只应用KCL和KVL，并没有涉及支路的内容，因此，特勒根定理对任何具有线性、非线性、时变、非时变元件的集总电路都普遍适用。

例4-9　如图4-19(a)、(b)是两个不同的电路，它们具有相同的拓扑结构，各支路电压、电流的关联参考方向，试验证特勒根定理2。

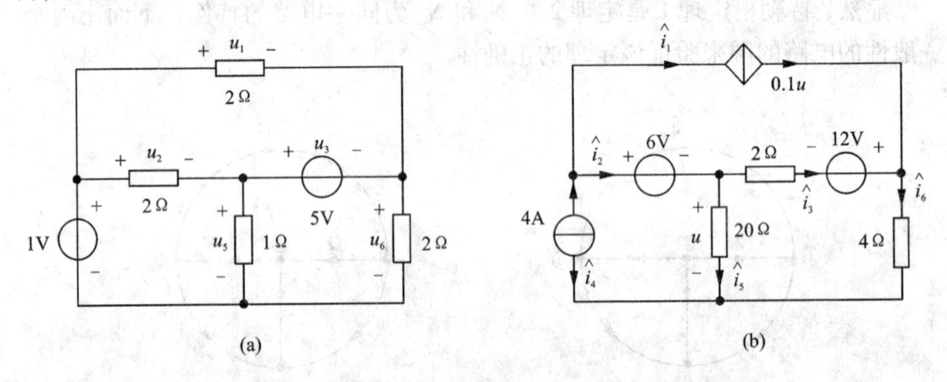

图4-19　例4-9的图

解　对图4-19(b)电路，可求得

$u_1=3.6\text{V}$，$u_2=-1.4\text{V}$，$u_3=5\text{V}$，$u_4=1\text{V}$，$u_5=2.4\text{V}$，$u_6=-2.6\text{V}$

对图4-19(b)电路，可求得

$\hat{i}_1=0.8\text{A}$，$\hat{i}_2=3.2\text{A}$，$\hat{i}_3=2.8\text{A}$，$\hat{i}_4=-4\text{A}$，$\hat{i}_5=0.4\text{A}$，$\hat{i}_6=3.6\text{A}$

故$\underset{k=1}{\overset{6}{Z}}u_k\hat{i}_k=u_k\hat{i}_2+u_3\hat{i}_3+u_4\hat{i}_4+u_5\hat{i}_5+u_6\hat{u}_6$

$=[3.6\times0.8+(-1.4)\times3.2+5\times2.8+1\times(-4)+2.4\times0.4+(-2.6)\times3.6]$

$=0\text{W}$

满足式(4－10)。

4.4.2　互易定理

互易定理是特勒根定理的应用，反映的是下述电路特性：对一个仅含线性电阻的电路，在单一激励的情况下，当激励和响应互换位置时，将不改变同一激励所产生的响应。互易定理有3种形式，下面分别介绍。

互易定理1：　如图4－20(a)所示电路，1－1′端接入电压源u_s，2－2′端短路，其短路电流为i_2；将电压源u_s移到2－2′端，1－1′端短路，其短路电流为$\hat{i}_1$，如图4－20(b)所示，则$\hat{i}_1=i_2$。

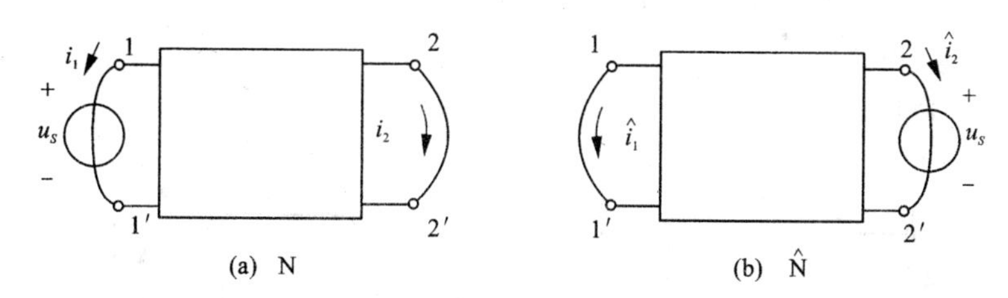

图4－20　互易定理形式1

现用特勒根定理2证明上述结论。设图4－20(a)、(b)所示电路的支路数均为b条，支路1和支路2的电流和电压分别用i_1，u_1，i_2，u_2及$\hat{i}_1$，$\hat{u}_1$，$\hat{i}_2$，$\hat{u}_2$来表示，其余$b-2$条支路在网络内部，应用特勒根定理2，则有

$$u_1\hat{i}_1+u_2\hat{i}_2+\sum_{k=3}^{b}u_k\hat{i}_k=0$$

$$\hat{u}_1i_1+\hat{u}_2i_2+\sum_{k=3}^{b}\hat{u}_ki_k=0$$

由于网络内部的$(b-2)$条支路均为线性线性电阻，故$u_k=R_ki_k$，$\hat{u}_k=R_k\hat{i}_k$，$k=3,\cdots,b$，将它们分别代入上式，得

$$u_1\hat{i}_1+u_2\hat{i}_2+\sum_{k=3}^{b}R_ki_k\hat{i}_k=0$$

$$\hat{u}_1i_1+\hat{u}_2i_2+\sum_{k=3}^{b}R_ki_k\hat{i}_k=0$$

由上面两式，得

$$u_1\hat{i}_1+u_2\hat{i}_2=\hat{u}_1i_1+\hat{u}_2i_2 \tag{4-14}$$

对图4－20(a)，有$u_1=u_s$，$u_2=0$。对图4－20(b)，有$\hat{u}_1=0$，$\hat{u}_2=u_s$。代入式(4－14)得

$$u_s\hat{i}_1 + 0 \times \hat{i}_2 = 0 \times i_1 + u_s i_2$$

即

$$\hat{i}_1 = i_2$$

互易定理1得证。

互易定理2：如图4-21(a)所示电路，1-1′端接入电流源 i_s，2-2′端开路，其开路电压为 u_2；图4-21(b)中2-2′端接入电流源 i_s，1-1′端开路，其开路电压为 $\hat{u}_1$，则 $\hat{u}_1 = u_2$。

证明方法与前面类似，所以式(4-14)仍然成立。将 $i_1 = -i_s$，$i_2 = 0$，$\hat{i}_1 = 0$，$\hat{i}_2 = -i_s$ 代入得

$$u_1 \times 0 + u_2 i_s = -\hat{u}_1 i_s + \hat{u}_2 \times 0$$

$$\hat{u}_1 = u_2$$

互易定理2得证。

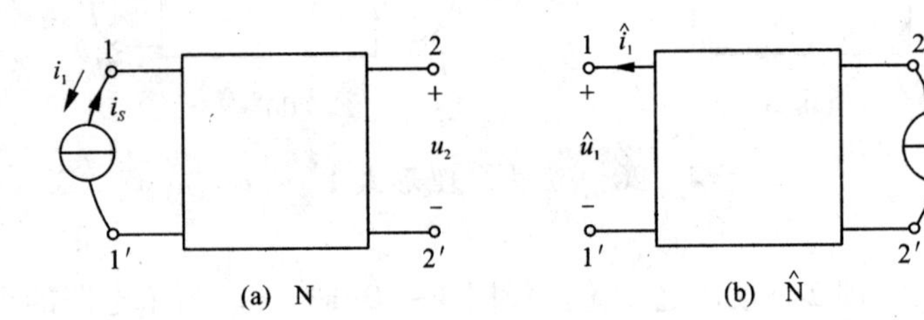

图4-21 互易定理形式2

互易定理3： 如图4-22(a)所示电路，1-1′端接入电流源 i_s，2-2′端短路，其短路电流为 i_2；图4-22(b)中2-2′端接入电压源 u_s，1-1′端开路，其开路电压为 $\hat{u}_1$，且数值上 $i_s = u_s$，则数值上 $\hat{u}_1 = i_2$。

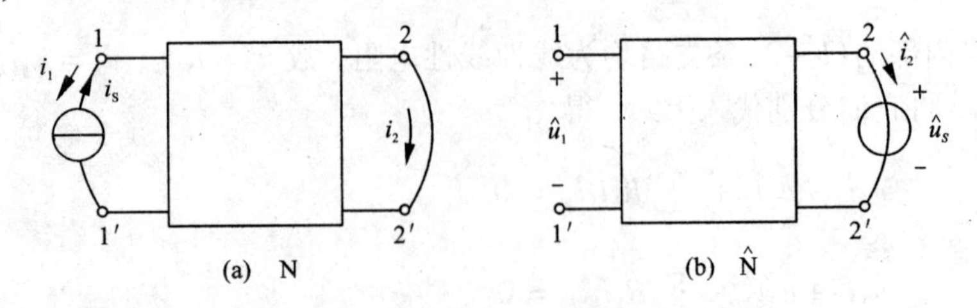

图4-22 互易定理形式3

证明方法与前面类似，所以式(4-15)仍然成立。将 $i_1 = -i_s$，$u_2 = 0$，$\hat{i}_1 = 0$，$\hat{u}_2 = u_s$ 代入得

$$\hat{u}_1 \times 0 + 0 \times \hat{i}_2 = -\hat{u}_1 i_s + u_s i_2$$
$$\hat{u}_1 = i_2$$

互易定理 3 得证。

应用互易定理时需注意问题：

（1）互易定理只适用于一个独立源作用时的纯线性电阻电路。

（2）特别注意激励支路电压、电流的参考方向，对应支路上的电压、电流的参考方向要一致，每条支路一般取关联参考方向。

例 4－10　在图 4－23(a) 中，已知 $U_2 = 8\text{V}$，求图 4－23(b) 中 U_1'（网络 N 仅由电阻组成）。

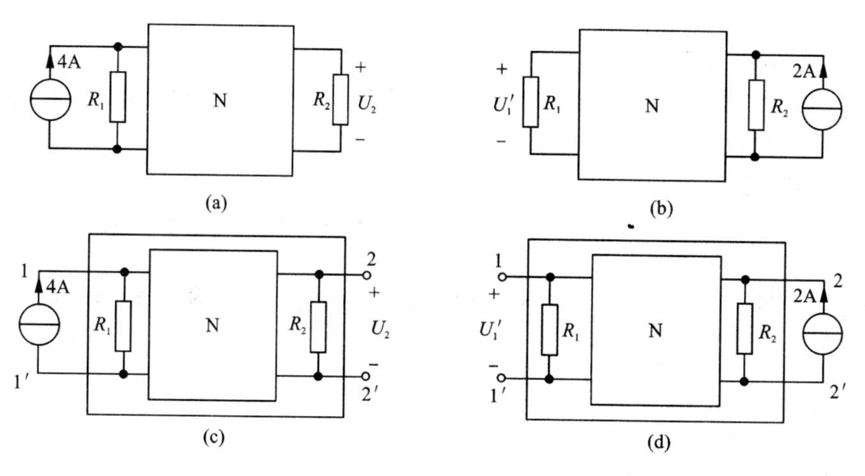

图 4－23　例 4－10 的图

解　把 R_1，R_2 和 N 网络归为一个新的网络，如图 4－23(c) 和 (d) 所示。显然，该新网络仍为纯电阻网络，根据互易定理，新网络端口电压电流关系为

$$\frac{U_2}{4} = \frac{U_1'}{2}$$

$$U_1' = \frac{U_2}{4} \times 2 = \frac{8}{4} \times 2 = 4\ \text{V}$$

例 4－11　线性无源网络 N_o 如图 4－24(a) 所示，若 $I_{s1} = 5\text{A}$，$U_{s2} = 0\text{V}$ 时，测得 $U_1 = 20\text{V}$，$I_2 = -1\text{A}$；而 $I_{s1} = 0\text{A}$，$U_{s2} = 40\text{V}$ 时，测得 $I_2 = 2\text{A}$；(1) 当 $I_{s1} = -3\text{A}$，$U_{s2} = 10\text{V}$ 时，求 U_1 和 I_2；(2) 如果 $U_1 = 50\text{V}$，$I_2 = 5\text{A}$，求 I_{s1} 和 U_{s2}。

解　(1) 据题意，U_1 和 I_2 是电流源单源作用图 4－24(b) 和电压源单独作用图 4－24(c) 的叠加量，且 $I_2' = -1\text{A}$，$I_2'' = 2\text{A}$，$U_1' = 20\text{V}$，只有 U_1'' 未知，对图 4

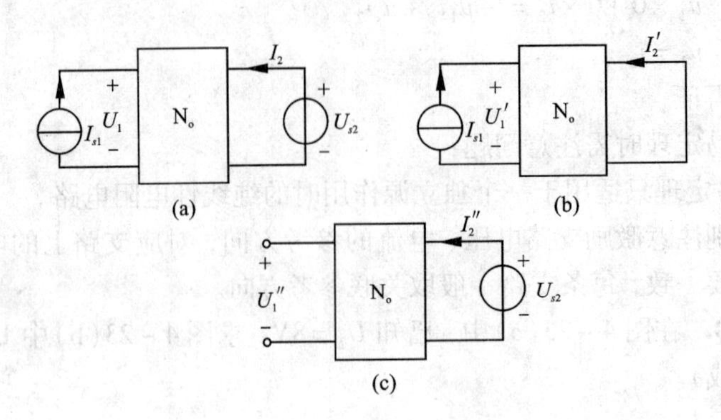

图 4-24 例 4-11 的图

-24(b)和图 4-24(c)应用互易定理 3 可解出 U_1''，然后利用叠加定理，可解出待求的 U_1 和 I_2。

利用互易定理 3，有

$$\frac{5}{1}=\frac{40}{U_1''},\ U_1''=8\text{V}$$

根据齐性定量，当 $I_{s1}=-3\text{A}$ 单独作用时，产生电流 I'_{2x} 和电压 U'_{1x}，则

$$I'_{2x}=-3\times(-\frac{1}{5})=0.6\ \text{A}$$

$$U'_{1x}=-3\times(\frac{20}{5})=-12\text{V}$$

当 $U_{s2}=10\text{V}$ 单独作用时，产生电流 I_{2x}'' 和电压 U_{1x}''，则

$$I''_{2x}=10\times\frac{2}{40}=0.5\text{A}$$

$$U''_{1x}=10\times\frac{8}{40}=2\text{V}$$

所以，当 $I_{s1}=-3\ \text{A}$，$U_{s2}=10\ \text{V}$ 时，有

$$U_1=U'_{1x}+U''_{1x}=-12+2=-10\ \text{V}$$

$$I_2=I'_{2x}+I''_{2x}=0.6+0.5=1.1\ \text{A}$$

(2)用叠加定量求解 I_{s1} 和 U_{s2}。

$$U_1=U'_1+U''_1=\frac{20}{5}I_{s1}+\frac{8}{40}U_{s2}=50\text{V}$$

$$I_2=I'_2+I''_2=\frac{-1}{5}I_{s1}+\frac{2}{40}U_{s2}=5\text{A}$$

联立求解得

$I_{s1} = 6.25\text{A}$，$U_{s2} = 125\text{V}$

本章小结

齐性定理和叠加定理是线性电路的重要特性。在使用叠加定理时必须注意，每个独立电源单独作用时，其他独立电源应为零值。独立电压源为零是短路，独立电流源为零是开路；电路中的受控源一直在各个独立电源单独作用的电路中存在；功率不能叠加。

戴维宁定理指出，任一线性含源一端口网络，总可以用电压源与电阻的串联支路来等效。电压源的电压等于该含源一端口网络的开路电压；串联电阻等于含源一端口网络所有独立源均为零值时在其端口所得的等效电阻。

诺顿定理指出，任一线性有源一端口网络，总可以用电流源与电阻的并联组合来等效，电流源的电流等于含源一端口网络在端口处的短路电流；其并联电阻等于含源一端口网络所有独立源均为零值时，端口处的等效电阻。

特勒根定理是集总参数电路理论中普遍适用的定理之一，有两种形式。互易定理是特勒根定理的应用。仅适用于电路中没有受控源且单一激励作用于电路的情形，共有 3 种形式。

复习思考题

(1) 如图 4-25 所示电路，已知 $u_{ab}=0$，求电阻 R 的值。

(2) 试用叠加定理求图 4-26 所示电路中的电压 u 和电流 i。

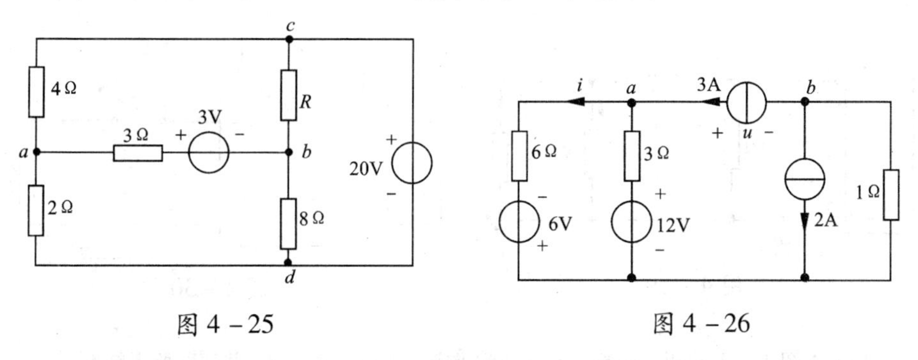

图 4-25　　　　图 4-26

(3) 如图 4-27 所示电路中，N_s 为有源网络，当开关 S 接到 A 时，$I=5\text{A}$；当开关 S 接到 B 时 $I=2\text{A}$；求当开关 S 接到 C 时，$I=$？

(4) 已知图 4-28(a)中 $u_{ab}=1\text{V}$ 时，$i_1=0.1\text{A}$，$i_2=0.02\text{A}$；图 4-28(b)中开路电压 $u_{cd}=12\text{V}$；图 4-28(c)中 $u_{ab}=10\text{V}$。试求图 4-28(c)中的 i_2 和含源二端网络 A 的等效电路

(5) 如图 4-29 所示电路中，N 为含有独立源的一端口电路，已知其端口电流为 i，今欲

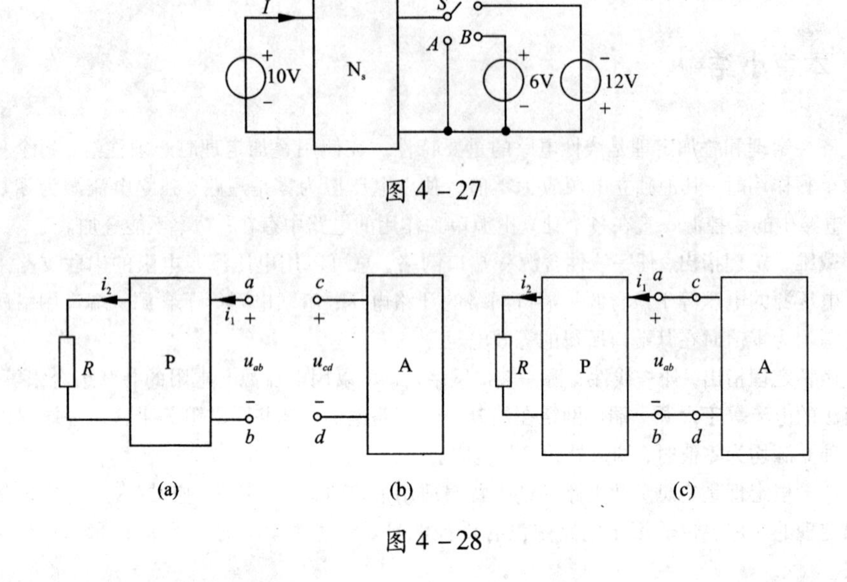

图 4-27

图 4-28

使 R 中的电流为$\frac{1}{3}i$，求 R 的值。

(6)图 4-30 所示电路，N 为含有独立源的电阻电路。当 S 打开时有 $i_1=1\text{A}$，$i_2=5\text{A}$，$u_{oc}=10\text{V}$；当 S 闭合且调节 $R=6\Omega$ 时，有 $i_1=2\text{A}$，$i_2=4\text{A}$；当调节 $R=4\Omega$ 时，R 获得了最大功率。求调节 R 到何值时，可使 $i_1=i_2$。

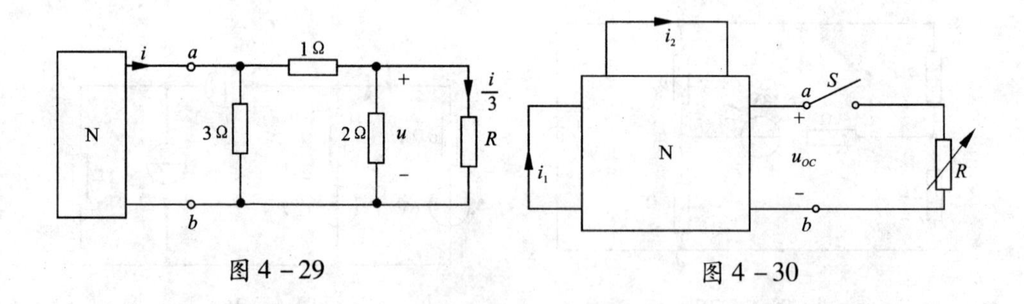

图 4-29　　图 4-30

(7) 求图 4-31 的两个一端口网络的戴维宁或诺顿等效电路，并解释所得结果。

(8) 试求图 4-32(a)、(b)和(c)含源一端口网络 ab 的截维宁和诺顿等效电路。

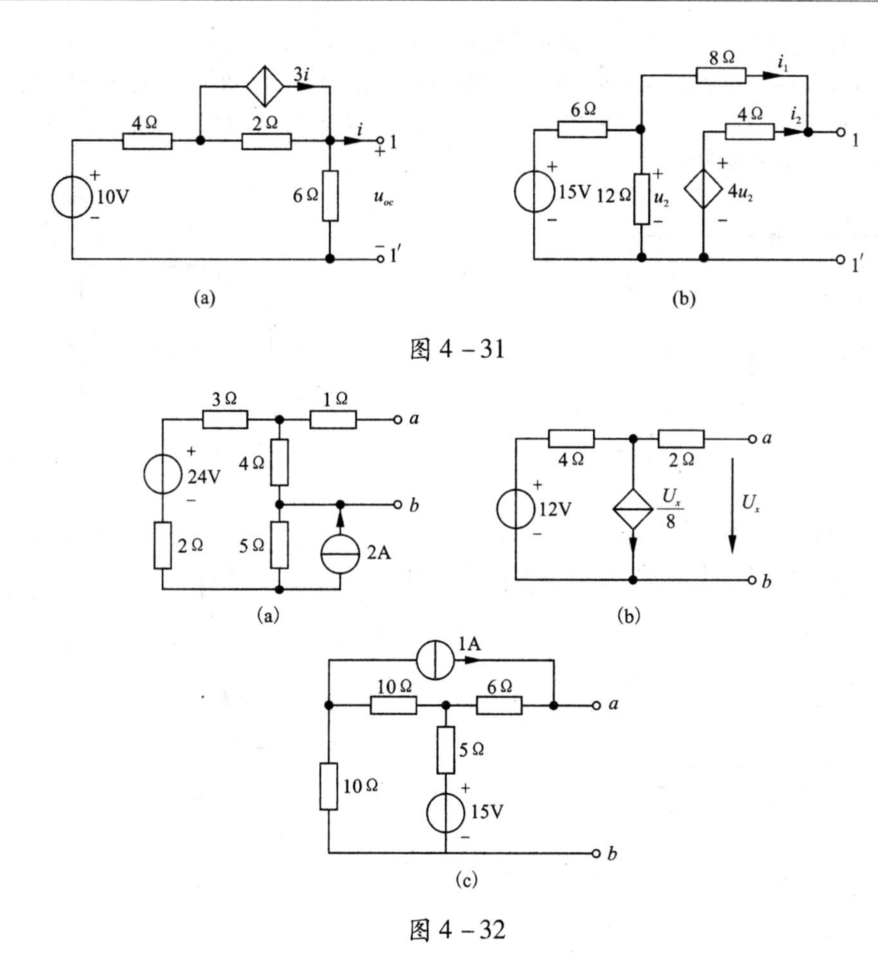

图 4－31

图 4－32

(9) 已知在图4－33中，AB 端的伏安持性为 $U=2I+10$，现已知 $I_s=2\text{A}$，求N的戴维宁等效电路。

(10)图4－34所示电路，求 R 为何值时，它能获得最大功率 $P_{\max}$，并求 $P_{\max}$。

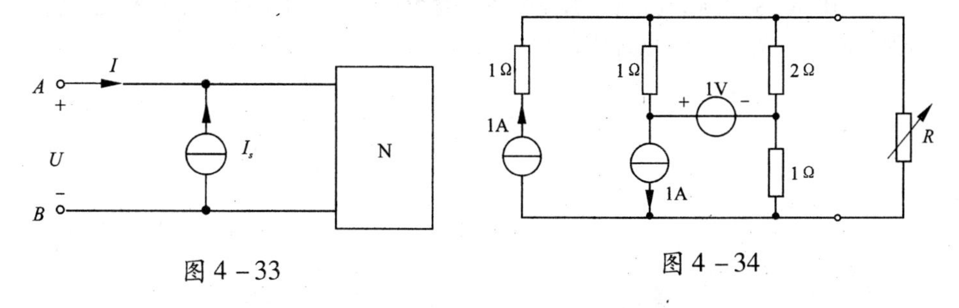

图 4－33　　图 4－34

(11)电路如图4－35所示，求R_L为何值可得最大功率，最大功率P_{max}等于多少。

(12)图4－36所示电路中，N_s为有源线性直流网络，已知$R_1=20\Omega$，$R_2=10\Omega$，当CCCS的控制系数$\beta=1$时，$U=20V$；当$\beta=-1$时，$U=12.5V$。求β为何值时，网络N_s输出最大功率？此功率为多少？

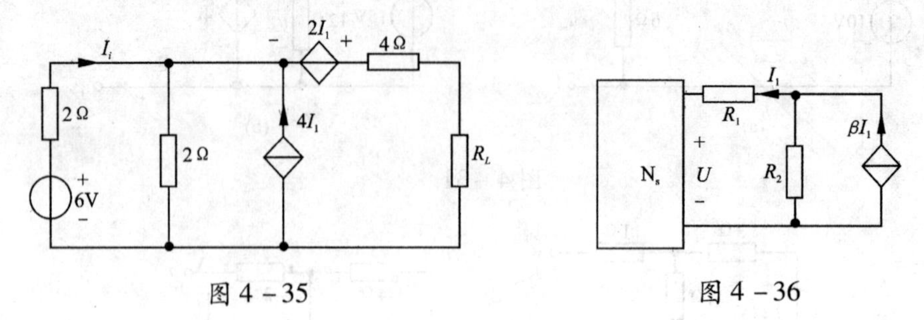

图4－35　　图4－36

(13)图4－37所示电路中，N_o是不含任何电源的线性电路，$u_{s1}=18V$。已知当u_{s1}单独作用时，$u'_1=9V$，$u'_2=4V$；当u_{s1}与u_{s2}同时作用时，$u_3=-30V$。求u_{s2}的值。

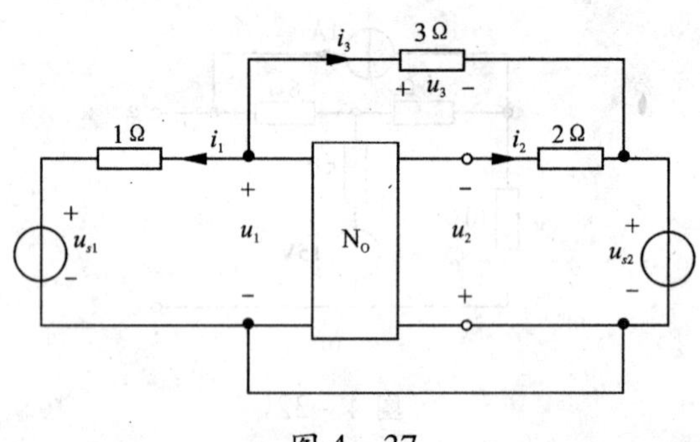

图4－37

(14)电路如图4－38所示，试求短路线中电流I；如果去掉该短路线，试问代之什么元件可使流过此支路的电流为零。

(16)图4－39所示电路，(1)若在2－2′端接2Ω电阻，则$U_1=3V$，$I_2=1A$；(2)若2－2′开路，则$U_1=5V$。试确定电路对2－2′端的诺顿等效电路。

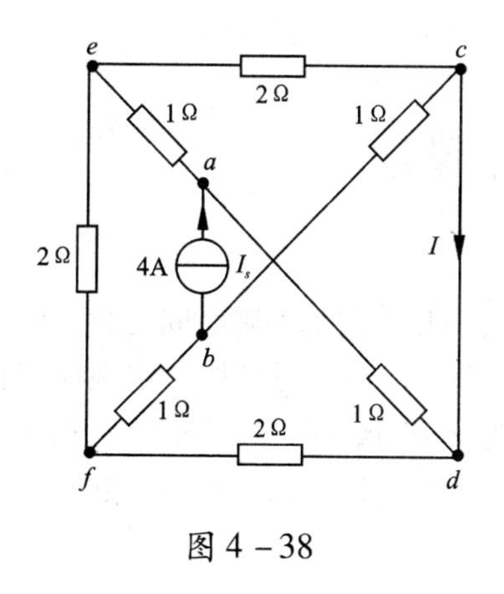

图4-38

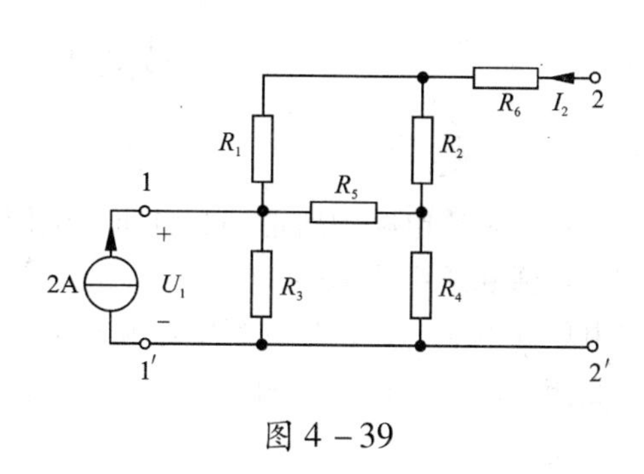

图4-39

(16)应用互易定理求解图4-40所示电路的电流 I。

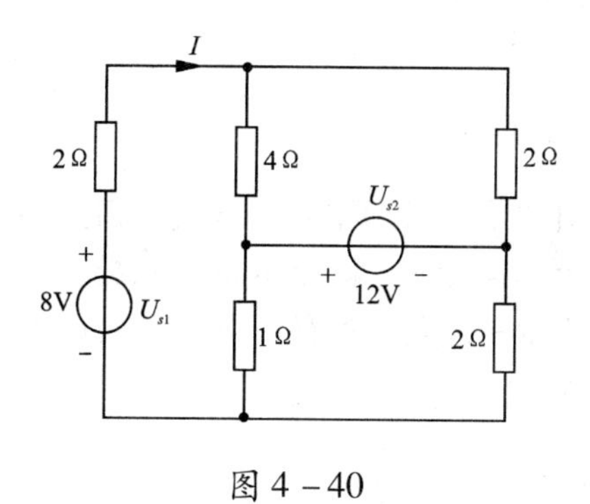

图4-40

(17)图4-41中N为线性无源网络。在图4-41(a)中 $U_{s1}=5\text{V}$, $I_1=1\text{A}$, $I_2=\frac{1}{2}\text{A}$, 接入 U_{s2}后, 如图4-41(b), 当 $I'_1=0$ 时求 U_{s2}。若将 U_{s1} 改换成5Ω电阻, 如图4-35(c), 求 I_1''。

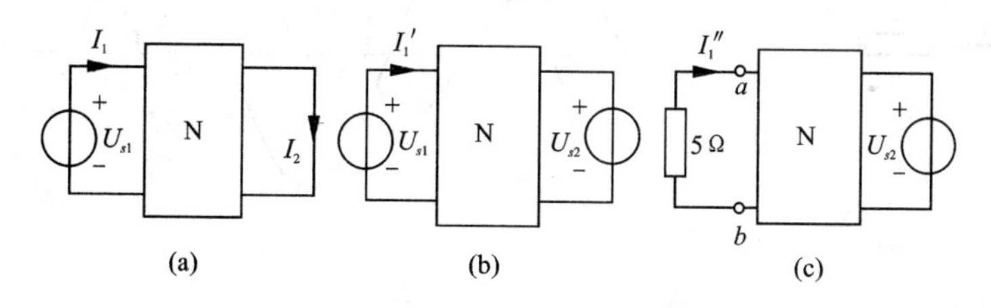

图4-41

第5章 相量法

在直流电路中所遇到的电压和电流的大小和方向都不随时间变化。但在日常生活和通讯技术中，应用更多的却是大小和方向都随时间按一定规律变化的电压和电流。通常把这种电压和电流统称为交流电，其中最基本的形式是正弦交流电。本章将介绍相量法，主要内容有正弦量、相量法的基础、电路定律的相量形式。

5.1 正弦量的基本概念

5.1.1 正弦量的三要素

随时间按正弦规律变化的电压、电流统称为正弦量。正弦量可用时间的 sine 和 cosine 函数表示，本书统一采用 cosine 函数。

图 5－1(a)所示表示一段电路中有正弦电压 $u(t)$ 和电流 $i(t)$，在图示参考方向下，可分别表示如下：

$$\left.\begin{aligned} u(t) &= U_m\cos(\omega t+\theta_u) \\ i(t) &= I_m\cos(\omega t+\theta_i) \end{aligned}\right\} \tag{5-1}$$

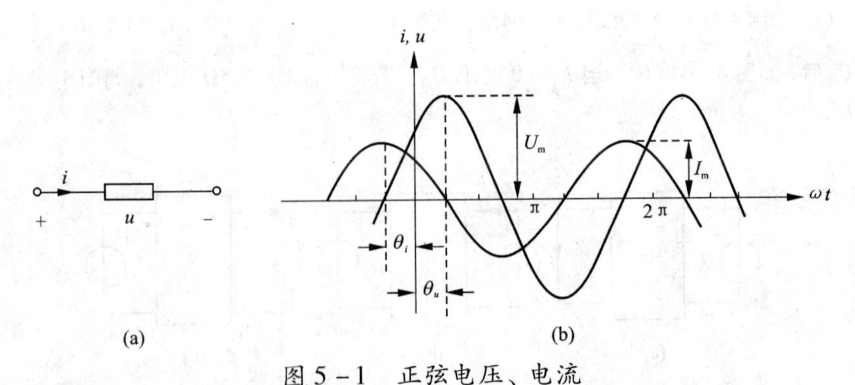

图 5－1 正弦电压、电流

式(5－1)中，$U_m(I_m)$ 称为正弦电压(电流)的振幅或最大值，表示正弦函数在整个变化过程中所能达到的最大值；$\omega t+\theta_u(\omega t+\theta_i)$ 称为正弦电压(电流)的相位或相角，表示正弦函数的变化进程，单位为弧度(rad)或度(°)表示。ω

表示相位随时间变化的速率，即

$$\omega = \frac{\mathrm{d}}{\mathrm{d}t}(\omega t + \theta) \tag{5-2}$$

称为角频率，单位是弧度/秒(rad/s)，与周期及频率的关系为

$$\omega = \frac{2\pi}{T} = 2\pi f \tag{5-3}$$

式(5-3)中，T 为正弦量的周期，单位为秒(s)；f 为正弦量的频率，单位为赫兹(Hz)。ω、T、f 3 个参数告诉的是同一个信息。我国电力系统提供的正弦电压频率是50Hz，一般称为工频，即角频率为100πrad/s，约为314rad/s。由于正弦函数的许多性质都和角度有关，所以很多情况下用 ωt 做自变量更方便些。图5-1(b)所示为以 ωt 为自变量的正弦波形。

$t=0$ 时的相位为 $\theta_u(\theta_i)$，称为初相位，即初始时刻的相位角，单位为弧度(rad)或度(°)。初相位通常规定在 $-\pi \leqslant \theta_u(\theta_i) \leqslant \pi$ 的主值范围内取值，其大小与计时起点有关。初相位为正，意味着正弦量的最大值出现在起始时刻之前，初相位为负，意味着其最大值出现在起始时刻之后。工程上常习惯于用角度作为初相位的单位。

从上分析可知，一个正弦量可由3个参数所确定，即振幅(或最大值)、频率(或周期，角频率)和初相位。这3个参数称为正弦量的三要素。直流电压、电流可以看成是频率为零，初相位为零的正弦电压、电流。

5.1.2　正弦量的相位差

工程上遇到的正弦量常常具有相同的频率。在相同频率的情况下，两个正弦量的比较可由它们的振幅和相位角的关系来确定。图5-1(b)为两个具有相同频率，不同振幅和不同初相位的正弦量。

$$u(t) = U_{\mathrm{m}}\cos(\omega t + \theta_u)$$

$$i(t) = I_{\mathrm{m}}\cos(\omega t + \theta_i)$$

图5-1(b)中两个正弦量振幅的比较是容易的，可用它们的比值即可，即 $U_{\mathrm{m}}/I_{\mathrm{m}}$。由图5-1(b)看出，它们的相位角在每个时刻都是不同的，但是它们的相位角之差在每个时刻都是相同的，这是它们频率相同的必然结果。这个相位之差称为相位差，用符号 φ 表示，即

$$\varphi = (\omega t + \theta_u) - (\omega t + \theta_i) = \theta_u - \theta_i \tag{5-4}$$

式(5-4)表明，同频率的两正弦量的相位差等于它们的初相位之差，而且是与时间无关的常数。

两个正弦量之间相位角之间的关系可用它们的相位差来表示。当 $\varphi=0$

时，称为 u 与 i 同相位，表示两正弦量的波形在步调上一致的，即同时到达最大值，同时到达零值，同时到达最小值等。当相位差不为零时，表示两个波形步调不一致。若 $\varphi>0$，称为 u 超前 i 一个角度 φ，即如果把 u 的波形向右平移一个角度 φ，就和 i 同相位了，如图 5-2(a)所示。这种关系也可称为 i 滞后 u 一个角度 φ。若 $\varphi<0$，称为 u 滞后 i 一个角度 φ，即如果把 i 的波形相左平移一个角度 φ，就和 u 同相位了，如图 5-2(b)所示。这种关系也可称为 u 滞后 i 一个角度 φ。由于正弦量最大值是周期性出现的，所以两个正弦量在相位上的超前、滞后关系是不确定的，既可以说 u 超前 i 角度 φ，也可以说 u 滞后 i 角度 $(2\pi-\varphi)$。为了避免上述混乱，一般都规定相位差的绝对值必须在 0 与 π 之间，即 $|\varphi|\leqslant\pi$。

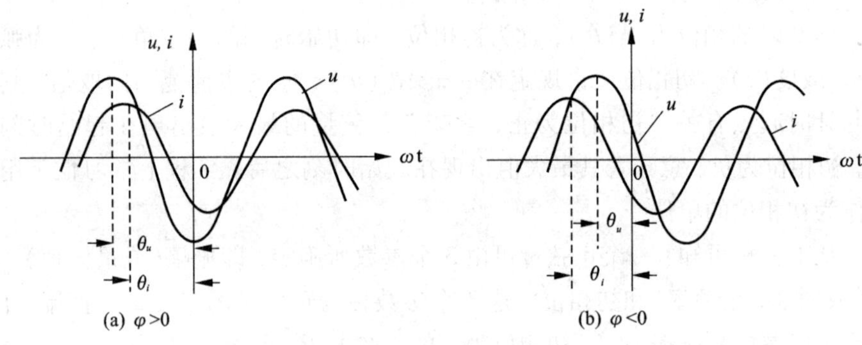

图 5-2 相位差

除 $\varphi=0$ 时称两正弦量同相外，还有两类特殊的相位差角，即当 $\varphi=\pm\pi$ 时，称两正弦量反相，$\varphi=\pm\frac{\pi}{2}$ 时，称两正弦量正交，分别如图 5-3(a)、(b)和(c)所示。

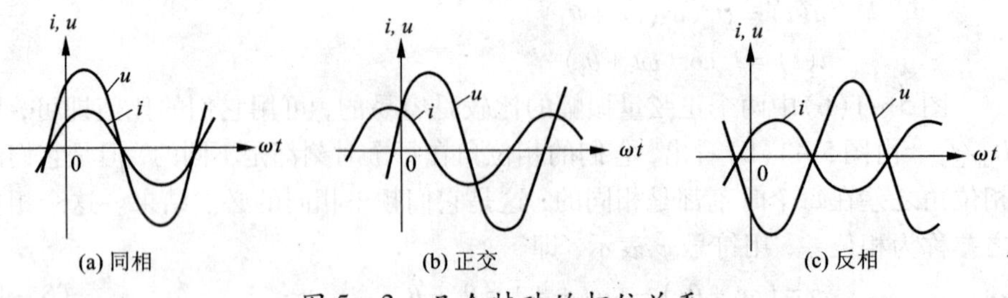

图 5-3 几个特殊的相位关系

例 5-1 已知某一正弦电压的波形如图 5-4 所示，试写出它的瞬时值表达式。

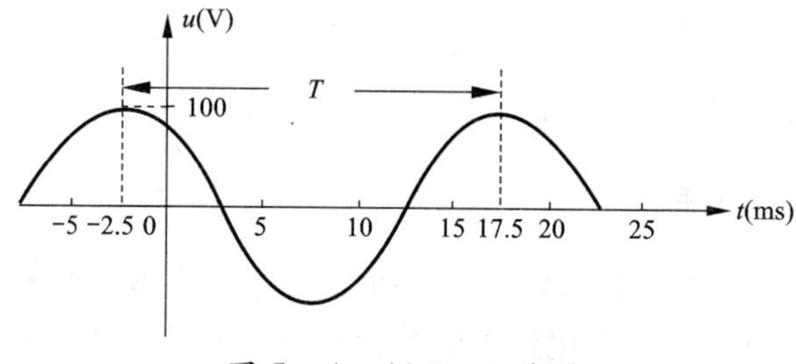

图5－4 例5－1的图

解 要写出 u 的表达式，首先应从图中求出它的三要素，即

$$U_m = 100\text{V}$$

$T = 17.5 - (-2.5) = 20\text{ms}$（即可利用两个峰值之间的时间间隔）。

根据式（5－3），可得

$$\omega = \frac{2\pi}{T} = \frac{2\pi}{20} \times 10^{-3} = 100\pi\text{rad/s}$$

初相位 $\theta = \omega \times 2.5 \times 10^{-3} = 100\pi \times 2.5 \times 10^{-3} = \frac{\pi}{4}$

由于波形的最大值在坐标原点的左边，所以初相位为正，故

$$u(t) = 100\cos(100\pi t + \frac{\pi}{4})\text{V}$$

例5－2 已知两个同频率的正弦电压为

$$u_1(t) = 80\sin(\omega t + \frac{3}{4}\pi)\text{V}$$

$$u_2(t) = -100\cos(\omega t + \frac{3}{4}\pi)\text{V}$$

试求它们的相位差。

解 此例中两个正弦量的函数形式不同，一个用 cosine 函数，一个用 sine 函数。在比较它们的相位关系时，应首先把它们的函数形式一致化，即统一用 cosine 函数表示，即 $u_1(t)$ 可改写为

$$u_1(t) = 80\cos(\omega t + \frac{3}{4}\pi - \frac{1}{2}\pi) = 80\cos(\omega t + \frac{1}{4}\pi)\ \text{V}$$

另外求两正弦量的相位差，不但要求两正弦量的函数形式要相同，而且要求两个表示式都要是标准形式，即 $u(t) = U_m\cos(\omega t + \theta)$，其中 U_m 为正数。故本例中 $u_2(t)$ 应改写为

$$u_2(t) = -100\cos(\omega t + \frac{1}{4}\pi) = 100\cos(\omega t + \frac{1}{4}\pi \pm \pi) = 100\cos(\omega t - \frac{3}{4}\pi)\ \text{V}$$

相位差 $\varphi=\theta_1-\theta_2=\frac{1}{4}\pi-(-\frac{3}{4})\pi=\pi$

所以,可以说 $u_1(t)$ 超前 $u_2(t)$ 180°。

5.1.3 正弦量的有效值

正弦电压、电流的瞬时值是随时间不断变化的。在电工技术中,对于周期电压、电流,为了表征它们在电路中的某种平均的效果,常用它们的某种积分量作为其大小的表征,其中最常用的就是有效值。

以周期电流为例,其有效值的定义是

$$I=\sqrt{\frac{1}{T}\int_0^T i^2(t)\,\mathrm{d}t} \tag{5-5}$$

其中,$i(t)$ 为周期电流,I 为 $i(t)$ 的有效值,有效值用与其瞬时值对应的大写字母表示,T 为周期。式(5-5)表明,周期量的有效值等于其瞬时值的平方在一个周期内积分的平均值再取平方根,因此,有效值又称均方根值。同样,周期电压的有效值为

$$U=\sqrt{\frac{1}{T}\int_0^T u^2(t)\,\mathrm{d}t} \tag{5-6}$$

有效值的单位与它的瞬时值的单位相同。

周期电压、电流的有效值可以体现这个电压、电流加到电路上产生电能的大小。例如,若有效值为 I 的正弦电流与大小为 I 的直流电流分别通入同一个电阻 R,则在一个周期 T 中,电阻 R 消耗的能量相同。正弦电流 $i(t)$ 流过电阻时,根据式(1-10)可知,电阻在一个周期中消耗的能量为

$$\int_0^T p(t)\,\mathrm{d}t=\int_0^T Ri^2(t)\,\mathrm{d}t=R\int_0^T i^2(t)\,\mathrm{d}t=RI^2T \tag{5-7}$$

直流电流 I 流过同一电阻时,在时间 T 中消耗的能量为

$$PT=RI^2T$$

可见,它们在一个周期中消耗的能量是相同的。也就是说,就在同一电阻上消耗的平均功率来说,有效值为 I 的周期电流与其值为 I 的直流电流是等效的。

正弦电压、电流是周期性的,当然也可用有效值表示,并且它们的有效值与振幅值之间有着简单的关系,即若

$$i(t)=I_m\cos(\omega t+\theta_i)$$

则

$$I=\sqrt{\frac{1}{T}\int_0^T I_m^2\cos^2(\omega t+\theta_i)\,\mathrm{d}t}=$$

$$\sqrt{\frac{1}{2\pi}\int_0^{2\pi} I_m^2 \cos^2(\omega t + \theta_i)\,\mathrm{d}\omega t} = \frac{I_m}{\sqrt{2}} = 0.707 I_m \tag{5-8}$$

同理可得正弦电压的有效值为

$$U = \frac{U_m}{\sqrt{2}} = 0.707 U_m \tag{5-9}$$

由此可见，正弦量的有效值等于其振幅的$\frac{1}{\sqrt{2}}$倍。这样，有效值便可以代表振幅成为正弦量三要素中的一个要素。因此，正弦电压、电流瞬时值表达式也可以改写成

$$\left.\begin{aligned} u(t) &= \sqrt{2}U\cos(\omega t + \theta_u) \\ i(t) &= \sqrt{2}I\cos(\omega t + \theta_i) \end{aligned}\right\} \tag{5-10}$$

应该指出，许多正弦电路运行中所关心的都是电压、电流的有效值，并且许多交流测量仪表的读数也是按有效值刻度的。例如，日常生活中用的交流电为 220V，就是指有效值，其振幅为$\sqrt{2} \times 220 = 311$V。

例 5－3　求下列正弦量的有效值。

（1）$u(t) = 120\cos 314t$ V

（2）$i(t) = 70.7\cos(6280t + 45°)$ A

解　（1）$U = \frac{120}{\sqrt{2}} = 84.85$ V

（2）$I = \frac{70.7}{\sqrt{2}} = 50$ A

5.2　正弦量的相量表示

在线性时不变正弦稳态电路中，电流和电压都是与激励电源具有相同角频率的正弦函数。由于电阻、电容和电感元件的伏安关系分别是代数关系、积分关系和微分关系。因此求解正弦稳态响应时，需要反复进行三角函数的代数和微积分运算，此时电路方程为微分或积分方程形式。在人工方式下进行上述运算，除运算繁琐外，还容易出错，此法不宜采用。为此，将采用相量来表示正弦量，并在此基础上推出一种正弦稳态电路分析方法，即相量法，它是分析正弦稳态响应的简便方法。

5.2.1　复数及运算

进行正弦稳态分析，从数学上讲，就是一个求解非齐次线性常系数微分方

程的特解问题。不难想象，当电路更复杂时，求解起来很麻烦。本小节将介绍一种进行正弦稳态分析的简便方法－相量法。利用这种方法不但可以避免用待定系数法求微分方程的特解，而且根本不用列写微分方程。

相量法是建立在用复数代表正弦量以及复数和复值函数的某些性质的基础上的。因此，在介绍相量法之前，首先对复数，复数运算和复值函数的性质加以复习和补充。

一个复数有多种表示形式。复数的代数形式是

$$A = a_1 + \mathrm{j}a_2 \tag{5-11}$$

其中，A 为复数，$\mathrm{j}=\sqrt{-1}$为虚数单位，a_1 为复数的实部，可为任意实数，a_2 为复数的虚部，也可为任意实数，亦即

$$\mathrm{Re}[A] = \mathrm{Re}[a_1 + \mathrm{j}a_2] = a_1$$

$$\mathrm{Im}[A] = \mathrm{Im}[a_1 + \mathrm{j}a_2] = a_2$$

其中 Re 为实部的运算符号，Im 为取虚部的运算符号。

复数在复平面上可以找到与之对应的一个点，图5－5 中的 A 点就是与复数 A 相对应的点。图中 $+i$ 表示实轴，$+\mathrm{j}$ 表示虚轴，实轴与虚轴是相互垂直，即是直角坐标系。A 点在实轴上的投影的坐标是 A 的实部，在虚轴上投影的坐标就是其虚部。

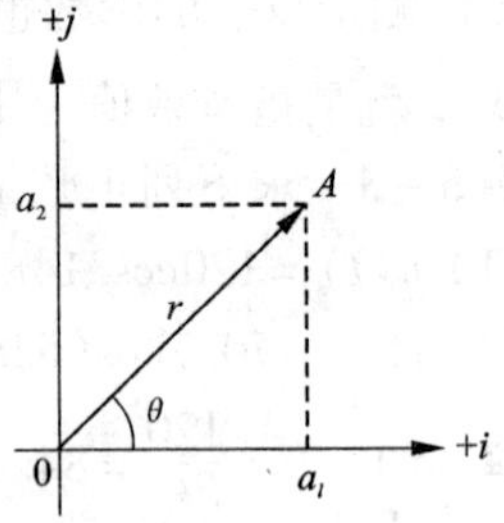

图5－5　复数的几何表示

根据图5－5，可知复数 A 的三角形式为

$$A = r(\cos\theta + \mathrm{j}\sin\theta) \tag{5-12}$$

其中

$$r = \sqrt{a_1^2 + a_2^2} \tag{5-13}$$

$$\theta = \arctan\frac{a_2}{a_1} \tag{5-14}$$

$$a_1 = r\cos\theta \tag{5-15}$$

$$a_2 = r\sin\theta \tag{5-16}$$

式中，r 为复数的模，θ 为复数的辐角。显然，复数的模对应于坐标原点至 A 点的距离，辐角对应于坐标原点指向 A 点的射线与实轴的夹角。

根据欧拉公式，有

$$\mathrm{e}^{\mathrm{j}\theta} = \cos\theta + \mathrm{j}\sin\theta \tag{5-17}$$

则复数 A 的三角形式(5－12)，可改写为复数的指数形式，即有

$$A = r\mathrm{e}^{\mathrm{j}\theta} \tag{5-18}$$

式(5－18)的指数形式，有时可改写为极坐标形式，即

$$A = r\angle\theta \tag{5-19}$$

例5－4　化下列复数为代数形式

(1) $A = 5\angle 233.13^\circ$　　(2) $A = 5\angle -53.1^\circ$

(3) $A = 5\angle 90^\circ$　　(4) $A = 5\angle -180^\circ$

解　运用公式(5－17)、式(5－18)和式(5－19)，有

(1) $A = 5\angle 233.13^\circ = 5\cos 233.13^\circ + j5\sin 233.13^\circ = -3 - j4$

(2) $A = 5\angle 53.1^\circ = 5\cos 53.1^\circ + j5\sin 53.1^\circ = 3 + j4$

(3) $A = 5\angle 90^\circ = 5\cos 90^\circ + j5\sin 90^\circ = j5$

(4) $A = 5\angle -180^\circ = 5\cos(-180^\circ) + j5\sin(-180^\circ) = -5$

例5－5　化下列复数为极坐标形式

(1) $A = -3 + j4$　　(2) $A = -3 - j4$

(3) $A = 3 - j4$　　(4) $A = j5$

解　运用公式(5－19)和式(5－20)

(1) $a = \sqrt{3^2 + 4^2} = 5$，$\theta = \arctan\dfrac{4}{-3} = 126.87^\circ$，故 $A = 5\angle 126.87^\circ$。

请注意，求辐角 θ 时，必须把 a_1 和 a_2 的符号分别保留在分母和分子内，以便判断角所在的象限。如本例虚部为正，实部为负，θ 角在第二象限，而主角 $\theta = \arctan\dfrac{4}{3} = 53.13^\circ$，因此 $\theta = 180^\circ - 53.13^\circ = 126.87^\circ$。

(2) $a = \sqrt{3^2 + 4^2} = 5$，$\theta = \arctan\dfrac{-4}{-3} = 233.13^\circ$（第三象限），即 $A = 5\angle 233.13^\circ = 5\angle -126.87^\circ$。

(3) $a = \sqrt{3^2 + 4^2} = 5$，$\theta = \arctan\dfrac{-4}{3} = -53.13^\circ$（第四象限），即 $A = 5\angle -53.13^\circ$。

(4) $a = \sqrt{5^2 + 0^2} = 5$，$\theta = \arctan\dfrac{5}{0} = 90^\circ$，即 $A = 5\angle 90^\circ$。

对于两个不同的复数，若它们的实部和虚部分别相等，则此两复数相等，即若 $A = a_1 + ja_2$，$B = b_1 + jb_2$，则当 $a_1 = b_1$，$a_2 = b_2$ 时，$A = B$。

对于用极坐标形式表示的复数，若它们的模相等，辐角也相等，则两复数相等。即若 $A = r_a\angle\theta_a$，$B = r_b\angle\theta_b$，则当 $r_a = r_b$，$\theta_a = \theta_b$ 时，$A = B$。

复数的四则运算包括加减乘除运算，下面分别对它们作简单的介绍。

1. 加减运算

两个复数的和/差仍然是一个复数，其实部等于两复数实部之和/差，其虚

部等于两复数虚部之和/差，即 $A=a_1+\mathrm{j}a_2$，$B=b_1+\mathrm{j}b_2$，则 $C=A\pm B=(a_1\pm b_1)+\mathrm{j}(a_2\pm b_2)$。这一法则也适合于多个复数相加减的运算。

复数的加减运算也可以在复平面上用作图的方法进行。图5-6为用“平行四边形法则”求复数 A 和 B 相加的例子。原则是：首先在复平面上作出代表 A 和 B 的有向线段 $\overline{OA}$ 和 $\overline{OB}$，然后以 $\overline{OA}$ 和 $\overline{OB}$ 为邻边作一平行四边形，其对角线 $\overline{OC}$ 对应的复数即为 A，B 之和。这种求复数和的图解方法可以推广用到多个复数之和。

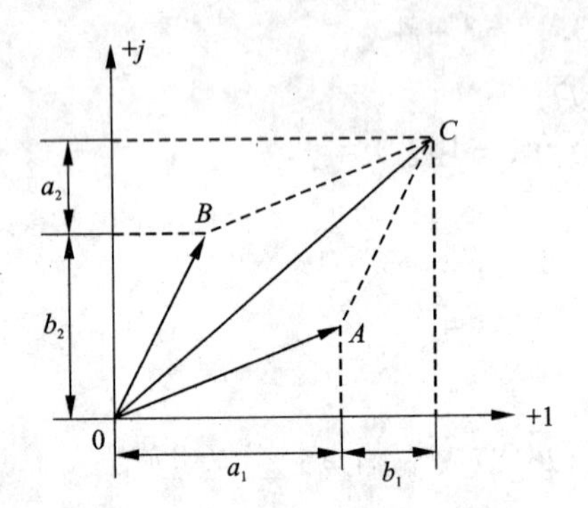

图5-6 平行四边形法则

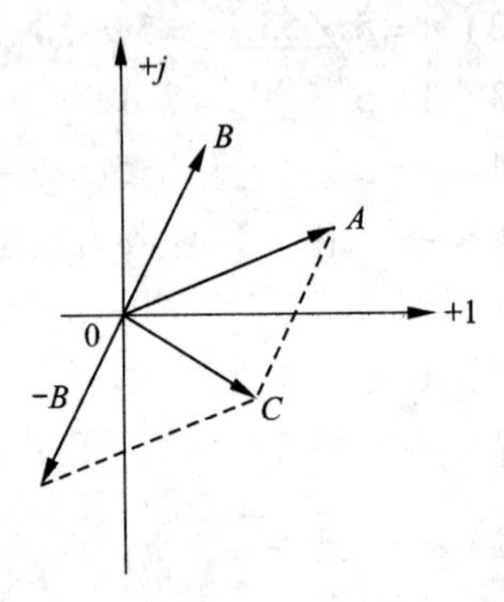

图5-7 用平行四边形法则作两数相减

注意，两个复数相减的作图法，与两个复数相加相似，只是减一个复数相当于加一个负的复数。图5-7为平行四边形法则求两个复数相减即 $C=A-B$ 的示意图。

2. 乘法运算

若 $A=a_1+\mathrm{j}a_2$，$B=b_1+\mathrm{j}b_2$，则有

$$A\cdot B=(a_1+\mathrm{j}a_2)(b_1+\mathrm{j}b_2)=(a_1b_1-a_2b_2)+\mathrm{j}(b_1a_2+a_1b_2)$$

复数相乘用极坐标形式比较方便，即若 $A=r_a\angle\theta_a$，$B=r_b\angle\theta_b$，则

$$A\cdot B=r_a\angle\theta_a\cdot r_b\angle\theta_b=r_a\mathrm{e}^{\mathrm{j}\theta_a}\cdot r_b\mathrm{e}^{\mathrm{j}\theta_b}=r_ar_b\mathrm{e}^{\mathrm{j}(\theta_a+\theta_b)}=r_ar_b\angle(\theta_a+\theta_b)$$

即复数相乘，其模相乘，其辐角相加。

3. 除法运算

若 $A=a_1+\mathrm{j}a_2$，$B=b_1+\mathrm{j}b_2$，则

$$\frac{A}{B}=\frac{a_1+\mathrm{j}a_2}{b_1+\mathrm{j}b_2}=\frac{(a_1+\mathrm{j}a_2)(b_1-\mathrm{j}b_2)}{(b_1+\mathrm{j}b_2)(b_1-\mathrm{j}b_2)}$$

$$=\frac{a_1b_1+a_2b_2}{b_1^2+b_2^2}+\mathrm{j}\,\frac{a_2b_1-a_1b_2}{b_1^2+b_2^2}$$

即两复数相除，须用分子分母同乘以分母的共轭复数的方法使分母变成实数，

在此基础上，求出商的实部和虚部。如果复数用极坐标形式表示，即

若 $A=r_a\angle\theta_a$，$B=r_b\angle\theta_b$，则

$$\frac{A}{B}=\frac{r_a\angle\theta_a}{r_b\angle\theta_b}=\frac{r_a e^{j\theta_a}}{r_b e^{j\theta_b}}=\frac{r_a}{r_b}e^{j(\theta_a-\theta_b)}=\frac{r_a}{r_b}\angle(\theta_a-\theta_b)$$

即复数相除，其模相除，其辐角相减。

一般讲，复数的乘、除运算用极坐标形式较为方便，但在做理论分析时往往需要用代数形式进行乘、除运算。

5.2.2　相量法及运算

如果复数 $A=re^{j\theta}$中的辐角 $\theta=\omega t+\varphi$，则 A 就是一个复指数函数，根据欧拉公式可展开为

$$A=re^{j(\omega t+\varphi)}=r\cos(\omega t+\varphi)+jr\sin(\omega t+\varphi) \tag{5-20}$$

显然有

$$r\cos(\omega t+\varphi)=\text{Re}[A]=\text{Re}[re^{j\varphi}e^{j\omega t}] \tag{5-21}$$

所以正弦量可以用上述形式的复指数函数描述，使正弦量与其实部一一对应起来。如以正弦电流 $i=\sqrt{2}I\cos(\omega t+\theta_i)$为例，有

$$i=\text{Re}[\sqrt{2}Ie^{j\theta_i}\cdot e^{j\omega t}] \tag{5-22}$$

从上式可以看出：复指数函数中的 $Ie^{j\theta_i}$是以正弦量的有效值为模，以初相为辐角的一个复数常数，这个复常数定义为正弦量的相量，记为$\dot{I}$

$$\dot{I}=Ie^{j\theta_i}=I\angle\theta_i \tag{5-23}$$

$\dot{I}$是一个复数，它和上面给定频率的正弦量有一一对应的关系。这个代表正弦量的复数定义为相量，用大写字母上面加一点来表示。代表正弦电流的相量叫电流相量，用$\dot{I}$来表示，代表正弦电压的相量称为电压相量，用$\dot{U}$表示。相量的引入使正弦稳态分析和计算大为简化。

必须指出，相量与正弦量之间只能说是存在对应关系，或是变换关系。不能说相量代表正弦量。在实际应用中，不必经过上述的变换步骤，可直接与之由下面表示的对应关系写出，即

$$\sqrt{2}I\cos(\omega t+\theta_i)\Longleftrightarrow I\angle\theta_i \tag{5-24}$$

例 5-6　试写出下列各电流的相量。

（1）$i_1(t)=5\cos(314t+60°)$ A

（2）$i_2(t)=10\sin(314t+30°)$ A

解　（1）$\dot{I}_1=\frac{5}{\sqrt{2}}\angle 60°=3.536\angle 60°$ A

(2) 由于我们规定用 $1\angle 0^\circ$ 代表 $\cos\omega t$，即用 $\cos\omega t$ 作为参考相量。所以决定初始相角时，应该先把所给函数变为 $\cos\omega t$ 函数后再进行。故本例应该改写为 $i_2(t)=10\cos(314t-60^\circ)$

故 $$\dot{I}_2=\frac{10}{\sqrt{2}}\angle -60^\circ=7.07\angle -60^\circ\ \text{A}$$

例 5-7 求下列各电压相量所代表的正弦电压瞬时值表达式。已知 $\omega=1000\text{rad/s}$。

(1) $\dot{U}_1=50\angle -30^\circ\ \text{V}$ (2) $\dot{U}_2=150\angle 150^\circ\ \text{V}$

解 (1) $u_1(t)=\sqrt{2}\times 50\cos(1000t-30^\circ)\ \text{V}$

(2) $u_2(t)=\sqrt{2}\times 150\cos(1000t+150^\circ)\ \text{V}$

前面指出，复数可以用复平面上的有向线段来表示。相量在复平面上的图示称为相量图。画相量图应该首先画坐标，这个坐标可以用相互垂直的实轴和虚轴来表示，也可以只画出一个原点和表示参考方向的射线。前者实轴的方向就是参考相量的方向。

一个复数可以用复平面上的一条有向线段来表示。因此，一个随时间变化的复数就可以用复数平面上随时间变动的有向线段来表示。随时间变化的复数称为复值函数。例如，复值函数 $I_m e^{j(\omega t+\theta_i)}$ 就可以用长度为 I_m、角速度为 ω、初相位为 θ_i，逆时针旋转的的有向线段来表示。$e^{j\omega t}$ 称为旋转因子，$I_m e^{j(\omega t+\theta_i)}$ 称为旋转相量，$\dot{I}_m=I_m\angle\theta_i$ 称为初始相量。这样正弦量 $I_m\cos(\omega t+\theta_i)$ 就可以理解为旋转相量在复平面实轴上的投影。图 5-8 显示了旋转相量在 $t=0$，$t=t_1$ 时刻的位置以及旋转相量在实轴和虚轴上的投影随时间变化的情形。

正弦量乘以常数，同频正弦量的代数和，正弦量的微分和正弦量的积分，结果仍是一个同频的正弦量。下面将这些运算转换为相对应的相量运算。

1. 正弦量乘以实常数

设正弦电流，$i=\sqrt{2}I\cos(\omega t+\varphi)$，$k$ 为常数，则

$$u=ki=\text{Re}[\sqrt{2}k\,\dot{I}e^{j\omega t}]=k\,\text{Re}[\sqrt{2}\dot{I}e^{j\omega t}]$$

即 $$\dot{U}=k\,\dot{I}\tag{5-25}$$

它说明正弦量乘以实常数仍然是正弦量，其相量等于原相量的模乘以 k，辐角不变。

2. 同频率正弦量的代数和

设 $i_1=\sqrt{2}I_1\cos(\omega t+\varphi_1)$，$i_2=\sqrt{2}I_2\cos(\omega t+\varphi_2)$，…，这些正弦量的和设为正弦量 i，则

$$i=i_1+i_2+\cdots=\text{Re}[\sqrt{2}\dot{I}_1e^{j\omega t}]+\text{Re}[\sqrt{2}\dot{I}_2e^{j\omega t}]+\cdots$$

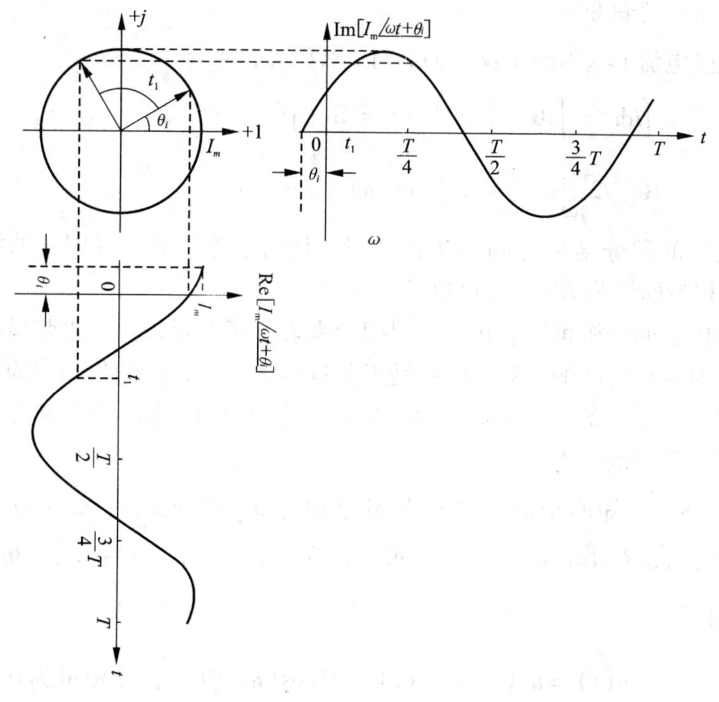

图5-8　旋转相量及其在实轴、虚轴上的投影

$$=\mathrm{Re}[\sqrt{2}(\dot{I}_1+\dot{I}_2+\cdots)\mathrm{e}^{\mathrm{j}\omega t}]$$

而　　$i=\mathrm{Re}[\sqrt{2}\dot{I}\mathrm{e}^{\mathrm{j}\omega t}]$

故有

$$\dot{I}=\dot{I}_1+\dot{I}_2+\cdots \tag{5-26}$$

它说明：同频率正弦量的代数和仍然是一个同频率的正弦量，其相量等于 n 个正弦量相应相量的代数和。

3. 正弦量的微分

设正弦电流 $i=\sqrt{2}I\cos(\omega t+\varphi)$，对 i 求导，有

$$\frac{\mathrm{d}i}{\mathrm{d}t}=\frac{\mathrm{d}}{\mathrm{d}t}\mathrm{Re}[\sqrt{2}\dot{I}\mathrm{e}^{\mathrm{j}\omega t}]=\mathrm{Re}[\frac{\mathrm{d}}{\mathrm{d}t}(\sqrt{2}\dot{I}\mathrm{e}^{\mathrm{j}\omega t})]$$

$$=\mathrm{Re}[\sqrt{2}(\mathrm{j}\omega\dot{I})\mathrm{e}^{\mathrm{j}\omega t}]=\mathrm{Re}[\sqrt{2}I\mathrm{e}^{\mathrm{j}(\omega t+\varphi+\pi/2)}]$$

$$=\sqrt{2}\omega I\cos(\omega t+\varphi+\pi/2) \tag{5-27}$$

可见正弦量的导数是一个同频率正弦量，其相量等于原正弦量 i 的相量 $\dot{I}$ 乘以 $\mathrm{j}\omega$，即此相量的模为 ωI，辐角则超前 $\pi/2$。

4. 正弦量的积分

设正弦电流 $i=\sqrt{2}I\cos(\omega t+\varphi)$，对 i 求积分，则

$$\int i\mathrm{d}t = \int \mathrm{Re}[\sqrt{2}\dot{I}\mathrm{e}^{\mathrm{j}\omega t}]\mathrm{d}t = \mathrm{Re}[\int(\sqrt{2}\dot{I}\mathrm{e}^{\mathrm{j}\omega t})\mathrm{d}t]$$

$$\mathrm{Re}[\sqrt{2}\frac{\dot{I}}{\mathrm{j}\omega}\mathrm{e}^{\mathrm{j}\omega t}]=\sqrt{2}\frac{I}{\omega}\cos(\omega t+\varphi-\frac{\pi}{2}) \tag{5-28}$$

正弦量的积分结果为同频率正弦量，其相量等于原正弦量 i 的相量除以 $\mathrm{j}\omega$，即此相量的模为 I/ω，其辐角滞后 $\pi/2$。

通过以上的分析可以看出，采用相量来表示正弦量以后，正弦量的运算可以转化为对应相量间的运算，特别是正弦量的微积分运算转化为对应相量的乘以或除以($\mathrm{j}\omega$)的运算，这样就使得微积分简化为代数运算，使得相量法成为分析正弦交流电路的有力工具。

例5-8 已知两个同频的正弦量分别为 $u_1(t)=6\sqrt{2}\cos(314t+30°)$ V，$u_2(t)=4\sqrt{2}\cos(314t+60°)$ V。求：(1) $u_1(t)+u_2(t)$；(2) $\mathrm{d}u_1(t)/\mathrm{d}t$；(3) $\int u_2\mathrm{d}t$。

解 (1)设 $u(t)=u_1(t)+u_2(t)=\sqrt{2}\cos(\omega t+\theta_u)$，其相量为 $\dot{U}=U\angle\theta_u$，可得

$$\dot{U}=\dot{U}_1+\dot{U}_2=6\angle 30°+4\angle 60°=5.196+\mathrm{j}3+2+\mathrm{j}3.464$$
$$=7.196+\mathrm{j}6.464=9.67\angle 41.9°\text{ V}$$

所以 $u(t)=u_1(t)+u_2(t)=9.67\sqrt{2}\cos(314t+41.9°)$ V

(2)可 $\frac{\mathrm{d}u_1}{\mathrm{d}t}$ 直接用时域形式来求解，也可以用相量求解。

$$\mathrm{j}\omega\dot{U}_1=\mathrm{j}\times 314\times 6\angle 30°=1884\angle 120°$$

所以 $$\frac{\mathrm{d}u_1}{\mathrm{d}t}=1884\sqrt{2}\cos(314t+120°)$$

(3) $\int u_2\mathrm{d}t$ 的相量为

$$\frac{1}{\mathrm{j}\omega}\dot{U}_2=\frac{1}{\mathrm{j}\times 314}\times 3\angle 60°=0.01\angle -30°$$

由本例可以看出，应用相量法，可以将求解正弦函数的线性常系数非齐次微分方程的问题变成为求解其相量的代数方程的问题。只要把微分方程中的未知量，用它的相量代替，未知量的导数用代替($\mathrm{j}\omega$)$\dot{U}$，等号右边的正弦量也是用它的相量代替，就可以得到相对应的代数方程，解此代数方程就可以得到未知量的相量解答，然后再根据正弦量及其相量间的对应关系，写出瞬时值的表达式。

5.3　相量法的分析基础

本节讨论正弦交流电路中各基本元件伏安关系的相量形式，以及电路基本定律 KCL、KVL 的相量形式，它们构成了相量分析法的基础。

5.3.1　电路元件伏安关系的相量形式

1. 电阻元件

设电阻元件 R 的电压、电流采用关联参考方向，则图 5－9(a)所示的电阻元件伏安关系的时域形式是

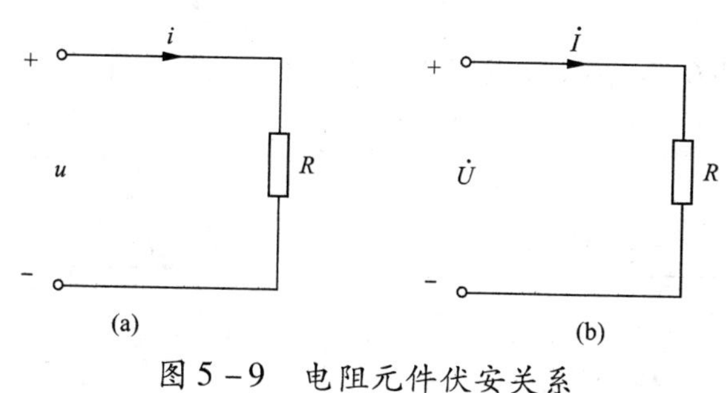

图 5－9　电阻元件伏安关系

$$u(t)=Ri(t) \tag{5-29}$$

设

$$\left.\begin{aligned} u(t)&=\sqrt{2}U\cos(\omega t+\theta_u) \\ i(t)&=\sqrt{2}I\cos(\omega t+\theta_i) \end{aligned}\right\} \tag{5-30}$$

它们是同频率正弦量，则正弦电压 u 和电流 i 对应的相量分别为 $\dot{U}=Ue^{j\theta_u}$ 和 $\dot{I}=Ie^{j\theta_i}$，对式(5－29)两边分别取相量，可得

$$\dot{U}=R\dot{I} \tag{5-31}$$

式(5－31)是电阻元件伏安关系的相量形式，如图 5－9(b)所示。

根据复数相等定义可知：电阻上电压、电流有效值(振幅)关系相位关系满足

$$U=RI \tag{5-32}$$

$$\theta_u=\theta_i \tag{5-33}$$

即：(1)在正弦稳态中，电阻元件两端电压有效值和电流有效值之比等于其电阻值；(2)电压和电流相位相同。它们的相量图和波形图分别如图 5－10

和图5-11所示。

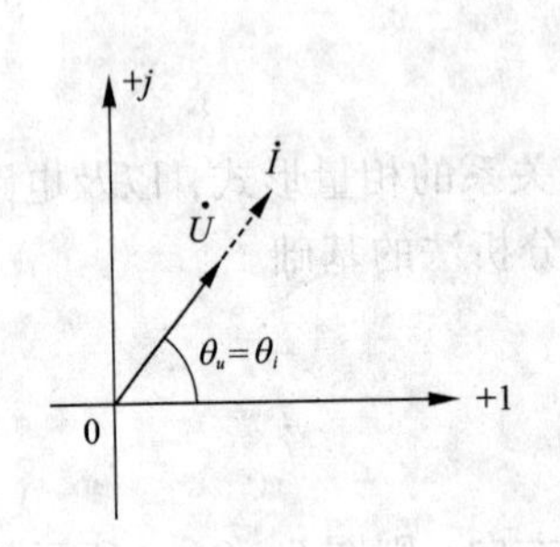

图5-10 电阻元件电压电流的相量关系

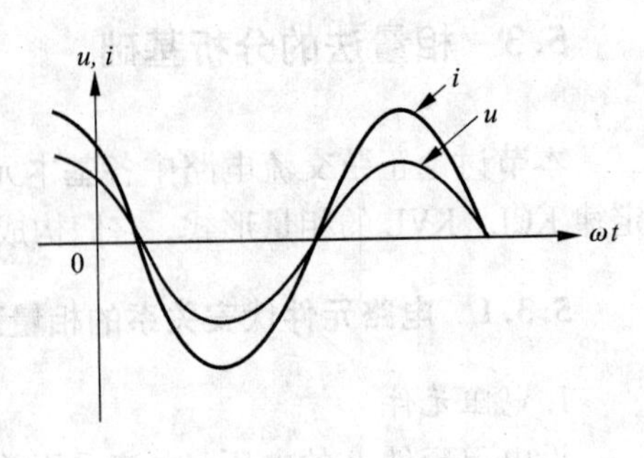

图5-11 电阻元件电压电流波形

2. 电容元件

设电容元件 C 其电压、电流采用关联参考方向，如图5-12(a)所示。当电容端电压为

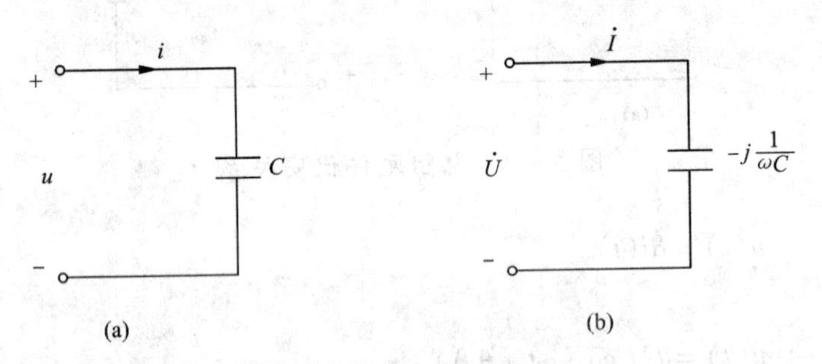

图5-12 电容元件伏安关系

$$u(t)=\sqrt{2}U\cos(\omega t+\theta_u)$$

时，通过 C 的电流为

$$i(t)=C\frac{\mathrm{d}u(t)}{\mathrm{d}t} \tag{5-34}$$

上式表明，电容电压、电流是同频率的正弦量。对式(5-34)两边取相量，可得

$$\dot{I}=\mathrm{j}\omega C\dot{U} \tag{5-35}$$

式(5-35)就是电容元件伏安关系的相量形式，如图5-12(b)所示。这个复数关系给出了如下两个信息，即

$$I=\omega CU \tag{5-36}$$

$$\theta_i=\theta_u+90° \tag{5-37}$$

即：(1)在正弦稳态中，电容元件的电流有效值与电压有效值之比等于ωC；(2)电容电流的相位超前电压90°或电压的相位滞后电流90°。它们的相量图和波形图分别如图5－13和图5－14所示。

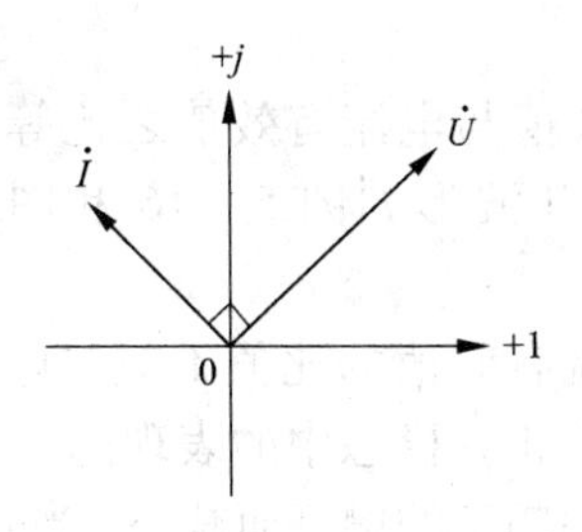

图5－13　电容元件两端电压、电流相量关系

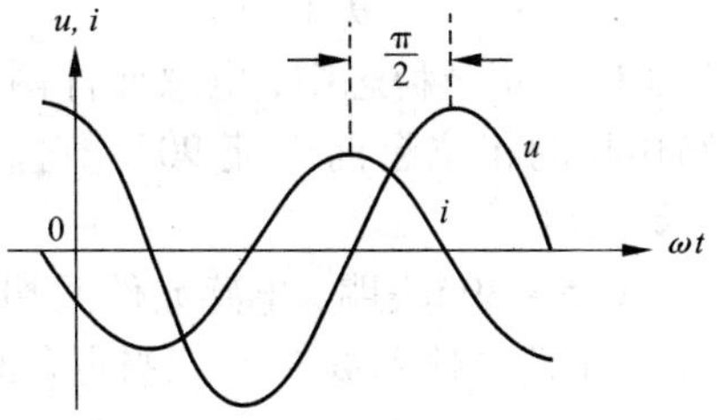

图5－14　电容元件两端电压、电流波形

式(5－35)表明，电容元件两端电流与电压有效值的比值不但与电容值C有关，而且与电源的频率ω有关，这是动态元件在正弦稳态中的表现的一个重要特点。当电容元件两端电压一定时，其电流将随频率的增高而变大，当$\omega\to\infty$，$I\to\infty$，电容元件相当于短路，当$\omega\to 0$，$I\to 0$，电容元件相当于开路，即电容元件对低频电流呈现的阻力大，对高频电流呈现的阻力小。

3. 电感元件

设电感元件L其电压、电流采用关联参考方向，如图5－15(a)所示。当流过电感元件的电流为

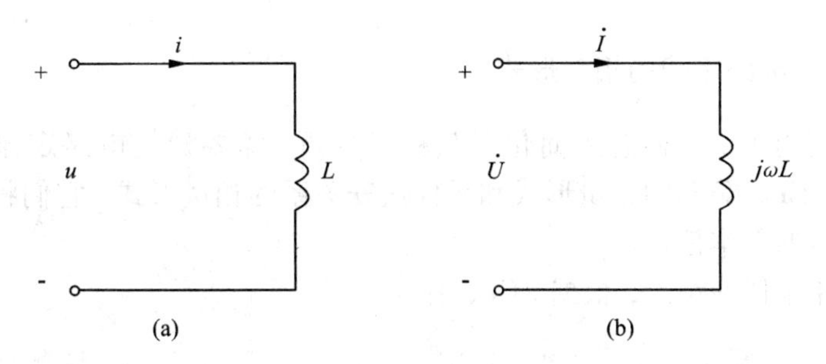

图5－15　电感元件的伏安关系

$$i(t)=\sqrt{2}I\cos(\omega t+\theta_i)$$

时，其端电压为

$$u=L\frac{\mathrm{d}i}{\mathrm{d}t} \tag{5-38}$$

上式表明，电感元件电压、电流是同频率的正弦量。对式(5－38)两边分别取相量，可得

$$\dot{U}=\mathrm{j}\omega L\,\dot{I} \tag{5-39}$$

式(5－39)就是电感元件伏安关系的相量形式，如图5－15(b)所示。这个复数关系给出如下两个信息

$$U = \omega LI \tag{5-40}$$

$$\theta_u = \theta_i + 90^\circ \tag{5-41}$$

即：(1)在正弦稳态中，电感元件两端电压有效值与电流有效值之比等于ωL；(2)电压的相位超前电流90°。它们的相量图和波形如图5－16和图5－17所示。

式(5－39)表明，电感元件两端电压与电流有效值的比值不但与电感值L有关，而且与频率ω有关，这同样是动态元件在正弦稳态中的表现的一个重要特点。当电感元件两端电压一定时，其电流将随频率的增高而减小，当$\omega\to\infty$，$I\to 0$，电感元件相当于开路，当$\omega\to 0$，$I\to\infty$，电感元件相当于短路。

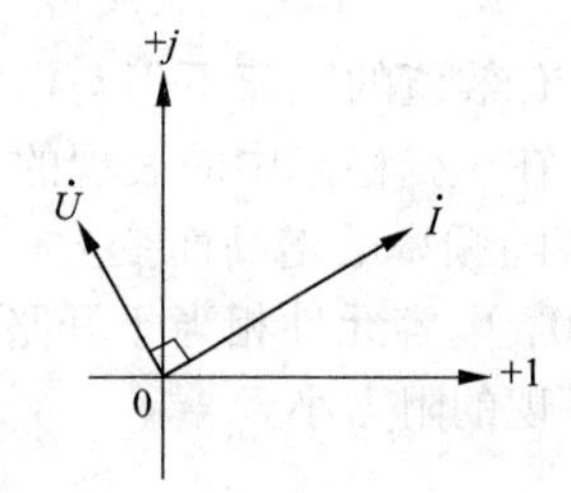

图5－16 电感元件两端的电压、电流相量关系

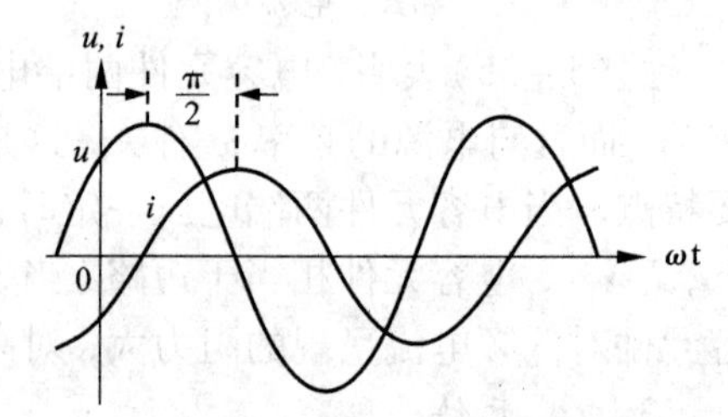

图5－17 电感元件两端的电压、电流波形

5.3.2 电路定律的相量形式

为了利用相量的概念来简化正弦稳态分析，需要建立电路定律的相量形式。有了KCL、KVL的相量形式和元件伏安关系的相量形式，它们将是进行正弦稳态分析的基本依据。

对电路中任一结点，根据KCL，有

$$\sum_{k=1}^{b} i_k = 0$$

其中i_k为流出结点的第k条支路的电流，b为汇集于该结点的支路数。在正弦稳态电路中各支路的电流都是同频率的正弦波。假定$i_k = \sqrt{2}I_k\cos(\omega t + \theta_{ik})$，则上式可写成$\sum\limits_{k=1}^{b}\mathrm{Re}[\sqrt{2}\dot{I}_k e^{j\omega t}] = 0$式中，$\dot{I}_k = I_k \angle\theta_{ik}$，也就是$\mathrm{Re}[\sum\limits_{k=1}^{b}\sqrt{2}\dot{I}_k e^{j\omega t}] = 0$，因此

$$\sum_{k=1}^{b} \dot{I}_k = 0 \tag{5-42}$$

这就是KCL的相量形式。因此，线性时不变电路在正弦稳态中，流出任一结点

的电流相量之和为零。

同样，可以得到 KVL 的相量形式为

$$\sum_{k=1}^{l} \dot{U}_k = 0 \tag{5-43}$$

即线性时不变的电路在正弦稳态中，沿任一回路的各支路电压降相量之和为零。

例 5-9　图 5-18(a)所示为某一电路的一个结点，电路处于正弦稳态中，工作频率为 50Hz。已知 i_1 的有效值 $I_1=10\text{A}$，初相位为 $\theta_1=60°$，i_2 的有效值为 $I_2=5\text{A}$，初相位 $\theta_2=-90°$，试求：(1) i_3 的有效值和初相位；(2)写出电流 i_3 的瞬时值表达式；(3)画出包括上述 3 个电流的相量图。

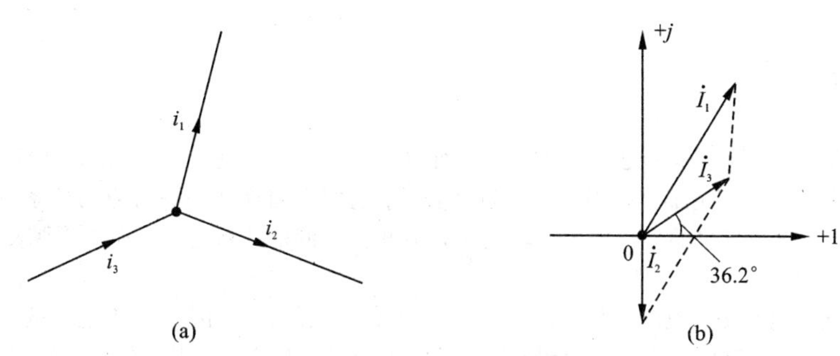

图 5-18　例 5-9 的图

解　(1) $\dot{I}_1=10\angle 60°$，$\dot{I}_2=5\angle -90°$

根据 KCL 的相量形式，可得

$$\dot{I}_3=\dot{I}_1+\dot{I}_2=10\angle 60°+5\angle -90°=6.19\angle 36.2°$$

即 i_3 的有效值为 6.19 A，初相角为 36.2°。

(2) $i_3(t)=\sqrt{2}\times 6.19\cos(2\pi\times 50t+36.2°)=8.75\cos(314t+36.2°)\ \text{A}$

(3)根据已知结果和已知数据画出相量图，如图 5-18(b) 所示。

例 5-10　图 5-19(a)电路处于正弦稳态中，u_{ab}的有效值 $U_{ab}=10\text{V}$，初相位 $\theta_{ab}=-120°$，u_{bc}的有效值 $U_{bc}=8\text{V}$，初相位 $\theta_{bc}=30°$。试求 u_{ac}的有效值 U_{ac}，初相位 θ_{ac}，并画出它们的相量图。

解　$\dot{U}_{ab}=10\angle -120°\ \text{V}$，$\dot{U}_{bc}=8\angle 30°\ \text{V}$，根据 KVL 的相量形式，可得

$$\begin{aligned}\dot{U}_{ac}&=\dot{U}_{ab}+\dot{U}_{bc}=10\angle -120°+8\angle 30°\\&=-5-\text{j}8.66+6.93+\text{j}4=1.93-\text{j}4.66\\&=5.04\angle -67.5°\ (\text{V})\end{aligned}$$

即 $U_{ac}=5.04\ \text{V}$，$\theta_{ac}=-67.5°$。根据所得结果和已知数据画出其相量图，如图 5-19(b)所示。

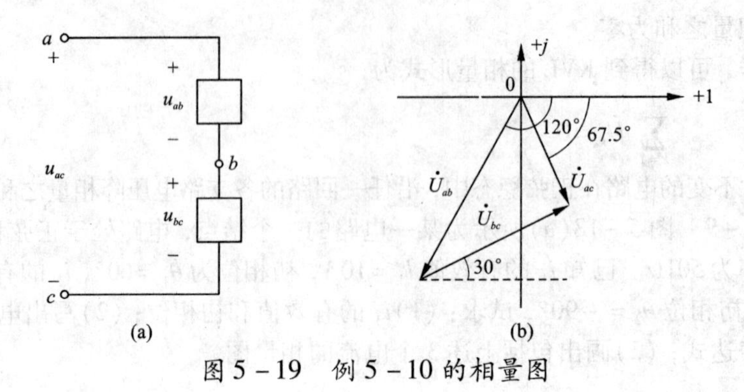

图5-19 例5-10的相量图

本章小结

正弦量的三要素是构成正弦量的基础，而相量的概念则是进行正弦稳态分析最重要的概念。任何一个正弦量都可以用一个相量来表示，它们之间存在一一对应的关系，通过引入相量，可以将正弦量的微积分运算转化为相应相量之间的代数运算，使得正弦交流电路的分析大为简化。

正弦交流电路是由电阻、电感、电容等基本元件构成的，因而必须掌握这些基本元件的伏安关系，特别是这些伏安关系的相量形式。引入相量概念之后，电路的基本定律KCL和KVL可表示为相量形式，它们和元件伏安关系的相量形式一起，构成了相量法分析的基础。

复习思考题

(1)试求下列正弦电压或电流的振幅、角频率、周期和初相角，并画出波形。

① $i_1(t) = -5\cos(2\pi t - 60°)$ A

② $i_2(t) = 10\sqrt{2}\sin(3t + 15°)$ A

③ $u(t) = 20\cos(\frac{\pi}{6}t - 12°)$ V

(2)已知一正弦电流 $i(t) = 20\cos(314t + 60°)$ A，电压 $u(t) = 10\sqrt{2}\sin(314t - 30°)$ A。试分别画出它们的波形图，求出它们的有效值、频率和相位差。

(3)将下列复数化为极坐标形式；

①$F_1 = -5 - j5$；②$F_2 = -4 + j3$；③$F_3 = 20 + j40$；④$F_4 = j10$；⑤$F_5 = -3$；⑥$F_6 = 2.78 + j9.20$

(4)将下列复数化为代数形式：

①$F_4 = 10\angle{-90°}$；②$F_5 = 5\angle{-180°}$；③$F_6 = 10\angle{-135°}$。

(5)用相量表示下列正弦量，画出相量图，并比较相位关系。

①$u_1(t) = 120\sqrt{2}\cos(\omega t + 90°)$ V

②$u_2(t)=20\sin(\omega t-45°)$ V

③$u_3(t)=-100\sqrt{2}\cos(\omega t+30°)$ V

(6)如图 5－20 所示，电路处于正弦稳态中，其中 $u_s(t)=10\cos100t$ V，$R=10\Omega$，$C=0.001$F，求 $i(t)$。

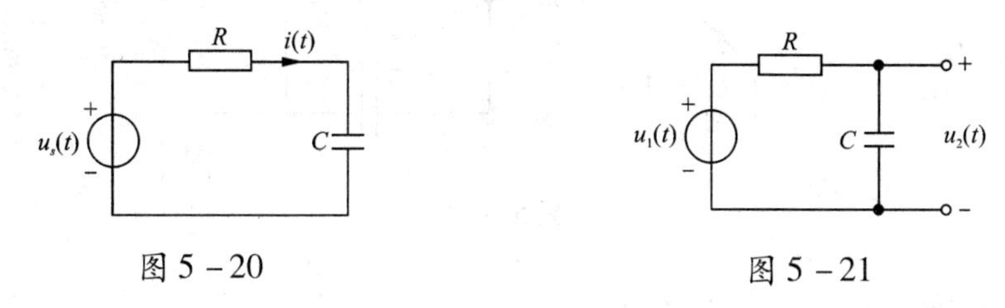

图 5－20　　　　图 5－21

(7)如图 5－21 所示电路已处于正弦稳态中。已知 $u_2(t)=2\cos2t$ V，$R=1\Omega$，$C=0.5$F，试分别用相量法和相量图法求 $u_1(t)$。

(8)已知图 5－22(a)所示正弦交流电流电路中电压表读数为 V_1：30V；V_2：60V；图 5－22(b)中的 V_1：15V；V_2：80V；V_3：100V(电压表的读数为正弦有效值)。求图中电压 U_s。

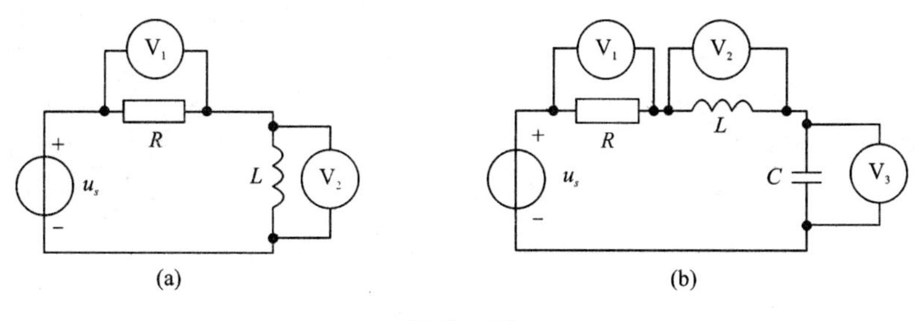

图 5－22

(9)已知图 5－23 所示正弦交流电流电压电路中电流表读数为 A_1：4A；A_2：20A；A_3：25A。①求图中电流表 A 的读数；②如果维持 A_1 的读数不变，而把电源的频率提高一倍，再求电流表 A 的读数。

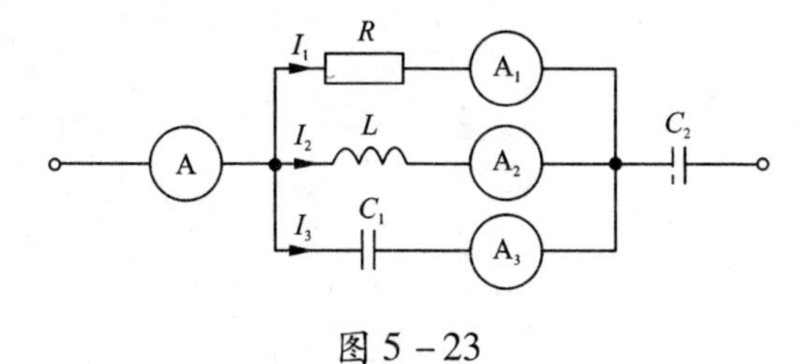

图 5－23

(10)图 5－24 为某电路的一部分，试求电感电压相量 $\dot{U}_L$。

(11)已知下列各负载电压相量和电流相量，试说明负载的性质。

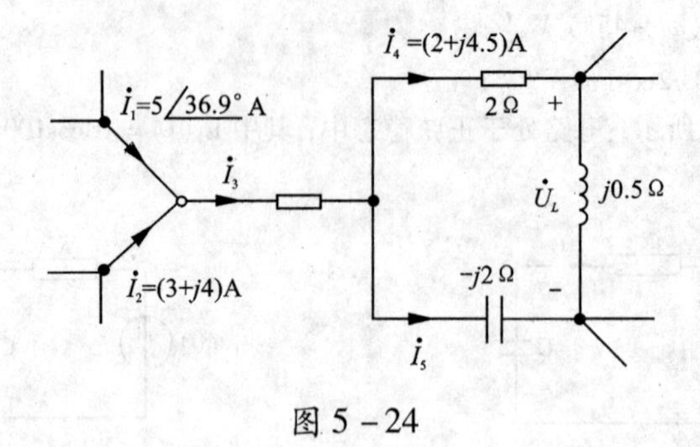

图 5-24

①$\dot{U}=(86.6+j5)$ V, $\dot{I}=(8.66+j5)$ A;

②$\dot{U}=100\angle 120°$ V, $\dot{I}=5\angle 60°$ A;

③$\dot{U}=-100\angle 30°$ V, $\dot{I}=-5\angle -60°$ A。

(12)电路由电压源 $u_s=100\cos(10^3t)$ V 及 R 和 $L=0.025$H 串联组成，电感端电压的有效值为25V。求 R 值和电流的表达式。

第6章　正弦交流电路的分析

本章将在上一章的基础上系统地介绍用相量法分析正弦稳态响应。在引入阻抗、导纳概念和电路的相量图后，介绍正弦稳态电路的分析、计算，然后介绍正弦电路的功率；最后介绍谐振电路的基本概念和电路谐振时的一些特征参数。

6.1　阻抗和导纳

1. 阻抗概念

阻抗和导纳的概念以及对它们的运算和等效变换是线性电路正弦稳态分析中的重要内容。图6-1(a)所示为一个含线性电阻、电感和电容等元件，但不含独立源的一端口N。当它在角频率为ω的正弦电压(或正弦电流)激励下处于稳态时，端口的电流(或电压)将是同频率的正弦量。应用相量法，端口的电压相量$\dot{U}$与电流相量$\dot{I}$的比值定义为该一端口的阻抗Z，即

$$Z=\frac{\dot{U}}{\dot{I}}=\frac{U}{I}\angle\theta_u-\theta_i=|Z|\angle\theta_Z \tag{6-1}$$

式中$\dot{U}=U\angle\theta_u$，$\dot{I}=I\angle\theta_i$。Z称为复阻抗，其图形符号见图6-1(b)。$|Z|$的模值称为阻抗模，它的辐角θ_Z称为阻抗角。

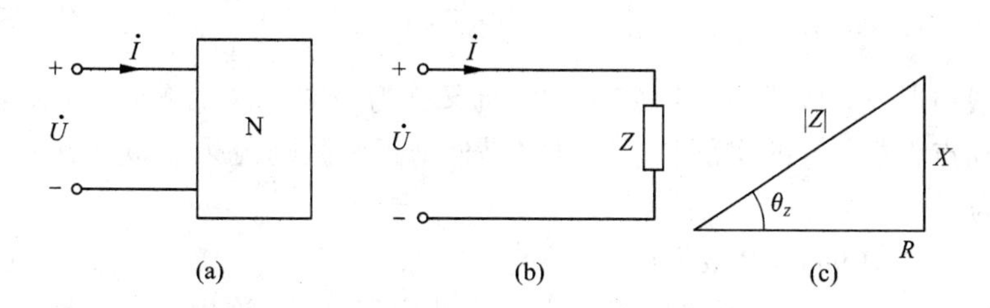

图6-1　一端口阻抗

由式(6-1)不难得出

$$|Z|=\frac{U}{I},\ \theta_Z=\theta_u-\theta_i$$

阻抗Z的代数形式可写为

$$Z=R+\mathrm{j}X \tag{6-2}$$

其实部 $\mathrm{Re}[Z]=|Z|\cos\theta_Z=R$ 称为电阻，虚部 $\mathrm{Im}[Z]=|Z|\sin\theta_Z=X$ 称为电抗。

如果一端口 N 内部仅含单个元件 R、L 或 C，则对应的阻抗分别为

$$Z_R=R \tag{6-3}$$

$$Z_L=\mathrm{j}\omega L \tag{6-4}$$

$$Z_C=-\mathrm{j}\frac{1}{\omega C} \tag{6-5}$$

所以电阻 R 的阻抗虚部为零，实部为 R。

电感 L 的阻抗实部为零，虚部为 ωL。Z_L 的"电抗"用 X_L 表示，$X_L=\omega L$，称为感性电抗，简称感抗。

电容 C 的阻抗实部为零，虚部为 $-\frac{1}{\omega C}$。Z_C 的"电抗"用 X_C 表示，$X_C=-\frac{1}{\omega C}$，称为容性电抗，简称容抗。

如果 N 内部为 RLC 串联电路，则阻抗 Z 为

$$Z=\frac{\dot{U}}{\dot{I}}=R+\mathrm{j}\omega L+\frac{1}{\mathrm{j}\omega C}=R+\mathrm{j}\left(\omega L-\frac{1}{\omega C}\right)=R+\mathrm{j}X=|Z|\angle\theta_Z$$

Z 的实部就是电阻 R，它的虚部 X 即电抗为

$$X=X_L+X_C=\omega L-\frac{1}{\omega C}$$

Z 的模值和辐角分别为

$$|Z|=\sqrt{R^2+X^2},\ \theta_Z=\arctan\left(\frac{X}{R}\right)$$

而

$$R=|Z|\cos\theta_Z,\ X=|Z|\sin\theta_Z$$

当 $X>0$，即 $\omega L>\frac{1}{\omega C}$ 称 Z 呈感性，当 $X<0$，即 $\omega L<\frac{1}{\omega C}$ 时，称 Z 呈容性。

一般情况下，按式(6-1)定义的阻抗又称为一端口 N 的等效阻抗，输入阻抗或驱动点阻抗，它的实部和虚部都将是外施正弦激励角频率 ω 的函数，此时 Z 可写为

$$Z(\mathrm{j}\omega)=R(\omega)+\mathrm{j}X(\omega) \tag{6-6}$$

$Z(\mathrm{j}\omega)$ 的实部 $R(\omega)$ 称为它的电阻分量，它的虚部 $X(\omega)$ 称为电抗分量。

按阻抗 Z 的代数形式，R、X 和 $|Z|$ 之间的关系可用一个直角三角形表示，见图 6-1(c)，这个三角形称为阻抗三角形。显然，阻抗具有与电阻相同的量纲。

2. 导纳概念

阻抗 Z 的倒数定义为导纳，用 Y 表示。

$$Y=\frac{1}{Z}=\frac{\dot{I}}{\dot{U}}=\frac{I}{U}\angle\theta_i-\theta_u=|Y|\angle\theta_Y \tag{6-7}$$

Y 的模值 $|Y|$ 称为导纳模，它的辐角 θ_Y 称为导纳角，而

$$|Y| = \frac{I}{U}, \ \theta_Y = \theta_i - \theta_u$$

导纳 Y 的代数形式可写为

$$Y = G + \mathrm{j}B \tag{6-8}$$

Y 的实部 $\mathrm{Re}[Y] = |Y|\cos\theta_Y = G$ 称为电导，虚部 $\mathrm{Im}[Y] = |Y|\sin\theta_Y = B$ 称为电纳。

对于单个元件 R、L、C，它们的导纳分别为

$$Y_R = G = \frac{1}{R} \tag{6-9}$$

$$Y_L = \frac{1}{\mathrm{j}\omega L} = -\mathrm{j}\frac{1}{\omega L} \tag{6-10}$$

$$Y_C = \mathrm{j}\omega C \tag{6-11}$$

电阻 R 的导纳实部即为电导 $G(=\frac{1}{R})$，虚部为零。电感 L 的导纳实部为零，虚部为 $-\frac{1}{\omega L}$，即电纳 $B_L = -\frac{1}{\omega L}$。电容 C 的导纳实部为零，虚部为 ωC，即电纳 $B_C = \omega C$。B_L 有时称为电感纳，B_C 有时称为电容纳。

如果一端口 N 内部为 RLC 并联电路，见图 6-2(a)，其导纳为 $Y = \frac{\dot{I}}{\dot{U}}$，根据 KCL 有

$$\dot{I}_1 = \frac{\dot{U}}{R}, \ \dot{I}_2 = \frac{\dot{U}}{\mathrm{j}\omega L}, \ \dot{I}_3 = \mathrm{j}\omega C\,\dot{U}$$

故

$$Y = \frac{1}{R} + \frac{1}{\mathrm{j}\omega L} + \mathrm{j}\omega C = \frac{1}{R} + \mathrm{j}(\omega C - \frac{1}{\omega L})$$

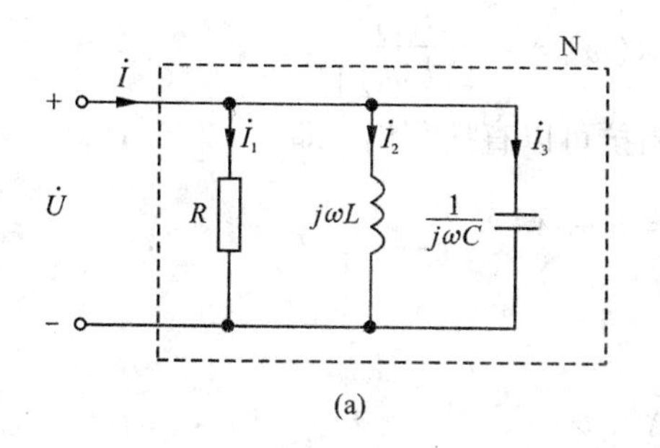

(a)

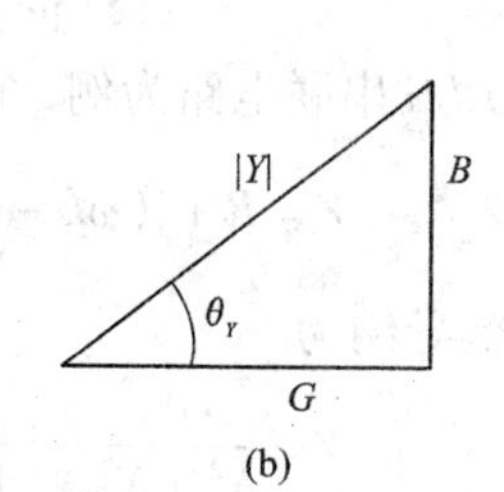

(b)

图 6-2　一端口的导纳

Y的实部就是电导 $G(=\frac{1}{R})$，虚部 $B=\omega C-\frac{1}{\omega L}$。$Y$的模和导纳角分别为

$$|Y|=\sqrt{G^2+B^2},\ \theta_Y=\arctan\left[\frac{B}{G}\right]$$

当 $B>0$，即 $\omega C>\frac{1}{\omega L}$时，称 Y 呈容性；当 $B<0$，即 $\omega C<\frac{1}{\omega L}$时，称 Y 呈感性。

一般情况下，按一端口定义的导纳又称为一端口 N 的等效导纳，输入导纳或驱动点导纳，它的实部和虚部都将是外施正弦激励的角频率 ω 的函数，此时 Y 可写为

$$Y(\mathrm{j}\omega)=G(\omega)+\mathrm{j}B(\omega) \tag{6-12}$$

$Y(\mathrm{j}\omega)$的实部 $G(\omega)$称为它的电导分量，它的虚部称为电纳分量。

按导纳 Y 的代数形式，G、B 和 Y 之间的关系可用导纳三角形表示，见图 6-2(b)。

阻抗和导纳可以等效互换，条件为

$$Z(\mathrm{j}\omega)\times Y(\mathrm{j}\omega)=1$$

即有

$$|Z(\mathrm{j}\omega)||Y(\mathrm{j}\omega)|=1,\ \theta_Z+\theta_Y=0$$

用代数形式表示有

$$G(\omega)+\mathrm{j}B(\omega)=\frac{1}{R(\omega)+\mathrm{j}X(\omega)}=\frac{R(\omega)}{|Z(\mathrm{j}\omega)|^2}-\mathrm{j}\frac{X(\omega)}{|Z(\mathrm{j}\omega)|^2}$$

故

$$G(\omega)=\frac{R(\omega)}{|Z(\mathrm{j}\omega)|^2},\ B(\omega)=-\frac{X(\omega)}{|Z(\mathrm{j}\omega)|^2}$$

按同样运算方法，有

$$R(\omega)=\frac{G(\omega)}{|Y(\mathrm{j}\omega)|^2},\ X(\omega)=-\frac{B(\omega)}{|Y(\mathrm{j}\omega)|^2}$$

以 RLC 串联电路为例，它的阻抗可以直接写出，即

$$Z=R+\mathrm{j}(\omega L-\frac{1}{\omega C})=R+\mathrm{j}X$$

而其等效导纳为

$$Y=\frac{R}{R^2+X^2}-\mathrm{j}\frac{X}{R^2+X^2}$$

所以，Y 的实部和虚都是 ω 的函数，而且比较复杂。同理，对 RLC 并联电路，它的导纳可以直接写出，其等效阻抗为

$$Z=\frac{G}{G^2+B^2}-\mathrm{j}\,\frac{B}{G^2+B^2}$$

其中，$G=\frac{1}{R}$，$B=\omega C-\frac{1}{\omega L}$。

当一端口 N 中含有受控源时，可能会有 $\mathrm{Re}[Z(\mathrm{j}\omega)]<0$，或$|\theta_Z|>90°$的情况出现，如果仅限于$R$、$L$、$C$元件的组合时，一定有 $\mathrm{Re}[Z(\mathrm{j}\omega)]\geqslant 0$，或$|\theta_Z|\leqslant 90°$。

综上所述可知，在正弦稳态中，阻抗或导纳体现了元件的性质，表明了元件两端电压相量和电流相量的关系。

由 KCL、KVL 的相量形式和其时域形式的相似性，R、L、C 元件伏安关系的相量形式和时域中电阻元件的欧姆定律的相似性，完全可以仿照直流电阻电路的各种分析方法来分析正弦稳态电路。

例 6 –1　图 6 –3 所示电路处于正弦稳态中，已知 $R=4\ \Omega$，$L=2\ \mathrm{H}$，$u_s(t)=56.6\cos 2t\ \mathrm{V}$。求 $i(t)$，画出包括$\dot{U}_s$、$\dot{I}$的相量图。

解　用相量法进行正弦稳态分析，一般有 3 个步骤：

（1）求出已知正弦电压、电流的相量，未知电压、电流也用相量表示。

（2）作电路的相量模型。所谓电路的相量模型是指原电路中的各元件都用它们的相量模型表示，而各元件的连接方式不变。利用相量模型，根据两类约束的相量形式列写电路方程，然后，解得未知量的相量解答。

（3）如有需要，再由解答的相量形式写出对应的瞬时值表达式。

本例具体解答如下：

（1）$\dot{U}_s=\frac{56.6}{\sqrt{2}}\angle 0°=40\angle 0°\ \mathrm{V}$

（2）作电路的相量模型如图 6 –4 所示。

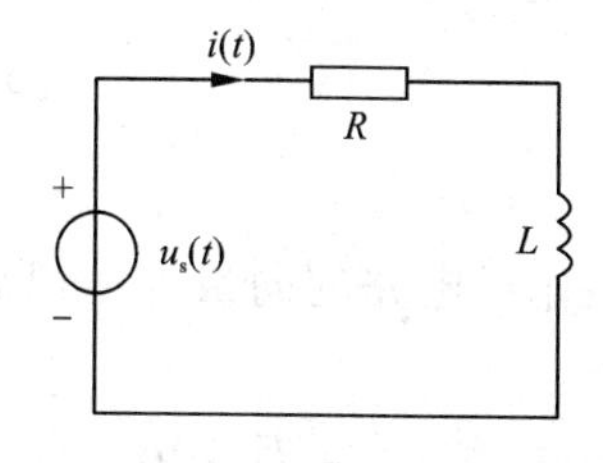

图 6 –3　例 6 –1 的图

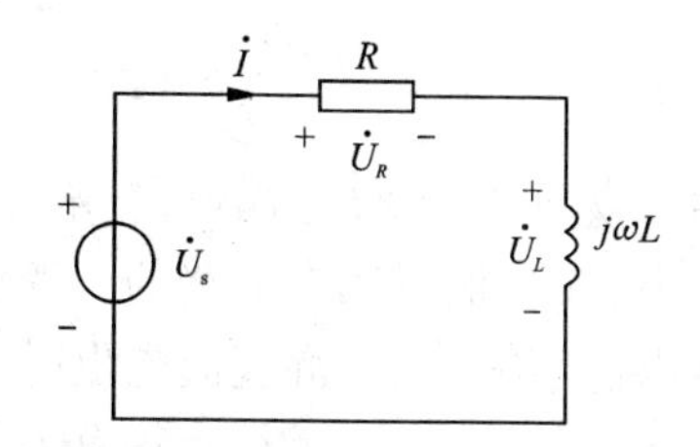

图 6 –4　例 6 –1 的相量模型

其中，$R=4\ \Omega$，$\mathrm{j}\omega L=\mathrm{j}\times 2\times 2=\mathrm{j}4\ \Omega$

根据 KVL 的相量形式，可得

$$\dot{U}_s = \dot{U}_R + \dot{U}_L$$

根据元件伏安关系的相量形式，可得

$$\dot{U}_R = R\,\dot{I} = 4\,\dot{I}$$

$$\dot{U}_L = \mathrm{j}\omega L\,\dot{I} = \mathrm{j}4\,\dot{I}$$

即

$$40\angle 0^\circ = 4\,\dot{I} + \mathrm{j}4\,\dot{I}$$

故

$$\dot{I} = \frac{40\angle 0^\circ}{4+\mathrm{j}4} = \frac{10}{\sqrt{2}}\angle -45^\circ\ \mathrm{A}$$

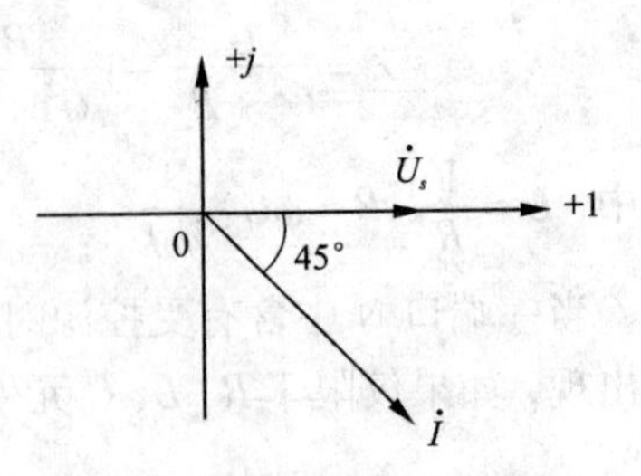

图 6-5 例 6-1 的相量图

(3) $i(t) = \sqrt{2}\times\frac{10}{\sqrt{2}}\cos(2t-45^\circ) = 10\cos(2t-45^\circ)$ A

根据所得结果和已知数据画出其相量图，如图 6-5 所示。

6.2 阻抗和导纳的串联和并联

阻抗的串联和并联电路的计算，在形式上与电阻的串联和并联电路相似。对于 n 个阻抗串联而成的电路，其等效阻抗为

$$Z_{\mathrm{eq}} = Z_1 + Z_2 + \cdots + Z_n \tag{6-13}$$

各个阻抗的电压分配为

$$\dot{U}_k = \frac{Z_k}{Z_{\mathrm{eq}}}\dot{U}, \quad (k=1,2,\cdots,n) \tag{6-14}$$

其中：$\dot{U}$为总电压，$\dot{U}_k$ 为第 k 个阻抗 Z_k 的电压。

同理，对于 n 个导纳并联而成的电路，其等效导纳为

$$Y_{\mathrm{eq}} = Y_1 + Y_2 + \cdots + Y_n \tag{6-15}$$

各个导纳的电流分配为

$$\dot{I}_k = \frac{Y_k}{Y_{\mathrm{eq}}}\dot{I}, \ (k=1,2,\cdots,n) \tag{6-16}$$

其中：$\dot{I}$为总电流；$\dot{I}_k$ 为第 k 个导纳 Y_k 的电流。

串、并、混联动态电路的正弦稳态分析，在作出电路的向量模型以后，完全可以仿照串、并、混直流电阻电路的分析方法进行。

例 6-2 图 6-6 所示电路处于正弦稳态中，已知 $u=\sqrt{2}\times 40\cos 3000t$ V，试求 i, u_C 的有效值及它们与 u 的相位差，并画包括$\dot{U}$、$\dot{I}$、$\dot{U}_C$ 的相量图。

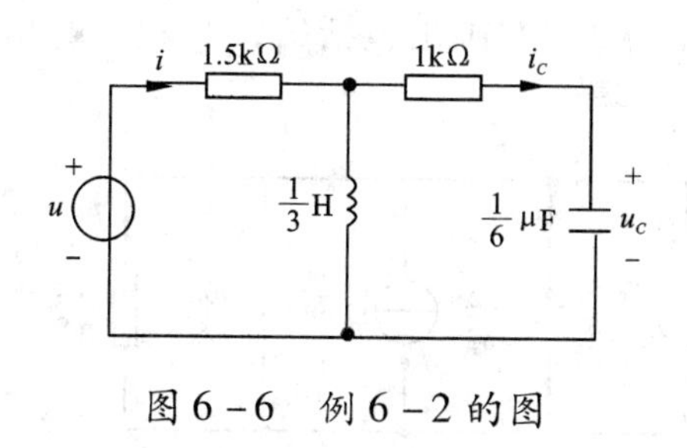

图6-6　例6-2的图

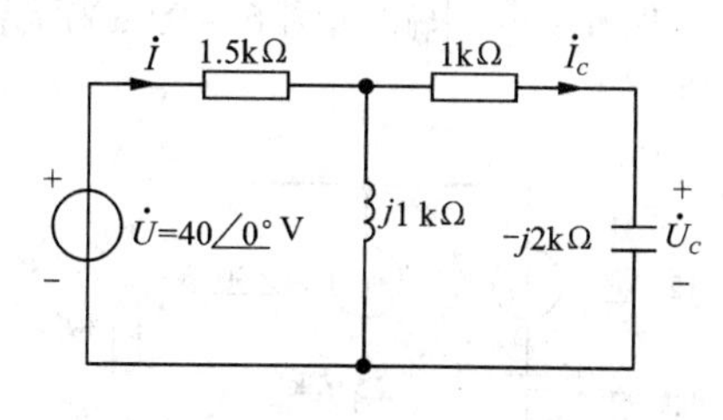

图6-7　例6-2的相量模型

解　作图6-6所示电路的相量模型如图6-7所示。从电源$\dot{U}$向右看过去的等效阻抗为

$$Z=1.5+\frac{j(1-j2)}{j+1-j2}=1.5+\frac{2+j}{1-j}=2+j1.5=2.5\angle 36.2^\circ\ \text{k}\Omega$$

故　$$\dot{I}=\frac{\dot{U}}{Z}=\frac{40\angle 0^\circ}{2.5\angle 36.9^\circ}=16\angle -36.9^\circ\ \text{mA}$$

即　$$I=16\ \text{mA},\ \theta_i-\theta_u=-36.9^\circ-0^\circ=-36.9^\circ$$

电流i滞后电压u 36.9°。

$\dot{U}_C$可用分流或分压的方法分别求出。用分流的方法为例。为此，先由$\dot{I}$通过分流关系求出$\dot{I}_C$，再由$\dot{I}_C$和容抗$-$j2 kΩ求出$\dot{U}_C$，即

$$\dot{I}_C=\frac{j}{j+1-j2}\dot{I}=\frac{j}{1-j}\times 16\angle -36.9^\circ$$

$$=\frac{1}{\sqrt{2}}\angle 135^\circ\times 16\angle -36.9^\circ$$

$$=11.31\angle 98.1^\circ\ \text{mA}$$

故$\dot{U}_C=-j2\,\dot{I}_C=-j2\times 11.31\angle 98.1^\circ=22.62\angle 8.1^\circ$ V

即 $U_C=22.62$ V，$\theta_{u_C}-\theta_u=8.1^\circ-0^\circ=8.1^\circ$

电容u_C超前电压u 8.1°。电路相量图如图6-8所示。

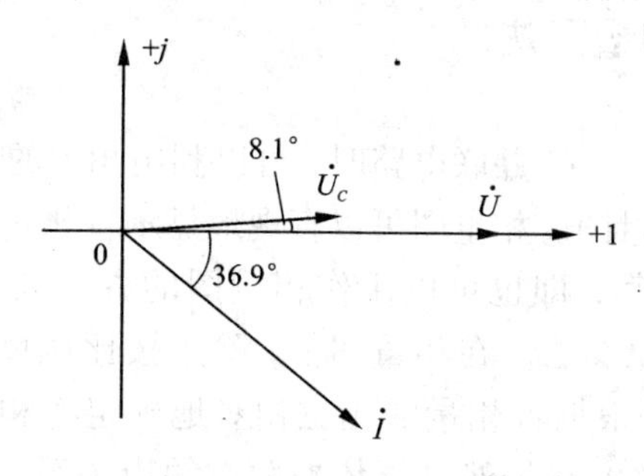

图6-8　例6-2的相量图

例6-3　电路如图6-9(a)所示，试求$\dot{I}_3$，并画出包括$\dot{U}_1$，$\dot{U}_2$和$\dot{I}_3$的相量图。

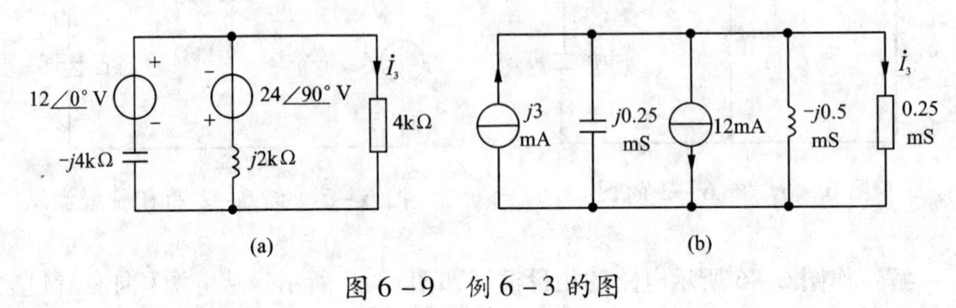

图6-9　例6-3的图

解　利用实际电源两种模型的等效变换，把图6-9(a)所示电路等效为图6-9(b)所示的电路。其中将电压源与阻抗的串联形式等效为电流源与导纳的并联形式。并把原图中的4 kΩ电阻也写成0.25 mS的导纳形式。对图6-9(b)，利用并联导纳的分流关系，可得

$$\begin{aligned}\dot{I}_3 &= \frac{0.25}{\mathrm{j}0.25-\mathrm{j}0.5+0.25}(\mathrm{j}3-12)\\ &= \frac{0.25}{0.25-\mathrm{j}0.25}(\mathrm{j}3-12)\\ &= \frac{1}{\sqrt{2}\angle -45^\circ}\times 12.37\angle 166^\circ\\ &= 8.747\angle 211^\circ = 8.747\angle -149^\circ\ \mathrm{mA}\end{aligned}$$

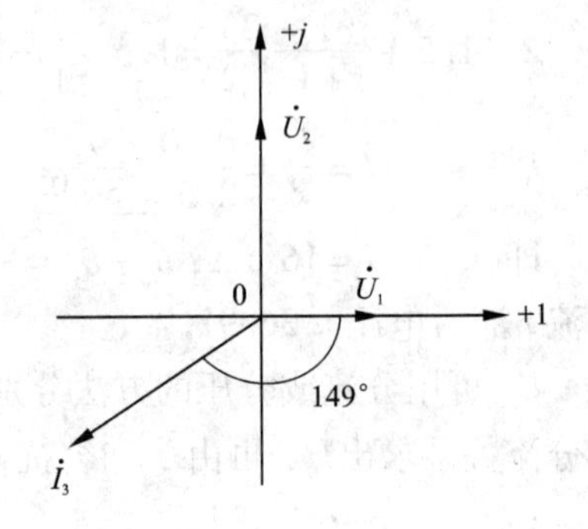

图6-10　例6-3的相量图

由所得结果和已知数据画出相量图如图6-10所示。

6.3　电路的相量图法

在分析阻抗(导纳)串、并联电路时，可以利用相关的电压和电流相量在复平面上组成电路的相量图。相量图可以直观地显示各相量之间的关系，并可用来辅助电路的分析计算，即也可以用作相量图的方法来求出未知的电压、电流，这种方法称为相量图法。在相量图上，除了按比例反映各相量的模(有效值)以外，最重要的是根据各相量的相位相对地确定各相量在图上的位置(方位)。用相量图法求解电路仍然是要依据两类约束关系。只是电路中的电压、电流用有向线段表示，各元件的伏安关系和KVL，KCL方程用相应的几何关系

表示而已。这样，相量图就表示电路中各部分电压、电流之间应满足的相位关系。因此，我们就可以利用画出的相量图由某些已知的电压、电流求出另外的电压、电流。

一般的做法是：以电路并联部分的电压相量为参考，根据支路的元件电压电流关系确定的电流相量与电压相量之间的夹角；然后，再根据结点上的 KCL 方程，用相量平移求和法则，画出结点上各支路电流相量组成的多边形；以电路串联部分的电流相量为参考，根据元件电压电流关系确定有关电压相量与电流相量之间的夹角，再根据回路上的 KVL 方程，用相量平移求和的法则，画出回路上各电压相量所组成的多边形。

例 6－4　图 6－11 所示为 *RLC* 串联电路，已知 $R=10\ \Omega$，$X_L=17.32\ \Omega$，$X_C=-7.32\ \Omega$，正弦电压 $U=220$ V，求各元件的电压、电流的有效值及它们与 u 的相位差。

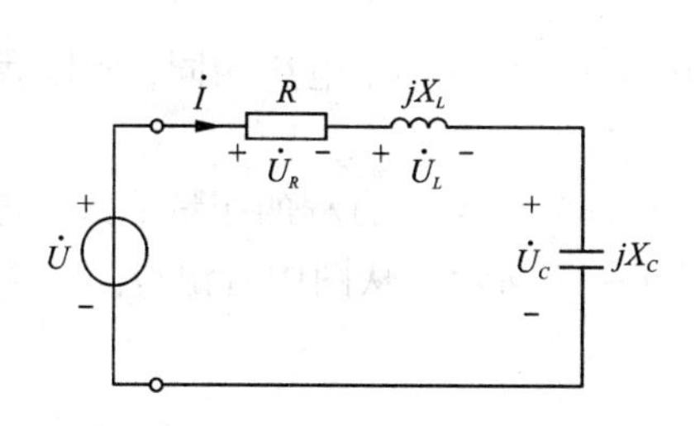

图 6－11　例 6－4 的图

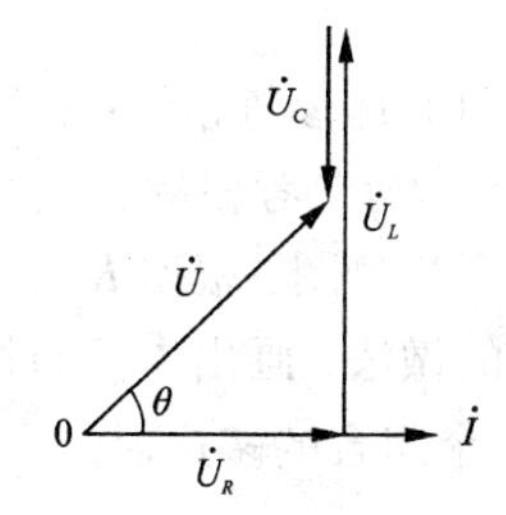

图 6－12　例 6－4 的相量图

解　用相量图法求解电路，一般步骤如下：

（1）选择参考相量。用相量图法求解电路，首先要选择一个参考相量作为相位的基准。由于在串联电路中各个元件的电流$\dot{I}$是相同的，所以本题我们选电流为参考相量，如图 6－12 所示。

（2）定性地画出相量图。根据 KVL 方程，即$\dot{U}=\dot{U}_R+\dot{U}_L+\dot{U}_C$ 和 R，L，C 元件的伏安关系的相量形式，画出$\dot{U}_R$、$\dot{U}_L$、$\dot{U}_C$，其中$\dot{U}_R$ 与$\dot{I}$同相位，长度为 $RI=10I$；$\dot{U}_L$ 超前$\dot{I}$ 90°且长度为 $17.32I$；考虑到 KVL 方程，把相量$\dot{U}_L$ 的始端画在$\dot{U}_R$ 有向线段的终端上，$\dot{U}_C$ 滞后$\dot{I}$ 90°，长度为 $7.32I$，同样理由，把$\dot{U}_C$ 的始端画在$\dot{U}_L$ 的终端上，根据 *KVL* 方程可知，从$\dot{U}_R$ 的起点到$\dot{U}_C$ 的终点的有向线段就是电源电压$\dot{U}$，即$\dot{U}_R$、$\dot{U}_L$、$\dot{U}_C$、$\dot{U}$ 4 个相量构成一个闭合多边形，这就完成了此电路的相量图，如图 6－12 所示。

（3）由相量图中所表示的几何关系，求出各元件的电压、电流。

因为 $\theta = \arctan\dfrac{U_L - U_C}{U_R} = \arctan\dfrac{X_L - X_C}{R} = \arctan\dfrac{17.32 - 7.32}{10} = 45°$

由图中看出，$\dot{U}_R$ 滞后$\dot{U}$45°。

$$I = \frac{U_R}{R} = \frac{155.6}{10} = 15.66\ \text{A}$$

由图中看出，$\dot{I}$滞后$\dot{U}$ 45°。

$$U_L = X_L I = 17.32 \times 15.56 = 269.5\ \text{V}$$

由图中看出，$\dot{U}_L$ 超前$\dot{U}$ 45°。

$$U_C = |X_C| I = 7.32 \times 15.56 = 113.90\ \text{V}$$

由图中看出，$\dot{U}_C$ 滞后$\dot{U}$ 135°。

例 6－5 图 6－13 所示 R, L, C 并联电路，其中，$G = 0.1$ S，$B_L = 0.137$S，$B_1 = -0.058$ S，正弦电压源 $U = 1$ V。求各元件电压、电流的有效值及它们与 u 的相位差。

解 （1）选参考相量：这是一个并联电路，各元件端子电压相同，所以我们选电压$\dot{U}$作为参考相量。

（2）画相量图：根据 R、L、C 元件的伏安关系和 KCL 方程的相量形式，与上例类似的做法，画出本例的相量图，如图 6－14 所示。从图中看出$\dot{I}_G$、$\dot{I}_C$、$\dot{I}_L$和$\dot{I}$构成一个闭合的多边形。

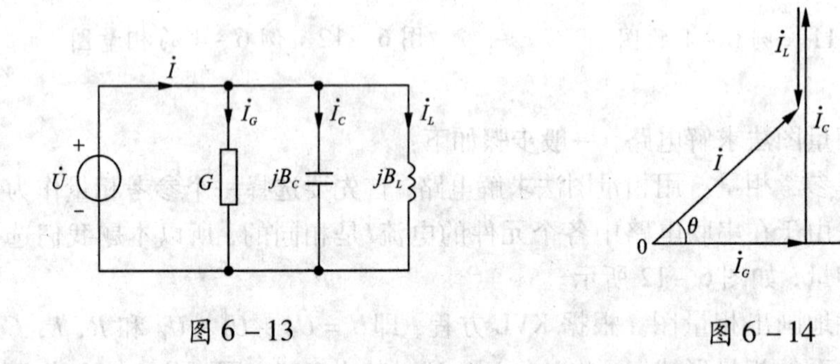

图 6－13　　　　图 6－14

（3）根据相量图中所示的几何关系，求各元件的电压、电流：

$I_G = GU = 0.1 \times 1 = 0.1$ A，由图中看出$\dot{I}_G$与$\dot{U}$相位相同，

$I_C = B_C U = 0.137 \times 1 = 0.137$ A，由图中看出$\dot{I}_C$ 超前$\dot{U}$ 90°，

$I_L = |B_L| U = 0.058 \times 1 = 0.058$ A，由图中看出$\dot{I}_L$ 滞后$\dot{U}$ 90°，

$$\theta = \arctan\frac{I_C - I_L}{I_G} = \arctan\frac{0.137 - 0.058}{0.1} = 38.3°$$

$$I=\frac{I_G}{\cos\theta}=\frac{0.1}{\cos38.3^\circ}=0.127\ \text{A}$$

由图中看出$\dot{I}$超前$\dot{U}$ 38.3°。

例6－6　图6－15所示的电路称为移相电路。输出电压u_{ab}与电源电压u_S之间的相位差θ将随R的改变而改变，确切地说，当R从0变到∞时，θ将从180°变化到0°。而u_{ab}的有效值不随R变化，总是u_s的一半。试用作相量图的方法证明此电路的上述性能。

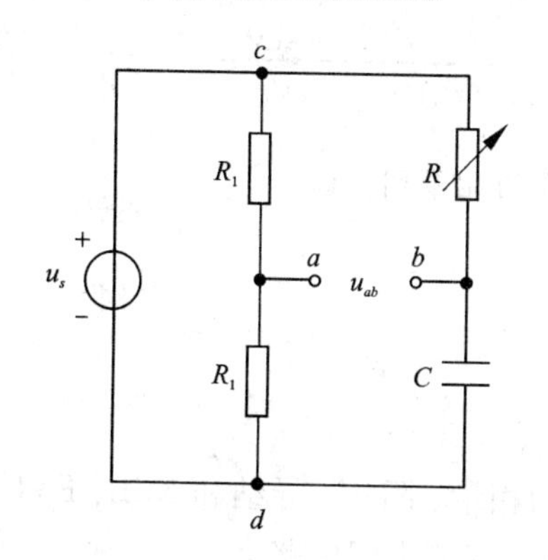

图6－15　例6－6的图

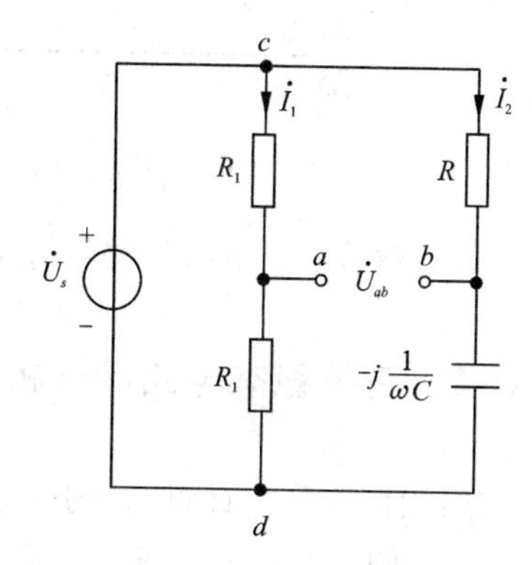

图6－16　例6－6的相量模型

解　此电路的相量模型如图6－16所示。

（1）选$\dot{U}_s$做参考相量。

（2）$\dot{U}_{ca}$、$\dot{U}_{ad}$与$\dot{U}_s$同相位，且$\dot{U}_{ca}=\dot{U}_{ab}=\frac{1}{2}\dot{U}_s$，如图6－17所示。

当R为某一特定值时，$\dot{I}_2$超前$\dot{U}_s$某一角度α，这个角度与R，C的大小有关，即$\alpha=\arctan\frac{1}{\omega RC}$，电阻$R$上的压降$\dot{U}_{ab}$与$\dot{I}_2$同相位，$U_{cb}=RI_2$，电容电压$U_{bd}=\frac{I_2}{\omega C}$，相位滞后$\dot{I}_2$ 90°，同时，由于$\dot{U}_{cb}+\dot{U}_{bd}=\dot{U}_s$，因此$\dot{U}_{cb}$与$\dot{U}_{bd}$的交点$P$应在以$\dot{U}_s$为直径的圆周上。$M$至$P$的有向线段即为$\dot{U}_{ab}$，这是因为

$$\dot{U}_{ab}=\dot{U}_{ad}+\dot{U}_{db}=\dot{U}_{ad}-\dot{U}_{bd}$$

（3）从这个相量图看出，当R从0到∞变化时，P点由原点O沿半圆周变化到Q点，而$\dot{U}_{ab}$的大小始终不变，即$U_{ab}=\frac{1}{2}U_s$，而θ从180°变化到0°。

应该指出，用相量图法求解电路时，也可以利用已知数据根据两类约束的向量形式作出尽量准确的相量图，然后，量出代表未知量的有向线段的长度和

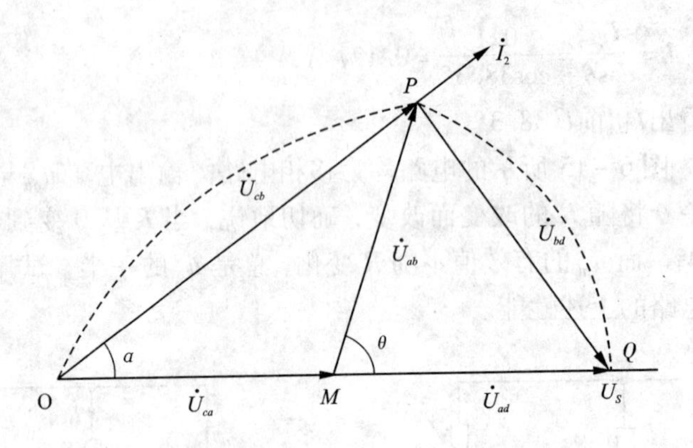

图 6－17　例 6－6 的相量图

角度，以获解答，而不用通过几何关系求解。

6.4　正弦稳态电路的分析

在用相量法分析计算时，引入正弦量的相量、阻抗、导纳和 KCL、KVL 的相量式，它们在形式上与线性电阻电路相似。对于电阻电路有

$$\sum i = 0,\ \sum u = 0,\ u = Ri,\ i = Gu$$

对于正弦稳态电流电路有

$$\sum \dot{I} = 0,\ \sum \dot{U} = 0,\ \dot{U} = Z\dot{I},\ \dot{I} = Y\dot{U}$$

因此，用相量法分析时，线性电阻电路的各种分析方法和电路定理可推广用于线性电路的正弦稳态分析，差别仅在于电路方程为以相量法形式表示的代数方程以及用相量形式描述的电路定理，而计算则为复数运算。显然两者描述的物理过程之间有很大差别。应用于直流电阻电路计算和分析的方法，如用结点分析法、网孔分析法、戴维宁等效电路、诺顿等效电路及叠加定理等方法均可应用于正弦稳态分析和计算。

例 6－7　图 6－18 所示电路处于正弦稳态中，已知：

$i_{s1}(t) = \sqrt{2}\cos 1000t$ A，$i_{s2}(t) = 0.5\sqrt{2}\cos(1000t - 90°)$ A，求 u_1，u_2。

解　用结点分析法求解，以导纳形式表示的相量模型如图 6－19 所示。其结点方程的相量形式为

$$\left.\begin{aligned}(0.2 + \mathrm{j}0.1 + \mathrm{j}0.2 - \mathrm{j}0.1)\dot{U}_1 - (\mathrm{j}0.2 - \mathrm{j}0.1)\dot{U}_2 &= 1\angle 0° \\ -(\mathrm{j}0.2 - \mathrm{j}0.1)\dot{U}_1 + (\mathrm{j}0.2 - \mathrm{j}0.1 - \mathrm{j}0.2 + 0.1)\dot{U}_2 &= -0.5\angle -90°\end{aligned}\right\}$$

整理后得

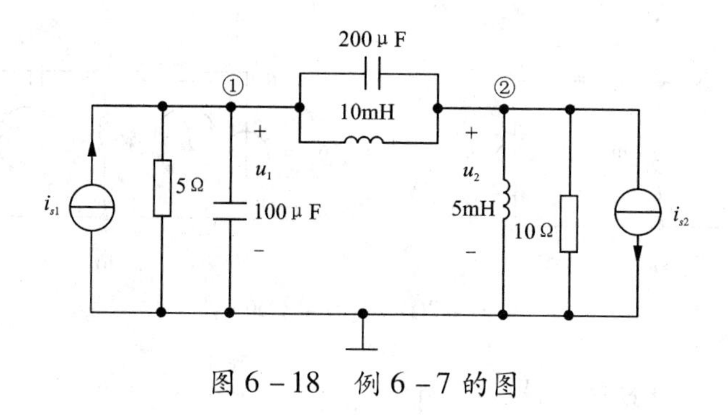

图 6－18　例 6－7 的图

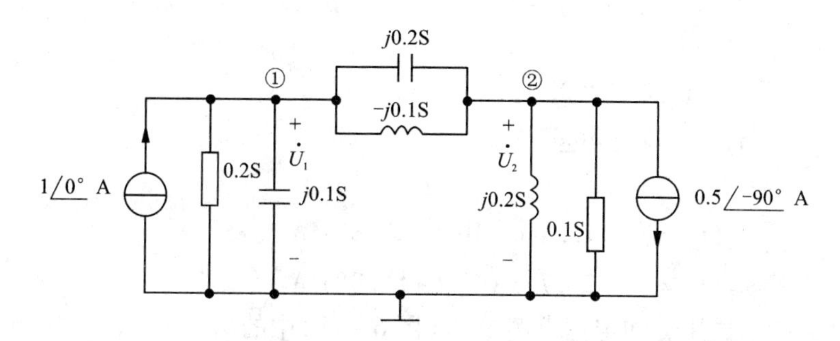

图 6－19　例 6－7 的相量模型

$$\left.\begin{aligned}(0.2+\mathrm{j}0.2)\dot{U}_1-\mathrm{j}0.1\dot{U}_2&=1\\-\mathrm{j}0.1\dot{U}_1+(0.1-\mathrm{j}0.1)\dot{U}_2&=\mathrm{j}0.5\end{aligned}\right\}$$

解得

$$\dot{U}_1=1-\mathrm{j}2=2.24\angle-63.4^\circ\ \mathrm{V}$$

$$\dot{U}_2=-2+\mathrm{j}4=4.47\angle116.6^\circ\ \mathrm{V}$$

故

$$u_1(t)=2.24\sqrt{2}\cos(1000t-63.4^\circ)\ \mathrm{V}$$

$$u_2(t)=4.47\sqrt{2}\cos(1000t+116.6^\circ)\ \mathrm{V}$$

例 6－8　图 6－20(a)所示电路处于正弦稳态中，已知 $u_s(t)=\sqrt{2}\times10\cos10^3t$ V，求 $i_1(t)$、$i_2(t)$。

解　用网孔分析法求解，其相量模型如图 6－20(b)所示(以阻抗形式表示)。其网孔方程为

$$\left.\begin{aligned}(3+\mathrm{j}4)\dot{I}_1-\mathrm{j}4\dot{I}_2&=10\angle0^\circ\\-\mathrm{j}4\dot{I}_1+(\mathrm{j}4-\mathrm{j}2)\dot{I}_2&=-2\dot{I}_1\end{aligned}\right\}$$

整理后得

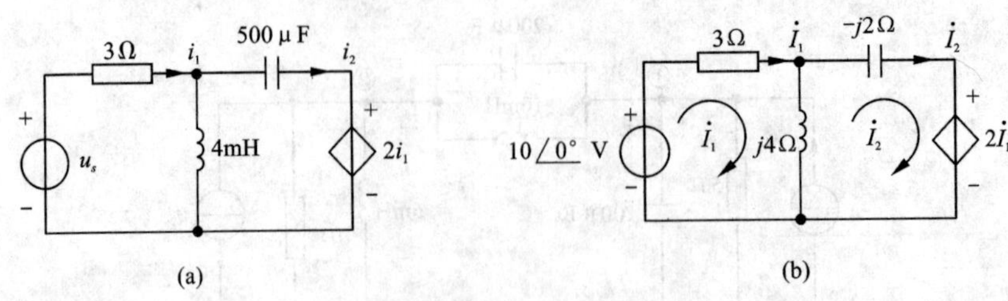

图 6-20 例 6-8 的图

$$\left.\begin{aligned}(3+\mathrm{j}4)\dot{I}_1-\mathrm{j}4\,\dot{I}_2&=10\\(2-\mathrm{j}4)\dot{I}_1+\mathrm{j}2\,\dot{I}_2&=0\end{aligned}\right\}$$

解得

$$\dot{I}_1=1.24\underline{/29.8°}\ \mathrm{A}$$
$$\dot{I}_2=2.77\underline{/56.3°}\ \mathrm{A}$$

故

$$i_1(t)=\sqrt{2}\times1.24\cos(10^3t+29.8°)\ \mathrm{A}$$
$$i_2(t)=\sqrt{2}\times2.77\cos(10^3t+56.3°)\ \mathrm{A}$$

例 6-9 试用叠加定理求例 6-7(图 6-18)中的$\dot{U}_1$。

解 以阻抗形式表示的图 6-18 电路的相量模型如图 6-19 所示。

当 $1\underline{/0°}$ A 电流源单独作用时:

$$\dot{U}_1'=\frac{(4-\mathrm{j}2)(2+\mathrm{j}4-\mathrm{j}10)}{(4-\mathrm{j}2)+2+\mathrm{j}4-\mathrm{j}10}\underline{/0°}=2-\mathrm{j}2\ \mathrm{V}$$

当 $0.5\underline{/-90°}$ A 电流源单独作用时:

$$\dot{U}_1''=-\frac{(4-\mathrm{j}2-\mathrm{j}10)(4-\mathrm{j}2)}{(4-\mathrm{j}2-\mathrm{j}10)+2+\mathrm{j}4}0.5\underline{/-90°}=-1\ \mathrm{V}$$

故$\dot{U}_1=\dot{U}_1'+\dot{U}_1''=2-\mathrm{j}2-1=1-\mathrm{j}2=2.24\underline{/-63.4°}$ V。

此结果与例 6-7 中的结果相同。

例 6-10 用戴维宁定理求图 6-21(a)所示电路中的电流$\dot{I}$。

解 把 Z 拿掉, 形成含源一端口网络, 求 a、b 端口的开路电压$\dot{U}_{ab}$, 由 KCL 得

$$\dot{I}_1=\beta\dot{I}_1+\dot{I}_{s3}$$

求出

$$\dot{I}_1=\frac{\dot{I}_{s3}}{1-\beta}$$
$$\dot{U}_{ab}=-Z_2\beta\dot{I}_1-Z_1\dot{I}_1+\dot{U}_{s1}$$
$$=\dot{U}_{s1}-(Z_1+\beta Z_2)\frac{\dot{I}_{s3}}{1-\beta}$$

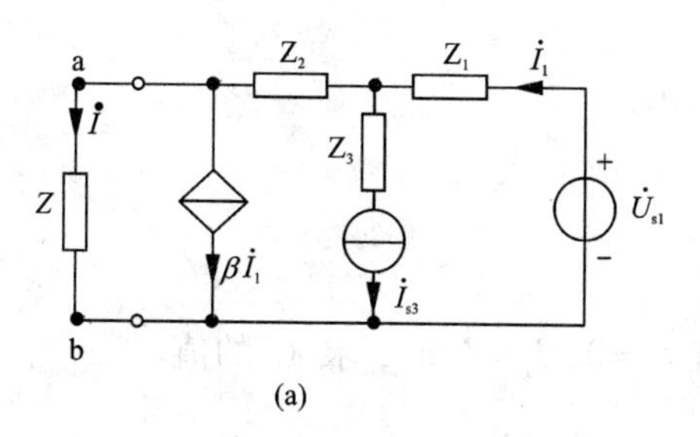

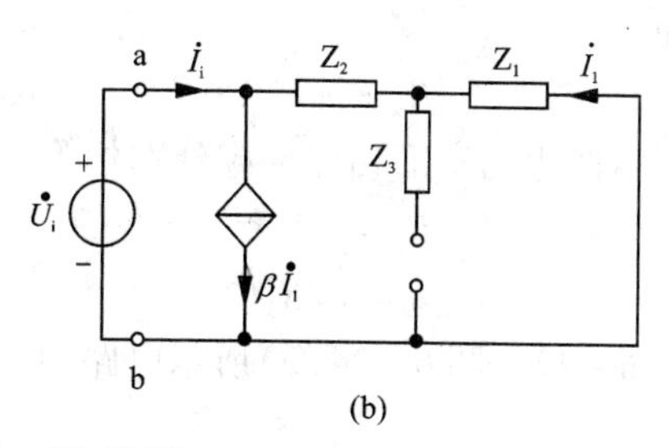

图 6-21　例 6-10 的图

采用外加电压源$\dot{U}_i$ 的方法求 Z_{ab}，如图 6-21(b)所示。

由 KCL 得

$$\dot{I}_i+\dot{I}_1=\beta\dot{I}_1$$

$$\dot{I}_1=\frac{\dot{I}_i}{\beta-1}$$

由 KVL 得

$$\dot{U}_i=-(Z_1+Z_2)\dot{I}_1=\frac{Z_1+Z_2}{1-\beta}\dot{I}_i$$

$$Z_{ab}=\frac{\dot{U}_i}{\dot{I}_i}=\frac{Z_1+Z_2}{1-\beta}$$

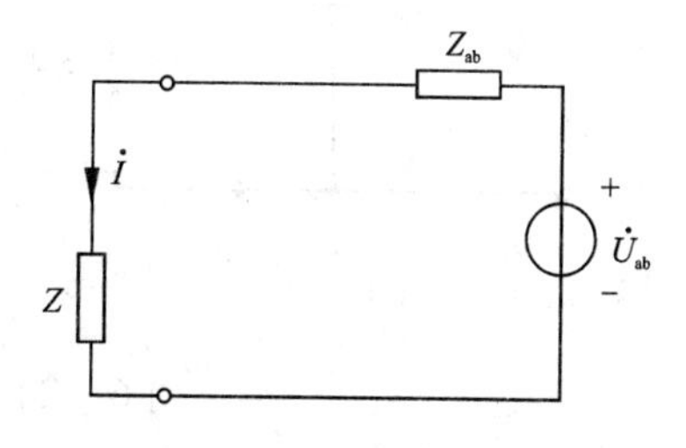

图 6-22　等效电路

图 6-22 为戴维宁等效电路，可求出

$$\dot{I}=\frac{\dot{U}_{ab}}{Z+Z_{ab}}$$

例 6-11　图 6-23 所示为电桥电路，已知 $Z_2=R_2$，$Z_3=R_3$，$1/Z_1=G+\mathrm{j}\omega C$，$Z_4=R_x+\mathrm{j}\omega L_x$。问在什么条件下电桥平衡？怎样由平衡时各桥臂的电阻、电容值测出 R_x 和 L_x 的值。

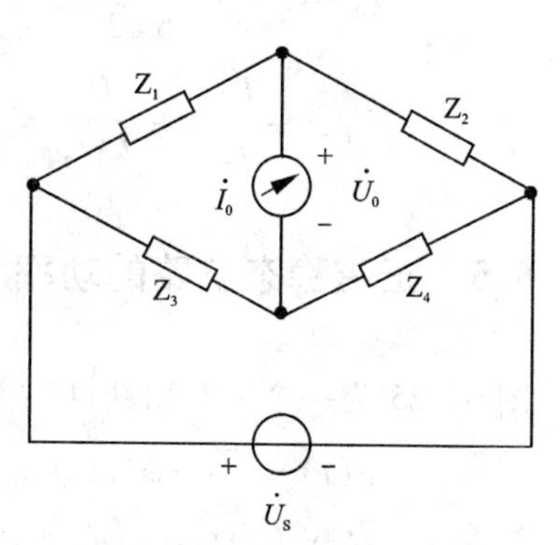

图 6-23　例 6-11 的图

解　电桥平衡时，有

$$Z_1Z_4=Z_2Z_3$$

代入电路参数，得

$$\frac{R_x+\mathrm{j}\omega L_x}{G+\mathrm{j}\omega C}=R_2R_3$$

即

$$R_x + j\omega L_x = GR_2R_3 + jR_2R_3\omega C$$

等号两边的实部和虚部应分别相等，得

$$R_x = GR_2R_3$$

$$L_x = R_2R_3C$$

例 6－12　图 6－24(a)所示电路中，若 $I_3 \neq 0$，$I_1 = I_2$ 时，求 X_C 的值。

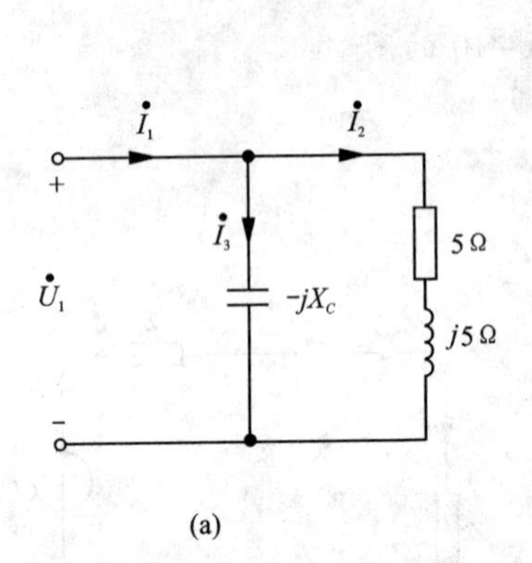

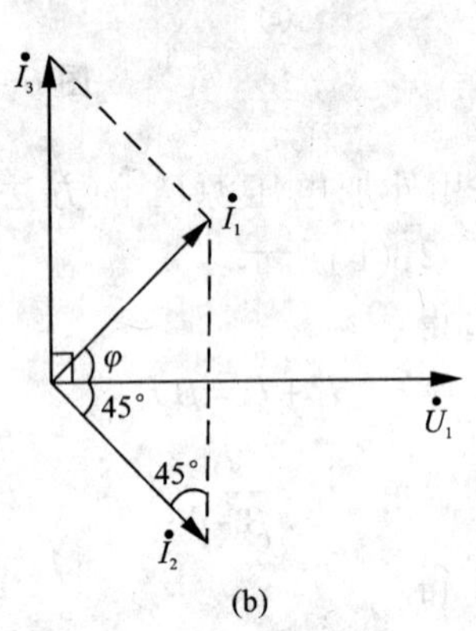

图 6－24　例 6－11 的图

解　设 $\dot{U}_1 = U_1\angle 0°$，画相量图如图 6－24(b)所示，因 $I_1 = I_2$，故 $\varphi = 45°$，故有

$$\dot{I}_2 = \frac{U_1}{5\sqrt{2}}\angle -45°,\ \dot{I}_1 = \frac{U_1}{5\sqrt{2}}\angle 45°$$

$$\dot{I}_3 = \dot{I}_1 - \dot{I}_2 = \frac{U_1}{5\sqrt{2}}\angle 45° - \frac{U_1}{5\sqrt{2}}\angle -45° = \frac{U_1}{5}\angle 90°$$

$$X_C = -\frac{U_1}{I_3} = -\frac{U_1}{U_1/5} = -5\ \Omega$$

6.5　正弦稳态电路的功率

图 6－25 为一个一端口线性时不变电路，并假定它处于正弦稳态中，若

$$u(t) = \sqrt{2}U\cos(\omega t + \theta_u)$$

$$i(t) = \sqrt{2}I\cos(\omega t + \theta_i)$$

此一端口网络吸收的瞬时功率为

$$p(t) = ui = 2UI\cos(\omega t + \theta_u)\cdot\cos(\omega t + \theta_i) \tag{6-17}$$

考虑到

$$\cos\alpha \cdot \cos\beta = \frac{1}{2}[\cos(\alpha+\beta) + \cos(\alpha-\beta)]$$

可得

$$p(t) = UI[\cos(2\omega t + \theta_u + \theta_i) + \cos(\theta_u - \theta_i)]$$
$$= UI\cos\varphi + UI\cos(2\omega t + \theta_u + \theta_i) \quad (6-18)$$

其波形如图 6－26 所示，其中

$$\varphi = \theta_u - \theta_i \quad (6-19)$$

φ 为电压与电流的相位差，即电压超前电流的相位角，也即为一端口网络的阻抗角 θ_Z。

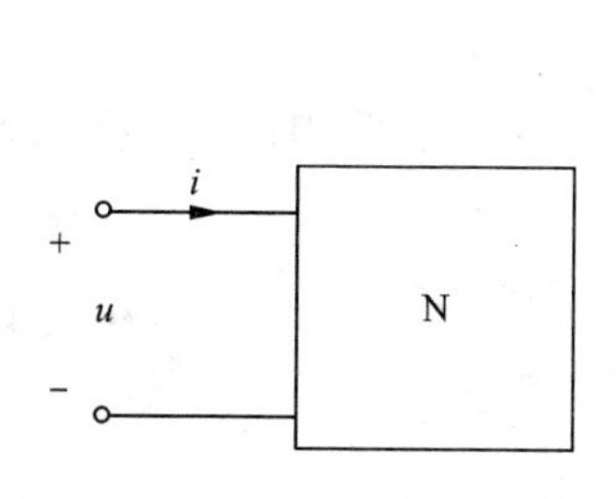

图 6－25　一端口网络

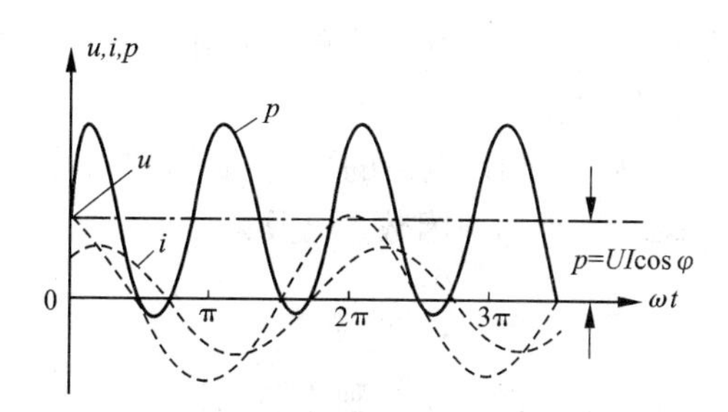

图 6－26　一端口网络的瞬时功率

从波形图中可以看出，瞬时功率 $p(t)$ 有正有负，但 $p(t)$ 为正与为负的时间段的积分面积不相等，即平均功率不为零，这就说明一般情况下的一端口网络既有能量消耗，又有能量交换。

由式(6－18)看出，一端口网络的瞬时功率是由两项组成，即常数项 $UI\cos(\theta_u - \theta_i)$ 和随时间按正弦规律变化的项 $UI\cos(2\omega t + \theta_u + \theta_i)$。

瞬时功率的实际意义不大，且不便于测量。通常引用平均功率的概念来反映此一端网络消耗能量的情况。平均功率又称有功功率，是指瞬时功率在一个周期$\left(T = \frac{2\pi}{\omega}\right)$内的平均值，用大写字母 P 表示

$$P = \frac{1}{T}\int_0^T p(t)\mathrm{d}t = \frac{1}{T}\int_0^T UI[\cos(\theta_u - \theta_i) + \cos(2\omega t + \theta_u + \theta_i)]\mathrm{d}t$$
$$= UI\cos(\theta_u - \theta_i) = UI\cos\varphi \quad (6-20)$$

有功功率代表一端口网络实际消耗的功率，它就是式(6－18)的恒定分量。它不仅与电压和电流的有效值的乘积有关，且与它们之间的相位差有关。

若一端口网络只由 R，L，C 等无源元件组成，便可用一个阻抗 Z 来表

征，即

$$\dot{U}=Z\dot{I}$$

其中 $Z=|Z|\angle\theta_Z$。这时，式(6－18)中 $\theta_u-\theta_i=\theta_Z$，则式(6－19)可写成

$$P=UI\cos\theta_Z \tag{6-21}$$

在电工技术中还引用无功功率的概念，用大写字母 Q 表示，其定义为

$$Q=UI\sin\varphi \tag{6-22}$$

许多电力设备的容量是由它们的额定电流和额定电压的乘积决定，为此引进了视在功率的概念，用大写字母 S 表示为

$$S=UI \tag{6-23}$$

有功功率、无功功率和视在功率都具有功率的量纲，为便于区分，有功功率的单位用 W，无功功率的单位用 Var(乏，即无功伏安)，视在功率的单位用 V·A(伏安)。

显然，一端口网络的平均功率要在其视在功率上打一个折扣，这个折扣就是 $\cos\varphi$，称为功率因数，记做 λ，即

$$\lambda=\frac{P}{S}=\cos\varphi \tag{6-24}$$

在一端口网络不含独立源的情况下

$$\lambda=\cos\theta_Z \tag{6-25}$$

因此，阻抗角也常被称为功率因数角。阻抗角或功率因数角能够反映网络的性质。但功率因数 λ 却不能完全做到这一点，因为不论 θ_Z 为正或为负，λ 总是正的，因此，在给出功率因数的同时，习惯上还加上“滞后”或“超前”的字样，以表示出网络的性质，一般地说，“滞后”是指感性负载，即 $\theta_Z>0$，“超前”是指容性负载，即 $\theta_Z<0$。

由上看出，当一端口网络的端子电压、电流分别为 U 和 I 时，此一端口网络可能获得的最大平均功率为 UI，即为它的额定视在功率，或电源的额定视在功率，亦称额定容量。并且，当一端口网络为一般感性或容性时，均不能达到这一值。其减小的程度决定于其功率因数。

对无源一端口网络而言，平均功率除了可用式(6－21)计算外，还可用电流与阻抗、导纳或电压与阻抗、导纳来计算。考虑到 $U=|Z|I$，可得

$$P=I^2|Z|\cos\theta_Z \tag{6-26}$$

或

$$P=I^2\mathrm{Re}[Z] \tag{6-27}$$

考虑到 $I=|Y|U$，可得

$$P=U^2|Y|\cos\theta_Y \tag{6-28}$$

或　$$P=U^2\mathrm{Re}[Y] \tag{6-29}$$

根据能量守恒原理，一端口网络吸收的平均功率 P 应等于网络内各支路吸收的平均功率之和，即因此一端口网络的平均功率还可写成如下形式：

$$P=\sum P_k \tag{6-30}$$

式中 P_k 为第 k 条支路的平均功率。

如果一端口网络 N 分别为 R、L、C 单个元件，则从式(6-30)可以求得瞬时功率、有功功率和无功功率。

对于电阻 R，有 $\varphi=\theta_u-\theta_i=0$，所以瞬时功率为

$$p=UI(1+\cos[2(\omega t+\theta_u)])$$

它始终大于或等于零，它的最小值为零。这说明电阻一直在吸收能量。平均功率为

$$P_R=UI=RI^2=GU^2$$

P_R 表示电阻所消耗的功率。电阻的无功功率为零。

对电感 L，有 $\varphi=\frac{\pi}{2}$，瞬时功率为

$$p=UI\sin\varphi\sin[2(\omega t+\theta_u)]$$

它的平均功率为零，所以不消耗能量，但是 P 正负交替变化，说明有能量的来回交换。电感的无功功率为

$$Q_L=UI\sin\varphi=UI=\omega LI^2=\frac{U^2}{\omega L} \tag{6-31}$$

对于电容 C，有 $\varphi=-\frac{\pi}{2}$，瞬时功率为

$$p=UI\sin\varphi\sin[2(\omega t+\theta_u)]=-UI\sin[2(\omega t+\theta_u)]$$

它的平均功率为零，所以电容也不能消耗能量，但是 P 正负交替变化，说明有能量的来回交换。电容的无功功率为

$$Q_C=-UI=-\frac{1}{\omega C}I^2=-\omega CU^2 \tag{6-32}$$

如果一端口网络 N 为 RLC 串联电路，它的有功功率为

$$P=UI\cos\varphi \tag{6-33}$$

无功功率为

$$Q=UI\sin\varphi \tag{6-34}$$

由于一端口网络 N 的阻抗为

$$Z=R+\mathrm{j}\left(\omega L-\frac{1}{\omega C}\right),\ \varphi=\arctan\left(\frac{X}{R}\right)$$

另有 $U=|Z|I$，$R=|Z|\cos\varphi$，$X=|Z|\sin\varphi$，故

$$P = UI\cos\varphi = |Z|I^2\cos\varphi = RI^2$$

$$Q = UI\sin\varphi = |Z|I^2\sin\varphi = \left(\omega L - \frac{1}{\omega C}\right)I^2 = Q_L + Q_C$$

正弦电流电路的瞬时功率等于两个同频正弦量的乘积，在一般情况下其结果是一个非正弦量，同时它的变动频率也不同于电压或电流的频率，所以不能用相量法讨论。但是正弦电流电路的有功功率、无功功率和视在功率三者之间的关系可以通过"复功率"表述。

设一个端口的电压相量为$\dot{U}$，电流相量为$\dot{I}$，复功率$\overline{S}$定义为

$$\overline{S} = \dot{U}\dot{I}^* = UI\angle\theta_u - \theta_i = S\angle\varphi$$
$$= UI\cos\varphi + jUI\sin\varphi = P + jQ$$

式中$\dot{I}^*$是$\dot{I}$的共轭复数。复功率的吸收或发出同样根据端口电压和电流的参考方向来判断。复功率是一个辅助计算功率的复数，它将正弦稳态电路的3个功率和功率因数统一为一个公式表示。只要计算出电路中电压和电流相量，各种功率就可以很方便地计算出来。复功率的单位用V·A。

有功功率P、无功功率Q和视在功率S之间存在下列关系：

$$P = S\cos\varphi,\ Q = S\sin\varphi$$

$$S = \sqrt{P^2 + Q^2},\ \varphi = \arctan\left(\frac{Q}{P}\right)$$

应当注意，复功率$\overline{S}$不代表正弦量。但复功率的概念适用于单个电路元件或任何电路。可以证明，对任意线性一端口网络N，有

$$\overline{S} = P + jQ = \sum P_k + j\sum Q_k \tag{6-35}$$

其中

$$P = \sum P_k \tag{6-36}$$
$$Q = \sum Q_k \tag{6-37}$$

式中：P为一端口网络的平均功率；P_k为网络中第k条支路的平均功率；Q为一端口网络的无功功率；Q_k为第k条支路的无功功率。式(6-36)、式(6-37)说明正弦电流电路中总的有功功率是电路各部分有功功率之和，总的无功功率是电路各部分无功功率之和，即有功功率和无功功率分别守恒。电路中复功率也守恒，但视在功率不守恒。

例6-13 设正弦稳态电路中的一端口网络的电压$u(t) = 380\cos 314t$ V，电流$i(t) = 87.8\cos(314t - 53.1°)$ A，电压、电流为关联参考方向，求该网络吸收的平均功率、视在功率和功率因数。

解 $U = \frac{380}{\sqrt{2}}$ (V)，$I = \frac{87.7}{\sqrt{2}}$ (A)

$$S = UI = \frac{380 \times 87.8}{2} = 16.663\ (\text{kV·A})$$

$$\varphi = 0 - (-53.1°) = 53.1°$$

$$\lambda = \cos\varphi = \cos 53.1° = 0.6(\text{感性或滞后})$$

$$P = UI\lambda = \frac{380 \times 87.7}{2} \times 0.6 = 10\ (\text{kW})$$

例 6-14　一端口网络的相量模型如图 6-27 所示，已知$\dot{U} = 100\angle 0°$ V，求此一端口网络的功率。

解　本例将说明可以通过多种途径求得一端口网络的平均功率。

解法 1　利用一端口网络的端子电压、电流来计算

$$\dot{I} = \frac{100\angle 0°}{\dfrac{(3+j4)(-j5)}{3-j}} = 12.65\angle 18.5°\ (\text{A})$$

$$P = UI\cos(\theta_u - \theta_i)$$
$$= 100 \times 12.65\cos(-18.5°) = 1200\ (\text{W})$$

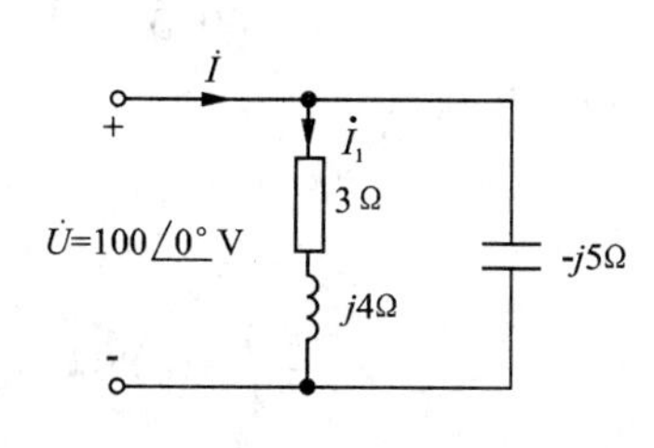

图 6-27　例 6-14 的图

解法 2　利用一端口网络的电压和阻抗来计算

$$Z = \frac{(3+j)(-j5)}{3-j} = 7.91\angle -18.5°\ (\Omega)$$

故　$$P = U^2\text{Re}[Y] = U^2\text{Re}\left[\frac{1}{Z}\right] = (100)^2\text{Re}\left[\frac{1}{7.91\angle -18.5°}\right]$$

$$= (100)^2 \times \frac{1}{79.1}\cos 18.5° = 1200\ (\text{W})$$

若已知 I 和 Z，可用如下方法计算

$$P = I^2|Z|\cos\theta_z = (12.65)^2 \times 7.91\cos(-18.5°) = 1200\ (\text{W})$$

解法 3　利用能量守恒原理来计算，一端口网络的功率等于网络内部各支路消耗功率之和。本网络只有电阻 3 Ω 消耗功率，为求 3 Ω 的功率，先求出电流

$$\dot{I}_1 = \frac{\dot{U}}{3+j4} = \frac{100\angle 0°}{3+j4} = 20\angle -53.1°\ (\text{A})$$

故　$$P = I_1^2 R = (20)^2 \times 3 = 1200\ (\text{W})$$

解法 4　用某一支路来计算。由于电容支路不消耗功率，因此(3 + j4) Ω 支路的平均功率就是一端口网络的平均功率，现已知支路阻抗 $Z_1 = 3 + j4$，则

$$P = U^2\text{Re}\left[\frac{1}{Z_1}\right] = (100)^2\text{Re}\left[\frac{1}{3+j4}\right]$$

$$=(100)^2\mathrm{Re}\left[\frac{3-\mathrm{j}4}{25}\right]=(100)^2\cdot\frac{3}{25}=1200\ (\mathrm{W})$$

例 6－15　电路的相量模型如图 6－28 所示，求$\dot{I}$和一端口网络的复功率$\overline{S}$、平均功率 P、无功功率 Q 和功率因数 λ。

解　从电压源两端向右看的阻抗为

$$Z=\frac{(1-\mathrm{j}3)\times2}{3-\mathrm{j}3}=1.49\angle{-26.57^\circ}\ (\Omega)$$

$$\dot{I}=\frac{100\angle{0^\circ}}{1.49\angle{26.57^\circ}}=67.11\angle{26.57^\circ}\ (\mathrm{A})$$

$$\overline{S}=100\angle{0^\circ}\times67.11\angle{-26.57^\circ}=6711\angle{-26.57^\circ}$$

$$=6000-\mathrm{j}3000\ (\mathrm{V\cdot A})$$

故　$P=6000\ \mathrm{W}$

$Q=-3000\ \mathrm{Var}$

$S=6711\ \mathrm{V\cdot A}$

$\lambda=\dfrac{P}{S}=\dfrac{6000}{6711}=0.894$(超前)

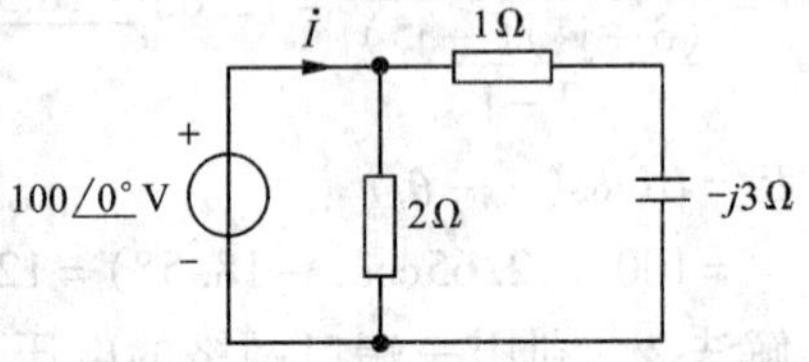

图 6－28　例 6－15 的图

6.6　功率因数的提高

运行于正弦稳态中的电源设备都有一定的额定电压 U_e 和额定电流 I_e，它们是由设备的体积、材料等决定的。所谓额定电压、额定电流是指电源设备得以维持正常工作所允许的最大输出电压和输出电流。若电路超出额定电压或额定电流工作，设备工作将可能不正常，严重时可能使设备损坏。额定电压与额定电流的乘积称为额定容量，即额定视在功率。即 $S_e=U_eI_e$，但是电源设备是否能输出额定容量那样大的功率呢？不一定。这要视负载网络的功率因数如何，若负载的功率因数为 $\cos\varphi$，则此电源可以输出 $P=U_eI_e\cos\varphi$ 大小的功率。例如一台发电机的容量为 75000 kV·A，若负载的功率因数 $\cos\varphi=1$，则发电机可输出 75000 kW 有功功率，若 $\cos\varphi=0.7$，则发电机最多只可输出 $75000\times0.7=52500$ kW。这说明负载的 $\cos\varphi=0.7$ 时，电源输出设备的 功率能力没有被充分利用，有一部分被无功的能量交换所占有。因此，为了充分利用电源设备的容量，应该设法提高负载网络的功率因数。

此外，在实际电路中，提高功率因数还能提高效率。因为功率因数提高后能减少输电线路的功率损失。这是因为在负载的有功功率 P 和电压 U 一定的情况下，功率因数越大，则在输电线中的电流 $I=\dfrac{P}{U\cos\varphi}$就越小，因此，消耗在

输电线上的功率 I^2R_s（R_s 为输电线的电阻）也就越小。

综上所述，提高电路的功率因数既可以充分利用发电设备的容量，又可以减小线路和电源损耗，因而是十分必要的且有很大的经济意义。

在工程实际中，大部分负载都是电感性负载。如何提高电路的功率因数呢？对于电感性负载，常用的方法是在负载端并联电容，其电路图和相量图如图 6－29 所示。

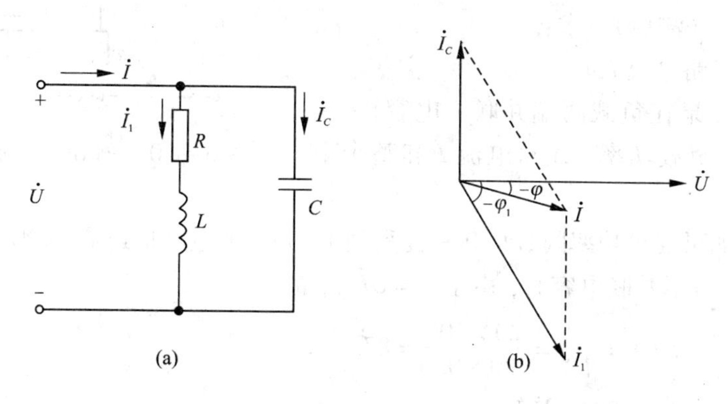

图 6－29　感性负载并联电容提高功率因数

图 6－29(a)中，R，L 支路表示电感性负载，因为并联电容后电源电压和负载参数均未改变，因而感性负载上的电流 I_1 和功率因数均未改变。但由图 6－29(b) 所示相量图可见，并联电容后，整个电路（包括感性负载和电容）的功率因数 $\cos\varphi$ 提高了，同时也减小了总电流 I，有利于降低线路损耗。

从物理意义上说，并联电容后之所以能提高功率因数是因为在电容和电感性负载之间发生了能量互换，从而大大减少了电源和负载之间的能量互换，无功功率减少了，因而提高了功率因数。并联电容大小的选择应恰当，要遵循有效且经济的原则，即在保证提高功率因数的前提下，尽可能采用容量小的电容。设电感性负载的参数已知，并联电容前的功率因数是 $\cos\varphi_1$，要求并联电容后整个电路的功率因数提高至 $\cos\varphi$。由图 6－29(b)有

$$I_C = I_1\sin\varphi_1 - I\sin\varphi$$

因为 $I_1 = \dfrac{P}{U\cos\varphi_1}$，$I = \dfrac{P}{U\cos\varphi}$，$I_C = \omega CU$

代入上式后，得出：$\omega CU = \dfrac{P}{U}\tan\varphi_1 - \dfrac{P}{U}\tan\varphi$

所以，$$C = \frac{P}{\omega U^2}(\tan\varphi_1 - \tan\varphi) \tag{6－38}$$

提高功率因数的基本思想是在保证负载获得的有功功率不变的情况下，减

小与电源相接的网络的阻抗角，即减小其无功功率。工业企业中用得最广泛的动力装置是感应电动机，它相当于感性负载。为了提高其功率因数，可通过在负载上并联适当的电容器来实现。

例 6－16 有一感性负载如图 6－30 中 R、L 支路所示。已知电源电压 $U=380$ V，频率 $f=50$ Hz，负载的功率 $P=20$ kW，功率因数 $\lambda=0.6$(滞后)。求：

(1) 线路电流 I；

(2) 如果在负载两端并联一电容，$C=374\ \mu\text{F}$，求负载功率、线路电流 I 和整个电路的功率因数。

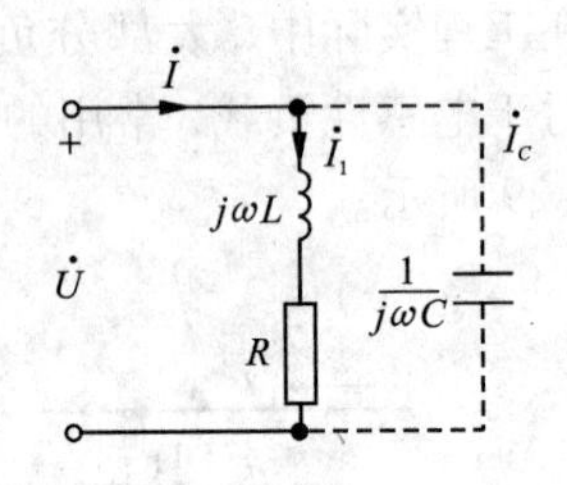

图 6－30 例 6－16 的图

(3) 如果要将功率因数从 0.9 提高到 1，并联的电容值还需要增加多少？

解 (1)不并联电容时，由于 $P=UI_1\lambda$，故

$$I=I_1=\frac{P}{U\lambda}=\frac{20\times10^3}{380\times0.6}=87.7\ \text{A}$$

假定

$$\dot{U}=380\angle 0^\circ\ \text{V}$$

$$\dot{I}_1=I_1\angle\theta_i$$

$$\theta_i=-53.1^\circ$$

即

$$\dot{I}_1=87.7\angle -53.1^\circ\ \text{A}$$

(2) 并联电容器后，$\dot{U}$不变，故 R、L 支路的有功功率也不变。

$$\dot{I}_C=\text{j}\omega C\dot{U}=\text{j}2\pi\times50\times374\times10^{-6}\times380\angle 0^\circ$$
$$=44.6\angle 90^\circ$$

故

$$\dot{I}=\dot{I}_1+\dot{I}_C=87.7\angle -53.1^\circ+44.6\angle 90^\circ$$
$$=58.5\angle -25.8^\circ\ \text{A}$$

即

$$I=58.5\ \text{A}$$

整个电路的功率因数 $\lambda'=\cos25.8^\circ=0.9$，可见，并联电容器后，整个网络的功率因数提高，线路电流减小。

(3) 要将 λ 由 0.9 提高到 1，需要增加的电容值：

$$\varphi=\arccos0.9=25.84^\circ$$

由式(6－38)，得

$$C=\frac{P}{\omega U^2}(\tan\varphi_1-\tan\varphi)$$

$$=\frac{20\times10^3}{2\pi\times50\times220^2}(\tan25.84^\circ-\tan0^\circ)=637\ \mu\text{F}$$

实际生产中，并不要求把功率因数提高到 1。因为这样做需要并联的电容较大，将增加设备的投资。功率因数提高到什么程度为宜，只能在做具体的技术经济比较后才能决定。

6.7　正弦稳态最大功率传输条件

图 6－31 所示为一功率传输电路。在正弦稳态情况下，一个有源一端口网络向阻抗为 Z_L 的负载传输功率。根据戴维宁定理，图 6－31(a)电路可等效为图 6－31(b)的电路。

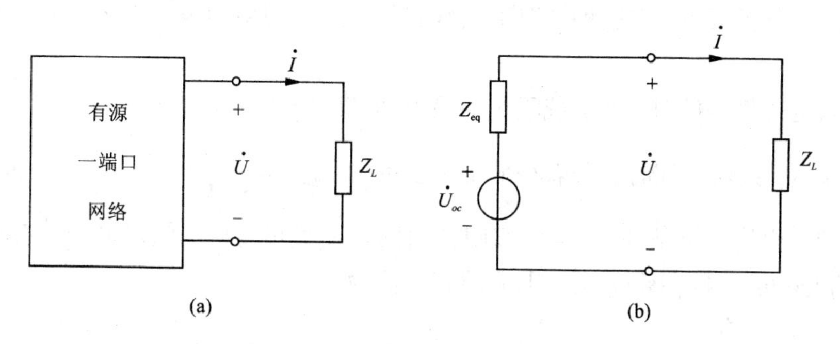

图 6－31　最大功率传输条件

对于图 6－31(b)的电路，在其电压 U_S 和内阻抗 Z_S 一定的情况下，负载获得功率的大小将与负载阻抗有关。电工技术中，常常要求负载能从给定的电源信号中，获得尽可能大的功率。如何使负载能从给定的电源中获得最大的功率，称为最大功率传输问题。

下面我们讨论最大功率传输的条件和在这样的条件下，负载获得的最大功率值。

由图 6－31(b)可知，电路中的电流为

$$\dot{I} = \frac{\dot{U}_{oc}}{(R_{eq} + R_L) + j(X_{eq} + X_L)} \tag{6-39}$$

故电流有效值为

$$I = \frac{U_{oc}}{\sqrt{(R_{eq} + R_L)^2 + (X_{eq} + X_L)^2}}$$

由此可得负载获得的功率为

$$P = I^2 R_L = \frac{U_{oc}^2 \cdot R_L}{(R_{eq} + R_L)^2 + (X_{eq} + X_L)^2} \tag{6-40}$$

上式 U_{oc}, R_{eq}, X_{eq} 是常量，负载阻抗是变量，可以在两种情况下求得最大功率传输的条件和获得最大功率的条件。

(1) 共轭匹配条件。设负载阻抗中的 R_L, X_L 均可独立改变，由式(6-40)可见：

当 R_L, X_L 均可独立改变时，由上式看出，P 获得最大值的一个必要条件是 $X_{eq}=-X_L$，满足这一条件时，P 的表达式变为 $P=\dfrac{U_{oc}^2R_L}{(R_{eq}+R_L)^2}$。

通过上式对 R_L 求导，再令其等于零，可以求得 P 获得最大值的又一条件是 $R_L=R_{eq}$。

综上分析可得，在这种情况下负载获得的最大功率的条件为 $Z_L=R_{eq}-jX_{eq}=Z_{eq}^*$。

满足这一条件时，称负载阻抗为最大功率匹配或共轭匹配。

显然，共轭匹配时负载获得的最大功率为 $P_{L\max}=\dfrac{U_{oc}^2}{4R_{eq}}$。

(2) 模值匹配条件*。当负载阻抗角固定而模可变时，假定 $Z_L=|Z_L|\angle\theta_L=|Z_L|\cos\theta_L+j|Z_L|\sin\theta_L$ 时，电流的有效值为

$$I=\frac{U_{oc}}{\sqrt{(R_{eq}+|Z_L|\cos\theta_L)^2+(X_{eq}+|Z_L|\sin\theta_L)^2}}$$

则

$$P=\frac{U_{eq}^2|Z_L|\cos\theta_L}{\sqrt{(R_{eq}+|Z_L|\cos\theta_L)^2+(X_{eq}+|Z_L|\sin\theta_L)^2}}\tag{6-41}$$

式中 U_{oc}, R_{eq}, X_{eq}, θ_L 为定值，$|Z_L|$ 是变量。

式(6-41)对 $|Z_L|$ 求导，可得

$$\frac{dP}{d|Z_L|}=U_{oc}^2\frac{\{[(R_{eq}+|Z_L|\cos\theta_L)^2+(X_{eq}+|Z_L|\sin\theta_L)^2]\cos\theta_L-|Z_L|\cos\theta_L[2(R_{eq}+|Z_L|\cos\theta_L)\cos\theta_L+2(X_{eq}+|Z_L|\sin\theta_L)\sin\theta_L]\}}{[(R_{eq}+|Z_L|\cos\theta_L)^2+(X_{eq}+|Z_L|\sin\theta_L)^2]^2}$$

使

$$\frac{dP}{d|Z_L|}=0$$

可得

$$(R_{eq}+|Z_L|\cos\theta_L)(R_{eq}+|Z_L|\cos\theta_L-2|Z_L|\cos\theta_L)+(X_{eq}+|Z_L|\sin\theta_L)(X_{eq}+|Z_L|\sin\theta_L-2|Z_L|\sin\theta_L)=0$$

即

$$R_{eq}^2-|Z_L|^2\cos^2\theta_L+X_{eq}^2-|Z_L|^2\sin^2\theta_L=0$$

$$|Z_L|^2=R_{eq}^2+X_{eq}^2$$

故

$$|Z_L|=\sqrt{R_{eq}^2+X_{eq}^2}=|Z_{eq}|$$

从上式可知，在这种情况下，负载获得最大功率的条件是负载阻抗的模等于电源内阻抗的模。满足这一条件时，负载获得的功率为

$$P=\frac{U_{oc}^{2}|Z_{eq}|\cos\theta_{L}}{(R_{eq}+|Z_{eq}|\cos\theta_{L})^{2}+(X_{eq}+|Z_{eq}|\sin\theta_{L})^{2}} \tag{6-42}$$

显然，在第2种情况下所得的最大功率比共轭匹配时所得的功率要小。

例6－17　电路如图6－32所示，求下列情况下负载获得的功率。

（1）$Z_L=5\ \Omega$；

（2）共轭匹配；

（3）Z_L 为纯电阻并等于电源内阻抗的模。

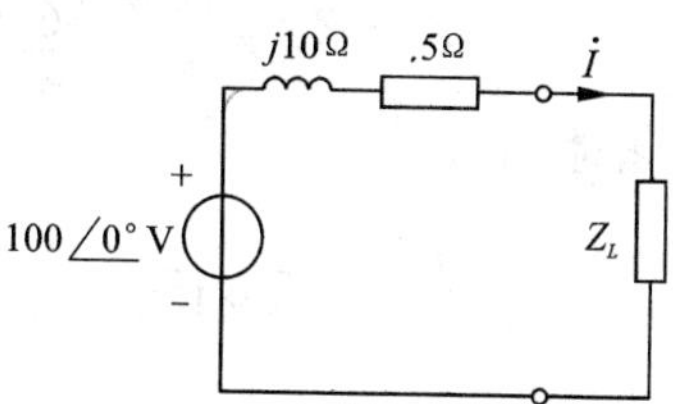

图6－32　例6－17的图

解　（1）当 $Z_L=5\ \Omega$ 时

$$I=\frac{100}{\sqrt{(5+5)^{2}+10^{2}}}=\frac{10}{\sqrt{2}}$$

$$P=I^{2}\cdot 5=\left(\frac{10}{\sqrt{2}}\right)^{2}\times 5=250\ \text{W}$$

（2）共轭匹配时，即当 $Z_L=5-\text{j}10\Omega$ 时，有

$$P=\frac{100^{2}}{4\times 5}=500\ \text{W}$$

（3）当 $R_L=\sqrt{5^{2}+10^{2}}=11.18\ \Omega$

$$I=\frac{100}{\sqrt{(5+11.18)^{2}+10^{2}}}=5.26\ \text{A}$$

$$P=I^{2}\times R_{L}=(5.26)^{2}\times 11.18=309\ \text{W}$$

可见共轭匹配时获得的功率最大。

例6－18　电路如图6－33所示，已知实部和虚部皆可改变，求获得最大功率的条件和最大功率值。

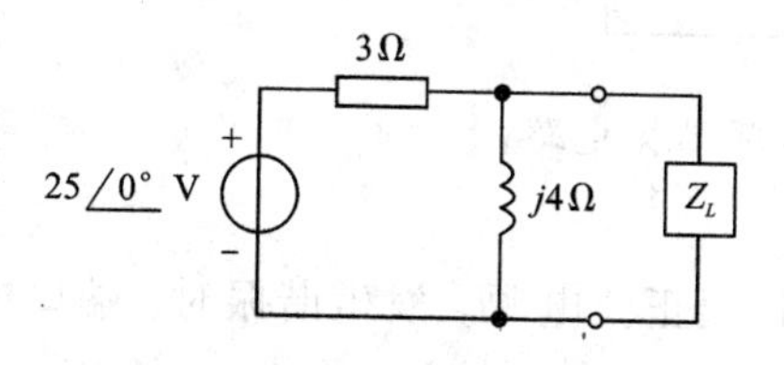

图6－33　例6－18的图

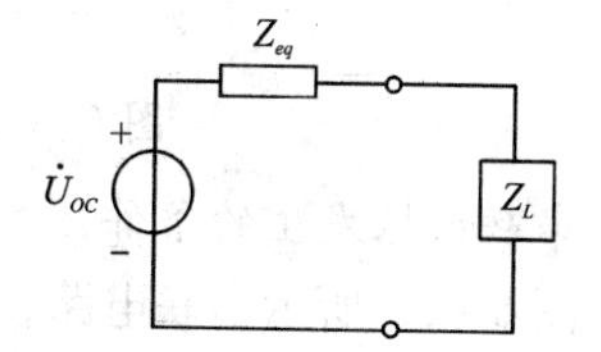

图6－34　例6－18的等效电路

解　首先将负载 Z_L 两端左边的电路用戴维宁等效电路代替，如图6－34

所示，图中

$$\dot{U}_{oc}=\frac{j4}{3+j4}\cdot 25\angle 0^\circ=20\angle 36.9^\circ\ \text{V}$$

$$Z_{eq}=\frac{3(j4)}{3+j4}=\frac{12}{5}\angle 36.9^\circ\ \Omega$$

Z_L 获得的最大功率的条件为

$$Z_L=Z_{eq}^*=\frac{12}{5}\angle -36.9^\circ=1.92-j1.44\ \Omega$$

此时

$$P_{L\max}=\frac{U_{oc}^2}{4\times 1.92}=\frac{20^2}{4\times 1.92}=50.08\ \text{W}$$

6.8　正弦电路的谐振

谐振现象是正弦电路中可能发生的一种特殊现象。这种现象在通信技术中得到广泛的应用，但另一方面，发生谐振时又有可能破坏系统的正常工作状态。所以，对谐振现象的研究，有重要的实际意义。本节主要分析典型串联谐振电路和并联谐振电路，引出谐振电路的主要特征和参数。

6.8.1　串联谐振

如图 6－35 所示 *RLC* 串联电路，在某一特定频率正弦激励下，端口的电压和电流同相。发生谐振，这种串联电路的谐振现象就称为串联谐振。

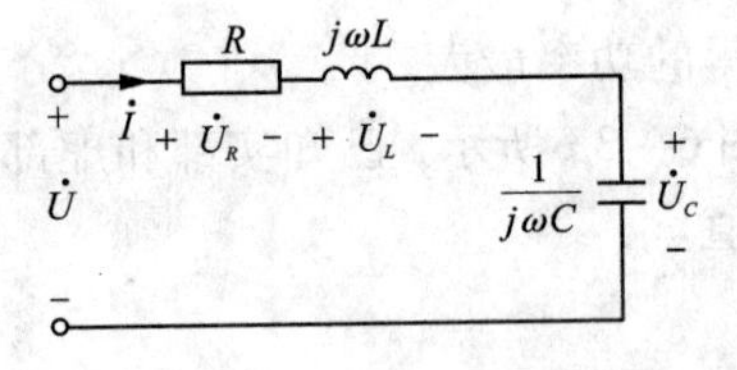

图 6－35　*RLC* 串联谐振电路

1. 串联谐振发生的条件

如图 6－35 所示串联电路，输入端口接于正弦电源。发生谐振时，端口电压与电流同相，电路呈阻性。由图可知，整个电路的阻抗为

$$Z(j\omega)=R+j(\omega L-\frac{1}{\omega C})$$

根据谐振的定义，当 $\text{Im}[Z(j\omega)]=0$ 时，电压$\dot{U}$和电流$\dot{I}$同相，由此得出串联谐振的条件是

$$\omega L-\frac{1}{\omega C}=0$$

而发生谐振时的角频率 ω_0 和频率 f_0 分别是

$$\omega_0=\frac{1}{\sqrt{LC}},\quad f_0=\frac{1}{2\pi\sqrt{LC}} \tag{6-43}$$

谐振频率 f_0 又称为固有谐振频率，它只取决于电路的结构和参数，而与外加电源电压无关。当改变 L 或 C 或改变电源频率使式(6－43)成立时，电路就产生谐振。

2. 串联谐振电路的特征

(1)谐振时阻抗的模 $|Z(j\omega)|=R$，达到最小值。在电源电压 U 不变的情况下，谐振时电路的电流将达到最大值，即

$$I_{max}=I_0=\frac{U}{R} \tag{6-44}$$

如图 6－36 所示。

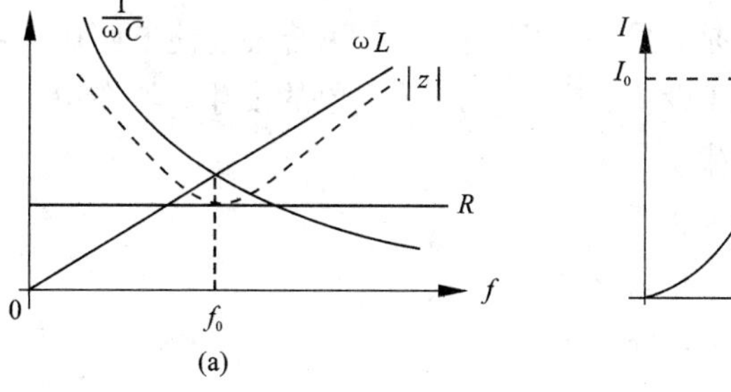

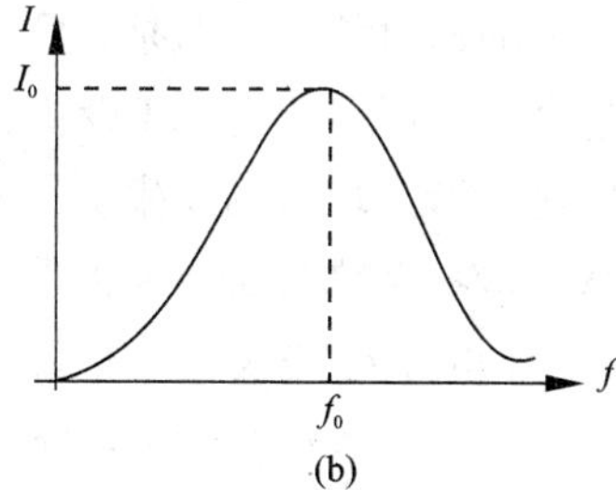

图 6－36　阻抗模与电流随频率变化的曲线

(2)串联谐振时电路呈现纯阻性，电源提供的能量全部为电阻所消耗，电源和电路之间不发生能量的互换，能量的互换只发生在电感与电容之间。

(3)串联谐振时各元件的电压分别为

$$\dot{U}_R=R\dot{I}_0=R\frac{\dot{U}}{R}=\dot{U}$$

$$\dot{U}_L=j\omega_0L\dot{I}_0=\frac{j\omega_0L\dot{U}}{R} \tag{6-45}$$

$$\dot{U}_C=\frac{1}{j\omega_0C}\dot{I}_0=-j\frac{1}{\omega_0C}\frac{\dot{U}}{R}$$

由上式可知，电感和电容上的电压 $\dot{U}_L$ 和 $\dot{U}_C$ 的有效值相等，相位相反，相互抵消，外加电压 $\dot{U}$ 全部降落到电阻 R 上，电阻电压 $\dot{U}_R$ 与电源电压 $\dot{U}$ 相等且达到最大数值。相量图如图 6－37 所示。

为了定量描述谐振电路的品质，可引入品质因数的概念，品质因数定义为谐振时电感电压 U_L 或电容电压 U_C 与电源电压的比值，通常用 Q 表示

$$Q=\frac{U_C}{U}=\frac{U_L}{U}=\frac{1}{\omega_0 CR}=\frac{\omega_0 L}{R} \tag{6-46}$$

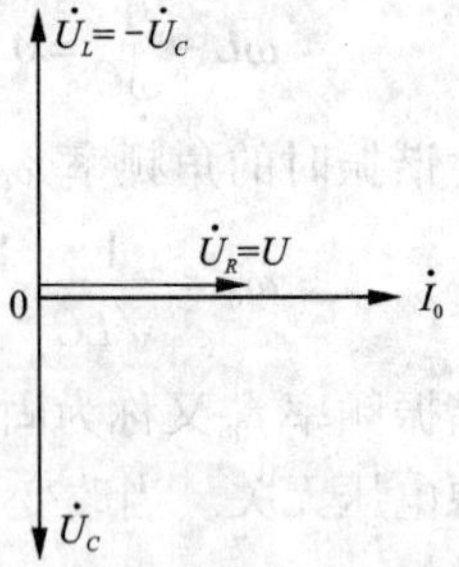

由式(6-45)可知，电感和电容的电压的有效值分别为

$$U_L=QU,\ U_C=QU$$

图 6-37 串联谐振的相量图

当 $X_L=X_C\gg R$ 时，即 $Q\gg 1$，因此，电感电压或电容电压都大于电源电压，甚至可能大于电源电压的几十倍至几百倍，故串联谐振又称为电压谐振。在无线电通讯技术中，正是利用串联谐振的这一特点，使微弱的信号电压输入到串联谐振回路后，在电容或电感上获得比输入电压大许多倍的输出电压，以达到选择所需要的通讯信号。但是，另一方面，由于串联谐振会使电路中某些元件上产生过高的电压，可能损坏设备，应避免这一现象的发生，如在电力系统中一般都应避免谐振现象的发生。

3. 串联谐振电路的功率和能量

串联谐振时，电路吸收的有功功率为

$$P=UI\cos\phi=UI=I^2R$$

而无功功率则等于零，即

$$Q=UI\sin\phi=0$$

亦即，因 $Q_L=U_LI$，$Q_C=-U_CI$，且 $U_L=U_C$，$|Q_L|=|Q_C|$，则

$$Q=Q_L+Q_C=0$$

上式表明，谐振时电路中只有电感与电容之间进行能量交换，而电路与电源之间没有能量交换。电源只向电阻元件提供有功功率。下面看谐振时，电路中电感的磁场能量 W_L 与电容的电场能量 W_C 的总和与品质因数 Q 的关系。为此，设

$$u_C=U_{Cm}\sin\omega_0 t$$

则

$$i=C\frac{\mathrm{d}u_C}{\mathrm{d}t}=\omega_0 CU_{Cm}\cos\omega_0 t=\sqrt{\frac{C}{L}}U_{Cm}\cos\omega_0 t$$

磁场能量与电场能量的总和为

$$W = W_L + W_C = \frac{1}{2}Li^2 + \frac{1}{2}Cu_C^2$$

$$= \frac{1}{2}CU_{Cm}^2\cos^2\omega_0 t + \frac{1}{2}CU_{Cm}^2\sin^2\omega_0 t = \frac{1}{2}CU_{Cm}^2 = \frac{1}{2}CQ^2U_m^2$$

由此可见，串联谐振时，在电感和电容中所存贮的磁场能量与电场能量的总和 W，是不随时间变化的常量，且与回路的品质因数 Q 值的平方成正比。虽然，磁场能量 W_C 和电场能量 W_L 之和不变，但是，就单独的磁场能量 W_C 和电场能量 W_L 而言，都是随时间变化的。如图 6－38 所示，作出 W_C 和 W_L 随时间变化的曲线。从图中可以看出，在电感中的磁场能量增加时间内，如 $t_0 \sim t_1$ 期间，电容中的电场能量减少，前者增加的速率与后者减少的速率相等。在电感中的磁场能量减少时间内，如 $t_1 \sim t_2$ 期间，电容中的电场能量增加，而且前者减少的速率与后者增加的速率相等。以后的时间它们均按此做周期性的重复变化。这表明，电容与电感之间进行电磁能量的交换，形成周期性的电磁振荡。

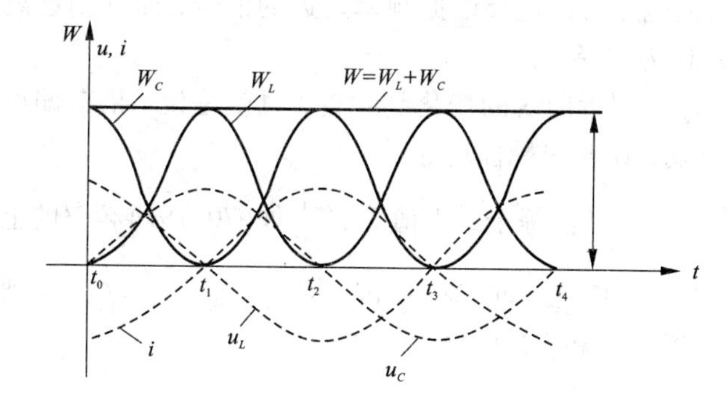

图 6－38　谐振时 W_L 和 W_C 变化曲线

总之，串联谐振时，电路的阻抗值最小，电流值最大，电感电压与电压的数值相等，电容与电感之间进行电磁振荡。显然，电路的品质因数愈大，则电场与磁场之间交换的能量就愈大，电磁振荡的幅度也就愈大。

4. 串联谐振电路的谐振曲线*

对于串联谐振电路，除了讨论阻抗 $Z(j\omega)$ 的特性之外，还应分析电流和电压随频率变化的特性，这些特性称为频率特性。当频率改变时电流 $I(\omega)$ 的变化规律，$I(\omega)-\omega$ 曲线通常称为谐振曲线。$I(\omega)$ 的表达式可推导如下：

$$I(\omega) = \frac{U}{|Z(j\omega)|} = \frac{U}{\sqrt{R^2 + (\omega L - \frac{1}{\omega C})^2}}$$

$$=\frac{U/R}{\sqrt{1+(\frac{\omega L}{R}-\frac{1}{\omega CR})^2}}=\frac{I_0}{\sqrt{1+(\frac{\omega_0 L}{R}\cdot\frac{\omega}{\omega_0}-\frac{1}{\omega CR}\cdot\frac{\omega_0}{\omega})^2}}$$

$$=\frac{I_0}{\sqrt{1+Q^2(\frac{\omega}{\omega_0}-\frac{\omega_0}{\omega})^2}}$$

定义 $\eta=\frac{\omega}{\omega_0}$，上式变为

$$\frac{I(\eta)}{I_0}=\frac{I_0}{\sqrt{1+Q^2(\eta-\frac{1}{\eta})^2}} \tag{6-47}$$

据此可作出不同 Q 值下的 $I(\eta)/I_0-\eta$ 曲线，如图 6-39 所示。由图 6-39 可得出以下结论：

(1) 串联谐振电路可以选择谐振频率附近的信号，而抑制远离谐振频率的信号，这种特性称为选择性。

(2) Q 越大，ω_0 附近曲线的变化越尖锐，也就是说，稍有偏离谐振频率 f_0 的信号就大大减弱，说明选择性越好。

(3) 通常定义电流 I 值等于最大值 I_0 的 $\frac{1}{\sqrt{2}}$ 处(70.7%)频率的上下限之间的宽度为通频带宽度，如图 6-40 所示，可表示为：$\Delta f=f_2-f_1$。显然 Q 越大，谐振曲线变化越尖锐，通频带会越窄。

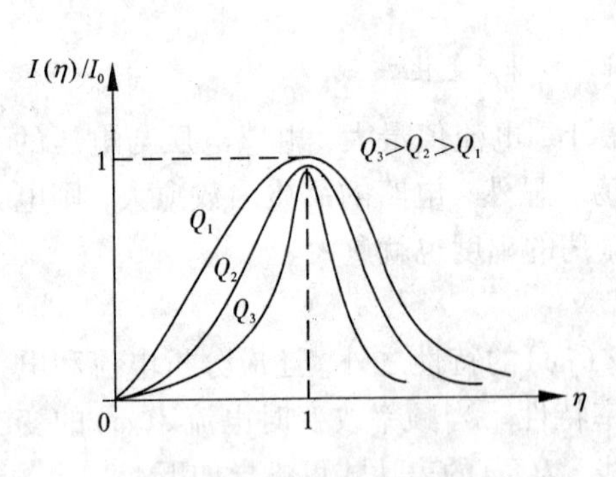

图 6-39 谐振曲线与 Q 的关系

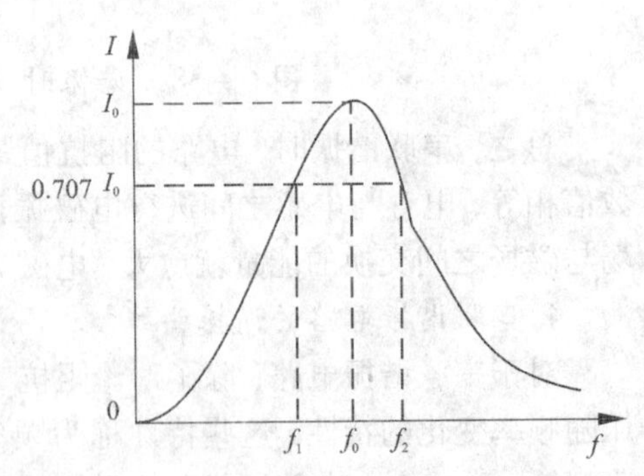

图 6-40 通频带宽度

串联谐振时电压的频率特性如图 6-41 所示。可以证明，当 $Q>\frac{1}{\sqrt{2}}$ 时，曲线出现峰值，且 $U_{Cm}=U_{Lm}$。Q 值越大，峰值越大，出现峰值的两个频率越接近谐振频率。

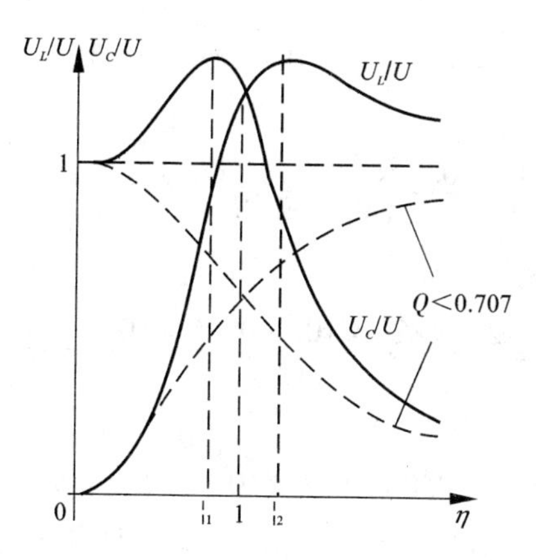

图 6-41 串联谐振电路频率特性

例 6-19 如图 6-42(a)所示为收音机的接收电路，图 6-42(b)则为它的等效电路，其中 $R=13\Omega$，$L=0.25\text{mH}$。(1)现欲收到某一广播电台频率为 820kHz，电压为 $U_1=0.1\text{mV}$ 的节目信号 U_{C1}，可变电容器 C 调谐到何值？Q 值是多少？电路中的电流 I_0 和输出电压 U_{C1} 为何值？(2)这时对另一台电台频率为 1530kHz 相同幅值的广播节目信号 u_2，电路中的电流和输出电压又为何值？

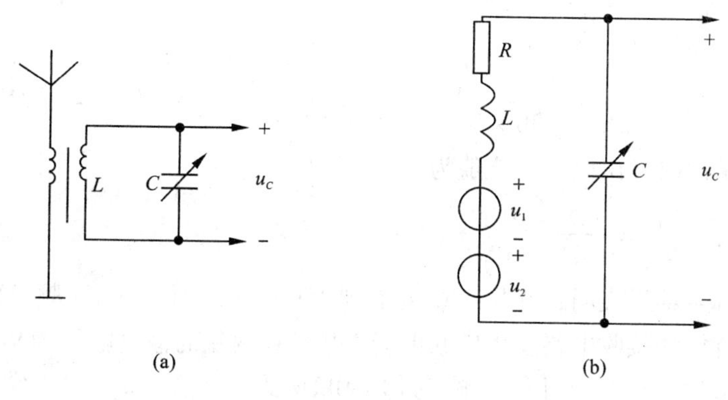

图 6-42 例 6-19 的电路图

解 (1)从图 6-42(b)所示电路可见，它是一个 *RLC* 串联电路，输出电压从电容两端取出。当发生串联谐振时，输出电压值最大。电路对 820kHz 频率发生谐振时，可变电容器 C 的电容量应为

$$C=\frac{1}{\omega_0^2 L}=\frac{1}{(2\pi\times 820\times 10^3)^2\times 0.25\times 10^{-3}}=150\ \text{pF}$$

这时电路中电流为

$$I_1=I_0=\frac{U_1}{R}=\frac{0.1\times 10^{-3}}{13}=7.7\ \mu\text{A}$$

电路的品质因数为

$$Q=\frac{\omega_0 L}{R}=\frac{2\pi\times 820\times 10^3\times 0.25\times 10^{-3}}{13}=99.08$$

电容器两端的输出电压为

$$U_{C1}=QU_1=99.08\times 0.1\times 10^{-3}=9.9\ \text{mV}$$

(2)对于频率为1530kHz的信号电压 u_2，这时电路的阻抗为

$$|Z|=\sqrt{R^2+(\omega_2 L-\frac{1}{\omega_2 C})^2}$$

$$=\sqrt{13^2+(2\pi\times 1530\times 10^3\times 0.25\times 10^{-3}-\frac{1}{2\pi\times 1530\times 10^3\times 150\times 10^{-12}})^2}$$

$$=1710.36\ \Omega$$

电路中的电流为

$$I_2=\frac{U_2}{|Z|}=\frac{0.1\times 10^{-3}}{1710.36}=0.0585\ \mu\text{A}$$

电容两端的输出电压为

$$U_{C2}=\frac{1}{\omega_2 C}I_2=\frac{1}{2\pi\times 1530\times 10^3\times 150\times 10^{-12}}\times 0.0585\times 10^{-6}=0.041\ \text{mV}$$

两种情况时输出电压的比值为

$$\frac{U_{C1}}{U_{C2}}=\frac{9.9\times 10^{-3}}{0.041\times 10^{-3}}=241$$

本例计算结果表明，当电容 C 调谐到150pF时，对820kHz频率的广播信号 u_1，收音机的接收电路发生串联谐振，电容 C 两端的输出电压为9.9mV，是输入电压 U_1 的99倍。对另一频率为1530kHz的广播信号 u_2，虽然它的数值仍与 U_1 相同，但是收音机接收电路不发生谐振，电容 C 两端的输出电压仅为0.041mV，只是输入电压的0.41倍，两者有241倍之差别。这样由于串联谐振电路的选频作用，就可显著地收到 u_1 的信号，而同时又抑制了 u_2 信号。

6.8.2 并联谐振

由 RLC 等元件组成的并联电路，在某一特定频率下的正弦激励下，端口的

电压电流同相，发生谐振，这类并联电路的谐振称为并联谐振。如图 6－43(a)所示的 RLC 并联电路的谐振问题，可以用上述类似串联电路谐振的分析方法进行分析，其谐振频率仍为 $1/\sqrt{LC}$。现在我们来分析工程中常用的电感线圈与电容并联的谐振电路如图 6－43(b)所示。图中电阻 R 表示线圈的损耗。

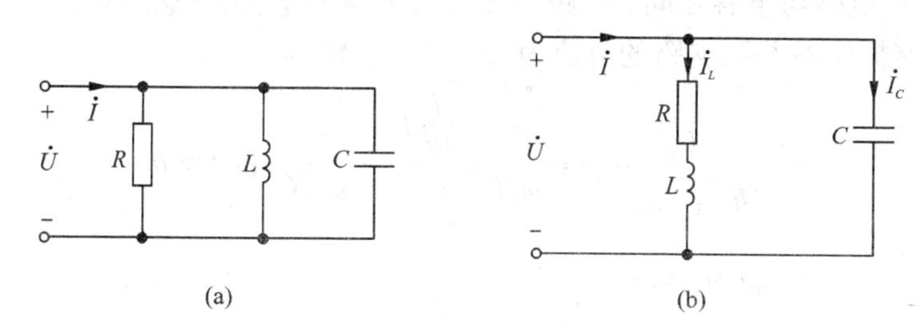

图 6－43　并联谐振的相量图($\omega_0 L \gg R$ 时)

1. 并联谐振电路的谐振条件

由 6－43(b)图可求出电路端口的等效导纳为

$$Y(\mathrm{j}\omega) = \mathrm{j}\omega C + \frac{1}{R + \mathrm{j}\omega L} = \frac{R}{R^2 + (\omega L)^2} + \mathrm{j}\left[\omega C - \frac{\omega L}{R^2 + (\omega L)^2}\right] \tag{6-48}$$

当 $\mathrm{Im}[Y(\mathrm{j}\omega)] = 0$ 时，电压 $\dot{U}$ 和电流 $\dot{I}$ 同相，电路发生谐振。由此得出谐振条件是

$$\omega C - \frac{\omega L}{R^2 + (\omega L)^2} = 0 \tag{6-49}$$

由式(6－49)可求出谐振频率为

$$\omega_0 = \sqrt{\frac{1}{LC} - \frac{R^2}{L^2}} = \frac{1}{\sqrt{LC}}\sqrt{1 - \frac{CR^2}{L}} \tag{6-50}$$

由上式可见，只有当 $1 - \frac{CR^2}{L} > 0$，即 $R < \sqrt{\frac{L}{C}}$ 时，ω_0 才是实数，电路才会发生谐振，反之则不会发生谐振。值得注意的是，实际电路中一般 R 很小，满足 $\frac{CR^2}{L} \gg 1$，所以 $\omega_0 = \frac{1}{\sqrt{LC}}$。

2. 并联谐振电路的特征

(1) 由式(6－48)可知，谐振时阻抗的模为

$$|Z_0| = \frac{L}{RC} \tag{6-51}$$

其值最大。因此如果电路采用电流源供电，即电源电流 I_s 一定的情况下，电路

的端电压 U 将在谐振时达到最大值，即

$$U_0 = I_s|Z_0| = \frac{L}{RC}I_s$$

(2)谐振时，电路对电源呈现纯阻性，电路与电源间无能量互换，能量的互换发生在电感与电容之间，电路的无功功率等于零($Q_L + Q_C = 0$)。

(3)谐振时各并联支路的电流为

$$I_L = \frac{U_0}{\sqrt{R^2 + (\omega_0 L)^2}} \approx \frac{U_0}{\omega_0 L} = \frac{\frac{L}{RC}I_s}{\omega_0 L} = \frac{I_s}{\omega_0 RC}(\omega_0 L \gg R)$$

$$I_C = \omega_0 C U_0 = \omega_0 C \frac{L}{RC} I_s = \frac{\omega_0 L}{R} I_s$$

因为谐振时，

$$\omega_0 L \approx \frac{1}{\omega_0 C}$$

所以 $I_1 \approx I_C$ 且当 $\omega_0 L \approx \frac{1}{\omega_0 C} \gg R$ 时，I_1 和 I_C 将远远大于 I_s。它说明：并联谐振时，在一定条件下，各并联支路的电流近似相等，且远远大于总电流。

并联谐振的相量图如图 6－44 所示，并联谐振一般称为电流谐振。

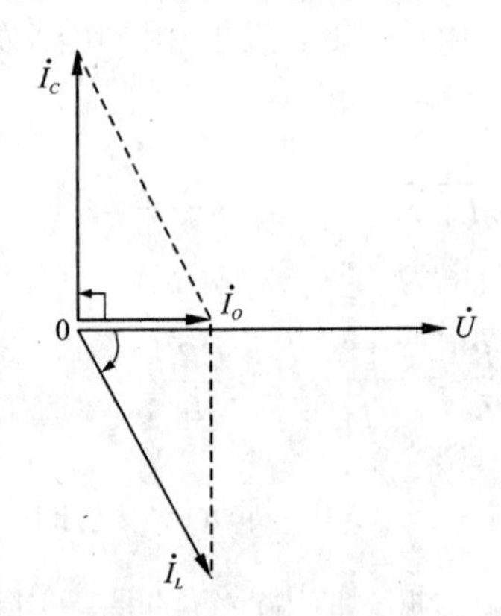

图 6－44 并联谐振的相量图($w_0 L \gg R$ 时)

并联谐振电路的品质因数常定义为 I_C 或 I_1 与总电流 I 的比值，即

$$Q = \frac{I_1}{I_s} = \frac{\omega_0 L}{R} = \frac{1}{\omega_0 CR} \tag{6-52}$$

即在谐振时，支路电流 I_C 或 I_1 是总电流 I_s 的 Q 倍。

3. 并联谐振时的功率和能量

由于并联谐振时，电路呈电阻性。因此，电路吸收的无功功率 Q 为零，电

源与电路之间没有能量交换。电路中的能量交换，只是在电感和电容之间进行，能量交换的过程与串联谐振电路谐振时能量交换的过程相同，即在电感中的磁场能量与电容中的电场能理进行交换，形成周期性的电磁振荡，而电磁场能理的总和总是保持不变。电源向电路提供的能量，只是补充在电磁振荡过程中电阻元件所消耗的能量。

例 6－20　如图 6－43(b)所示电路，$R=5\ \Omega$，$L=50\mu\text{H}$，$C=200\ \text{pF}$。(1)计算电路的谐振频率 ω_0、f_0。(2)若输入电流 $I_1=0.1\text{mA}$、频率为 $f_1=1592\text{kHz}$ 的信号时，计算响应输入端的电压 U_1；(3)若输入电流 I_2 的数值不变而频率改为 $f_2=100\text{kHz}$ 时，计算响应输入的电压 U_2，并比较两种情况时的响应电压 U_1 和 U_2 的大小。

解　(1)并联电路的谐振角频率为

$$\omega_0 \approx \frac{1}{\sqrt{LC}} = \frac{1}{\sqrt{50\times10^{-6}\times200\times10^{-12}}} = 10000\times10^3\ \text{rad/s}$$

故谐振频率为 $f_0=\dfrac{\omega_0}{2\pi}=\dfrac{10000\times10^3}{6.28}=1592.36\ \text{kHz}$

(2)当输入电流的频率为 1592kHz 时，电路发生谐振，这时电路的阻抗为

$$Z(\text{j}\omega_0)=R_0=\frac{L}{CR}=\frac{5\times10^{-6}}{5\times200\times10^{-12}}=50\ \text{k}\Omega$$

故电压响应为

$$U_1=R_0I_1=50\times10^3\times0.1\times10^{-3}=5\ \text{V}$$

(3)当输入电流 $I_2=0.1\text{mA}$ 而频率改为 1000kHz 时，电阻的阻抗为

$$|Z|=\frac{L}{C}\cdot\frac{1}{\sqrt{R^2+(\omega L-\dfrac{1}{\omega C})^2}}$$

$$=\frac{50\times10^{-6}}{200\times10^{-12}}\frac{1}{\sqrt{5^2+(2\pi\times1000\times10^3\times50\times10^{-6}-\dfrac{1}{2\pi\times1000\times10^3\times200\times10^{-12}})^2}}$$

$$=518.45\ \Omega$$

由此得出电压响应为

$$U_2=|Z|I_2=518.45\times0.1\times10^{-3}=0.0518\ \text{V}$$

将 U_1 与 U_2 做比较，则有

$$\frac{U_1}{U_2}=\frac{5}{0.0518}=96.53$$

从本例计算结果可见，虽然输入电路的电流源电流有效值相同，但频率不同，电路的响应有很大的不同，有数百倍之差，这表明并联谐振电路的选频作用。

例 6-21 如图 6-45 所示电路是电感线圈与电容器串联电路的模型,其中 R_L 是电感线圈的电阻,R_C 是电容器的泄漏电阻。问电路发生谐振时的角频率是多少?

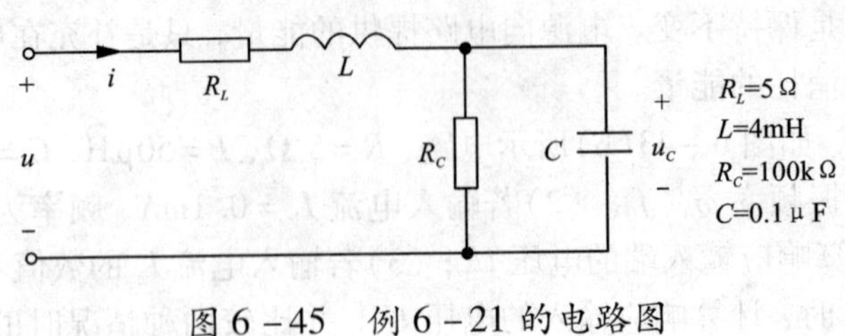

图 6-45 例 6-21 的电路图

解 电路的输入阻抗为

$$Z(\mathrm{j}\omega)=R_L+\mathrm{j}\omega L+\frac{1}{G_C+\mathrm{j}\omega C}=R_L+\mathrm{j}\omega L+\frac{G_C-\mathrm{j}\omega C}{G_C^2+\omega^2C^2}$$

$$=(R_L+\frac{G_C}{G_C^2+\omega^2C^2})+\mathrm{j}\omega(L-\frac{C}{G_C^2+\omega^2C^2})$$

电路谐振时,$Z(\mathrm{j}\omega)$的虚部为零,即

$$\mathrm{Im}[Z(\mathrm{j}\omega_0)]=0$$

$$L-\frac{C}{G_C^2+\omega_0^2C^2}=0$$

故得出 $$\omega_0=\sqrt{\frac{1}{LC}-\frac{G_C^2}{C^2}}$$

将已知参数代入上式,便计算出谐振角频率为

$$\omega_0=\sqrt{\frac{1}{4\times10^{-3}\times0.1\times10^{-6}}-\frac{(\frac{1}{100\times10^3})^2}{(0.1\times10^{-6})^2}}$$

$$=\sqrt{25\times10^8-10^4}=\sqrt{24.9999\times10^8}$$

$$=4.99999\times10^4\approx5\times10^4\ \mathrm{rad/s}$$

通过本例了解对一般含有 L、C 动态元件无源一端口网络,分析计算谐振角频率的方法。

本章小结

正弦交流电路的分析就是探讨正弦稳态的分析方法。

正弦稳态分析所采用的方法是相量法,它的基本思想是用相量表示电路中的电压和电流，用阻抗表示电路中的元件，利用 KCL 和 KVL 的相量形式以及元件伏安关系的相量形式进行分析与计算，而且可以采用类似于直流电阻电路的计算方法和定理，如支路电流法、结点电压表、叠加定理、戴维宁定理等等。特别值得注意的是相量图在正弦交流电路分析中的作用，利用相量图和解析法结合，在某些情况下会简化电路的分析过程。

正弦交流电路中功率的概念比较复杂，包括瞬时功率、有功功率、无功功率、视在功率和复功率等。要注意平均功率和无功功率的守恒性，即电路中各部分(包括电源)的平均功率之和等于零，电路中各部分的无功功率之和等于零。

谐振是正弦交流电路中的一种特殊现象，它是指在某些特定条件下，电路两端的电压和电流出现同相的现象(即电压和电流相位差为零的现象)。根据产生谐振的电路的不同，谐振分为串联谐振和并联谐振。谐振电路的特性可以通过选择性的概念来描述，而决定选择性优劣的是电路的品质因数 Q。

复习思考题

(1)试求图 6－46 各电路的输入阻抗 Z 和导纳 Y。

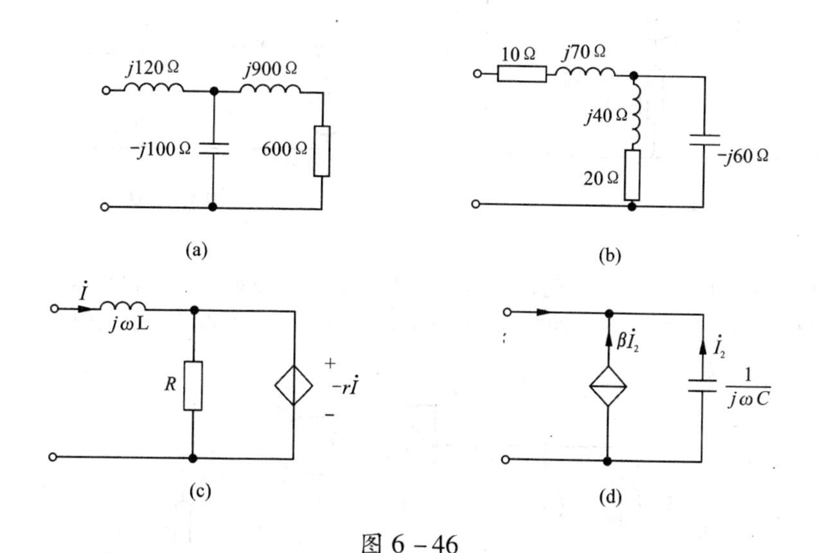

图 6－46

(2)如图 6－47 所示电路。已知 $u(t)=50\cos(10t)$ V，$i(t)=5\cos(10t+60°)$ A，试求 N 的最简等效电路。

(3)如图 6－48 所示电路。已知 $U=100$ V，$I_L=10$ A，$I_C=15$ A，$\dot{U}$比$\dot{U}_{AB}$超前45°，求 R、X_C 和 X_L。

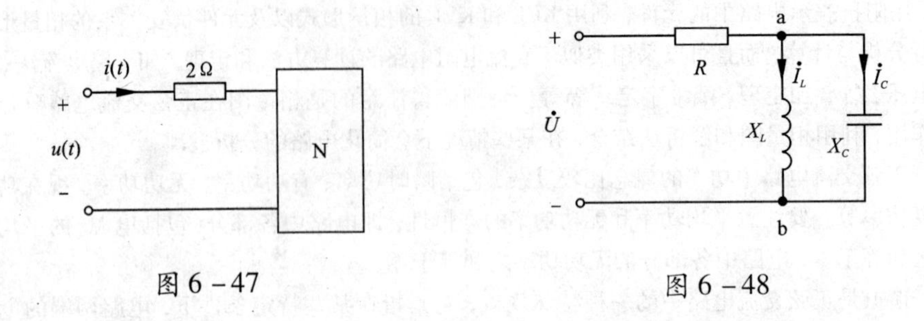

图 6-47　　　　图 6-48

(4)已知图 6-49 电路中，$u = 220\sqrt{2}\cos(250t + 20°)$ V，$R = 100\Omega$，$C_1 = 20\mu F$，$C_2 = 80\mu F$，$L = 1H$。求电路中各电流表的读数和电路的输入阻抗，画出电路的相量图。

(5)已知图 6-50 所示电路中的感抗 X_L，要求$\dot{I}_2 = j\dot{I}_1$，以电压$\dot{U}$为参考相量画出相量图，求电阻 R 和容抗 X_C。

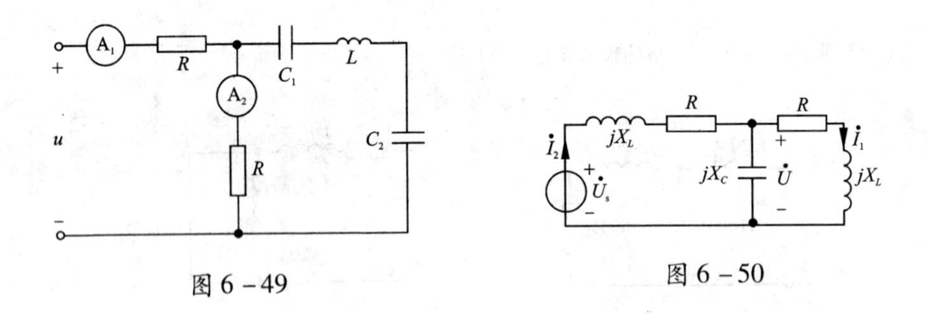

图 6-49　　　　图 6-50

(6)图 6-51 电路中，当 S 闭合时，各表读数如下：V 为 220V、A 为 10A、W 为 1000W；当 S 打开时，各表读数依次为 220V、12A 和 1600W。求阻抗 Z_1 和 Z_2，设 Z_1 为感性。

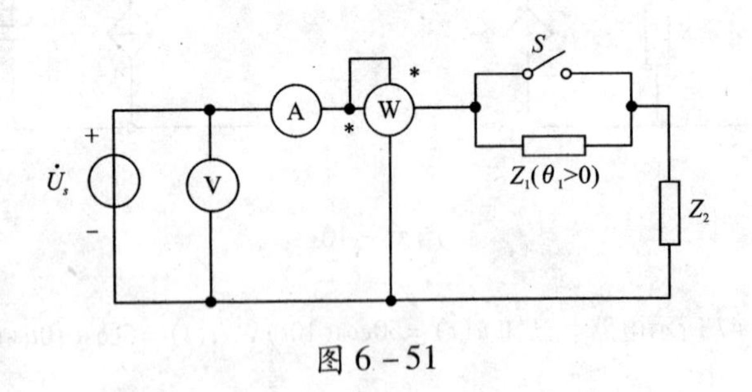

图 6-51

(7)已知图 6-51 电路中，$u_s(t) = \sqrt{2}\cos 10^4 t$ V。问 C 为何值时，电流 i 大小与 R 无关？

(8)图 6-53 电路中，已知 $I_s = 60$mA，$R = 1$kΩ，$C = 1\mu F$。如果电流源的角频率可变，问在什么频率时，流经最右端电容 C 的电流 I_C 为最大？求此电流。

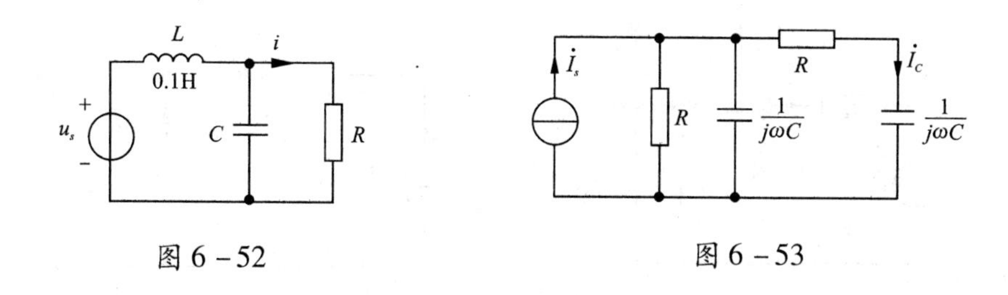

图 6－52　　　　图 6－53

(9)已知图6－54电路中的电压源为正弦量,$L=1\text{mH}$, $R_0=1\text{k}\Omega$, $Z=(3+\text{j}5)\Omega$。试求:①当$I_0=0$时, C值为多少? ②当条件(1)满足时,试证明输入阻抗为R_0。

(10)在图6－55电路中, 已知$U=100\text{V}$, $R_2=6.5\Omega$, $R=20\Omega$, 当调节触点c使$R_{ac}=4\Omega$时, 电压表的读数最小, 其值为30V。求阻抗Z。

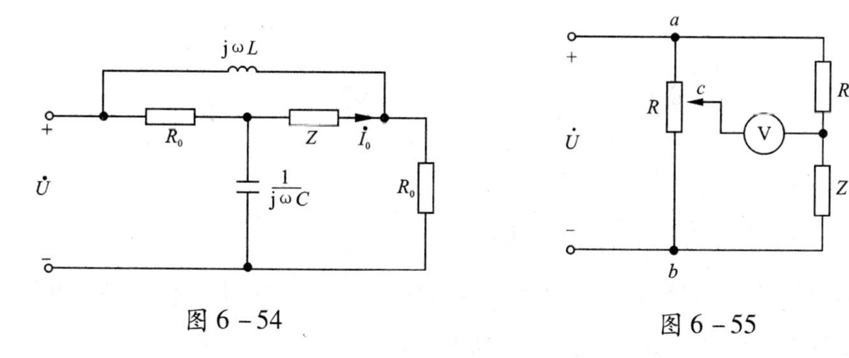

图 6－54　　　　图 6－55

(11)列出下列电路的回路电流方程和结点电压方程(图6－56)。已知$u_S=14.14\cos(2t)\text{V}$, $i_s=1.414\cos(2t+30°)\text{A}$。

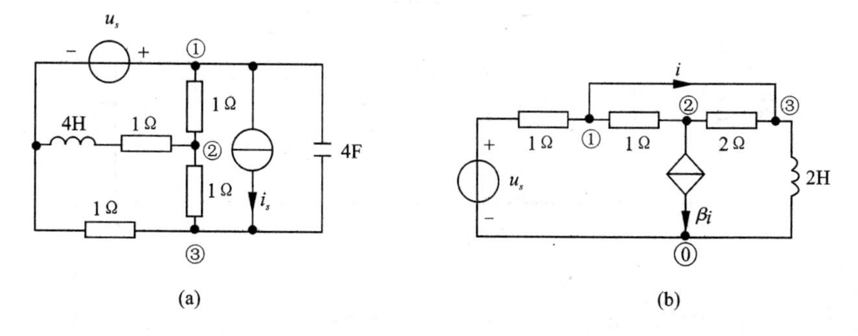

图 6－56

(12)求图6－57一端口的戴维宁(或诺顿)等效电路。

(13)求图6－58所示电路在正弦稳态下电压源、电流源所发出的复功率。已知$\dot{U}_s=10\angle 0°\text{V}$, $\dot{I}_s=5\angle 0°\text{A}$, $X_{L_1}=2\ \Omega$, $R_C=1\ \Omega$, $X_C=-1\ \Omega$, $R_L=2\ \Omega$, $X_L=3\ \Omega$。

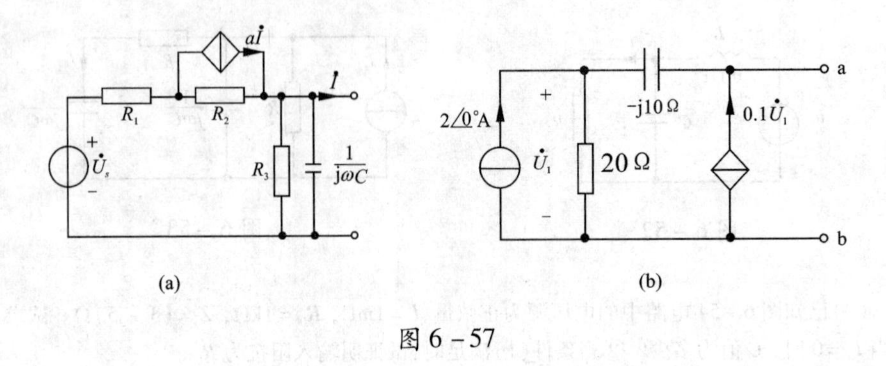

图 6－57

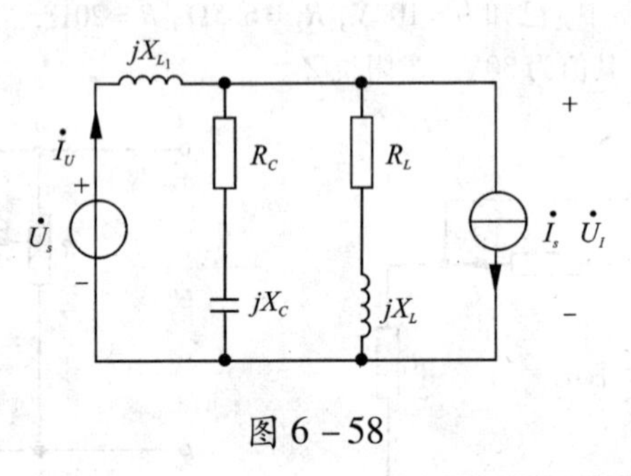

图 6－58

(14)图 6－59 电路中已知：$\dfrac{1}{\omega C_2}=1.5\omega L_1$，$R=1\Omega$，$\omega=10^4\text{rad/s}$，电压表的读数为 10V，电流表 A_1 的读数为 30A。求图中电流表 A_2、功率表 W 的读数和电路的输入阻抗 Z_{in}。

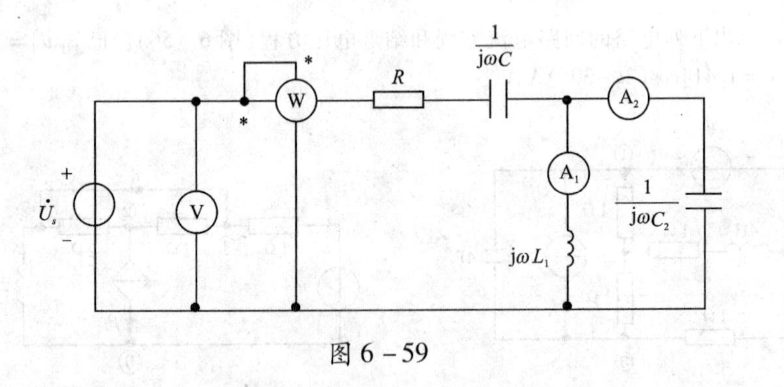

图 6－59

(15)图 6－60 中的独立电源为同频正弦量，当 S 打开时，电压表的读数为 25V。电路中的阻抗为 $Z_1=(6+j12)\Omega$，$Z_2=2Z_1$。求 S 闭合后电压表的读数。

(16)已知图 6－61 电路中，$I_1=10\text{A}$，$I_2=20\text{A}$，其功率因数分别为 $\lambda_1=\cos\varphi_1=0.8(\varphi_1<0)$，$\lambda_2=\cos\varphi_2=0.5(\varphi_2>0)$，端电压 $U=100\text{V}$，$\omega=1000\text{rad/s}$。①求图中电流表、功率表的读数和电路的功率因数；②若电源的额定电流为 30A，那么还能并联多大的电阻？求并联该电阻后功率表的读数和电路的功率因数；③如使原电路的功率因数提高到 $\lambda=0.9$，需要

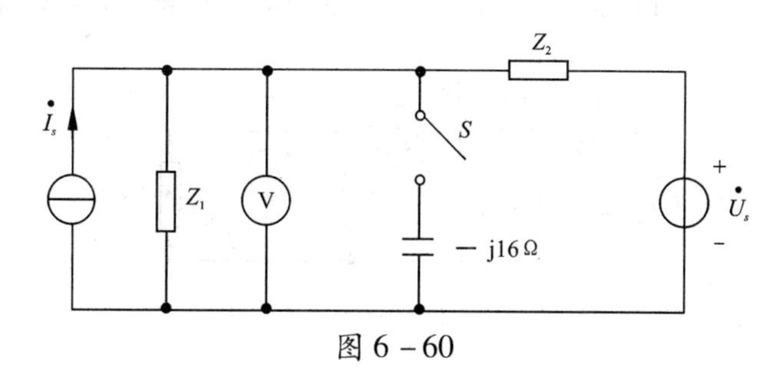

图 6－60

并联多大电容?

(17)电路如图 6－62 所示。

①求 a，b 以左电路的戴维宁等效电路;

②Z 为何值时，其上电压幅值达到最大值?

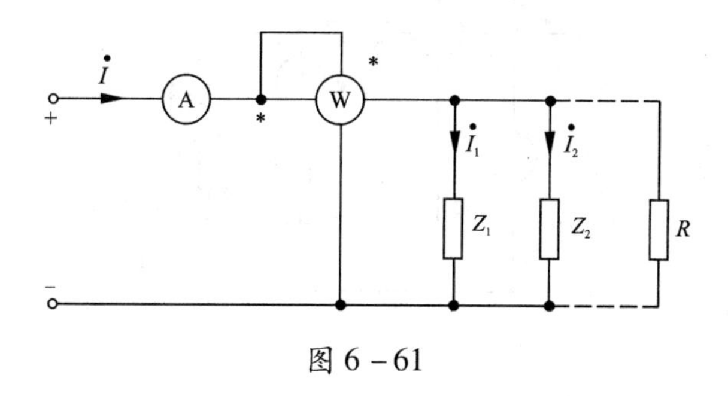

图 6－61

(18)图 6－63 所示电路中，10 Ω 电阻和电感线圈并联接到正弦电压源$\dot{U}_s$ 上。电流表 A 的读数为$\sqrt{3}$ A，电流表 A_1 和 A_2 的读数相同，均为 1 A。画出图示电压、电流的相量图，并求出电阻 R_2 和感抗 X_2 的值以及电感线圈吸收的有功功率和无功功率(电流表读数均为有效值)。

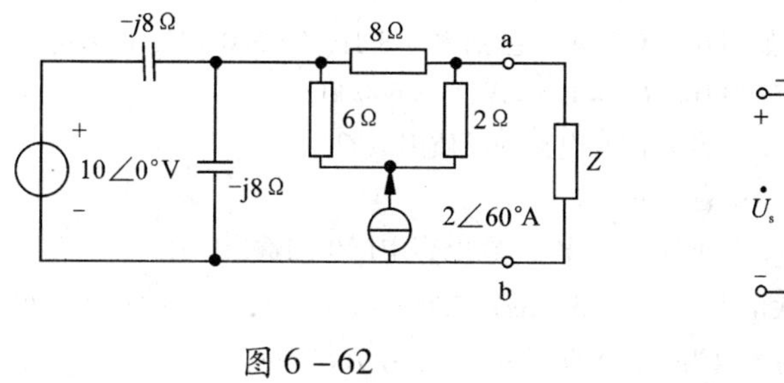

图 6－62

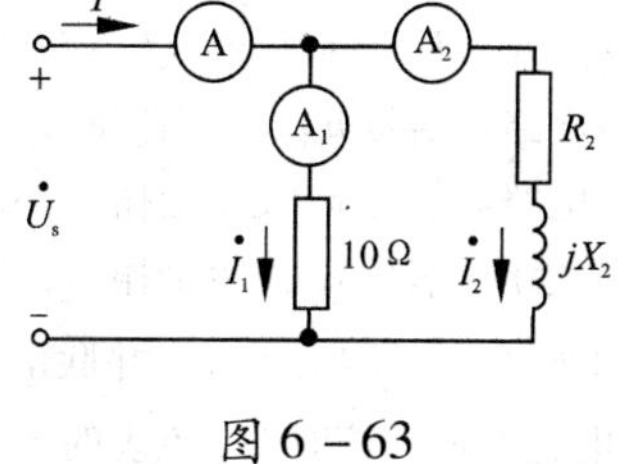

图 6－63

(19)电路如图6-64所示。已知$\omega=1$ rad/s。求电流表A_1和A_2的读数(有效值)。

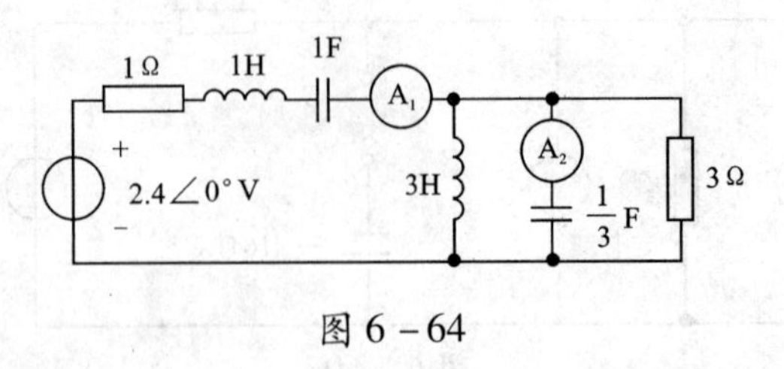

图6-64

(20)电路如图6-65所示。已知电流表A_1，A_2的读数均为10 A，电压表读数为220 V(均为有效值)，功率表读数为2200 W，$R=12\ \Omega$，电源频率$f=20$ Hz，且已知$\dot{U}$，$\dot{I}$同相。试求R_1，R_2，L和C。

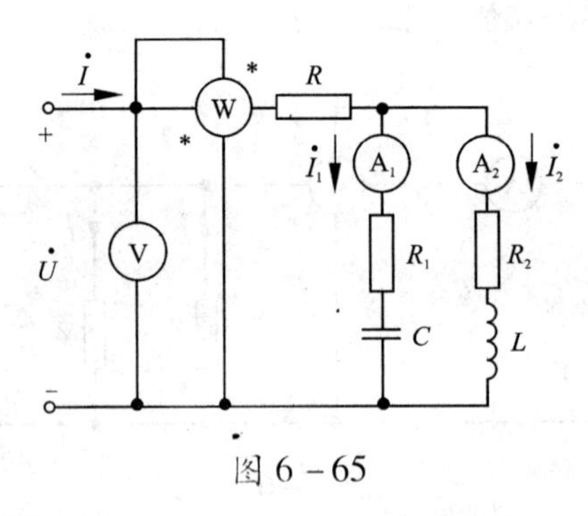

图6-65

(21)RLC串联电路中，已知端电压$u=5\sqrt{2}\cos(2500t)$ V，当电容$C=10\ \mu$F时，电路吸收的功率P达到最大值$P_{max}=150$ W。求电感L和电阻R的值，以及电路的Q值。

(22)RLC串联电路，已知电源电压$U_s=2$ mV，$f=1.59$ MHz，调整电容C使电路达到谐振，此时测得电路电流$I_0=0.2$ mA，电感电压$U_{L0}=100$ mV。求电路参数R、L、C及电路的品质因数Q和通频带$\Delta\omega$。

(23)某收音机的输入等效电路如图6-66所示。已知$R=8\ \Omega$，$L=300\ \mu$H，C为可调电容，电台信号$U_{s1}=1.5$ mV，$f_1=540$ kHz；$U_{s2}=1.5$ mV，$f_2=600$ kHz。

①当电路对信号u_{s1}发生谐振时，电容C值和电路的品质因数Q。

②当电路对信号u_{s2}发生谐振时，C为多少？

③当电路对信号u_{s1}发生谐振时，分别计算u_{s1}和u_{s2}在电容中产生的输出电压。

(24)如图6-67所示RLC并联电路中，$i_s=5\sqrt{2}\cos(2500t+60°)$ A，$R=5\ \Omega$，$L=30$ mH。问电容C取何值时，电流表的读数为零？求此时的$\dot{U}$、$\dot{I}_R$、$\dot{I}_L$及$\dot{I}_C$。

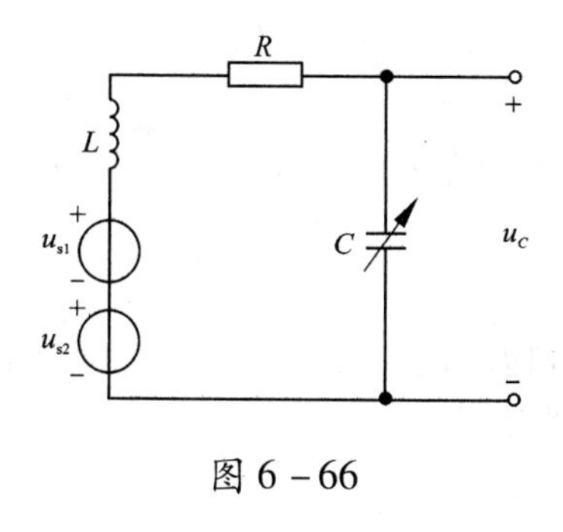

图 6 - 66

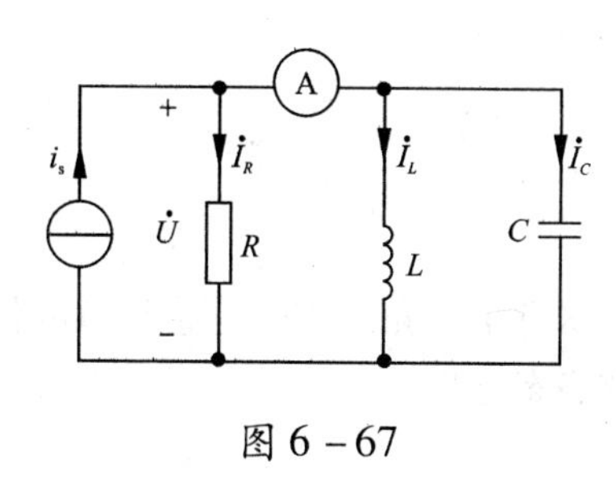

图 6 - 67

(25)求图 6 - 68 电路的谐振角频率。

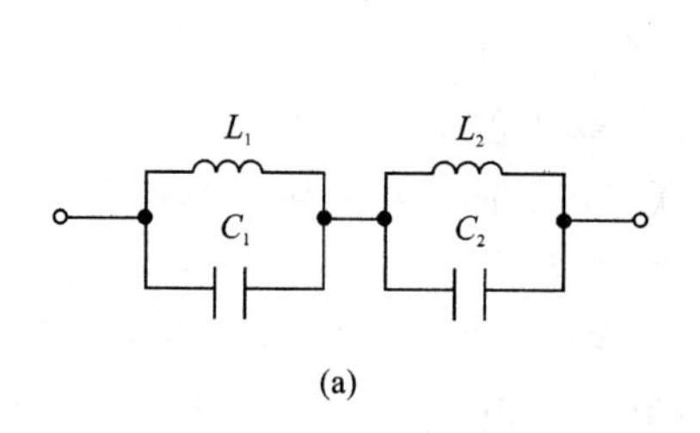

(a)

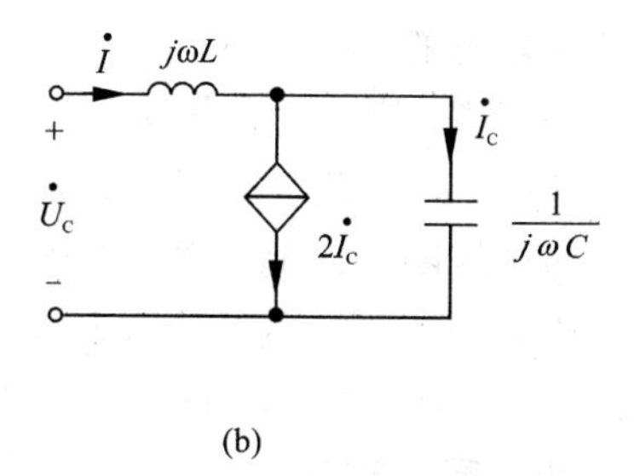

(b)

图 6 - 68

第7章 耦合电路

本章主要介绍耦合电感端口的伏安特性和去耦等效电路；含耦合电感电路正弦稳态分析；以及空芯变压器和理想变压器特性。

7.1 含耦合电感的正弦电路

相距较近的两个线圈，若其中一个通以电流时，所产生的磁通部分或全部穿过另一线圈，则称此两线圈之间有磁的耦合。

图7-1(a)为两个有耦合的载流线圈，线圈1的自感为L_1，线圈2的自感为L_2，每个线圈端口上的电流与电压取关联参考方向。按右手螺旋法则确定两载流线圈电流所产生的磁通和其交链情况如图7-1(a)所示。图中Φ_{11}为电流i_1在线圈1中产生的自感磁通，Φ_{21}为电流i_1在线圈2中产生的耦合磁通。若自感系数和互感系数是不随电流和时间变化的常量，则此互感元件为线性非时变元件，磁链是电流的线性函数，即有

$$\begin{cases}\Psi_1=\Psi_{11}+\Psi_{12}=L_1i_1+M_{12}i_2\\ \Psi_2=\Psi_{21}+\Psi_{22}=L_2i_2+M_{21}i_1\end{cases} \tag{7-1}$$

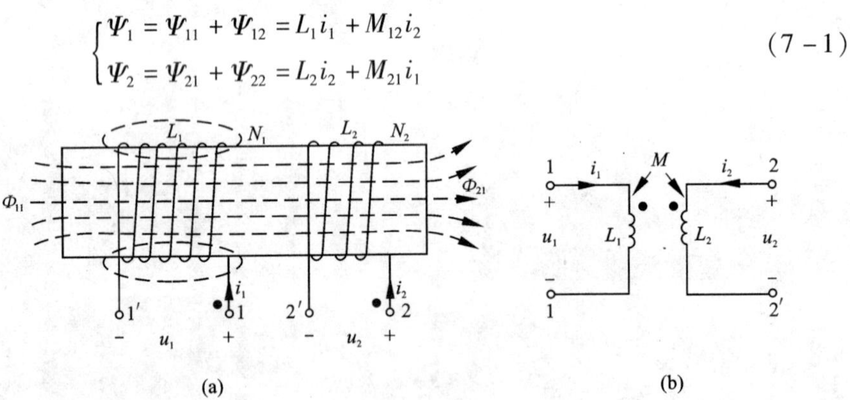

图7-1 耦合电感(互感电压与端电压极性相同)

式中L_1i_1是电流i_1在线圈1中产生的自感磁链，$M_{12}i_2$则是电流i_2在线圈1中产生的互感磁链。同样，L_2i_2是电流i_2在线圈2中产生的自感磁链，$M_{21}i_1$则是电流i_1在线圈2中产生的互感磁链。M_{12}和M_{21}称为互感系数，简称互感，单位为亨利(H)。可证明$M_{12}=M_{21}=M$。如忽略线圈电阻，当i_1和i_2随时变化时，根据电磁感应定律，有

$$\begin{cases} u_1 = \dfrac{\mathrm{d}\psi_1}{\mathrm{d}t} = L_1 \dfrac{\mathrm{d}i_1}{\mathrm{d}t} + M \dfrac{\mathrm{d}i_2}{\mathrm{d}t} \\ u_2 = \dfrac{\mathrm{d}\Psi_2}{\mathrm{d}t} = M \dfrac{\mathrm{d}i_1}{\mathrm{d}t} + L_2 \dfrac{\mathrm{d}i_2}{\mathrm{d}t} \end{cases} \tag{7-2}$$

式(7-2)是图 7-1(a)所示互感元件的伏安关系，要用 L_1、L_2 和 M 3 个参数表征。式中 $L_1 \dfrac{\mathrm{d}i_1}{\mathrm{d}t}$和 $L_2 \dfrac{\mathrm{d}i_2}{\mathrm{d}t}$为两个线圈的自感电压，$M \dfrac{\mathrm{d}i_2}{\mathrm{d}t}$是 i_2 在线圈 1 中产生的互感电压，$M \dfrac{\mathrm{d}i_1}{\mathrm{d}t}$则是 i_1 在线圈 2 中产生的互感电压。因为线圈上的电流电压都取关联参考方向，所以自感电压为正，而互感电压则可能为正，也可能为负。其正负取决于互感磁通和自感磁通的参考方向是否一致，一致时为正，不一致时为负。而磁通的方向与线圈的绕向及电流的参考方向有关。如已知线圈的绕向和电流的参考方向，就可确定互感电压的正负，而线圈的绕向通常采用“同名端”做标记。

所谓同名端是指具有耦合的两个线圈的一对端子，当电流分别从这对端子流入(或流出)时所产生的磁通方向一致时，称这对端子为“同名端”。并用相同的符号标志，如小圆点或“ * ”号等，如图 7-1 所示。互感电压的正负极性的确定方法是：若电流从一线圈的同名端流入，由此电流在其他线圈所引起的互感电压是与其构成同名端的那端为正，如图 7-1(b)，根据同名端定义，则 $u_{21} = M \dfrac{\mathrm{d}i_1}{\mathrm{d}t}$。

当有 2 个以上电感彼此之间存在耦合时，同名端应当一对一对地加以标记，每一对用不同的符号。如果每一电感都有电流时，则每一个电感中的磁通链将等于自感磁通链与所有互感磁通链的代数和，凡与自感磁通链同方向的互感磁通链，求和时取“ + ”，否则取“ - ”。

例 7-1　写出图 7-2(a)和(b)所示电路耦合电感的伏安关系表达式。

解　在图 7-2(a)电路中：

$$\begin{cases} u_1 = -L_1 \dfrac{\mathrm{d}i_1}{\mathrm{d}t} + M \dfrac{\mathrm{d}i_2}{\mathrm{d}t} \\ u_2 = -M \dfrac{\mathrm{d}i_1}{\mathrm{d}t} + L_2 \dfrac{\mathrm{d}i_2}{\mathrm{d}t} \end{cases}$$

由于 u_1 和 i_1 的参考方向是非关联的，所以自感电压 $L_1 \dfrac{\mathrm{d}i_1}{\mathrm{d}t}$前面取“ - ”，而互感电压 $M \dfrac{\mathrm{d}i_2}{\mathrm{d}t}$的正极性端与电流 i_2 的进端为同名端，故前面取“ + ”。i_2 与 u_2

的参考方向是关联的，故自感电压 $L_2\dfrac{\mathrm{d}i_2}{\mathrm{d}t}$前面取“+”，而互感电压 $M\dfrac{\mathrm{d}i_1}{\mathrm{d}t}$的正极性端与电流 i_1 的进端为非同名端故前面取“-”故冠以负号。

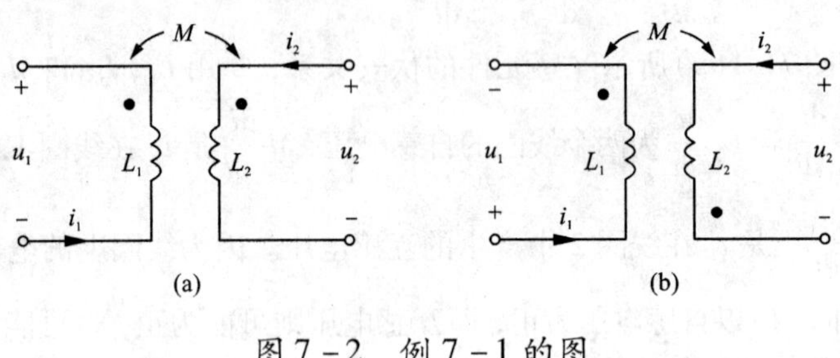

图 7-2 例 7-1 的图

对图 7-1(b)电路，同样分析可得

$$\begin{cases} u_1 = L_1\dfrac{\mathrm{d}i_1}{\mathrm{d}t} + M\dfrac{\mathrm{d}i_2}{\mathrm{d}t} \\ u_2 = M\dfrac{\mathrm{d}i_1}{\mathrm{d}t} + L_2\dfrac{\mathrm{d}i_2}{\mathrm{d}t} \end{cases}$$

例 7-2 电路如图 7-3 所示。已知 $L_1=4\mathrm{H}$，$L_2=3\mathrm{H}$，$M=2\mathrm{H}$。求下列 3 种情况下的 u_2。

(1) $i_1=5\cos 6t\mathrm{A}$，$i_2=0$；(2) $i_1=0$，$i_2=3\cos 6t\mathrm{A}$；(3) $i_1=5\cos 6t\mathrm{A}$，$i_2=3\cos 6t\mathrm{A}$。

解 (1)

$$u_2 = M\frac{\mathrm{d}i_1}{\mathrm{d}t} = 2\frac{\mathrm{d}}{\mathrm{d}t}(5\cos 6t) = -60\sin 6t\mathrm{A}$$

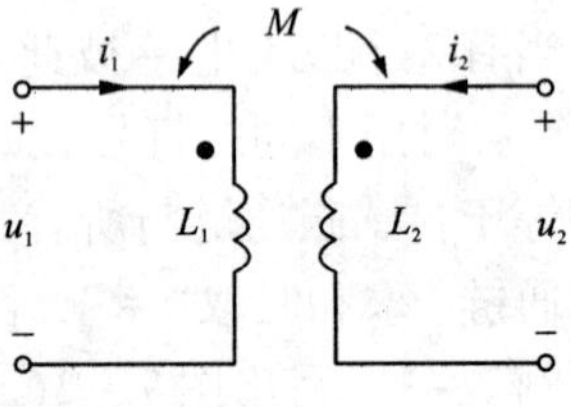

图 7-3 例 7-2 的图

(2)

$$u_2 = L_2\frac{\mathrm{d}i_2}{\mathrm{d}t} = 3\frac{\mathrm{d}}{\mathrm{d}t}(3\cos 6t) = -54\sin 6t\mathrm{V}$$

（3）

$$u_2=M\frac{\mathrm{d}i_1}{\mathrm{d}t}+L_2\frac{\mathrm{d}i_2}{\mathrm{d}t}$$
$$=2\frac{\mathrm{d}}{\mathrm{d}t}(5\cos 6t)+3\frac{\mathrm{d}}{\mathrm{d}t}(3\cos 6t)$$
$$=-60\sin 6t-54\sin 6t=-114\sin 6t\,\mathrm{V}$$

最后指出，含耦合电感电路在正弦电压、电流激励下的稳态电路中，耦合电感的端电压、电流、自感电压、互感电压也都是正弦的。图7－1对应的耦合电感的相量模型如图7－4所示。耦合电感伏安关系的相量形式为

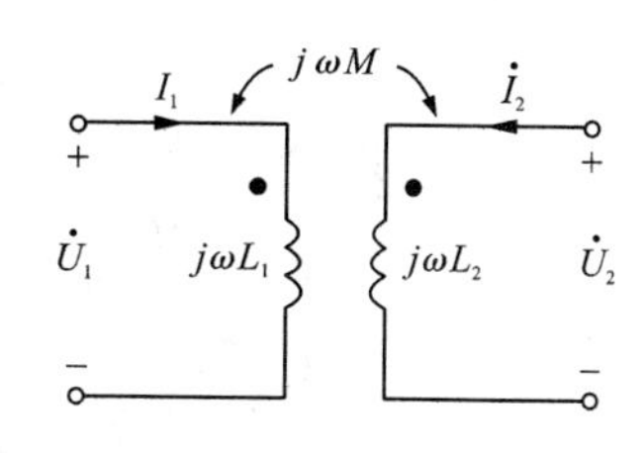

图7－4　耦合电感的相量模型

$$\left.\begin{aligned}\dot{U}_1&=\mathrm{j}\omega L_1\dot{I}_1+\mathrm{j}\omega M\dot{I}_2\\ \dot{U}_2&=\mathrm{j}\omega M\dot{I}_1+\mathrm{j}\omega L_2\dot{I}_2\end{aligned}\right\}\tag{7-3}$$

通常将 ωM 称为互感抗。

注意：当耦合电感的电压、电流参考方向和同名端的位置改变时，方程中各项正负号应做相应的改变。

工程上为了定量地描述两个耦合电感线圈的耦合紧疏程序，引入了耦合因数的概念，用 k 表示，定义式为

$$k\overset{(\mathrm{def})}{=\!=\!=}\sqrt{\frac{|\psi_{12}|}{\psi_{11}}\cdot\frac{|\psi_{21}|}{\psi_{22}}}\tag{7-4}$$

由于 $\psi_{11}=L_1i_1$，$|\psi_{12}|=Mi_2$，$\psi_{22}=L_2i_2$，$|\psi_{21}|=Mi_1$，代入上式后有：

$$k\overset{(\mathrm{def})}{=\!=\!=}\frac{M}{\sqrt{L_1L_2}}\leqslant 1\tag{7-5}$$

k 的大小与两个线圈的结构、相互位置以及周围磁介质有关。

7.2　含耦合电感电路的计算

含耦合电感电路的计算和分析，除要考虑自感电压外，还要考虑互感电压。因而耦合电感支路的电压不仅与本支路电流有关，还与其他支路电流有关，所以在利用KVL列方程时应特别注意。

常用的一种分析方法是将耦合电感元件等效为含受控源CCVS的电路。例如，对于图7－5(a)所示电路，其伏安关系为：

$$\dot{U}_1=\mathrm{j}\omega L_1\dot{I}_1+\mathrm{j}\omega M\dot{I}_2$$
$$\dot{U}_1=\mathrm{j}\omega M\dot{I}_1+\mathrm{j}\omega L_2\dot{I}_2$$

根据等效变换前后端口伏安关系不变的原则，可用图 7 -5(b)所示电路来等效。由图可见，等效变换后，电路形式上已解耦，因而可按一般受控源电路进行分析和计算。

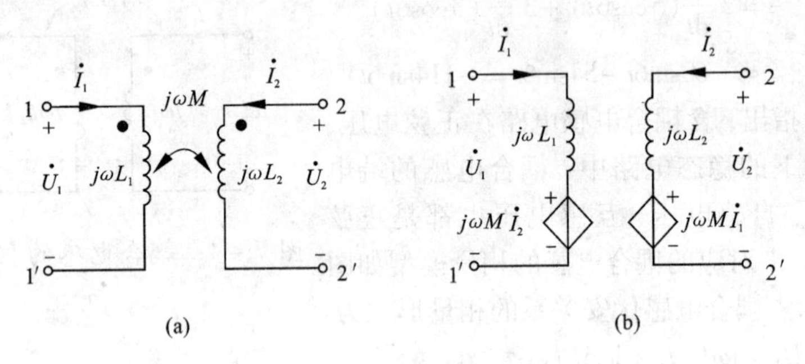

图 7 -5　用 CCVS 表示的耦合电感电路

值得注意的是受控源的极性与同名端和电流的关系，若两个电流一个流入同名端，而另一个流出同名端，则受控源的极性要反向，如图 7 -6 所示。

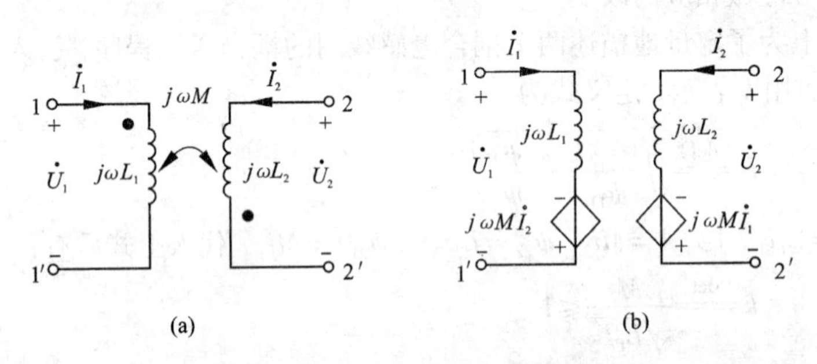

图 7 -6　受控源的极性与同名端有关

例 7 -3　图 7 -7(a)和(c)所示为两个串联的耦合线圈(其中图 7 -7(a)中的电流 i 均从同名端流入，这种形式的串联称为顺接串联；而在图 7 -7(c)中的电流 i 从异名端流入，则称为反接串联)。求其等效电感。

解　假定两耦合线圈电压、电流的参考方向为关联参考方向，如图 7 -7(a)所示。两线圈顺接串联，线圈电流从同名端流入，其受控源去耦等效电路如图 7 -7(b)所示，根据 KVL，有

$$u = u_1 + u_2 = \left(L_1 \frac{\mathrm{d}i}{\mathrm{d}t} + M\frac{\mathrm{d}i}{\mathrm{d}t}\right) + \left(L_2 \frac{\mathrm{d}i}{\mathrm{d}t} + M\frac{\mathrm{d}i}{\mathrm{d}t}\right)$$

$$=(L_1+L_2+2M)\frac{\mathrm{d}i}{\mathrm{d}t}=L_{ab}\frac{\mathrm{d}i}{\mathrm{d}t}$$

因此，耦合线圈顺接串联时，其等效电感见图7-9(c)，为

$$L_{ab}=L_1+L_2+2M \tag{7-6}$$

由此可知，有耦合的两线圈顺接串联后形成的二端电路可用一个等效电感来代替。

同理，对于图7-9(c)所示的耦合线圈反接串联的情况，其受控源去耦等效电路如图7-9(d)所示，由KVL，得

$$u=u_1+u_2=(L_1\frac{\mathrm{d}i}{\mathrm{d}t}-M\frac{\mathrm{d}i}{\mathrm{d}t})+(L_2\frac{\mathrm{d}i}{\mathrm{d}t}-M\frac{\mathrm{d}i}{\mathrm{d}t})$$

$$=(L_1+L_2-2M)\frac{\mathrm{d}i}{\mathrm{d}t}=L_{ab}\frac{\mathrm{d}i}{\mathrm{d}t}$$

这时，其等效电感为

$$L_{ab}=L_1+L_2-2M \tag{7-7}$$

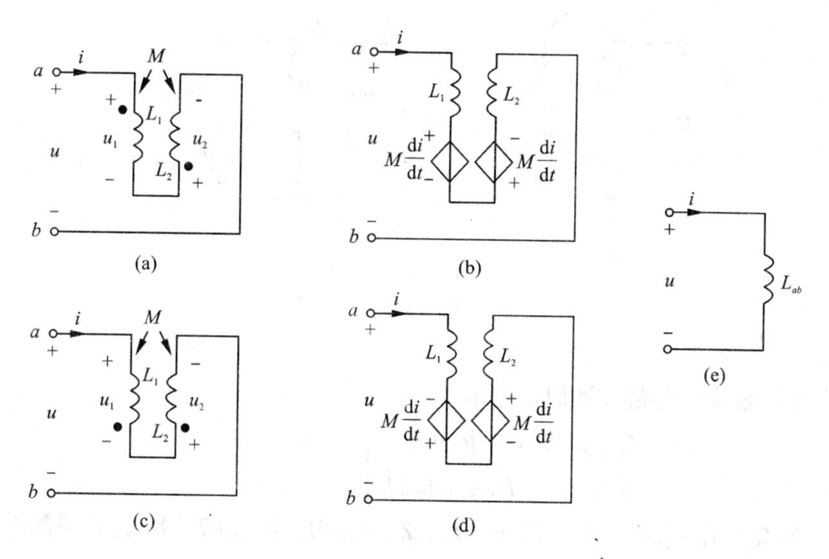

图7-7　有耦合的两线圈串联电路及等效电路

通过上述例子可以得出如下结论：

①顺接时的等效电感大于两个线圈的自感之和，反接时的等效电感则小于两个线圈的自感之和；

②反接时的等效电感 $L_{\mathrm{eq}}=L_1+L_2-2M\geqslant0$，即整个电路仍呈“感性”，因为

$M \leqslant \sqrt{L_1 L_2}$。

图7-8(a)所示电路为耦合电感的一种并联电路，由于同名端连接在同一个结点上，称为同侧并联电路。当异名端连接在同一结点上时，则称为异侧并联电路，见图7-8(b)。正弦稳态情况下，对同侧并联电路有

$$\left.\begin{aligned}\dot{U} &= (R_1 + \mathrm{j}\omega L_1)\dot{I}_1 + \mathrm{j}\omega M\dot{I}_2 \\ \dot{U} &= \mathrm{j}\omega M\dot{I}_1 + (R_2 + \mathrm{j}\omega L_2)\dot{I}_2\end{aligned}\right\} \tag{7-8}$$

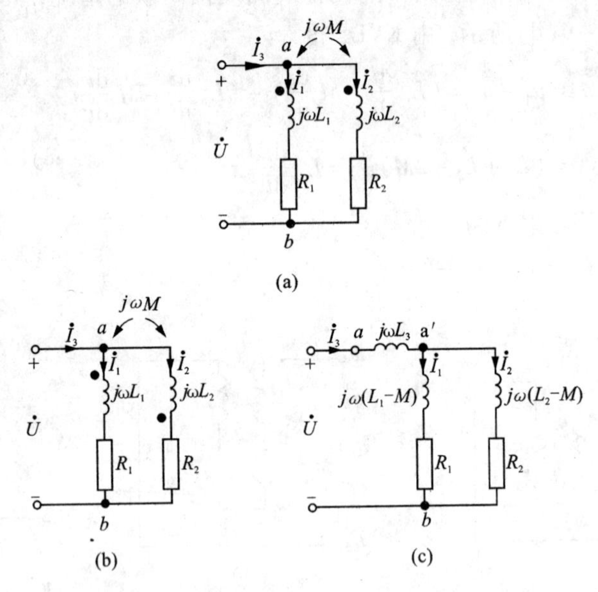

图7-8　耦合电感的并联电路

对异侧并联电路可类似地得出

$$\left.\begin{aligned}\dot{U} &= (R_1 + \mathrm{j}\omega L_1)\dot{I}_1 - \mathrm{j}\omega M\dot{I}_2 \\ \dot{U} &= -\mathrm{j}\omega M I_1 + (R_2 + \mathrm{j}\omega L_2)\dot{I}_2\end{aligned}\right\} \tag{7-9}$$

令 $Z_1 = R_1 + \mathrm{j}\omega L_1$，$Z_2 = R_2 + \mathrm{j}\omega L_2$，$Z_M = \mathrm{j}\omega M$，按式(7-8)，即同侧并联电路，有

$$\dot{I}_1 = \frac{Z_2 - Z_M}{Z_1 Z_2 - Z_M^2}\dot{U} = \frac{1 - Z_M Y_2}{Z_1 - Z_M^2 Y_2}\dot{U}$$

$$\dot{I}_2 = \frac{Z_1 - Z_M}{Z_1 Z_2 - Z_M^2}\dot{U} = \frac{1 - Z_M Y_1}{Z_2 - Z_M^2 Y_1}\dot{U}$$

式中 $Y_1 = \dfrac{1}{Z_1}$，$Y_2 = \dfrac{1}{Z_2}$。根据KCL可求得

$$\dot{I}_3=\dot{I}_1+\dot{I}_2=\frac{Z_1+Z_2-2Z_M}{Z_1Z_2-Z_M^2}\dot{U}$$

用$\dot{I}_2=\dot{I}_3-\dot{I}_1$ 消去支路1方程中的$\dot{I}_2$，用$\dot{I}_1=\dot{I}_3-\dot{I}_2$ 消去支路2方程中的$\dot{I}_1$，有

$$\dot{U}=\mathrm{j}\omega M\dot{I}_3+[R_1+\mathrm{j}\omega(L_1-M)]\dot{I}_1$$

$$\dot{U}=\mathrm{j}\omega M\dot{I}_3+[R_2+\mathrm{j}\omega(L_2-M)]\dot{I}_2$$

根据上述方程可获得无互感的等效电路，如图7－8(c)所示。同理，按式(7－9)可得出异侧并联的去耦等效电路，其差别仅在于互感M前的“＋”、“－”号。可以归纳出如下的去耦方法：如果耦合电感的2条支路各有一端与第3支路形成一个仅含3条支路的共同结点，则可用3条无耦合的电感支路等效替代，3条支路的等效电感分别为

(支路3)　　$L_3=\pm M$(同侧取“＋”，异侧取“－”)

(支路1)　　$L'_1=L_1\mp M$

(支路2)　　$L'_2=L_2\mp M$

}M前所取符号与L_3中的相反

等效电感与电流参考方向无关。这3条支路的其他元件不变。注意去耦等效电路中的结点[如图7－8(c)中a′所示]不是原电路的结点a，原结点a移至L_3的前面。

例7－4　图7－9(a)所示电路为正弦稳态电路，它是两个实际的有耦合线圈串联的模型。已知$u_s(t)=\sqrt{2}\times220\cos314t$ V，$L_1=1$ H，$L_2=2$ H，$M=1.4$ H，$R_1=R_2=1\ \Omega$，求$i(t)$。

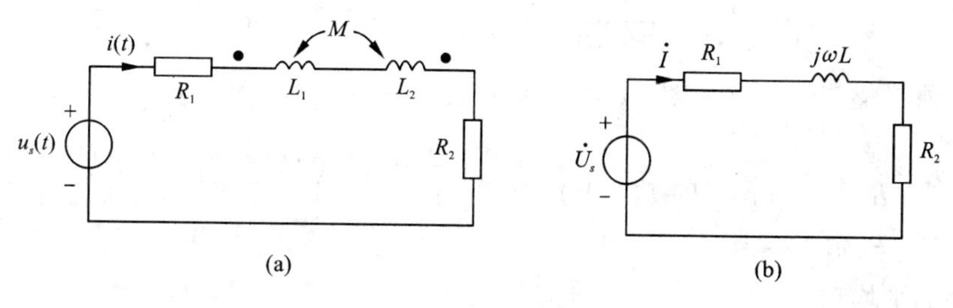

图7－9　例7－5的电路

解　相量模型如图7－9(b)所示，图中

$$\dot{U}_s=220\angle0^\circ\ \mathrm{V}$$

$$L=L_1+L_2-2M=1+2-2\times1.4=0.2\ (\mathrm{H})$$

$$\mathrm{j}\omega L=\mathrm{j}314\times0.2=\mathrm{j}62.8\ (\Omega)$$

故 $$\dot{I}=\frac{\dot{U}_s}{R_1+R_2+\mathrm{j}\omega L}=\frac{220\angle0^\circ}{2+\mathrm{j}62.8}=\frac{220\angle0^\circ}{2+\mathrm{j}62.8}=3.5\angle-88.18^\circ\ (\mathrm{A})$$

例7-5 图7-10(a)所示正弦稳态电路中，$L_1=L_2=L_3=0.1\ \text{H}$，$M=0.04\ \text{H}$，$R_1=R_2=320\ \Omega$，$C=5\ \mu\text{F}$，$\dot{U}_{AB}=10\angle 0^\circ\ \text{V}$，电源角频率$\omega=2\times10^3\ \text{rad/s}$。试求使$C-L_4$发生谐振时$L_4$之值，并计算此时$\dot{U}_{ED}=$？及电路的平均功率。

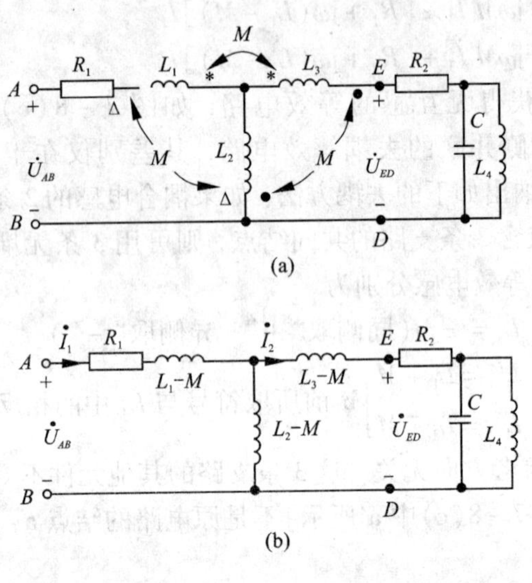

图7-10 例7-5的电路

解 使$C-L_4$发生谐振的L_4值为

$$L_4=\frac{1}{\omega^2 C}=\frac{1}{(2\times10^3)^2\times5\times10^{-6}}=0.05\ (\text{H})$$

作出消互感等效电路如图7-10(b)所示，当$C-L_4$谐振时有$\dot{I}_2$为零，所以

$$\dot{I}_1=\frac{\dot{U}_{AB}}{R_1+\text{j}\omega(L_1-M+L_2-M)}=\frac{10\angle 0^\circ}{320+\text{j}240}=0.025\angle -36.87^\circ\ (\text{A})$$

$$\dot{U}_{\text{ED}}=\text{j}\omega(L_2-M)\dot{I}_1=\text{j}120\times0.025\angle -36.87^\circ=3\angle 53.13^\circ\ (\text{V})$$

电路的平均功率

$$P=R_1I_1^2=320\times0.025^2=0.2\ (\text{W})$$

7.3 空芯变压器电路的分析*

在电工技术中，变压器得到了广泛的应用，变压器一般由两个或两个以上的有磁场耦合的线圈组成。线圈可分为两类，用来连接电源的称为原边线圈或初级线圈，用来连接负载的称为副边线圈或次级线圈。能量通过磁场的耦合由电源传递给负载。

根据变压器有无铁芯，可分为铁芯变压器和空芯变压器两种。所谓铁芯变压器是以铁磁性物质作为芯子的变压器，一般来讲，这类变压器的电磁特性是非线性的。所谓空芯变压器是以空气或其他任何非铁磁性物质为芯子的变压器，这种变压器的电磁特性是线性的，故也称为线性变压器。耦合电感可看做线性变压器的模型。本节讨论这种变压器的正弦稳态中的分析方法。我们将从含耦合电感电路的基本分析方法出发，最后获得分析此种特定电路的比较简单的分析方法——反映阻抗法。

设空芯变压器的相量模型如图7-11(a)所示。R_1、R_2 为原、副边线圈电阻，Z_L 为负载阻抗。互感电压用受控电压源代替后的电路如图7-11(b)所示。

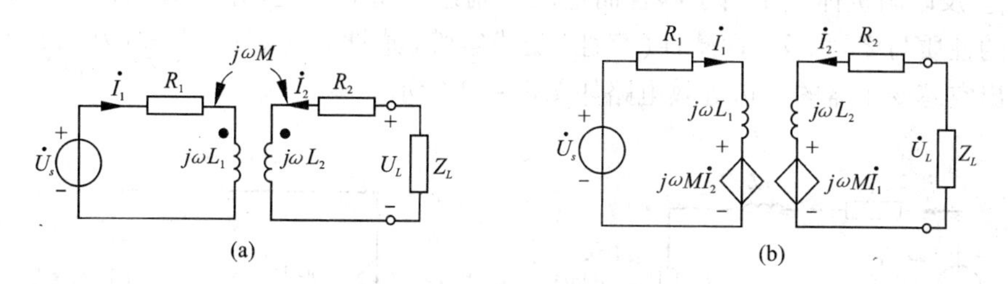

图7-11　空心变压器电路

若图中电路参数 R_1、R_2、L_1、L_2、ω、Z_L 和$\dot{U}_s$ 已知，求原、副边电流$\dot{I}_1$、$\dot{I}_2$。从图中可以看出，采用网孔法。设网孔电流为$\dot{I}_1$、$\dot{I}_2$，网孔电流方程为

$$\left.\begin{aligned}(R_1+\mathrm{j}\omega L_1)\dot{I}_1+\mathrm{j}\omega M\dot{I}_2&=\dot{U}_s\\ \mathrm{j}\omega M\dot{I}_1+(R_2+\mathrm{j}\omega L_2+Z_L)\dot{I}_2&=0\end{aligned}\right\}\tag{7-10}$$

或写成

$$\left.\begin{aligned}Z_{11}\dot{I}_1+Z_{12}\dot{I}_2&=\dot{U}_s\\ Z_{21}\dot{I}_1+Z_{22}\dot{I}_2&=0\end{aligned}\right\}\tag{7-11}$$

其中

$$Z_{11}=R_1+\mathrm{j}\omega L_1,\ Z_{22}=R_2+\mathrm{j}\omega L_2+Z_L,\ Z_{12}=Z_{21}=\mathrm{j}\omega M$$

故

$$\dot{I}_1=\frac{Z_{22}\dot{U}_s}{Z_{11}Z_{22}-Z_M^2}\tag{7-12}$$

$$\dot{I}_2=\frac{-Z_M\dot{U}_s}{Z_{11}Z_{22}-Z_M^2}\tag{7-13}$$

由式(7-12)看出，原边线圈电流$\dot{I}_1$ 与同名端位置无关，因为无论 Z_M 为 $+\mathrm{j}\omega M$ 或 $-\mathrm{j}\omega M$，其平方皆为 $-\omega^2M^2$，故式(7-12)还可写成

$$\dot{I}_1=\frac{\dot{U}_s}{Z_{11}+\frac{\omega^2M^2}{Z_{22}}}=\frac{\dot{U}_s}{Z_i} \tag{7-14}$$

其中

$$Z_i=Z_{11}+\frac{\omega^2M^2}{Z_{22}} \tag{7-15}$$

Z_i 称为原边输入阻抗。可见，输入阻抗 Z_i 由两部分组成，即 $Z_{11}=R_1+\mathrm{j}\omega L_1$，称为原边的自阻抗；$\frac{(\omega M)^2}{Z_{22}}$称为副边回路在原边回路中的反映阻抗，可记作 Z_{ref}。反映阻抗体现了由于耦合而造成的副边回路对原边回路的影响。反映阻抗的性质与 Z_{22} 相反，即感性(容性)变成容性(感性)。这样，由式(7－15)可作出空芯变压器的原边等效电路如图7－12所示。

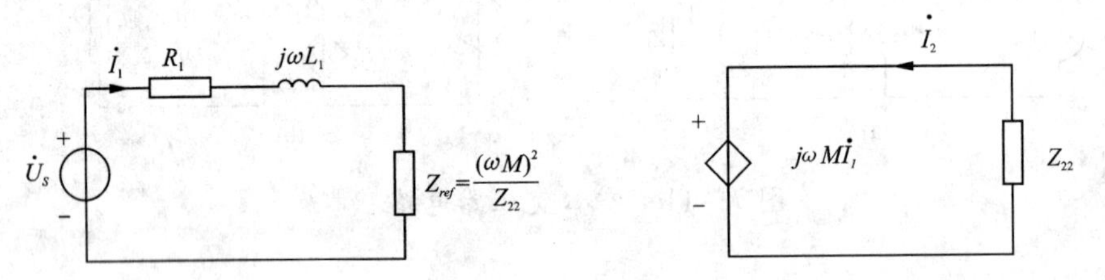

图7－12　空芯变压器原边等效电路　　图7－13　空芯变压器副边等效电路

由副边电流$\dot{I}_2$ 的方向与同名端的位置有关，亦即与图7－12(b)中副边回路的受控压源 $\mathrm{j}\omega M\dot{I}_1$ 的极性有关。因此，副边等效电路可根据原电路的电流参考方向和同名端的位置作出。图7－13即为图7－11(a)所示空芯变压器的副边等效电路。

这样，对于空芯变压器或者线性变压器这种特定的含耦合电感的电路，可以利用反映阻抗的概念，通过作其原、副边等效电路的方法，使其分析得到简化。

例7－6　图7－14(a)所示，电路处于正弦稳态中，已知 $L_1=3.6\mathrm{H}$，$L_2=0.06\mathrm{H}$，$M=0.0465\mathrm{H}$，$R_1=20\Omega$，$R_2=0.08\Omega$，$R_L=42\Omega$，$u_s=\sqrt{2}115\cos314t\mathrm{V}$。求 $i_1(t)$和 $i_2(t)$。

解　相量模型如图7－15(b)所示，其中

$$\dot{U}_s=115\angle 0^\circ\ \mathrm{V}$$

$$\mathrm{j}\omega L_1=\mathrm{j}314\times3.6=\mathrm{j}113\ \Omega$$

$$\mathrm{j}\omega L_2=\mathrm{j}314\times0.06=\mathrm{j}18.85\ \Omega$$

$$\mathrm{j}\omega M=\mathrm{j}314\times0.465=\mathrm{j}146.01\ \Omega$$

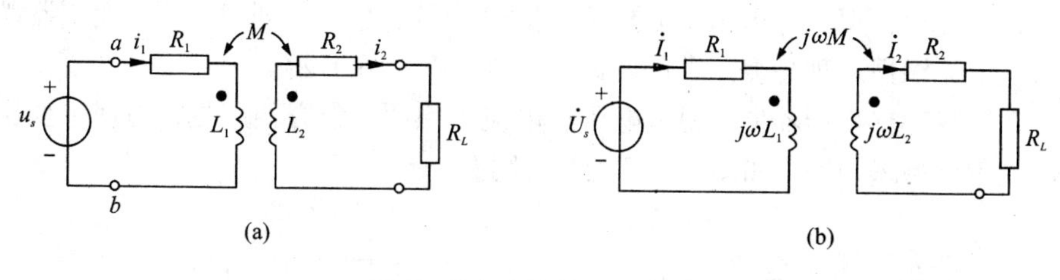

图 7－14 例 7－7 的图

原边等效电路如图 7－15(a)所示，其中

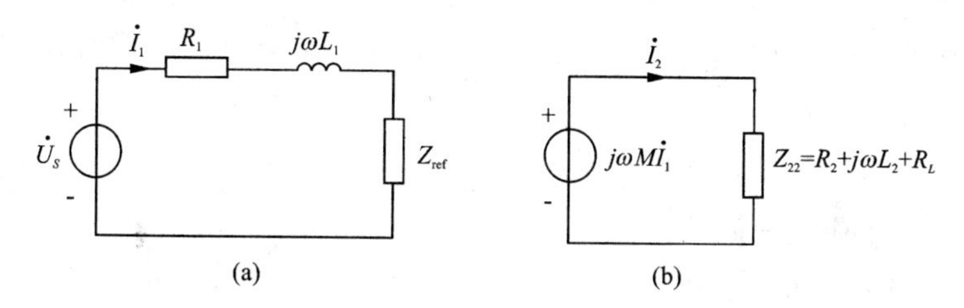

图 7－15 例 7－7 的原、副边等效电路

$$Z_{\text{ref}}=\frac{\omega^2 M^2}{R_2+\text{j}\omega L_2+R_L}=\frac{(314\times 0.465)^2}{0.08+\text{j}18.85+42}$$

$$=464\angle{-24.1^\circ}=422-\text{j}189\ \Omega$$

故
$$\dot{I}_1=\frac{\dot{U}_S}{R_1+\text{j}\omega L_1+Z_{\text{ref}}}=\frac{115\angle{0^\circ}}{20+\text{j}1931+422-\text{j}189}=0.1105\angle{-64.9^\circ}\ (\text{A})$$

副边等效电路如图 7－15(b)所示，其中

$$\text{j}\omega M\dot{I}_1=\text{j}146.01\times 0.1105\angle{-64.9^\circ}=16.13\angle{-25.8^\circ}\ (\text{V})$$

$$Z_{22}=46.1\angle{24.1^\circ}\ (\Omega)$$

故
$$\dot{I}_2=\frac{\text{j}\omega M\dot{I}_1}{Z_{22}}=0.35\angle{11.1^\circ}\ (\text{A})$$

因此
$$i_1(t)=\sqrt{2}\,0.1105\cos(314t-64.9^\circ)\ (\text{A})$$

$$i_2(t)=\sqrt{2}\,0.35\cos(314t-1^\circ)\ (\text{A})$$

7.4 理想变压器

理想变压器可以看成是实际铁芯变压器的一种抽象形式。更一般地讲，理想变压器的耦合系数 $k=1$；电感 L_1，L_2 和 M 都趋于无穷大，且 $\sqrt{L_1/L_2}=n$，其

中 n 称为变比(即原边线圈的匝数与副边线圈匝数之比)；同时，理想变压器既无铁损又无铜损。理想变压器的电路符号如图 7－16 所示。

在寻找理想变压器原、副边电压和电流关系时，为方便起见，用理想变压器的相量模型来说明，如图 7－17 所示，则有

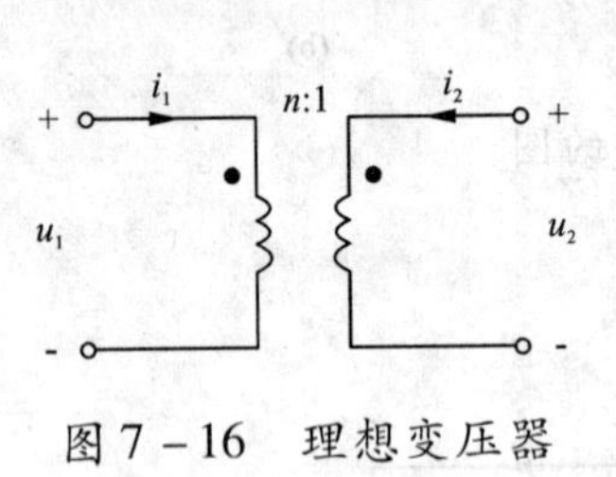

图 7－16　理想变压器

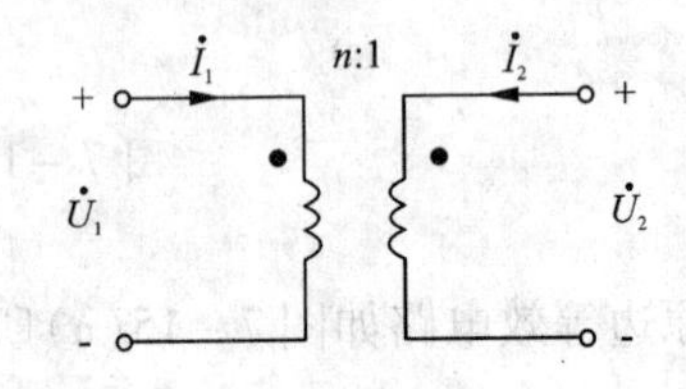

图 7－17　理想变压器的相量模型

$$\left.\begin{aligned}j\omega L_1\dot{I}_1+j\omega M\dot{I}_2=\dot{U}_1\\ j\omega M\dot{I}_1+j\omega M\dot{I}_2=\dot{U}_2\end{aligned}\right\}\tag{7－16}$$

而 $k=1$，即 $M=\sqrt{L_1L_2}$，则

$$\left.\begin{aligned}j\omega L_1\dot{I}_1+j\omega\sqrt{L_1L_2}\dot{I}_2=\dot{U}_1\\ j\omega\sqrt{L_1L_2}\dot{I}_1+j\omega L_2\dot{I}_2=\dot{U}_2\end{aligned}\right\}\tag{7－17}$$

由式(7－17)得

$$\sqrt{\frac{L_2}{L_1}}\left(j\omega L_1\dot{I}_1+j\omega\sqrt{L_1L_2}\dot{I}_2\right)=\dot{U}_2$$

得

$$\frac{\dot{U}_1}{\dot{U}_2}=\sqrt{\frac{L_1}{L_2}}=n\tag{7－19}$$

由式(7－17)可得

$$\dot{I}_1=\frac{\dot{U}_1}{j\omega L_1}-\sqrt{\frac{L_2}{L_1}}\dot{I}_2$$

而 $L_1\rightarrow\infty$，有

$$\dot{I}_1=-\sqrt{\frac{L_2}{L_1}}\dot{I}_2=-\frac{1}{n}\dot{I}_2\tag{7－20}$$

根据理想变压器副边电压之间和电流之间的相量关系式(7－19)和(7－20)，可得其瞬时值之间的关系为

$$\left.\begin{aligned}u_1&=nu_2\\ i_1&=-\frac{1}{n}i_2\end{aligned}\right\}\tag{7－21}$$

理想变压器中的同名端可用来确定式(7－21)中的正负符号。原则是：①理想变压器电流的方向都从同名端流入(或流出)，则其电压电流关系如(7－20)所示，②理想变压器电流的方向一个流入同名端，而另一个流出同名端，如图7－18所示理想变压器，则有

$$\left.\begin{aligned} u_1 &= -nu_2 \\ i_1 &= \frac{1}{n}i_2 \end{aligned}\right\} \tag{7-22}$$

即式(7－22)中符号正好与式(7－21)中的相反。必须指出，虽然理想变压器可以看成是一种极限情况下的耦合电感。但是该元件性质发生了根本的变化。耦合电感是动态元件、贮能元件，有记忆性，而理想变压器不是动态元件，它既不能贮能，也不耗能。它吸收的瞬时功率恒等于零，即

$$P = u_1 i_1 + u_2 i_2 = nu_2\left(-\frac{1}{n}i_2\right) + u_2 i_2 = 0$$

理想变压器是一个无损耗无记忆元件。因此，用理想变压器作为实际变压器的模型时，只能用来近似地分析变压器的稳态行为，不能用来分析其动态行为。此外，还需明确，表征耦合电感要用 L_1，L_2，M 3 个参数，而表征理想变压器只用 n 一个参数。它们的电路符号十分近似，只能从参数的标注来判断是哪种元件。

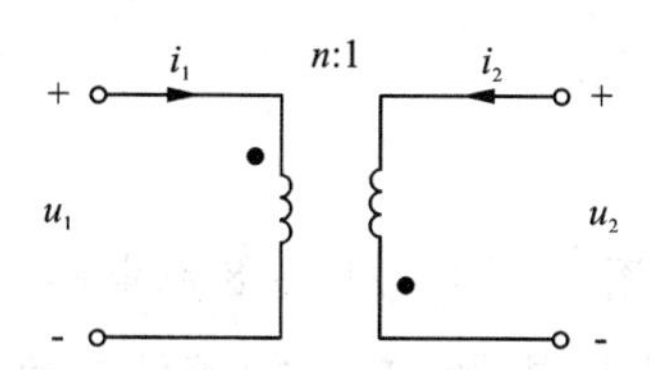

图 7－18　理想变压器(同名端不同)

既然理想变压器有变换电压，变换电流的作用，因而也就有变换阻抗的作用。

图 7－19(a)所示电路中，理想变压器副边接一负载组成，Z_L 从变压器的原边来看，端口等效阻抗：

$$\frac{\dot{U}_1}{\dot{I}_1} = \frac{n\dot{U}_2}{-\frac{1}{n}\dot{I}_2} = n^2\frac{\dot{U}_2}{-\dot{I}_2} = n^2 Z_L \tag{7-23}$$

由式(7－23)可知，图 7－19(a)所示含理想变压器的电路原边等效电路如图 7－19(b)所示。

其中，$n^2 Z_L$ 称为副边阻抗对原边的等效阻抗。而等效阻抗的计算与同名端

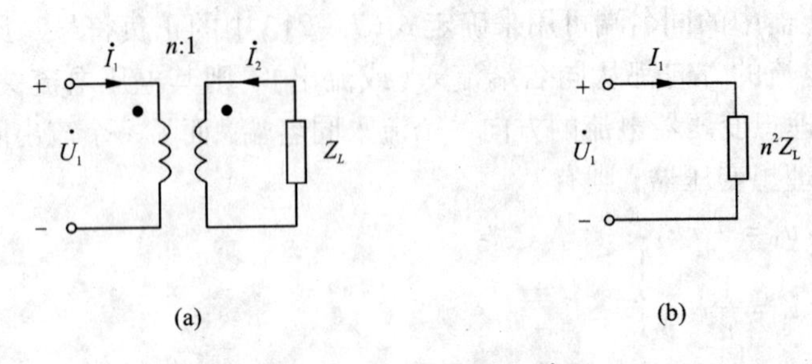

图 7－19 理想变压器的等效阻抗

无关。

利用等效阻抗的概念可以简化某些含理想变压器的电路的分析。在电子技术中，也常利用变压器等效阻抗的作用来实现最大功率匹配。

例 7－7 某一正弦电源的内阻为 900 Ω，负载电阻为 100 Ω，为使负载能从电源中获得最大功率，可在电源与负载间插入一变压器，如图 7－20(a)所示，若此变压器可按理想变压器处理，试求变压器的变比 n。

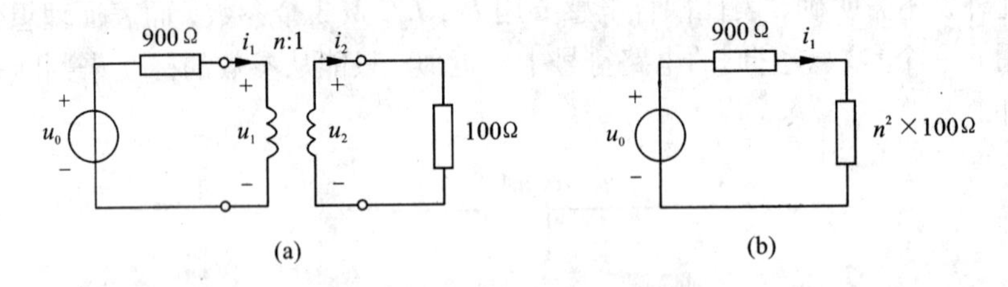

图 7－20 例 7－8 的电路

解 由前述可知，负载获得最大功率的条件是负载电阻与电源内阻相等。即理想变压器电阻应等效等于电源内阻 900 Ω，则可满足最大功率匹配的条件，如图 7－20(b)所示，即

$$n^2 \times 100 = 900$$

即

$$n = 3$$

例 7－8 电路如图 7－21(a)所示，求$\dot{I}_2$ 和$\dot{I}_3$。

解法 1 用受控源代替理想变压器后的电路如图 7－21(b)所示。用回路法分析，各回路电流如图中所示。其回路方程为

$$\left.\begin{aligned} 2\dot{I}_2 + \dot{I}_3 &= 2\dot{U}_1 \\ \dot{I}_2 + 2\dot{I}_3 &= 10 \end{aligned}\right\}$$

附加方程：$\dot{U}_1 = -2\dot{I}_2 + 10$

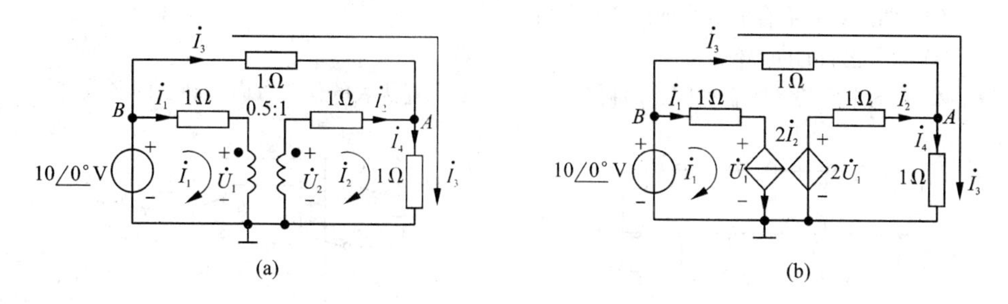

图7－21　例7－8的电路

解得　$\dot{I}_2=2\frac{8}{11}$(A)，$\dot{I}_3=3\frac{7}{11}$(A)。

解法2　用结点法分析，参考结点如图7－20(b)所示。

结点方程为$3\dot{U}_A-10=2\dot{U}_1$

附加方程：$\dot{U}_1=-2\dot{I}_2+10$

$\dot{I}_2=2\dot{U}_1-\dot{U}_A$

解得　$\dot{I}_2=2\frac{8}{11}$(A)，$\dot{U}_1=\frac{50}{11}$(V)，$\dot{U}_A=\frac{70}{11}$(V)，$\dot{I}_4=\frac{70}{11}$(A)

$\dot{I}_3=\dot{I}_4-\dot{I}_2=3\frac{7}{11}$(A)

本章小结

耦合电感元件是一种特殊的电感元件，具有耦合电感元件的多个线圈在磁场上相互耦合。耦合电感元件的电压是自感电压和互感电压的代数和，互感电压的符号与电压、电流参考方向及同名端的位置有关。所谓同名端是指具有耦合的两个线圈的一对端子，当电流分别从这对端子流入(或流出)时所产生的磁通方向一致，称这对端子为同名端。

分析含耦合电感元件的正弦交流电路，一般采用去耦法分析。两耦合电感串联，可以等效为一个电感；具有一端相连的两耦合电感，可以按两耦合电感并联的方式去耦。

空心变压器是由两个耦合线圈绕在一个非铁磁材料做成的心子上制成。对于含空心变压器电路，可分别用原边等效电路和副边等效电路来分析。

理想变压器被认为是一种特殊的耦合电感元件，它具有电压变换、电流变换和阻抗变换的特性，对于含理想变压器电路的分析，一般分析理想变压器的端部特性。

复习思考题

(1) 标出图7－22所示线圈的同名端。

(2) 两个具有耦合的线圈如图7－23所示。

① 标出它们的同名端；

② 当图中开关 S 闭合或闭合后再打开时，试根据毫伏表的偏转方向来确定同名端。

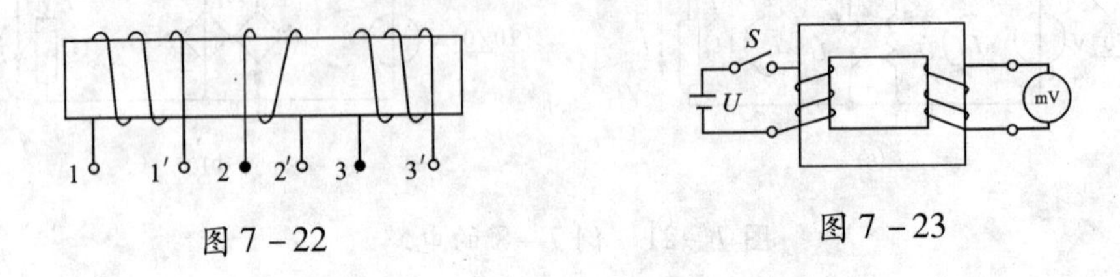

图7－22 图7－23

(3) 求图7－24的所示各电路的输入阻抗。已如图(a)，$k=0.5$；图(b)$k=0.9$；图(c)，$k=0.95$；图(d)$k=1$，$L_1=1\text{H}$，$L_2=2\text{H}$，$L_3=3\text{H}$，$L_2=4\text{H}$。

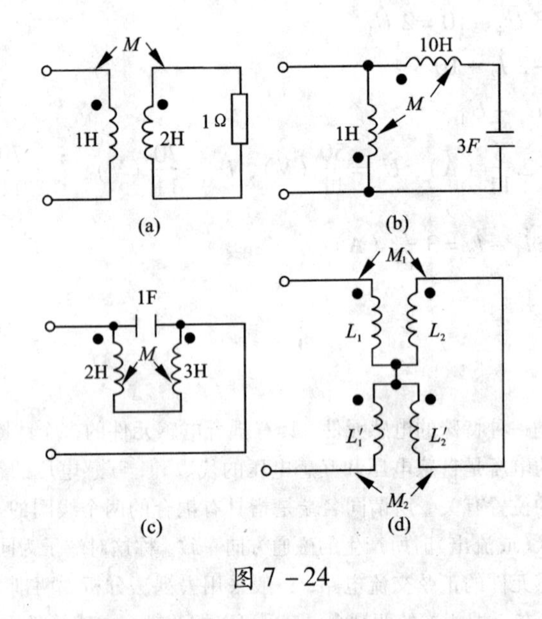

图7－24

(4) 已知图7－25所示互感电路的耦合系数 $k=\dfrac{1}{2}$，求 $\dot{U}_2$(提示：$k=M/\sqrt{L_1L_2}$)。

(5) 求图7－26所示电路的输入阻抗 Z_{AB}

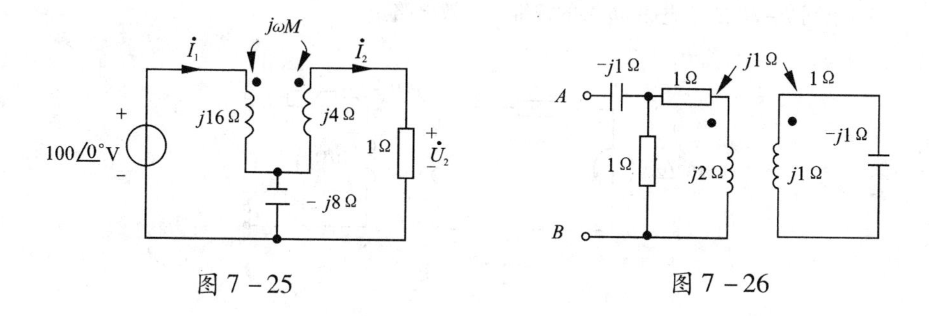

图 7－25　　　　　　　　图 7－26

（6）在图 7－27 所示电路中，已知 $u_s(t)=\sqrt{2}\cos t\mathrm{V}$，$M=1\mathrm{H}$，求 $u(t)$。

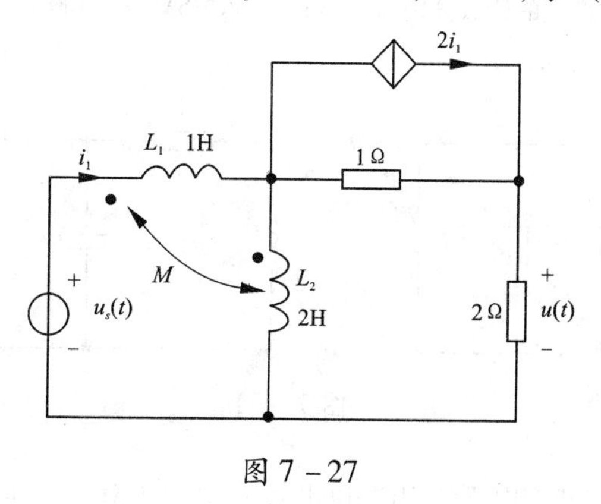

图 7－27

（7）电路如图 7－28 所示，分别求开关 S 打开和闭合时的电流 $\dot{I}$。

（8）如图 7－29 所示电路，已知 $\dot{U}_s=120\angle 0^\circ$ V，$L_1=8$ H，$L_2=6$ H，$L_3=10$ H，$M_{12}=4$ H，$M_{23}=5$ H，$\omega=2\mathrm{rad/s}$。求此有源二端网络的戴维宁等效电路。

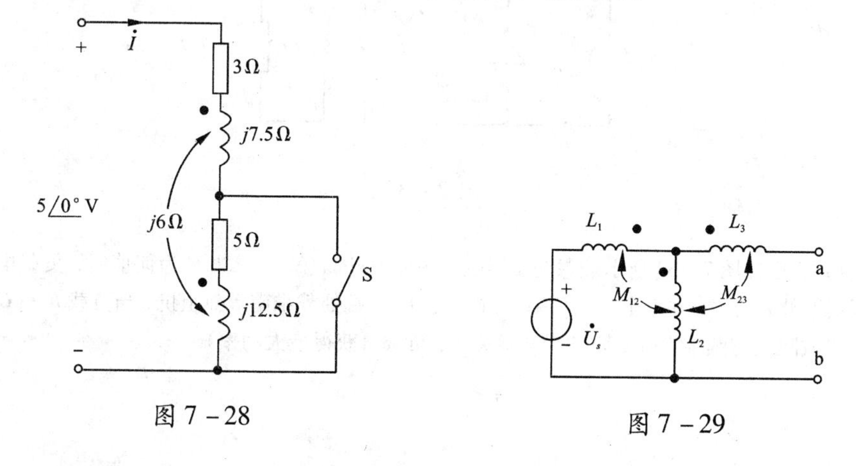

图 7－28　　　　　　　　图 7－29

(9) 求图 7 - 30 所示电路 ab 端的戴维宁等效电路。

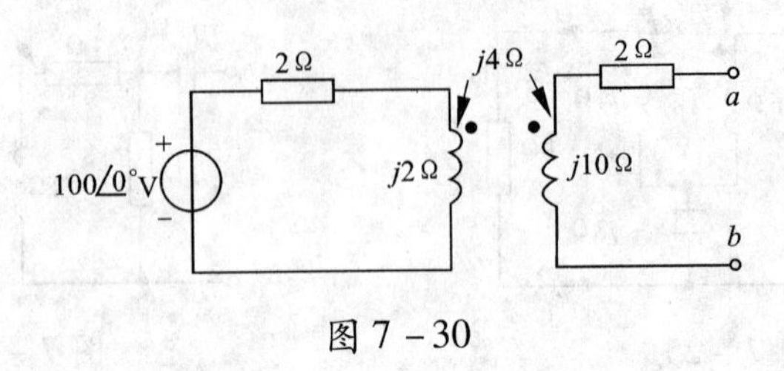

图 7 - 30

(10) 在图 7 - 31 示正弦稳态电路中，$R_1 = 1\Omega$，$L_1 = 1\text{H}$，$R_2 = 2\Omega$，$L_2 = 2\text{H}$，$L_3 = 3\text{H}$，$C_3 = 3\text{F}$，电压表与功率表的读数分别为 $V_1 = 10\text{V}$，$V_2 = 5\text{V}$，$P = 100\text{W}$，试确定互感 M 值。

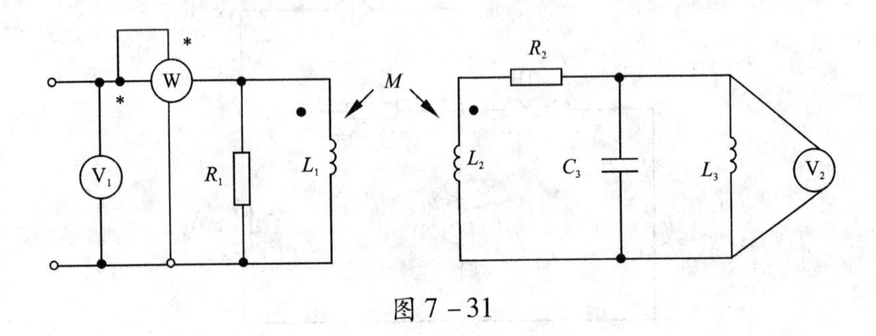

图 7 - 31

(11) 求图 7 - 32 电路中理想变压的匝比 n，若：(1) 10Ω 电阻的功率为 2Ω 电阻功率的 25%，(2) $\dot{U}_1 = \dot{U}_2$；(3) a、b 端的输入电阻为 8Ω。

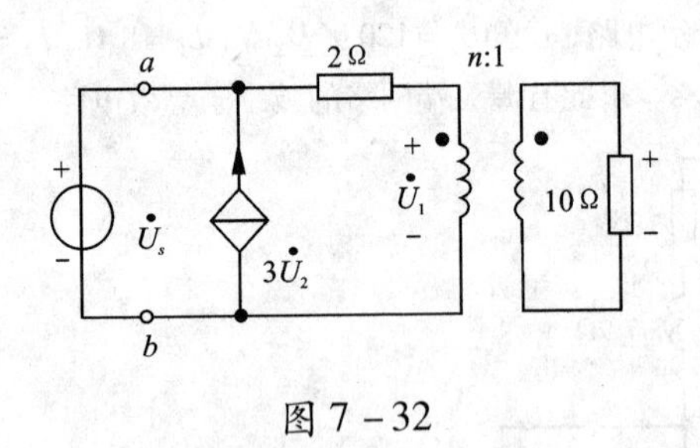

图 7 - 32

(12) 已知图 7 - 33 所示理想变压器电路中 $u_s = \sin 2t(\text{V})$，求当 C 为何值时，负载电阻 R 可获得最大功率，并求出最大功率。(提示：求 ab 端处戴维南等效阻抗，当负载 R 和 C 并联的等效阻抗与戴维南等效阻抗为共轭关系，负载可获得最大功率)。

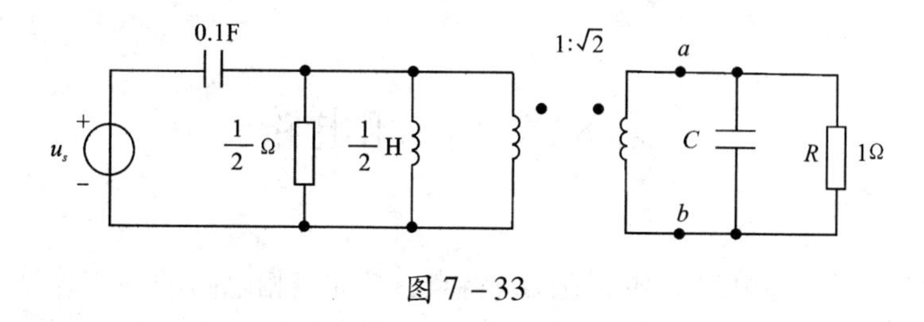

图 7－33

(13) 已知图 7－34 所示理想变压器电路，求等效电阻 R_{eq}（提示：用外加电源法求解）。

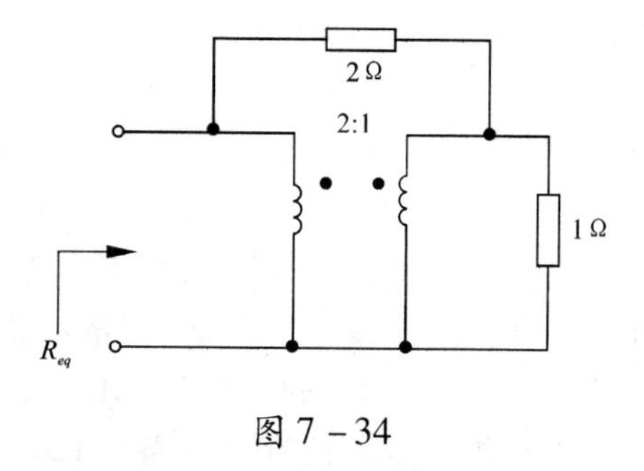

图 7－34

第8章　三相电路

本章介绍三相电路的基本概念及特点；对称三相电路的一相计算方法；不对称三相电路的分析，最后介绍三相电路功率的计算与测量方法。

8.1　三相电路

8.1.1　三相电源

三相交流电源是由三相交流发电机产生的，它是在单相交流发电机的基础上发展而来的，如图8-1所示，在发电机定子(固定不动的部分)上嵌放了三相结构完全相同的线圈AX、BY、CZ(通称绕组)，A、B、C三端称为首端，X、Y、Z则称为末端，这三相绕组在空间位置上各相差120°。当发电机的转子磁场按图示方向以ω匀速旋转时，3个绕组中就感应出随时间按正弦规律变化且相位彼此相差120°的三相电压，这3个绕组就相当于3个独立的正弦电压源。

若3个电压源的电压u_A，u_B，u_C的幅值相等，频率相同，相位互差120°，则此3个电压源的组合称为对称三相电压源，简称三相电源(图8-2所示)，其正极性端标记为A，B，C，负极性端标记为X，Y，Z。每一个电压源称为一相，依次称为A相，B相，C相。三相电源的波形如图8-3所示。

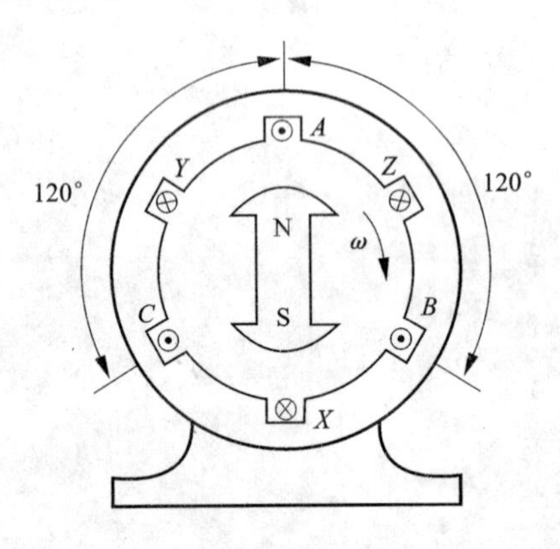

图8-1　三相交流发电机

若以u_A为参考正弦量，它们的时域表示式为

$$\begin{cases} u_A = \sqrt{2}U\cos\omega t \\ u_B = \sqrt{2}U\cos(\omega t - 120^\circ) \\ u_C = \sqrt{2}U\cos(\omega t + 120^\circ) \end{cases}$$

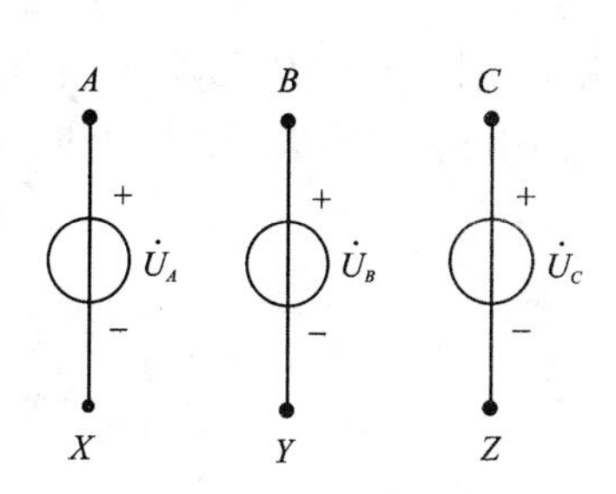

图 8－2　三相电源

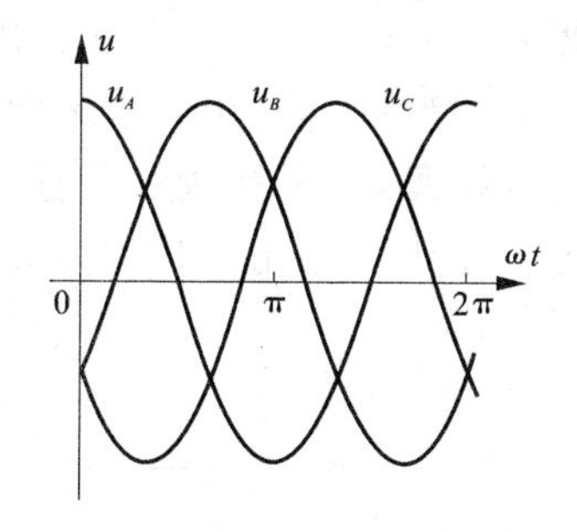

图 8－3　对称三相电压波形

其对应的相量形式和相量图如图 8－4 所示。

$$\left.\begin{aligned}\dot{U}_A &= U\angle 0^\circ \\ \dot{U}_B &= U\angle -120^\circ = \alpha^2\,\dot{U}_A \\ \dot{U}_C &= U\angle 120^\circ = \alpha\,\dot{U}_A\end{aligned}\right\}$$

式中 $\alpha = 1\angle 120^\circ$ 是为了工程上的方便而引入的单位相量算子。

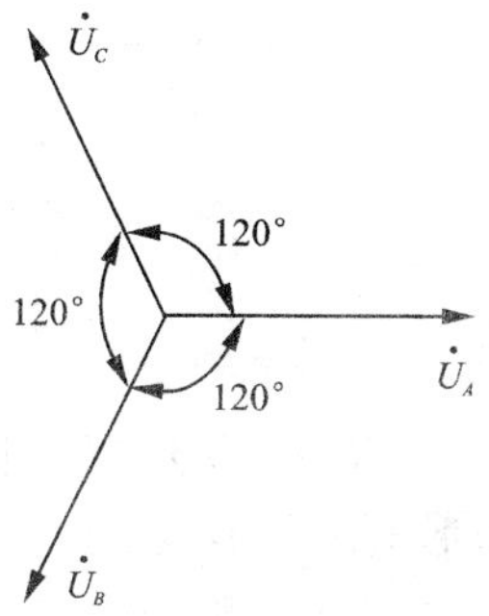

由图 8－3 可以看出，对称三相交流电源在任一瞬间，其 3 个电压的代数和为零，即

$$u_A + u_B + u_C = 0 \qquad (8-1)$$

在图 8－4 中还可看出三相正弦交流电源的相量和也等于零，即

$$\dot{U}_A + \dot{U}_B + \dot{U}_C = 0 \qquad (8-2)$$

图 8－4　对称三相电压的相量图

三相电压依次出现最大值的顺序称为相序。在图 8－4 中的顺序称为正序，即相序为 $A \to B \to C$，此时，A 超前 B 120°，B 超前 C 120°，而 C 又超前 A 120°。相反，把 $A \to C \to B$ 称为负序，此时，A 落后 C 120°，C 落后 B 120°，而 B 又落后 A 120°。电力系统一般采用正序。本章如无特殊说明，三相电源的相序均是正序。

8.1.2　三相电源的连接方式

众所周知，三相交流发电机实际有 3 个绕组，6 个接线端，如果这三相电压分别用输电线向负载供电，则需 6 根输电线（每相用两根输电线），这样很不经济，目前采用的是将这三相交流电按照一定的方式，连接成一个整体向外送电的。连接的方法通常为星形（Y 连接）和三角形（△连接）。

如图8-5(a)所示，将3个电压源的负极端X, Y, Z连接在一起而形成一个结点，记为N，称为中性点；而从3个电压源的正极端A, B, C向外引出3条线，称为端线，也称为火线。有时从中性点N还引出一根线，称为中线，也称“零线”。这种连接方式称为星形连接。

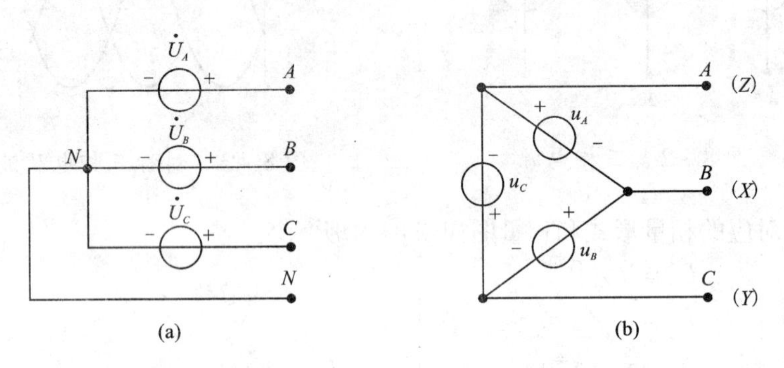

图8-5　三相电源的连接

如图8-5(b)所示，将对称三相电压源的X与B、Y与C、Z与A连接在一起，再从A、B、C三端向外引出3条端线，这种连接方式称为三角形连接，显然，三角形电源是不能引出中线的，而且必须注意，如果任何一相定子绕组接法相反，在三角形连接的闭合回路中，3个电源相电压之和将不为零，将产生很大的环行电流，而造成严重恶果。

8.1.3　三相负载的连接和三相电路的结构

由三相电源供电的负载称三相负载。三相负载通常有两类，一类是由3个单相负载(如电灯、电烙铁等)各自作为一相组成的三相负载，另一类本身就是三相负载(如三相电动机、三相变压器等)。三相负载也和三相电源一样可以采用两种不同的连接方法，即Y形连接和△三角形连接，如图8-6所示。在三相负载中，如每相负载的阻抗均相等[例如图8-6(a)的$Z_A=Z_B=Z_C=Z$]，则称为三相对称负载；如果各相负载阻抗不同，就是不对称的三相负载，如三相照明电路中的负载。

由三相电源供电的系统，称三相电路。三相电路按电源和负载的连接方式不同，可分为Y_0/Y_0、Y/Y、Y/△、△/Y和△/△五种连接方式。其中，斜杠的左边表示电源的连接，右边表示负载的连接；下标“0”表示有中线，否则表示无中线。图8-7(a)是Y/Y(Y_0/Y_0)连接的三相电路，图8-7(b)是Y/△接的三相电路。

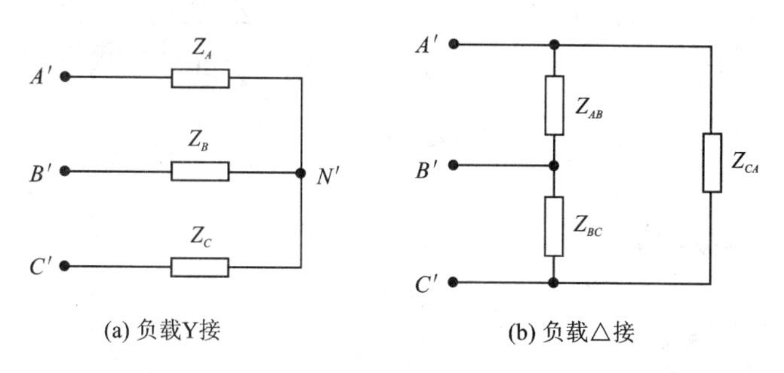

图8－6　三相负载的连接

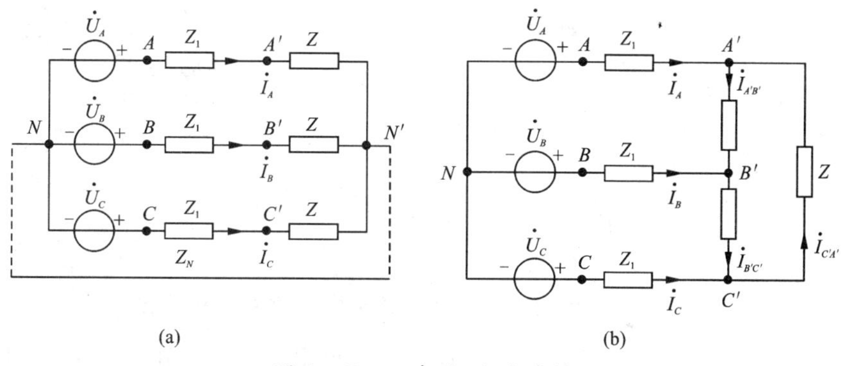

图8－7　三相电路的连接

在实际工程应用中，由三根端线和一根中线所组成的输电方式称为三相四线制（通常在低压配电系统中采用）。而有时不引出中线，只由三根端线所组成的输电方式称三相三线制（在高压输电时采用较多）。

关于三相电路中的电压和电流，不论是对三相负载还是对三相电源，均做以下定义：每相电源或负载元件两端的电压称为相电压，而端线之间的电压称为线电压。相电压与线电压的参考方向是这样规定的，相电压的正方向是由首端指向末端，线电压的方向是由 A 线指向 B 线，B 线指向 C 线，C 线指向 A 线。端线中流过的电流称为线电流，流过每相电源或负载中的电流则称为相电流。线电流和相电流的参考方向如图8－7（b）所示。

很明显，对称三相电源星形连接时，线电流和相电流是相等的。下面分析此时的线电压与相电压关系，如图8－8所示，设线电压为$\dot{U}_{AB}$，$\dot{U}_{BC}$，$\dot{U}_{CA}$，相电压为$\dot{U}_A$，$\dot{U}_B$，$\dot{U}_C$，由相量形式的KVL方程有

$$\begin{cases}\dot{U}_{AB}=\dot{U}_A-\dot{U}_B=(1-\alpha^2)\dot{U}_A=\sqrt{3}\dot{U}_A\angle 30^\circ\\ \dot{U}_{BC}=\dot{U}_B-\dot{U}_C=(1-\alpha^2)\dot{U}_B=\sqrt{3}\dot{U}_B\angle 30^\circ\\ \dot{U}_{CA}=\dot{U}_C-\dot{U}_A=(1-\alpha^2)\dot{U}_C=\sqrt{3}\dot{U}_C\angle 30^\circ\end{cases}$$

且

$$\dot{U}_{AB}+\dot{U}_{BC}+\dot{U}_{CA}=0$$

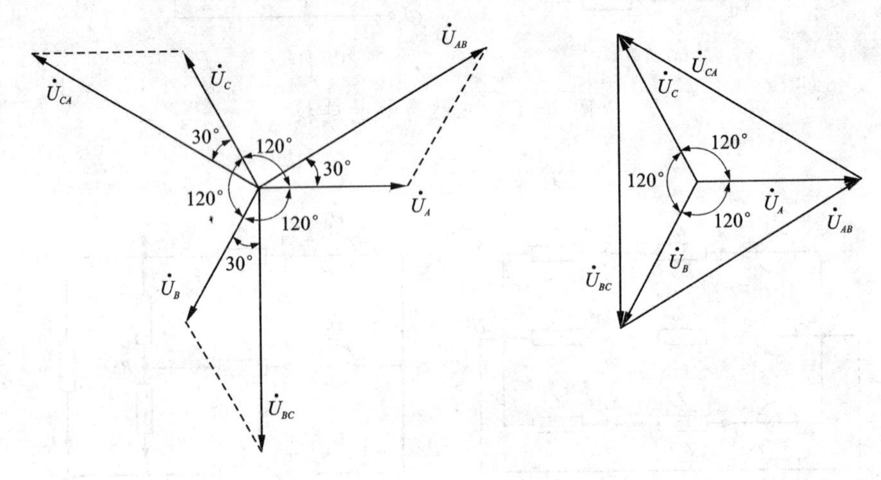

图 8-8 对称三相电源星形连接时的电压相量图

这种关系也可从图 8-8 所示的相量图直接得到。上述分析表明，星形连接的对称三相电源，其线电压$\dot{U}_{AB}$，$\dot{U}_{BC}$，$\dot{U}_{CA}$分别是对应相电压$\dot{U}_A$，$\dot{U}_B$，$\dot{U}_C$ 的$\sqrt{3}$倍，相位均依次超前相应相电压 30°，一般记为

$$\dot{U}_l=\sqrt{3}\dot{U}_P\angle 30^\circ \tag{8-3}$$

其中，U_l 为线电压有效值；U_p 为相电压有效值，且线电压也是对称电源。

以上有关对称星形电源的电压关系和电流关系也适用于对称星形负载。

显然，负载三角形连接时，线电压就是相应的相电压，如图 8-9 所示，即有

$$\dot{U}_{AB}=\dot{U}_A,\ \dot{U}_{BC}=\dot{U}_B,\ \dot{U}_{CA}=\dot{U}_C$$

但线电流不等于相电流，下面分析对称三角形负载时两者之间的关系。设负载中的对称相电流为$\dot{I}_{AB}$、$\dot{I}_{BC}=\alpha^2\dot{I}_{AB}$、$\dot{I}_{CA}=\alpha\dot{I}_{AB}$，依据 KCL，线电流有

$$\left.\begin{aligned}\dot{I}_A=\dot{I}_{AB}-\dot{I}_{CA}=(1-\alpha)\dot{I}_{AB}=\sqrt{3}\dot{I}_{AB}\angle -30^\circ\\ \dot{I}_B=\dot{I}_{BC}-\dot{I}_{AB}=(1-\alpha)\dot{I}_{BC}=\sqrt{3}\dot{I}_{BC}\angle -30^\circ\\ \dot{I}_C=\dot{I}_{CA}-\dot{I}_{BC}=(1-\alpha)\dot{I}_{CA}=\sqrt{3}\dot{I}_{CA}\angle -30^\circ\end{aligned}\right\}$$

且

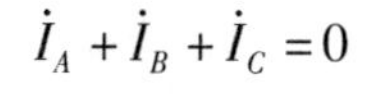

$$\dot{I}_A + \dot{I}_B + \dot{I}_C = 0$$

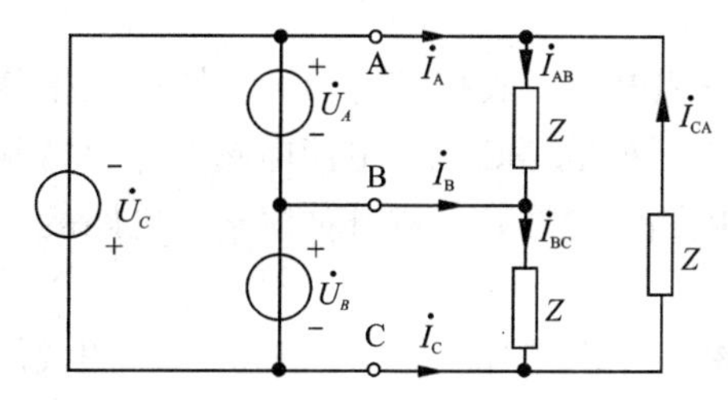

图 8 -9　△/△连接

分析表明，三角形连接的三相对称负载，其线电流$\dot{I}_A$，$\dot{I}_B$，$\dot{I}_C$分别是相电流$\dot{I}_{AB}$、$\dot{I}_{BC}$、$\dot{I}_{CA}$的$\sqrt{3}$倍，且相位依次滞后相应相电流 30°，一般记为

$$\dot{I}_l = \sqrt{3}\dot{I}_p \angle -30° \tag{8-4}$$

其中，I_l 是线电流有效值；I_p 是相电流有效值。图 8 - 10 相量图是线电流与相电流关系的直观表示，由图可见，对称三相负载△形连接时，如果相电流对称，线电流也一定对称。因此实际计算时，只需算出$\dot{I}_A$，就可以依次写出$\dot{I}_B = \alpha^2 \dot{I}_A$，$\dot{I}_C = \alpha \dot{I}_A$。

以上对称三角形负载的电压关系和电流关系也适用于对称三角形电源。

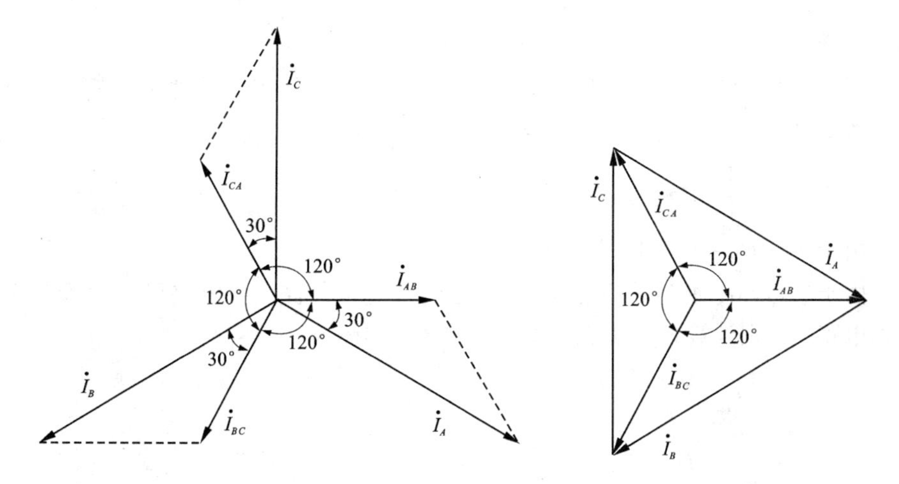

图 8 - 10　三相对称负载(感性)三角形连接时的电流相量图

8.2 对称三相电路的计算

在三相电路中，三相电源一般都是对称的，如果三相负载对称，则电路就称三相对称电路。由于三相电路是正弦电流电路的一种特殊类型，因而正弦电路的分析方法对三相电路完全适合，利用对称三相电路的一些特点，可以大大简化电路的分析计算。

首先分析对称三相四线制电路，图 8－11 是三相四线制电路，Z_l为输电线的阻抗，Z_N为中性线阻抗，Z 为对称三相负载阻抗。

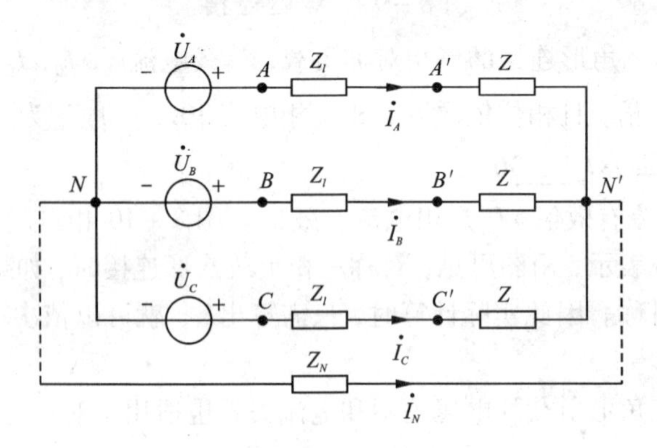

图 8－11 三相四线制的 Y_o/Y_o 电路

观察图 8－11 可见，电路只有两个结点，可选用结点电压法来分析。以 N 为参考结点，列结点电压方程可得

$$\left(\frac{1}{Z_N}+\frac{3}{Z+Z_l}\right)\dot{U}_{N'N}=\frac{1}{Z+Z_l}(\dot{U}_A+\dot{U}_B+\dot{U}_C)$$

由于$\dot{U}_A+\dot{U}_B+\dot{U}_C=0$，所以解得$\dot{U}_{N'N}=0$

由于$\dot{U}_{N'N}=0$，所以将 N 点和 N' 点之间处理成短路，原电路可分解为 3 个单相电路，分别计算各相负载的电压和电流，如图 8－12 所示。

$$\begin{cases}\dot{I}_A=\dfrac{\dot{U}_A-\dot{U}_{N'N}}{Z+Z_l}=\dfrac{\dot{U}_A}{Z+Z_l}\\[2ex] \dot{I}_B=\dfrac{\dot{U}_B-\dot{U}_{N'N}}{Z+Z_l}=\dfrac{\dot{U}_B}{Z+Z_l}=a^2\,\dot{I}_A\\[2ex] \dot{I}_C=\dfrac{\dot{U}_C-\dot{U}_{N'N}}{Z+Z_l}=\dfrac{\dot{U}_C}{Z+Z_l}=a\,\dot{I}_A\end{cases}$$

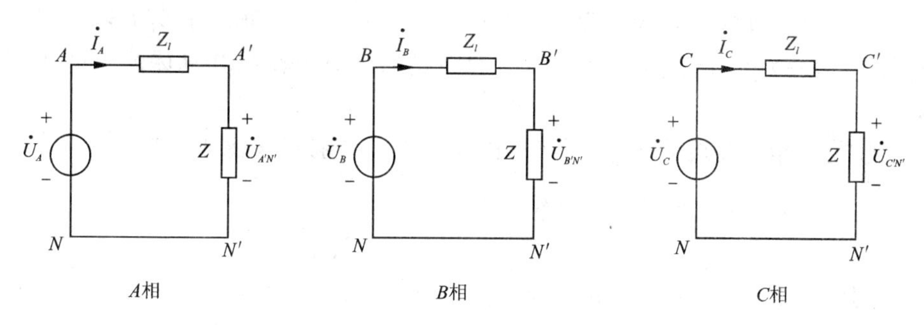

图 8 − 12　3 个独立的单相电路

$$\begin{cases} \dot{U}_{A'N'} = Z\dot{I}_A \\ \dot{U}_{B'N'} = Z\dot{I}_B = a^2\dot{U}_{A'N'} \\ \dot{U}_{C'N'} = Z\dot{I}_C = a\dot{U}_{A'N'} \end{cases}$$

且　　$\dot{I}_N = -(\dot{I}_A + \dot{I}_B + \dot{I}_C) = 0$

计算结果表明，在 Y_0/Y_0连接形式的对称三相电路中有如下特征：

(1) 中线不起作用，有$\dot{I}_A + \dot{I}_B + \dot{I}_C = 0$，即中线电流为 0，不管有无中线，中线阻抗多大，对电路都没有影响，所以可等同于 Y/Y 连接；

(2) $\dot{U}_{N'N} = 0$，所以 N 点和 N' 点之间等同于短路，各相负载的电压和电流均由该相的电源和负载决定，与其他两相无关，各相具有独立性，彼此无关；

(3) $\dot{I}_A$、$\dot{I}_B$、$\dot{I}_C$ 构成对称组，各相电压、电流均是与电源同相序的对称三相正弦量。

既然在对称 Y_0/Y_0和 Y/Y 连接中，由于各相计算具有独立性，各组电压、电流也都对称，因此只要求得一相中的电压、电流，其他两相的值可根据对称性写出。这样，对称三相电路的计算可以简单地归结为一相计算，这种方法称一相计算法。

要特别注意，各相电流仅由各相电源和各相阻抗决定，中线阻抗不出现在一相计算法中，如图 8 − 13 所示的一相计算（A 相）电路。

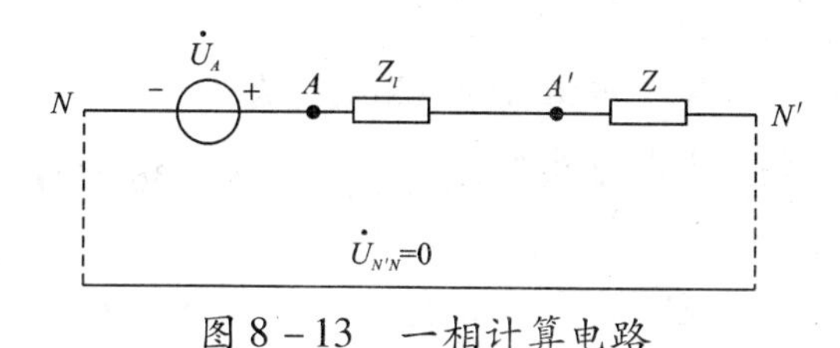

图 8 − 13　一相计算电路

对于其他连接方式的对称三相电路，可以根据星形和三角形的等效互换，化成 Y/Y 三相电路，然后使用归结为一相的计算方法。其具体的求解步骤如下：

①将三角形连接的电源或负载用等效的星形连接的电源或负载代替

对电源部分：$\dot{U}_{Y}=\frac{1}{\sqrt{3}}\dot{U}_{\Delta}\angle -30^{\circ}$

对阻抗部分：由△连接转换为 Y 连接时采用 $Z_{Y}=\frac{Z_{\Delta}}{3}$。

②将各电源及负载的中点短接，作出一相(例如 A 相)的计算电路。求出一相的各电流及电压值。

③利用对称性求出其余两相的各电流及电压值。此时电路中原为星形连接的电源及负载的相电流及相电压均已求得。

④对于电路中原为三角形连接的电源及负载，可以先求出它们的线电压及线电流，然后根据 Y 形和△形电路的线/相电压(电流)的关系，求出它们的相电压及相电流。

例 8-1 如图 8-14(a)所示，对称 Y/△电路中，$Z=(19.2+\mathrm{j}14.4)\Omega$，$Z_{l}=3+\mathrm{j}4\Omega$，对称线电压 $U_{AB}=380\mathrm{V}$，求负载端线电压和线电流。

解 利用 Y/△变换将原电路化为 8-14(b) Y/Y 系统计算。

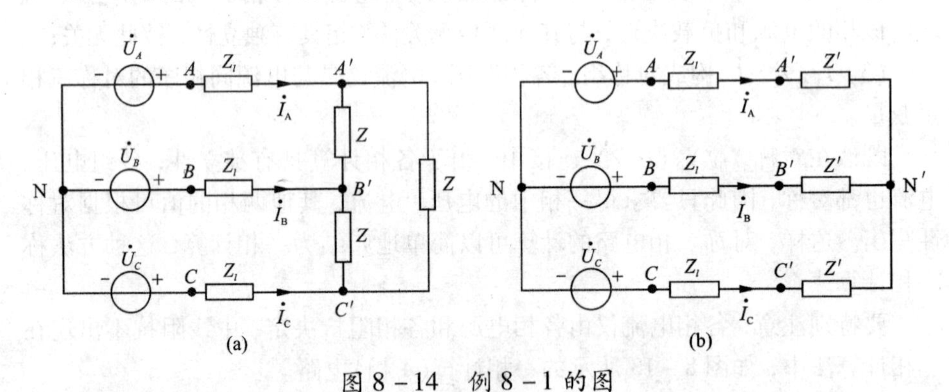

图 8-14 例 8-1 的图

如图 8-14(b)，等效 Y 形负载的每相阻抗为

$$Z'=\frac{Z}{3}=\frac{19.2+\mathrm{j}14.4}{3}=6.4+\mathrm{j}4.8=8\angle 36.9^{\circ}\ \Omega$$

设电源相电压 $\dot{U}_{A}=\frac{1}{\sqrt{3}}U_{l}\angle 0^{\circ}\approx 220\angle 0^{\circ}\ \mathrm{V}$

根据一相计算电路和对称性，计算 Y 形负载的线电流为

$$\dot{I}_A=\frac{\dot{U}_A}{Z_l+Z'}=\frac{220\angle 0^\circ}{3+\mathrm{j}4+6.4+\mathrm{j}4.8}=17.1\angle -43.1^\circ\ (\mathrm{A})$$

$$\dot{I}_B=a^2\dot{I}_A=17.1\angle -163.1^\circ\ (\mathrm{A})$$

$$\dot{I}_C=a\dot{I}_A=17.1\angle 76.9^\circ\ (\mathrm{A})$$

于是，等效 Y 形负载的相电压为

$$\dot{U}_{A'N'}=Z'\dot{I}_A=8\angle 36.9^\circ\times 17.1\angle -43.1^\circ=136.8\angle -6.2^\circ\ (\mathrm{V})$$

利用线电压和相电压的关系及对称性，可得负载端的线电压

$$\dot{U}_{A'B'}=\sqrt{3}\dot{U}_{A'N'}\angle 30^\circ=236.9\angle 23.8^\circ\ (\mathrm{V})$$

$$\dot{U}_{B'C'}=a^2\dot{U}_{A'B'}=236.9\angle -96.2^\circ\ (\mathrm{V})$$

$$\dot{U}_{C'A'}=a\dot{U}_{A'B'}=236.9\angle 143.8^\circ\ (\mathrm{V})$$

因此，图 8－14(a) 中负载的相电流即可求得

$$\dot{I}_{A'B'}=\frac{\dot{U}_{A'B'}}{Z}=9.9\angle -13.2^\circ\ (\mathrm{A})$$

$$\dot{I}_{B'C'}=a^2\dot{I}_{A'B'}=9.9\angle -133.2^\circ\ (\mathrm{A})$$

$$\dot{I}_{C'A'}=a\dot{I}_{A'B'}=9.9\angle 106.8^\circ\ (\mathrm{A})$$

若在对称三相电路中，端线上没有阻抗，电路不必等效变换，可直接计算。

例 8－2　已知对称三相电路，电源为 Y 形连接，其相电压为 110 V，负载为△连接，每相阻抗 $Z=4+\mathrm{j}3\Omega$。求负载的相电压和线电流。

解　电源线电压 $U_l=\sqrt{3}U_P=\sqrt{3}\times 110=190\ (\mathrm{V})$

负载的相电压与电源的线电压相等：

设

$\dot{U}_{AB}=190\angle 0^\circ\ \mathrm{V}$，$\dot{U}_{BC}=190\angle -120^\circ$，$\dot{U}_{CA}=190\angle 120^\circ$

则负载相电流为

$$\dot{I}_{AB}=\frac{\dot{U}_{AB}}{Z}=\frac{190\angle 0^\circ}{4+\mathrm{j}3}=38\angle 36.2^\circ\ (\mathrm{A})$$

由对称性得

$$\dot{I}_{BC}=38\angle -156.9^\circ\ (\mathrm{A}),\qquad \dot{I}_{CA}=38\angle 83.1^\circ\ (\mathrm{A})$$

则负载线电流

$$\dot{I}_A=\sqrt{3}\dot{I}_{ab}\angle -30^\circ=\sqrt{3}\times 38\angle -36.9^\circ=66\angle -66.9^\circ\ (\mathrm{A})$$

$$\dot{I}_B=66\angle -186.9^\circ=66\angle 173.1^\circ\ (\mathrm{A}),\ \dot{I}_C=66\angle -53.1^\circ\ (\mathrm{A})$$

8.3　不对称三相电路的概念

在三相电路中，一般电源是对称的，只要负载有一个部分不对称，就变成

了不对称的三相电路，这时上述的各种对称特点将不再存在，因而不能类似对称三相电路按一相进行计算，但可用电路的一般分析法来计算。如果图8-15是电源对称负载不对称的三相Y/Y(Y_0/Y_0)电路。

当不接中线(开关S打开)，即采用三相三线制供电时，设N为参考结点，用结点法求解$\dot{U}_{N'N}$

$$\dot{U}_{N'N}=\frac{Y_A\dot{U}_A+Y_B\dot{U}_B+Y_C\dot{U}_C}{Y_A+Y_B+Y_C}\neq 0$$

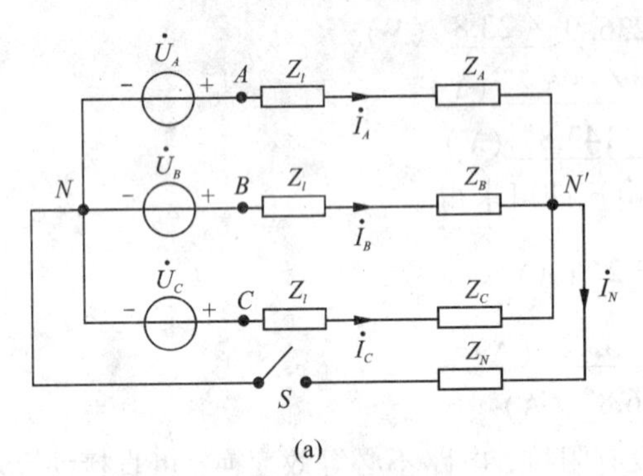

(a)

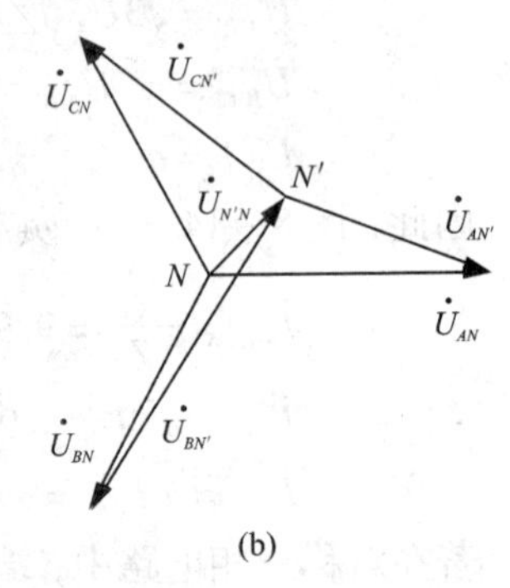

(b)

图8-15　不对称三相电路

各负载线电流求法如下：

$$\dot{I}_A=\frac{\dot{U}_A-\dot{U}_{N'N}}{Z_A}$$

$$\dot{I}_B=\frac{\dot{U}_B-\dot{U}_{N'N}}{Z_B}\neq\dot{I}_A\angle -120^\circ$$

$$\dot{I}_C=\frac{\dot{U}_C-\dot{U}_{N'N}}{Z_C}\neq\dot{I}_A\angle 120^\circ$$

由此可见，由于负载不对称，结点电压等式右边不为0，即$\dot{U}_{N'N}\neq 0$，负载中性点N'与电源中性点N之间有电位差，使得负载的相电压不再对称。由图8-15(b)的相量关系可以看出，N点和N'点不重合，这一现象称为中性点位移或称中性点漂移。在电源对称情况下，可以根据中点位移的情况判断负载端不对称的程度，当中性点的位移较大时，造成负载端相电压严重不对称，从而使负载不能正常工作。

此外，由于负载的不对称，各相的工作相互关联，互有影响，并导致相电流的不对称，使得中线电流一般不为0。

解决这一问题的有效方法是采用三相四线制供电并减小中线阻抗，甚至接近于零。这样，负载各相电压与电源各相电压相差很小，甚至接近相等，使得负载能够正常运行。如图8－15(a)中，闭合开关S接通中线时，如果$Z_N \approx 0$，可强使$\dot{U}_{N'N}=0$，尽管电路不对称，但中线可使各相保持独立，各相状态互不影响，因此各相可以分别计算。

一般而言，在三相对称电路中，当负载采用星形连接时，由于流过中线的电流为零，取消中线也不会影响到各相负载的正常工作，这样三相四线制就可以变成三相三线制供电。如三相异步电动机及三相电炉等负载，当采用星形连接时，电源对该类负载就不需接中线。通常在高压输电时，由于三相负载都是对称的三相变压器，所以都采用三相三线制供电。

若星形连接的三相负载不对称，中线就不能省略了。因为当有中线存在时，它能使不对称的各相负载仍有对称的电源相电压，从而保证了各相负载能正常工作。如果中线断开变成三相三线制供电，则将导致各相负载的相电压分配不均匀，有时会出现很大的差别，造成有的相电压超过额定相电压而使用电设备不能正常工作。故三相四线制供电时中线决不允许断开，在中线上不能安装开关、熔断器，而且中线本身强度要好，接头处应连接牢固。

另外，接在三相四线制电网上的单相负载，例如照明电路、单相电动机、小型电热设备、各种家用电器、电焊机等，在设计安装供电线路时也尽量做到把各单相负载均匀地分配给三相电源，以保证供电电压的对称和减少流过中线的电流。

例8－3　在Y/Y连接的三相三线制电路中，每相负载的电阻$R=80\Omega$，感抗$X=60\Omega$，接在线电压有效值为380V的三相对称电源上，试求在A相负载短路或断路的情况下，负载的相电压、线电流和相电流。

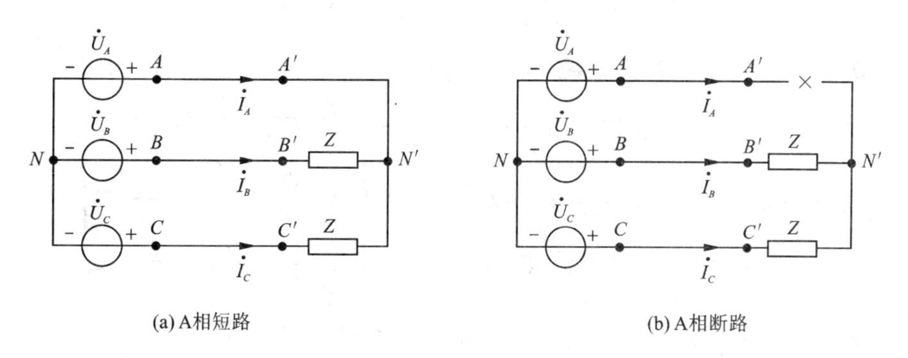

图8－16　例8－4的图

解　(1) 图8－16(a)，A相负载短路后，A点与N'点等电位，B、C两相负载的电压分别为

$$U_{BN'}=U_{BA}=U_l=380\ \text{V}$$

$$U_{CN'}=U_{CA}=U_l=380\ \text{V}$$

应用欧姆定律可求得 B、C 两相负载的相电流(也是线电流):

$$I_B=\frac{U_{BN'}}{|Z|}=\frac{380}{\sqrt{80^2+60^2}}=3.8\ \text{A}$$

$$I_C=\frac{U_{CN'}}{|Z|}=\frac{380}{\sqrt{80^2+60^2}}=3.8\ \text{A}$$

应用基尔霍夫电流定律可求得 A 相的线电流为

$$\dot{I}_A=-(\dot{I}_B+\dot{I}_C)=-(\frac{\dot{U}_B-\dot{U}_A}{Z}+\frac{\dot{U}_C-\dot{U}_A}{Z})$$

$$=\frac{2\dot{U}_A-\dot{U}_B-\dot{U}_C}{Z}=\frac{3\dot{U}_A}{Z}$$

其有效值为

$$I_A=\frac{3U_A}{|Z|}=\sqrt{3}\frac{380}{\sqrt{80^2+60^2}}=6.6\ \text{A}$$

(2)图 8-16(b)A 相负载断路后,这时 B、C 两相电源与 B、C 两相负载串联,形成独立的闭合回路。此时 B、C 两相负载电压为

$$U_{BN'}=U_{CN'}=\frac{1}{2}U_{BC}=\frac{1}{2}\times380=190\ \text{V}$$

各相负载的相电流(即线电流)为

$$I_A=0,\ I_B=I_C=\frac{U_{BN'}}{|Z|}=\frac{190}{\sqrt{80^2+60^2}}=1.9\ \text{A}$$

例 8-4 图 8-17 电路是一测定三相电源相序指示的指示器,当 $\frac{1}{\omega C}=R$ $\left(=\frac{1}{G}\right)$ 时,试说明在线电压对称的情况下,根据两个灯泡的亮度确定电源的相序。

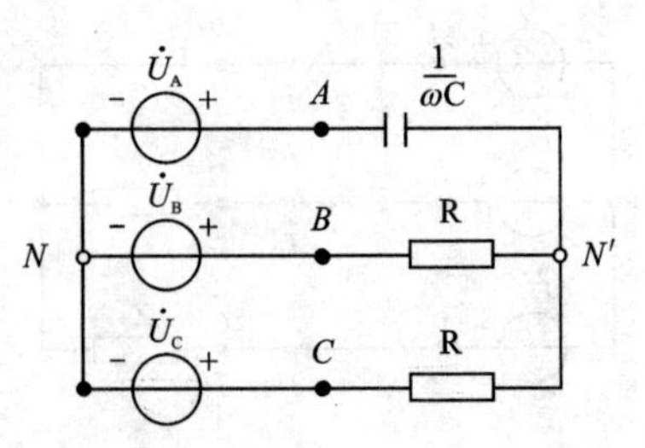

图 8-17 例 8-5 的图

解 由于相电压 $\dot{U}_A$、$\dot{U}_B$、$\dot{U}_C$ 是对称的,可根据结点电压法得

$$\dot{U}_{N'N}=\frac{\text{j}\omega C\dot{U}_A+G(\dot{U}_B+\dot{U}_C)}{\text{j}\omega C+2G}$$

令 $\dot{U}_A=U\angle 0^\circ$,并设图中电源相序为正序,则

$$\dot{U}_{N'N} = (-0.2 + j0.6)U = 0.63U\angle 108.4^\circ \text{ V}$$

$$\dot{U}_{BN'} = \dot{U}_{BN} - \dot{U}_{N'N} = U\angle -120^\circ - 0.36U\angle 108.4^\circ = 1.5U\angle -101.5^\circ \text{ V}$$

$$\dot{U}_{CN'} = \dot{U}_{CN} - \dot{U}_{N'N} = U\angle 120^\circ - 0.36U\angle 108.4^\circ = 0.4U\angle 138.4^\circ \text{ V}$$

上式表明，由于三相负载不对称，引起负载各相电压幅值不一。若电容所在的那一相设为 A 相，则灯泡较亮的一相为 B 相，灯泡较暗一相为 C 相。

实际上，可根据$\dot{U}_{N'N}$结合相量图，直接判断 $U_{BN'} > U_{CN'}$。

例 8－5　在图 8－18(a)中，已知 $U_l = 380$ V，$r = 10\ \Omega$，$R = 90\ \Omega$，$Z = 21 + j48\ \Omega$，求$\dot{I}_Z$。

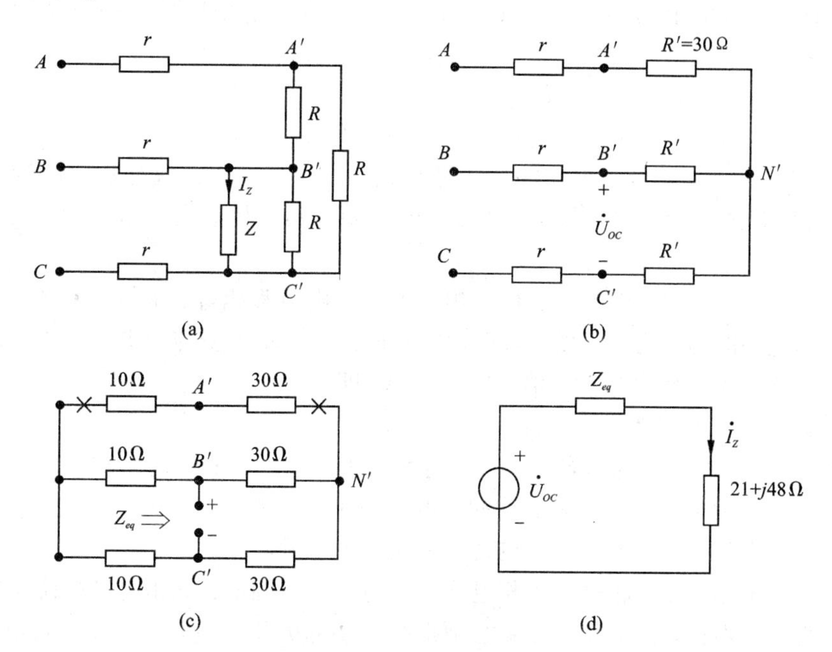

图 8－18　例 8－7 的图

(1) 如图 8－18(b)，求戴维宁开路电压相量

$$\dot{U}_{OC} = \dot{U}_{B'C'} = \sqrt{3}\angle 30^\circ \dot{U}_{B'N'} = \sqrt{3}\angle 30^\circ \frac{30}{30+10}\dot{U}_{BN}$$

令$\dot{U}_{BN} = 220\angle 0^\circ$ V，则：$\dot{U}_{OC} = 286\angle 30^\circ$ (V)

(2) 如图 8－18(c)，求戴维宁等效阻抗 Z_{eq}

此时电路电桥平衡，则有

$$Z_{eq} = \frac{20 \times 60}{20 + 60} = 15\ (\Omega)$$

(3) 画戴维宁等效电路如图 8－18(d)，得

$$\dot{I}_Z=\frac{286\angle 30^\circ}{36+\mathrm{j}48}=4.77\angle -23.1^\circ\ \mathrm{A}$$

8.4 三相电路的功率

前述计算单相电路中的有功功率的公式是

$$P=UI\cos\varphi$$

式中，U、I 分别表示相电压和相电流的有效值；φ 是电压和电流之间的相位差。

在三相交流电路中，三相负载的有功功率等于每相负载上的有功功率之和，即

$$\begin{aligned}P&=P_1+P_2+P_3\\&=U_{1P}I_{1P}\cos\varphi_1+U_{2P}I_{2P}\cos\varphi_2+U_{3P}I_{3P}\cos\varphi_3\end{aligned}$$

其中，$U_{kp}I_{kp}\cos\varphi_k(k=1,2,3)$ 分别是每相的相电压、相电流与功率因数的乘积，即每相的有功功率。要注意的是，φ_k 是每相负载相电压与相电流之间的相位差，亦即每相负载的阻抗角。

当三相电路对称时，由于每一相的电压和电流都相等，阻抗角也相同，所以各相电路的功率必定相等，可以把它看成是3个单相交流电路的组合，因此三相交流电路的功率等于三倍的单相功率，即

$$P=3P_P=3U_PI_P\cos\varphi \tag{8-5}$$

式中，P 为三相负载的总有功功率，简称三相功率(W)；P_p 为对称三相负载每一相的有功功率(W)；U_p 为负载的相电压(V)；I_p 为负载的相电流(A)；φ 为相电压与相电流之间的相位差，也就是阻抗角。

在一般情况下，相电压和相电流不容易测量。例如，三相电动机绕组接成三角形时，要测量它的相电流就必须把绕组端部拆开。因此，通常我们用线电压和线电流来计算功率。

当三相对称负载星形连接时，线、相电压(电流)的关系为

$$U_l=\sqrt{3}U_P,\ I_l=I_P$$

如果三相对称负载三角形连接，线、相电压(电流)的关系为

$$U_l=U_P,\ I_l=\sqrt{3}I_P$$

因此，对称负载不论是星形连接还是△形连接，均可用线电压、线电流以及每相的功率因数来表示，其总有功功率均为

$$P=3U_PI_P\cos\varphi=\sqrt{3}U_lI_l\cos\varphi \tag{8-6}$$

必须注意，式中 φ 仍是相电压与相电流之间的相位差，而不是线电压与线电流间的相位差；对于三相负载来说，φ 也是负载的阻抗角。

同理，对称三相负载的无功功率和视在功率也一样，即

$$Q=3U_PI_P\sin\varphi=\sqrt{3}U_lI_l\sin\varphi \tag{8-7}$$

$$S=\sqrt{P^2+Q^2}=3U_PI_P=\sqrt{3}U_lI_l \tag{8-8}$$

显然，三相负载所吸收的复功率等于各相复功率之和，即复功率守恒。

$$\bar{S}=\bar{S}_A+\bar{S}_B+\bar{S}_C=\dot{U}_{AN'}\dot{I}_A^*+\dot{U}_{BN'}\dot{I}_B^*+\dot{U}_{CN'}\dot{I}_C^*$$

而且在对称三相电路中有$\bar{S}_A=\bar{S}_B=\bar{S}_C$，$\bar{S}=3\bar{S}_A$。

如果三相负载不对称，则应分别计算，不对称三相电路的有功功率、无功功率和复功率均为每相对应功率之和，即

$$\bar{S}=\bar{S}_A+\bar{S}_B+\bar{S}_C,\ P=P_A+P_B+P_C,\ Q=Q_A+Q_B+Q_C$$

三相电源或三相负载的瞬时功率等于各相瞬时功率之和，以图 8-11 对称三相电路为例，即有

$$\begin{aligned}p&=p_A+p_B+p_C=u_Ai_A+u_Bi_B+u_Ci_C\\&=\sqrt{2}U_P\cos\omega t\cdot\sqrt{2}I_P\cos(\omega t-\varphi)\\&\quad+\sqrt{2}U_P\cos(\omega t-120^\circ)\cdot\sqrt{2}I_P\cos(\omega t-\varphi-120^\circ)\\&\quad+\sqrt{2}U_P\cos(\omega t+120^\circ)\cdot\sqrt{2}I_P\cos(\omega t-\varphi+120^\circ)\\&=3U_PI_P\cos\varphi=\sqrt{3}U_lI_l\cos\varphi=P=\text{常数}\end{aligned}$$

此式表明，对称三相电路的瞬时功率是一个常数，其值等于平均功率。对三相发电机或三相电动机而言，瞬时功率不随时间变化意味着机械转矩不随时间变化，这样可以避免电动机在运转时因转矩变化而产生震动。这是对称三相电路的一个优越的性能。习惯上把这一性能称为瞬时功率平衡。

例 8-6　某三相异步电动机每相绕组的等值阻抗$|Z|=27.74\ \Omega$，功率因数$\cos\varphi=0.8$，正常运行时绕组作三角形连接，电源线电压为 380 V。试求：

（1）正常运行时相电流、线电流和电动机的输入功率；

（2）为了减小启动电流，在启动时改接成星形，试求此时的相电流、线电流及电动机输入功率。

解　（1）正常运行时，电动机三角形连接

$$I_P=\frac{U_l}{|Z|}=\frac{380}{27.74}=13.7\ \text{A}$$

$$I_l=\sqrt{3}I_P=\sqrt{3}\times13.7=23.7\ \text{A}$$

$$P=\sqrt{3}U_lI_l\cos\varphi=\sqrt{3}\times380\times23.7\times0.8=12.51\ \text{kW}$$

（2）启动时，电动机星形连接

$$I_P=\frac{U_P}{|Z|}=\frac{380/\sqrt{3}}{27.74}=7.9\ \text{A}$$

$$I_l = I_p = 7.9\ \text{A}$$

$$P = \sqrt{3}U_l I_l \cos\varphi = \sqrt{3} \times 380 \times 7.9 \times 0.8 = 4.17\ \text{kW}$$

由此例可知，同一个对称三相负载接于一电路，当负载作△连接时的线电流是Y连接时线电流的三倍，作△形连接时的功率也是作Y形连接时功率的三倍。

在三相四线制电路中，若三相不对称时，则用3个表分别测量每相负载的平均功率，3个瓦特计测出的平均功率之和就是三相负载的总平均功率。如果电路是三相对称的，则可用一个瓦特计测量。此时瓦特计测得的平均功率的3倍就是三相负载的平均功率。

在对称或不对称的三相三线制电路中，可以采用两个瓦特计法测量三相负载的平均功率。其接法为：两个功率表的电流线圈分别串入任意两端线中（如A，B线），电压线圈的非电源端（无＊端）共同接到第三条端线上[图8－19(b)中即C线]。这种测量方法中功率表的接线只触及其端线，与电源和负载的连接方式（星形连接或三角形连接）无关。

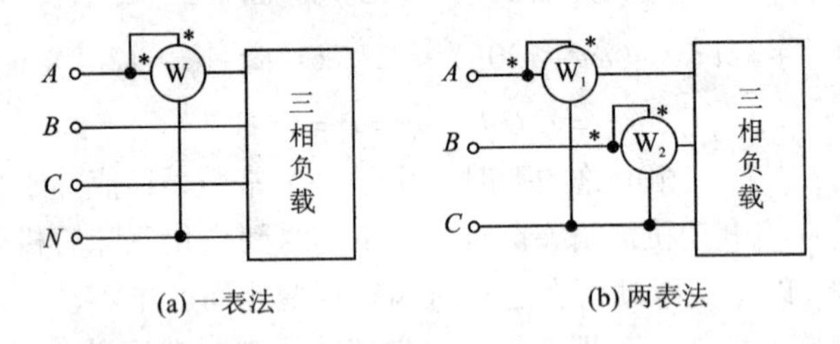

图8－19　三相功率的测量

由功率表的工作原理，图8－19(b)中两块功率表的读数为

$$P_1 = \text{Re}[\dot{U}_{AC}\dot{I}_A^*],\ P_2 = \text{Re}[\dot{U}_{BC}\dot{I}_B^*]$$

所以 $P_1 + P_2 = \text{Re}[\dot{U}_{AC}\dot{I}_A^*] + \text{Re}[\dot{U}_{BC}\dot{I}_B^*] = \text{Re}[\dot{U}_{AC}\dot{I}_A^* + \dot{U}_{BC}\dot{I}_B^*]$

又因$\dot{U}_{AC} = \dot{U}_A - \dot{U}_C$，$\dot{U}_{BC} = \dot{U}_B - \dot{U}_C$，$\dot{I}_A^* + \dot{I}_B^* = -\dot{I}_C^*$，则

$$\begin{aligned} P_1 + P_2 &= \text{Re}[(\dot{U}_A - \dot{U}_C)\dot{I}_A^* + (\dot{U}_B - \dot{U}_C)\dot{I}_B^*] \\ &= \text{Re}[\dot{U}_A\dot{I}_A^* + \dot{U}_B\dot{I}_B^* + \dot{U}_C(-\dot{I}_A^* - \dot{I}_B^*)] \\ &= \text{Re}[\dot{U}_A\dot{I}_A^* + \dot{U}_B\dot{I}_B^* + \dot{U}_C\dot{I}_C^*] \\ &= \text{Re}[\overline{S}_A + \overline{S}_B + \overline{S}_C] \\ &= \text{Re}[\overline{S}] \end{aligned}$$

上式说明，图8－19(b)两个功率表的读数代数和即为三相三线制中右侧负载电路吸收的平均功率。

若图8－19(b)为对称三相制，还可以证明（读者可通过作相量图自行分析）

$$P_1 = \mathrm{Re}[\dot{U}_{AC}\dot{I}_A^*] = U_{AC}I_A\cos(\varphi - 30°) \tag{8-9}$$

$$P_2 = \mathrm{Re}[\dot{U}_{BC}\dot{I}_B^*] = U_{BC}I_B\cos(\varphi + 30°) \tag{8-10}$$

其中 φ 为负载的阻抗角。要注意的是，在一定条件下，两个功率表之一的读数可能为负，求代数和时读数亦应取负值。

例8－7　利用图8－19(b)的电路测量三相电动机的功率，已知电机功率为2.5 kW，功率因数 $\lambda = \cos\varphi = 0.866$(感性)，线电压为380 V，求图中两个功率表的读数。

解　要求功率表的读数，只要求出它们相关联的电压、电流相量。

$\because$ $P = 3U_AI_A\cos\varphi = \sqrt{3}U_{AB}I_A\cos\varphi$，$\varphi = \cos^{-1}\lambda = 30°$（感性）

$\therefore$ $I_A = \dfrac{P}{\sqrt{3}U_{AB}\cos\varphi} = 4.386$ (A)

令 $\dot{U}_A = 220\angle 0°$ (V)，则有

$\dot{I}_A = 4.386\angle -30°$ (A)，

$\dot{U}_{AC} = 380\angle -30°$ V　（$\dot{U}_{AC} = \dot{U}_A - \dot{U}_C = \sqrt{3}\dot{U}_A\angle -30°$ V）

$\dot{I}_B = 4.386\angle -150°$ (A)，$\dot{U}_{BC} = 380\angle -90°$ (V)

$\therefore$ $P_1 = \mathrm{Re}[\dot{U}_{AC}\dot{I}_A^*] = \mathrm{Re}[380\angle -30° \times 4.386\angle 30°] = 1666.68$ (W)

$P_2 = \mathrm{Re}[\dot{U}_{BC}\dot{I}_B^*] = \mathrm{Re}[380\angle -90° \times 4.386\angle 150°] = 833.32$ (W)

P_2 的读数也可以通过下式求取

$$P_2 = P - P_1 = 833.32 \text{ (W)}$$

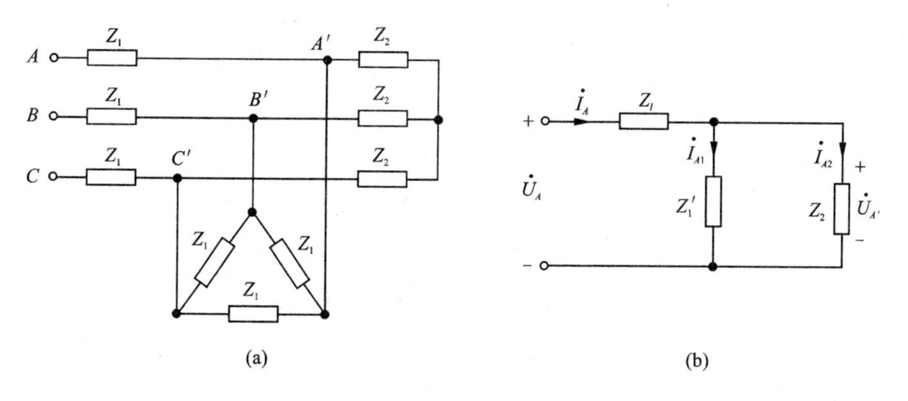

图8－20　例8－9的图

例8－8　图8－20所示电路中，Z_1、Z_2 为感性负载，△连接的总功率为10 kW，$\cos\varphi_1 = 0.8$；Y连接时的总功率7.5 kW，$\cos\varphi_2 = 0.88$；线路阻抗 $Z_l = 0.2 + \mathrm{j}0.3\ \Omega$。电源对称，负载侧线电压 $U_{l'} = 380$ V，求电源侧线电压。

解 将三相对称负载 Z_1 由△接→Y 接，其 Y 接阻抗用 Z_1' 表示，则有

$$Z_1' = \frac{Z_1}{3}$$

画一相计算电路如图 8－20(b)所示。

(1) 求 Z_1'，设△的相电流为 I_{P1}

$$I_{P1} = \frac{P_1}{3U_{P1}\cos\varphi_1} = \frac{10000}{3\times380\times0.8} = 10.96\ (\text{A})$$

$$|Z_1| = \frac{U_{P1}}{I_{P1}} = \frac{380}{10.96} = 34.67\Omega,\ \varphi_1 = \cos^{-1}0.8 = 36.87°$$

$$Z_1 = 34.67\angle 36.87°\ \Omega,\ Z_1' = 11.56\angle 36.87°\ (\Omega)$$

(2) 求 Z_2，Y 接的相电压为 220 V，设 Y 接的相电流为 I_{P2}

$$I_{P2} = \frac{P_2}{3U_{P2}\cos\varphi_2} = \frac{7500}{3\times220\times0.88} = 12.95\ (\text{A})$$

$$|Z_2| = \frac{U_{P2}}{I_{P2}} = \frac{380}{\sqrt{3}\times0.88} = 16.94\ (\Omega),$$

$$\varphi_2 = \cos^{-1}0.88 = 28.36°$$

所以 $Z_2 = 16.94\angle 28.36°\ (\Omega)$

(3) 负载侧相电压 $U_{A'} = U_l/\sqrt{3} \approx 220\ (\text{V})$，$Z_L = 0.2 + \text{j}0.3 = 0.36\angle 56.3°$ (Ω)

设 $\dot{U}_{A'} = 220\angle 0°\ (\text{V})$

则
$$\dot{I}_{A1} = \dot{U}_{A'}/Z'_1 = 19.03\angle 36.2°\ \text{A} = 15.22 - \text{j}11.42\ (\text{A})$$

$$\dot{I}_{A2} = U_{A'}/Z'_2 = 12.98\angle -28.36° = 11.42 - \text{j}6.16\ (\text{A})$$

$$\dot{I}_A = \dot{I}_{A1} + \dot{I}_{A2} = 26.64 - \text{j}17.58 = 31.92\angle -33.42°\ (\text{A})$$

$$\dot{U}_A = Z_l\dot{I}_A + \dot{U}_{A'} = 0.36\angle 56.3° \times 31.92\angle -33.42° + 220$$

$$= 11.49\angle 22.89° + 220 = 230.59 + \text{j}4.47$$

$$U_A = \sqrt{230.59^2 + 4.472} = 230.63\ (\text{V})$$

所以，电源侧的线电压应为 $= \sqrt{3}\times230.63 = 399.46\ (\text{V})$

本章小结

三相电路是一种特殊的正弦交流电路，它是由三相电源、三相负载和三相传输导线组成。对于三相电路，虽可采用复杂正弦交流电路的分析方法，但是由于三相电路具有特殊的结构，因而掌握三相电路的特殊分析方法会简化分析过程，所以是十分必要的。

三相电源是由三相交流发电机产生的，一般情况下都是对称的。对称三相电源的连接

方式有星形连接和三角形连接两种。三相负载的连接同样有星形连接和三角形连接两种。在星形连接方式和三角形连接方式时，线电压与相电压、线电流与相电流之间有不同的关系。

三相电路的分析方法需要根据电路结构和参数特点来选择。对于负载星形连接的对称三相电路，可根据电路对称性和各相计算独立性的特点进行，即采用对称三相电路归为一相负载计算的简便分析方法。先画出一相等效电路，求出一相的电压和电流，再依据对称关系推出其余两相的电压和电流。对于负载三角形连接的对称相电路，一般是根据对称性的特点进行分析，如果有必要还可以利用等效变换将电路变换成 Y/Y 连接电路后再进行分析。

不对称三相电路的分析过程较为复杂，但仍有规律可循。对于三相四线制的连接电路，可以直接计算各相的电压和电流。对于不计端线阻抗的负载三角形连接电路，可利用负载端线电压等于电源端线电压的特点直接求出各相负载电流。而其他类型的不对称三相电路，则只能应用正弦交流电路分析的相量法进行分析，一般采用结点电压法。

三相电路的功率概念与普通正弦交流电路的功率概念相同。但需注意的是，三相电路的功率一般是指各相负载功率的总和。对于对称三相电路，有统一的有功功率和无功功率的计算公式，而不对称三相电路没有统一的功率计算公式，只能分别求出各相的功率后再求和。

对于三相三线制电路，可利用2个瓦特测量三相负载的有功功率。

复习思考题

（1）已知三角形连接的对称三相负载，$Z=(3+\mathrm{j}4)\,\Omega$，其对称线电压 $\dot{U}_{AB}=380\angle 30^\circ$ V，求其他两相线电压、相电压、线电流、相电流。

（2）对称三相电路如图8－21所示，已知 $Z_L=(1+\mathrm{j}2)\,\Omega$，$Z=(5+\mathrm{j}6)\,\Omega$，$\dot{U}_A=220\sqrt{2}\cos\omega t$ V，试求负载端的线电压和线电流。

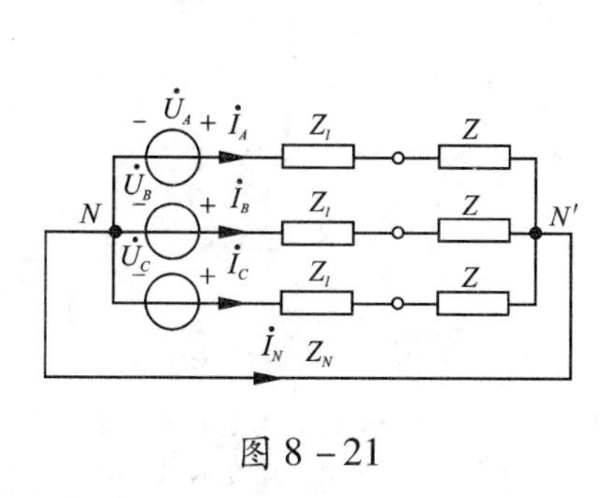

图8－21

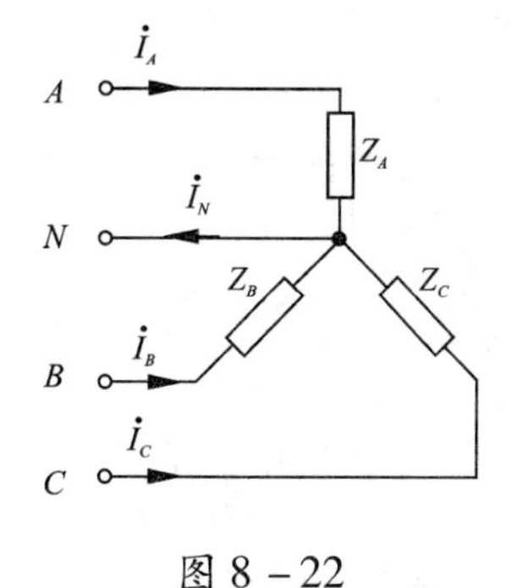

图8－22

（3）Y_0 连接的负载接到线电压为380 V的三相正弦电源上，如图8－22所示，试求：①每相负载阻抗 $Z_A=Z_B=Z_C=(17.32+\mathrm{j}10)\,\Omega$ 时的各相电流和中性线电流；②$Z_A=Z_B=Z_C$

$=(17.32+j10)\Omega$，但中线断开后的各相电流；③$Z_A=Z_B=(17.32+j10)\Omega$，但 Z_C 为 $Z_C'=20\Omega$ 时的各相电流和中线电流。

(4) 三相电路如图 8-23 所示，已知$\dot{U}_{AB}=380\angle 0°$ V，$\dot{U}_{BC}=380\angle -120°$ V，$\dot{U}_{CA}=380\angle 120°$ V，$R=380\ \Omega$，$Z_1=(40+j40)\ \Omega$，$Z_2=(60+j120)\ \Omega$，试求三相电源发出的总有功功率 P。

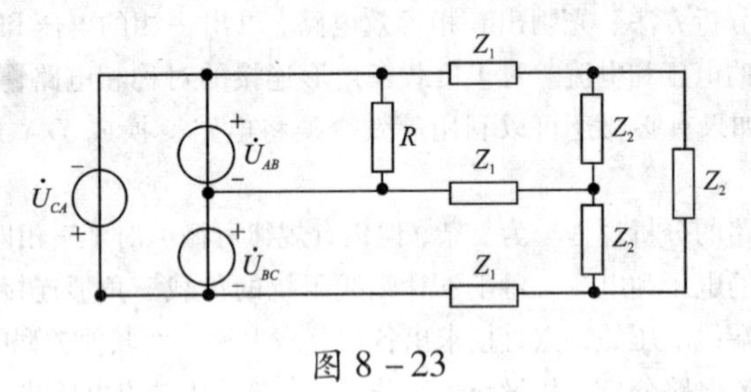

图 8-23

(5) 图 8-24 为对称 Y-△三相电路，$U_{AB}=380$V，$Z=(27.5+j47.64)\Omega$。

求：①图中功率表的读数及其代数和有无意义？②若开关 S 打开，再求①。

(6)图 8-25 电路中，对称三相电源端的线电压 $U_l=380$V，$Z=(50+j50)\Omega$，$Z_1=(100+j100)\Omega$，Z_A 为 R、L、C 串联组成，$R=50\Omega$，$X_L=314\Omega$，$X_C=-264\Omega$。试求：①开关 S 打开时的线电流；②若用二瓦计法测量电源端三相功率，试画出接线图，并求两个功率表的读数(S 闭合时)。

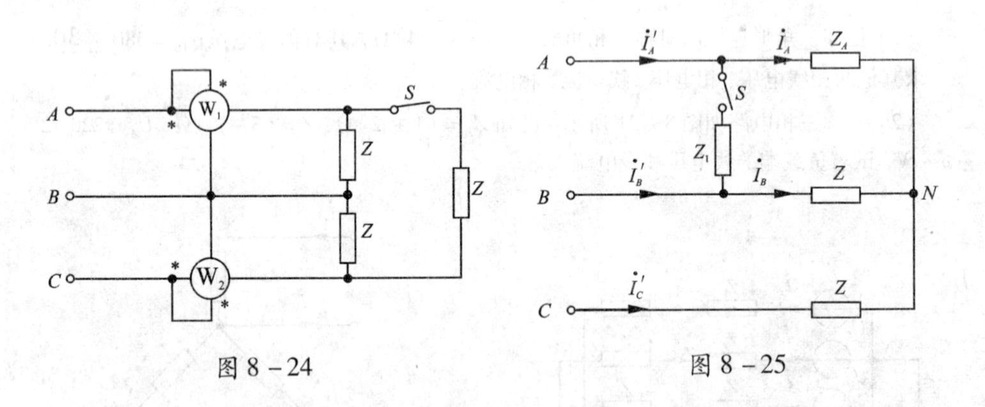

图 8-24　　　　图 8-25

(7)图 8-26 所示电源为对称三相四线制电路，已知电源相电压有效值为220V，第一组负载为 Y 形连接，每相阻抗 $Z_1=(12+j5)\Omega$，经过阻抗 $Z_0=3\Omega$ 接到中线上；第二组负载为△形连接，每相阻抗 $Z_2=-j120\Omega$；单相负载 R 接在 A 相与中线之间，其功率为1650W，求线电流$\dot{I}_A$、$\dot{I}_B$、$\dot{I}_C$。

(8) 对称三相电路如图 8-27 所示，已知线电压 $U_l=380$V，线电流 $I_l=1$A，功率表的读数是 329.08W，试求负载吸收的总有功功率 P 和总无功功率 Q。

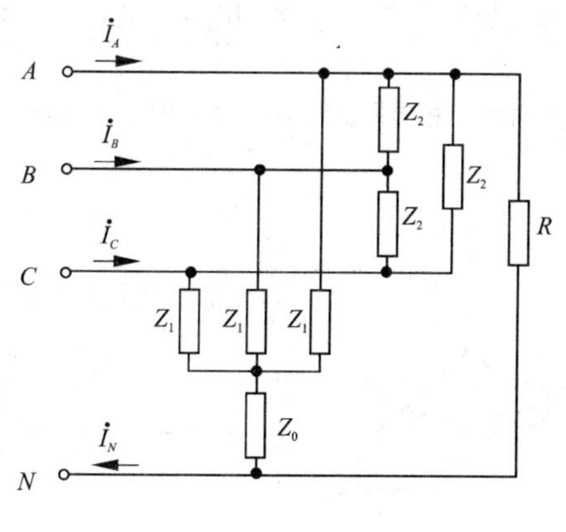

图 8－26

(9) 图8－28所示为对称三相电路，相序为ABC，线电压为380V，测得两个瓦特表的读数分别为$P_1=0\text{W}$，$P_2=1.65\text{W}$，求负载阻抗的参数R和X。

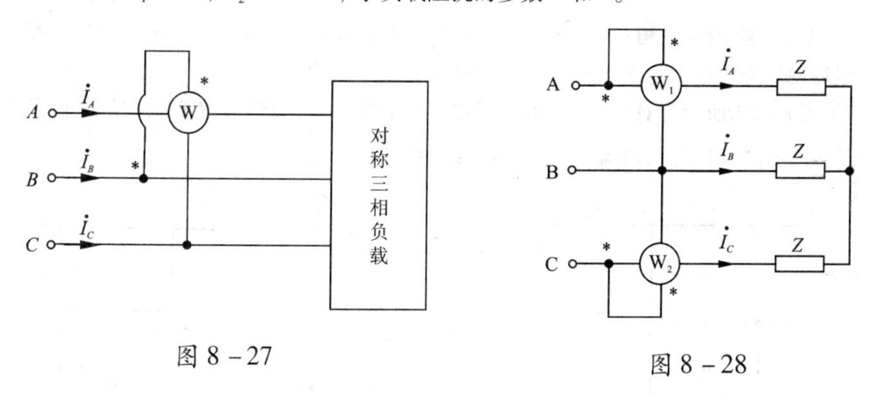

图 8－27　　　图 8－28

(10) 8－29电路中的$\dot{U}_s$是频率$f=50\text{Hz}$的正弦电压源。若要使$\dot{U}_{ao}$，$\dot{U}_{bo}$，$\dot{U}_{co}$构成对称三相电压，试求R、L、C之间应满足什么关系，设$R=20\Omega$，求L和C的值。

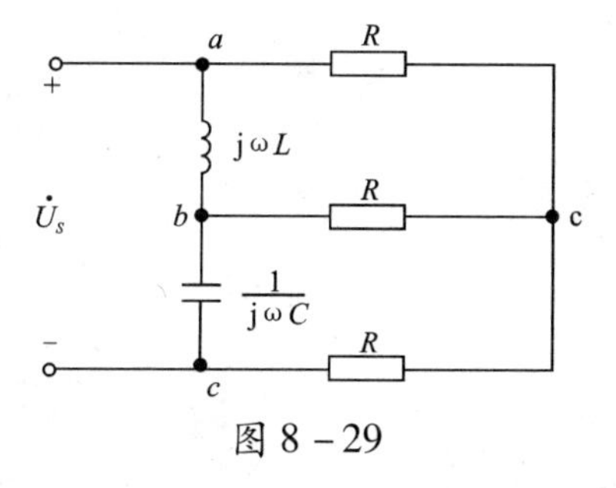

图 8－29

(11) 如图8－30所示的不对称星形连接负载，A相为$L=1\text{H}$的电感，B与C两相都是220V、40W的灯泡。电源为线电压等于380V的对称三相电源，①试用计算结果说明那只灯亮，并画出向量图。②A 相电感被短接时，求各相电压与相电流；③A 相电感断开时，求各相电压与相电流。

(12) 图 8－31 所示为对称三相电路，线电压为 380V，相电流 $I_{A'B'}=2\text{A}$。求图中功率表的读数。

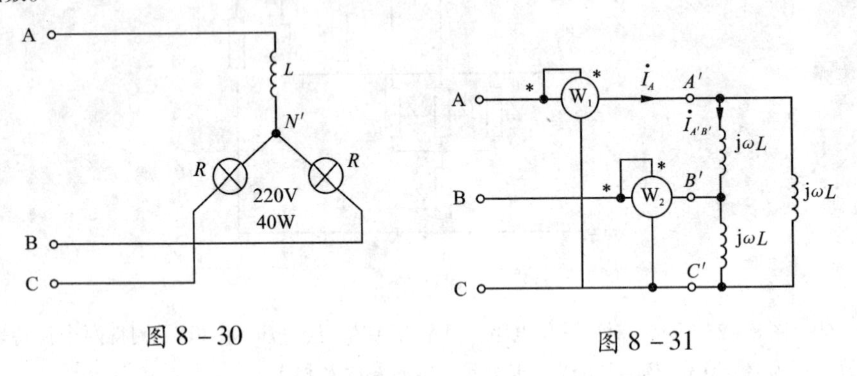

图 8－30　　　　图 8－31

(13) 图 8－32 所示三相对称电路中，电源频率为 50Hz，$Z=(6+\text{j}8)$，在负载中接入三相电容组后使功率因数提高到 0.9，试求每相电容器的电容值。

(14) 图 8－33 所示为对称三相电路，线电压为 380V，$R=200\Omega$，负载吸收的无功功率为 $1520\sqrt{3}\text{Var}$。试求：(1) 各线电流。(2) 电源发出的复功率。

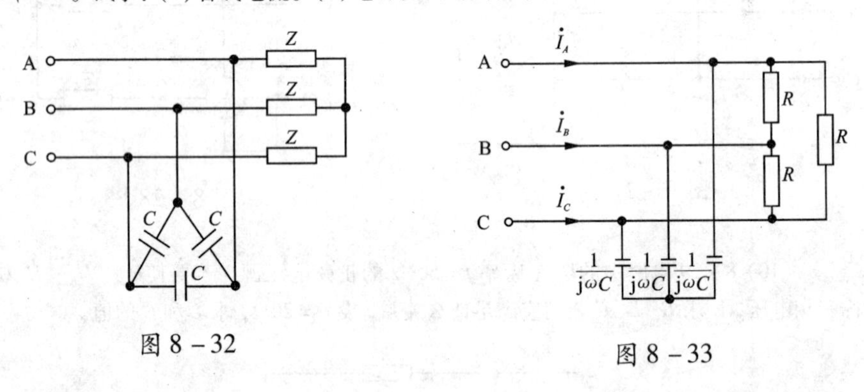

图 8－32　　　　图 8－33

第9章　非正弦周期电流电路

本章主要介绍非正弦周期电流电路的谐波分析法。它的内容主要包括有：周期函数分解为傅里叶级数，有效值、平均值和平均功率的概念，非正弦周期的计算、滤波器的概念和三相电路中的高次谐波。

9.1　非正弦周期信号及傅里叶级数展开*

产生非正弦信号的因素是多种多样的。电力系统中发电机发出的电压波形，严格说是"非正弦"周期波形。如果电路存在二极管、铁芯线圈等非线性元件，即使激励电压、电流是"理想"正弦波形，经过非线性元件后，电路中也会产生非正弦的电压和电流，如常见的整流电压波形和励磁电流波形。另外电路中如有几个不同频率的正弦电源作用，叠加后其等效电源就不再是正弦波。

在实践中，人们经常遇到一些不按正弦规律变化的电信号。如实验室常用的电子示波器中扫描电压是锯齿波；收音机或电视机所收到的信号电压或电流的波形是显著的非正弦形；在自动控制、电子计算机等领域内大量用到的脉冲电路中，电压和电流的波形也都是非正弦的。这些非正弦电压或电流可分为周期与非周期两种。图9-1绘出的是常见的几种非正弦周期波形，它们的波形虽然形状各不相同，但变化规律都是周期性的。含有周期性非正弦信号的电路，称为非正弦周期性电流电路。

本章仅讨论在非正弦周期性电压、电流作用下，线性电路的分析和计算方法。主要是利用数学中学过的傅里叶级数展开法，将非正弦电压(电流)分解为一系列不同频率的正弦量之和；然后对不同频率的正弦量，应用以前的分析方法分别求解；最后再根据线性电路的叠加原理，把所得分量的时域形式叠加，就可以得到电路中实际的稳态电流和电压。这就是分析非正弦周期电流电路的基本方法，称为谐波分析法。它实质上就是把非正弦周期电路的计算化为一系列正弦电路的计算，这样我们就能充分利用相量法这个有效的工具。

周期电流、电压、信号等都可以用一个周期函数表示，周期函数的一般定义是设有一时间函数$f(t)$，若满足

$$f(t+nT)=f(t)\qquad (n=0,\ \pm1,\ \pm2,\cdots)$$

则称$f(t)$为周期函数，其中T为常数，称为$f(t)$的重复周期，简称周期。

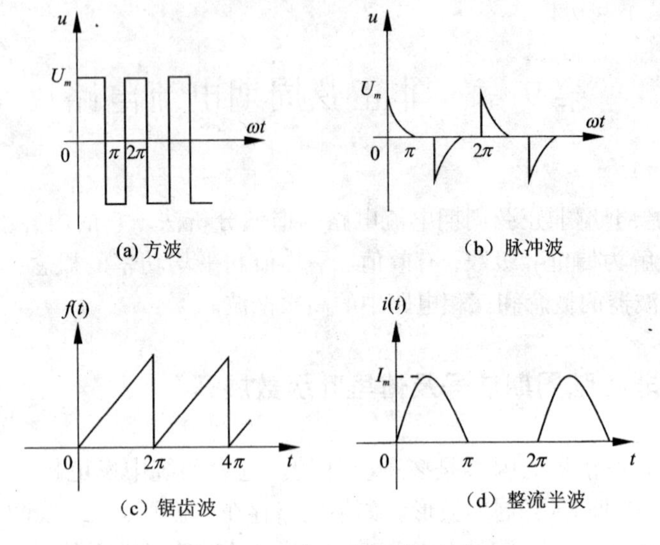

图 9－1　非正弦周期波形

数学上已知任何一个周期为 T 的函数 $f(t)$，如果满足狄里赫利条件，即函数 $f(t)$ 在一周期时间内连续，或具有有限个第一类间断点(间断点两侧函数有极限存在)，并且函数只有有限个极大值和极小值，那么它能展开成一个收敛的傅里叶级数，即

$$f(t)=a_0+\sum_{k=1}^{\infty}\left[a_k\cos(k\omega_1 t)+b_k\sin(k\omega_1 t)\right] \tag{9-1}$$

式(9－1)中的各项系数确定如下

$$\left.\begin{aligned}
a_0&=\frac{1}{T}\int_0^T f(t)\,\mathrm{d}t=\frac{1}{\pi}\int_{-\pi}^{\pi}f(t)\,\mathrm{d}t\\
a_k&=\frac{2}{T}\int_0^T f(t)\cos(k\omega_1 t)\,\mathrm{d}t=\frac{1}{\pi}\int_{-\pi}^{\pi}f(t)\cos(k\omega_1 t)\,\mathrm{d}t(\omega_1 t)\\
b_k&=\frac{2}{T}\int_0^T f(t)\sin(k\omega_1 t)\,\mathrm{d}t=\frac{1}{\pi}\int_{-\pi}^{\pi}f(t)\sin(k\omega_1 t)\,\mathrm{d}(\omega_1 t)
\end{aligned}\right\} \tag{9-2}$$

利用三角公式，可将式(9－1)式合并成另一种形式

$$f(t)=A_0+\sum_{k=1}^{\infty}A_{km}\cos(k\omega_1 t+\varphi_k) \tag{9-3}$$

其中

$$A_0=a_0,\ A_{km}=\sqrt{a_k^2+b_k^2},\ \varphi_k=\arctan^{-1}\frac{(-b_k)}{a_k} \tag{9-4}$$

式(9－4)说明，一个非正弦周期函数可以表示为一个直流分量与一系列具

有不同振幅、不同初相角而频率成整数倍关系的正弦函数的叠加。其中 A_0 是不随时间变化的常数，称为 $f(t)$ 的直流分量或恒定分量；第 2 项 $A_{1m}\cos(\omega_1 t+\varphi_1)$，其角频率与原信号函数 $f(t)$ 的相同，称为基波或一次谐波；其余各项的频率为基波频率的整数倍，分别为二次、三次、…、k 次谐波，统称为高次谐波，当 k 为奇数时称为奇次谐波，k 为偶数称为偶次谐波。

把非正弦周期函数 $f(t)$ 展开成傅里叶级也称为谐波分析。往往理论上用数学分析的方法来求解函数的傅里叶级数。工程上经常采用查表的方法来获得周期函数的傅里叶级数。电工技术中常见的几种周期函数的傅里叶级数展开式如表 9－1 所示，在实际使用时，还常根据误差要求，只截取傅里叶级级数展开式中的有限项。

表 9－1　常见周期函数的傅里叶级数展开式

名称	$f(t)$ 的波形图	$f(t)$ 的傅里叶级数
矩形波	$f(t)$ A 0 π 2π t	$f(t)=\frac{4A}{\pi}(\sin\omega t+\frac{1}{3}\sin3\omega t+\cdots+\frac{1}{5}\sin5\omega t+\cdots+\frac{1}{k}\sin k\omega t+\cdots)$　k 为奇数
锯齿波	$f(t)$ A 0 2π 4π t	$f(t)=\frac{A}{2}-\frac{A}{\pi}(\sin\omega t+\frac{1}{2}\sin2\omega t+\frac{1}{3}3\omega t+\cdots+\frac{1}{k}\sin k\omega+\cdots)$
三角波	$f(t)$ A 0 π 2π t	$f(t)=\frac{8A}{\pi^2}(\sin\omega t-\frac{1}{9}\sin3\omega t+\frac{1}{25}\sin5\omega t-\cdots+\frac{(-1)^{\frac{k-1}{2}}}{k^2}\sin k\omega t+\cdots)$　k 为奇数
梯形波	$f(t)$ A 0 α α π 2π t	$f(t)=\frac{4A}{2\pi}(\sin\alpha\sin\omega t+\frac{1}{9}\sin3\alpha\sin3\omega t+\frac{1}{25}\sin5\alpha\sin5\omega t+\cdots+\frac{1}{k^2}\sin k\alpha\sin k\omega t+\cdots)$ k 为奇数

续上表

名称	$f(t)$的波形图	$f(t)$的傅里叶级数
整流半波		$f(t)=\frac{A}{\pi}(1+\frac{\pi}{2})\sin\omega t-\frac{2}{3}\cos2\omega t-\frac{2}{15}\cos4\omega t-\cdots-\frac{2}{(k-1)(k+1)}\cos k\omega t-\cdots)$ k为偶数
整流全波		$f(t)=\frac{4A}{\pi}(\frac{1}{2}+\frac{1}{3}\cos\omega t-\frac{1}{15}\cos2\omega t+\cdots+\frac{(-1)^{k-1}}{4k^2-1}\cos k\omega t-\cdots)$ k为正整数

以上介绍上周期函数分解为傅里叶级数的方法。工程中为了很直观清晰地表示一个非正弦周期量所含各次谐波分量的大小和相位及其与频率的关系，通常采用频谱图的方法。

$f(t)$分解为傅氏级数后包含哪些频率分量和各分量所占“比重”，用长度与各次谐波振幅大小相对应的线段进行表示，并按频率高低把它们依次排列起来所得到的图形，称为$f(t)$的幅度频谱，如图9－2(a)所示；如用长度与各次谐波相位大小成比例的线段按照谐波频率的次序排列起来的图形，即为$f(t)$的相位频谱，如图9－2(b)所示。

由图9－2可见，周期信号的频谱有如下特点：

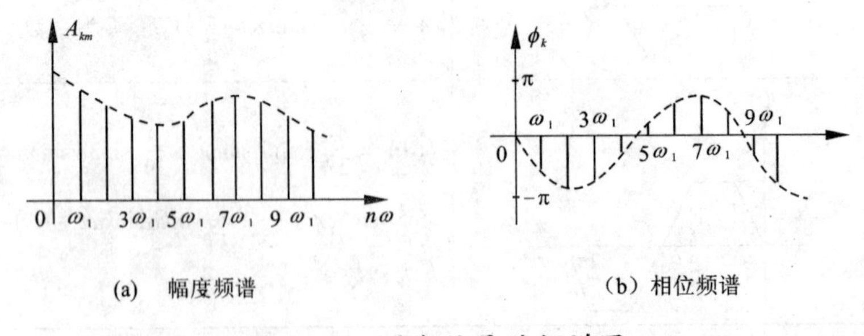

(a) 幅度频谱　　(b) 相位频谱

图9－2 周期信号的频谱图

(1)离散性，即谱线的分布是离散的而不是连续的，所以有时也称之为线频谱。

(2)谐波性，这是因为沿着频率轴，谱线在频率轴($\omega = n\omega_1$ 轴)上的位置刻度一定是 ω_1 的整数倍，且任意两根谱线之间的间隔为 $\Delta\omega = \omega_1$。

(3) 收敛性，也称衰减性，即随着谐波次数的增高，各次谐波的振幅总趋势是减小的。

研究信号的频谱，对认识信号本身的特性有重要意义，也是电路设计的重要依据之一。

例9-1　求图9-3(a)所示矩形信号$f(t)$的傅里叶级数展开式及其幅值频谱。

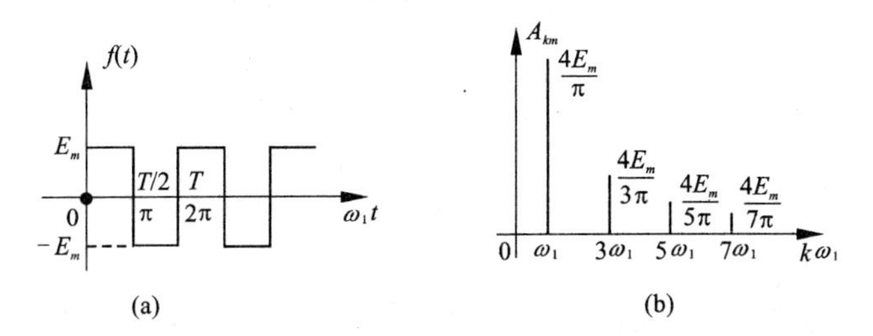

图9-3　例9-1的图

解　$f(t)$在一个周期$(0, T)$内的表达式为

$$f(t)=\begin{cases} E_m & (0\leqslant t\leqslant \dfrac{T}{2}) \\ -E_n & (\dfrac{T}{2}\leqslant t\leqslant T) \end{cases}$$

由式(9-2)求得各项系数为

$$a_0=\frac{1}{T}\int_0^T f(t)\,\mathrm{d}t = 0$$

$$a_k=\frac{1}{\pi}\int_0^{2\pi} f(t)\cos k\omega_1 t\,\mathrm{d}(\omega_1 t) = 0$$

$$\begin{aligned} b_k &= \frac{1}{\pi}\int_0^{2\pi} f(t)\sin k\omega_1 t\,\mathrm{d}(\omega_1 t) \\ &= \frac{2E_m}{\pi}\int_0^{\pi}\sin k\omega_1 t\,\mathrm{d}(\omega_1 t) \\ &= \frac{2E_m}{k\pi}(1-\cos k\pi) \end{aligned}$$

$$b_k=\frac{2E_m}{k\pi}\times 2=\frac{4E_m}{k\pi},\ k=1,\ 3,\ 5,\ \cdots$$

$$f(t)=\frac{4E_m}{\pi}[\sin\omega_1 t+\frac{1}{3}\sin3\omega_1 t+\frac{1}{5}\sin5\omega_1 t+\cdots]$$

图9-4中的虚线是取$f(t)$的傅里叶级数展开式前3项(只取到5次谐波)时，绘制的合成波形，显然谐波次数取的越多，合成曲线就越接近原$f(t)$波形。

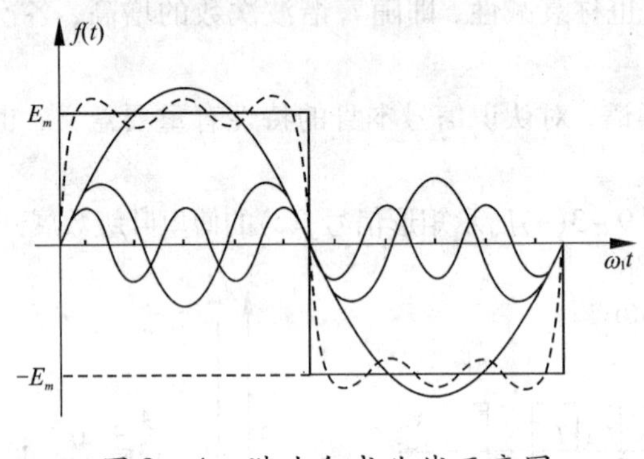

图9-4　谐波合成曲线示意图

为了具体地作出频谱图，根据式(9-4)，可求得各次谐波的振幅

$$A_{km}=\sqrt{a_k^2+b_k^2}=b_k=\frac{4E_k}{k\pi}\quad k=1,3,5,\cdots$$

沿着频率轴，取各次谐波频率$\omega=k\omega_1(k=1,3,5,\cdots)$，将谐波振幅用长度相当的线段依次排列起来，即得到$f(t)$的幅度频谱图，如图9-3(b)所示。

对一个非正弦周期函数进行傅里叶分解时，应先分析它是否具有对称性，如果波形具有对称性，则它的某些傅里叶系数将为零。利用这一特点，计算将大为简化。图9-5给出了具有对称性的几种波形，图9-5(a)以纵轴为对称轴，即$f(t)=f(-t)$，称之为偶函数；图9-5(b)以原点为中心对称，$f(t)=-f(-t)$，称之为奇数；对图9-5(c)，将前半期平移半个周期，则与后半周期波形以t轴呈镜像对称，即$f(t)=-f(t\pm\frac{T}{2})$，称之奇谐波函数。

利用傅里叶级展开式的系数计算式(9-2)，可以得出以下结论:对于偶函数，$b_k=0$，展开式只有恒定分量和余弦项，不含正弦分量，偶函数具有对纵坐标对称的性质，偶函数之和仍为偶函数，偶函数之积仍为偶函数，奇函数与偶函数之积仍为偶函数；对于奇函数，$a_k=0$，展开式只有正弦项，不含恒定分量和余弦分量，奇函数具有对原点对称的性质，而对奇谐波函数而言，$a_{2k}=b_{2k}=0$，展开式只有奇次谐波分量，不含恒定分量和偶次谐波分量。

要注意的是，由于式(9-2)中系数a_k和b_k与初相φ_k有关，所以它们也随计时起点即坐标原点的选择而改变，同一波形可能由于原点的选择不同而表现

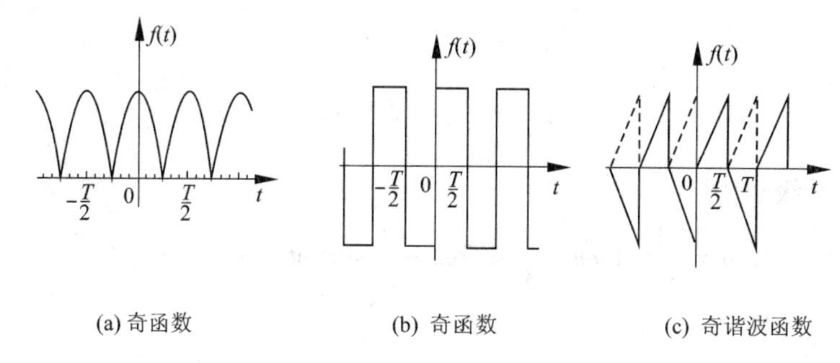

(a) 奇函数　　(b) 奇函数　　(c) 奇谐波函数

图9－5　具有对称性的几种波形

出偶函数对称或奇函数对称或没有这种对称。这就说明，一个周期函数是奇函数还是偶函数，与坐标原点有关。在式(9－3)中，A_{km}与坐标原点是无关的，而φ_k与坐标原点有关，坐标原点的变动只能使各次谐波的初相作相应的改变；因而一个周期函数是否是奇谐波函数，则与计时起点无关。另外不要把奇函数和具有奇次谐波的函数混淆。前者只有正弦分量，后者一般既含正弦分量又含余弦分量，但只含有奇次谐波。

例9－2　试求图9－6所示三角波的傅里叶级数。

解　首先检查给定波形的对称性，可以发现：

(1)波形对原点对称，属奇函数，因而只有 sin 项(对所有 k，$a_k=0$，包括 $a_0=0$)

(2)半波对称，因而只有奇次谐波。

因此，只需求系数 b_k，且 k 为奇数。当这两种对称都存在，在求系数时可以在1/4周内进行，即

$$b_k=\frac{8}{T}\int_0^{T/4}f(t)\sin k\omega t\mathrm{d}t \qquad (k\text{ 为奇数})$$

其中 $\omega=\frac{2\pi}{T}$。且由于

$$f(t)=\frac{4A}{T}t \qquad (0\leqslant t\leqslant T/4)$$

因此可得

$$\begin{aligned}b_k&=\frac{8}{T}\int_0^{T/4}\left(\frac{4A}{T}t\right)\sin k\left(\frac{2\pi}{T}\right)t\mathrm{d}t\\&=\frac{8A}{k^2\pi^2}\sin\left(\frac{k\pi}{2}\right) \qquad (k\text{ 为奇数})\end{aligned}$$

$$=\begin{cases}\dfrac{8A}{k^2\pi^2},\ k=1,5,9,\cdots\\-\dfrac{8A}{k^2\pi^2},\ k=3,7,11,\cdots\end{cases}$$

所求傅里叶级数为

$$f(t)=\frac{8A}{\pi^2}(\sin\omega t-\frac{1}{3^2}\sin3\omega t+\frac{1}{5^2}\sin5\omega t-\cdots)$$

其频谱如图9－7所示。

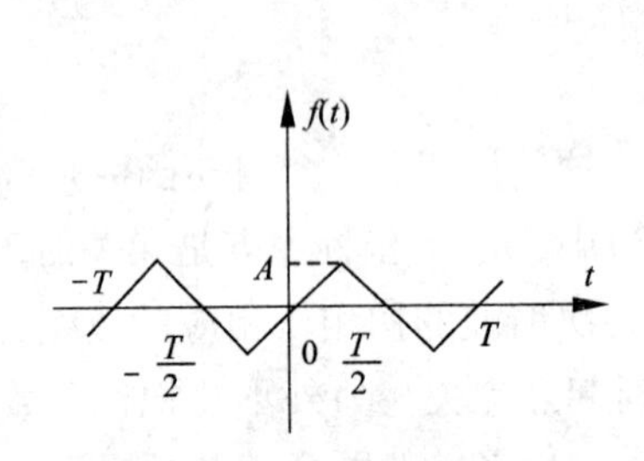

图9－6　例9－2的图

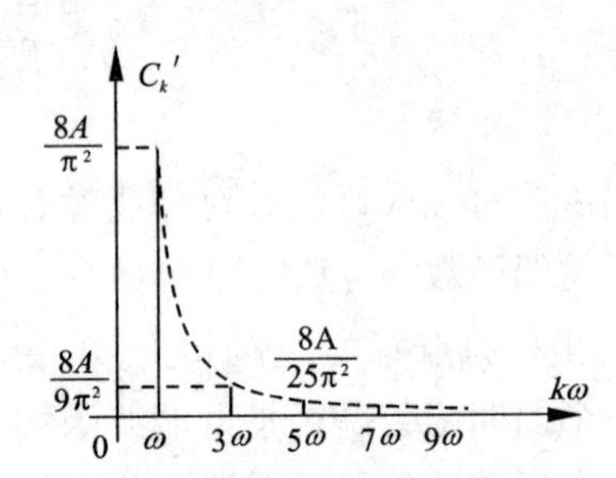

图9－7　三角波的幅度频谱

9.2　有效值、平均值和平均功率

对于任何周期性的电压(电流)$f(t)$，不论是正弦的还是非正弦的，有效值定义都为

$$F=\sqrt{\frac{1}{T}\int_0^T f^2(t)\mathrm{d}t}\tag{9-5}$$

因此，非正弦周期量的有效值就是周期函数在一个周期里的均方根值。设有非正弦周期电流量 $i(t)$，其傅里叶级数展开式为

$$i=I_0+\sum_{k=1}^{\infty}I_{km}\cos(k\omega_1 t+\varphi_k)$$

其中 I_0 和 I_{km} 分别为直流分量与第 k 次谐波的振幅，代入式(9－5)，即得

$$I=\sqrt{\frac{1}{T}\int_0^T[I_0+\sum_{k=1}^{\infty}I_{km}\cos(k\omega_1 t+\varphi_k)]^2\mathrm{d}t}$$

将上式中的方括号展开后有下面4种类型。

(1)直流分量的平方在一周内的平均值

$$\frac{1}{T}\int_0^T I_0^2\mathrm{d}t=I_0^2$$

(2)k 次谐波的平方在一周内的平均值

$$\frac{1}{T}\int_0^T I_{km}^2\cos^2(k\omega_1 t+\varphi_k)\mathrm{d}t = I_k^2$$

(3)直流分量与各次谐波乘积的2倍在一周内的平均值等于零

$$\frac{1}{T}\int_0^T 2I_0 I_{km}\cos(k\omega_1 t+\varphi_k)\mathrm{d}t = 0$$

(4)两个不同频率谐波分量乘积的2倍在一周内的平均值，根据三角函数的正交性，其结果为零

$$\frac{1}{T}\int_0^T 2I_{km}\cos(k\omega_1 t+\varphi_k)I_{qm}\cos(q\omega_1 t+\varphi_q)\mathrm{d}t = 0 \quad k\neq q$$

经过运算推导，即得

$$I = \sqrt{I_0^2+I_1^2+I_2^2+I_3^2+\cdots} = \sqrt{I_0^2+\sum_{k=1}^{\infty}I_k^2} \tag{9-6}$$

可见，非正弦周期电流的有效值I，是等于直流分量和各次谐波电流有效值平方和的平方根。

同理可得非正弦周期电压$u(t)$的有效值为

$$U = \sqrt{U_0^2+U_1^2+U_2^2+U_3^2+\cdots} = \sqrt{U_0^2+\sum_{k=1}^{\infty}U_k^2} \tag{9-7}$$

用普通的电压表、电流表测量非正弦周期电流电路中的电压、电流，如无特别声明，均为其有效值。

例9－3　图9－8示电路各电源的电压为

$$U_0=60\ (\mathrm{V})$$

$$u_1=[100\sqrt{2}\cos(\omega_1 t)+20\sqrt{2}\cos(5\omega_1 t)]\ (\mathrm{V})$$

$$u_2=50\sqrt{2}\cos(3\omega_1 t)\ (\mathrm{V})$$

$$u_3=[30\sqrt{2}\cos(\omega_1 t)+20\sqrt{2}\cos(3\omega_1 t)]\ (\mathrm{V})$$

$$u_4=[80\sqrt{2}\cos(\omega_1 t)+10\sqrt{2}\cos(5\omega_1 t)]\ (\mathrm{V})$$

$$u_5=10\sqrt{2}\sin(\omega_1 t)\ (\mathrm{V})$$

(1)试求有效值U_{ab}，U_{ac}，U_{ad}，U_{ae}，U_{af}；

(2)如将U_0换为电流源$i_s(t)=2\sqrt{2}\cos(7\omega_1 t)$，电流从$d$点流出。试求电压有效值$U_{ac}$，$U_{ad}$，$U_{ae}$，$U_{ag}$。

解　本题各电源电压含有的各次谐波分量为恒定分量和4个奇次谐波分量，各电压的有效值如下：

(1)
$$U_{ab}=\sqrt{100^2+20^2}=101.98\ (\mathrm{V})$$

$$U_{ac}=\sqrt{100^2+50^2+20^2}=113.57\ (\mathrm{V})$$

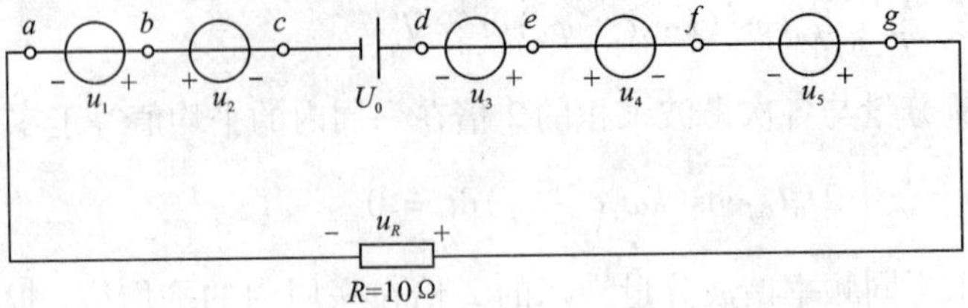

a b c d e f g
u_1 u_2 U_0 u_3 u_4 u_5
u_R
$R=10\,\Omega$

图9-8 例9-3的图

$$U_{ad}=\sqrt{60^2+100^2+50^2+20^2}=128.4\ (\text{V})$$

$$U_{ae}=\sqrt{60^2+(100+30)^2+(50-20)^2+20^2}=147.648\ (\text{V})$$

$$U_{af}=\sqrt{60^2+(100+30-80)^2+(50-20)^2+(20-10)^2}=84.26\ (\text{V})$$

(2)设电压 U_R 参考方向如图(9-8)所示，当将 U_0 换为电流电源 i_s 时，有

$$u_R=Ri_s=20\sqrt{2}\cos(7\omega_1 t)\ (\text{V}) \tag{9-8}$$

各电压有效值分别为

$$U_{ac}=\sqrt{100^2+50^2+20^2}=113.578\ (\text{V})$$

$$U_{ad}=\sqrt{[(80-30)^2+10^2]+20^2+10^2+20^2}=58.16\ (\text{V})$$

$$U_{ae}=\sqrt{(80^2+10^2)+10^2+20^2}=83.66\ (\text{V})$$

$$U_{ag}=U_R=20\ (\text{V})$$

本题在求解各电压有效值中，先将不同电源电压的相同频率的时域响应相加，再进行各次谐波有效值的计算，最后求出所要求解的非正弦电压的有效值。

按平均值的一般定义，周期信号的平均值就是直流分量。在电路中遇到的非正弦周期信号，若正半周和负半周相等，则平均值为零。为此，定义非正弦周期信号绝对值在一周内的平均值，称为绝对值的平均值，简称平均值。

以非正弦周期电流为例，其平均值的数学表达式为

$$I_{av}=\frac{1}{T}\int_0^T |\,i(t)\,|\,\mathrm{d}t$$

应当注意的是，一个周期内其值有正、负的周期量的平均值 I_{av} 与其直流分量 I_0 是不同的，只有一个周期内其值均为正值的周期量，平均值才等于其直流分量。

例如，当正弦电流 $i(t)=I_m\cos\omega t$ 时，其平均值为

$$I_{av}=\frac{1}{T}\int_0^T|I_m\cos\omega|\,\mathrm{d}t=\frac{2I_m}{T}\int_0^{\pi}\cos\omega t\mathrm{d}t=0.637I_m=0.898I$$

对于同一非正弦量，当我们用不同类型的仪表进行测量时，就会得出不同的结果，这是因为各类仪表的指针偏转角 α 含义是不同的。如用磁电系仪表测量($\alpha\propto\frac{1}{T}\int_0^T i\mathrm{d}t$)，其读数为非正弦量的直流分量；如用电磁系或电动系仪表测量($\alpha\propto\frac{1}{T}\int_0^T i^2\mathrm{d}t$)，其读数为非正弦量的有效值；如用全波整流磁电系仪表测量($\alpha\propto\frac{1}{T}\int_0^T|i|\,\mathrm{d}t$)，其读数为非正弦量的绝对平均值。由此可见，在测量非正弦周期电流和电压时，要注意选择合适的仪表，并注意各种不同类型表的读数所表示的含义。

书中前已论述：若任意一端口的端口电压 $u(t)$ 和电流 $i(t)$ 取关联参考方向，则一端口电路吸收的瞬时功率和平均功率分别为

$$p(t)=u(t)\cdot i(t),\qquad P=\frac{1}{T}\int_0^T p(t)\mathrm{d}t$$

显然，当端口电压 $u(t)$ 和电流 $i(t)$ 均为非正弦周期量时，一端口的瞬时功率为

$$p=ui=\left[U_0+\sum_{k=1}^{\infty}U_{km}\cos(k\omega_1 t+\varphi_{uk})\right]\times\left[I_0+\sum_{k=1}^{\infty}I_{km}\cos(k\omega_1 t+\varphi_{ik})\right]$$

将上式进行积分再取周期内的平均，并利用三角函数的正交性，得一端口电路吸收的平均功率为

$$P=\frac{1}{T}\int_0^T p(t)\mathrm{d}t=\frac{1}{T}\int_0^T u(t)\cdot i(t)\mathrm{d}t$$
$$=U_0I_0+U_1I_1\cos\varphi_1+U_2I_2\cos\varphi_2+\cdots+U_kI_k\cos\varphi_k+\cdots$$

记为

$$P=P_0+\sum_{k=1}^{\infty}P_k$$

其中

$$U_k=\frac{U_{km}}{\sqrt{2}},\ I_k=\frac{I_{km}}{\sqrt{2}},\ \varphi_k=\varphi_{uk}-\varphi_{ik},\ k=1,2,\cdots$$

上式表明，不同频率的电压与电流只构成瞬时功率，不能构成平均功率，只有同频率的电压与电流才能构成平均功率；电路的平均功率等于直流分量和

各次谐波分量各自产生的平均功率之代数和，即平均功率守恒。

若流过电阻 R 中的非正弦周期电流 $i(t)$ 的有效值为 I，则该电阻 R 消耗的平均功率可直接由式 $P=I^2R$ 求得。

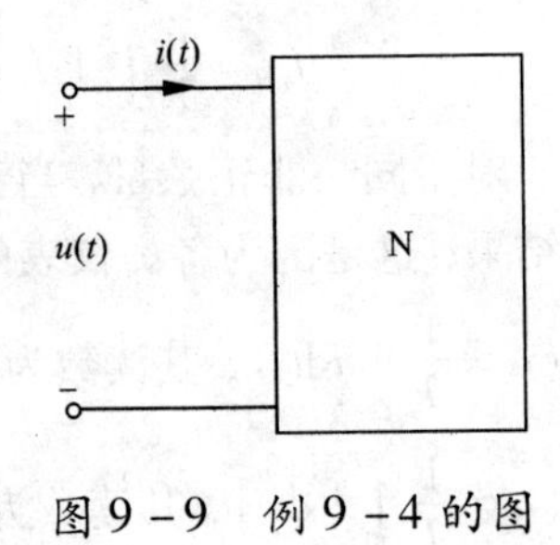

图 9－9　例 9－4 的图

例 9－4　求一端口吸收的平均功率 P，已知端口电压 $u(t)=40+180\cos\omega t+60\cos(3\omega t+45°)$ V，电流 $i(t)=1.43\cos(\omega t+85.3°)+6\cos(3\omega t+45°)$ A。

解　端口电压与电流的参考方向关联，则有

$$P_0=U_0I_0=40\times 0=0\text{W}$$

$$P_1=U_1I_1\cos\varphi_1=\left[\frac{180}{\sqrt{2}}\times\frac{1.43}{\sqrt{2}}\cos(0°-85.3°)\right]=10.6\text{W}$$

$$P_3=U_3I_3\cos\varphi_3=\left[\frac{60\times 6}{2}\cos(45°-45°)\right]=180\text{W}$$

即得

$$P=P_0+P_1+P_3=0+10.6+180=190.6\text{W}$$

9.3　非正弦周期电流电路的计算

按照傅里叶级数展开法，任何一个满足狄里赫利条件的非正弦周期信号可以分解为一个恒定分量与无穷多个频率为非正弦周期信号频率的整数倍、不同幅值的正弦分量的和。因此根据线性电路的叠加原理，非正弦周期信号作用下的线性电路稳态响应可以视为一个恒定分量和上述无穷多个正弦分量单独作用下各稳态响应分量之叠加，各响应的计算分别用直流和正弦稳态电路的分析方法进行计算。电工技术的工程计算中，通常将这种分析方法，叫做谐波分析法。其具体步骤如下：

(1)按前面所讲的方法将给定的非正弦电压或电流信号分解为傅里叶级数，并根据计算精度要求，取有限项高次谐波；若给出已是信号的级数表达式，则可免除这一步。

(2)分别计算直流分量以及各次谐波分量单独作用时电路的稳态响应分量。对直流分量，应用直流电阻电路计算方法，并视电感元件为短路，电容元件为开路。对各次谐波分量，可以用正弦交流电路的相量法进行，但要注意，感抗、容抗与频率有关，其值分别为 $X_{Lk}=k\omega L$，$X_{Ck}=-\dfrac{1}{k\omega C}$。

(3)应用叠加原理，将各分量作用下的响应解析式进行叠加。需要注意的是，必须先将各次谐波分量响应写成瞬时值表达式后才可以叠加，而不能把表示不同频率的谐波的正弦量的相量进行加减。

例9-5　图9-10所示电路中，$R=3\Omega$，$\frac{1}{\omega_1 C}=9.45\Omega$，输入电源为

$u_s=[10+141.4\cos(\omega_1 t)+47.13\cos(3\omega_1 t)+28.2\cos(5\omega_1 t)+\cdots]$ (V)，求电流 i 和电阻吸收的平均功率。

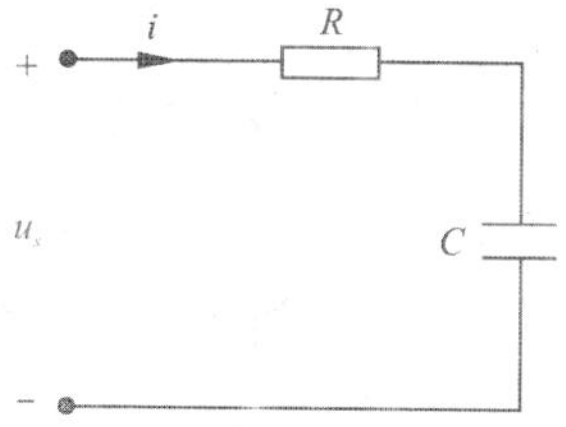

图9-10　例9-5的图

解　已给出信号的级数表达式，无需展开。各分量作用下，电流相量的一般表达式为

$$\dot{I}_{m(k)}=\frac{\dot{U}_{sm(k)}}{R-\mathrm{j}\frac{1}{k\omega_1 C}}$$

$k=0$，直流分量作用时，

$$U_0=10\ (\mathrm{V}),\ I_0=0,\ P_0=0$$

$k=1$，$\dot{U}_{sm(1)}=141.4\angle 0°$ (V)，$\dot{I}_{m(1)}=\frac{141.4\angle 0°}{3-\mathrm{j}9.45}=14.26\angle 72.39°$ (A)

$P_{(1)}=\frac{1}{2}I_{m(1)}^2 R=305.2\mathrm{W}$

$k=3$，$\dot{U}_{sm(3)}=47.13\angle 0°$ (V)，$\dot{I}_{m(3)}=\frac{47.13\angle 0°}{3-\mathrm{j}3.15}=10.83\angle 46.4°$ (A)

$P_{(3)}=\frac{1}{2}I_{m(3)}^2 R=175.93$ (W)

$k=5$，$\dot{U}_{sm(5)}=28.28\angle 0°$ (V)，$\dot{I}_{m(5)}=7.98\angle 32.21°$ (A)

$P_{(5)}=\frac{1}{2}I_{m(5)}^2 R=95.52$ (W)

各稳态响应按时域形式叠加为

$i=[14.26\cos(\omega_1 t+72.39°)+10.83\cos(3\omega_1 t+46.4°)+7.98\cos(5\omega_1 t+32.21°)+\cdots]$ (A)

$P\approx P_0+P_{(1)}+P_{(3)}+P_{(5)}=576.65$ (W)

例9-6　图9-11所示电路中，$u_s(t)=2+10\cos 5t$ V，$i_s(t)=4\cos 4t$，求电流 $i_L(t)$。

解　由于两个电源 $i_s(t)$ 和 $u_s(t)$ 的频率不同，且 $u_s(t)$ 中含有直流分量，故该电路属于非正弦电路，不能直接用相量法，只能使用谐波分析法。

(1) $u_s(t)$ 内的2V分量单独作用时，其电路如图9-11(b)所示，显然有 $I_{L0}=2\mathrm{A}$.

(2) $u_s(t)$ 内的 $10\cos 5t$ 单独作用时，其电路如图9-11(c)所示，将电压源

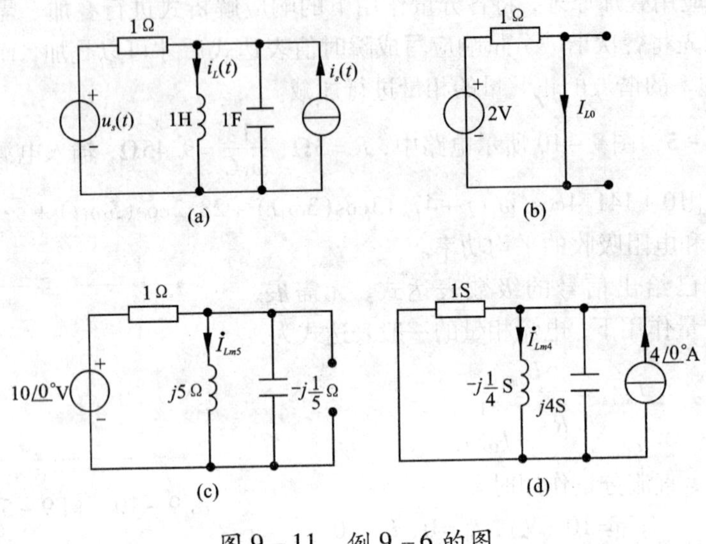

图 9－11 例 9－6 的图

与电阻的串联转换为电流源与电导的并联，使用分流公式有

$$\dot{I}_{Lm5}=\frac{-\mathrm{j}\,\frac{1}{5}}{1+\mathrm{j}5-\mathrm{j}\,\frac{1}{5}}\times 10\underline{\angle 0^\circ}=0.41\underline{\angle -168.2^\circ}\ (\mathrm{A})$$

(3) $i_s(t)$ 单独作用时，其电路如图 9－11(d)所示，由分流公式可知

$$\dot{I}_{Lm4}=\frac{-\mathrm{j}\,\frac{1}{4}}{1+\mathrm{j}4-\mathrm{j}\,\frac{1}{4}}\times 4\underline{\angle 0^\circ}=0.256\underline{\angle -165.1^\circ}\ (\mathrm{A})$$

(4) 于是 $u_s(t)$ 和 $i_s(t)$ 共同作用时，有

$$i_L(t)=2+0.41\cos(5t-168.2^\circ)+0.256\cos(4t-165.1^\circ)\ (\mathrm{A})$$

例 9－7 幅度为 200V 周期为 1ms 的方波作用于图 9－12(b)所示的 RL 电路。$R=50\Omega$、$L=25\mathrm{mH}$，试求稳态时的电感电压 u。

解 方波频率 $\omega_1=\frac{2\pi}{T}=2\pi\times 10^3\,\mathrm{rad/s}$

设坐标原点选择如图 9－12(a)所示，则方波的傅里叶级数为

$$u_s(t)=100+\frac{400}{\pi}\left(\cos\omega_1 t-\frac{1}{3}\cos 3\omega_1 t+\frac{1}{5}\cos 5\omega_1 t-\cdots\right)\ (\mathrm{V})$$

这就相当于有 100V 的直流电源，和振幅为 $\frac{400}{\pi}$V 而频率为 ω_1 的正弦电源，

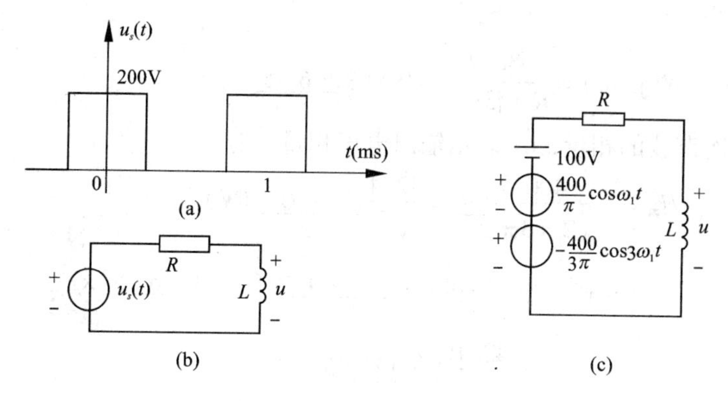

图9－12　例9－7的图

以及振幅为$\frac{400}{3\pi}$V频率为$3\omega_1$的正弦电源同时串联作用于该电路，如图9－12(c)所示。

该电路的电感电压$\dot{U}$与电源电压$\dot{U}_s$的比值定义为转移电压比，用$N(jw)$表示。

$$N(j\omega)=\frac{\dot{U}(j\omega)}{\dot{U}_s(j\omega)}=\frac{j\omega L}{R+j\omega L}$$

本题输入电压u_s的频率ω为0，ω_1，$3\omega_1$，$5\omega_1$，…。

先考虑输入电压的直流分量100V单独作用。此时$\omega=0$，$N(j0)=0$，输出电压为零。

再考虑输入电压的基波$\frac{400}{\pi}\cos\omega_1 t$V单独作用。以$\dot{U}_{s1}$表示其相量，$\dot{U}_1$表示输出电压的相量。此时$\omega=\omega_1=2\pi\times10^3$rad/s，故

$$N(j\omega_1)=\frac{j\omega_1 L}{R+j\omega_1 L}=\frac{j2\pi\times25\times10^{-3}}{50+j2\pi\times10^3\times25\times10^{-3}}=0.955\angle17.66^\circ$$

又

$$\dot{U}_{s1}=\frac{400}{\sqrt{2}\pi}\angle0^\circ=\frac{127}{\sqrt{2}}\angle0^\circ\ (\text{V})$$

故得

$$\dot{U}_1=\dot{U}_{s1}N(j\omega_1)=127\angle0^\circ\times0.955\angle17.66^\circ\times\frac{1}{\sqrt{2}}=\frac{121.28}{\sqrt{2}}\angle17.76^\circ\ (\text{V})$$

因而输出电压的基波

$$u_1(t)=121.28\cos(\omega_1 t+17.66^\circ)\ (\text{V})$$

输入电压的三次谐波$-\frac{400}{3\pi}\cos3\omega_1 t$V单独作用时，$\omega=3$，$\omega_1=3\times2\pi\times$

10^3 rad/s，故

$$N(\mathrm{j}3\omega_1)=\frac{\mathrm{j}3\omega_1 L}{R+\mathrm{j}3\omega_1 L}=0.993\angle 6.05^\circ$$

以$\dot{U}_{s3}$表示次谐波的相量，$\dot{U}_3$ 表示输出电压相量，则

$$\dot{U}_{s3}=-\frac{400}{\sqrt{2}\times 3\pi}\angle 0^\circ=\frac{42.4}{\sqrt{2}}\angle -180^\circ\ (\mathrm{V})$$

$$\dot{U}_3=\dot{U}_{s3}N(\mathrm{j}3\omega_1)=42.4\angle -180^\circ\times 0.993\angle 6.05^\circ\times\frac{1}{\sqrt{2}}$$

$$=\frac{42.10}{\sqrt{2}}\angle -173.95^\circ\ (\mathrm{V})$$

故得输出电压的三次谐波：

$$u_3(t)=42.10\cos(3\omega_1 t-173.95^\circ)\ (\mathrm{V})$$

其他各次谐波单独作用时，计算方法相似。各次谐波计算结果如表 9－2 所示：下表所列数据已算至九次谐波。由输出谐波相量可得输出电压，即电感电压为

$$u(t)=121.28\cos(\omega_1 t+17.66^\circ)-42.10\cos(3\omega_1 t+6.05^\circ)+25.35\cos(5\omega_1 t+3.66^\circ)-18.06\cos(7\omega_1 t+260^\circ)+14.10\cos(9\omega_1 t+2.00^\circ)\ (\mathrm{V})$$

表 9－2　谐波计算结果

谐波次数	输入谐波振幅相量(V)	$N(\mathrm{j}\omega)$	输入谐波振幅相量(V)
0	100	0	0
1	$127.0\angle 0^\circ$	$0.955\angle 17.66^\circ$	$121.28\angle 17.66^\circ$
3	$42.4\angle -180^\circ$	$0.993\angle 6.05^\circ$	$42.10\angle -173.95^\circ$
5	$25.4\angle 0^\circ$	$0.998\angle 3.66^\circ$	$25.35\angle 3.66^\circ$
7	$18.1\angle -180^\circ$	$0.998\angle 2.60^\circ$	$18.06\angle -177.40^\circ$
9	$14.1\angle 0^\circ$	$0.999\angle 2.00^\circ$	$14.10\angle 2.00^\circ$

以上计算结果表明，谐波次数越高，响应中相应分量的比例越小。

在非正弦周期电路中，感抗和容抗对各次谐波的反应是不同的，电感元件对高次谐波有着较强的抑制作用，而电容元件对高次谐波电流有畅通作用。利用电感、电容对各种谐波具有不同电抗的特点，可以组成含有电感和电容的各种不同滤波电路，连接在输入和输出之间，让某些所需的频率分量顺利地通过

而抑制某些不需要的分量。图 9 – 13 是一种简单的低通滤波器和高通滤波器，其工作原理请读者自行分析。

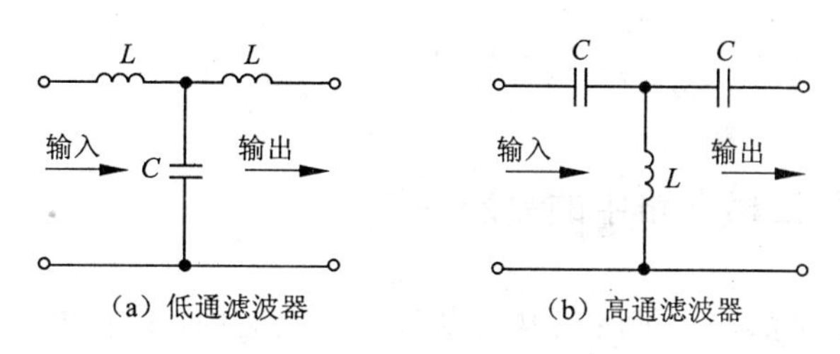

(a) 低通滤波器　(b) 高通滤波器

图 9 – 13　简单滤波器

在工程实践中，往往还利用调谐到不同频率上的 LC 串联路支和 LC 并联支路构成所谓的谐振滤波器，以实现对非正弦周期信号的分解。这种滤波器可以用来滤除信号中的某个或某些谐波分量，使这个或者这些谐波分量不能进入负载。例如，只要将图 9 – 14 中 L_1C_1 并联支路和 L_2C_2 串联支路分别调谐到对 p 次和对 q 次谐波发生谐振，那么，p 次谐波电流不能通过 L_1C_1 并联谐振电路，而 q 次谐振电流又从 L_2C_2 串联谐振电路旁路，因此，滤波器就能滤除信号中的 p 次谐波和 q 次谐波。

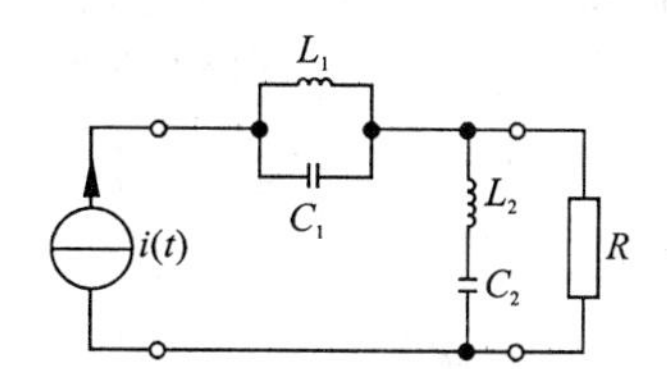

图 9 – 14　一个简单的谐振波滤器

当然，谐振滤波器还能用来选择信号中某个或某些谐波分量，使网络仅允许这个或这些谐波分量进入负载。

例 9 – 8　已知 $\omega = 10^4 \text{rad/s}$，$L = 1\text{mH}$，$R = 1\text{k}\Omega$，若要求 $u_0(t)$ 中不含基波，并与 $u_i(t)$ 中的三次谐波完全相同，试确定参数 C_1 和 C_2。

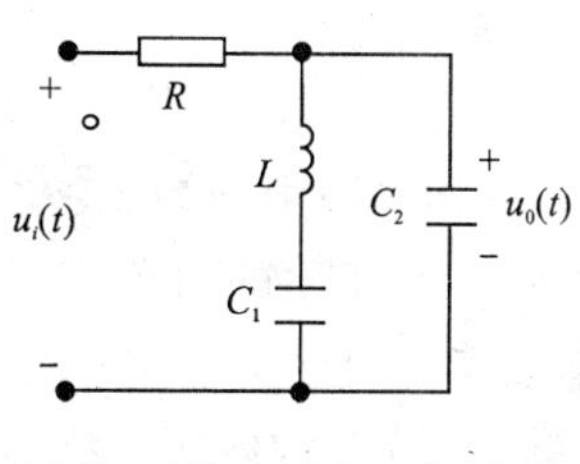

图 9 – 15　例 9 – 8 的图

解　要求 $u_0(t)$ 中不含基波，则 L、C_1 对基波频率发生串联谐振，有

$$C_1 = \frac{1}{\omega^2 L} = 10\ (\mu\text{F})$$

$u_0(t)$输出与$u_i(t)$中的三次谐波完全相同，则L、C_1、C_2对三次谐波频率产生并联谐振，所以有

$$\frac{C_1C_2}{C_1+C_2}=\frac{1}{(3\omega)^2L},\ C_2=1.11\ (\mu\text{F})$$

9.4 对称三相电路中的高次谐波*

应当注意，虽然非正弦波在电信设备中广泛应用，但在电力系统中，由于发电机内部结构的原因，输出能量除基波能量以外，还有高次谐波能量；另外，变压器的励磁电流是非正弦周期波，含有高次谐波分量，高次谐波会给整个系统带来极大的危害，如使电能质量降低，损坏电力电容器、电缆、电动机等，增加线路损耗。因此，在电力系统中应该消除高次谐波分量。

对于对称三相制来说，3个对称的但非正弦的相电压在时间上依次相差$\frac{1}{3}$周期，其变化规律相似，即

$$u_A=u(t),\ u_B=u(t-\frac{T}{3}),\ u_C=u(t-\frac{2T}{3})$$

把u_A、u_B、u_C展开成傅里叶级数，由于发电机每相电压均是奇谐波函数，因而展开式只有奇次谐波分量，不含恒定分量和偶次谐波分量，有

$$\begin{aligned}
u_A=&\sqrt{2}U_1\cos(\omega_1t+\varphi_1)+\sqrt{2}U_3\cos(3\omega_1t+\varphi_3)+\\
&\sqrt{2}U_5\cos(5\omega_1t+\varphi_5)+\sqrt{2}U_7\cos(7\omega_1t+\varphi_7)+\cdots\\
u_B=&\sqrt{2}U_1\cos(\omega_1t-\frac{2\pi}{3}+\varphi_1)+\sqrt{2}U_3\cos(3\omega_1t+\varphi_3)+\\
&\sqrt{2}U_5\cos(5\omega_1t+\frac{2\pi}{3}+\varphi_5)+\sqrt{2}U_7\cos(7\omega_1t-\frac{2\pi}{3}+\varphi_7)+\cdots\\
u_c=&\sqrt{2}U_1\cos(\omega_1t+\frac{2\pi}{3}+\varphi_1)+\sqrt{2}U_3\cos(3\omega_1t+\varphi_3)+\\
&\sqrt{2}U_5\cos(5\omega_1t-\frac{2\pi}{3}+\varphi_5)+\sqrt{2}U_7\cos(7\omega_1t+\frac{2\pi}{3}+\varphi_7)+\cdots
\end{aligned}$$

从三相电源中同频率波分量出现的先后次序来看，基波7次谐波(13次、19次等)，是正序的对称三相电压，所以构成正序对称组；5次(11次、17次等)谐波构成负序对称组；而3次(9次、15次等)谐波，幅值相等，频率相同且彼此同相，称其构成序对称组。总之，三相对称非正弦周期量可分解为三类对称组，即正序、负序和零序组。

图9-16是一类Y/Y连接的对称三相供电线路，若三相电源为对称的非正

弦周期电压，电源线电压仍定义为两个相应的相电压之差，则线电压 u_{AB} 可计算如下：

$$u_{AB}=u_A-u_B=\sqrt{6}U_1\cos(\omega_1 t+\varphi_1+\frac{\pi}{6})+\sqrt{6}U_5\cos(5\omega_1 t+\varphi_5-\frac{\pi}{6})+$$

$$\sqrt{6}U_7\cos(7\omega_1 t+\varphi_7+\frac{\pi}{6})+\cdots$$

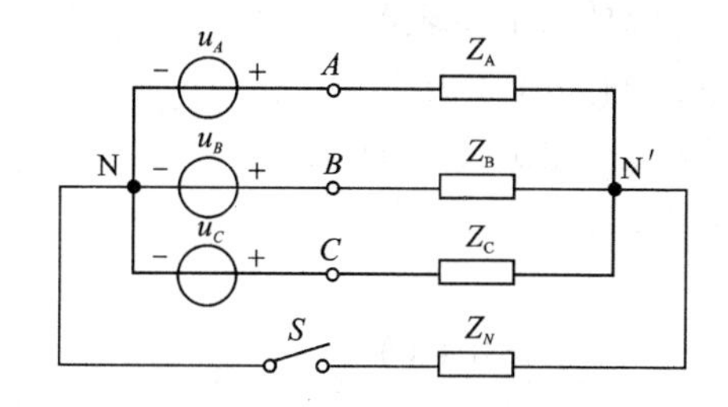

图 9－16　Y/Y 连接的高次谐波

结果表明，电源线电压中不含 3 次(9 次、15 次等)零序对称组谐波分量(线电压中零序组各谐波分量的有效值为零)，这是因为零序对称组中各谐波发量的相电压相等且同相，两个零序相电压相减后为零。对于正序和负序谐波(基波、5 次、7 次等)，线电压中的该分量的有效值为相电压同次谐波有效值的 $\sqrt{3}$ 倍，即

$$U_{l1}=\sqrt{3}U_{ph1},\ U_{l5}=\sqrt{3}U_{ph5},\ U_{l7}=\sqrt{3}U_{ph7}$$

依据非正弦周期量的有效定义，相电压含有全部谐波分量，其相电压的有效值为

$$U_{ph}=\sqrt{U_{ph1}^2+U_{ph3}^2+U_{ph5}^2+U_{ph7}^2+\cdots}$$

因而线电压的有效值，为

$$U_l=\sqrt{3}\sqrt{U_{ph1}^2+U_{ph5}^2+U_{ph7}^2+\cdots}$$

例 9－9　非正弦三相对称电源连接成三角形并计及每相电源的阻抗，如图 9－17所示，已知 A 相电压为

$$u_A=[215\sqrt{2}\cos(\omega_1 t)-30\sqrt{2}\cos(3\omega_1 t)+10\sqrt{2}\cos(5\omega_1 t)]\ (\mathrm{V})$$

(1)试求图中Ⓥ₁的读数，但此时三角形电源没有插入电压表Ⓥ₂；

(2)图示电路中，当打开三角形电源接入电压表Ⓥ₂，试求此表的读数。

解　图示电路中，对称三相电压的基波构成正序对称三相电压，5 次谐波构成负序对称三相电压，而3次谐波构成零序对称组。

(1)当三角形电源中未插入电压表 V_2 时，三角形电源构成闭合回路，其端线电压中将不含零序对称组，而只含正序和负序对称组，故电压表 V_1 的读数为

$$(V_1) = \sqrt{215^2 + 10^2} = 215.232\ (\mathrm{V})$$

(2)当打开三角形电源插入电压表 V_2 时，由于此时三角形电源回路处于开路，电路中无3次谐波的环流，且正序和负序对称组电压之和分别为零，电压表 V_2 的读数为每相电压中3次谐波电压有效值的3倍，即

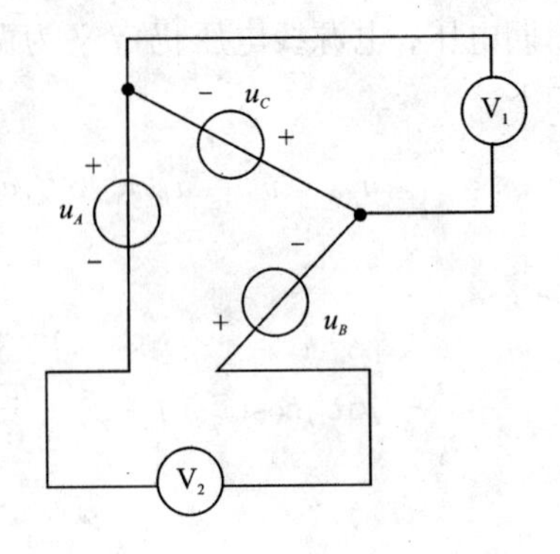

图9－17 例9－10的图

$$(V_2) = 3U_3 = 3 \times 30 = 90\ (\mathrm{V})$$

本章小结

本章讨论的非正弦周期电流电路是指非正弦周期信号作用于线性电路的稳定状态，电路中的激励和响应是周期量，而且响应的波形与激励不相似。

非正弦周期量的有效值等于直流分量和各次谐波分量有效值平方和的平方根，其平均值则为非正弦周期信号绝对值在一周内平均值，有

$$U = \sqrt{U_0^2 + \sum_{k=1}^{\infty} U_k^2} \text{ 或 } I = \sqrt{I_0^2 + \sum_{k=1}^{\infty} I_k^2}$$

非正弦周期电路的平均功率等于直流分量和各次谐波分量各自产生的平均功率之代数和，只有同频率的电压与电流才能构成平均功率，有

$$P = U_0I_0 + U_1I_1\cos\varphi_1 + U_2I_2\cos\varphi_2 + \cdots + U_kI_k\cos\varphi_k + \cdots$$

非正弦周期电流电路的分析计算方法是基于正弦电路的相量法和叠加定理的基础之上，称为谐波分析法,可归结为下列3个步骤：

(1)将给定的非正弦周期信号分解成傅里叶级数。

(2)应用相量法分别计算各次谐波单独作用时所产生的响应；

(3)应用叠加定理将所得各次响应的解析式相加，得到用时间函数表示的总响应。

在分析与计算非正弦周期电流电路时应注意：

(1)电感和电容元件对不同频率的谐波分量表现出不同的感抗和容抗；

(2)求最终响应时，一定是在时域中叠加各次谐波的响应；

(3)不同频率的电压电流之间只构成瞬时功率，不构成平均功率。

对称三相非正弦电源连成三角形，可消除电源3次谐波对外部负载的影响。

复习思考题

(1) 求图 9 – 18 所示波形的有效值和平均值。

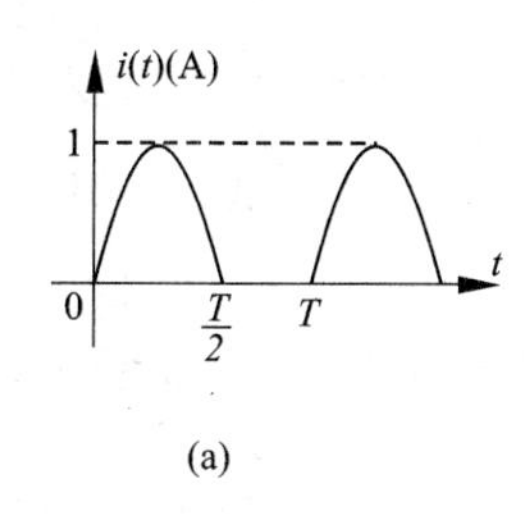

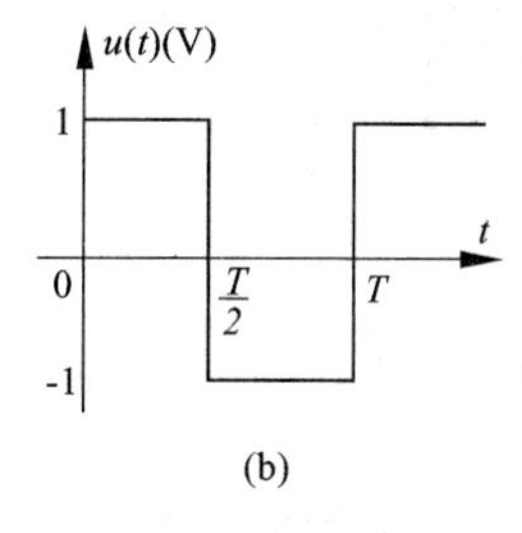

图 9 – 18

(2) 在图 9 – 19 所示电路中，试求输出电压 $u_2(t)$ 的直流分量和基波。

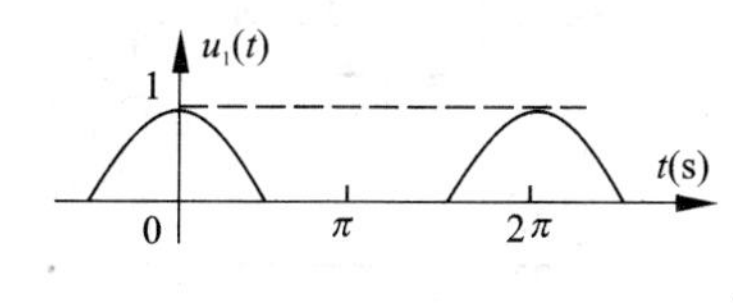

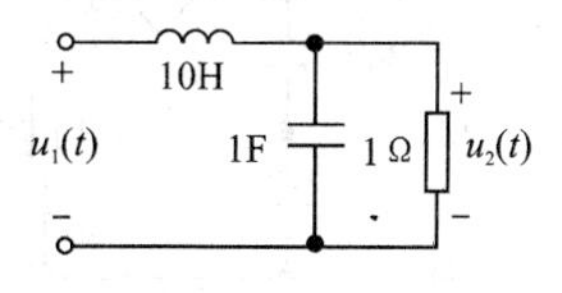

图 9 – 19

(3) 有效值为 100V 的正弦电压加在电感 L 两端时，得电流 $I = 10\text{A}$；当电压中有三次谐波分量，而电压有效值仍为 100V 时，得电流 $I = 8\text{A}$。试求这一电压的基波和三次谐波电压的有效值。

(4) 已知一端口网络端口电压 $u(t) = (5 + 14.14\cos t + 7.07\cos 3t)\,\text{V}$，电流为 $i(t) = [10\cos(t - 60°) + 2\cos(3t - 135°)]\,\text{A}$。求：

①端口电压的有效值；

②端口电流的有效值；

③该一端口网络吸收的平均功率。

(5) 图 9 – 20 示电路中，求各支路电流瞬时值及 R_1 支路的平均功率。已知 $R_1 = 5\Omega$，$R_2 = 10\Omega$，$X_L = \omega L = 2\Omega$，$X_C = -1/\omega C = -15\Omega$，电压信号为 $u(t) = [10 + 141.1\cos\omega t + 70.7\cos(3\omega + 30°)]\,\text{V}$。

(6) 在图 9 – 21 示的电路中，已知 $R = 10\Omega$，$1/\omega C = 90\Omega$，$\omega L = 10\Omega$，$u(t) = [100 + 150\cos\omega t + 100\cos(2\omega t - 90°)]\,\text{V}$，求图示电路中各仪表的读数。

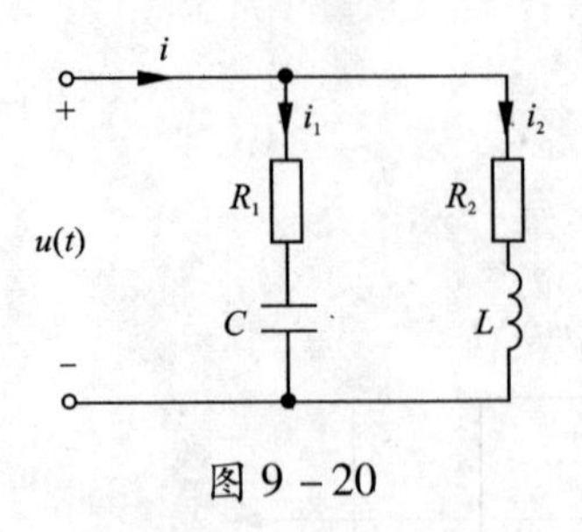

图 9-20

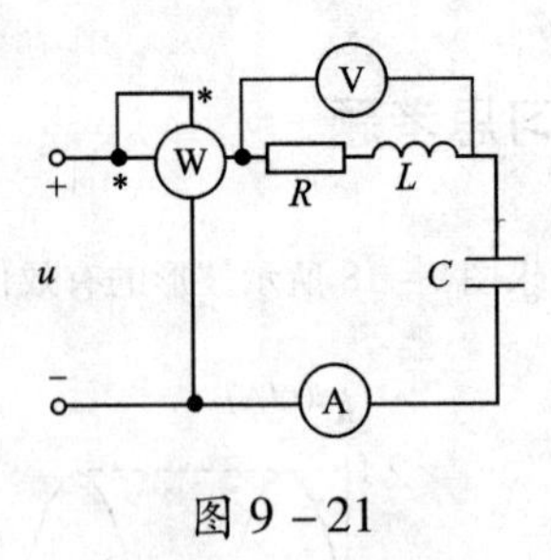

图 9-21

(7) 图9-22示电路中，$u_{s1}=[1.5+5\sqrt{2}\sin(2t+90°)]\mathrm{V}$，且 $i_{s2}=2\sin(1.5t)\mathrm{A}$。求 u_R 及 u_{s1} 发出的功率。

(8) 如图9-23所示电路中，$L=1\mathrm{H}$，$\omega=100\mathrm{rad/s}$，滤波器的输入电压 $u_i=(U_{m①}\cos\omega t+U_{m③}\cos3\omega t)\mathrm{V}$，如要使输出电压 $u_0=U_{m①}\cos\omega t\mathrm{V}$，问 C_1、C_2 应如何选择？

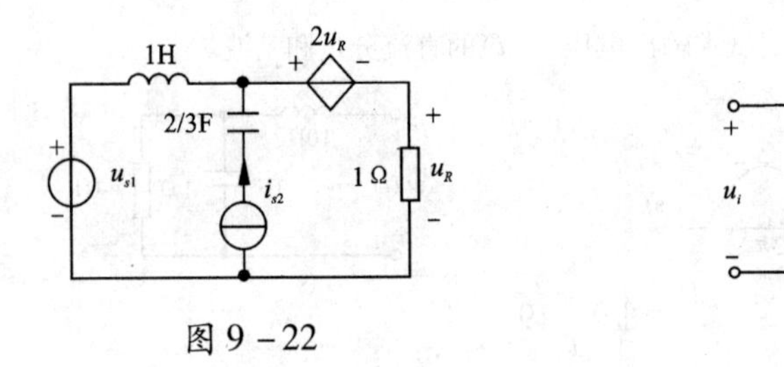

图 9-22　　　　图 9-23

(9)图9-24示电路中，已知 $u_s=141\cos\omega t+14.1\cos(3\omega t+30°)\mathrm{V}$，基波频率 $f=50\mathrm{Hz}$，$C_1=C_2=3.18\mu\mathrm{F}$，$R=10\Omega$，电压表内阻视为无限大，电流表内阻视为零。已知基波电压单独作用时电流表读数为零；三次谐波电压单独作用时，电压表读数为零。求电感 L_1、L_2 和电容 C_2 两端的电压 u_0。

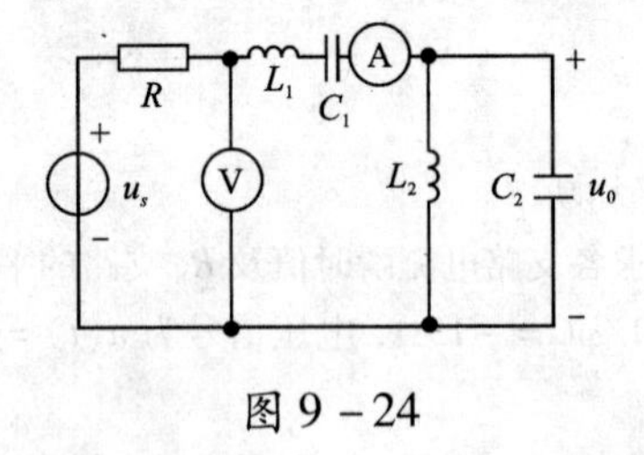

图 9-24

(10)图9-25示电路中，$i_s=[5+10\cos(10t-20°)-5\sin(30t+60°)]\mathrm{A}$，$L_1=L_2=2\mathrm{H}$，$M=0.5\mathrm{H}$。求图中交流电表的读数。

(11)图9-26所示二端网络N端子的电流、电压分别为

$$i(t)=5\cos t+2\cos\left(2t+\frac{\pi}{4}\right)\mathrm{A}$$

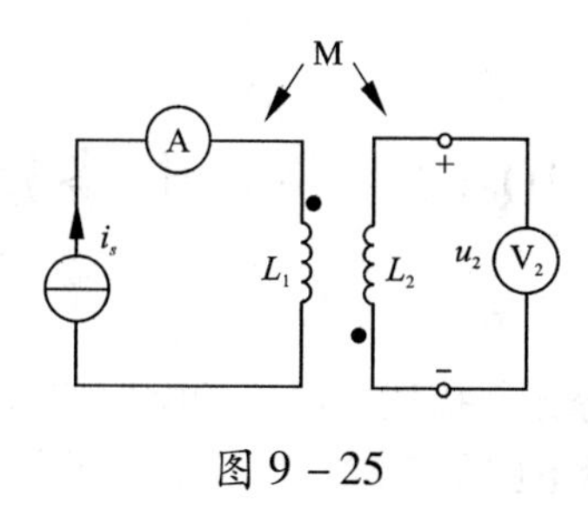

图 9－25

$$u(t)=\cos(t+\frac{\pi}{2})+\cos(2t-\frac{\pi}{4})+\cos(3t-\frac{\pi}{3})\text{ V}$$

①求各频率时，网络 N 的输入阻抗；

②求网络消耗的平均功率。

(12) 如图 9－27 对称三相星形连接的发电机的 A 相电压为

$$u_A=[215\sqrt{2}\cos(\omega_1 t)-30\sqrt{2}\cos(3\omega_1 t)+10\sqrt{2}\cos(5\omega_1 t)]\text{ V}$$

在基波频率下负载阻抗为 $Z=(6+\text{j}3)\Omega$，中线阻抗 $Z_N=(1+\text{j}2)\Omega$。试求各相电流、中线电流及负载消耗的功率。如不接中线，再求各相电流及消耗的功率；这时中点电压为多少？

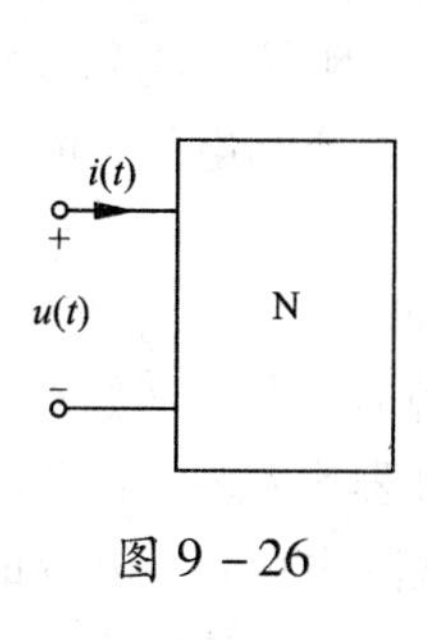

图 9－26

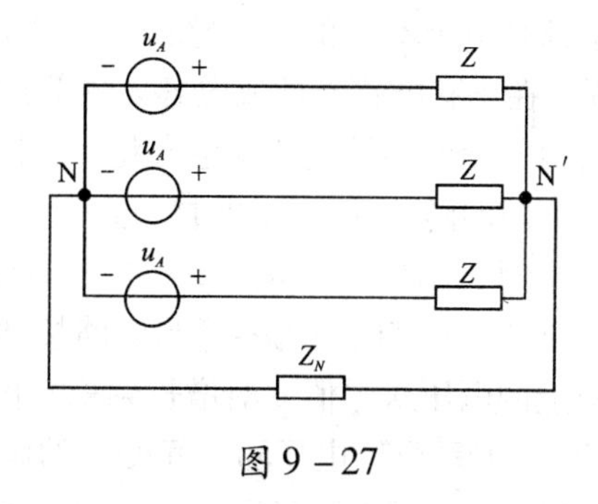

图 9－27

第10章　一阶电路分析

本章介绍用一阶微分方程描述的电路的响应的求解方法。其主要内容包括一阶电路的经典法；一阶电路的零输入响应、零状态响应、全响应、阶跃响应、冲激响应等概念，以及一阶电路的三要素法。

10.1　电路中的过渡过程及换路定律

1. 动态电路的过渡过程

在前面几章中，所研究的直流电路和周期电流电路的分析，都是假定在稳定状态下进行的。所谓“稳定状态”，就是直流电路在恒定直流电流激励下，电路中的电流和电压，都是不随时间变化的恒定值；正弦交流电路在单一频率正弦电源激励下,电路中的电流和电压，都是按电源频率作正弦变化，它们的振幅都是恒定不变的。电路的这种工作状态，称为稳定状态，简称“稳定”。但是，在含有电感元件或电容元件等的电路中，当刚接通电源或断开电源、或电路中的元件参数突然发生变化时，各支路中的电流和电压，可能发生与稳态安全不同的随时间变化的过渡过程。

例如，RC 串联电路，在接通直流电源之前，电容 C 未充电,它两极板上没有电荷，电容电压为零。当电路接通直流电源时，电容开始充电，电容器两极板上的电压从零值逐渐增长到稳态值。用示波器来观察，在荧光屏上显示如图10－1所示电容电压随时间变化的波形图。从图中可见，电容的充电过程不能瞬时完成，而需要经历一个过程。这个过程就是电容从原来未充电状态过渡到充满电荷稳定状态的一种中间过程。一般而言,电路从一个稳定状态过渡到另一个稳定状态，所经历随时间变化的电磁过程，就称为过渡过程，或称暂态过程，简称“暂态”。

含有储能元件如电感、电容或耦合电感元件的电路，称为动态电路。动态电路发生换路后，就会引起过渡过程，换路就是电路结构和元件参数的突然改变,如电路的接通、断开、短接、改接、元件参数的突然改变等各种运行操作，以及电路突然发生的短路、断线等各种故障情况。换路是电路发生过渡过程必要的前提条件，而电路中含有储能元件则是发生过渡过程的内在条件。在换路后会发生过渡过程，其根本的原因是由于电路中储能元件能量不能跃变的缘

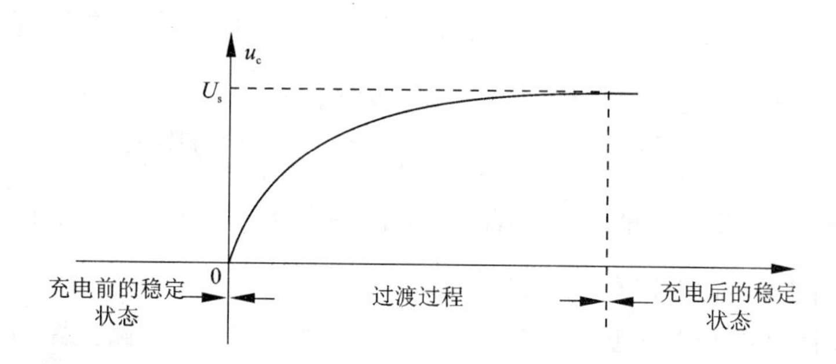

图 10－1　示波器荧光屏上显示电容充电电压变化过程波形图

故。否则，假如元件中的能量发生跃变的话，那么能量变化的速率$\frac{d\omega}{dt}$，即功率P就需无穷大，$P=\frac{d\omega}{dt}\to\infty$，这是不可能的。由于电路中储能元件能量的储存与释放不能跃变，而是连续变化，需要经历一定时间，因此，必然导致电路中发生过渡过程。

研究电路过渡过程的目的，就是在于认识和掌握电路产生过渡过程的规律，以便在工程技术充分利用过渡过程的特性，同时采取措施防止过渡过程中可能出现的过电压和过电流带来的危害。

研究电路中过渡过程的基本方法，有时域分析的经典法和应用拉普拉斯变换的复频域分析法。本章讨论用经典法分析电路中的过渡过程，复频域分析法将在12章介绍。线性非时变动态电路过渡过程的特性，通常是用常系数线性微分方程来描述。所谓经典法，就是直接求解这类微分方程来分析电路过渡过程的方法。经典法的优点，在于分析步骤清晰、物理概念和求解过程规律性强。所以，在学习经典法求解电路中的过渡过程时，要注重于物理概念的理解和过渡过程规律的掌握，以及注意与工程实际的联系。

2. 换路定律

从电感与电容的储能可知，任一时刻t电感中储存的磁场能量，决定于该时刻的电感电流$i_L(t)$，即$w_L(t)=\frac{1}{2}Li_L^2(t)$；任一时刻$t$电容中储存的电场能量，决定于该时刻的电容电压$u_C(t)$，即$w_C=\frac{1}{2}Cu_C^2(t)$。显然，换路时刻电路中储能元件的储能不能跃变，也就是电感电流和电容电压不能跃变。

电感电流$i_L(t)$不能跃变，必然电感电压$u_L(t)$为有限值，否则，$u_L(t)=$

$L\frac{\mathrm{d}i_L(t)}{\mathrm{d}t}\to\infty$，但这是不可能的。也就是说，在换路时刻电感电压有限值的条件下，电感电流不能发生跃变，而只能作连续变化的。

电容电压 $u_C(t)$ 不能跃变，必然电容电流 $i_C(t)$ 为有限值，否则，$i_C(t)=C\frac{\mathrm{d}u_C(t)}{\mathrm{d}t}\to\infty$，这是不可能的。也就是说，在换路时刻电容电流为有限值的条件下，电容电压不能发生跃变，而只能作连续变化。

由此得出，在电感电压和电容电流为有限值条件下，电路换路时刻电感电流和电容电压不能发生跃变。即在换路后的最初一瞬间的电感电流和电容电压，都保持换路前最后一瞬间的原有数值不变，换路之后就以此初始值而连续变化。这就是换路定律。

为了用数学形式表示换路定律，假定 $t=0$ 时刻电路进行换路，以 $t=0_+$（指 t 由正值趋近于零为极限）代表换路后的最初一瞬间，$t=0_-$（是指 t 由负值趋近于零为极限）代表换路前的最后一瞬间。则换路定律可以写为如下表达式

$$\begin{aligned} i_L(0_+)&=i_L(0_-)\\ u_C(0_+)&=u_C(0_-)\end{aligned}\tag{10-1}$$

由于 $t=0$ 时刻，$i_L(0_+)=i_L(0_-)$，$u_C(0_+)=u_C(0_-)$。所以，电感电流和电容电压在 $t=0$ 时刻的数值，可以记为 $i_L(0)$ 和 $u_C(0)$。

换路定律只反映电路中换路时刻电感电流和电容电压不能发生跃变，而这时刻电感电压、电容电流和电阻中的电流和电压却可以发生跃变。也就是说，电路中电感电压、电容电流和电阻电压与电流，换路前后瞬间的数值，可以是不相等的。

动态电路中，电感电流和电容电压，反映某一时刻电路的储能状态，因此，某一时刻电路中的电感电流和电容电压值，就称为该时刻电路的状态。因而，$t=0$ 时刻换路，$i_L(0)$ 和 $u_C(0)$ 的数值，就称为电路的初始状态。如果换路前电路中没有储能，即 $i_L(0)=0$，$u_C(0)=0$，则该电路就称为零状态电路。

经典法分析电路过渡过程微分方程的求解中，必须知道解的初始值。对于电感电流和电容电压的初始值，只要求出 $t=0_-$ 时刻的电感电流 $i_L(0_-)$ 和电容电压 $u_C(0_-)$，根据换路定律直接得出初始值 $i_L(0_+)$ 和 $u_C(0_+)$。至于除 $i_L(0_+)$ 和 $u_C(0_+)$ 以外各电量的初始值，如电感电压 $u_L(0_+)$、电容电流 $i_C(0_+)$、和电阻电压 $u_R(0_+)$ 与电流 $i_R(0_+)$，需在求出 $i_L(0_+)$ 和 $u_C(0_+)$ 后，作出 $t=0_+$ 时的电路按基尔霍夫定律来计算得出。作 $t=0_+$ 电路时，$u_C(0_+)$ 用电压源表示，$i_L(0_+)$ 用电流源表示。

在应用换路定律计算电路中电压或电流的初始值时，有些情况下换路前电

路已处于稳态。如果有直流电源激励的电路，在 $t=0_-$ 时刻，电路处于直流稳态，这时电容电流为零，电容相当于开路；电感电压也为零值，电感相当于短路，这是直流稳态电路的重要特征。

例 10－1　如图 10－2(a)所示电路，$t=0$ 时刻换路，开关 S 触头由 a 闭合于 b，换路前电路处稳态。试求换路后的初始值 $u_c(0_+)$、$i_c(0_+)$、$u_R(0_+)$、$i_R(0_+)$和 $i(0_+)$。

解　(1)计算 $u_c(0_+)$

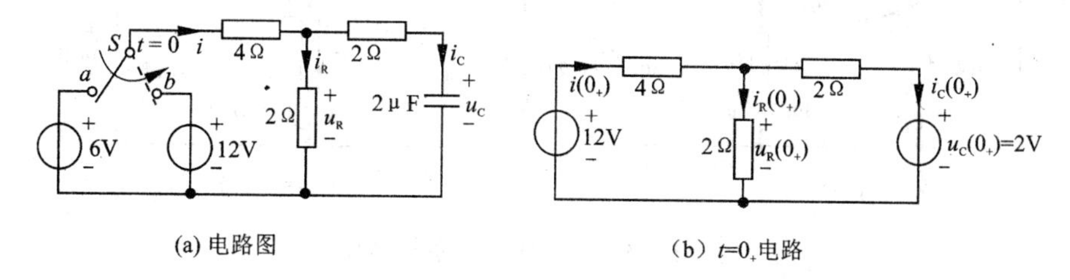

(a) 电路图　　(b) $t=0_+$电路

图 10－2　例 10－1 的电路图

先计算 $u_C(0_-)$，由于换路前电路处于直流稳态，则电容相当于开路，$i_C(0_-)=0$，故按分压公式得

$$u_C(0_-)=\frac{2}{4+2}\times 6=2\text{V}$$

按换路定律得出初始值

$$u_C(0_+)=u_C(0_-)=2\text{V}$$

(2)计算 $i_C(0_+)$、$u_R(0_+)$、$i_R(0_+)$和 $i(0_+)$

作 $t=0_+$ 电路如图 10－2(b)所示，图中 $u_C(0_+)$用电压源表示。应用结点分析法，列结点方程

$$\left(\frac{1}{4}+\frac{1}{2}+\frac{1}{2}\right)u_R(0_+)=\frac{12}{4}+\frac{2}{2}$$

$$\frac{5}{4}u_R(0_+)=4$$

$$u_R(0_+)=\frac{4\times 4}{5}=3.2\ (\text{V})$$

则

$$i_R(0_+)=\frac{u_R(0_+)}{2}=\frac{3.2}{2}=1.6\ (\text{A})$$

$$i_C(0_+)=\frac{u_R(0_+)-u_C(0_+)}{2}=\frac{32.2-2}{2}=0.6\ (\text{A})$$

$$i(0_+)=i_R(0_+)+i_C(0_+)=1.6+0.6=2.2\ (\mathrm{A})$$

例 10-2　如图 10-3(a)所示电路，$t=0$ 时刻换路，开关 S 触头由 a 闭合于 b，换路前电路处于稳态。试求换路后的初始值 $i_L(0_+)$、$u_C(0_+)$、$i_C(0_+)$、$i_1(0_+)$、$i_2(0_+)$、$u_{R1}(0_+)$、$u_{R2}(0_+)$、$u_{R3}(0_+)$、$u_{R4}(0_+)$和 $u_L(0_+)$。

解　(1)计算 $i_L(0_+)$和 $u_C(0_+)$

由于换路前电路处于直流稳态，这时 $i_c(0_-)=0$，$u_L(0_-)=0$。则

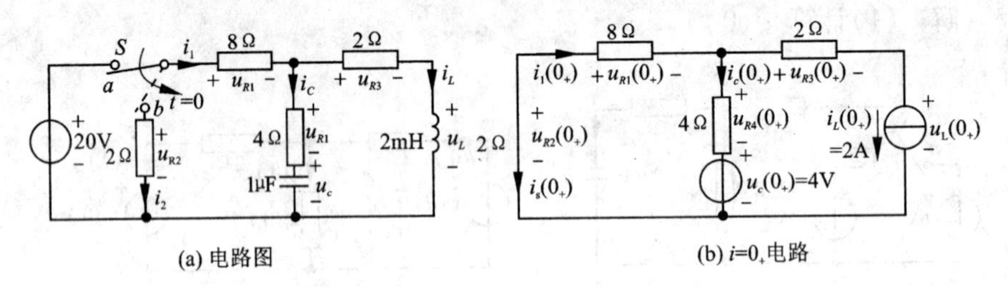

图 10-3　例 10-2 的电路图

$$i_L(0_-)=\frac{20}{8+2}=2\ (\mathrm{A})$$

$$u_C(0_-)=2\times i_L(0_-)=2\ (\mathrm{A})$$

根据换路定律得出

$$u_C(0_+)=u_C(0_-)=4\ (\mathrm{V})$$

(2)计算 $i_C(0_+)$、$i_1(0_+)$、$i_2(0_+)$、$u_{R1}(0_+)$、$u_{R2}(0_+)$、$u_{R3}(0_+)$、$u_{R4}(0_+)$和 $u_L(0_+)$。

作 $t=0_+$ 电路如图 12-3(b)所示，图中 $i_L(0_+)$用电流源表示，$u_C(0_+)$用电压源表示。应用网孔分析法，以 $i_1(0_+)$和 $i_L(0_+)$为网孔电流，列网孔方程为

$$(8+4+2)i_1(0_+)-4i_L(0_+)=-4$$

$$14i_1(0_+)-4\times 2=-4$$

$$i_1(0_+)=\frac{4}{14}=\frac{2}{7}\ (\mathrm{A})$$

则　　$$i_2(0_+)=-i_1(0_+)=-\frac{2}{7}\ (\mathrm{A})$$

按 KCL 得出

$$i_C(0_+)=i_1(0_+)-i_L(0_+)=\frac{2}{7}-2=-\frac{12}{7}\ (\mathrm{A})$$

计算各元件的初始电压为

$$u_{R1}(0_+)=8i_1(0_+)=8\times\frac{2}{7}=\frac{16}{7}\ (\text{V})$$

$$u_{R2}(0_+)=2i_2(0_+)=2\times\left(-\frac{2}{7}\right)=-\frac{4}{7}\ (\text{V})$$

$$u_{R3}(0_+)=2i_L(0_+)=2\times 2=4\ (\text{V})$$

$$u_{R4}(0_+)=4i_C(0_+)=4\times\left(-\frac{12}{7}\right)=-\frac{48}{7}\ (\text{V})$$

$$u_L(0_+)=u_C(0_+)+u_{R4}(0_+)-u_{R3}(0_+)=4-\frac{48}{7}-4=-\frac{48}{7}\ (\text{V})$$

10.2　一阶电路的零输入响应

所谓零输入响应就是动态电路在没有外加电源激励时，由电路初始储能产生的响应。在工程实际中典型的有无电源一阶电路，有电容的放电电路和发电机磁场的灭磁回路。前者是 *RC* 电路，后者是 *RL* 电路。

1. *RC* 电路的零输入响应

如图 10－4 所示的 *RC* 电路，在开关 *S* 未闭合前，电容已经充电，电容电压 $u_C(0_-)=U_0$。当 $t=0$ 时刻开关 *S* 闭合，*RC* 电路接通。分析开关闭合后即 $t\geqslant 0$ 时电容电压 $u_C(t)$ 和电路中的电流 $i(t)$ 的变化规律。

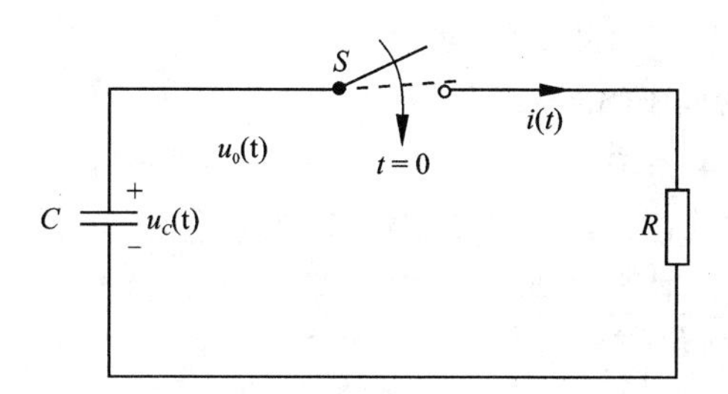

图 10－4　*RC* 电路的零输入响应

在开关闭合前电容电压 $u_C(0_-)=U_0$。在 $t=0$ 时刻开关闭合，显然此时电容电流只能为有限值，有

$$u_C(0_+)=u_C(0_-)=U_0$$

在 $t=0_+$ 时刻，电路在 $u_C(0_+)$ 作用下，产生电流为 $i(0_+)=\frac{U_0}{R}$，即电容电流在换路时刻从 0 跃变为 $\frac{U_0}{R}$；电阻电压 $u_R(0_+)=i(0_+)R=U_0$，这时电容开始

放电。$t\geqslant 0_+$时，在放电过程中电容储存的电场能量，通过电流消耗在电阻元件 R 中转换为热能，故随着时间的增加，电阻消耗的能量逐渐增加，而电容的储能逐渐减少，电容电压就随之逐渐下降，因而电流也就逐渐减少，最后电容的储能为电阻消耗殆尽，这时电容电压为零，电流也为零，放电过程便全部结束。所以，电容放电的过程就是电容的磁场能量释放转换为热能的过程。在这个过程中，要准确的说明电容电压和电流随时间的变化规律，须进行数学分析才能确定。

根据图 10-1 所示电路电压、电流的参考方向，列出 $t\geqslant 0_+$时的电路方程。按 KVL 则有

$$u_C(t)-u_R(t)=0 \qquad (t\geqslant 0)$$

电阻和电容的伏安关系为

$$u_R(t)=Ri(t)=u_C(t)\,,\ i(t)=-C\frac{\mathrm{d}u_C(t)}{\mathrm{d}t}$$

将电阻、电容的伏安关系式代入 KVL 方程中，可得一阶齐次微分方程为

$$RC\frac{\mathrm{d}u_C(t)}{\mathrm{d}t}+u_C(t)=0 \qquad (t\geqslant 0) \tag{10-2}$$

满足初始条件 $u_C(0_+)=U_0$，可以求出方程的解答。

令 $$u_C(t)=A\mathrm{e}^{Pt} \qquad (t\geqslant 0) \tag{10-3}$$

式中 A 是常数，代入式(10-2)，得出

$$RCPA\mathrm{e}^{st}+A\mathrm{e}^{Pt}=0$$

$$(RCP+1)A\mathrm{e}^{Pt}=0$$

则有 $$RCP+1=0$$

上式称为微分方程式(10-2)的特征方程，其特征根为

$$P=-\frac{1}{RC}$$

于是 $$u_C(t)=A\mathrm{e}^{-\frac{t}{RC}} \qquad (t\geqslant 0)$$

根据初始条件 $u_C(0_+)=U_0$ 来确定积分常数 A。当 $t=0$，则上式为

$$u_C(0_+)=A\mathrm{e}^0=A$$

故得 $$A=U_0$$

因此，所解出满足初始条件式的微分方程式(10-2)的解答为

$$u_C(t)=U_0\mathrm{e}^{-\frac{t}{RC}} \qquad (t\geqslant 0) \tag{10-4}$$

上式就是在放电过程中电容电压随时间变化的表达式，它是一个随时间衰减的指数函数，$u_C(t)$随时间的变化曲线如图 10-5 所示，是一指数衰减曲线。在 $t=0$ 时刻初始值为 U_0，然后按指数规律的衰减，最后为零。

电路中的放电电流为

$$i(t) = -C\frac{du_C(t)}{dt} = -C\frac{d}{dt}(U_0 e^{-\frac{t}{RC}})$$

$$= \frac{U_0}{R}e^{-\frac{t}{RC}} \qquad (t \geqslant 0) \tag{10-5}$$

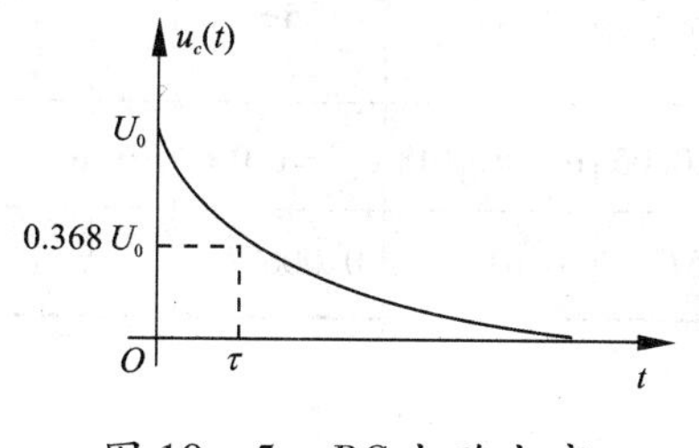

图 10-5　RC 电路电容电压的放电曲线

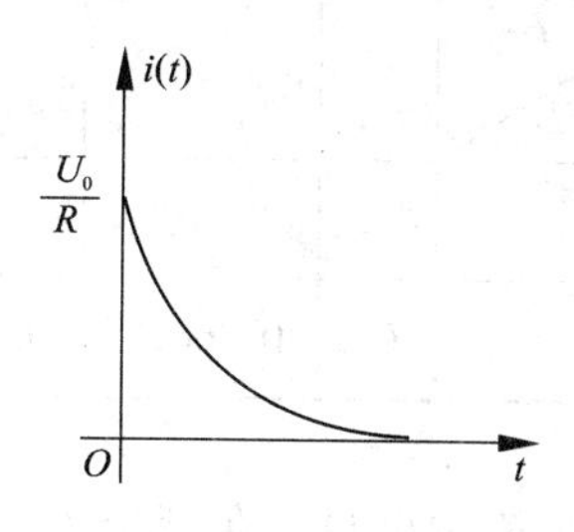

图 10-6　RC 电路的放电电路 $i(t)$ 曲线

上式就是放电电流随时间变化的表达式，其波形图如图 10-6 所示，是一指数衰减曲线，在 $t=0$ 时刻由零值跃变为初始值$\frac{U_0}{R}$，然后按指数规律衰减，最后趋于零值。

电阻电压为

$$u_R(t) = u_C(t) = U_0 e^{-\frac{t}{RC}} \qquad (t \geqslant 0) \tag{10-6}$$

从式(10-4)、式(10-5)和式(10-6)中可以看出，电压 $u_C(t)$、$u_R(t)$和电流 $i(t)$都是按同样的指数规律衰减的，它们衰减的快慢取决于函数式中 e 的指数$\frac{1}{RC}$的大小，其值由分母 RC 之乘积来确定。RC 的乘积具有时间的量纲。

因此，RC 的乘积称为时间常数，用 τ 表示，即 $\tau = RC$，τ 的单位为秒。若电阻 $R=1\Omega$，电容 $C=1\text{F}$，则时间常数 $\tau=1\text{s}$

显然，$u_C(t)$、$u_R(t)$和 $i(t)$衰减的快慢取决于时间常数 τ 值的大小。若 τ 越小，则电流，电压的衰减越快；反之，若 τ 越大，则衰减就越慢。现以电容电压 $u_c(t)$为例来说明时间常数 τ 的意义。按式(10-4)、式(10-5)、式(10-6)可以计算得

$t=0$ 时刻　　　$u_C(0) = U_0 e^0 = U_0$

$t=\tau$ 时刻　　　$u_C(\tau) = U_0 e^{-1} = 0.368U_0$

这就是说经过 τ 的时间，电容电压值就衰减到初始值 U_0 的 36.8%。因此，我们又称时间常数 τ 是电路零输入响应衰减到初始值 36.8% 所需要的时间。

对于 $t=2\tau, 3\tau, 4\tau, \cdots$不同经历时间的电容电压值，同样可以计算得出，列于下表之中。

表 10－1

t / $e^{-\frac{t}{\tau}}$与$u_C(t)$	0	τ	2τ	3τ	4τ	5τ	…	∞
$e^{-\frac{t}{\tau}}$	$e^0=1$	$e^{-1}=0.368$	$e^{-2}=0.135$	$e^{-3}=0.05$	$e^{-4}=0.018$	$e^{-5}=0.0067$	…	$e^{-\infty}=0$
$u_C(t)$	U_0	$0.368U_0$	$0.135U_0$	$0.05U_0$	$0.018U_0$	$0.0067U_0$	…	0

从上表中可见，在理论上要经历无限长的时间，u_C 才能衰减为零值。但是在实际上 $u_C(t)$经过$(3\sim5)\tau$ 时间，电容电压值已衰减到初始值的5%以下，这从工程的角度上说可以忽略不计，认为 u_C 衰减趋于零。因此，我们一般认为经过$(3\sim5)\tau$ 的时间，放电过程便结束了。

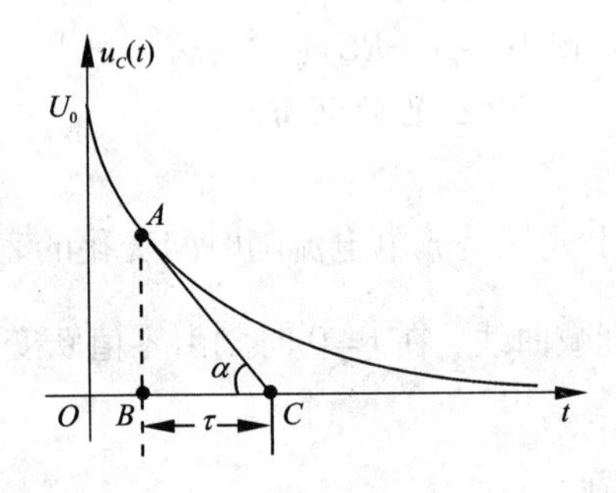

图 10－7　时间常数 τ 的几何表示

时间常数 τ 的大小，还可以从指数曲线用几何方法来求得。如图 10－7 所示，在电容电压 $u_C(t)$的放电曲线 $U_0e^{-\frac{t}{\tau}}$上的任意一点 A，通过 A 点作切线 AC，则图中的次切线

$$BC=\frac{AB}{\tan\alpha}=\frac{u_C(t)}{-\frac{du_C(t)}{dt}}=\frac{U_0e^{-\frac{t}{\tau}}}{\frac{1}{\tau}U_0e^{-\frac{t}{\tau}}}=\tau$$

即在时间坐标上次切线 BC 的长度等于时间常数 τ。

还要指出，RC 电路的时间常数 τ，是由电路本身的参数 R 和 C 来决定的，与电路的初始储能无关，它反映电路本身的固有性质，是电路特征方程根 P 的负倒数。

最后，我们再来看在 RC 电路放电过程中的能量特性。电容的初始储能为 $w_C(0)=\frac{1}{2}Cu_C^2(0)=\frac{1}{2}CU_0^2$，在放电过程中逐渐转换到电阻元件 R 中，变换为热能而散失。电阻元件所吸收的能量为

$$w_R = \int_0^{\infty} i^2(t)R\mathrm{d}t = \int_0^{\infty}\left(\frac{U_0}{R}\mathrm{e}^{-\frac{t}{RC}}\right)^2 \cdot R\mathrm{d}t = -\frac{1}{2}CU_0^2\left[\mathrm{e}^{-\frac{2}{RC}t}\right]\Big|_0^{\infty}$$

$$= \frac{1}{2}CU_0^2\ \mathrm{J} \qquad (10-7)$$

式(10－7)表明，电阻元件消耗的能量正好等于电容的初始储能。也就是说，在放电过程中电容的储能全部为电阻元件所吸收。

例10－3　如图10－8(a)所示电路，在$t=0$时刻开关S闭合，S闭合前电路处于直流稳态。试求$t\geqslant0$时的$i_1(t)$、$i_2(t)$和$i_C(t)$。

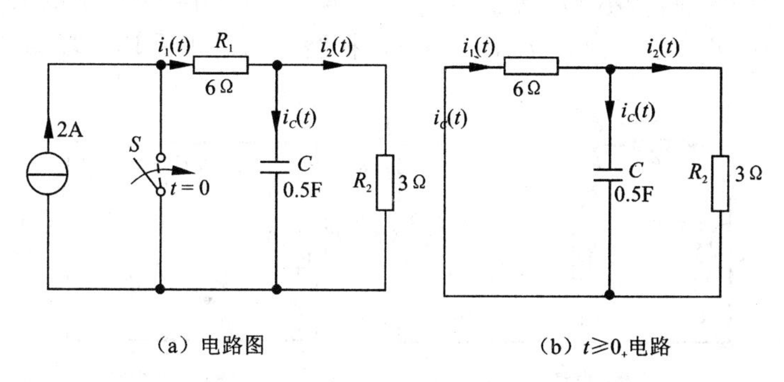

(a) 电路图　　(b) $t\geqslant0_+$电路

图10－8　例10－3的电路图

解　在$t=0_-$时，电路已处于直流稳态，这就是说，在直流电源作用下，电路内的电流、电压已都不随时间变化，电容电压不变，相当于开路(隔直流)，故得

$$u_C(0_-)=2\times3=6\mathrm{V}$$

作$t\geqslant0_+$的电路如图10－8(b)所示。由于换路时刻电容电压不能跃变，则

$$u_C(0_+)=u_C(0_-)=6\mathrm{V}$$

求从电容两端看出电路的等效电阻为

$$R=\frac{R_1\times R_2}{R_1+R_2}=\frac{6\times3}{6+3}=2\Omega$$

故电路的时间常数

$$\tau=RC=2\times\frac{1}{2}=1\mathrm{s}$$

根据式(10－4)可得电容电压为

$$u_C(t)=6\mathrm{e}^{-t}\ \mathrm{V} \qquad (t\geqslant0)$$

由图10－8(b)可知，电流$i_1(t)$和$i_2(t)$分别为

$$i_1(t) = -\frac{u_C(t)}{R_1} = -e^{-t}\ \text{A} \qquad (t \geqslant 0)$$

$$i_2(t) = \frac{u_C(t)}{R_2} = 2e^{-t}\ \text{A} \qquad (t \geqslant 0)$$

根据电容的伏安关系，电容电流为

$$i_C(t) = C\frac{du_C(t)}{dt} = \frac{1}{2} \cdot \frac{d}{dt}6e^{-t} = -3e^{-t}\ \text{A} \qquad (t \geqslant 0)$$

2. *RL* 电路的零输入响应

如图 10－9(a)所示 *RL* 电路，在开关 *S* 动作前电路处于直流稳态。当 $t=0$ 时刻开关 *S* 动作，触头离开 *a*，闭合于 *b*。换路后电路如图 10－9(b)所示。

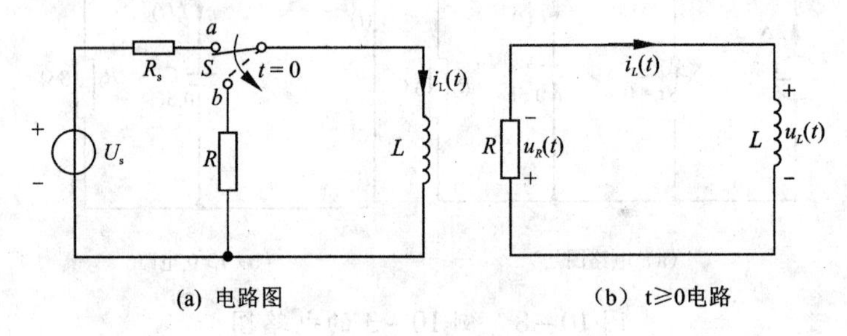

图 10－9 *RL* 电路的零输入响应

开关动作前电路已处于直流稳态，电感电流已不随时间变化，电感电压为零，相当于短路。从图 10－9(a)可知，在开关动作前，电感电流为

$$i_L(0_-) = \frac{U_s}{R_s} = I_0$$

在开关动作后的初始时刻 $t=0_+$ 时，由于电路中电感电压为有限值，故电感电流不能跃变，即初始电流 $i_L(0_+) = I_0$。这时电感中的初始储能为 $w_L(0_+) = \frac{1}{2}Li_L^2(0_+) = \frac{1}{2}LI_0^2$，此后电流在电路继续流动，将电感中的磁场能量转移给电阻元件 *R*，转化为热能散失。随着时间的增长，电感中的磁场能量逐渐减少，则电路中的电流 $i_L(t)$ 也随之逐渐减小，直到磁场能量全部为电阻所消耗，这时电流为零，电感的消磁过程便结束。所以电感的消磁过程，就是磁场能量释放在电阻元件中转换为热能的过程。在这个过程中，要准确的说明电感电流和电压的变化规律，同样须要进行数学分析才能确定，为此需列出 $t \geqslant 0_+$ 时电路的微分方程。

根据图 10－9(b)所示电路，按 KVL 有

$$u_L(t)+u_R(t)=0 \qquad (t\geqslant 0)$$

电阻和电感的伏安关系式为

$$u_R(t)=Ri_L(t),\ u_L(t)=L\frac{\mathrm{d}i_L(t)}{\mathrm{d}t}$$

这样电路的微分方程为

$$L\frac{\mathrm{d}i_L(t)}{\mathrm{d}t}+Ri_L(t)=0 \qquad (t\geqslant 0) \tag{10-8}$$

式(10-8)是一个常系数一阶线性齐次微分方程，其特征方程为

$$LP+R=0$$

$$P=-\frac{R}{L}$$

故得时间常数

$$\tau=\frac{L}{R} \tag{10-9}$$

则 $$i_L(t)=A\mathrm{e}^{-\frac{R}{L}t} \qquad (t\geqslant 0)$$

式中积分常数 A 由初始条件 $i_L(0_+)=I_0$ 来确定。当 $t=0_+$ 时，上式则为

$$i_L(0_+)=A=I_0$$

因此，最后得出解答为

$$i_L(t)=I_0\mathrm{e}^{-\frac{R}{L}t} \qquad (t\geqslant 0) \tag{10-10}$$

电感电压 $u_L(t)$ 和电阻电压 $u_R(t)$ 分别为

$$u_L(t)=L\frac{\mathrm{d}i_L(t)}{\mathrm{d}t}=-RI_0\mathrm{e}^{-\frac{R}{L}t} \qquad (t\geqslant 0) \tag{10-11}$$

$$u_R(t)=Ri_L(t)=RI_0\mathrm{e}^{-\frac{R}{L}t} \qquad (t\geqslant 0) \tag{10-12}$$

式(10-11)中电感电压为负值，是因为电流不断减小，根据楞次定律可知，电感的感应电压，力图维持原来电流不变，故实际的感应电压的极性与参考方向相反，因而为负值。

从式(10-10)、式(10-11)和式(10-12)中可以看出，$i_L(t)$、$u_L(t)$ 和 $u_R(t)$ 都是按同一时间常数的指数规律衰减，它们随时间变化的曲线如图 10-10 和图 10-11 所示。

RL 电路的时间常数 $\tau=\dfrac{L}{R}$，同样具有时间量纲。

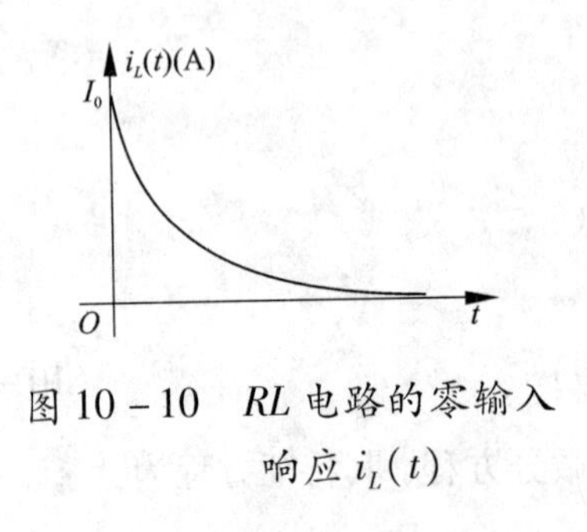

图 10－10　RL 电路的零输入响应 $i_L(t)$

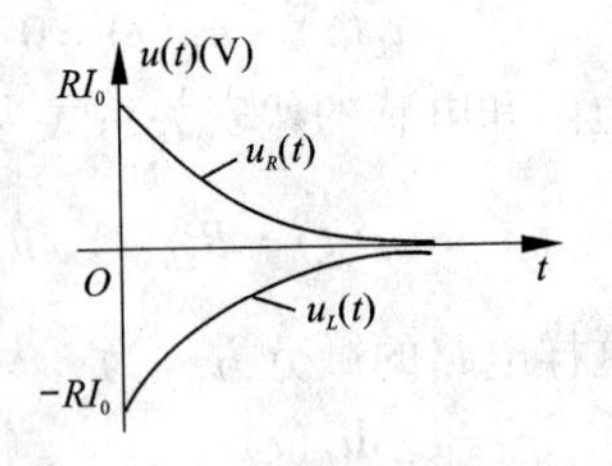

图 10－11　RL 电路的零输入响应 $u_t(t)$和 $u_s(t)$

时间常数 τ 越大，则电感电流、电压就衰减越慢，反之，则衰减就越快。这一结果与上述 RC 电路的分析是完全相同的。但是，RC 电路中 τ 是与 R 成正比的，R 越大则 τ 越大，电流、电压的衰减就越慢；而 RL 电路中 τ 是与 R 成反比的，R 越大则 τ 就越小，电流、电压衰减就越快。这一点我们可以从物理概念上来理解，对于 RC 电路而言，在电容 C 和初始电压 $u_C(0)$ 均为定值的条件下，若 R 越大，则每一时刻的电流值较小，电阻消耗的能量 i^2R 也较小，电容释放的电场能量就较慢，因而电流、电压的衰减也就较慢。对于 RL 电路，在电感 L 和初始电流 $i_L(0)$ 均为定值的条件下，若 R 越大，则每一时刻电阻消耗的能量 i^2R 就较大，因而电感中的磁场能量释放就较快，故电流、电压的衰减就较快。

电路中电感的初始储能为 $w_L(0_+)=\frac{1}{2}LI_0^2$，在消磁过程中，转移到电阻元件变换为热能的能量为

$$
\begin{aligned}
w_R &= \int_0^\infty i_L^2(t)\cdot R\mathrm{d}t = \int_0^\infty (I_0\mathrm{e}^{-\frac{R}{L}t})^2\cdot R\mathrm{d}t \\
&= -RI_0^2\left(\frac{L}{2R}\right)\int_0^\infty \mathrm{e}^{-\frac{2R}{L}t}\mathrm{d}\left(-\frac{2R}{L}t\right) \\
&= \frac{1}{2}LI_0^2 \quad (\mathrm{J}) \qquad (10-13)
\end{aligned}
$$

式(10－13)表明，电阻元件吸收的能量正好等于电感的初始储能。

例 10－4　如图 10－12(a)所示电路，开关 S 断开前电路处于稳态。当 $t=0$ 时刻开关 S 打开。求 $t\geqslant 0$ 时，电流 $i(t)$ 和电压 $u(t)$。

解　由于开关断开前电路处于直流稳态，电感相当于短路。因此，电感电流

$$i(0_-)=\frac{12}{6}=2\ (\mathrm{A})$$

当 $t\geqslant 0$ 电路如图 10－12(b)所示，根据换路定则，有

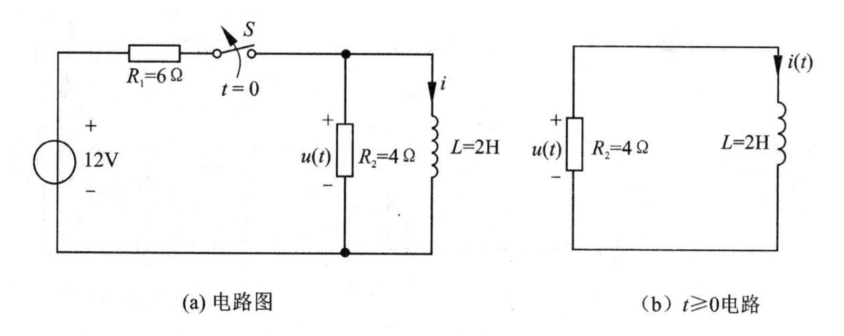

图 10－12　例 10－4 的电路图

$$i(0_+)=i(0_-)=2\text{A}$$

根据式(10－8)，电路的微分方程为

$$2\frac{\mathrm{d}i(t)}{\mathrm{d}t}+4i(t)=0 \qquad (t\geqslant 0)$$

电路特征方程为

$$2P+4=0$$

故特征根为

$$P=-\frac{4}{2}=-2\text{s}^{-1}$$

时间常数为

$$\tau=-\frac{1}{P}=\frac{1}{2}\text{s}$$

方程的解，即电路的零输入响应电流为

$$i(t)=2\mathrm{e}^{-2t}(\text{A}) \qquad (t\geqslant 0)$$

电压为

$$u(t)=L\frac{\mathrm{d}i(t)}{\mathrm{d}t}=2\frac{\mathrm{d}}{\mathrm{d}t}(2\mathrm{e}^{-2t})$$

$$=-8\mathrm{e}^{-2t}(\text{V}) \qquad (t\geqslant 0)$$

电感两端出现的初始电压为

$$u(0_+)=-8\ (\text{V})$$

例 10－5　如图 10－11(a)所示为一测量电路，线圈 $L=0.4\text{H}$，电阻 $R=1\Omega$，电压表的量程为 50V，内阻 $R_v=10\times10^3\Omega$，电源电压 $U_s=12\text{V}$。求在 $t=0$ 时刻开关 S 打开后电感线圈中电流随时间变化的表达式和此时电压表所承受的最高电压。

解　开关 S 断开电路如图 10－13(b)所示，形成 $R+R_v$ 和电感 L 的串联回

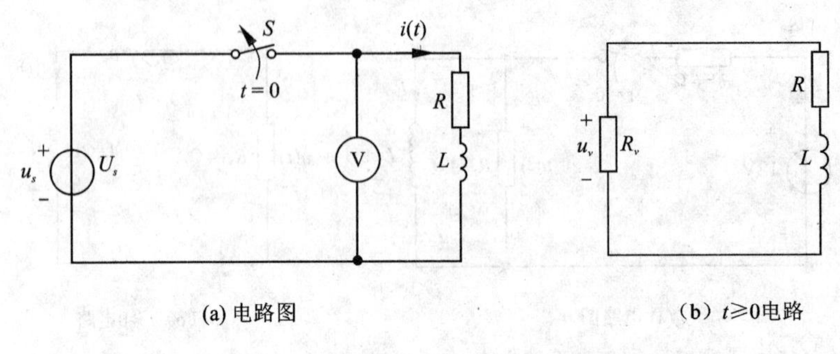

(a) 电路图　　　　　　　　　　　　(b) $t \geqslant 0$电路

图 10 - 13　例 10 - 5 的电路图

路。电路的时间常数为

$$\tau = \frac{L}{R+R_v} \approx \frac{0.4}{10 \times 10^3} = 4 \times 10^{-5}(\mathrm{s})$$

电感中电流的初始值为

$$i(0_+) = i(0_-) = \frac{U_s}{R} = 12\ (\mathrm{A})$$

根据式(10 - 10)，可得出电感电流的表达式为

$$i(t) = i(0_+)\mathrm{e}^{-\frac{t}{\tau}} = 12\mathrm{e}^{-2.5 \times 10^4 t}(\mathrm{A}) \qquad (t \geqslant 0)$$

电压表承受的电压为

$$u_v(t) = -R_v i(t) = -12 \times 10^4 \mathrm{e}^{-2.5 \times 10^4 t}(\mathrm{V}) \quad (t \geqslant 0)$$

当 $t=0$ 时刻，电压表所承受的最高电压为

$$U_{v\max} = -12 \times 10^4 \mathrm{V}$$

这个数值远远超过电压表的量程和所能承受的电压，将使电压表遭受损坏。因此，当断开电感电路时，应先将电压表取下，同时必须考虑在切断电感电流时磁场能量的释放，通常可以在切断电感电流时并接入一低值的灭磁电阻，使磁场能量经过一定的时间释放完毕。如果要在较短时间内切断较大的电感电流，则必须考虑如何采取措施灭熄在开关触头产生的电弧问题。

10.3　一阶电路的零状态响应

零状态响应，就是电路在初始状态为零的条件下，由外加激励所产生的响应。显然，这一响应与输入的激励有关，作为激励函数最简单的形式就是恒定电压或电流，即直流电源。

1. RC 电路的零状态响应

如图10-14所示 RC 串联电路，开关 S 闭合前电容初始状态为零，即 $u_C(0_-)=0$。当 $t=0$ 时开关闭合，电路接入直流电源 U_s，电源向电容充电。在 $t=0_+$ 瞬间，电容电压不能跃变，即 $u_C(0_+)=u_C(0_-)=0$，电容相当于被短路，电源电压全部施加于电阻 R 两端，这时电流值为最大，即 $i(0_+)=\frac{U_s}{R}$，而电容电压的变化率则为

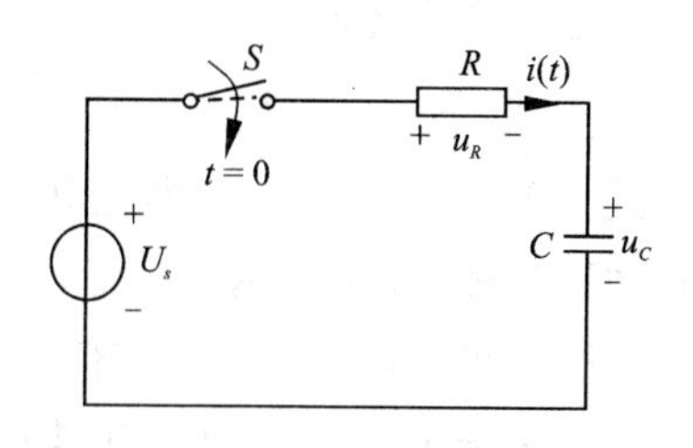

图10-14　RC 串联电路

$$\frac{\mathrm{d}u_C}{\mathrm{d}t}\Big|_{t=0_+}=\frac{i(0_+)}{C}$$

它为正最大值，表明电容电压要上升。而后随着时间的推移，电容逐渐被充电，电容电压随之升高，这时电路中的电流 $i_c=\frac{U_s-u_C}{R}$ 便逐渐减小，直到电容电压 $u_C=U_s$，$i_C=0$，充电过程结束，电路进入稳态。

根据图10-14中 S 闭合后的电路，按KVL和电容及电阻元件的伏安关系便得出以电容电压 $u_C(t)$ 为响应变量的微分方程为

$$RC\frac{\mathrm{d}u_C(t)}{\mathrm{d}t}+u_C(t)=U_s\qquad(t\geqslant0)\tag{10-14}$$

式(10-14)是一个常系数一阶线性非齐次微分方程。满足初始条件可以求出方程的解答。非齐次微分方程的解答，是由相应齐次方程的通解 $u''_C(t)$ 和其特解 $u'_C(t)$ 两部分组成，即

$$u_C(t)=u'_C(t)+u''_C(t)$$

对应于式(10-14)的齐次微分方程与式(10-2)相同，其通解为。

$$u''_C(t)=A\mathrm{e}^{-\frac{t}{RC}}\qquad(t\geqslant0)$$

非齐次方程式(10-14)的特解，则与输入的激励函数形式相同。因输入是一恒定直流电压 U_s，故特解也是一个常量。故得出特解为

$$u'_C(t)=U_s$$

则式(10-14)的完全解为

$$u_C(t)=u'_C(t)+u''_C(t)$$

$$=A\mathrm{e}^{-\frac{t}{RC}}+U_s\qquad(t\geqslant0)\tag{10-15}$$

根据初始条件 $u_C(0_+)=0$ 确定积分常数 A 值。当 $t=0_+$，式(10-15)则为

$$u_C(0_+) = A + U_s = 0$$

故 $\quad A = -U_s$

于是便得出零状态响应为

$$u_C(t) = U_s - U_s e^{-\frac{t}{RC}} = U_s(1 - e^{-\frac{t}{RC}}) \qquad (t \geqslant 0) \qquad (10-16)$$

式(10－16)就是在电容充电过程中电容电压随时间变化的表达式，其变化波形曲线如图10－15示。显然电容电压 $u_C(t)$ 是从起始的零值按指数规律上升的，随时间增长而趋于稳态值 U_s。其时间常数 τ 仍为 RC。

充电电流 $i(t)$ 可以根据电容的伏安关系式得出

$$i(t) = C\frac{du_C(t)}{dt} = \frac{U_s}{R}e^{-\frac{t}{RC}} \qquad (t \geqslant 0) \qquad (10-17)$$

电阻电压则为

$$u_R(t) = i(t) \cdot R = U_s e^{-\frac{t}{RC}} \qquad (t \geqslant 0) \qquad (10-18)$$

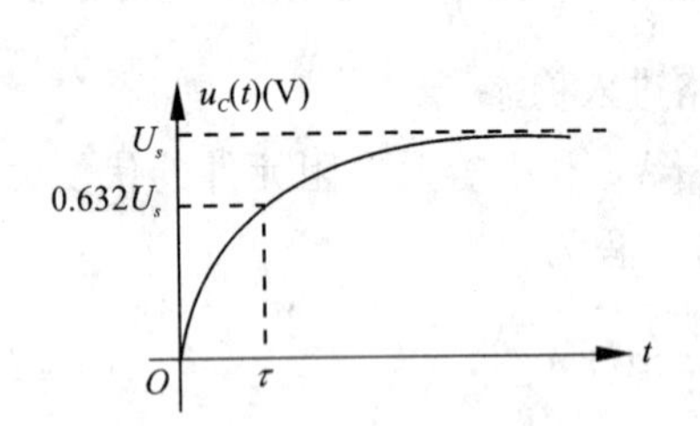

图10－15 RC电路充电电压曲线

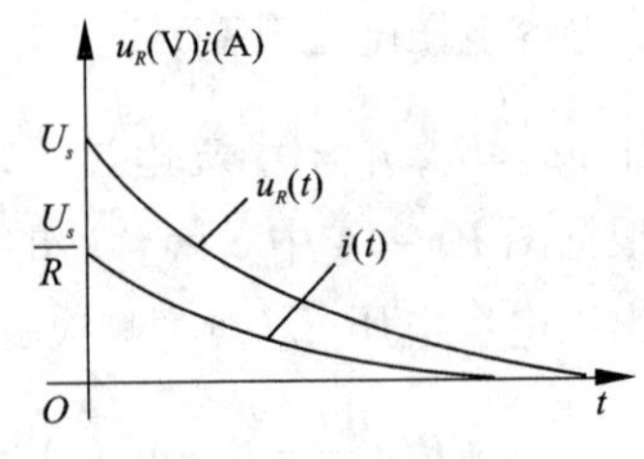

图10－16 RC电路的充电电流 $i(t)$ 和电阻电压 $u_R(t)$ 波形曲线

充电电流 $i(t)$ 和电阻电压 $u_R(t)$，都按相同的时间常数从初始值按指数规律逐渐衰减至零，它们随时间变化的波形曲线如图10－16所示。

2. RL电路的零状态响应

如图10－16所示RL串联电路，开关 S 闭合前电路中的电流为零，即 $i_L(0_-)=0$。$t=0$ 时刻开关 S 闭合，电路接入直流电源 U_s。在开关闭合后的初始时刻 $t=0_+$，电感电流不能跃变，即

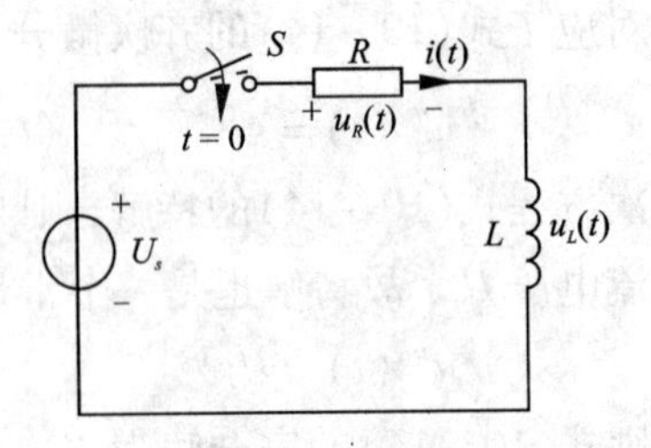

图10－17 RL串联电路

$$i_L(0_+) = i_L(0_-) = 0$$

电感相当于开路，电源电压 U_s 施加于电感的两端，即

$$u_L(0_+) = U_s$$

这时电流的变化率为

$$\frac{\mathrm{d}i(t)}{\mathrm{d}t}\bigg|_{t=0_+}=\frac{u_L(0_+)}{L}=\frac{U_s}{L}$$

其值为正，表明电流要增长。此后，电流逐渐增大，电阻两端的电压也随之逐渐增大，则电感两端的电压便逐渐减小。因电源电压为一恒定值，则电流的变化率$\frac{\mathrm{d}i(t)}{\mathrm{d}t}=\frac{u_L(t)}{L}$将减小，致使电流的增长越来越慢。到最后电感电压$u_L(t)=0$，$\frac{\mathrm{d}i(t)}{\mathrm{d}t}=0$，这时电感相当于短路，电源电压$U_s$全部施加于电阻元件两端，电路中的电流到达稳态值$i(\infty)=\frac{U_s}{R}$。

根据图10－17换路后的电路，按KVL有

$$L\frac{\mathrm{d}i(t)}{\mathrm{d}t}+Ri(t)=U_s \qquad (t\geqslant 0) \tag{10-19}$$

$$i(0_+)=0$$

式(10－19)是一常系数一阶线性非齐次微分方程，其解答包括齐次方程的通解$i''(t)$和非齐次方程的特解$i'(t)$两部分组成，即

$$i(t)=i'(t)+i''(t)$$

其中，齐次微分方程的通解与RL串联电路的零输入响应形式相同，即

$$i''(t)=A\mathrm{e}^{-\frac{R}{L}t} \qquad (t\geqslant 0)$$

非齐次微分方程的特解，则与激励电源电压或电流的形式相同，为一恒定值，即

$$i'(t)=\frac{U_s}{R}$$

故得

$$i(t)=A\mathrm{e}^{-\frac{R}{L}t}+\frac{U_s}{R} \qquad (t\geqslant 0) \tag{10-20}$$

根据电路的初始条件$i(0_+)=0$确定积分常数A值，有

$$i(0_+)=A+\frac{U_s}{R}=0$$

得

$$A=-\frac{U_s}{R}$$

因此，零状态响应$i(t)$随时间变化的表达式为

$$i(t)=\frac{U_s}{R}-\frac{U_s}{R}\mathrm{e}^{-\frac{R}{L}t}=\frac{U_s}{R}(1-\mathrm{e}^{-\frac{R}{L}t}) \qquad (t\geqslant 0) \tag{10-21}$$

电感电压$u_L(t)$和电阻电压$u_R(t)$分别为

$$u_L(t)=L\frac{\mathrm{d}i(t)}{\mathrm{d}t}=U_s\mathrm{e}^{-\frac{R}{L}t}\quad(t\geqslant0)\tag{10-22}$$

$$u_R(t)=Ri(t)=U_s(1-\mathrm{e}^{-\frac{R}{L}t})\quad(t\geqslant0)\tag{10-23}$$

根据式(10－21)、式(10－22)和式(10－23)，分别绘出 $i(t)$、$u_L(t)$和 $u_R(t)$ 随时间变化的波形曲线如图 10－18 和图 10－19 所示。

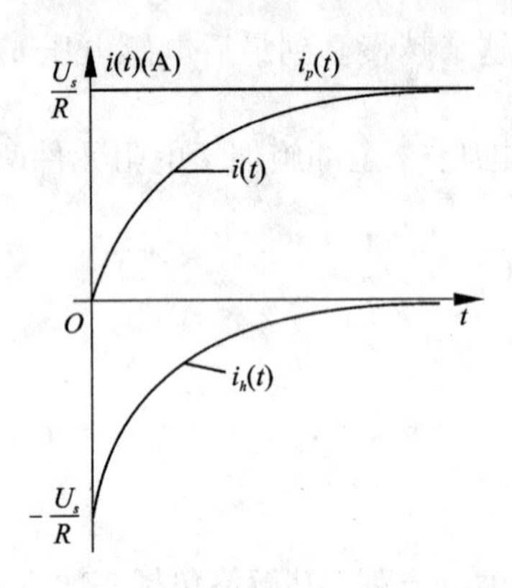

图 10－18 RL 电路零状响应的 $i(t)$ 波形图

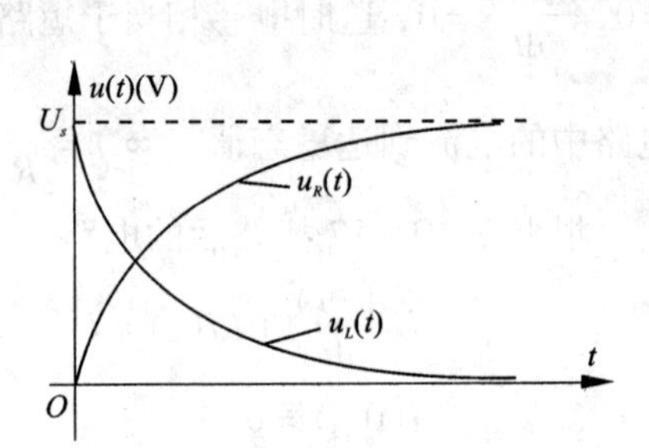

图 10－19 RL 电路零状态响应的 $u_L(t)$和 $u_R(t)$ 波形图

下面以 RL 电路为例,讨论外加激励为正弦电压时的零状态响应。

图 10－20 示电路中正弦电压 $u_s=U_m\cos(\omega t+\psi_u)$，其中 ψ_u 是开关接通时刻电压源的初相位，也称为接入角，由图 10－20 可知。

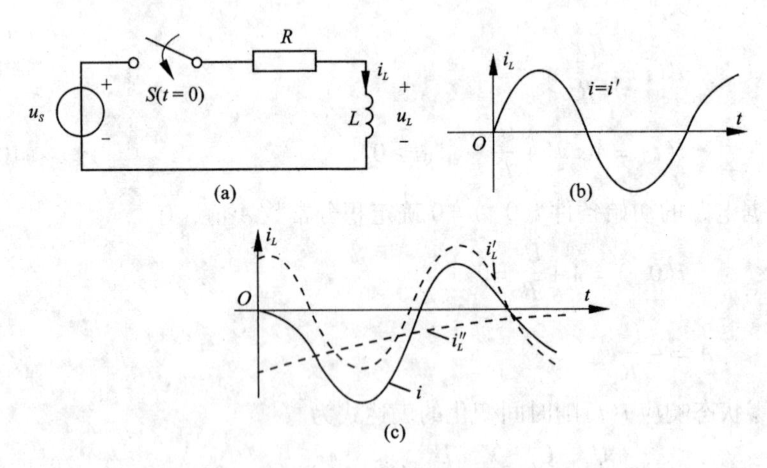

图 10－20 正弦激励下的 RL 电路

当开关合上时，根据KVL可得微分方程为

$$L\frac{\mathrm{d}i_L}{\mathrm{d}t}+Ri_L=U_m\cos(\omega t+\psi_u)$$

其方程解为 $i_L=i'_L+i''_L$，其中方程的通解即自由分量 $i''_L=A\mathrm{e}^{-\frac{t}{\tau}}$，$\tau=\frac{L}{R}$为时间常数。$i'_L$ 为电路的特解即为稳态分量，根据正弦稳态电路的分析可知，RL 串联的正弦稳态电路的复阻抗为

$$Z=R+\mathrm{j}\omega L=\sqrt{R^2+(\omega L)^2}\arctan\frac{\omega L}{R}=|Z|\angle\varphi$$

其中

$$|Z|=\sqrt{R^2+(\omega L)^2}\qquad\varphi=\arctan\frac{\omega L}{R}$$

电流 i_L 稳态解的相量形式为

$$\dot{I}_L=\frac{\dot{U}_s}{Z}=\frac{(U_m/\sqrt{2})\angle\varphi_u}{|Z|\angle\varphi}=\frac{U_m/\sqrt{2}}{|Z|}\angle\psi_u-\varphi=\frac{I_{Lm}}{\sqrt{2}}\angle\psi_i$$

式中 $I_{Lm}=\frac{U_m}{Z}$，$\psi_i=\psi_u-\varphi$ 分别为电流稳态分量的最大值和初相位。因此稳态分量为

$$i_L{}'=I_{Lm}\cos(\omega t+\psi_i)$$

方程的通解为

$$i_L=I_{Lm}\cos(\omega t+\psi_i)+A\mathrm{e}^{-\frac{t}{\tau}}$$

代入初始条件 $i_L(0_+)=i_L(0_-)=0$，有

$$A=-I_{Lm}\cos\psi_i=-\frac{U_m}{|Z|}\cos(\psi_u-\varphi)$$

因而电感电流为

$$i_L=\frac{U_m}{|Z|}\cos(\omega t+\psi_u-\varphi)-\frac{U_m}{|Z|}\cos(\psi_u-\varphi)\mathrm{e}^{-\frac{t}{\tau}}$$

电阻上的电压为

$$u_R=Ri=\frac{U_mR}{|Z|}\cos(\omega t+\psi_u-\varphi)-\frac{U_mR}{|Z|}\cos(\psi_u-\varphi)\mathrm{e}^{-\frac{t}{\tau}}$$

电感上的电压为

$$u_L=L\frac{\mathrm{d}i_L}{\mathrm{d}t}=\frac{U_m\omega L}{|Z|}\cos(\omega t+\psi_u-\varphi+\frac{\pi}{2})+\frac{U_mR}{|Z|}\cos(\psi_u-\varphi)\mathrm{e}^{-\frac{t}{\tau}}$$

从上述表达式可见，电路的解与开关接通时电压源的初相位有关。

当开关接通时，若电源电压的初相角 $\psi_u=\varphi-\frac{\pi}{2}$ 时，可得

$$A=-\frac{U_m}{|Z|}\cos(\psi_u-\varphi)=0$$

则

$$i_L=\frac{U_m}{|Z|}\cos(\omega t-\frac{\pi}{2})$$

所以开关接通时，电路不出现暂态过程，直接进入稳定状态。电流的波形见图 10－20(c)，当开关接通时若电源电压的初相角 $\psi_u=\varphi$ 时，可得

$$A=-\frac{U_m}{|Z|}\cos(\psi_u-\varphi)=-\frac{U_m}{|Z|}$$

则

$$i_L=\frac{U_m}{|Z|}\cos(\omega t)-\frac{U_m}{|Z|}e^{-\frac{t}{\tau}}$$

电流的波形见图 10－20(c)，从图 10－20(c)所示的波形，若电路的时间常数较大，则自由分量衰减较慢。开关接通后经过半个周期时间，电流近似为稳态时电流最大值的两倍，在电路工程设计时必须考虑这种现象。

10.4 一阶电路的全响应及三要素法

1. 一阶电路的全响应

若动态电路中既有外加激励又有储能，那么换路后电路的响应为全响应。

对于线性、非时变电路，全响应是零输入响应和零状态响应的叠加。现以图 10－21 所示的 RC 充电电路为例来说明。电路的初始状态为 $u_C(0_-)=U_0$，$t=0$ 时刻开关 S 闭合，电路输入直流电源电压为 U_s，且 $U_s>U_0$。计算电路的全响应 $u_C(t)$。

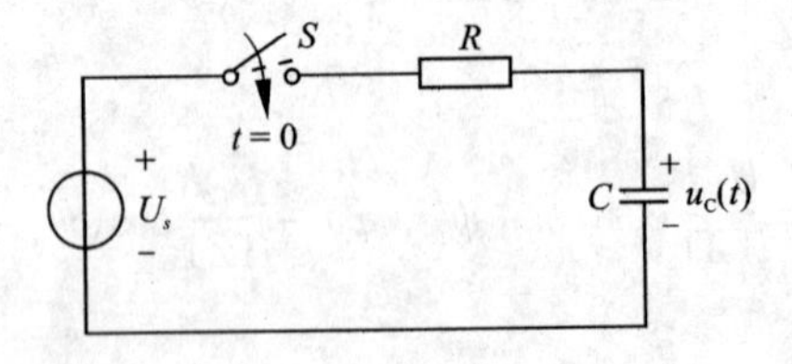

图 10－21 RC 电路的完全响应电路图

根据开关 S 闭合的图 10－21 电路，列出 $t\geqslant0$ 以 $u_C(t)$ 为响应变量的微分方程如下

$$RC\frac{\mathrm{d}u_C(t)}{\mathrm{d}t}+u_C(t)=U_s \qquad (t\geqslant0) \qquad (10-24)$$

方程式(10－24)的求解，根据叠加定理，可以看做分别由外加激励 U_s 和初始状态 $u_C(0)$ 单独作用时响应的叠加。

当 $U_s=0$ 时，响应 $u_C(t)$ 由初始状态 $u_C(0)$ 作用所产生，它是零输入响应，

当 $u_C(0)=0$ 时，响应 $u''_C(t)$ 由外加激励 U_s 所产生，它就是零状态响应，因此，电路的完全响应应为零输入响应和零状态响应的叠加，则为

$$u_C(t)=\underbrace{U_0\mathrm{e}^{-\frac{i}{Rc}}}_{\text{零输入响应}}+\underbrace{U_s(1-\mathrm{e}^{-\frac{i}{Rc}})}_{\text{零状态响应}} \qquad (t\geqslant0) \qquad (10-25)$$

根据式(10－25)，将电路的全响应 $u_c(t)$ 的波形图绘于图 10－22 中，其中曲线 1 是零输入响应的波形图，曲线 2 是零状态响应的波形图。则全响应 $u_c(t)$ 就是曲线 1 和曲线 2 每一时刻值的相加，即曲线 3。

从式(10－25)电路的全响应 $u_C(t)$ 还可以得出如下式所示的组合

$$u_C(t)=U_0\mathrm{e}^{-\frac{t}{Rc}}+U_s(1-\mathrm{e}^{-\frac{t}{Rc}})=\underbrace{(U_0-U_s)\mathrm{e}^{-\frac{t}{Rc}}}_{\text{固有响应(暂态响应)}}+\underbrace{U_s \qquad (t\geqslant0)}_{\text{强制响应(稳态响应)}} \qquad (10-26)$$

从上式可以看出，电路的全响应，还可以分解为暂态响应与稳态响应之和。因为式(10－26)右边第一项是按指数规律衰减，当 $t\to\infty$ 时衰减为零，故称为暂态响应，也就是固有响应；第二项是与输入激励形式相同的常量，故称为稳态响应，也就是强制响应。

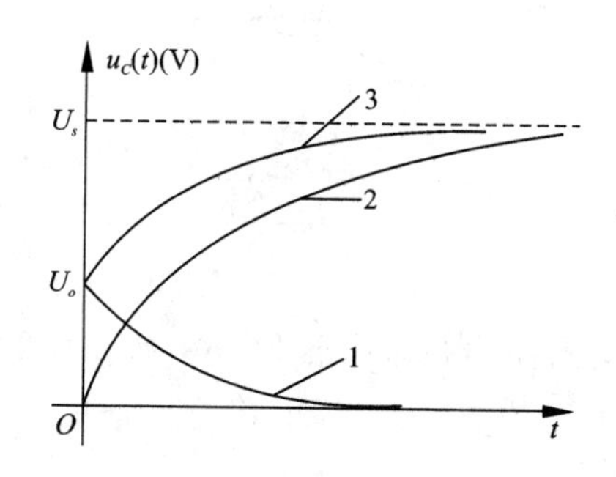

图 10－22　RC 电路全响应的 $u_c(t)$ 波形图

1—零输入响应 $u'_C(t)$；　2—零状态响应 $u''_C(t)$；　3—全响应 $u_C(t)$

暂态响应 $u_{Ch}(t)$ 和稳态响应 $u_{Cp}(t)$ 随时间的变化曲线绘于图 10－23 中曲线 1、2 所示，则全响应 $u_C(t)$ 就是曲线 1、2 的相加，为曲线 3 所示。

图 10－23 所示全响应 $u_C(t)$ 曲线，是在电容初始电压 $u_0<U_s$ 条件下得出

的。而 $U_0>U_s$ 及 $U_0=U_s$ 时的情况则与之不同。为了加以比较现将 $U_0<U_s$、$U_0<U_s$ 和 $U_0=U_s$3 种情况的 $u_c(t)$ 的波形分别绘于图 10－24 中。从图中的曲线 1 和 2 可以看出，在所讨论的有损耗一阶电路中，直流一阶电路的全响应，可以有两种过渡状态即过渡过程。一种是曲线 1 所示的按指数规律上升变化的，另一种是曲线 2 所示为按指数规律下降变化的。这是因为过渡状态中的暂态响应的大小与初始状态 U_0 和外输入电源电压 U_s 之差有关的缘故。

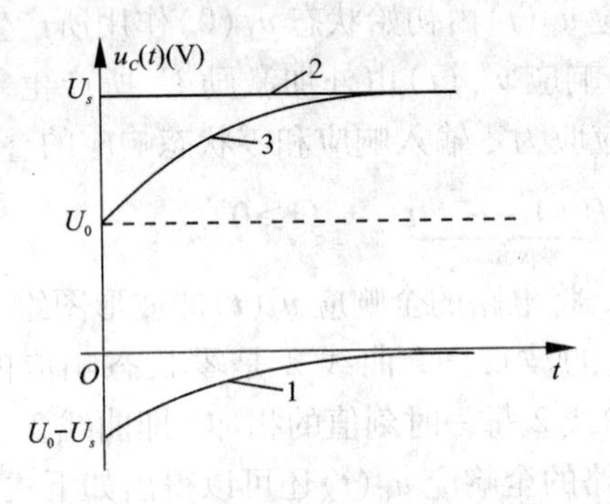

图 10－23　RC 电路 $U_s>U_0$ 情况时的完全响应 $u_C(t)$ 波形图

1—暂态响应 $u_{Ch}(t)$；　2—稳态响应 $u_{Cp}(t)$；　3—全响应 $u_C(t)$

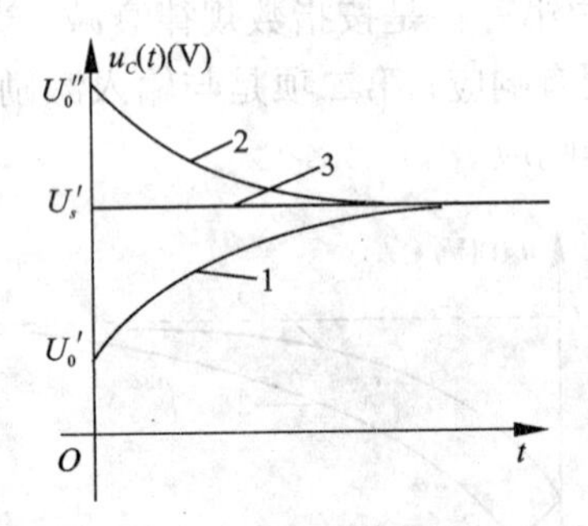

图 10－24　3 种不同初始状态下，RC 电路的全响应 $u_c(t)$

1—$U_0<U_s$；　2—$U_0>U_s$；　3—$U_0=U_s$

由此可见，电路过渡过程的出现，与输入激励和动态元件初始状态的大小有关。如果图 10－21 电路中 $U_0=U_s$，则暂态响应分量为零，电路的响应就没有过渡状态，换路后立即进入稳态，图 10－24 中曲线 3 即是。因此，并不是所有情况电路都会出现暂态响应和存在过渡过程。也就是说，并不是所有线性电路的响应都可以分解为暂态响应和稳态响应的。

例 10-6　如图 10-25 所示含受控源电路，当 $t=0$ 时刻开关 S 闭合，且 $i_L(0_-)=2\text{A}$。求 $t\geq 0$ 时，$i_L(t)$、$u_L(t)$ 和 $i(t)$。

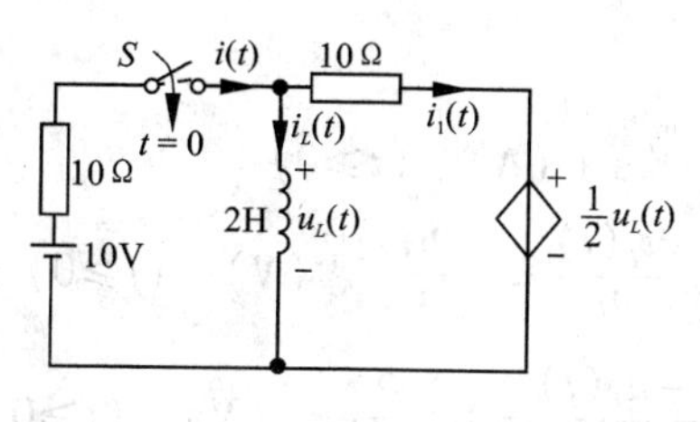

图 10-25　例 10-6 的电路图

解　列出 $t\geq 0$ 电路的微分方程，根据 KVL 有

$$u_L(t)-\frac{1}{2}u_L(t)-10i_1(t)=0$$

$$\frac{1}{2}u_L(t)-10[i(t)-i_L(t)]=0$$

因为

$$u_L(t)=L\frac{\mathrm{d}i_L(t)}{\mathrm{d}t}=2\frac{\mathrm{d}i_L(t)}{\mathrm{d}t}$$

故有

$$\frac{\mathrm{d}i_L(t)}{\mathrm{d}t}+10i_L(t)-10i(t)=0$$

又因

$$i(t)=\frac{10-u_L(t)}{10}=1-\frac{1}{5}\frac{\mathrm{d}i_L(t)}{\mathrm{d}t}$$

代入上面 KVL 得出电路以 $i_L(t)$ 为变量的微分方程为

$$3\frac{\mathrm{d}i_L(t)}{\mathrm{d}t}+10i_L(t)=10$$

齐次微分方程的通解为

$$i''_L(t)=A\mathrm{e}^{-\frac{10}{3}t}(\text{A})\quad(t\geq 0)$$

非齐次微分方程的特解为

$$i'_L(t)=\frac{10}{10}=1\ (\text{A})\quad(t\geq 0)$$

故电感电流全响应应为

$$i_L(t)=A\mathrm{e}^{-\frac{10}{3}t}+1\ (\text{A})\quad(t\geq 0)$$

而根据换路定律，有

$$i_L(0_+) = Ae^0 + 1 = 2$$

所以，$A=1$

则电路的全响应为

$$i_L(t) = e^{-\frac{10}{3}t} + 1\ (\text{A})\quad (t \geqslant 0)$$

$$u_L(t) = L\frac{di_L(t)}{dt} = -\frac{20}{3}e^{-\frac{10}{3}t}(\text{V})\quad (t \geqslant 0)$$

$$i(t) = \frac{10 - u_L(t)}{10} = 1 + \frac{2}{3}e^{-\frac{10}{3}t}(\text{V})\quad (t \geqslant 0)$$

各响应量的波形图如图 10-26 所示。

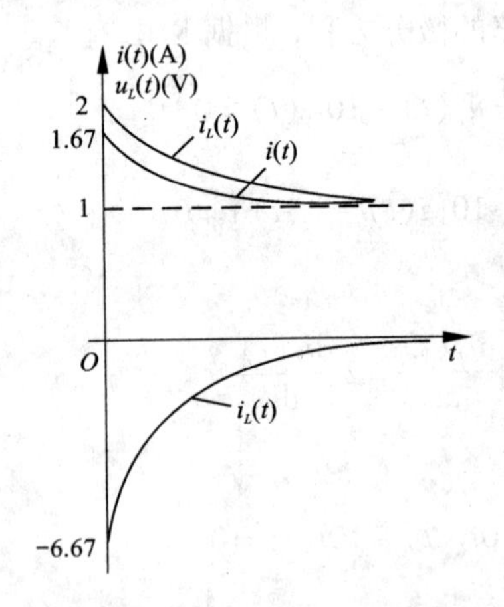

图 10-26　例 10-6 各响应量的波形图

2. 一阶电路分析的三要素法

从上述有损耗无电源一阶电路和直流一阶电路的分析中可以看出，在直流电源或非零状态激励下，电路中电流、电压都是随时按指数曲线规律变化的，它们都是从初始值开始随时间逐渐增长或逐渐衰减到稳态值的，而且同一电路中各支路的电流和电压变化的时间常数 τ 都是相同的。因此，在动态过程电路中任一电流或电压均由初始值、稳态值和时间常数三个要素所确定。若响应变量用 $f(t)$ 表示，其初始值为 $f(0_+)$，稳态值为 $f(\infty)$，电路的时间常数为 τ，则响应可以按下式求出

$$f(t) = f(\infty) + [f(0_+) - f(\infty)]e^{-\frac{t}{\tau}} \tag{10-27}$$

如在 10.2 中 RC 电路的放电放过程的分析，电容电压的初始值为 $u_C(0_+) = U_0$，稳态值 $u_C(\infty) = 0$，电路的时间常数 $\tau = RC$。将这 3 个相应量代入式(10-27)中，便可得出放电过程中的电容电压为

$$u_C(t)=0+(U_0-0)e^{-\frac{t}{RC}}=U_0e^{-\frac{t}{RC}}\quad(t\geqslant 0)$$

这一结果与式(10－4)完全相同。

又如前述 RC 电路的充电过程的分析，电容电压的初始值 $u_C(0_+)=0$，稳态值 $u_C(\infty)=U_s$，时间常数 $\tau=RC$，将这3个相应量代入式(10－31)中，便可得出充电过程中的电容电压为

$$u_C(t)=U_s+(0-U_s)e^{-\frac{t}{RC}}=U_s(1-e^{-\frac{t}{RC}})\quad(t\geqslant 0)$$

这一结果与式(10－18)完全相同。

再如前述中直流一阶 RC 电路的全响应电容电压的分析，其初始值 $u_C(0_+)=U_0$，稳态值 $u_C(\infty)=U_s$，且 $U_0<U_s$，时间常数 $\tau=RC$，将这3个相应量代入式(10－31)中，便可得出换路后电路的全响应电容电压为

$$u_C(t)=U_s+(U_0-U_s)Ue^{-\frac{t}{RC}}\qquad(t\geqslant 0)$$

这一结果与式(10－27)完全相同。

由此可见，有损耗一阶电路的分析，只要计算出响应变量的初始值，稳态值和时间常数3个要素，按式(10－27)便可直接得出结果，这一分析方法，称为一阶电路分析的三要素法。关于初始值、稳态值和时间常数 τ 3个要素的计算说明如下：

(1)关于初始值的计算，按10.1所述方法进行，一般作出换路后 $t=0_+$ 等效电路来计算，在作 $t=0_+$ 等效电路前，应按换路定律求出电容电压和电感电流的初始值。若 $u_C(0_+)=0$ 时，在 $t=0_+$ 等效电路中电容相当于短路；若 $i_L(0_+)=0$ 时，$t=0_+$ 等效电路中，电感相当于开路；电感相当于短路。

(2)时间常数，RC 电路 $\tau=RC$，RL 电路 $\tau=\dfrac{L}{R}$。这里 R 是指与动态元件相串联的等效电阻，即换路后从动态元件两端断开，计算电路的输入电阻，这时应将电路中所有独立电源置零。

如图10－27所示电路，计算当开关 S 闭合时，电容充电的时间常数。电容两端断开后，电路的输入电阻为

$$R=\frac{R_1R_2}{R_1+R_2}$$

则这时电路的时间常数为

$$\tau=RC=\frac{R_1R_2}{R_1+R_2}C$$

当开关 S 打开电容进行放电时的时间常数，则为

$$\tau'=R_2C$$

应用三要素法分析一阶电路，不必列写和求解微分方程，比较简便，在实

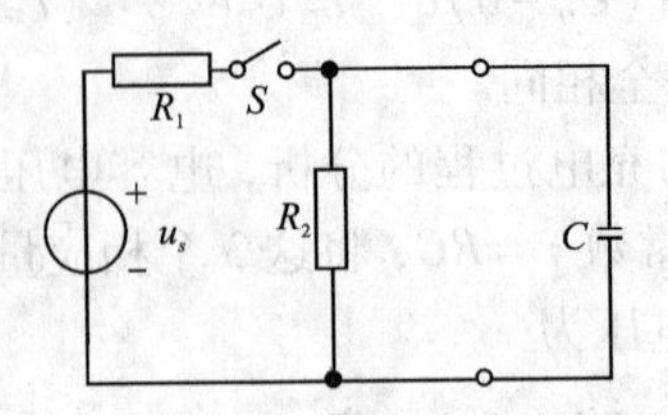

图 10-27 计算 RC 电路时间常数的电路图

际工作中具有重要意义。但是必须是有损耗一阶线性电路才能应用三要素法来进行分析。

例 10-7 如图 10-28(a)所示电路，$t=0$ 时刻开关 S 闭合，S 闭合前电路处于稳态。求 $t\geqslant 0$ 时 $u_C(t)$、$i_C(t)$ 和 $i(t)$。

解 用三要素法解题

(1)计算初始值

由于换路前电路处于稳态，故从图 10-28(a)可得

$$u_C(0_+)=u_C(0_-)=20\ (\text{V})$$

作出 $t=0_+$ 等效电路，如图 10-28(b)所示。列出网孔方程

$$8i(0_+)-4i_C(0_+)=20$$

$$-4i(0_+)+6i_C(0_+)=-20$$

解上联立方程得出电流 $i_C(t)$ 和 $i(t)$ 的初始值为

$$i_C(0_+)=-2.5\ (\text{mA})$$

$$i(0_+)=1.25\ (\text{mA})$$

(2)计算稳态值

稳态时电容相当于开路，作出 $t=\infty$ 时等效电路如图 10-28(c)所示，则电压、电流的稳态值分别为

$$u_C(\infty)=\frac{4}{4+4}\times 20=10\ (\text{V})$$

$$i_C(\infty)=0$$

$$i(\infty)=\frac{20}{4+4}=2.5\ (\text{mA})$$

(3)计算时间常数

因 $$R=2+\frac{4\times 4}{4+4}=2+2=4\ (\text{k}\Omega)$$

则 $$\tau=RC=4\times 10^{3}\times 2\times 10^{-6}=8\times 10^{-3}(\text{s})$$

(4)按式(10-27)得出电路的响应电压、电流分别为

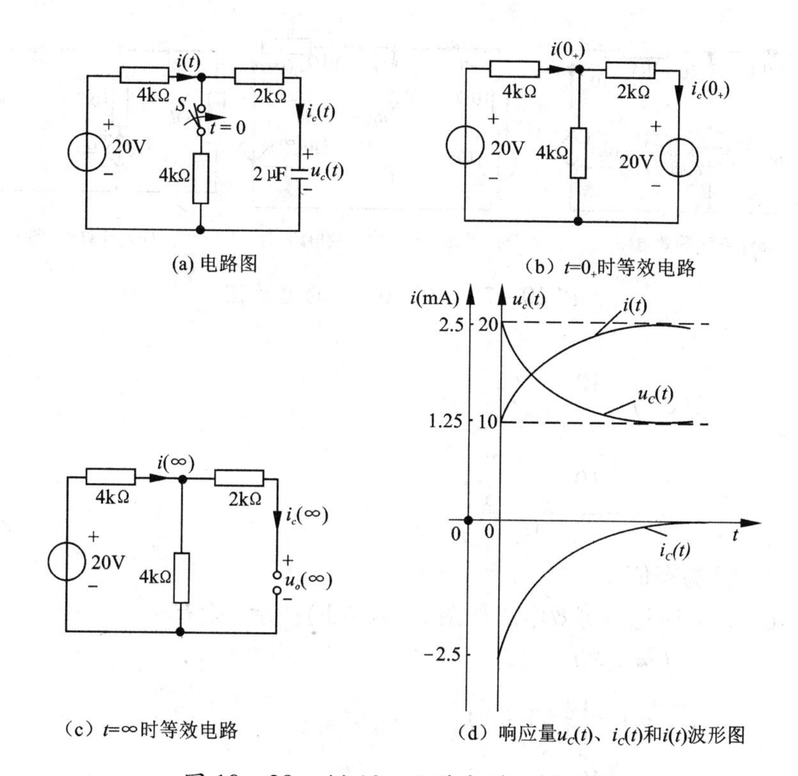

(a) 电路图　(b) $t=0_+$时等效电路

(c) $t=\infty$时等效电路　(d) 响应量$u_C(t)$、$i_C(t)$和$i(t)$波形图

图 10－28　例 10－7 的电路及波形图

$$u_C(t)=10+(20-10)e^{-125t}=10(1+e^{-125t})\ (\mathrm{V})\quad (t\geqslant 0)$$
$$i_C(t)=-2.5e^{-125t}(\mathrm{mA})\quad (t\geqslant 0)$$
$$i(t)=2.5+(1.25-2.5)e^{-125t}=2.5-1.25e^{-125t}\ \mathrm{mA}\quad (t\geqslant 0)$$

响应变量电压 $u_C(t)$和电流 $i_C(t)$、$i(t)$的波形图绘于图 10－28(d)中。

例 10－8　试将例 10－6 电路应用三要素法解题。

解　(1)计算初始值

根据换路定则，电感电流的初始值 $i_L(0_+)=2\mathrm{A}$，作 $t=0_+$时等效电路如图 10－29(a)所示，这时电感相当于一个 2A 的电流源。根据结点法，以底线为参考结点，得

$$\left(\frac{1}{10}+\frac{1}{10}\right)u_L(0_+)=\frac{10}{10}-2+\frac{\frac{1}{2}u_L(0_+)}{10}$$

解得

$$u_L(0_+)=-\frac{20}{3}\ (\mathrm{V})$$

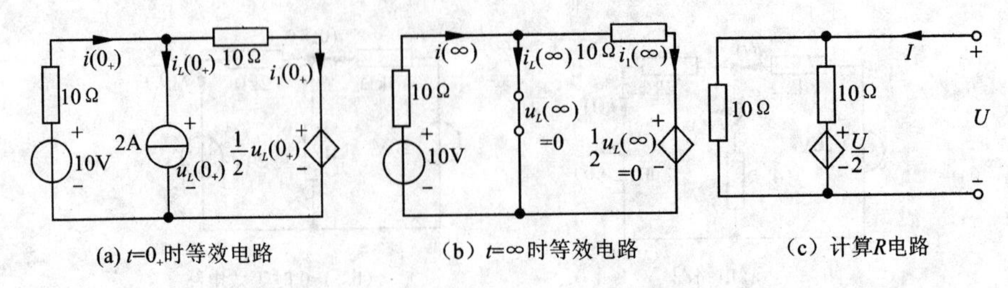

图 10－29 例 10－8 的电路图

则
$$i(0_+)=\frac{10-u_L(0_+)}{10}$$

$$=\frac{10-(-\frac{20}{3})}{10}=\frac{5}{3}\text{ (A)}$$

(2)计算稳态值。

作出 $t=\infty$ 时稳态等效电路如图 10－29(b)所示，则有

$$u_L(\infty)=0$$

$$i_L(\infty)=\frac{10}{10}=1\text{ (A)}$$

$$i(\infty)=\frac{10}{10}=1\text{ (A)}$$

(3)计算时间常数 τ。

先计算电感元件断开后端口电路的输入电阻，电路如图 10－29(c)所示。图中在端口外加电压 U，产生输入电流为

$$I=\frac{U}{10}+\frac{U-\frac{1}{2}U}{10}=\frac{U}{10}+\frac{U}{20}=\frac{3}{20}U$$

故
$$R=\frac{U}{I}=\frac{20}{3}\ (\Omega)$$

则时间常数为

$$\tau=\frac{L}{R}=\frac{3}{10}\text{ (s)}$$

(4)按式(10－27)计算出各响应量为

$$i_L(t)=1+(2-1)\mathrm{e}^{-\frac{10}{3}t}=1+\mathrm{e}^{-\frac{10}{3}t}\text{(A)}\quad (t\geqslant 0)$$

$$u_L(t)=-\frac{20}{3}\mathrm{e}^{-\frac{10}{3}t}\text{(V)}\quad (t\geqslant 0)$$

$$i(t)=1+(\frac{5}{3}-1)e^{-\frac{10}{3}t}=1+\frac{2}{3}e^{-\frac{10}{3}t}\text{ A}\quad(t\geqslant0)$$

以上计算的结果与例 10－6 相同。

10.5　阶跃响应和冲激响应

1. 阶跃响应

在图 10－30(a)所示的零状态电路中，当开关 S 动作所引起电压 $u(t)$ 的变化，可以用阶跃函数 $\varepsilon(t)$ 表示。单位阶跃函数是一种奇异函数，它的定义式为

$$\varepsilon(t)=\begin{cases}0 & (t\leqslant0_-)\\1 & (t\geqslant0_+)\end{cases}$$

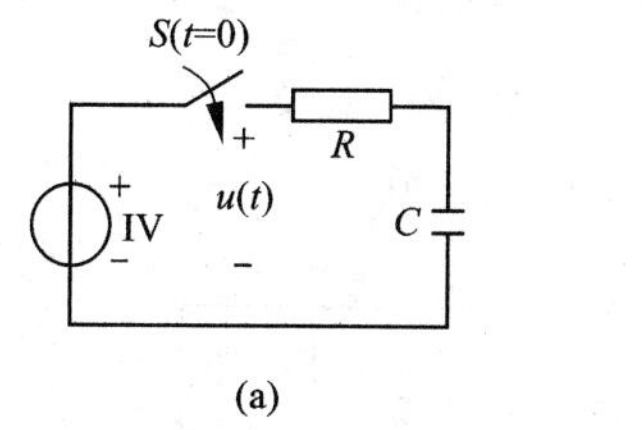

(a)

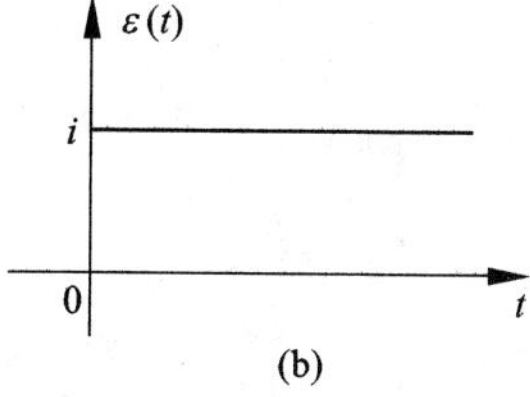

(b)

图 10－30

它是在$(0_-,0_+)$时域内发生了单位阶跃。在电路中起到一个开关的作用，有时又称它为开关函数。

若在 t_0 时刻发生跃变，该函数可表示为

$$\varepsilon(t-t_0)=\begin{cases}0 & (t\leqslant t_{0_-})\\1 & (t\geqslant t_{0_+})\end{cases}\tag{10-28}$$

可看做是函数 $\varepsilon(t)$ 在时间轴上移动后的结果，所以称它为延迟的单位阶跃函数，如图 10－31 所示。

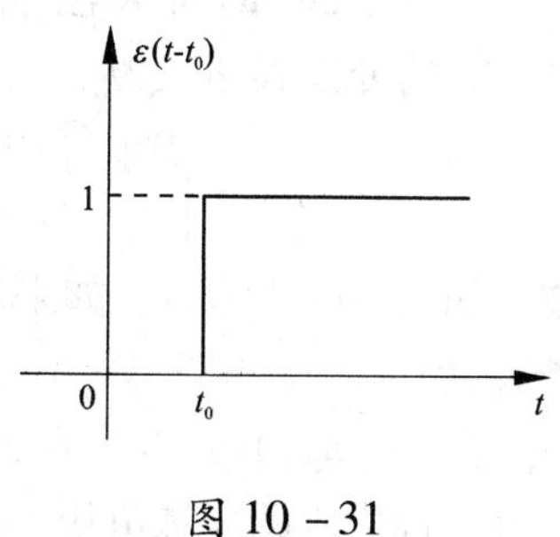

图 10－31

用某已知函数与延迟单位阶跃函数相乘，可以改变已知函数的波形，如图 10－32 所示。

$$f(t)\varepsilon(t-t_0)=\begin{cases}f(t) & t\geqslant t_{0_+}\\0_- & t\leqslant i_{0_-}\end{cases}\tag{10-28}$$

用单位阶跃函数 $\varepsilon(t)$ 与延迟单位阶跃函数 $\varepsilon(t-t_0)$ 相减，还可以组成一些

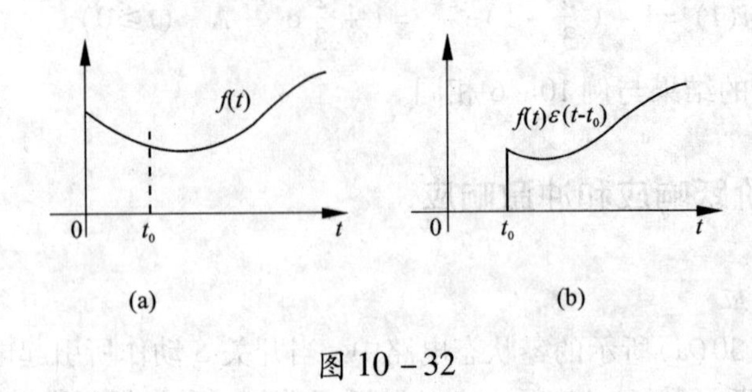

图 10－32

特殊的波形。例如 $\varepsilon(t)-\varepsilon(t-t_0)$ 就可以得到图 10－33(a)所示的一个方波，用延迟单位阶跃函数 $\varepsilon(t-t_1)$ 与延迟单位阶跃函数 $\varepsilon(t-t_2)$ 相减，即可以得如图 10－33(b)所示的一个延迟的方波。利用类似的方法还可以组成许多的特殊波形。

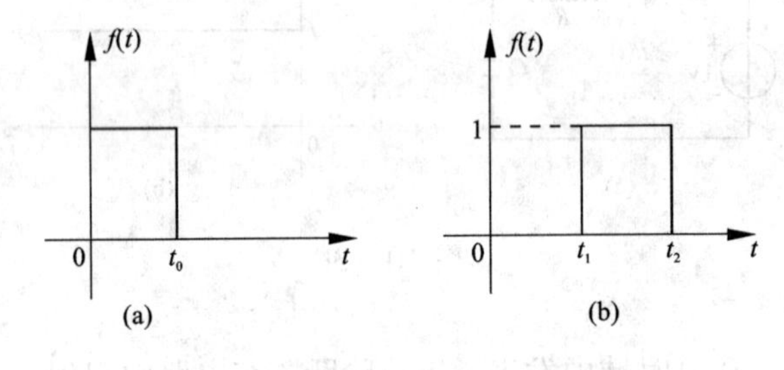

图 10－33

如图 10－34(a)所示电路，$t=0$ 时开关与直流电压源接通，加于 RC 电路的电压 u 的分段表达式为

$$u(t)=\begin{cases}0 & (t<0)\\ U_s & (t>0)\end{cases}$$

其波形如图 10－34(b)。如果使用单位阶跃函数，就可以在整个时域内用一个式子表述

$$u(t)=U_s\varepsilon(t)$$

$\varepsilon(t)$ 称为阶跃函数电压。因此图 10－34(a)可简化成图 10－34(c)。对于图 10－34(a)电路的零状态响应为

$$u_C(t)=U_s-U_s\mathrm{e}^{-\frac{t}{RC}}\quad(t>0)$$

$$i_C(t)=\frac{U_s}{R}\mathrm{e}^{-\frac{t}{RC}}\quad(t>0)$$

对于图 10－34(c)电路的零状态响应应与图 10－34(a)完全一致，但根据

单位阶跃函数的定义，图10－34(c)电路的响应，应写为

$$u_C(t)=(U_s-U_s\mathrm{e}^{-\frac{t}{RC}})\varepsilon(t)$$

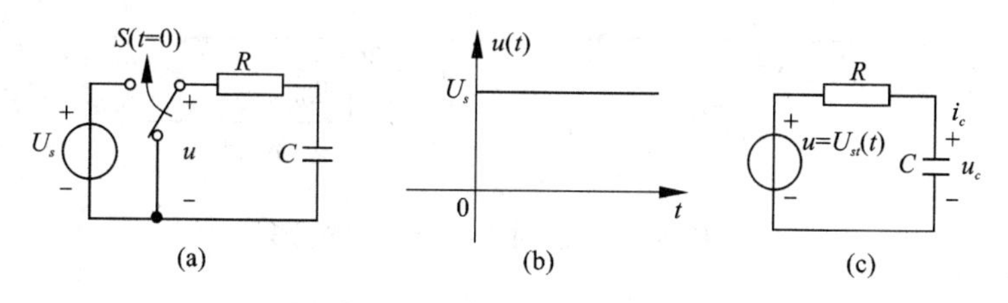

图10－34　电源的突然接入

$$i_C(t)=\frac{U_s}{R}\mathrm{e}^{-\frac{t}{RC}}\varepsilon(t)$$

并称这种响应为阶跃响应。如果外加激励为单位跃函数，则它对应的零状态响应就称为单位阶跃响应，用 $s(t)$ 表示。

实际上求解电路的阶跃响应与求零状态响应的方法一样，不同的是把零状态响应表达式乘以 $\varepsilon(t)$，其作用是确定响应的“起始”时间为 0_+，若电源接入的时刻为 t_0，其响应的表达式将其阶跃响应中的所有的 t 改为 $(t-t_0)$ 就可以了。

例10－9　如图10－35所示电路中，开关 S 原处于位置1很久。在 $t=0$ 时，开关 S 由1合向位置2，在 $t=2\tau=2RC$ 时又由位置2合向位置1，求 $t\geqslant0$ 时的电容电压。

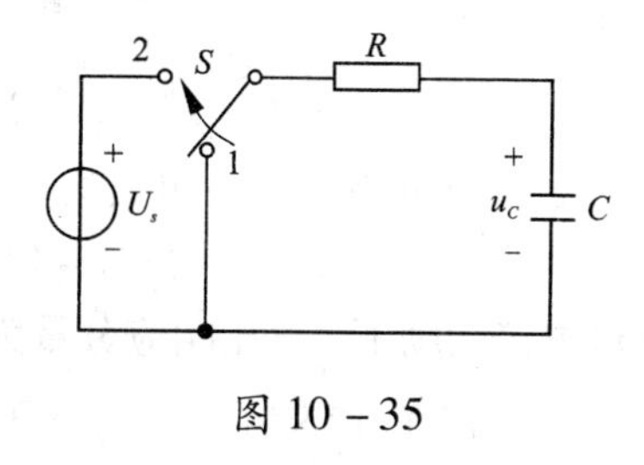

图10－35

解　根据开关的动作，可用阶跃函数来表示电路的激励，电路激励实为矩形脉冲如图10－36(a)，但可看成两个阶跃信号的叠加，如图10－36(b)，因此外加激励可写为

$$u_s(t)=U_s\varepsilon(t)-U_s\varepsilon(t-2\tau)$$

运用三要素法可得 RC 电路的零输入响应为

$$f(t)=U_s(1-\mathrm{e}^{-\frac{t}{\tau}})$$

则其阶跃响应为 $f(t)=U_s(1-\mathrm{e}^{-\frac{t}{\tau}})\varepsilon(t)$

其延迟阶跃的响应为 $f(t)=U_s(1-\mathrm{e}^{-\frac{t-2\tau}{\tau}})\varepsilon(t-2\tau)$。

故电路的响应为

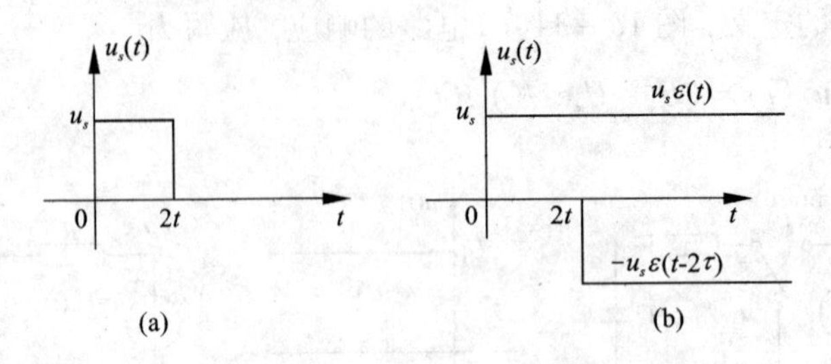

图 10－36 例 10－9 的 u_s 波形

$$u_C(t)=U_s(1-\mathrm{e}^{-\frac{t}{\tau}})\varepsilon(t)-U_s(1-\mathrm{e}^{-\frac{t-2\tau}{\tau}})\varepsilon(t-2\tau)$$

例 10－10 如图 10－37 所示，由一矩形脉冲电源流输入于 RC 并联电路，求阶跃响应 $u_c(t)$。

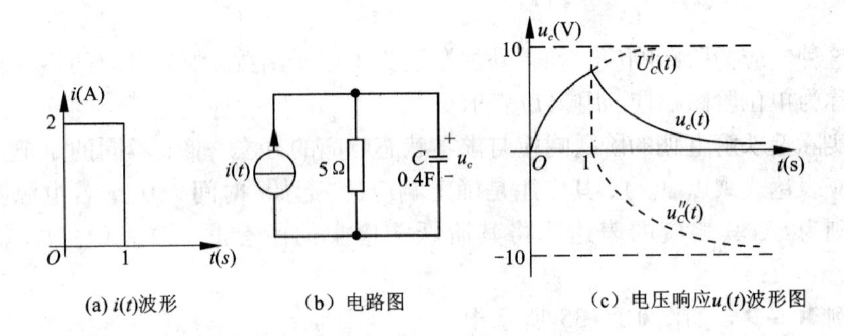

图 10－37 例 10－10 的电路及波形图

解 矩形脉冲电流 $i(t)$ 可以表示为两个单位阶跃函数之差，即

$$i(t)=2\varepsilon(t)-2\varepsilon(t-1)$$

在 $2\varepsilon(t)$ 电流激励下，电压响应分量为

$$u'_C(t)2\times5(1-\mathrm{e})^{-\frac{t}{5\times0.4}}\cdot\varepsilon(1-{}^{-0.5t})\cdot\varepsilon(t)\ (\mathrm{V})$$

在 $-2\varepsilon(t-1)$ 电流激励下同，电压响应分量为

$$u''_C(t)=-2\times5(1-\mathrm{e}^{-\frac{t-1}{5\times0.4}})\cdot\varepsilon(t-1)=-10[1-\mathrm{e}^{-0.5(t-1)}]\varepsilon(t-1)\ (\mathrm{V})$$

故电压响应为

$$u_C(t)=u'_C(t)+u''_C(t)$$
$$=10(1-\mathrm{e}^{-0.5t})\cdot\varepsilon(t)-10[1-\mathrm{e}^{-0.5(t-1)}]\cdot\varepsilon(t-1)\ (\mathrm{V})$$

$u_C(t)$ 的波形如图 10－37(c) 中实线所示。

2. 冲激响应

图 10－38 所示的单位脉冲函数 $p(t)$，当宽度 $\Delta\tau$ 由 $\Delta\tau'$ 减小为 $\Delta\tau''$ 时，高度 $\frac{1}{\Delta\tau}$ 由 $\frac{1}{\Delta\tau'}$ 增加到 $\frac{1}{\Delta\tau''}$。如果取宽度 $\Delta\tau$ 趋于零时的极限，单位脉冲函数就变成

了单位冲激函数，记做$\delta(t)$。因此，可直观地定义

$$\delta(t)=\begin{cases}0 & t\neq 0\\ \text{奇异} & t=0\end{cases} \tag{10-29}$$

$$\int_{-\infty}^{+\infty}\delta(t)\mathrm{d}t=1$$

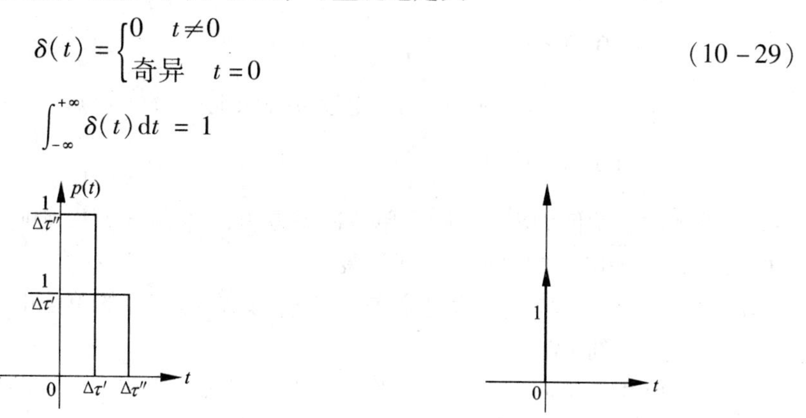

图10-38　单位脉冲函数　　图10-39　单位冲激函数

单位冲激函数的波形如图10-39所示，有时在箭头旁注明“1”，若强度为K时，则在箭头旁注明“K”。同在时间上延迟出现的单位阶跃函数一样，可以把发生在$t=t_0$单位冲激函数写成$\delta(t-t_0)$。

冲激函数具有如下两个主要性质：

（1）单位冲激函数$\delta(t)$对时间的积分等于单位阶跃函数$\varepsilon(t)$。

$$\int_{-\infty}^{t}\delta(\xi)\mathrm{d}\xi=\varepsilon(t) \tag{10-30}$$

反之，阶跃函数$\varepsilon(t)$对时间的一阶导数等于冲激函数$\delta(t)$。

$$\delta(t)=\frac{\mathrm{d}\varepsilon(t)}{\mathrm{d}t} \tag{10-31}$$

（2）单位冲激函数的“筛分性质”。由于当$t\neq 0$时，$\delta(t)=0$对任意在$t=0$时连续的函数，都有

$$f(t)\delta(t)=f(0)\delta(t)$$

所以

$$\int_{-\infty}^{\infty}f(t)\delta(t)\mathrm{d}t=f(0)\int_{-\infty}^{\infty}\delta(t)\mathrm{d}t=f(0) \tag{10-32}$$

从上述表达可以看出冲激函数可以把一个函数在某一时刻的值“筛”出的能力。

如果外加激励为冲激函数，则电容电压、电感电流将怎样变化？

对电感来说，元件电压电流的关系可表示为

$$i_L(t)=i_L(t_0)+\frac{1}{L}\int_{t_0}^{t}u\mathrm{d}\xi$$

设 $t=0_+$，$t_0=0_-$ 上式可写为

$$i_L(0_+)=i_L(0_-)+\frac{1}{L}\int_{0_-}^{0_+}u\mathrm{d}\xi$$

由此可知，若在 $i=0$ 时，施加于电感的冲激电压为 $\psi\delta(t)$，则

$$i_L(0_+)=i_L(0_-)+\frac{\psi}{L}$$

若电感的初始值为零，激励为单位冲激电压，电感 $L=1\mathrm{H}$，则电感在 $t=0_+$ 时的值为 1A，即电感的电流发生了跃变。

同理可知当一个单位冲激电流作用在一初始电压为零的单位电容上时，其电容电压将跃变到 1V。

一阶电路在单位冲激函数 $\delta(t)$ 作用下的零状态响应称为单位冲激响应，用 $h(t)$ 表示。求单位冲激响应时，可以分两个阶段进行：

(1) 在 $t=0_-$ 到 0_+ 区间内，这是电路在冲激函数 $\delta(t)$ 作用下所引起的初始状态，电容电压或电感电流发生跃变；

(2) 在 $t\geqslant 0_+$ 时，$\delta(t)=0$，电路中的响应相当于由初始状态引入起的零输入响应。显然如何求得 $\delta(t)$ 在 $t=0_-$ 到 0_+ 时间内所引起的初始状态，即 $u_C(0_+)$ 或 $i_L(0_+)$，是求解冲激响应的关键。

例 10-11　试求图 10-40(a) 所示电路中电流及电感电压的冲激响应。

解　根据 KVL 有

$$L\frac{\mathrm{d}i_L}{\mathrm{d}t}+Ri_L=\delta(t)$$

从上述方程可知，电感电流不可能为冲激函数，如果是，则电感电压为冲

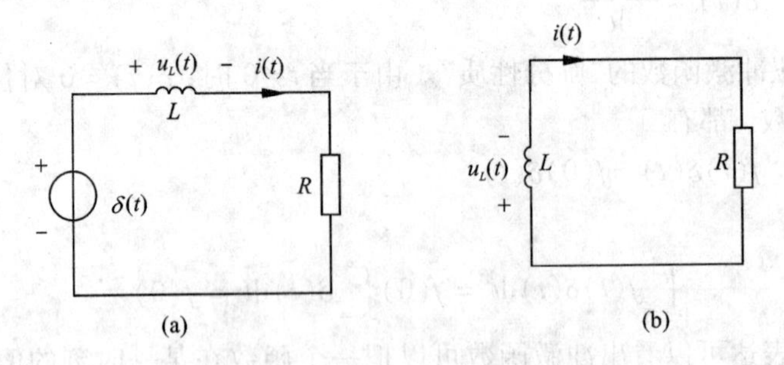

图 10-40　例 10-11 的图

激函数一阶导数，这样上式将不成立。为了求 $i_L(0_+)$ 的值 $[i_L(0_-)]=0$，把上式在 0_+ 与 0_- 时间间隔内积分，可得

$$\int_{0_-}^{0_+}L\frac{\mathrm{d}i_L}{\mathrm{d}t}\mathrm{d}t+\int_{0_-}^{0_+}Ri_L\mathrm{d}t=\int_{0_-}^{0_+}\delta(t)\mathrm{d}t$$

由于 i_L 不可能为冲激函数，所以方程左边的第二项积分为零，从而可得

$$L[i_L(0_+)-i_L(0_-)]=1$$

因为 $i_L(0_-)$，所以 $i_L(0_+)=\dfrac{1}{L}$

当 $t\geqslant 0_+$ 时，冲激电压源相当于短路，所以可以用图 10－40(b)求得 $t\geqslant 0_+$ 时的电感电流(其电流实在 RL 串联的零输入响应)为

$$i_L=i_L(0_+)\mathrm{e}^{-\frac{t}{\tau}}=\frac{1}{L}\mathrm{e}^{-\frac{t}{\tau}}$$

式中 τ 为 RL 电路的时间常数。

根据冲激函数的重要性质，即冲激函数是阶跃函数的导数，求解电路的冲激响应可以采用另一种方法。先求电路的阶跃响应，然后对阶跃响应求一阶导数。

在例 10－11 中，若把单位冲激电压看成单位阶跃电压，运用三要素法可求得电感电流为

$$i_L=\frac{1}{R}(1-\mathrm{e}^{-\frac{t}{\tau}})\varepsilon(t)$$

电路的冲激响应为$\dfrac{\mathrm{d}i_L}{\mathrm{d}t}=\dfrac{1}{R}(1-\mathrm{e}^{-\frac{t}{\tau}})\delta(t)+\dfrac{1}{R\tau}\mathrm{e}^{-\frac{t}{\tau}}\tau=L/R$，而在 $t\neq 0$ 时 $\delta(t)=0$，所以上述表式的第一项为 0，故冲激响应为

$$\frac{\mathrm{d}i_L}{\mathrm{d}t}=\frac{1}{L}\mathrm{e}^{-\frac{t}{\tau}}$$

与例 10－10 所得结果相同。

为了便于比较，表 10－2 给出了一些一阶电路的阶跃响应与冲激响应。

表 10－2　一阶电路的阶跃响应和冲激响应

电路	零状态响应	
	阶跃响应 $s(t)$	冲激响应 $h(t)$
$i_s(t)$　$G=\frac{1}{R}$　u_c　C	$i_s(t)=e(t)$ $u_C=R(1-\mathrm{e}^{-\frac{t}{\tau}})\varepsilon(t)$ $=\frac{1}{G}(1-\mathrm{e}^{-\frac{t}{\tau}})\varepsilon(t)$	$i_s(t)=\delta(t)$ $u_C=(\frac{1}{G}\mathrm{e}^{-\frac{t}{\tau}}\varepsilon(t)$

续上表

电路	零状态响应	
	阶跃响应 $s(t)$	冲激响应 $h(t)$
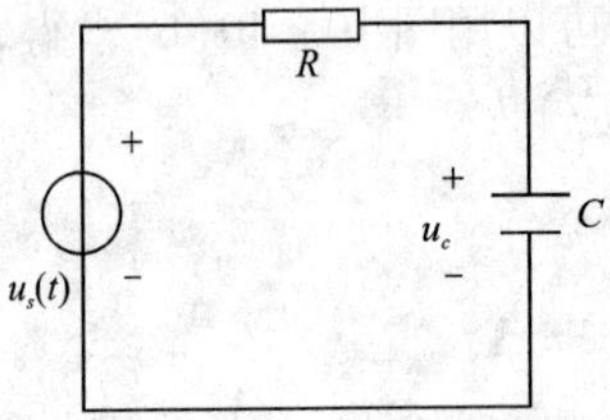	$u_s(t)=\varepsilon(t)$ $u_C=(1-\mathrm{e}^{-\frac{t}{\tau}})\varepsilon(t)$	$u_s(t)=\delta(t)$ $u_C=(\frac{1}{RC}\mathrm{e}^{-\frac{t}{\tau}})\varepsilon(t)$
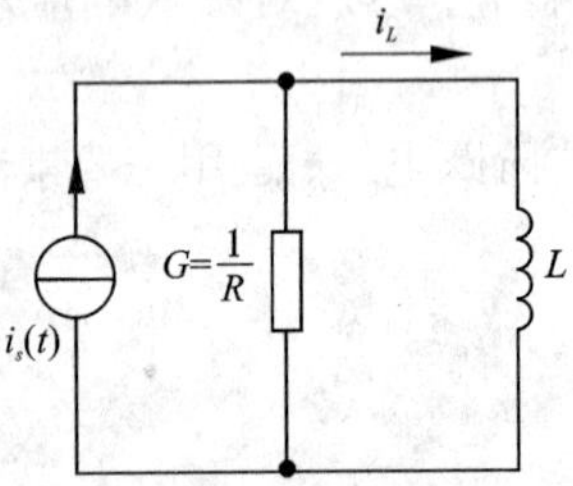	$i_s(t)=\varepsilon(t)$ $i_L=(1-\mathrm{e}^{-\frac{t}{\tau}})\varepsilon(t)$	$i_s(t)=\delta(t)$ $i_L=(\frac{R}{L}\mathrm{e}^{-\frac{t}{\tau}})\varepsilon(t)$ $=(\frac{1}{GL}\mathrm{e}^{-\frac{t}{\tau}})\varepsilon(t)$
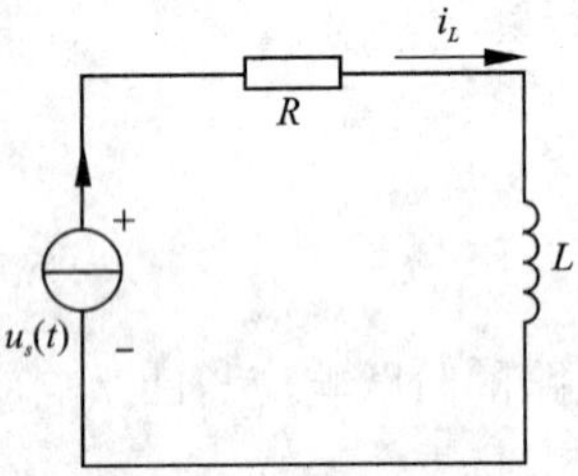	$u_s(i)=\varepsilon(t)$ $i_L=\frac{1}{R}(1-\mathrm{e}^{-\frac{t}{\tau}})\varepsilon(t)$	$u_s(t)=\delta(t)$ $i_L=(\frac{1}{L}\mathrm{e}^{-\frac{t}{\tau}})\varepsilon(t)$

本章小结

在一般情况下，能量变化是连续的，含有电流、电感的动态电路换路后一般要经历暂态过程。描述动态电路暂态过程的议程是微分方程。微分方程的阶数就是独立的动态元件的个数，因而仅含一个电容或一个电感的电路就称为一阶动态电路，简称阶电路。

当电容电流和电感电压为限值时，其对应的电压和电流是连续变化的，且遵守换路定理

$$u_C(0_+)=u_C(0_-)$$

$$i_L(0_+)=i_L(0_-)$$

。

0_- 表示换路前一瞬间，0_+ 表示换路后一瞬间。

动态电路的响应分为零状态响应、零输入响应和全响应 3 类。零状态响应是电外加激励所引起的响应；零输入响应是由电路的初始储能所引起的响应、全响应是由二者共同作用的响应。当外加激励为直流时，电路的响应按数规律变化，变化的快慢由电路的参数（时间常数）来决定。

对于 RC 一阶电路来说，$\tau = RC$

对于 RL 一阶电路来说，$\tau = \dfrac{L}{R}$

其中 R 是将动态元件移走后，剩下一端口网络的等效电阻，即一端口网络的戴维宁等效电阻。求解一阶动态电路响应的方法：

①写出电路微分方和方程并对其求解。

②利用三要素公式：

$$f(t) = f(\infty) + [f(0_+) - f(\infty)]\mathrm{e}^{-\frac{t}{\tau}}$$

其中 $f(\infty)$ 为待求变量的稳态值，$f(0_+)$ 为待求变量在换路一瞬间的初始值，τ 为时间常数。

当外加激励为阶跃函数 $\varepsilon(t)$ 时，其对应的零状态响应为阶跃响应，当外加激励为冲激函数 $\delta(t)$ 时，其对应的零状态响应为冲激响应。求解冲激响应的方法为：

①利用冲激函数的性质（$\dfrac{\mathrm{d}\varepsilon(t)}{\mathrm{d}t} = \delta(t)$），通过阶跃响应求冲激响应。

②求出由冲激激励所引起的电容电压，或电感电流的初始值，然后按零输入响应求解。

复习思考题

（1）如图 10－41 所示电路，$t=0$ 时刻开关 S 闭合，开关闭合前电路处于稳态。求开关闭合后的初始值 $u_C(0_+)$、$i_L(0_+)$、$i_C(0_+)$、$i_R(0_+)$、$u_{R1}(0_+)$、$u_{R2}(0_+)$、$u_{R3}(0_+)$ 和 $u_L(0_+)$。

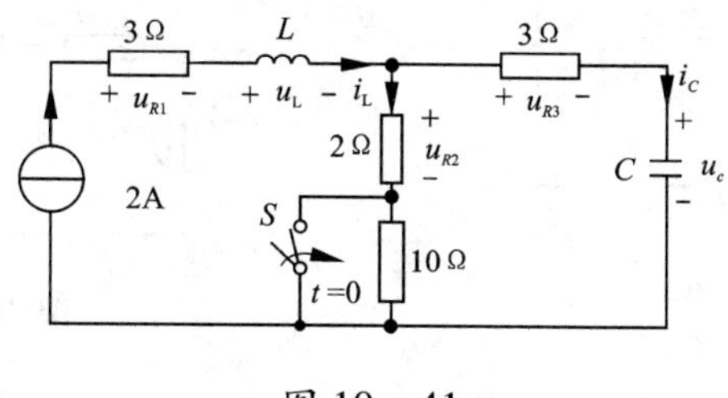

图 10－41

（2）如图 10－42 所示电路，$t=0$ 时刻开关 S 闭合，开关闭合前电路处于稳态。求 $t \geq 0$ 时 u_C、i_C 和 i。

（3）如图 10－43 所示，是用来测量电容器泄漏电阻 R_s 的电路。测量时先使电容器充电到达稳态值 150V，然后把开关 S 打开，电容便通过泄漏电阻放电，经过 10s 后立即把开关 S 与检流计 G 接通，从冲击检流计读出时刻电容的电荷为 12.5μC（微库），若已知电源 $C=$

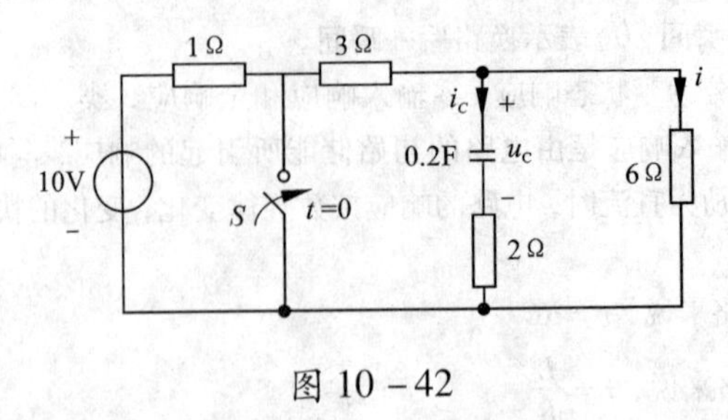

图 10-42

0.1μF。试计算泄漏电阻 R_s 值。

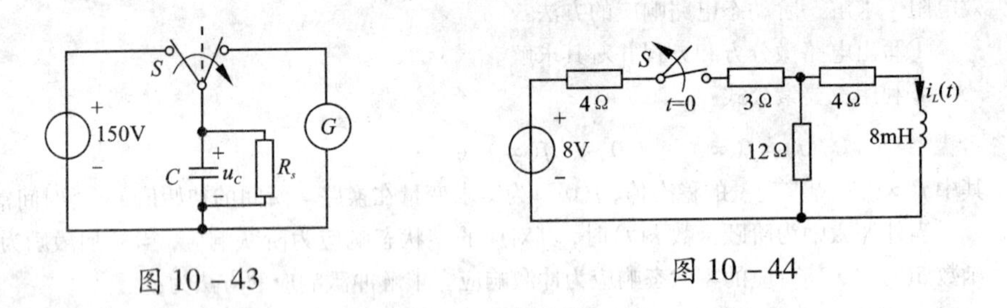

图 10-43 图 10-44

(4) 如图 10-44 所示电路，$t=0$ 时刻开关 S 打开，开关动作前电路处于稳态。求①$t\geqslant0$ 时以 $i_L(t)$ 为变量的微分方程；②$t\geqslant0$ 时 $i_L(t)$；③在 $t=0$、0.2ms、0.5ms 和 1ms 时刻电感中的磁场能量。

(5) 如图 10-45 所示电路原处于稳态，$t=0$ 时开关突然接通。求 t 为何值时 $u_C=0$。

(6) 如图 10-46 所示电路原处于稳态，$t=0$ 时 r 突然由 10Ω 变为 5Ω。求 $t>0$ 时的电压 $u_C(t)$。

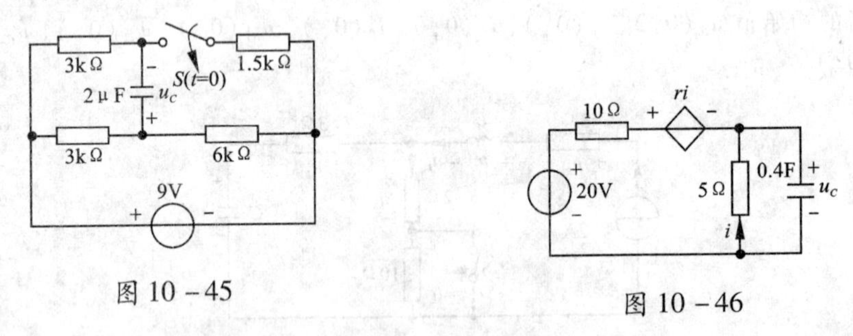

图 10-45 图 10-46

(7) 图 10-47 所示电路 $t=0$ 时开关接通。若 $u_s=20\text{V}$，则全响应 $u=(20-6\text{e}^{-10t})\text{V}$ $(t>0)$；若 $u_s=30\cos(10t)\text{V}$，则全响应 $u=[16.6\sqrt{2}\cos(10t-23.20°)3\text{e}^{-10t}]\text{V}(t>0)$。求电路的零输入响应 u。

(8) 如图 10-48 所示电路，$u_C(0)=3\text{V}$，$t=0$ 时刻开关 S 闭合。求 $t\geqslant0$ 时：①以 u_C 为变量的微分方程；②计算电路的时间常数；③电容电压 u_C 暂态响应与稳态响应之和及零输入响应与零状态响应之和两种表示形式。

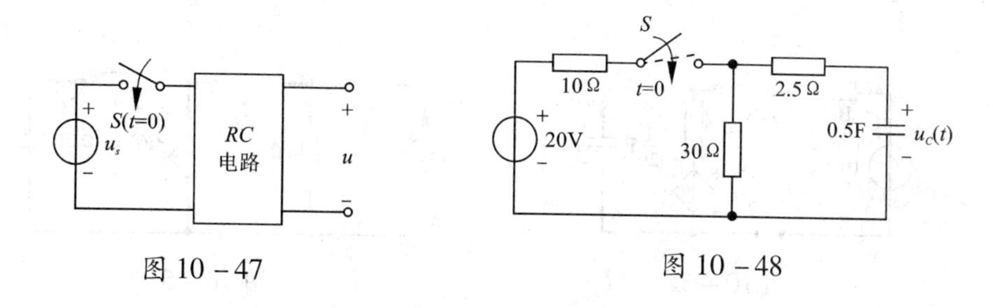

图 10－47　　　　图 10－48

(9) 如图 10－49 所示电路，$t=0$ 时刻开关 S_1 闭合，电容进行充电，充电前电容无储能。当 $t=1.6\text{s}$ 时刻开关 S_2 打开，电容继续充电。求 $t \geqslant 0$ 时电容电压 $u_C(t)$，并绘出波形图。

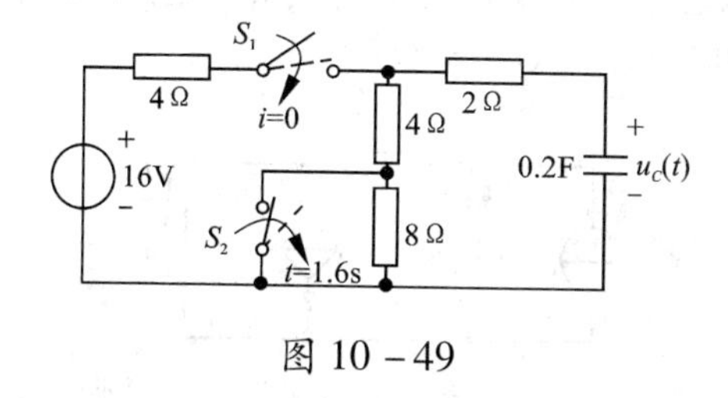

图 10－49

(10) 如图 10－50 所示电路，$i_L(0_-)=2\text{A}$，$t=0$ 时刻开关 S 闭合。求 $t \geqslant 0$ 时：①以 $i_L(t)$ 为变量的微分方程；②电路的时间常数；③电流响应 $i_L(t)$ 以暂态响应与稳态响应之和及零输入响应与零状态响应之和两种表示形式。

(11) 如图 10－51 所示电路，$t=0$ 时刻开关 S_1 打开，经过 0.01s 开关 S_2 闭合，开关动作前电路处于稳态。求 $t \geqslant 0$ 时电流 $i_L(t)$ 并绘波形图。

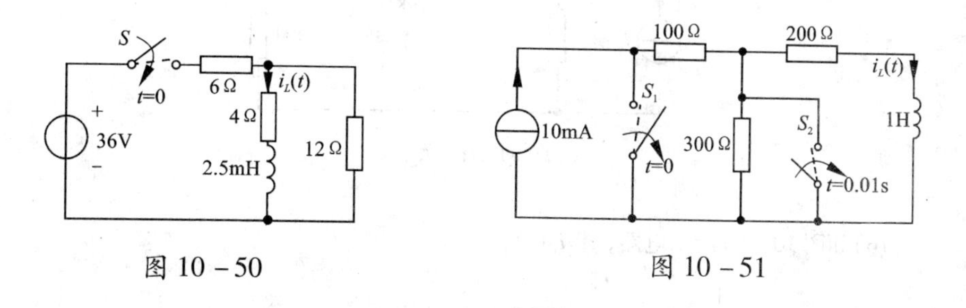

图 10－50　　　　图 10－51

(12) 如图 10－52 所示电路，$t=0$ 时刻开关 S 闭合，开关闭合前电容无储能。求 $t \geqslant 0$ 时：①列出以 $u_C(t)$ 为变量的微分方程；②电路的时间常数；③电压 $u_C(t)$ 和电流 $i(t)$。

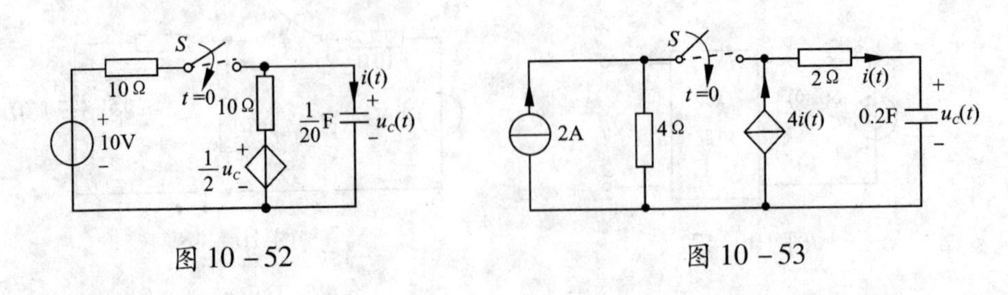

图 10-52　　　　图 10-53

(13)如图 10-53 所示电路，$t=0$ 时刻开关 S 闭合，且 $u_C(0_-)=0$。求 $t\geqslant0$ 时：①以 $u_C(t)$ 为变量的微分方程；②电路的特征根和时间常数；③电压 $u_C(t)$；④是否有稳态响应？为什么？

(14)图 10-54 所示电路中，已知 $i_s=10\varepsilon(t)\,\text{A}$，$R_1=1\Omega$，$R_2=2\Omega$，$C=1\mu\text{F}$ 且 $u_C(0_-)=2\text{V}$，$g_m=0.25\text{s}$。求全响应 $i_I(t)$，$i_C(t)$，$u_C(t)$。

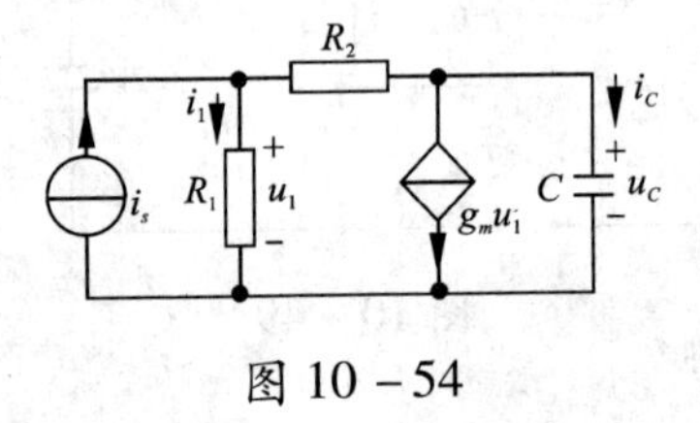

图 10-54

(15)图 10-55 所示电路中电容原未充电，$i_s=\delta(t)\,\text{mA}$。求响应 $u_C(t)$ 和 $i_C(t)$。

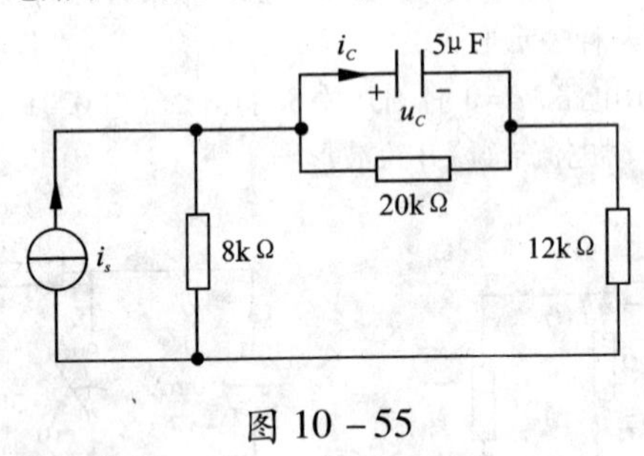

图 10-55

(16)如图 10-56 所示电路，求 $i_L(t)$。

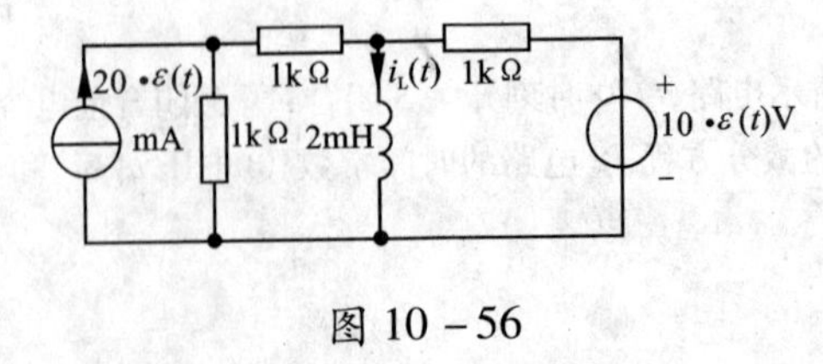

图 10-56

(17)如图 10－57(a)所示电路，输入矩形脉冲电压 $u_1(t)$ 波形为如图 10－57(b)所示。求电路的时间常数，输出电压 $u_2(t)$ 并绘出波形图。

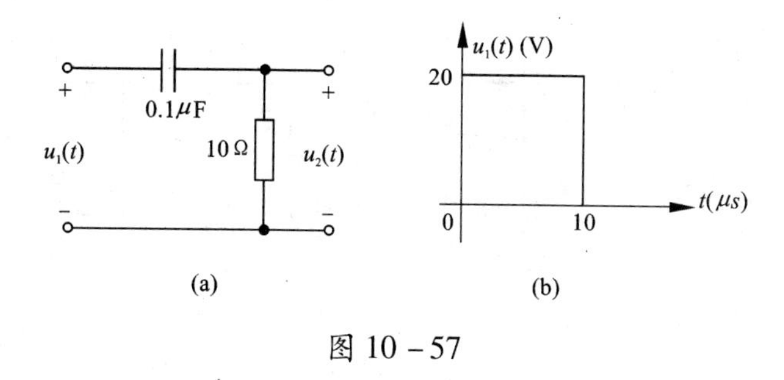

图 10－57

(18)如图 10－58(a)所示电路，$i_s(t)$ 的波形图为如图 10－58(b)所示。$i_s(t)$ 作用前电路无储能。求电容电压 $u_C(t)$。

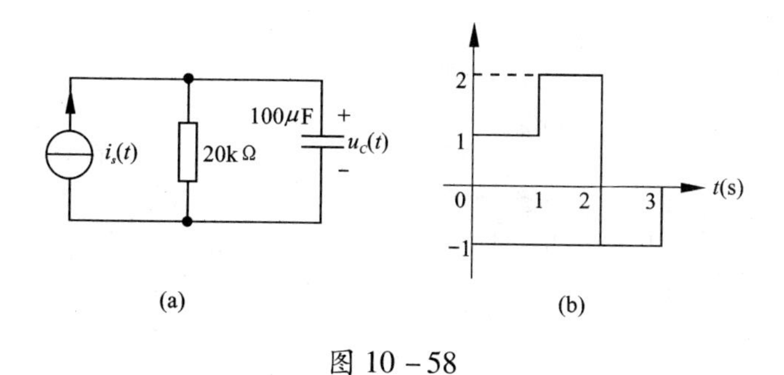

图 10－58

(19)如图 10－59 所示电路，当 $t<0$ 时，开关 S 位于 a 点，电路已处于稳态。当 $t=0$ 时开关 S 闭合至 b 点。求 $t \geqslant 0$ 时的电流 $i_L(t)$ 和 $u_R(t)$。

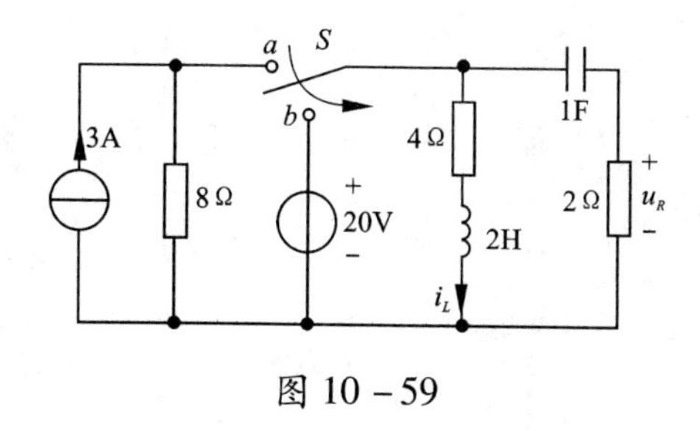

图 10－59

(20)在图 10－60(a)和图 10－60(b)中，两个电阻网络 N 是相同的，已知 $R_1=R_2=$

$1k\Omega$, $C=10\mu F$, $L=4H$, 图 10-60(a)中的零状态响应 $i_C(t)=\frac{1}{6}e^{-25t}\varepsilon(t)$ mA。求图 10-60(b)所示电路的零状态响应 $u_L(t)$。

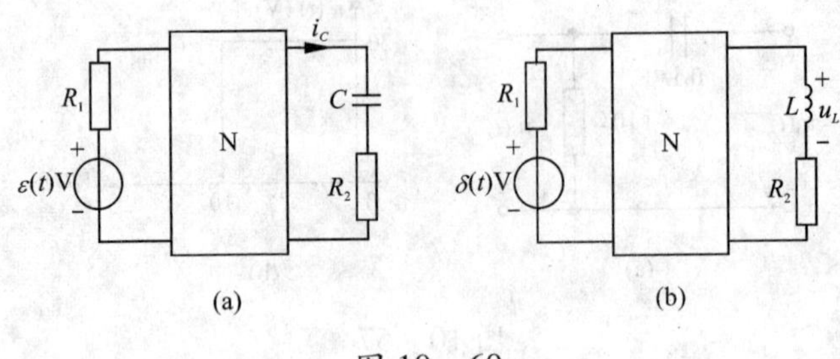

图 10-60

第 11 章　二阶电路分析*

本章将在一阶电路分析的基础上，通过简单实例，来介绍二阶电路的零输入响应、零状态响应、阶跃响应和冲激响应等基本概念。

11.1　二阶电路的零输入响应

如图 11－1 所示的 *RLC* 串联电路，当 $t=0$ 时刻开关 S 闭合，且 $U_C(0_-)=U_0$，$i_L(0_-)=0$。则根据 KVL，当开关 S 闭合后有

$$u_R+u_L+u_C=u_s \tag{11-1}$$

根据 R、L、C 元件的伏安关系：$u_R=Ri$，$i=C\dfrac{du_C}{dt}$，$u_L=L\dfrac{di}{dt}$，则电路中各元件的电压以变量 u_C 表示为

$$\left.\begin{aligned}u_R&=Ri=RC\frac{du_C}{dt}\\u_L&=L\frac{di}{dt}=LC\frac{d^2u_C}{dt^2}\end{aligned}\right\}\tag{11-2}$$

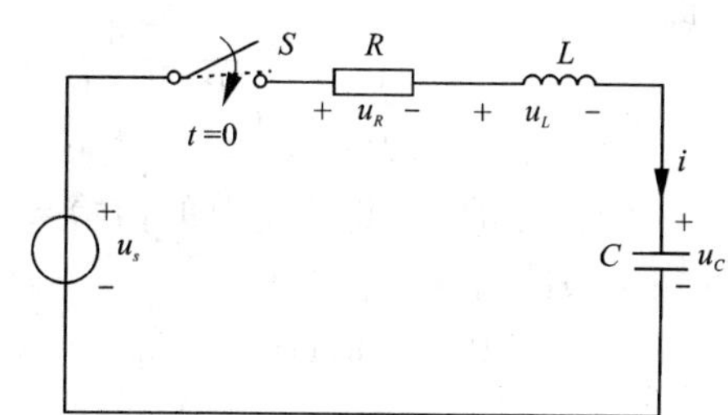

图 11－1　*RLC* 串联电路

将式(11－2)代入式(11－1)，便得出以 u_C 为响应变量的微分方程为

$$LC\frac{d^2u_C}{dt^2}+RC\frac{du_C}{dt}+u_C=u_s\qquad t\geqslant0 \tag{11-3}$$

由于 R、L、C 均为正常数，故式(11－3)是一常系数二阶线性非齐次微方程，为了求出方程的解答，必须有 $u_C(0_+)$ 和 $u_C'(0_+)$ 两个初始条件。已知换路时刻，电路中两个储能元件的初始状态为 $u_C(0_+)$ 和 $i_L(0_+)$，因而，由电容元件的伏安关系可以得出第 2 个初始条件为

$$u_C'(0_+)=\left.\frac{du_C(t)}{dt}\right|_{t=0_+}=\left.\frac{i(t)}{C}\right|_{t=0_+}=\frac{i_L(0_+)}{C} \tag{11-4}$$

因此，只要知道电路的初始状态 $u_C(0_+)$ 和 $i_L(0_+)$ 和激励 u_s，就完全可以确定 $t\geqslant0$ 的响应 $u_C(t)$。

现在只研究电路的零输入响应，即 $u_s=0$，则由式(11－3)便可以得出无电

源二阶电路的微分方程为

$$LC\frac{d^2u_C}{dt^2}+RC\frac{du_C}{dt}+u_C=0$$

或

$$\frac{d^2u_C}{dt^2}+\frac{R}{L}\frac{du_C}{dt}+\frac{1}{LC}u_C=0 \tag{11-5}$$

式(11-5)是一常系数二阶线性齐次微分方程。求解这一方程，便可得出电路的零输入响应。

式(11-5)齐次微分方程通解的形式为

$$u_C(t)=A_1e^{P_1t}+A_2e^{P_2t} \tag{11-6}$$

式中 P_1、P_2 是式(11-5)微分方程的特征方程

$$P^2+\frac{R}{L}P+\frac{1}{LC}=0 \tag{11-7}$$

的根，即

$$P_{1,2}=-\frac{R}{2L}\pm\sqrt{\left(\frac{R}{2L}\right)^2-\frac{1}{LC}} \tag{11-8}$$

而 A_1、A_2 为积分常数，即由电路的初始条件来确定的积分常数。

电路的初始条件为

$$u_C(0_+)=u_C(0_-)=U_0$$
$$i_L(0_+)=i_L(0_-)=0$$

由于 $i_L=C\frac{du_C}{dt}$，所以$\frac{du_C}{dt}=0$，根据初始条件和式(11-6)，得

$$\begin{aligned}A_1+A_2&=U_0\\P_1A_1+P_2A_2&=0\end{aligned} \tag{11-9}$$

联立解方程得积分常数

$$A_1=\frac{P_2}{P_2-P_1}U_0$$

$$A_2=-\frac{P_1}{P_2-P_1}U_0$$

将积分常数 A_1、A_2 代入式(11-6)可得到电容电压

$$u_C=\frac{U_0}{P_2-P_1}(P_2e^{P_1t}-P_1e^{P_2t}) \tag{11-10}$$

电感电流即回路电流

$$i_L=C\frac{du_C}{dt}=\frac{U_0}{L(P_2-P_1)}(e^{P_1t}-e^{P_2t}) \tag{11-11}$$

上式中利用了 $P_1P_2=\frac{1}{LC}$ 的关系。

电感电压

$$u_L=L\frac{\mathrm{d}i}{\mathrm{d}t}=-\frac{U_0}{P_2-P_1}(P_1\mathrm{e}^{P_1t}-P_2\mathrm{e}^{P_2t}) \tag{11-12}$$

可见电容放电过程的规律与其的特征方程的特征根 P_1、P_2 的性质有关。

由式(11－8)可见，特征根由电路本身的参数 R、L、C 的数值来确定，而与激励和初始储能无关，反映电路本身的固有特性，且它具有频率的量纲。下面就 R、L、C 的不同取值，分 4 种情况讨论。

1. $R>2\sqrt{\frac{L}{C}}$，过阻尼情况

P_1、P_2 为两个不相等的负实根，这种情况下 u_C、i_L、u_L 分别与式(11－10)、式(11－11)、式(11－12)相同，图 11－2 绘出了电容电压、电感电压和回路电流随时间的变化曲线。从图 11－2 中可见电容电压从 U_0 开始单调地衰减到零，电容一直处于放电状态，所以称这种情况为非振荡放电过程。而其电流的变化规律是从零开始由小到大最终又趋向于零，当

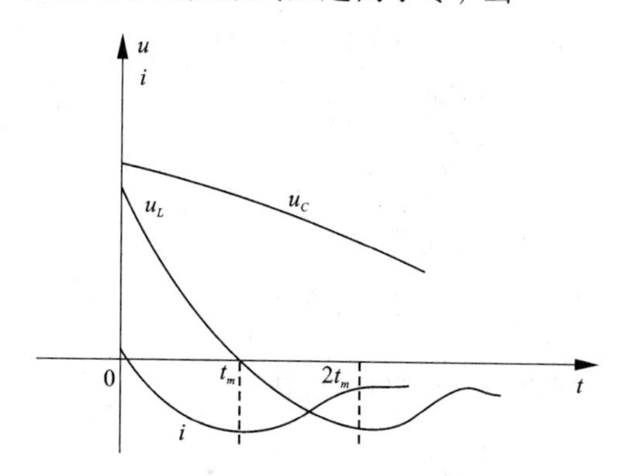

图 11－2

$$t=t_m=\frac{\ln(P_2/P_1)}{P_1-P_2} \tag{11-13}$$

电流达到最大值(t_m 由 $\frac{\mathrm{d}i_L}{\mathrm{d}t}=0$ 决定)，此时电感电压过零点，当 $t<t_m$ 时电感吸收能量，$t>t_m$ 电感释放出能量，当

$$t=2\frac{\ln(P_2/P_1)}{P_1-P_2}=2t_m$$

电感电压达到最大值($2t_m$ 由$\frac{du_L}{dt}=0$决定)。

例 11-1 如图 11-1 所示电路，若 $L=1\text{H}$，$C=\frac{1}{16}\text{F}$，$R=10\Omega$，$u_C(0_+)=6\text{V}$，$i_L(0_+)=0\text{A}$，$u_s(t)=0\text{V}$，求 $t\geqslant0$ 时的 $u_C(t)$ 和 $i(t)$。

解 特征根为

$$P_{1,2}=-\frac{R}{2L}\pm\sqrt{\left(\frac{R}{2L}\right)^2-\frac{1}{LC}}=-5\pm\sqrt{25-16}=-5\pm3$$

$$P_1=-2 \qquad P_2=-8$$

故

$$u_C(t)=A_1\mathrm{e}^{-2t}+A_2\mathrm{e}^{-8t}$$

根据初始条件确定积分常数 A_1、A_2。当 $t=0$ 时刻，上式为

$$u_C(0_+)=A_1+A_2=6$$

$$u'_C(0_+)=-2A_1-8A_2=\frac{i_L(0)}{C}=0$$

上两式联立解出：$A_1=8$，$A_2=-2$。故零输入响应电容电压为

$$u_C(t)=8\mathrm{e}^{-2t}-2\mathrm{e}^{-8t}(\text{V}) \quad (t\geqslant0)$$

电流响应则根据电容的伏安关系为

$$i(t)=C\frac{\mathrm{d}u_C(t)}{\mathrm{d}t}=\mathrm{e}^{-8t}-\mathrm{e}^{-2t}(\text{A}) \quad (t\geqslant0)$$

电流 $i(t)$ 负最大值时间出现在

$$t_m=\frac{1}{\alpha_2-\alpha_1}\ln\frac{\alpha_2}{\alpha_1}=\frac{1}{8-2}\ln\frac{8}{2}=\frac{1}{6}\ln4=0.23\ (\text{s})$$

$u_C(t)$ 与 $i(t)$ 的波形图示于图 11-3 中。

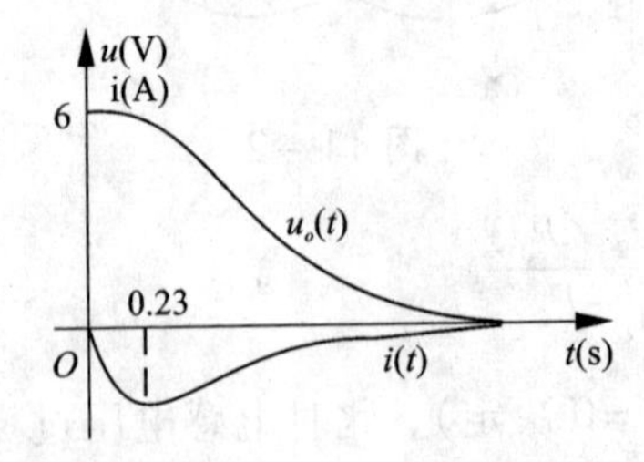

图 11-3 例 11-1 的零输入响应 $u_C(t)$、$i(t)$ 波形图

例 11-2 若例 11-1 中，电路的初始状态改为 $u_C(0_+)=4\text{V}$，$i_L(0_+)=1\text{A}$，且 $u_S(t)=0\text{V}$ 时，求 $u_C(t)$ 和 $i(t)$。

解 由例 11-1 中可知

$$P_1 = -2,\ P_2 = -8$$

和

$$u_C(t) = A_1 e^{-2t} + A_2 e^{-8t}$$

根据初始条件确定积分常数 A_1、A_2。$t = 0_+$ 时刻有

$$u_C(0_+) = A_1 + A_2 = 4$$

且

$$u'_C(0_+) = -2A_1 - 8A_2 = \frac{i_L(0)}{C} = 16$$

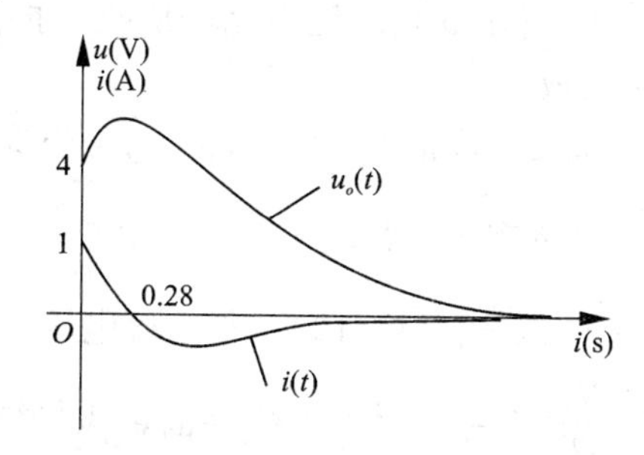

图 11－4　例 11－2 的零输入响应 $u_C(t)$、$i(t)$ 波形图

上两式联立解出

$$A_1 = 8,\ A_2 = -4$$

故零输入响应电容电压为

$$u_C(t) = 8e^{-2t} - 4e^{-8t}(\mathrm{V}) \qquad (t \geqslant 0)$$

电流响应为

$$i(t) = C\frac{\mathrm{d}u_C(t)}{\mathrm{d}t} = -e^{-2t} + 2e^{-8t}(\mathrm{A}) \qquad (t \geqslant 0)$$

$u_C(t)$ 和 $i(t)$ 的波形图示于图 11－4 中。

2. $R < 2\sqrt{\frac{L}{C}}$，欠阻尼情况

在图 11－1 电路中，若 $\left(\frac{R}{2L}\right)^2 < \frac{1}{LC}$，即 $R < 2\sqrt{\frac{L}{C}}$ 时，则齐次微分方程式(11－5)的特征根为

$$P_{1,2} = -\frac{R}{2L} \pm \sqrt{\left(\frac{R}{2L}\right)^2 - \frac{1}{LC}}$$

$$= -\frac{R}{2L} \pm \mathrm{j}\sqrt{\frac{1}{LC} - \left(\frac{R}{2L}\right)^2} = -\delta \pm \mathrm{j}\omega \qquad (11-14)$$

式中

$$\delta = \frac{R}{2L}$$

$$\omega = \sqrt{\frac{1}{LC} - (\frac{R}{2L})^2} = \sqrt{\omega_0^2 - \delta^2} \tag{11-15}$$

$$\omega_0 = \sqrt{\frac{1}{LC}}$$

δ是正实数，它决定响应的衰减特性，故称为衰减常数；ω_0是电路固有的振荡角频率，称为谐振角频率；ω是决定电路响应衰减振荡的特性，称为阻尼振荡角频率。P_1、P_2可写成

$$P_1 = -\delta + j\omega = -\omega_0 e^{-j\beta},\ P_2 = -\delta - j\omega = -\omega_0 e^{j\beta}$$

此时特征根P_1、P_2是一对负实部的共轭复数。式中$\beta = \arctan\frac{\omega}{\delta}$。将$P_1$、$P_2$代入式(11-10)、式(11-11)、式(11-12)可得电容电压

$$u_C(t) = \frac{U_0}{-j2\omega_d}[-\omega_0 e^{j\beta} e^{(-\delta + j\omega)t} + \omega_0 e^{-j\beta} e^{(-\delta - j\omega)t}]$$

$$= \frac{U_0\omega_0}{\omega} e^{-\delta t}\sin(\omega t + \beta) \tag{11-16}$$

电容电流

$$i(t) = \frac{U_0}{\omega L} e^{-\delta t}\sin\omega t \tag{11-17}$$

电感电压

$$u_L(t) = -\frac{U_0\omega_0}{\omega} e^{-\delta t}\sin(\omega t - \beta) \tag{11-18}$$

图11-5绘出了电容电压、电感电压和回路电流随时间的变化曲线。从图中可见电容电压是一个振幅按指数规律衰减的正弦函数，故称电路的这种过程称为振荡放电过程。电容电压的波形是以$\pm\frac{U_0\omega_0}{\omega}e^{-\delta t}$包络线衰减的正弦曲线，电容电压幅值衰减的快慢取决于δ，δ数值越小，幅值衰减越慢；当$\delta = 0$时，即电阻$R = 0$时，幅值就不衰减，电容电压波形就是一个等幅振荡波形。衰减振荡的角频率为ω，ω越大，则振荡周期$T = \frac{2\pi}{\omega}$就越小，由此可见，当电路满足$R < 2\sqrt{\frac{L}{C}}$的条件时，响应的衰减的振荡，称为欠阻尼。

根据上述各式，还可以得出：

(1)$\omega t = k\pi$，$k = 0, 1, 2, 3, \cdots$为电流i的过零点，也是电容电压的极

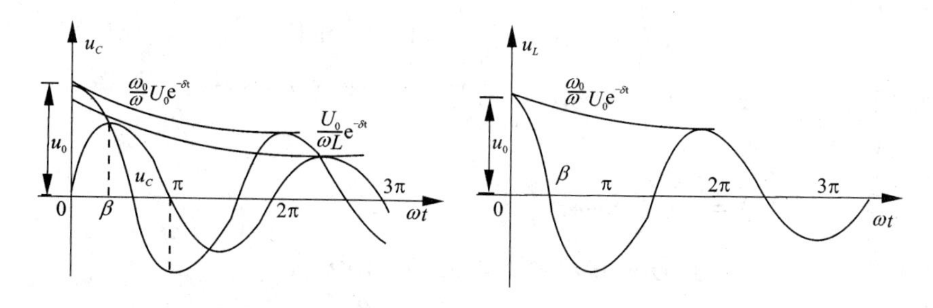

图 11－5

值点。

（2）$\omega t = k\pi + \beta$，$k = 0, 1, 2, 3, \cdots$为电感电压 u_L 的过零点，也是电流的极值点。

（3）$\omega t = k\pi - \beta$，$k = 0, 1, 2, 3, \cdots$，为电容电压 u_C 的过零点。

根据上述零点划分的时域大致可以看出元件之间能量转换、吸收的概况，见表 11－1。

表 11－1

	$o<\omega t<\beta$	$\beta<\omega t<\pi-\beta$	$\pi-\beta<\omega t<\pi$
电感	吸收	释放	释放
电容	释放	释放	吸收
电阻	消耗	消耗	消耗

例 11－3 在受热核研究中，需要强大的脉冲磁场，它是靠强大的脉冲电流所产生。这种强大的脉冲电流可以由 R、L、C 串联放电电路来产生。今若已知 $U_0 = 15\text{kV}$，$C = 1700\mu\text{F}$，$R = 6\times10^{-4}\Omega$，$L = 6\times10^{-9}\text{H}$，试问：

（1）$i(t) = ?$

（2）$i(t)$在何时达到极大值？并求出 $i_{max} = ?$

解 根据已知参数有

$$\delta = \frac{R}{2L} = \frac{6\times10^{-4}}{2\times6\times10^{-9}} = 5\times10^4\text{s}^{-1}$$

$$\omega = \sqrt{(\frac{R}{2L})^2 - \frac{1}{LC}} = \sqrt{(5\times10^4)^2 - \frac{1}{17000\times10^{-6}\times6\times10^{-9}}}$$
$$= \text{j}3.09\times10^5(\text{rad/s})$$

$$\beta=\arctan(\frac{\omega}{\delta})=\arctan\frac{3.09}{0.5}=1.41\ (\text{rad})$$

即特征根为共扼复数，属于振荡放电情况。根据有关公式有

(1)电流 i 为

$$i(t)=\frac{U_0}{\omega_L}\mathrm{e}^{-\delta t}\sin\omega t$$
$$=8.09\times10^6\mathrm{e}^{-5\times10^4 t}\sin3.09\times10^5 t\quad(\text{A})$$

(2) 根据前面的分析，当 $\omega t=\beta$，即当 $t=\frac{\beta}{\omega}=\frac{1.41}{3.09\times10^5}=4.56\times10^{-6}\text{s}=$ 4.56μs 时，i 到达极大值。

$$i_{\max}=8.09\times10^6\mathrm{e}^{-5\times10^4\times4.56\times10^6}\sin(3.09\times10^5\times4.56\times10^{-6})$$
$$=6.36\times10^6(\text{A})$$

3. $R=2\sqrt{\frac{L}{C}}$，临界阻尼情况

此时齐次微分方程式(11－5)的特征根为

$$P_{1,2}=-\frac{R}{2L}=-\delta \tag{11-19}$$

即电路的特征根为一对相等的负实根。从微分方程理论中可知，这时齐分微分方程解的形式为

$$u_C(t)=A_1\mathrm{e}^{-8t}+A_2t\mathrm{e}^{-8t} \tag{11-20}$$

式中积分常数 A_1、A_2 由初始条件来确定。当 $t=0$，从式(11－21)得

$$u_C(0_+)=A_1 \tag{11-21}$$

再有

$$\left.\frac{\mathrm{d}u_C(t)}{\mathrm{d}t}\right|_{t=0_+}=-\delta A_1+A_2=\frac{i_L(0_+)}{c} \tag{11-22}$$

将式(11－21)代入式(11－22)可得

$$A_2=\delta u_C(0_+)+\frac{i_L(0_+)}{C} \tag{11-23}$$

将式(11－21)和式(11－24)代入式(11－20)，便得齐次方程的解答，即电路零输入响应为

$$u_C(t)=u_C(0_+)(1+\delta t)\mathrm{e}^{-\delta t}+\frac{i_L(0_+)}{L}t\mathrm{e}^{-\delta t} \tag{11-24}$$

电路中的电流 $i(t)$ 可以根据电容的伏安关系算出

$$i(t)=C\frac{\mathrm{d}u_C(t)}{\mathrm{d}t}=-u_C(0_+)\delta^2Ct\mathrm{e}^{-\delta t}+i_L(0_+)(1-\delta t)\mathrm{e}^{-\delta t} \tag{11-25}$$

$u_C(t)$ 和 $i(t)$ 随时间变化的波形如图 11－6(a)、(b) 所示。

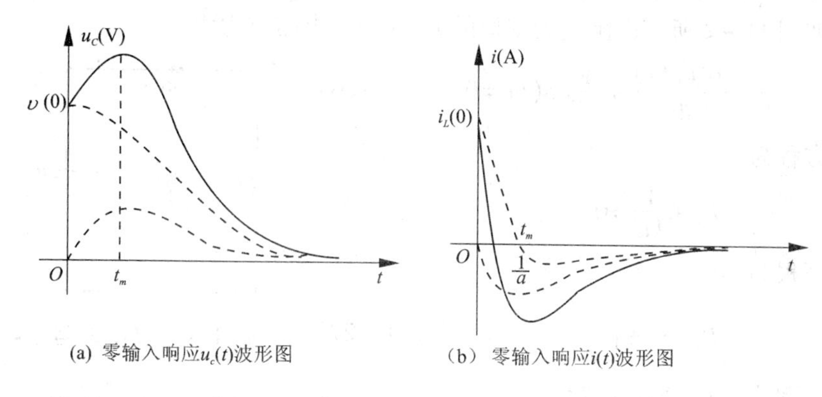

图 11－6　临界电阻值情况下，零输入响应 $u_C(t)$ 和 $i(t)$ 波形图

从图 11－6 所示 $u_C(t)$ 和 $i(t)$ 的波形图可以看出，它们属于非振荡性质，其变化规律与图 11－2 相似。若电路中的电阻值稍小于 $2\sqrt{\frac{L}{C}}$ 时，则响应就是振荡性的。因此，满足 $R=2\sqrt{\frac{L}{C}}$ 条件的电阻，称为临界电阻。在临界电阻条件下，电路的响应仍为非振荡性质，称为临界阻尼情况。

例 11－4　若例 11－1 中，将电阻 R 改为 8Ω。求响应 $u_C(t)$。已知 $u_C=(0)=6\text{V}$，$i_L(0)=0\text{A}$。

解　电路的特征根为

$$P_{1,2}=-\frac{8}{2\times1}\pm\sqrt{\left(\frac{8}{2}\right)^2-\frac{1}{1\times\frac{1}{16}}}=-4$$

显然，电路属于临界阻尼情况。根据式(11－21)电路方程的解为

$$u_C(t)=A_1\mathrm{e}^{-4t}+A_2t\mathrm{e}^{-4t}$$

根据初始条件确定 A_1、A_2 值。

$t=0$ 时，上式便为

$$u_C(0_+)=A_1=6$$

且

$$\left.\frac{\mathrm{d}u_C(t)}{\mathrm{d}t}\right|_{t=0_+}=-4A_1+A_2=\frac{i_L(0_+)}{C}=0$$

$$A_2=4A_1=4\times6=24$$

故解出方程的解答，即零输入响应为

$$u_C(t)=(6+24t)\mathrm{e}^{-4t}(\text{V})\qquad(t\geqslant0)$$

4. $R=0$，无阻尼情况

如图11-7所示电阻值为零值的LC电路，电路方程为

$$\frac{\mathrm{d}^2 u_C(t)}{\mathrm{d}t^2}+\frac{1}{LC}u_C(t)=0 \quad (11-26)$$

图11-7 LC振荡电路

特征方程为

$$P^2+\frac{1}{LC}=0$$

则特征根为

$$P_{1,2}=\pm \mathrm{j}\sqrt{\frac{1}{LC}}=\pm \mathrm{j}\omega \quad (11-27)$$

方程式(11-26)的解为

$$u_C(t)=A_1\cos\omega t+A_2\sin\omega t \quad (11-28)$$

根据初始条件确定常数A_1、A_2，当$t=0$时，则式(11-28)便为

$$u_C(0_+)=A_1 \quad (11-29)$$

再有
$$\frac{i_L(0_+)}{C}=\omega A_2$$

则
$$A_2=\frac{i_L(0_+)}{\omega C} \quad (11-31)$$

将A_1、A_2值代入式(11-28)，得出电路的零输入响应电容电压为

$$u_C(t)=u_C(0_+)\cos\omega t+\frac{i_L(0_+)}{\omega C}\sin\omega t \qquad (t\geqslant 0) \quad (11-31)$$

根据电容的伏安关系可得零输入响应电流为

$$i(t)=u_C(0_+)\omega C\sin\omega t-i_L(0_+)\cos\omega t \qquad (t\geqslant 0) \quad (11-32)$$

为了使响应的表达式简洁明确，式(11-28)可以写为

$$u_C(t)=A\cos(\omega t+\beta) \quad (11-33)$$

式中
$$A=\sqrt{A_1+A_2}$$

$$\beta=-\arctan^{-1}\frac{A_2}{A_1}$$

A和β可以直由初始条件确定。$u_C(t)$的波形图如图11-8所示。

从式(11-31)~式(11-33)和$u_C(t)$的波形图中可见，电路的零输入响应是不衰减的正弦振荡，其角频率为ω，称为谐振角频率。由于LC电路电阻为零，故称为无阻尼等幅振荡情况。

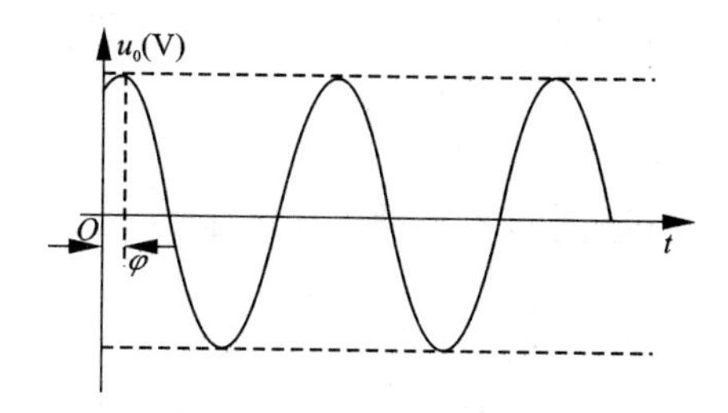

图 11－8　无阻尼等幅振荡情况电容电压响应波形图

11.2　二阶电路的零状态响应与阶跃响应

二阶电路的初始贮能为零($u_C(0_-)=0$V，$i_L(0_-)=0$A)，仅反由外施激励引起的响应为二阶电路的零状态响应。此时，如果外施激励为 $\varepsilon(t)$，则响应为阶跃响应。

若电路输入直流电源，而初始状态不为零，即 $u_C(0_+)\neq0$，$i_L(0_+)=0$；$u_C(0_+)=0$、$i_L(0_+)\neq0$ 或 $u_C(0_+)\neq0$，$i_L(0_+)\neq0$。这时电路的响应称为全响应。全响应可以由分别计算零输入响应和零状态响应之和求得。

如图 11－9 所示 RLC 串联电路，当 $t=0$ 输入直流电源 U_s 时，$t\geqslant0$ 电路的微分方程式为

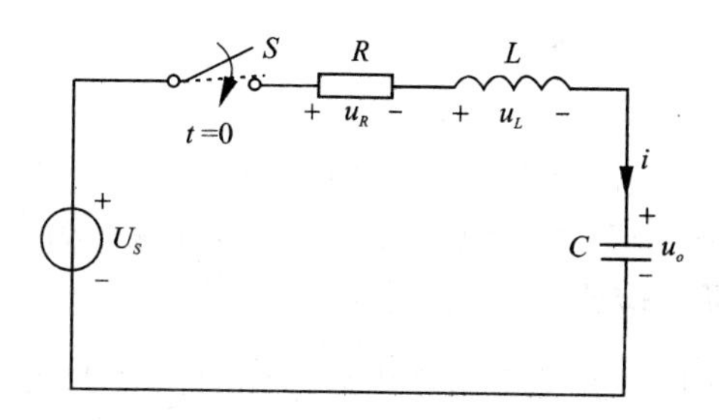

图 11－9　RLC 串联电路

$$LC\frac{\mathrm{d}^2u_C}{\mathrm{d}t^2}+RC\frac{\mathrm{d}u_C}{\mathrm{d}t}+u_C=U_s \tag{11-34}$$

这是一常系数线性二阶非齐次微分方程。若给定电路的初始状态 $u_C(0_+)$ 和 $i_L(0_+)$，则方程可以定解，求出电路的响应 $u_C(t)$。微分方程的解答包括齐次方程的特解 $u'_C(t)$和非齐次方程的通解 $u''_C(t)$，即

$$u_C(t)=u'_C(t)+u''_C(t)$$

若电路输入直流电源 U_s，而初始状态为零，即 $u_C(0_+)=0$，$i_L(0_+)=0$，这

时电路的响应就是零状态响应。

齐次微分方程通解的一般形式为

$$u''_c(t)=A_1e^{P_1t}+A_2e^{P_2t}$$

式中 P_1、P_2 为特征方程式的根，即电路的特征根为

$$P_{1,2}=-\frac{R}{2L}\pm\sqrt{(\frac{R^2}{2L})-\frac{1}{LC}}$$

根据电路中参数 R、L、C 数值的不同，与零输入响应特征方程求解相似，特征根有4种的情况。

微分方程式(11－34)的特解与外施激励形式相同，由于图11－9所示电路外加激励为 U_s，则特解为

$$u'_C(t)=U_s^*$$

微分方程式(11－34)的通解 $u''(t)$ 的形式与零输入响应响应相似，根据电路中参数 R、L、C 数值的不同，通解也有4种的形式。因此，式(11－34)的解为

(1)过阻尼情况，即 $P_1=-\delta_1$，$P_2=-\delta_2$

$$u_C(t)=A_1e^{-\delta_1t}+A_2e^{-\delta_2t}+U_s$$

(2)欠阻尼情况，$P_1=-\delta+j\omega$，$P_2=-\delta-j\omega$

$$u_C(e)=e^{-\delta t}(A_1\cos\omega t+A_2\sin\omega t)+U_S$$
$$=Ae^{-\delta t}\cos(\omega t+\beta)+U_S$$

(3)临界阻尼情况，$P_1=P_2=-\delta$

$$u_C(t)=(A_1+A_2t)e^{-\delta t}+U_s$$

(4)无阻尼情况，$P_1=P_2=-j\omega$，

$$u_C(t)=A_1\cos\omega t+A_2\sin\omega t+U_s=A\cos(\omega t+\beta)+U_S$$

最后根据初始条件 $u_C(0_+)$ 和 $u'_C(0_+)$ 便可确定积分常数 A_1、A_2 或 A、β，从而求出电路的阶跃响应或全响应。

例11－5 如图11－9所示 RLC 串联电路，$L=1\text{H}$，$C=\frac{1}{9}\text{F}$，$R=10\Omega$，$u_s=16\text{V}$。求零状态响应 $u_C(t)$ 和 $i(t)$。

解 电路的特征根为

$$P_{1,2}=-\frac{R}{2L}\pm\sqrt{(\frac{R}{2L})^2-\frac{1}{LC}}=-5\pm\sqrt{(5)^2-9}=-5\pm4$$

$$P_1=-1,\ P_2=-9$$

故齐次微方程的通解为

$$u''_C(t)=A_1e^{-t}+A_2e^{-9t}$$

非齐次微分方程的特解为

$$u'_C(t)=16$$

故得

$$u_C(t)=A_1\mathrm{e}^{-t}+A_2\mathrm{e}^{-9t}+16$$

根据初始条件确定常数 A_1、A_2。

$$u_C(0)=A_1+A_2+16=0$$

$$\frac{i_L(0)}{C}=(-A_1-9A_2)=0$$

联立解上两式得出

$$A_1=-18,\ A_2=2$$

故电路的零状态响应为

$$u_C(t)=-18\mathrm{e}^{-t}+2\mathrm{e}^{-9t}+10\mathrm{V}\qquad(t\geqslant 0)$$

$$i(t)=C\frac{\mathrm{d}u_C(t)}{\mathrm{d}t}=\frac{1}{9}(18\mathrm{e}^{-t}-18\mathrm{e}^{-9t})=2(\mathrm{e}^{-t}-\mathrm{e}^{-9t})\mathrm{A}\qquad(t\geqslant 0)$$

例 11－6　如图 11－10 所示电路，$L=2\mathrm{H}$，$C=\frac{1}{394}\mathrm{F}$，$R=4\Omega$。求电路电容电压的单位阶跃响应。

解　电路的单位阶跃响应 $S(t)$，就是在单位阶跃激励下电路的零状态响应。

电路的微分方程为

$$LC\frac{\mathrm{d}^2u_C}{\mathrm{d}t^2}+RC\frac{\mathrm{d}u_C}{\mathrm{d}t}+u_C=\varepsilon(t)$$

$$\frac{1}{197}\frac{\mathrm{d}^2u_C}{\mathrm{d}t^2}+\frac{1}{98.5}\frac{\mathrm{d}u_C}{\mathrm{d}t}+u_C=\varepsilon(t)$$

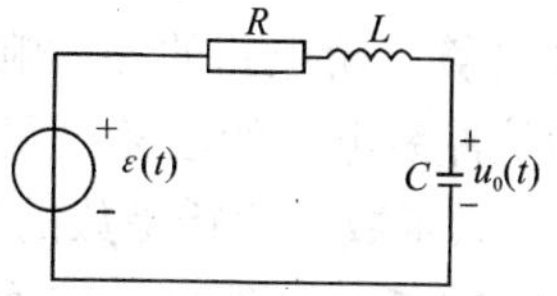

图 11－10　例 11－6 的电路图

方程的特征根为

$$P_{1,2}=-\frac{4}{2\times 2}\pm\sqrt{(1)^2-197}=-1\pm \mathrm{j}14$$

方程的解为

$$u_C(t)=\mathrm{e}^{-t}(A_1\cos 14t+A_2\sin 14t)+1$$

确定常数 A_1、A_2：因为

$$u_C(0)=A_1+1=0$$

所以　$A_1=-1$

又因为　$\frac{i_L(0)}{C}=-A_1+A_2=0$

因为 $A_2=\frac{A_1}{2}=-0.5$，故得出电路的阶跃响应为

$$S(t)=u_C(t)=-\mathrm{e}^{-t}(\cos 14t+0.5\sin 14t)+1$$
$$=[1-1.118\mathrm{e}^{-t}\cos(14t-26.57°)]\cdot\varepsilon(t)\,\mathrm{V}$$

阶跃响应的波形如图 11-11 所示。

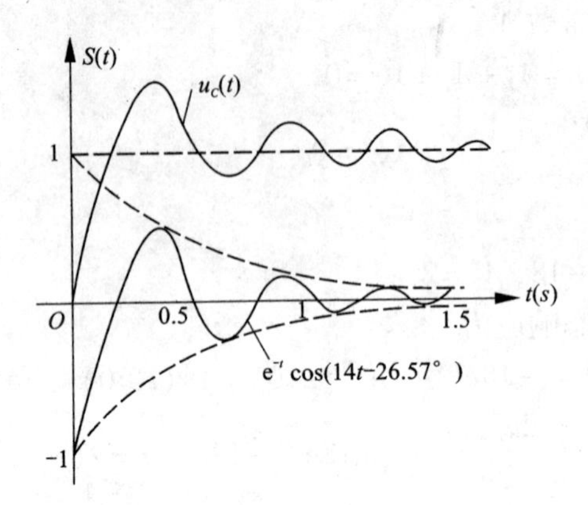

图 11-11 例 11-6 的阶跃响应波形图

11.3 二阶电路的冲激响应

当冲激函数激励作用在初始状态为零的二阶电路所引起的响应称为冲激响应。

要计算二阶电路的冲激响应，可以采用计算一阶电路的冲激响应相同的方法，即从冲激电源的定义出发，直接计算冲激励应，也可以利用冲激函数的性质(即冲激函数是阶跃函数的导数)求得冲激响应。

例 11-7 如图 11-12 所示，已知 $U_s=\delta(t)\,\mathrm{V}$，$R=1\Omega$，$L=1\mathrm{H}$。$C=1\mathrm{F}$，试求电路的冲激响应 u_C、i_L。

解 **方法 1** 利用冲激函数的定义求响应。

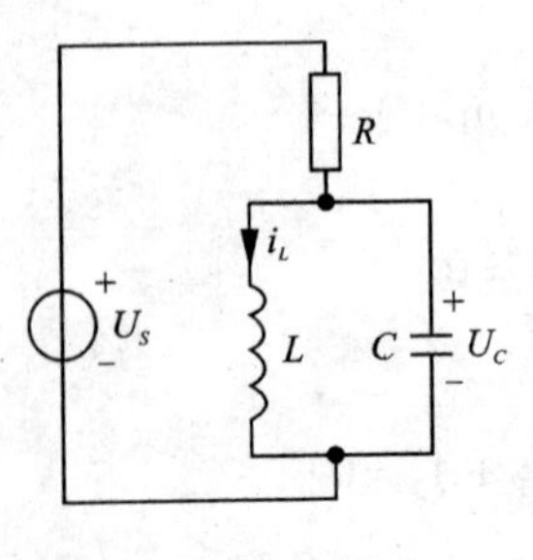

图 11-12

根据 KVL 可得

$$u_R + u_C = U_s = \delta(t)$$

式中 $u_R = R(i_L + i_C) = R(i_L + LC\frac{\mathrm{d}^2 i_L}{\mathrm{d}t^2})$，$u_C = L\frac{\mathrm{d}i_L}{\mathrm{d}t}$，将其代入上式得

$$RLC\frac{\mathrm{d}^2 i_L}{\mathrm{d}t^2} + L\frac{\mathrm{d}i_L}{\mathrm{d}t} + Ri_L = \delta(t)$$

代入电路参数，上述方程变为

$$\frac{\mathrm{d}^2 i_L}{\mathrm{d}t^2} + \frac{\mathrm{d}i_L}{\mathrm{d}t} + i_L = \delta(t)$$

由于初始状态为零，$i_L(0_-) = 0\mathrm{A}$，$u_C(0_-) = 0\mathrm{V}$，所以$\left.\frac{\mathrm{d}i_L}{\mathrm{d}t}\right|_{t=0_-} = 0$。且 i_L 不可能为阶跃函数和冲激函数，否则上式不能成立。对上式两边在 $t = 0_-$ 到 0_+ 区间内积分，可知

$$\left.\frac{\mathrm{d}i_L}{\mathrm{d}t}\right|_{t=0_+} = 1$$

即 $u_C(0_+) = 1$。

当 $t \geqslant 0_+$ 后 $\delta(t) = 0$，此时电路为零输入响应，根据 KCL 有

$$\frac{\mathrm{d}^2 i_L}{\mathrm{d}t^2} + \frac{\mathrm{d}i_L}{\mathrm{d}t} + i_L = 0$$

其特征方程为

$$P^2 + P + 1 = 0$$

$$P = -\frac{1}{2} \pm \mathrm{j}\frac{\sqrt{3}}{2}$$

$$i_L = A_1 \mathrm{e}^{P_1 t} + A_2 \mathrm{e}^{P_2 t}$$

代入初始条件得

$$A_1 = \frac{1}{P_1 - P_2} = -\mathrm{j}\frac{\sqrt{3}}{3}$$

$$A_2 = \frac{1}{P_2 - P_1} = \mathrm{j}\frac{\sqrt{3}}{3}$$

所以

$$i_L = \frac{2\sqrt{3}}{3}\mathrm{e}^{-0.5t}\left(\frac{\mathrm{e}^{\mathrm{j}\frac{\sqrt{3}}{2}t} - \mathrm{e}^{-\mathrm{j}\frac{\sqrt{3}}{2}t}}{\mathrm{j}2}\right) = \frac{2\sqrt{3}}{3}\mathrm{e}^{-0.5t}\sin\left(\frac{\sqrt{3}}{2}t\right)$$

$$u_C = L\frac{\mathrm{d}i_L}{\mathrm{d}t} = \frac{\sqrt{3}}{3}\mathrm{e}^{-0.5t}\sin\left(\frac{\sqrt{3}}{2}\right) + \mathrm{e}^{-0.5t}\cos\left(\frac{\sqrt{3}}{2}t\right)$$

$$= -\frac{2\sqrt{3}}{3}\mathrm{e}^{-0.5t}\sin(\frac{\sqrt{3}}{2}t-\frac{\pi}{3})$$

方法2 电路激励改为单位阶跃函数，此时电路为零状态响应，电路方程为

$$RLC\frac{\mathrm{d}^2 i_L}{\mathrm{d}t^2}+L\frac{\mathrm{d}i_L}{\mathrm{d}t}+Ri_L=\varepsilon(t)$$

特征方程的根不变，方程的解由通解和特解两部分组成，即

$$i_L=i'_L+A_1\mathrm{e}^{P_1 t}+A_2\mathrm{e}^{P_2 t}$$

式中 $i'_L=1$，故积分常数为

$$A_1=\frac{P_2}{P_1-P_2}=-\frac{\sqrt{3}}{3}\mathrm{e}^{\mathrm{j}\frac{\pi}{6}}$$

$$A_2=\frac{P_2}{P_1-P_2}=-\frac{\sqrt{3}}{3}\mathrm{e}^{-\mathrm{j}\frac{\pi}{6}}$$

$$i_L=[1-\frac{2\sqrt{3}}{3}\mathrm{e}^{-0.5t}\cos(\frac{\sqrt{3}}{2}t-\frac{\pi}{6})]\varepsilon(t)\ \mathrm{A}$$

$$u_C=L\frac{\mathrm{d}i_L}{\mathrm{d}t}=\frac{2\sqrt{3}}{3}\mathrm{e}^{-0.5t}\sin(\frac{\sqrt{3}}{2}t)\varepsilon(t)\ \mathrm{V}$$

上式对电流求导时不包含 $\varepsilon(t)$，电路的冲激响应为上两式求导，可得

$$i_L=\frac{2\sqrt{3}}{3}\mathrm{e}^{-0.5t}\sin(\frac{\sqrt{3}}{2}t)\ \mathrm{A}$$

$$u_C=-\frac{2\sqrt{3}}{3}\mathrm{e}^{-0.5t}\sin(\frac{\sqrt{3}}{2}t-\frac{\pi}{3})\ \mathrm{V}$$

本章小结

无电源二阶线性、非时变电路用常系数二阶齐次微分方程来描述，即

$$a\frac{\mathrm{d}^2 f(t)}{\mathrm{d}t^2}+b\frac{\mathrm{d}f(t)}{\mathrm{d}t}+cf(t)=0$$

式中，$f(t)$代表响应变量；a、b、c是正常数，由电路中元件的参数来确定。

已知$f(0_+)$和$f'(0_+)$两个初始条件，方程便可以定解。

微分方程的特征方程为

$$aP^2+bP+c=0$$

特征方程的特征根为

$$P_{1,2}=\frac{-b}{2a}\pm\sqrt{(\frac{b}{2a})^2-\frac{c}{a}}=-\delta\pm\sqrt{\delta^2-\omega_0^2}=-\delta\pm\mathrm{j}\omega$$

式中 $\delta=\frac{b}{2a}$——衰减常数；

$\omega_0 = \sqrt{\dfrac{c}{a}}$——谐振角频率；

$\omega = \sqrt{\omega_0^2 - \delta^2}$——阻尼振荡角频率。

根据电路参数的数值的不同，二阶电路的特征根和零输入响应（固有响应）有如下 4 种情况。

（1）$b^2 > 4ac$，特征根为两不相等的负实根，即 $P_1 = -\delta_1$，$P_2 = -\delta_2$，则电路的零输入响应为非振荡的过阻尼情况：

$$f(t) = A_1 e^{-\delta_1 t} + A_2 e^{-\delta_2 t}$$

（2）$b^2 < 4ac$，特征根为一对负实部的共轭复根，即 $P_{1,2} = -\delta \pm j\omega$，则电路的零输入响应为阻尼振荡过程：

$$\begin{aligned} f(t) &= e^{-\delta t}(A_1 \cos\omega t + A_2 \sin\omega t) \\ &= Ae^{-\delta t}\cos(\omega t + \beta) \end{aligned}$$

（3）$b^2 = 4ac$，特征根为一对相等的负实根，即 $P_{1,2} = -\delta$，则电路的零输入响应为非振荡的临界阻尼过程：

$$f(t) = (A_1 + A_2 t)e^{-\delta t}$$

（4） $b = 0$，特征根为一对共轭虚根，即 $P_{1,2} = \pm j\omega$，则电路的零输入响应为无阻尼等幅振荡情况：

$$f(t) = A_1 \cos\omega t + A_2 \sin\omega t = A\cos(\omega t + \beta)$$

已知电路中两个独立储能元件的初始状态，便可确定初始条件 $f(0_+)$ 和 $f'(0_+)$，从而求出积分常数 A_1、A_2 或 A 和 β。

复习思考题

（1）如图 11－12 所示电路。$t=0$ 时刻开关 S 打开，开关动作前电路处于稳态。求 $t\geqslant 0$ 电路零输入响应 $u_C(t)$ 和 $i_L(t)$。

（2）如图 11－13 所示电路，$t=0$ 时刻开关 S 动作触头由 a 向 b 闭合。换路前电路处于稳态。$t\geqslant 0$ 零输入响应 $u_C(t)$ 和 $i(t)$。

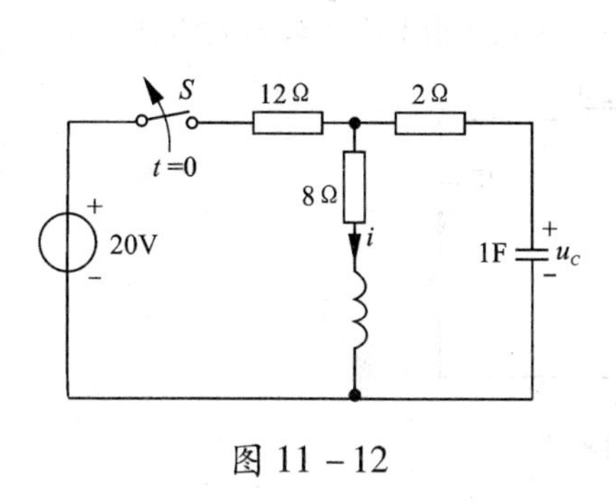

图 11－12

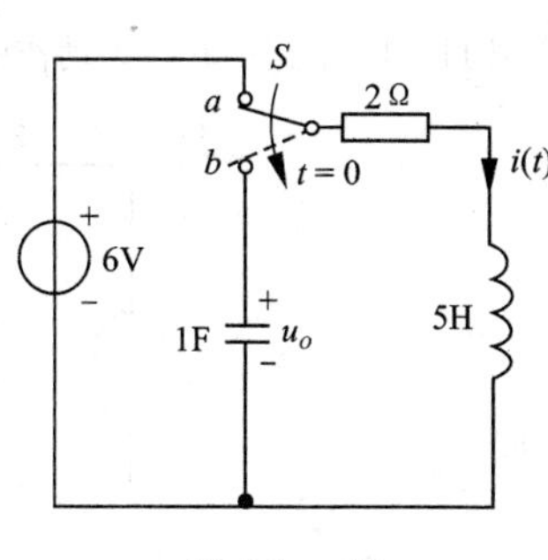

图 11－13

(3) 如图 11－14 所示电路，$t=0$ 时刻，开关 S 闭合，开关动作前电路处于稳态。试求 $t\geqslant0$ 响应 $i(t)$。

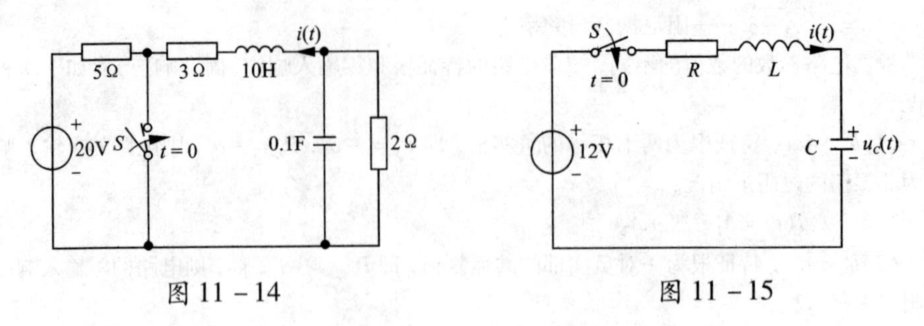

图 11－14　　图 11－15

(4) 如图 11－15 所示 RLC 串联电路。$C=0.6\text{F}$，$L=3\text{H}$。$u_C(0)=0\text{V}$，$i_L(0)=0$。试求 R 为 4 种情况时，电路的零状态响应 $u_C(t)$。

① $R=12\Omega$；② $R=\dfrac{10}{3}\Omega$；③ $R=\dfrac{3}{2}\Omega$；④ $R=0\Omega$。

(5) 如图 11－16 所示含两独立电容元件的电路。$t=0$ 时刻开关 S 闭合。求 $t\geqslant0$ 电路零状态响应 $u_C(t)$。

(6) 如图 11－17 所示含两独立电感元件的电路。$t=0$ 时刻开关 S 闭合。求 $t\geqslant0$ 电路状态响应 $i(t)$。

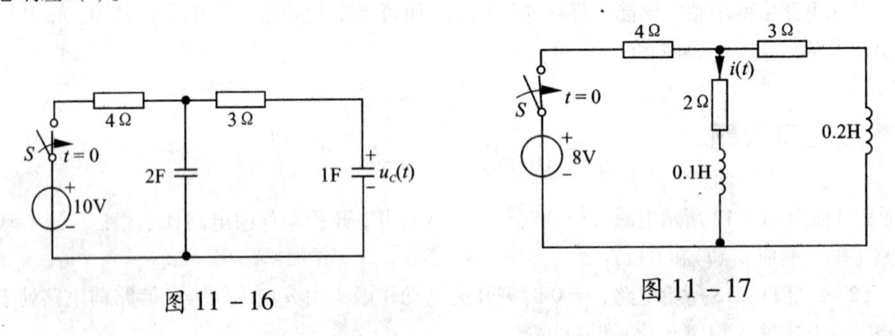

图 11－16　　图 11－17

(7) 图 11－18 电路在开关 S 动作前已达稳定；$t=0$ 时 S 由 1 接至 2，求 $t\geqslant0$ 时的 i_L。

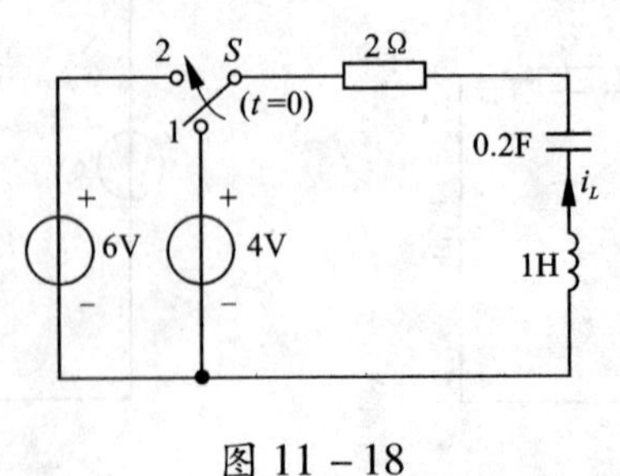

图 11－18

(8)图 10 - 19 电路中 $G=5\text{S}$，$L=0.25\text{H}$，$C=1\text{F}$。求：

①$i_s(t)=\varepsilon(t)\text{A}$ 时，电路的阶跃响应 $i_L(t)$；

②$i_s(t)=\delta(t)\text{A}$ 时，电路的冲激响应 $u_C(t)$。

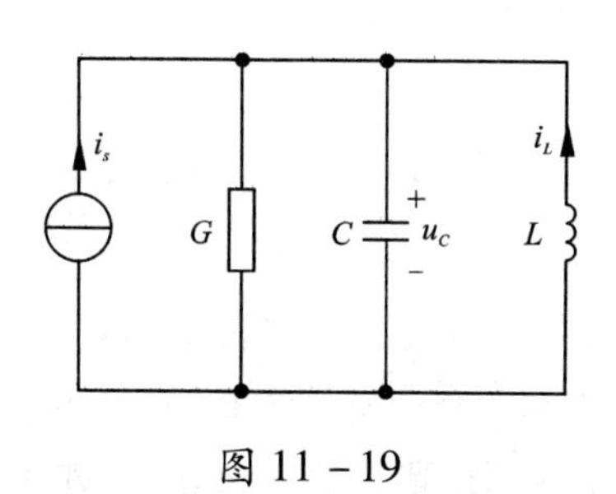

图 11 - 19

第12章　复频域分析

本章介绍有关拉普拉斯变换的数学知识、电路元件和电路定律的运算形式、应用拉普拉斯变换分析线性电路的复频域分析方法。最后介绍网络函数的基本概念。

12.1　拉普拉斯变换及基本性质*

在第10章和第11章分析一阶电路和二阶电路的动态过程都是采用经典法。经典分析法有其优点：数学推导严密，物理概念清晰。但是运用经典分析法分析高阶电路时就比较麻烦，首先，要将描述储能元件电压、电流关系的一阶微分方程组化为单一变量的高阶微分方程；其次，求解高阶微分方程的特征方程的特征根工作量大；最后，根据电路的初始条件，确定定积分常数相当麻烦；另外，在求解冲激响应时，还要确定初始条件。

本章介绍的复频域分析方法是通过积分变换，把已知的时域函数变换为频域函数，从而把时域的微分方程化为频域函数的代数方程。求出频域函数后，再作反变换，返回时域，就可得到电路的响应。

设函数$f(t)$在$[0,\ \infty)$即$(0 \le t < \infty)$的某个邻域内有定义，而且积分$\int_{0_-}^{\infty} f(t)\mathrm{e}^{-st}\mathrm{d}t$在$s$的某一域内收敛，则由此积分所确定的函数可写为

$$F(s) = \int_{0_-}^{\infty} f(t)\mathrm{e}^{-st}\mathrm{d}t \tag{12-1}$$

式(12-1)称为函数$f(t)$的拉普拉斯变换式，简称拉氏变换式，式中$s=\sigma+\mathrm{j}\omega$为复数，有时称为复频率。

用$L[f(t)]$表示对$f(t)$做拉氏变换，$F(s)$称为$f(t)$的象函数，用大写字母表示，$f(t)$称为$F(s)$的原函数，用小写字母表示。由于拉氏变换式的积分下限是0_-，因而把冲激激励也考虑在内，从而为冲激响应的求解带来了方便。

如果象函数$F(s)$已知，则可以通过下式求出原函数$f(t)$

$$f(t) = \frac{1}{2\pi\mathrm{j}}\int_{\sigma-\mathrm{j}\infty}^{\sigma+\mathrm{j}\infty} F(s)\mathrm{e}^{st}\mathrm{d}s \tag{12-2}$$

把上述积分变换式定义为拉普拉斯反变换，简称拉斯反变换。用$L^{-1}[F(s)]$表示对$F(s)$作拉氏反变换。由于上述积分是复变函数的积分，不便于直接求解，

因而一般不采用定义式来求原函数。

例 12－1　求下列函数的象函数：(1)单位阶跃函数 $\varepsilon(t)$；(2)单位冲激函数 $\delta(t)$；(3)指数函数 e^{at}。

解　(1) 单位阶跃函数 $\varepsilon(t)$ 的象函数。

$$L[\varepsilon(t)] = \int_{0_-}^{\infty} \varepsilon(t)e^{-st}dt = \int_{0_-}^{\infty} 1 \cdot e^{-st}dt = \frac{-1}{s} \cdot e^{-at}\Big|_{0-}^{\infty} = \frac{1}{s}$$

(2) 单位冲激函数 $\delta(t)$ 的象函数。

$$L[\delta(t)] = \int_{0_-}^{\infty} \delta(t)e^{-st}dt = \int_{0_-}^{0_+} \delta(t)e^{-st}dt = 1$$

(3) 指数函数 $e^{-\alpha t}$的象函数。

$$\begin{aligned} L[e^{-\alpha t}] &= \int_{0_-}^{\infty} e^{-\alpha t}e^{-st}dt \\ &= \int_{0_-}^{\infty} e^{-(s+\alpha)t}dt = -\frac{1}{s+\alpha}e^{-(s+\alpha)t}\Big|_{0_-}^{\infty} \\ &= \frac{1}{s+\alpha} \end{aligned}$$

拉斯变换具有很多重要性质，本节只介绍一些与电路分析有关的性质。

1. 线性性质

有任一的两个时间函数$f_1(t)$、$f_2(t)$，且 $L[f_1(t)]=F_1(s)$、$L[f_2(t)]=F_2(s)$，则

$$L[A_1f_1(t)+A_2f_2(t)]=A_1F_1(s)+A_2F_2(s)$$

式中 A_1、A_2 为任意实数。

证明

$$\begin{aligned} L[A_1f_1(t)+A_2f_2(t)] &= \int_{0_-}^{\infty}[A_1f_1(t)+A_2f_2(t)]e^{-st}dt \\ &= A_1\int_{0_-}^{\infty} f_1(t)e^{-st}dt + A_2\int_{0_-}^{\infty} f_2(t)e^{-st}dt \\ &= A_1F_1(s)+A_2F_2(s) \end{aligned}$$

例 12－2　求下列函数的象函数。

(1) $f(t)=A(1-e^{-\alpha t})$；(2) $f(t)=\sin(\omega t)$。

解

(1) $L[A(1-e^{-\alpha t})]=AL[1]-AL[e^{-\alpha t}]=\dfrac{A}{s}-\dfrac{A}{s+\alpha}$

(2) $L[\sin(\omega t)]=\left[\dfrac{1}{2j}e^{j\omega t}-\dfrac{1}{2j}e^{-j\omega t}\right]=\dfrac{1}{2j}\left[\dfrac{1}{s-j\omega}-\dfrac{1}{s+j\omega}\right]=\dfrac{\omega}{s^2+\omega^2}$

2. 微分性质

如果某一函数$f(t)$的象函数为 $F(s)$，则其导数$f'(t)=\dfrac{df(t)}{dt}$的象函数为

$$L[f'(t)] = sF(s) - f(0_-)$$

证明

$$L[f'(t)] = \int_{0_-}^{\infty} e^{-st} f'(t)\,dt$$

$$= [e^{-st} f(t)]\Big|_{0_-}^{\infty} - \int_{0_-}^{\infty} f(t)(-se^{-st})\,dt$$

$$= 0 - f(0_-) + s\int_{0_-}^{\infty} f(t) e^{-st}\,dt = sF(s) - f(0_-)$$

推论：若 $L[f(t)] = F(s)$，则有

$$L|f^{(n)}(t)| = s^n F(s) - s^{n-1} f(0_-) - s^{n-2} f^{(1)}(0_-) - \cdots - f^{(n-1)}(0_-)$$

使用微分性质，可将关于 $f(t)$ 的微分方程转化为关于 $F(s)$ 的代数方程。因此它对线性电路的分析有着重要的作用。

例 12－3 求 $f(t) = \cos(\omega t)$ 的象函数。

解

$$L[\cos(\omega t)] = L\left[\frac{1}{\omega}\frac{d}{dt}\sin(\omega t)\right]$$

$$= \frac{1}{\omega} sL[\sin(\omega t)] - \sin(\omega t)\Big|_{t=0_-}$$

$$= \frac{s}{s^2 + \omega^2}$$

3. 积分性质

如果某一函数 $f(t)$ 的象函数为 $F(s)$，则其积分 $\int_{0_-}^{t} f(\xi)\,d\xi$ 的象函数为

$$L\left[\int_{0_-}^{t} f(\xi)\,d\xi\right] = \frac{F(s)}{s}$$

证明

由于 $\frac{d}{dt}\int_{0}^{t} f(\xi)\,d\xi = f(t)$，对上式两边取拉氏变换，有

$$L\left[\frac{d}{dt}\int_{0}^{t} f(\xi)\,d\xi\right] = L[f(t)] = F(s)$$

对上式左边运用微分性质得

$$L\left[\frac{d}{dt}\int_{0_-}^{t} f(\xi)\,d\xi\right] = sL\left[\int_{0_-}^{t} f(\xi)\,d\xi\right] - \int_{0_-}^{t} f(\xi)\,d\xi\Big|_{t=0_-} = sL\left[\int_{0_-}^{t} f(\xi)\,d\xi\right]$$

把整理上面两式，可得

$$L\left[\int_{0_-}^{t} f(\xi)\,d\xi\right] = \frac{F(s)}{s}$$

例 12－4 求函数 $f(t) = t$ 的象函数。

解　由于$f(t)=t=\int_0^t \varepsilon(\xi)\mathrm{d}\xi$，故

$$L[f(t)]=\frac{1}{s}\times\frac{1}{s}=\frac{1}{s^2}$$

4. 延时性质

如果某一函数$f(t)$的象函数为$F(s)$，则其延时函数$f(t-t_0)$的象函数为

$$L[f(t-t_0)]=\mathrm{e}^{-st_0}F(s)$$

证明

$$L[f(t-t_0)]=\int_{0_-}^{\infty}f(t-t_0)\mathrm{e}^{-st}\mathrm{d}t$$

$$=\int_{0_-}^{\infty}f(t-t_0)\mathrm{e}^{-s(t-t_0)}\mathrm{e}^{-st_0}\mathrm{d}(t-t_0)$$

当$t<t_0$时，$f(t-t_0)=0$。令$\tau=t-t_0$

$$L[f(t-t_0)]=\int_{0_-}^{\infty}f(t-t_0)\mathrm{e}^{-s(t-t_0)}\mathrm{e}^{-st_0}\mathrm{d}(t-t_0)$$

$$=\int_{0_-}^{\infty}f(\tau)\mathrm{e}^{-s\tau}\mathrm{e}^{-st_0}\mathrm{d}(\tau)=\mathrm{e}^{-st_0}F(s)$$

例12-5　求矩形波脉冲$f(t)=\varepsilon(t)-\varepsilon(t-t_0)$的象函数。

解　因为$L[\varepsilon(t)]=\frac{1}{s}$

根据延时性质可得　$L[\varepsilon(t-t_0)]=\mathrm{e}^{-st_0}\frac{1}{s}$

$$L[\varepsilon(t)-\varepsilon(t-t_0)]=\frac{1}{s}-\mathrm{e}^{-st_0}\frac{1}{s}$$

$$=\frac{1}{s}(1-\mathrm{e}^{-st_0})$$

5. 位移性质

如果某一函数$f(t)$的象函数为$F(s)$，则此函数乘以指数函数$\mathrm{e}^{\alpha t}$的象函数为

$$L[\mathrm{e}^{\alpha t}f(t)]=F(s-\alpha)\qquad[\mathrm{Re}(s-\alpha)>0]$$

利用这一性质，可求得

$$L[\mathrm{e}^{-\alpha t}\sin\omega t]=\frac{\omega}{(s+\alpha)^2+\omega^2}$$

$$L[\mathrm{e}^{-\alpha t}\cos\omega t]=\frac{s+\alpha}{(s+\alpha)^2+\omega^2}$$

依据拉氏变换的定义及其基本性质，可方便求得一些常用函数的拉氏变换

象函数，如表12－1所示，以备分析电路时查用。

表12－1　常用函数的拉氏变换表

原函数 $f(t)$	象函数 $F(s)$	原函数 $f(t)$	象函数 $F(s)$
$\varepsilon(t)$	$\frac{1}{s}$	A	$\frac{A}{s}$
t	$\frac{1}{s^2}$	t^n	$\frac{1}{s^{n+1}}n!$
$\delta(t)$	1	$\frac{1}{n!}t^n e^{-\alpha t}$	$\frac{1}{(s+\alpha)^{n+1}}$
$e^{-\alpha t}$	$\frac{1}{s+\alpha}$	$1-e^{-\alpha t}$	$\frac{\alpha}{s(s+\alpha)^2}$
$te^{-\alpha t}$	$\frac{1}{(s+\alpha)^2}$	$(1-\alpha t)e^{-\alpha t}$	$\frac{s}{s(s+\alpha)^2}$
$\sin\omega t$	$\frac{\omega}{s^2+\omega^2}$	$\cos\omega t$	$\frac{s}{s^2+\omega^2}$
$e^{-\alpha t}\sin\omega t$	$\frac{\omega}{(s+\alpha)^2+\omega^2}$	$e^{-\alpha t}\cos\omega t$	$\frac{s+\alpha}{(s+\alpha)^2+\omega^2}$
$\sin(\omega t+\psi)$	$\frac{s\cdot\sin\psi+\omega\cdot\cos\psi}{s^2+\omega^2}$	$\cos(\omega t+\psi)$	$\frac{s\cdot\cos\psi-\omega\cdot\sin\psi}{s^2+\omega^2}$

12.2　拉普拉斯反变换的部分分式展开*

应用拉普拉斯变换求解电路的暂态过程时，要根据响应的象函数求出相应的原函数。显然用拉普拉斯反变换定义式求象函数是相当复杂的，因此一般不采用这种方法。如果象函数比较简单，就可以直接从拉氏变换表(12－1)中查出。如果象函数比较复杂，不能从表中直接查出，就把它分解成若干个简单的、能够从表中可查出来的项，这样就可得出对应项的原函数，根据拉氏变换的线性性质，各项对应的原函数之和即为所求原函数。

通常来讲，电路响应的象函数可表示为两个实系数 s 的多项式之比

$$F(s)=\frac{F_1(s)}{F_2(s)}=\frac{a_0s^m+a_1s^{m-1}+\cdots+a_m}{b_0s^n+b_1s^{n-1}+\cdots+b_n}$$

式中 m 和 n 为正整数，且 $n \geqslant m$。

把 $F(s)$ 分解成若干简单项之和，而这些简单项可以在拉氏变换表中找到，这种方法称为部分分式展开法。

用部分分式展开有理分式 $F(s)$ 时，首先要把有理分式化为真分式，若 $n > m$，则 $F(s)$ 为真分式；若 $n = m$，则将 $F(s)$ 化为 $F(s) = A + \dfrac{F_0(s)}{F_2(s)}$。下面介绍将真分式 $F(s)$ 分成若干简单项之和的部分分式展开法。展开有理分式 $F(s)$ 时，要对分母多项式 $F_2(s)$ 做因式分解。下面分 3 种情况来介绍部分分式展开法。

（1）$F_2(s) = 0$ 有 n 个单根 p_1，p_2，…，p_n 时，$F(s)$ 展开为下列部分分式之和

$$F(s) = \frac{A_1}{s - p_1} + \frac{A_2}{s - p_2} + \cdots + \frac{A_n}{s - p_n}$$

A_1，A_2，…，A_n 为待定系数。要确定这些系数，可以通过下式求得

$$A_k = F(s)(s - p_k)\big|_{s = p_k} \qquad k = 1, 2, 3, \cdots, n \tag{12-3}$$

由于当 $s = p_k$ 时，$F(s)$ 的分母为零，故 A_k 的表达式为 $\dfrac{0}{0}$ 的不定式，为了求此极限，可将分子分母的公因式 $(s - p_k)$ 约掉，再将 $s = p_k$ 代入即可得该系数；或者用数学中的罗必塔法则，即分子分母分别对 s 求导，然后将 $s = p_k$ 代入就可确定该系数，即

$$A_k = \lim_{s \to p_k} \frac{(s - p_k) F_1(s)}{F_2(s)} = \lim_{s \to p_k} \frac{(s - p_k) F'_1(s) + F_1(s)}{F'_2(s)} = \frac{F_1(p_k)}{F'_2(p_k)} \tag{12-4}$$

例 12-6　求 $F(s) = \dfrac{s + 4}{s^2 + 5s + 6}$ 的原函数 $f(t)$。

解　$F(s) = \dfrac{s + 4}{s^2 + 5s + 6} = \dfrac{s + 4}{(s + 2)(s + 3)} = \dfrac{A_1}{s + 2} + \dfrac{A_2}{s + 3}$

可通过两种方法确定系数：

方法 1　$A_1 = F(s)(s + 2) = \dfrac{s + 4}{(s + 2)(s + 3)}(s + 2) = \dfrac{s + 4}{s + 3}\bigg|_{s = -2} = 2$

$$A_2 = F(s)(s + 3) = \frac{s + 4}{(s + 2)(s + 3)}(s + 3) = \frac{s + 4}{s + 2}\bigg|_{s = -3} = -1$$

方法 2

$$F'_2(s) = (s^2 + 5s + 6) = 2s + 5$$

$$A_1 = \frac{s + 4}{2s + 5}\bigg|_{s = -2} = 2$$

$$A_2 = \frac{s + 4}{2s + 5}\bigg|_{s = -3} = -1$$

查表(12-1)反变换得原函数$f(t)=2e^{-2t}-e^{-3t}$。

(2)$F_2(s)=0$具有共轭复根时，系数的确定与第1种情况相同，不同之处在于共轭复根所对应的系数也为共轭复数。

例12-7 求$F(s)=\dfrac{s}{s^2+2s+2}$的象函数。

解 因为$F_2(s)=s^2+2s+2=0$

其所对应的根为$p_1=\alpha+j\omega=-1+j$，$p_2=-1-j$

$F'_2(s)=2s+2$，所以其对应系数为

$$A_1=\frac{s}{2s+2}\bigg|_{s=-1+j}=|K|e^{j\theta}=\frac{\sqrt{2}}{2}e^{j45^\circ}$$

因

$$A_2=A_1^*=\frac{\sqrt{2}}{2}e^{-j45^\circ}$$

$$F(s)=\frac{\frac{\sqrt{2}}{2}e^{j45^\circ}}{s+1-j}+\frac{\frac{\sqrt{2}}{2}e^{-j45^\circ}}{s+1+j}$$

$$f(t)=\frac{\sqrt{2}}{2}(e^{j45^\circ}e^{(-1+j)t}+e^{-j45^\circ}e^{(-1-j)t})$$

$$=\frac{\sqrt{2}}{2}e^{-t}(e^{j(t+45^\circ)}+e^{-j(t+45^\circ)})$$

$$=\sqrt{2}e^{-t}\cos(t+45^\circ)$$

从上例可知，若共轭复根用$p_{1、2}=\alpha\pm j\omega$表示，其对应系数$A_{1、2}=|K|e^{\pm j\theta}$，则其对应的原函数$f(t)=2|K|e^{\alpha t}\cos(\omega t+\theta)$

(3)若$F_2(s)=0$具有m重根，其余为单根，则$F_2(s)$的表达式可写为

$F_2(s)=b_o(s-p_1)(s-p_2)\cdots(s-p_{n-m})(s-p_n)^m$

此时$F(s)$的部分分式展开式为

$$F(s)=\frac{F_1(s)}{F_2(s)}=\sum_{k=1}^{n-m}\frac{A_k}{s-p_k}+\frac{B_m}{(s-p_n)^m}+\frac{B_{m-1}}{(s-p_n)^{m-1}}+\cdots+\frac{B_1}{s-p_n}$$

其中单根对应的待定系数的确定与前面的计算相同，其重根对应的待定系数的确定可采用下面的方法。

将上式两边各项乘以$(s-p_n)^m$，则得

$$\frac{F_1(s)}{F_2(s)}(s-p_n)^m=(s-p_n)^m\sum_{k=1}^{n-m}\frac{A_k}{s-p_k}+B_m+B_{m-1}(s-p_n)+\cdots+B_1(s-p_n)^{m-1} \quad (12-5)$$

令 $s=p_n$，则上式右边除 B_m 项外，其余各项均变为零。而左边为 0/0 的不定式，取极限得

$$B_m=\lim_{s\to p_n}\frac{F_1(s)}{F_2(s)}(s-p_n)^m=\left.\frac{F_1(s)}{a_n(s-p_1)(s-p_2)\cdots(s-p_{n-m})}\right|_{s=p_n}$$

若要求 B_{m-1}，可将式(12－5)两边对 s 再求一次导，再令 $s=p_n$，可求得

$$B_{m-1}=\lim_{s\to p_n}\frac{\mathrm{d}}{\mathrm{d}s}\left[\frac{F_1(s)}{F_2(s)}(s-p_n)^m\right]$$

由此可推得求重根系数的一般公式为

$$B_{m-k}=\frac{1}{k!}\lim_{s\to p_n}\frac{\mathrm{d}^k}{\mathrm{d}s^k}\left[\frac{F_1(s)}{F_2(s)}(s-p_n)^m\right]\qquad[k=0,1,\cdots,(m-1)]$$

其对应象函数的原函数为

$$f(t)=L^{-1}[F(s)]=\sum_{k=1}^{n-m}A_k\mathrm{e}^{p_kt}+\left[\frac{B_m}{(m-1)!}t^{m-1}+\frac{B_{m-1}}{(m-2)!}t^{m-2}+\cdots+B_1\right]\mathrm{e}^{p_nt}$$

$$=\sum_{k=1}^{n-m}A_k\mathrm{e}^{p_kt}+\left[\sum_{k=1}^{m}\frac{B_{m-k+1}}{(m-k)!}t^{m-k}\right]\mathrm{e}^{p_nt}\qquad(t\geqslant0)$$

例 12－8　求 $F(s)=\dfrac{s-2}{s(s+1)^2}$ 的象函数

$$F(s)=\frac{s-2}{s(s+1)^2}=\frac{k_1}{s}+\frac{k_2}{(s+1)^2}+\frac{k_3}{s+1}$$

$$k_1=\left.\frac{s-2}{(s+1)^2}\right|_{s=0}=-2$$

$$k_2=\left.\frac{s-2}{s}\right|_{s=-1}=3$$

$$k_3=\left.\frac{\mathrm{d}}{\mathrm{d}s}\left(\frac{s-2}{s}\right)\right|_{s=-1}=\left.\frac{s-(s-2)}{s^2}\right|_{s=-1}=2$$

所以其原函数

$$f(t)=L^{-1}[F(s)]=k_1\mathrm{e}^{p_1t}+k_2t\mathrm{e}^{p_2t}+k_3\mathrm{e}^{p_3t}$$

$$=-2+3t\mathrm{e}^{-t}+2\mathrm{e}^{-t}$$

对于 $n=m$ 的情况，有 $F(s)=A+\dfrac{F_0(s)}{F_2(s)}$，其中 A 为常数，其对应的时间函数为 $A\delta(t)$，余数项 $\dfrac{F_0(s)}{F_2(s)}$ 为真分式。求余数项的原函数的过程可同上采用部分分式展开法。

12.3 电路元件和电路定律的复频域形式

根据拉普拉斯变换的基本性质和电路元件电压、电流的时域关系，可以建立电路元件特性方程的复领域形式。

图12-1(a)所示电阻元件上电流和电压的时域关系为$u(t)=Ri(t)$，两边取拉氏变换，得电阻元件上电流和电压的复频域关系为

$$U(s)=RI(s) \tag{12-6}$$

其复频域电路如图12-1(b)所示，称其为电阻元件的运算电路。

图12-1 电阻的运算电路

对于图12-2(a)所示电感元件来讲，元件电压、电流的时域关系为$u(t)=L\dfrac{\mathrm{d}i(t)}{\mathrm{d}t}$，根据微分性质得电感元件上电流和电压的复频域关系为

$$U(s)=sLI(s)-Li(0_-) \qquad [12-7(a)]$$

式中sL为电感的运算阻抗，$i(0_-)$表示电感中的初始值，图12-2(b)为电感元件的运算电路，$Li(0_-)$表示附加电压源，它反映了电感中初始值在电路中的作用(相当于电路中的激励)。若把上式改写为

$$I(s)=\frac{1}{sL}U(s)+\frac{i(0_-)}{s} \qquad [12-7(b)]$$

则相应的运算电路就变成图12-2(c)所示电路，图中$\dfrac{1}{sL}$为电感的运算导纳，$\dfrac{i(0_-)}{s}$表示附加电流源的电流。

用同样的方法可得出电容元件的运算表达式为

$$I(s)=sCU(s)-Cu(0_-) \qquad [12-8(a)]$$

$$U(s)=\frac{1}{sC}I(s)+\frac{u(0_-)}{s} \qquad [12-8(b)]$$

式中sC为运算导纳，$\dfrac{1}{sC}$运算阻抗，图12-3为对应的运算电路，图12-3(c)中$Cu(0_-)$为附加电流源的电流，图12-3(b)中$\dfrac{u(0_-)}{s}$为附加电压源的电压。

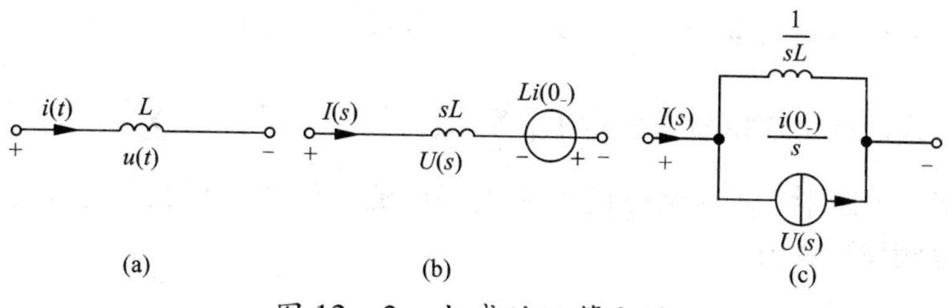

图 12－2　电感的运算电路

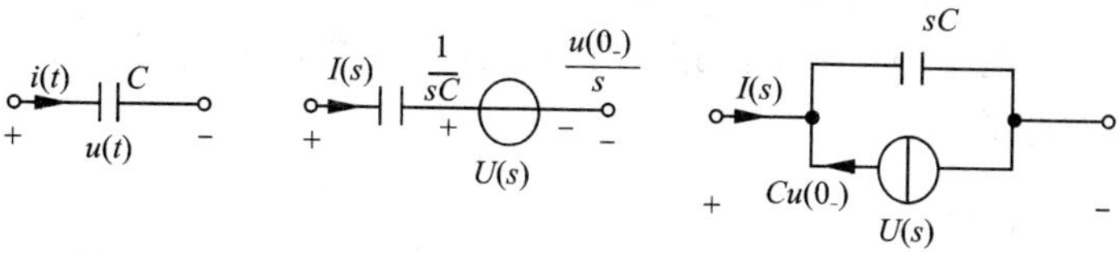

图 12－3　电容的运算电路

当电感之间有耦合时，如图 12－4(a)所示，其电压、电流的时域关系为

$$u_1 = L_1\frac{\mathrm{d}i_1}{\mathrm{d}t} + M\frac{\mathrm{d}i_2}{\mathrm{d}t} \qquad u_2 = L_2\frac{\mathrm{d}i_2}{\mathrm{d}t} + M\frac{\mathrm{d}i_1}{\mathrm{d}t}$$

将上述表达式两边取拉氏变换得

$$U_1(s) = sL_1I_1(s) - L_1i_1(0_-) + sMI_2(s) - Mi_2(0_-)$$

$$U_2(s) = sL_2I_2(s) - L_2i_2(0_-) + sMI_1(s) - Mi_1(0_-)$$

其相应的运算电路如图 12－4(b)所示，图中 sM 称为互感运算阻抗，$Mi_1(0_-)$和 $Mi_2(0_-)$是附加电压源，其方向与电流 i_1、i_2 的参考方向有关。

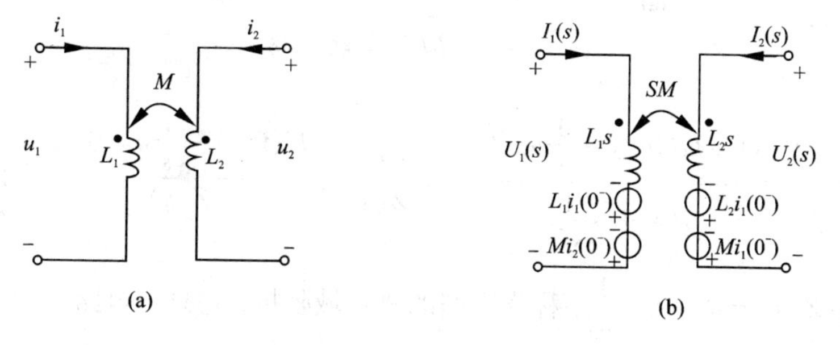

图 12－4　互感的运算电路

从电路定律可知，对于电路中的任一个结点，其时域形式的 KCL 方程为

$\sum_{k=1}^{n} i_k(t) = 0$, $k=1, 2, 3\cdots, n$, 式中 n 为连接在结点上的支路数。

对上式进行拉普拉斯变换得 $L\left[\sum_{k=1}^{n} i_k(t)\right] = L[0]$, 即 $\sum_{k=1}^{n} L[i_k(t)] = 0$, 它说明集总电路中, 任一结点的所有支路电流象函数的代数和等于零, 即有KCL的复频域形式为

$$\sum_{k=1}^{n} I_k(s) = 0 \tag{12-9}$$

式中, $I_k(s) = L[i_k(t)]$为支路电流 $i_k(t)$的象函数。

同理, 对于电路中任一个回路, 所有支路电压象函数的代数和等于零, 即KVL的复频域形式为

$$\sum_{k=1}^{n} U_k(s) = 0 \tag{12-10}$$

式中, $U_k(s) = L[u_k(t)]$为支路电压 $u_k(t)$的象函数。

如图12-5(a)所示为时域 RLC 串联电路, 设电感 L 中的初始电流为 $i(0_-)$, 电容 C 上的初始电压为 $u_C(0_-)$。于是可做出其复频域电路模型如图12-5(b)所示, 进而可写出其KVL方程为

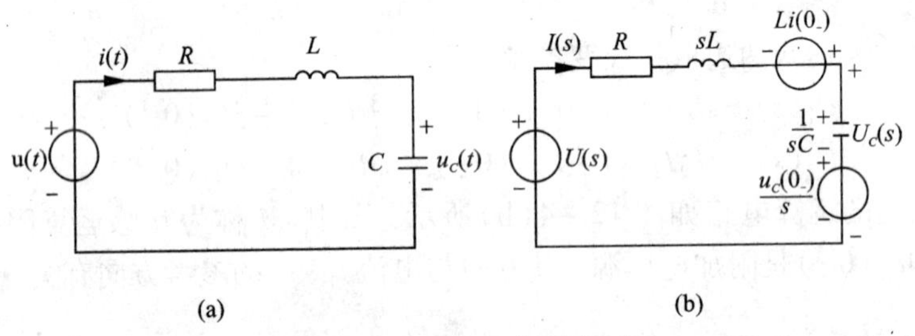

图12-5 RLC 串联电路

$$I(s) = \frac{U(s) + Li(0_-) - \frac{1}{s}u_C(0_-)}{R + sL + \frac{1}{sC}} = \frac{U(s)}{Z(s)} + \frac{Li(0_-) - \frac{1}{s}u_C(0_-)}{Z(s)} \tag{12-11}$$

式中 $Z(s) = R + sL + \frac{1}{sC}$, 称为支路的复频域阻抗, 它只与电路参数 R、L、C 及复频率 s 有关, 而与电路的激励(包括内激励)和响应无关。

式(12-11)中等号右端的第一项只与激励 $U(s)$有关, 故为 s 域中的零状态响应; 等号右端的第二项只与初始条件 $i(0_-)$、$u_C(0_-)$有关, 故为 s 域中的零输入响应; 等号左端的 $I(s)$则为 s 域中的全响应。若 $i(0_-) = u_C(0_-) = 0$,

则式(12－11)变为

$$I(s)=\frac{U(s)}{Z(s)} \text{或} U(s)=Z(s)\cdot I(s)$$

上式即为复频域形式的欧姆定律。

12.4　应用拉普拉斯变换法分析线性电路

利用拉普拉斯变换分析线性电路过渡过程的方法，称为复频域分析法，习惯上称为运算法。由于复频域形式的KCL、KVL、欧姆定律，在形式上与相量形式的KCL、KVL、欧姆定律全同，因此关于电路分析的各种方法、定理，均适用于复频域电路的分析，只是此时必须在复频域中进行，所有电量用相应的象函数表示，各无源支路用复频域阻抗或复频域导纳代替，但相应的运算仍为代数运算。其一般步骤如下：

(1)根据换路前瞬间($t=0_-$)电路的工作状态，计算出电感电流$i_L(0_-)$和电容电压$u_C(0_-)$的值，以便确定电感元件的附加电源$Li_1(0_-)$和电容元件的附加电源$u_C(0_-)/s$。

(2)按照换路后的接线方式画出运算电路模型，正确标出附加电源方向，独立电源用象函数表示，各待求量用象函数表示。

(3)选择适当的方法(支路法、结点法、回路法等)列写运算电路的方程组；

(4)求解上述方程组，计算出响应的象函数。

(5)运用拉普拉所反变换，求出响应的原函数。

例12－9　如图12－6(a)所示，电路原处于稳态，$t=0$时开关S闭合，试用运算法求开关闭合后的电流$i_1(t)$。

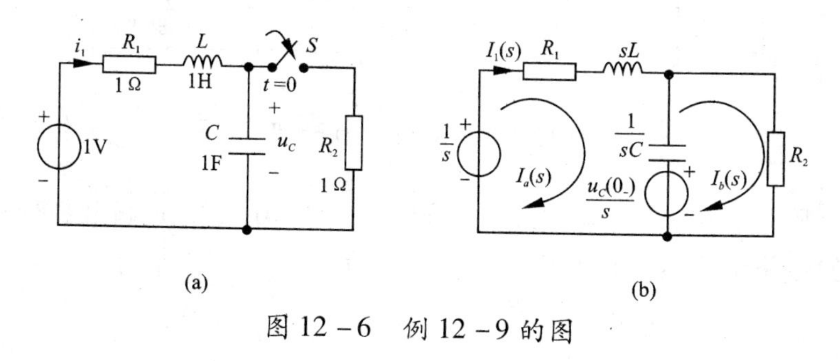

图12－6　例12－9的图

解　(1)求初始值。$t<0$时，电感相当于短路，电容相当于开路。因此求得初始值

$$i_L(0_-)=0\text{A},\ u_C(0_-)=1\ (\text{V})$$

(2)画0_+后运算电路。

外加激励的象函数$L[U_s]=\frac{1}{s}$，根据所求初始值得运算电路如图12-6(b)所示。

(3)设回路电流为$I_a(s)$、$I_b(s)$，方向如图12-6(b)所示，则有

$$\begin{cases}\left(R_1+sL+\frac{1}{sC}\right)I_a(s)-\frac{1}{sC}I_b(s)=\frac{1}{s}-\frac{u_C(0_-)}{s}\\ -\frac{1}{sC}I_a(s)+\left(R_2+\frac{1}{sC}\right)I_b(s)=\frac{u_C(0_-)}{s}\end{cases}$$

解得 $$I_1(s)=I_a(s)=\frac{1}{s(s^2+2s+2)}$$

(4)运用部分分式展开法及通过查表可得

$$L^{-1}[I_1(s)]=\frac{1}{2}(1-e^{-t}\cos t-e^{-t}\sin t)$$

即 $$i_1(t)=\frac{1}{2}(1-e^{-t}\cos t-e^{-t}\sin t)\,\text{A}$$

例12-10 图12-7(a)所示电路，$R_1=R_2=1\Omega$，$L=2\text{H}$，$C=2\text{F}$，$g=0.5\text{S}$，$u_1(0_-)=-2\text{V}$，$i(0_-)=1\text{A}$。求零输入响应$u_2(t)$。

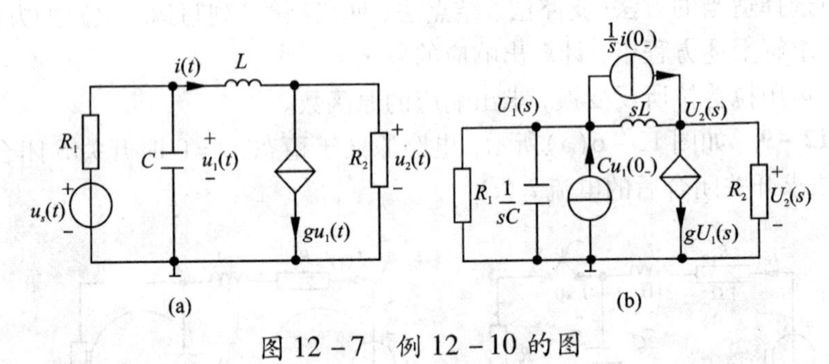

图12-7 例12-10的图

解 因只求零输入响应，故应使激励源$u_s(t)=0$，进而可画出求零输入响应的运算电路模型，如图12-7(b)所示。

列出两个独立结点电压方程为

$$\left(\frac{1}{R_1}+sC+\frac{1}{sL}\right)U_1(s)-\frac{1}{sL}U_2(s)=Cu_1(0_-)-\frac{1}{s}i(0_-)$$

$$-\frac{1}{sL}U_1(s)+\left(\frac{1}{R_2}+\frac{1}{sL}\right)U_2(s)=-gU_1(s)+\frac{1}{s}i(0_-)$$

将已知数据代入并整理求解，即得

$$U_2(s)=\frac{2s-\frac{1}{4}}{s^2+s+\frac{5}{8}}=\frac{2\left(s+\frac{1}{2}\right)}{\left(s+\frac{1}{2}\right)^2+\left(\frac{\sqrt{3}}{8}\right)^2}-\frac{\frac{5}{4}\sqrt{\frac{8}{3}}\times\sqrt{\frac{3}{8}}}{\left(s+\frac{1}{2}\right)^2+\left(\frac{\sqrt{3}}{8}\right)^2}$$

查表 12－1 中即得

$$u_2(t)=L^{-1}[U_2(s)]=\left(2\mathrm{e}^{-\frac{1}{2}t}\cos\sqrt{\frac{3}{8}}t-\frac{5}{4}\sqrt{\frac{8}{3}}\mathrm{e}^{-\frac{1}{2}t}\sin\sqrt{\frac{3}{8}}t\right)\ (\mathrm{V})$$

例 12－11　图 12－8(a)电路原来已达稳态，开关 S 在 $t=0$ 时断开，求 u_2。已知 $U_s=100\mathrm{V}$，$R_1=R_2=2\Omega$，$R_3=4\Omega$，$L_1=L_2=4\mathrm{H}$，$M=2\mathrm{H}$。

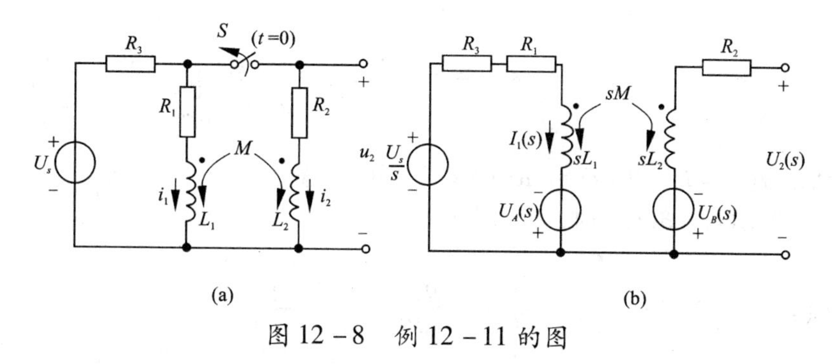

图 12－8　例 12－11 的图

解　从图中可知

$$i_1(0_-)=i_2(0_-)=\frac{1}{2}\times\frac{U_s}{R_3+\frac{R_1R_2}{R_1+R_2}}=10\ (\mathrm{A})$$

其附加电源为

$$U_A(s)=L_1i_1(0_-)+Mi_2(0_-)=60$$

$$U_B(s)=L_2i_2(0_-)+Mi_1(0_-)=60$$

其运算电路如图 12－8(b)，则

$$I_1(s)=\frac{\frac{U_s}{s}+U_A(s)}{sL_1+R_1+R_3}=\frac{15s+25}{s(s+1.5)}$$

$$U_2(s)=sMI_1(s)-U_B(s)=-30+\frac{5}{s+1.5}$$

$$u_2(t)=-30\delta(t)+5\mathrm{e}^{-1.5t}\varepsilon(t)\ (\mathrm{V})$$

例 12－12　图 12－9(a)所示为 RC 并联电路，激励为电流源 $i_s(t)$，若(1) $i_s(t)=\varepsilon(t)\mathrm{A}$，(2) $i_s(t)=\delta(t)\mathrm{A}$，试求响应 $u(t)$。

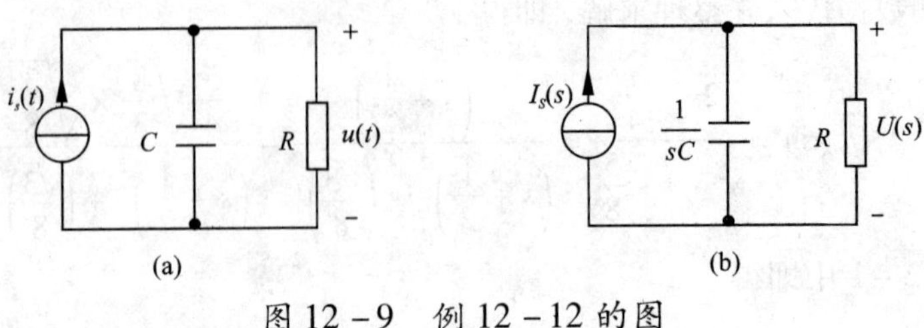

图 12－9 例 12－12 的图

解 运算电路如图 12－9(b)，则有

(1)当 $i_s(t)=\varepsilon(t)$ A 时，$L[i_s(t)]=I_s(s)=\dfrac{1}{s}$

$$U(s)=Z(s)I_s(s)=\frac{R\cdot\dfrac{1}{sC}}{R+\dfrac{1}{sC}}\times\frac{1}{s}=\frac{R}{s(1+RCs)}=\frac{1}{sC\left(s+\dfrac{1}{RC}\right)}=\frac{R}{s}-\frac{R}{s+\dfrac{1}{RC}}$$

所以 $u(t)=L^{-1}[U(s)]=R(1-\mathrm{e}^{-\frac{1}{RC}t})\varepsilon(t)$ (V)

(2)当 $i_s(t)=\delta(t)A$ 时，$I_s(s)=1$

$$U(s)=Z(s)I_s(s)==\frac{R\cdot\dfrac{1}{sC}}{R+\dfrac{1}{sC}}=\frac{R}{1+sRC}=\frac{1}{C}\cdot\frac{1}{s+\dfrac{1}{RC}}$$

所以 $u(t)=L^{-1}[U(s)]=\dfrac{1}{C}\mathrm{e}^{-\frac{1}{RC}}\varepsilon(t)$ (V)

例 12－13 图 12－10(a)所示电路，开关 S 原来是闭合的，试求 S 打开后电路的电流及两电感元件上的电压。

解 $i_1(0_-)=\dfrac{U_s}{R_1}=5\mathrm{A}$

画运算电路 12－10(b)

$$I(s)=\frac{\dfrac{10}{s}+5L_1}{R_1+R_2+s(L_1+L_2)}=\frac{10+1.5\mathrm{s}}{s(5+0.4\mathrm{s})}=\frac{2}{s}+\frac{1.75}{s+12.5}$$

$i(t)=L^{-1}[I(s)]=2+1.75\mathrm{e}^{-12.5t}$ A

开关 S 打开后，L_1 和 L_2 中的电流在 $t=0_+$ 时都被强制为同一电流，数值为 $i(0_+)=3.75$ A，两个电感电流都发生了跃变，两个电感电压中出现冲激函数。

$$U_{L1}(s)=0.3sI(s)-1.5=0.6+\frac{0.3s\times1.75}{s+12.5}-1.5=-\frac{6.56}{s+12.5}-0.375$$

$u_{L1}(t)=L^{-1}[U_{L1}(s)]=-6.56\mathrm{e}^{-12.5t}-0.375\delta(t)$ (V)

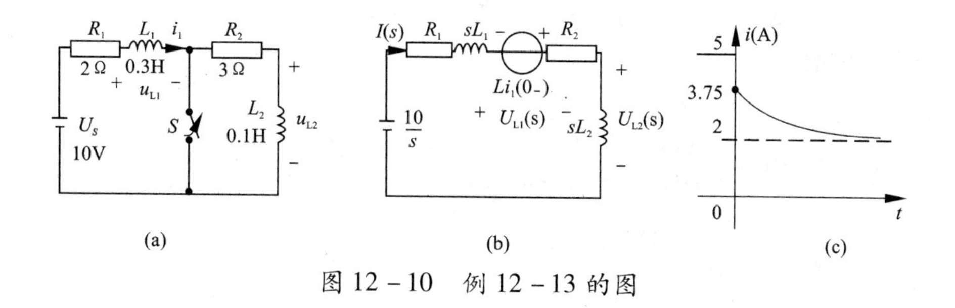

图 12－10　例 12－13 的图

$$U_{L2}(s)=0.1sI(s)=0.2+\frac{0.175s}{s+12.5}=-\frac{2.19}{s+12.5}+0.375$$

$$u_{L2}(t)=L^{-1}[U_{L2}(s)]=-2.19\mathrm{e}^{-12.5t}+0.375\delta(t)\ (\mathrm{V})$$

$$u_{L1}(t)+u_{L2}(t)=-8.75\mathrm{e}^{-12.5t}(\mathrm{V})$$（并无冲激函数出现）

由于拉氏变换式中下限取为 0_-，故自动地把（电压）冲激函数考虑了进去，无需求 $t=0_+$ 时的跃变值。

12.5　网络函数

系统的响应一方面与激励有关，同时也与系统本身有关。网络函数就是描述系统本身特性的。本节将介绍网络函数的定义、求法、零点与极点概念及其应用。

1. 网络函数的定义及极点、零点

电路在单一独立激励的作用下，其零状态响应 $r(t)$ 的象函数 $R(s)$ 与激励 $e(t)$ 的象函数 $E(s)$ 之比定义为该网络的网络函数 $H(s)$，即

$$H(s)=\frac{R(s)}{E(s)} \tag{12-12}$$

网络函数只与网络的结构参数有关，与激励的大小及函数形式无关。

如果激励和响应属于同一端口，对应的网络函数则称为驱动点函数，而其他称为转移函数或称为传递函数。而激励和响应可以是电压也可以是电流，故网络函数可分为驱动点阻抗（导纳），转移阻抗（导纳），电压转移函数，或电流转移函数。

从网络函数的定义式可得，若 $E(s)=1$，则 $H(s)=R(s)$，即网络函数就是该响应的象函数，而 $E(s)=1$ 时，$e(t)=\delta(t)$，所以网络函数的原函数 $h(t)$ 就是电路的单位冲激响应，即

$$h(t)=L^{-1}[H(s)]=r(t)$$

由于网络函数 $H(s)$ 的分子和分母都是 s 的多项式，故其一般形式可写为(设为单根情况)

$$H(s)=\frac{N(s)}{D(s)}=\frac{b_m(s-z_1)(s-z_2)\cdots(s-z_i)\cdots(s-z_m)}{a_n(s-p_1)(s-p_2)\cdots(s-p_r)\cdots(s-p_n)}$$

$$=H_0\frac{\prod\limits_{i=1}^{m}(s-z_i)}{\prod\limits_{r=1}^{n}(s-p_r)} \tag{12-13}$$

式中，$H_0=\dfrac{b_m}{a_n}$为实常数；符号$\prod$表示连乘；$p_r(r=1,2,\cdots,n)$为分母多项式 $D(s)=0$ 的根；$z_i(i=1,2,\cdots,m)$为分子多项式 $N(s)=0$ 的根。

由式(12-13)可见，当复变量 $s=z_i$ 时，即有 $H(s)=0$，故称 z_i 为网络函数 $H(s)$的零点，且 z_i 就是 $N(s)=b_ms^m+b_{m-1}s^{m-1}+\cdots+b_1s+b_0=0$ 的根；当复变量 $s=p_r$ 时，即有 $H(s)\to\infty$，故称 p_r 为 $H(s)$的极点，且 p_r 就是 $D(s)=a_ns^n+a_{n-1}s^{n-1}+\cdots+a_1s+a_0=0$ 的根，$H(s)$的极点也称为系统的自然频率或固有频率。

将 $H(s)$的零点与极点画在 s 平面(复频率平面)上所构成的图形，称为 $H(s)$ 的零、极点图。其中零点用符号“O”表示，极点用符号“×”表示，同时在图中将 H_0 的值也标出。若 $H_0=1$，则也可不标出。

零、极点在 s 平面上的分布与网络的时域响应和正弦稳态响应存着密切关系。若已知网络函数 $H(s)$和外加激励的象函数量 $E(s)$，则零状态响应象函数为

$$R(s)=H(s)E(s)=\frac{N(s)}{D(s)}\cdot\frac{P(s)}{Q(s)}=\frac{F_1(s)}{F_2(s)}$$

式中 $H(s)=\dfrac{N(s)}{D(s)}$，$E(s)=\dfrac{P(s)}{Q(s)}$，而 $N(s)$、$P(s)$、$Q(s)$、$D(s)$都是 s 的多项式。用部分分式展开求 $R(s)$的原函数时，$F_2(s)=D(s)Q(s)=0$ 的根将包括 $D(s)=0$ 及 $Q(s)=0$ 的根。响应中与 $Q(s)=0$ 的根对应的那些项与外加激励的函数形式相同，属于强制分量；而与 $D(s)=0$ 的根(即网络函数的极点)对应的那些项的性质由网络的结构参数决定，属于自由分量。因此，网络函数极点的性质决定了网络暂态过程的特性。

例 12-14 图 12-11(a)所示电路，已知 $R=1\Omega$，$L=1\text{H}$，$C=0.25\text{F}$。求

(1)驱动点阻抗 $Z(s)$，并画出零、极点图；

(2)当 $u(t)=3e^{-t}\varepsilon(t)\text{V}$ 时的 $i(t)$。

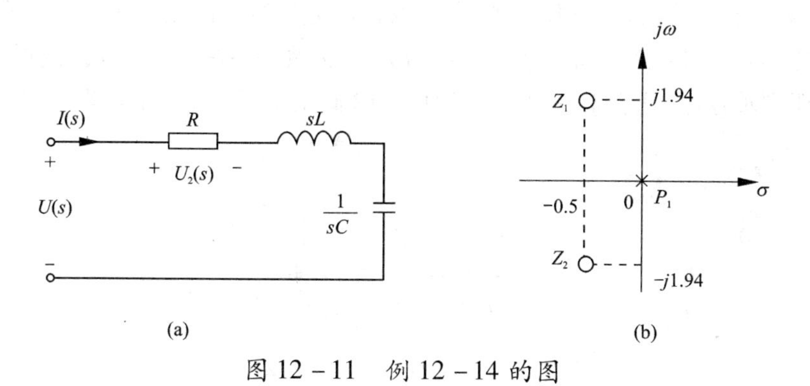

图 12－11　例 12－14 的图

解

$$Z(s)=\frac{U(s)}{I(s)}=R+sL+\frac{1}{sC}=1+s+\frac{4}{s}=\frac{s^2+s+4}{s}$$

$$=\frac{(s+0.5-\mathrm{j}1.94)(s+0.5+\mathrm{j}1.94)}{s}$$

其中，$H_0=1$，$Z(s)$有两个零点：$z_1=-0.5+\mathrm{j}1.94$，$z_2=-0.5-\mathrm{j}1.94$；有一个极点 $p_1=0$。其零、极点分布如图 12－11(b)所示。

当 $u(t)=3\mathrm{e}^{-t}\varepsilon(t)\,\mathrm{V}$，其对应的象函数为 $U(s)=\dfrac{3}{s+1}$。

$$I(s)=U(s)/Z(s)=\frac{s^2+s+4}{s}\times\frac{3}{s+1}=3+\frac{12}{s}-\frac{12}{s+1}$$

$$i(t)=L^{-1}[I(s)]=3\delta(t)+12\varepsilon(t)-12\mathrm{e}^{-t}(\mathrm{A})$$

2. 网络函数的极点与冲激响应

前面已阐述，网络函数与单位冲激响应构成拉普拉斯变换对，单位冲激响应的性质取决于网络函数的极点性质，即取决于极点在复平面上的位置。若网络函数为真分式且分母具有单根，则网络函数可展开为

$$H(s)=\frac{N(s)}{D(s)}=\sum_{k=1}^{n}\frac{A_k}{s-p_k}$$

其中极点 p_1，p_2，p_3，…，p_n 也称为网络的自然频率(固有频率)，它只与网络结构参数有关。其单位冲激响应为

$$h(t)=L^{-1}[H(s)]=\sum_{k=1}^{n}A_k\mathrm{e}^{p_k t}$$

从式中知，当 p_k 为负实根时，响应按指数规律衰减，p_k 距原点越远，衰减越快。当 p_k 为正实根时，响应按指数规律增长，p_k 距原点越远，增长越快。当 p_k 为虚根时，响应为纯正弦量，即不衰减的自由振荡，p_k 距原点越远，振荡频

率越高。当 p_k 为共轭复根时，响应是以指数为包络线的正弦函数。若实部为负(或为正)，则振幅按指数衰减(或增大)，p_k 距虚轴越远，衰减(或增长)越快；距实轴越远，振荡频率越高。图12-12画出了网络函数的极点与时域响应的关系。

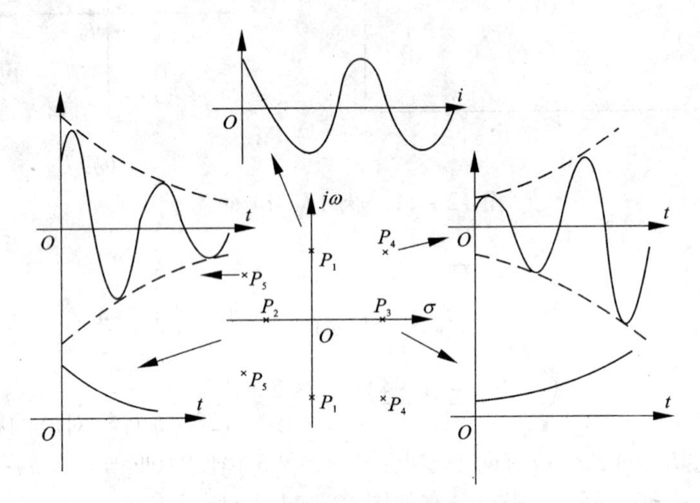

图12-12　极点与时域响应

3. 极点、零点与频率响应

网络函数 $H(s)$ 的零点、极点与电路变量的频率响应有着密切的关系。在图12-11(a)所示的 RLC 串联电路中，设电压源为 $u(t)=\sqrt{2}U\cos\omega t$，应用复频域分析法求得电压转移函数为

$$H(s)=\frac{U_2(s)}{U(s)}=\frac{R}{R+sL+\dfrac{1}{sC}} \tag{12-14}$$

如用相量法对该电路稳态响应计算时，可得到输出电压与输入电压的相量比为

$$\frac{\dot{U}_2}{\dot{U}}=\frac{R}{R+\mathrm{j}\omega L+\dfrac{1}{\mathrm{j}\omega C}} \tag{12-15}$$

从式(12-14)和式(12-15)看出，将式(12-14)中的变量 s 用 $\mathrm{j}\omega$ 代替，变成式(12-15)。这就是说正弦稳态的计算结果 $\dfrac{\dot{U}_2}{\dot{U}}$ 是网络函数 $H(s)$ 的一种特定情况，并可用 $H(\mathrm{j}\omega)$ 表示，此结论对所有线性电路都成立。

对于某一角频率来说，$H(\mathrm{j}\omega)$ 通常是一个复数，可用下式表示

$$H(\mathrm{j}\omega)=|H(\mathrm{j}\omega)|\mathrm{e}^{\mathrm{j}\theta} \tag{12-16}$$

式中$|H(\mathrm{j}\omega)|$是为网络函数在频率ω处的模称为幅频特性，而$\theta=\arg[H(\mathrm{j}\omega)]$为随$\omega$变化的关系称为相位频率响应，简称相频特性。因为$H(s)$是$s$的有理分式，故有

$$H(\mathrm{j}\omega)=H_0\frac{\prod_{i=1}^{m}(\mathrm{j}\omega-z_i)}{\prod_{k=1}^{n}(\mathrm{j}\omega-p_k)}$$

$$|H(\mathrm{j}\omega)|=H_0\frac{\prod_{i=1}^{m}|(\mathrm{j}\omega-z_i)|}{\prod_{k=1}^{n}|(\mathrm{j}\omega-p_k)|}$$

$$\theta=\arg[H(\mathrm{j}\omega)]=\sum_{i=1}^{m}\arg(\mathrm{j}\omega-z_i)-\sum_{k=1}^{n}\arg(\mathrm{j}\omega-p_k)$$

若能求出网络函数的极点和零点，就可由式12－16计算对应的频率响应。也可以在s平面上用作图的方法定性地描绘出频率响应曲线。

例12－15　对RC串联电路，外加激励为正弦电压源，试定性分析以u_c为输出时该电路的频率响应。

解　以电压u_c为输出变量时的网络函数为

$$H(s)=\frac{U_C(s)}{U_1(s)}=\frac{\frac{1}{RC}}{s+\frac{1}{RC}}$$

它有一个极点为$p=-1/(RC)$，如图12－13(a)所示。在上式中s用$\mathrm{j}\omega$，并在虚轴上选定$\mathrm{j}\omega_1$，$\mathrm{j}\omega_2$和$\mathrm{j}\omega_3$3点。$H(\mathrm{j}\omega)$在频率为ω_1、ω_2和ω_3的幅值等于用$1/(RC)$去除图12－13(a)中的线段M_1、M_2、M_3的长度，则可绘出同图12－13(b)所示的$H(\mathrm{j}\omega)$的幅频响应曲线。

线段M_1，M_2，M_3与横轴的夹角θ_1，θ_2，θ_3就是在$H(\mathrm{j}\omega)$的3个角频率时的对应的辐角，但其值为负，这样就可以绘出图12－13(c)所示的相频响应曲线。

本章小结

求取象函数$F(s)$的方法有：按照定义计算广义积分、利用拉普拉斯变换的有关性质、查积分变换表。

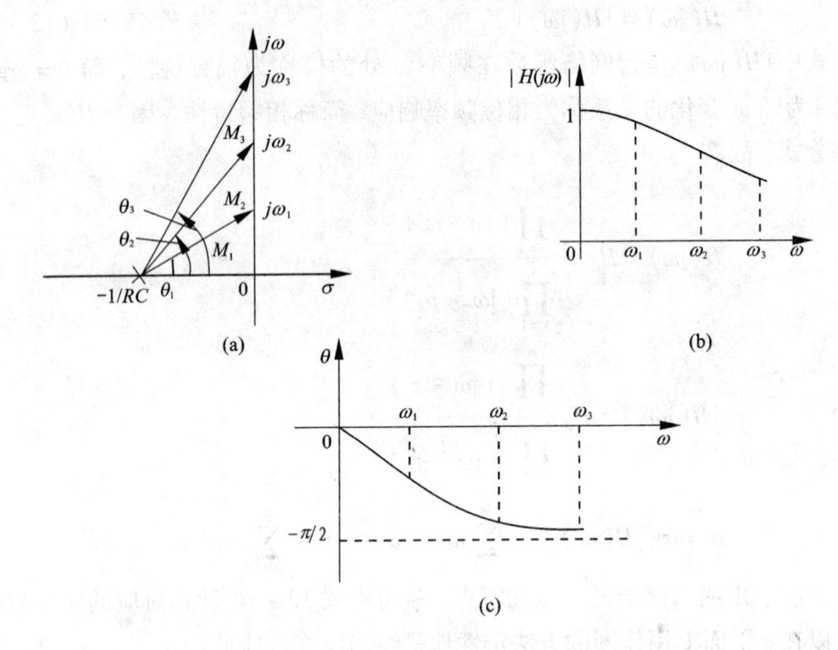

图 12 - 13

拉普拉斯变换的主要性质有：线性性质、微分性质、积分性质。其中后两个性质可以把微分(积分)方程变换成代数方程。

通常用部分分式展开法计算拉普拉斯反变换。

复频域中的基尔霍夫定律分别为$\sum I(s)=0$和$\sum U(s)=0$

复频域中线性一端口电阻、电容、电感上电压、电流象函数之间关系分别为

$$U_R(s)=RI_R(s)$$

$$U_C(s)=\frac{1}{sC}I_C(s)+\frac{u_C(0_-)}{s}$$

$$U_L(s)=sLI_L(s)-Li_L(0_-)$$

它们都是线性代数方程。

动态电路复频域模型的各种方程与直流电路的各种方程一一对应。因此可用直流电路的任一种分析方法求解运算电路。

网络函数$H(s)$定义为网络的零状态响应的象函数$R(s)$与激励象函数$E(s)$之比，即

$$H(s)=\frac{R(s)}{E(s)}$$

其原函数等于网络的单位冲激响应，即$h(t)=L^{-1}[H(s)]$。

网络函数只与网络的结构和参数有关，与激励函数形式无关。它的极点位置决定了单位冲激特性的性质，即反映了网络的固有特性。

复频域中的网络函数$H(s)$与复数形式的网络函数$H(\mathrm{j}\,\omega)$关系为

$H(\mathrm{j}\omega)=H(s)\big|_{s=\mathrm{j}\omega}$

复习思考题

(1) 求下列原函数的象函数

①t^2-4t+1　　②$t\mathrm{e}^{-\alpha t}$

③$t^3\mathrm{e}^{-\alpha t}$　　④$\mathrm{e}^{-t}\sin(t+30°)$

⑤$\varepsilon(t)+\varepsilon(t-1)$　　⑥$\cos^2\omega t$

(2) 求下列象函数的原函数

①$\dfrac{5s+1}{2s^2+6s+4}$　　②$\dfrac{s^2+6s+8}{s^2+4s+3}$

③$\dfrac{s-2}{s(s+1)^2}$　　④$\dfrac{s+3}{(s+1)(s^2+2s+5)}$

⑤$\dfrac{2s+1}{s(s+2)(s+5)}$　　⑥$\dfrac{s(s^2+2)}{(s^2+1)(s^2+3)}$

(3) 图 12-14 所示电路原已达稳态，$t=0$ 时把开关 S 合上，分别画出运算电路。

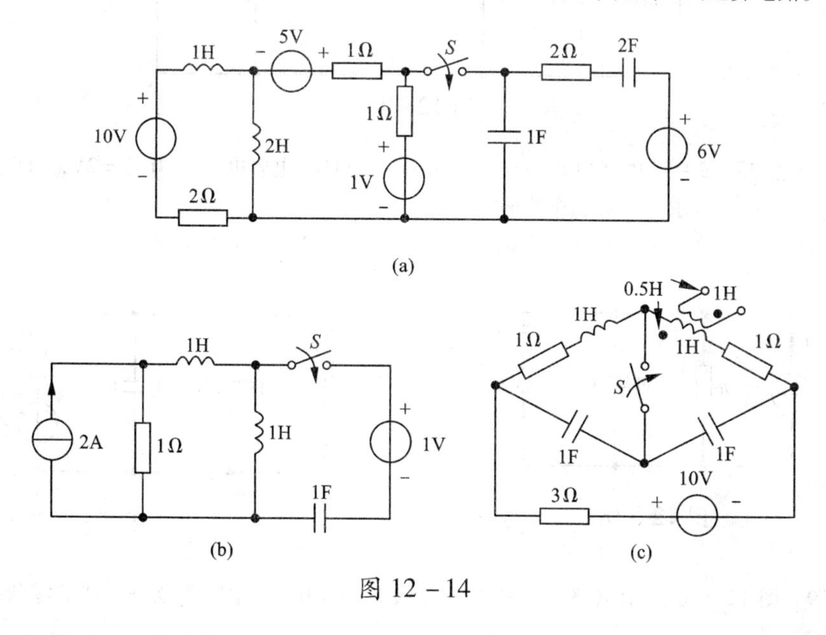

图 12-14

(4) 图 12-15 电路中 $L_1=1\mathrm{H}$，$L_2=4\mathrm{H}$，$M=2\mathrm{H}$，$R_1=R_2=1\Omega$，$U_s=1\mathrm{V}$，电感中原无磁场能量。$t=0$ 时，合上开关 S，用运算法求 i_1、i_2。

(5) 图 12-16 电路在 $t=0$ 时合上开关 S，用结点法求 $i(t)$。

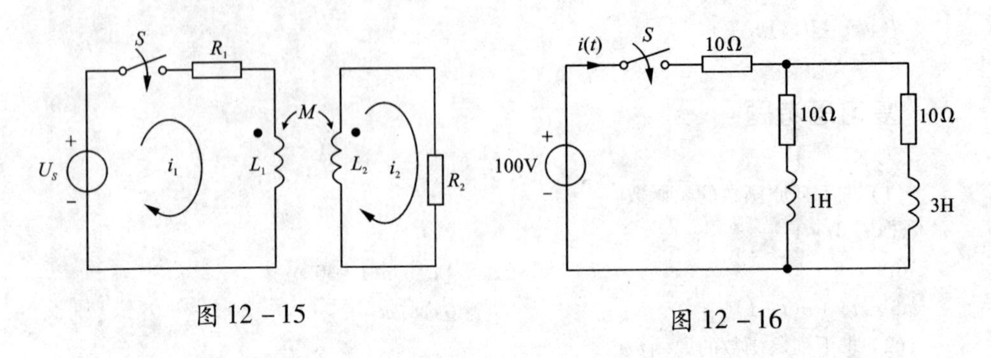

图 12－15　　　　　　图 12－16

(6) 图 12－17 电路中 $i_1(0_-)=1\text{A}$, $u_2(0_-)=2\text{V}$, $u_3(0_-)=1\text{V}$, 试用拉斯变换法求 $t\geqslant 0$ 时的电压 u_2 和 u_3。

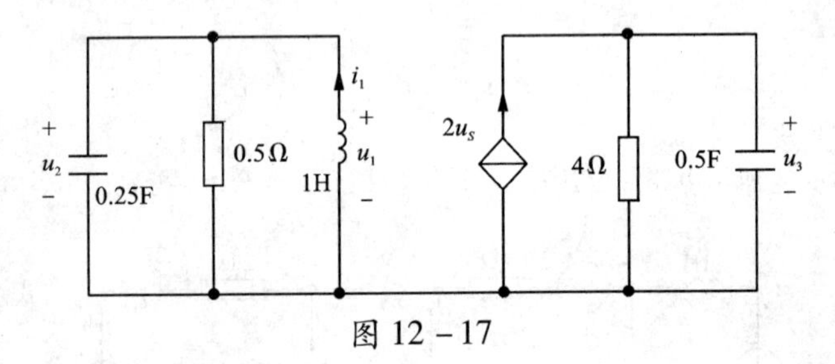

图 12－17

(7) 已知图 12－18 电路中 $R=1\Omega$, $C=0.5\text{F}$, $L=1\text{H}$, 电容电压 $u_c(0_-)=2\text{V}$, $i_L(0_-)=1\text{A}$, $i_s=\delta(t)\text{A}$。试求 RLC 并联电路的响应 u_c。

(8) 电路如图 12－19 所示, 已知 $u_{s1}=\varepsilon(t)\text{V}$, $u_{s2}=\delta(t)$, 试求 u_1 和 u_2。

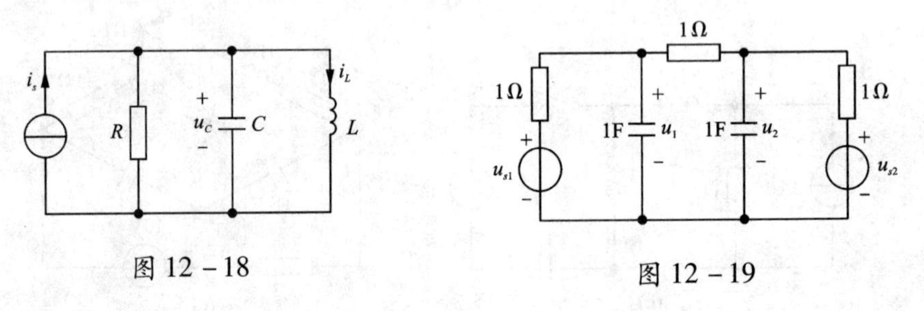

图 12－18　　　　　　图 12－19

(9) 图 12－20 所示电路原已处于稳定状态, $t=0$ 时, 合上开关 S。试求零状态响应 $u_s(t)$。

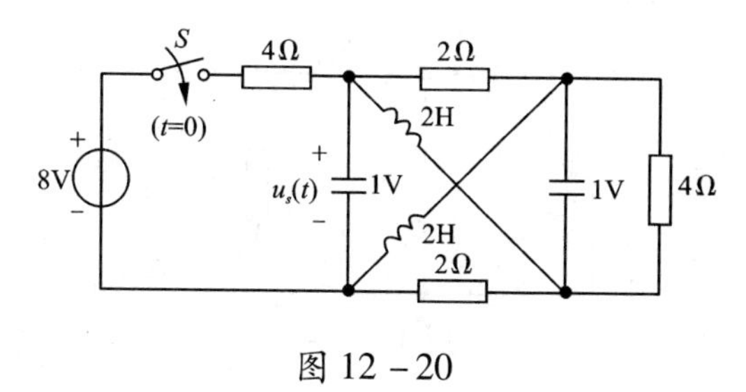

图 12-20

(10) 图 12-21 所示电路中，$u_C(0_-)=0$，$i_L(0_-)=1\text{A}$，$u_s(t)=\varepsilon(t)\text{V}$。求电容电压的零状态响应、零输入响应及全响应。

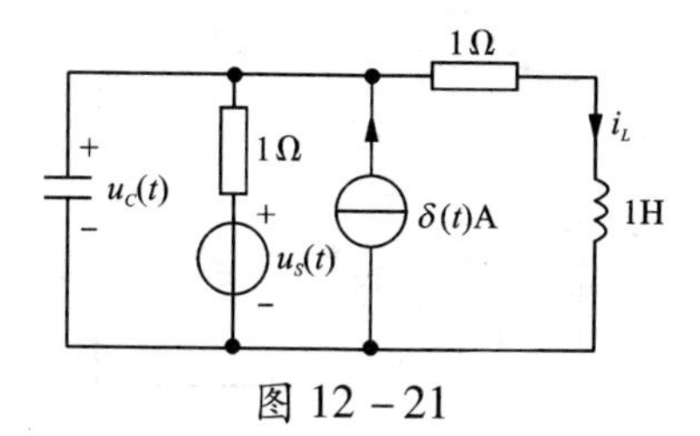

图 12-21

(11) 已知网络函数 $H(s)=\dfrac{2(s+2)}{(s+1)(s+3)}$，求(1)冲激响应 $h(t)$；(2)阶跃响应 $s(t)$。

(12) 已知电路如图 12-22 所示，求网络函数 $H(s)=\dfrac{U_2(s)}{U_s(s)}$，定性画出幅频特性示意图。

(13) 图 12-23 电路中，试求：(1)网络函数 $H(s)=\dfrac{U_3(s)}{U_1(s)}$，并绘出幅频特性示意图；(2)求冲激响应 $h(t)$。

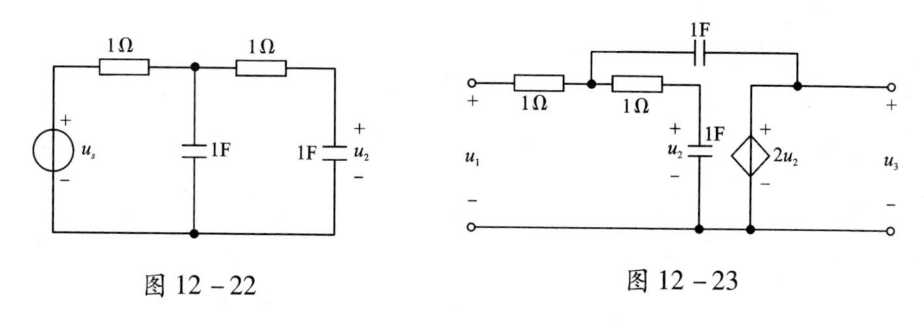

图 12-22　　图 12-23

(14) 图 12-24 电路原已达稳态，$U_s=80\text{V}$，$R_1=10\Omega$，$R_2=10\Omega$，$L=10\text{mH}$，$C=10\mu\text{F}$，$i_{cs}=0.05u_C$。$t=0$ 时将开关 S 断开。求 S 断开后的 u_C 和 i_L。

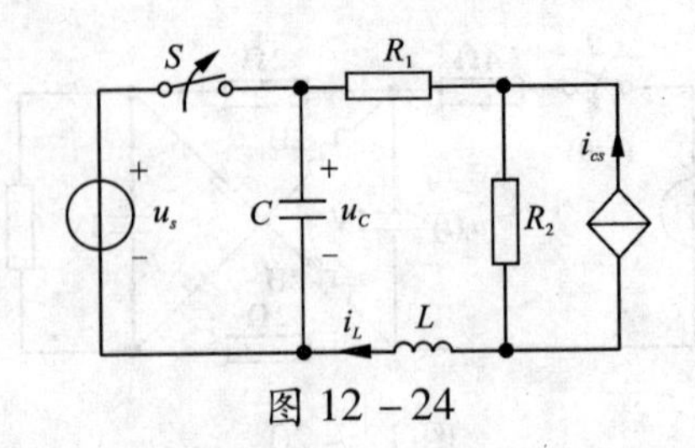

图 12－24

(15) 图 12－25 所示电路，在开关 S 动作之前已进入稳态，$t=0$ 时开关 S 断开。求 $t>0$ 时的电流 i_1 和开关两端电压 u_k。

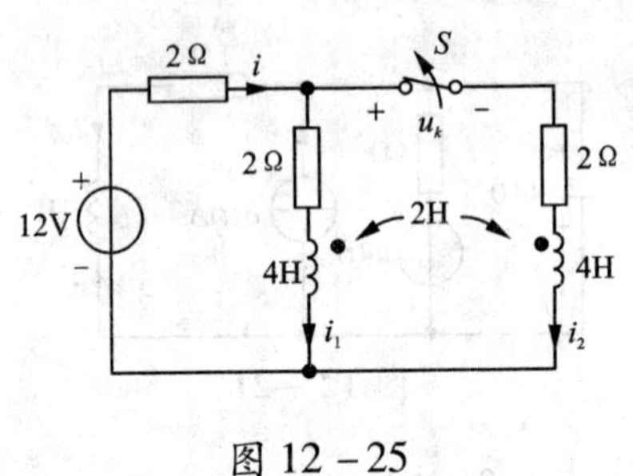

图 12－25

第 13 章　二端口网络

本章介绍二端口网络的概念、方程和参数，二端口网络的 T 形和 Π 形等效电路，以及二端口的连接。最后介绍两种可用二端口描述的电路元件——回转器和负阻抗变换器。

13.1　二端口网络的基本概念

通过引出二个端子与外电路连接的网络常称为二端网络，通常分为两类：即无源二端网络和有源二端网络。二端网络中，电流从一个端子流入，从另一个端子流出，这样二个端子形成了网络的一个端口，故二端网络也称为一端口网络。

在实际工作中，往往还会涉及到二个端口的网络，如变压器、滤波器、放大器和反馈网络等，如图 13－1 所示。对于二端口网络，它用方框图表示的话，其符号表示见图 13－1(d)所示。

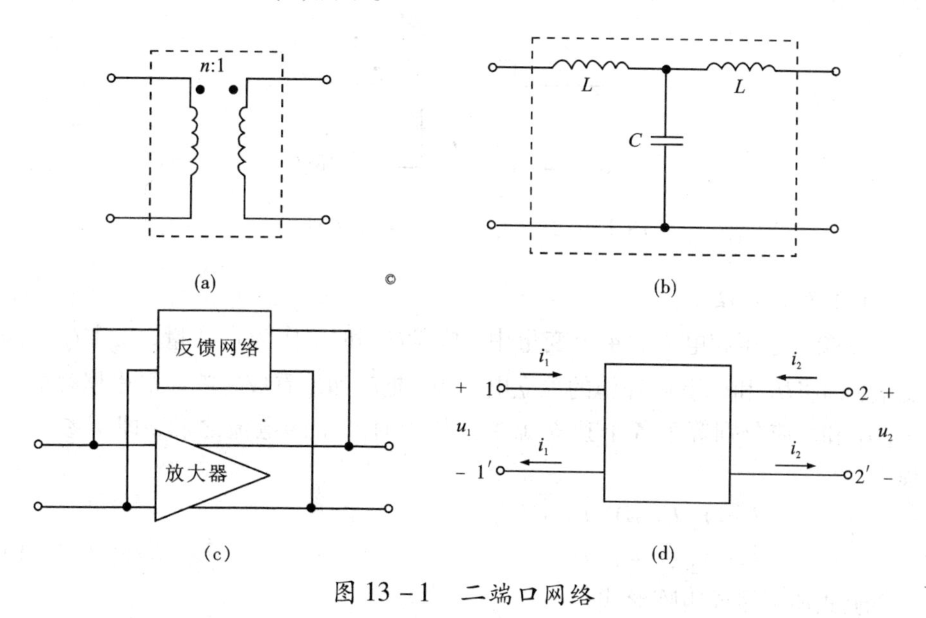

图 13－1　二端口网络

通常左边一对端子 1、1′与信号源相通，称为输入端口，电压、电流下标用 1 表示。右边一对端子 2、2′与负载相连，称为输出端口，电压、电流用下标 2 表示。

对于二端口网络来说，其中任何一个端口中的一个端子电流是等于另一个端子的电流，如果不满足这个条件，就不称为二端口，而称为四端子网络。

本章所研究的二端口网络，不管其内部是复杂的，还是简单的，它们都是由线性无源元件电阻、电感、电容和线性受控源所构成，内部不会有独立电源。

对二端口网络进行分析时，通常感兴趣的是两个端口处的电压、电流以及它们之间的关系，而不去关注二端口内部的电压和电流情况。分析的基本思路是将二端口网络作为"黑箱"，通过各种参数来表示端口电压和电流之间的关系，同时可利用这些参数比较不同的二端口在传递电能和信号处理方面的性能，从而评价它们的品质。而且还可以将一个较为复杂的二端口分解为若干个简单二端口的组合，通过计算简单二端口的参数来求出复杂二端口的参数，这样可以简化复杂电路的分析。

13.2 二端口网络的参数和方程

图13-2是一个二端口网络，假设它处于正弦稳态电路中，端口的电压和电流可采用相量表示，并取为关联参考方向。本节以此二端口为背景，讨论二端口网络的各种方程和参数。

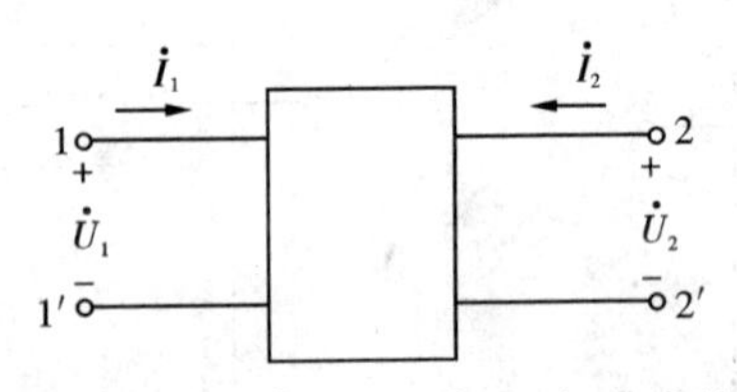

图13-2 线性无源二端口网络

1. *Y* 参数方程

在端口电压和电流的4个变量中，假设$\dot{U}_1$和$\dot{U}_2$作为自变量，$\dot{I}_1$和$\dot{I}_2$为因变量，即将$\dot{U}_1$和$\dot{U}_2$看做外施的独立电压源，把$\dot{I}_1$和$\dot{I}_2$看成是响应。根据叠加定理，$\dot{I}_1$和$\dot{I}_2$应分别等于各个独立源单独作用时产生的电流之和，即 *Y* 参数方程为

$$\begin{aligned}\dot{I}_1 &= Y_{11}\dot{U}_1 + Y_{12}\dot{U}_2 \\ \dot{I}_2 &= Y_{21}\dot{U}_1 + Y_{22}\dot{U}_2\end{aligned} \tag{13-1}$$

上式还可写成矩阵形式

$$\begin{bmatrix}\dot{I}_1 \\ \dot{I}_2\end{bmatrix} = \begin{bmatrix}Y_{11} & Y_{12} \\ Y_{21} & Y_{22}\end{bmatrix}\begin{bmatrix}\dot{U}_1 \\ \dot{U}_2\end{bmatrix}$$

记为

$$\dot{I} = Y\dot{U}$$

其中，$\begin{bmatrix} Y_{11} & Y_{12} \\ Y_{21} & Y_{22} \end{bmatrix}$称为二端口的 Y 参数矩阵，而 Y_{11}、Y_{12}、Y_{21}、Y_{22}称为二端口的 Y 参数。由式(13－1)不难看出，Y 参数属于导纳性质，而且可以按下述公式计算或通过图 13－3 所示电路由实验测量求得。

$$\left.\begin{aligned} Y_{11} &= \frac{\dot{I}_1}{\dot{U}_1}\bigg|_{\dot{U}_2=0} \\ Y_{21} &= \frac{\dot{I}_2}{\dot{U}_1}\bigg|_{\dot{U}_2=0} \\ Y_{12} &= \frac{\dot{I}_1}{\dot{U}_2}\bigg|_{\dot{U}_1=0} \\ Y_{22} &= \frac{\dot{I}_2}{\dot{U}_2}\bigg|_{\dot{U}_1=0} \end{aligned}\right\} \qquad (13-2)$$

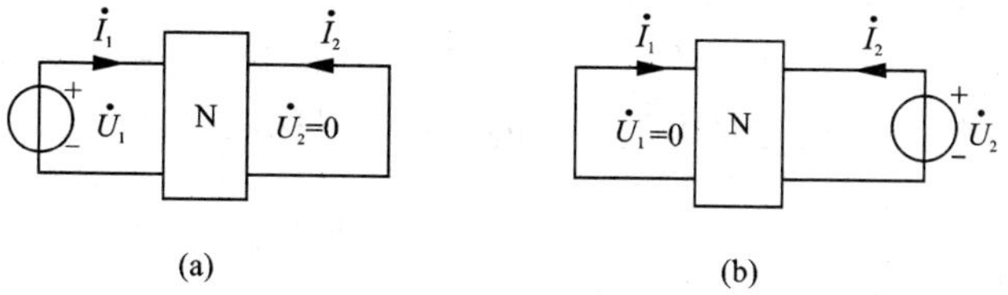

图 13－3　短路导纳参数的测定

其中，Y_{11}表示端口 2－2′短路时，端口 1－1′处的输入导纳或驱动导纳；Y_{21}表示端口 2－2′短路时，端口 2－2′与端口 1－1′处的转移导纳。同理，Y_{22}和 Y_{12}则分别表示端口 1－1′短路时，端口 2－2′的输入导纳和端口 1－1′的转移导纳。由于 Y 参数都是在一个端口短路的情况下通过计算或测试求得，因而又称为短路导纳参数。

例 13－1　求图 13－4(a)所示二端口的 Y 参数。

解　先求 Y_{11}，Y_{21}。将端口 2－2′短路，在端口 1－1′上外施电压$\dot{U}_1$，见图 13－4(b)，由式(13－2)求出

$$Y_{11} = \frac{\dot{I}_1}{\dot{U}_1}\bigg|_{\dot{U}_2=0} = Y_a + Y_b，\ Y_{21} = \frac{\dot{I}_2}{\dot{U}_1}\bigg|_{\dot{U}_2=0} = -Y_b$$

再求 Y_{22}，Y_{12}。将端口 1－1′短路，在端口 2－2′处外施电压，见图 13－4(c)，由式(13－2)求出

$$Y_{12} = -Y_b，\ Y_{22} = Y_b + Y_c$$

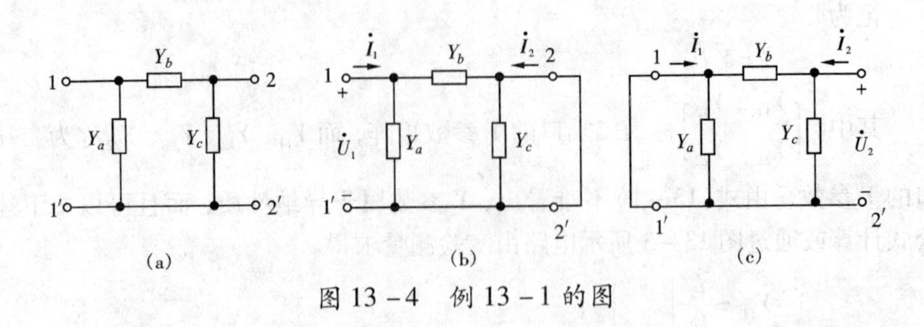

图 13-4　例 13-1 的图

由此例题可以看出，$Y_{12}=Y_{21}$。这一结论具有普遍性，即对于任何只由 R、L、C 元件构成的无源线性二端口(不含受控源)，$Y_{12}=Y_{21}$ 总是成立的。所以对于不含受控源的任何一个无源线性二端口，只有3个独立的 Y 参数。

对于一个无源线性二端口，若满足 $Y_{11}=Y_{22}$，则此二端口的两个端口 $1-1'$ 和 $2-2'$ 互换位置后与外电路相连，其外部特性不会改变，即从任一端口看进去，它的电气特性是一样的，因而称为电气对称的二端口，简称对称二端口。显然，结构上对称的二端口必定是电气对称的，但是电气上对称并不一定意味着结构上对称。对于图 13-4(a)所示的 Π 形电路，当 $Y_a=Y_c$ 时是结构上对称的，此时 $Y_{11}=Y_{22}$，因而也是电气对称的。对于对称二端口，只有两个独立的 Y 参数。

2. *Z* 参数方程

对于图 13-2 所示的二端口，以 $\dot{I}_1$ 和 $\dot{I}_2$ 作为自变量，$\dot{U}_1$ 和 $\dot{U}_2$ 作为因变量，即把 $\dot{I}_1$ 和 $\dot{I}_2$ 看做外施电流源的电流，$\dot{U}_1$ 和 $\dot{U}_2$ 看做响应，根据叠加定理可得出 Z 参数方程为

$$\begin{aligned}\dot{U}_1&=Z_{11}\dot{I}_1+Z_{12}\dot{I}_2\\ \dot{U}_2&=Z_{21}\dot{I}_1+Z_{22}\dot{I}_2\end{aligned}\tag{13-3}$$

式(13-3)也可写成矩阵形式，即

$$\begin{bmatrix}\dot{U}_1\\ \dot{U}_2\end{bmatrix}=\begin{bmatrix}Z_{11}&Z_{12}\\ Z_{21}&Z_{22}\end{bmatrix}\begin{bmatrix}\dot{I}_1\\ \dot{I}_2\end{bmatrix}=Z\begin{bmatrix}\dot{I}_1\\ \dot{I}_2\end{bmatrix}$$

其中

$$Z\overset{\text{def}}{=\!=\!=}\begin{bmatrix}Z_{11}&Z_{12}\\ Z_{21}&Z_{22}\end{bmatrix}$$

上式中 Z 称为二端口的 Z 参数矩阵，Z_{11}、Z_{12}、Z_{21}、Z_{22} 称为 Z 参数。

由式(13-3)可看出，Z 参数具有阻抗性质，而且可以按下述公式计算或

通过图13-5所示电路由实验测量求得。

$$\left.\begin{aligned} Z_{11} &= \frac{\dot{U}_1}{\dot{I}_1}\bigg|_{\dot{I}_2=0} \\ Z_{21} &= \frac{\dot{U}_2}{\dot{I}_1}\bigg|_{\dot{I}_2=0} \\ Z_{12} &= \frac{\dot{U}_1}{\dot{I}_2}\bigg|_{\dot{I}_1=0} \\ Z_{22} &= \frac{\dot{U}_2}{\dot{I}_2}\bigg|_{\dot{I}_1=0} \end{aligned}\right\} \tag{13-4}$$

由式(13-4)可以看出：Z_{11}，Z_{21}分别是将端口2-2′开路，而在端口1-1′外施一个电流源时的输入阻抗和转移阻抗，Z_{22}，Z_{12}分别是将端口1-1′开路，而在端口2-2′外施一个电流源时的输入阻抗和转移阻抗。由于Z参数都是在一个端口开路情况下通过计算或测试求得，所以又称为开路阻抗参数。

例13-2　求图13-6所示二端口的Z参数。

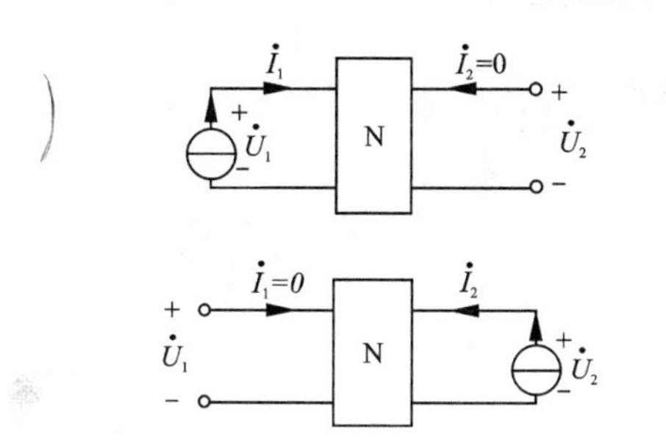

图13-5　开路阻抗参数的测定

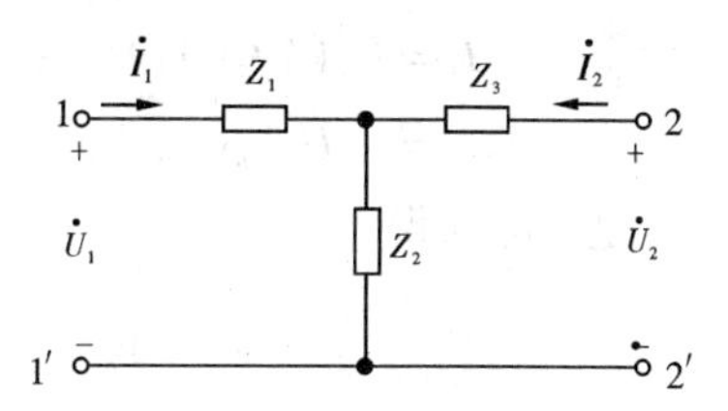

图13-6　例13-2的图

解　根据KVL，可以直接写出二端口的Z参数方程

$$\dot{U}_1 = Z_1\dot{I}_1 + Z_2(\dot{I}_1 + \dot{I}_2) = (Z_1 + Z_2)\dot{I}_1 + \dot{Z}_2\dot{I}_2$$

$$\dot{U}_2 = Z_3\dot{I}_2 + Z_2(\dot{I}_1 + \dot{I}_2) = Z_2\dot{I}_1 + (Z_2 + Z_3)\dot{I}_2$$

将上式与式(13-3)比较，可得出：$Z_{11} = Z_1 + Z_2$，$Z_{12} = Z_2$，$Z_{21} = Z_2$，$Z_{22} = Z_2 + Z_3$。

由上述例题可见，$Z_{12} = Z_{21}$。实际上可以证明，对于不含受控源的任何一个无源线性二端口，$Z_{12} = Z_{21}$总是成立的。因而在此情况下，只有3个独立的Z参数。同样对于电气对称的二端口，有$Z_{11} = Z_{22}$，故电气对称的二端口只有两个参数是独立的。

比较式(13-1)和式(13-3)，可以看出Z参数矩阵与Y参数矩阵之间满足互逆的关系，即

$$Z = Y^{-1} \text{或} Y = Z^{-1}$$

即

$$\begin{bmatrix} Z_{11} & Z_{12} \\ Z_{21} & Z_{22} \end{bmatrix} = \frac{1}{\Delta_Y}\begin{bmatrix} Y_{22} & -Y_{12} \\ -Y_{21} & Y_{11} \end{bmatrix} \tag{13-5}$$

式中 $\Delta_Y = Y_{11}Y_{22} - Y_{12}Y_{21}$。

对于含有受控源的线性 R、$L(M)$、C 二端口，利用特勒根定理可以证明，互易定理不再成立，因此 $Y_{12} \neq Y_{21}$，$Z_{12} \neq Z_{21}$。下面的例子将说明这一点。

例 13-3　求图 13-7 所示二端口的 Y 参数。

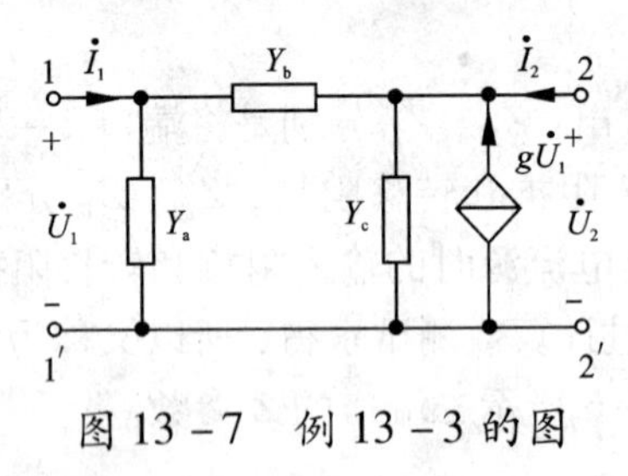

图 13-7　例 13-3 的图

解　把端口 2-2′短路，在端口 1-1′外施电压 $\dot{U}_1$，得

$$\dot{I}_1 = \dot{U}_1(Y_a + Y_b)$$

$$\dot{I}_2 = -\dot{U}_1 Y_b - g\dot{U}_1$$

于是，可求得

$$Y_{11} = \frac{\dot{I}_1}{\dot{U}_1} = Y_a + Y_b$$

$$Y_{21} = \frac{\dot{I}_2}{\dot{U}_1} = -Y_b - g$$

同理，为了求 Y_{12}、Y_{22}，把端口 1-1′短路，即令 $\dot{U}_1 = 0$，这时受控源的电流也等于零，故得

$$Y_{12} = \frac{\dot{I}_1}{\dot{U}_2} = -Y_b$$

$$Y_{22} = \frac{\dot{I}_2}{\dot{U}_2} = Y_b + Y_c$$

可见，在这种情况下，$Y_{12} \neq Y_{21}$。

3. *T* 参数方程

在许多工程实际问题中，往往希望找到一个端口的电流、电压与另一端口的电流、电压之间的直接关系。例如，放大器、滤波器的输入和输出之间的关系；传输线的始端和终端之间的关系。在此，将上面推导的 Y 参数方程变化一下就可得出 T 参数方程。

将式(13－1)的第2式化为

$$\dot{U}_1=-\frac{Y_{22}}{Y_{21}}\dot{U}_2+\frac{1}{Y_{21}}\dot{I}_2$$

再将上式代入式(13－1)中的第1式，经整理后，得

$$\dot{I}_1=\left(Y_{12}-\frac{Y_{11}Y_{22}}{Y_{21}}\right)\dot{U}_2+\frac{Y_{11}}{Y_{21}}\dot{I}_2$$

以上两式可写为如下标准的 T 参数方程形式

$$\begin{aligned}&\dot{U}_1=A\,\dot{U}_2-B\,\dot{I}_2\\&\dot{I}_1=C\,\dot{U}_2-D\,\dot{I}_2\\&\begin{bmatrix}\dot{U}_1\\\dot{I}_1\end{bmatrix}=\begin{bmatrix}A&B\\C&D\end{bmatrix}\begin{bmatrix}\dot{U}_2\\-\dot{I}_2\end{bmatrix}=T\begin{bmatrix}\dot{U}_2\\-\dot{I}_2\end{bmatrix}\end{aligned}\qquad(13-6)$$

其中

$$T\overset{\text{def}}{=\!=}\begin{bmatrix}A&B\\C&D\end{bmatrix}$$

T 称为二端口的 T 参数矩阵，而 A，B，C，D 称为二端口的 T 参数、传输参数、A 参数或一般参数。注意，T 参数方程中 $\dot{I}_2$ 前面的负号是由于我们在前面网络分析中规定了 $\dot{I}_2$ 的参考方向是流入网络。

T 参数也可通过如下公式进行计算或利用图13－8所示电路由实验测定。

$$\left.\begin{aligned}A&=\left.\frac{\dot{U}_1}{\dot{U}_2}\right|_{\dot{I}_2=0}\\B&=\left.\frac{\dot{U}_1}{-\dot{I}_2}\right|_{\dot{U}_2=0}\\C&=\left.\frac{\dot{I}_1}{\dot{U}_2}\right|_{\dot{I}_2=0}\\D&=\left.\frac{\dot{I}_1}{-\dot{I}_2}\right|_{\dot{U}_2=0}\end{aligned}\right\}\qquad(13-7)$$

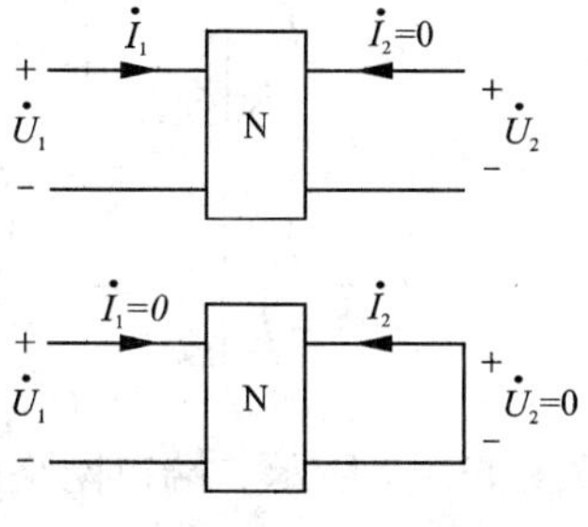

图13－8　T 参数的测定

可见，A 是两个电压的比值，是一个无量纲的量，B 是短路转移阻抗；C 是开路转移导纳；D 是两个电流的比值，也是无量纲的量。A、B、C、D 都具有转移参数性质。

对于不含受控源的任何一个无源线性二端口，A、B、C、D 4个参数中只有3个是独立的，此时利用式(13－6)可得，

$$AD - BC = 1$$

同样对于电气对称的二端口网络，还可推得 $A = D$，即只有两个参数是独立的。

例 13－4　求图 13－9 所示二端口网络的 T 参数。

解　当输出端开路 $\dot{I}_2 = 0$ 时

$$\dot{U}_1 = \left(\frac{1}{\mathrm{j}\omega} + \mathrm{j}\omega\right)\dot{I}_1 = \mathrm{j}\,\frac{\omega^2 - 1}{\omega}\dot{I}_1$$

$$\dot{U}_2 = \mathrm{j}\omega\,\dot{I}_1$$

所以，$A = \left.\dfrac{\dot{U}_1}{\dot{U}_2}\right|_{\dot{I}_2 = 0} = \dfrac{\mathrm{j}\,\dfrac{\omega^2 - 1}{\omega}\dot{I}_1}{\mathrm{j}\omega\,\dot{I}_1} = \dfrac{\omega^2 - 1}{\omega^2}.$

$$C = \left.\frac{\dot{I}_1}{\dot{U}_2}\right|_{\dot{I}_2 = 0} = \frac{\dot{I}_1}{\mathrm{j}\omega\,\dot{I}_1} = -\mathrm{j}\,\frac{1}{\omega}$$

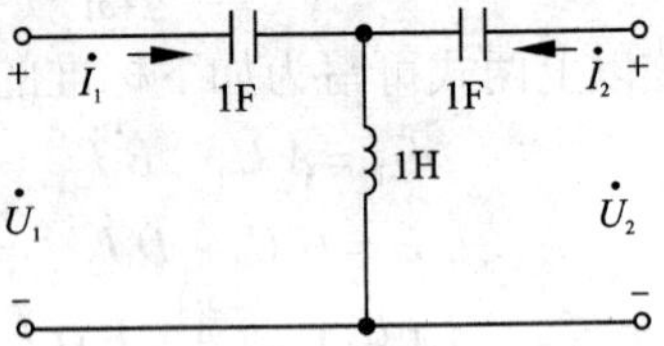

图 13－9　例 13－4 的图

当输出端口短路时，$\dot{U}_2 = 0$

$$\dot{U}_1 = \left[\frac{1}{\mathrm{j}\omega} + \frac{\mathrm{j}\omega \times \dfrac{1}{\mathrm{j}\omega}}{\mathrm{j}\omega + \dfrac{1}{\mathrm{j}\omega}}\right]\dot{I}_1 = \mathrm{j}\,\frac{1 - 2\omega^2}{\omega(\omega^2 - 1)}\dot{I}_1$$

$$-\dot{I}_2 = \frac{\mathrm{j}\omega}{\mathrm{j}\omega + \dfrac{1}{\mathrm{j}\omega}}\dot{I}_1 = \frac{\omega^2}{\omega^2 - 1}\dot{I}_1$$

所以

$$B = \left.\frac{\dot{U}}{-\dot{I}_2}\right|_{\dot{U}I_2 = 0} = \frac{\mathrm{j}\,\dfrac{1 - 2\omega^2}{\omega(\omega^2 - 1)}\dot{I}_1}{\dfrac{\omega^2}{\omega^2 - 1}\dot{I}_1} = \mathrm{j}\,\frac{1 - 2\omega^2}{\omega^3}$$

$$D = \left.\frac{\dot{I}_1}{-\dot{I}_2}\right|_{\dot{U}_2 = 0} = \frac{\dot{I}_1}{\dfrac{\omega^2}{\omega^2 - 1}\dot{I}} = \frac{\omega^2 - 1}{\omega^2}$$

故图 13－9 所示二端口网络的 T 参数为

$$T = \begin{bmatrix} \dfrac{\omega^2 - 1}{\omega^2} & \mathrm{j}\,\dfrac{1 - 2\omega^2}{\omega^3} \\ -\mathrm{j}\,\dfrac{1}{\omega} & \dfrac{\omega^2 - 1}{\omega^2} \end{bmatrix}$$

4. *H* 参数方程

在 4 个端口变量中，以 $\dot{I}_1$ 和 $\dot{U}_2$ 作为自变量，$\dot{U}_1$ 和 $\dot{I}_2$ 作为因变量，可导出如下 H 参数方程

$$\left.\begin{aligned}\dot{U}_1 &= H_{11}\dot{I}_1 + H_{12}\dot{U}_2\\ \dot{I}_2 &= H_{21}\dot{I}_1 + H_{22}\dot{U}_2\end{aligned}\right\} \tag{13-8}$$

或写成矩阵形式

$$\begin{bmatrix}\dot{U}_1\\ \dot{I}_2\end{bmatrix} = \begin{bmatrix}H_{11} & H_{12}\\ H_{21} & H_{22}\end{bmatrix}\begin{bmatrix}\dot{I}_1\\ \dot{U}_2\end{bmatrix} = H\begin{bmatrix}\dot{I}_1\\ \dot{U}_2\end{bmatrix} \tag{13-9}$$

其中 H 称为 H 参数矩阵

$$H \overset{\text{def}}{=\!=\!=} \begin{bmatrix}H_{11} & H_{12}\\ H_{21} & H_{22}\end{bmatrix}$$

H 称为二端口网络的 H 参数矩阵，H_{11}、H_{12}、H_{21}、H_{22} 称为二端口的 H 参数。

如图 13－10 所示，H 参数的意义及计算可以通过下式说明。

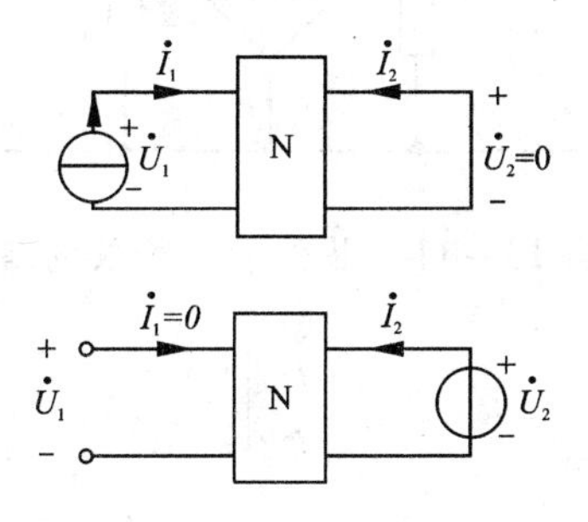

图 13－10　H 参数的测定

$$\left.\begin{aligned}H_{11} &= \frac{\dot{U}_1}{\dot{I}_1}\bigg|_{\dot{U}_2=0}\\ H_{12} &= \frac{\dot{U}_1}{\dot{U}_2}\bigg|_{\dot{I}_1=0}\\ H_{21} &= \frac{\dot{I}_2}{\dot{I}_1}\bigg|_{\dot{U}_2=0}\\ H_{22} &= \frac{\dot{I}_2}{\dot{U}_2}\bigg|_{\dot{I}_1=0}\end{aligned}\right\} \tag{13-10}$$

由上式可见，H_{11} 和 H_{21} 具有短路参数的性质，而 H_{12} 和 H_{22} 具有开路参数的性质，因而 H 参数又称为混合参数。

对于无源线性二端口，H 参数中只有 3 个是独立的。例如，将前面求得的 Z、Y 参数代入，就可得出图 13－4 所示二端口的 H 参数

$$H_{11}=\frac{1}{Y_a+Y_b},\ H_{12}=\frac{Y_b}{Y_a+Y_b},$$

$$H_{21}=\frac{-Y_b}{Y_a+Y_b},\ H_{22}=Y_c\ \frac{Y_aY_b}{Y_a+Y_b}$$

可见 $H_{21}=-H_{12}$。

对于对称的二端口网络，由于 $Y_{11}=Y_{22}$ 或 $Z_{11}=Z_{22}$，则有 $H_{11}H_{22}-H_{12}H_{21}=1$

图 13－11 所示为一只晶体管的小信号工作条件下的简化等效电路，不难根据 H 参数的定义，求得

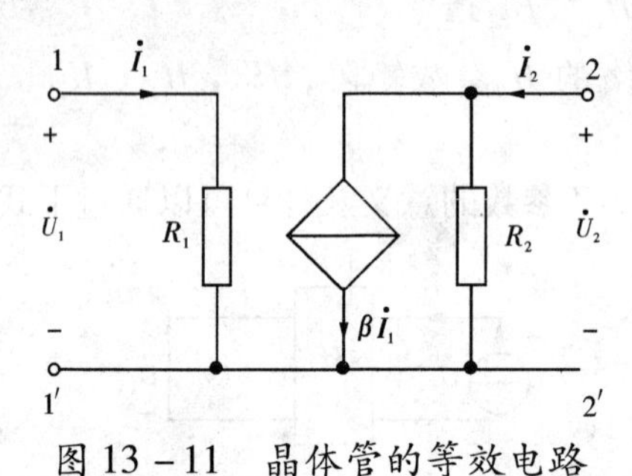

图 13－11　晶体管的等效电路

$$H_{11}=\left.\frac{\dot{U}_1}{\dot{I}_1}\right|_{\dot{U}_2=0}=R_1,\ H_{12}=\left.\frac{\dot{U}_1}{\dot{U}_2}\right|_{\dot{I}_2=0}=0$$

$$H_{21}=\left.\frac{\dot{I}_2}{\dot{I}_1}\right|_{\dot{U}_2=0}=\beta,\ H_{22}=\left.\frac{\dot{I}_2}{\dot{U}_2}\right|_{\dot{I}_2=0}=\frac{1}{R_2}$$

Y 参数、Z 参数、T 参数、H 参数之间的相互转换关系不难根据前述的基本方程推导出来，表 13－1 总结了这些关系。

表 13－1　Y、Z、T、H 参数转换关系表

	Z 参数	Y 参数	H 参数	$T(A)$ 参数
Z 参数	$\begin{matrix} Z_{11} & Z_{12} \\ Z_{21} & Z_{22} \end{matrix}$	$\begin{matrix} \frac{Y_{22}}{\Delta_Y} & -\frac{Y_{12}}{\Delta_Y} \\ -\frac{Y_{21}}{\Delta_Y} & \frac{Y_{11}}{\Delta_Y} \end{matrix}$	$\begin{matrix} \frac{\Delta_H}{H_{12}} & \frac{H_{12}}{H_{22}} \\ -\frac{H_{12}}{H_{22}} & \frac{1}{H_{22}} \end{matrix}$	$\begin{matrix} \frac{A}{C} & \frac{\Delta_T}{C} \\ \frac{1}{C} & \frac{D}{C} \end{matrix}$
Y 参数	$\begin{matrix} \frac{Z_{22}}{\Delta_Z} & -\frac{Z_{12}}{\Delta_Z} \\ \frac{-Z_{21}}{\Delta_Z} & \frac{Z_{11}}{\Delta_Z} \end{matrix}$	$\begin{matrix} Y_{11} & Y_{12} \\ Y_{21} & Y_{22} \end{matrix}$	$\begin{matrix} \frac{1}{H_{11}} & -\frac{H_{12}}{H_{11}} \\ \frac{H_{21}}{H_{11}} & \frac{\Delta_H}{H_{11}} \end{matrix}$	$\begin{matrix} \frac{D}{B} & -\frac{\Delta_T}{B} \\ -\frac{1}{B} & \frac{A}{B} \end{matrix}$

续上表

	Z 参数	Y 参数	H 参数	T(A) 参数
H 参数	$\frac{\Delta_Z}{Z_{22}}$　$\frac{Z_{12}}{Z_{22}}$ $-\frac{Z_{21}}{Z_{22}}$　$\frac{1}{Z_{22}}$	$\frac{1}{Y_{11}}$　$-\frac{Y_{12}}{Y_{11}}$ $\frac{Y_{21}}{Y_{11}}$　$\frac{\Delta_Y}{Y_{11}}$	H_{11}　H_{12} H_{21}　H_{22}	$\frac{B}{D}$　$\frac{\Delta_T}{D}$ $-\frac{1}{D}$　$\frac{C}{D}$
T(A) 参数	$\frac{Z_{11}}{Z_{21}}$　$\frac{\Delta_Z}{Z_{21}}$ $\frac{1}{Z_{21}}$　$\frac{Z_{22}}{Z_{21}}$	$-\frac{Y_{22}}{Y_{21}}$　$-\frac{1}{Y_{21}}$ $-\frac{\Delta_Y}{Y_{21}}$　$-\frac{Y_{11}}{Y_{21}}$	$-\frac{\Delta_H}{H_{21}}$　$-\frac{H_{11}}{H_{21}}$ $-\frac{H_{22}}{H_{21}}$　$-\frac{1}{H_{21}}$	A　B C　D

表中，有

$$\Delta_Z = \begin{vmatrix} Z_{11} & Z_{12} \\ Z_{21} & Z_{22} \end{vmatrix},\ \Delta_Y = \begin{vmatrix} Y_{11} & Y_{12} \\ Y_{21} & Y_{22} \end{vmatrix},\ \Delta_H = \begin{vmatrix} H_{11} & H_{12} \\ H_{21} & H_{22} \end{vmatrix},\ \Delta_T = \begin{vmatrix} A & B \\ C & D \end{vmatrix}$$

13.3　二端口网络的等效电路

任何复杂的无源线性一端口可以用一个等效阻抗表征它的外部特征。同理，任何给定的无源线性二端口的外部性能既然可以用 3 个参数确定，那么只要找到一个由 3 个阻抗（或导纳）组成的简单二端口，如果这个二端口与给定的二端口的参数分别相等，则这两个二端口外部特性也就完全相同，即它们是等效的。由 3 个阻抗（或导纳）组成的二端口有两种形式，即 T 形电路和 Π 形电路[图 13－12(a)、(b)]。

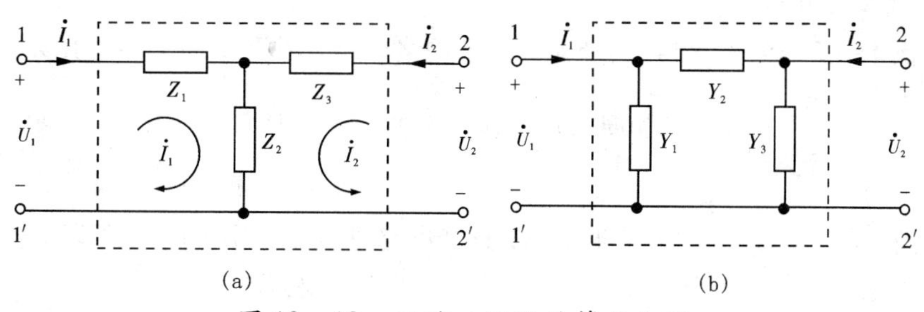

图 13－12　二端口网络的等效电路

如果给定二端口的 Z 参数，要确定此二端口的等效 T 形电路图 13－12(a) 中的 Z_1、Z_2、Z_3 的值，可先写出 T 形电路的回路电流方程

$$\left.\begin{aligned}\dot{U}_1 &= Z_1\dot{I}_1 + Z_2(\dot{I}_1+\dot{I}_2)\\ \dot{U}_2 &= Z_2(\dot{I}_1+\dot{I}_2) + Z_3\dot{I}_2\end{aligned}\right\}\tag{13-11}$$

而由 Z 参数表示的网络方程式(13-3)中，由于 $Z_{12}=Z_{21}$，可以将式(13-3)改写为

$$\left.\begin{aligned}\dot{U}_1 &= (Z_{11}-Z_{12})\dot{I}_1 + Z_{12}(\dot{I}_1+\dot{I}_2)\\ \dot{U}_2 &= Z_{12}(\dot{I}_1+\dot{I}_2) + (Z_{22}-Z_{12})\dot{I}_2\end{aligned}\right\}\tag{13-12}$$

比较式(13-11)与式(13-12)可知

$$Z_1=Z_{11}-Z_{12},\ Z_2=Z_{12},\ Z_3=Z_{22}-Z_{12}\tag{13-13}$$

如果二端口给定的是 Y 参数，宜先求出其等效 Π 形电路 13-12(b) 中的 Y_1、Y_2、Y_3 的值。为此针对图 13-12(b) 所示电路，按求 T 形电路相似的方法可得

$$Y_1=Y_{11}+Y_{12},\ Y_2=-Y_{12}=-Y_{21},\ Y_3=Y_{22}+Y_{21}\tag{13-14}$$

如果二端口网络内部含有受控源，那么，二端口网络的 4 个参数将是相互独立的。若给定二端口的 Z 参数，则式(13-3)可写成

$$\dot{U}_1=Z_{11}\dot{I}_1+Z_{12}\dot{I}_2$$

$$\dot{U}_2=Z_{12}\dot{I}_1+Z_{22}\dot{I}_2+(Z_{21}-Z_{12})\dot{I}_1$$

这样第 2 个方程右端的最后一项是一个 CCVS，其等效电路如图 13-13(a)所示。

同理，用 Y 参数表示的含受控电源的二端口网络可用图 13-13(b) 所示等效电路代替。其过程读者可自行推导。

需要注意的是，如果给定二端口网络的其他参数，可先查表 13-1，将其转换为 Z 参数或 Y 参数，然后再由式(13-13)或式(13-14)求得 T 形等效电路或 Π 形等效电路。

例 13-5 图 13-14(a) 所示二端口网络电路 N 中不含独立源，其 Z 参数矩阵为 $Z=\begin{bmatrix}6 & 4\\ 2 & 8\end{bmatrix}\Omega$。已知原电路已处于稳态，当 $t=0$ 时，开关闭合。求 $t\geqslant 0$ 时的 $i(t)$。

解 将 N 网络等效为 T 形电路，整个电路是直流激励下的一阶动态电路，其等效电路如图 13-14(b) 所示，可求 $i(t)$ 的三个要素。

当 $t<0$ 时，开关 S 打开，电路已处于稳态，电容开路，

$$u_C(0_-)=24\text{V}$$

当 $t=0$ 时，开关 S 闭合，$u_C(0_+)=24\text{V}$，画出 0_+ 等效电路如图 13-14(c) 示，求 $i(0_+)$，列结点电压方程

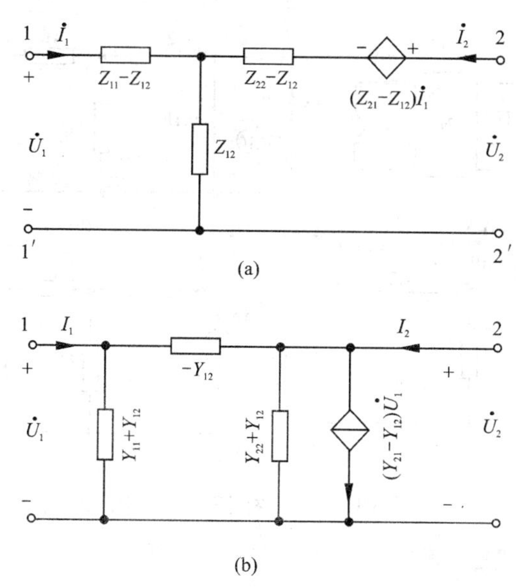

图 13 - 13　含受控电源二端口网络的等效电路图

$$\left(\frac{1}{2}+\frac{1}{4}+\frac{1}{4}\right)u(0_+)=12+\frac{i_1(0_+)}{2}$$

$$i_1(0_+)=\frac{24-u(0_+)}{2}$$

解得　$$i(0_+)=\frac{u(0_+)-2i_1(0_+)}{4}=1.2\ (\mathrm{A})$$

当 $t\to\infty$ 时，电容断开，等效电路如图 13 - 14(d)所示，受控电压源电压为 8V，列 KVL 方程：

$$4\times i(\infty)+8=4\times[4-i(\infty)]$$

求得　$i(\infty)=1\ (\mathrm{A})$

等效电阻 $R=5\ (\Omega)$

时间常数 $\tau=RC=0.5\ (\mathrm{s})$

代入三要素公式，有

$$i(t)=(1+0.2\mathrm{e}^{-2t})\mathrm{A}$$

有时把二端口网络和戴维宁定理、互易定理及动态电路结合在一起，将其等效为具体电路，是一种有效的解题方法。

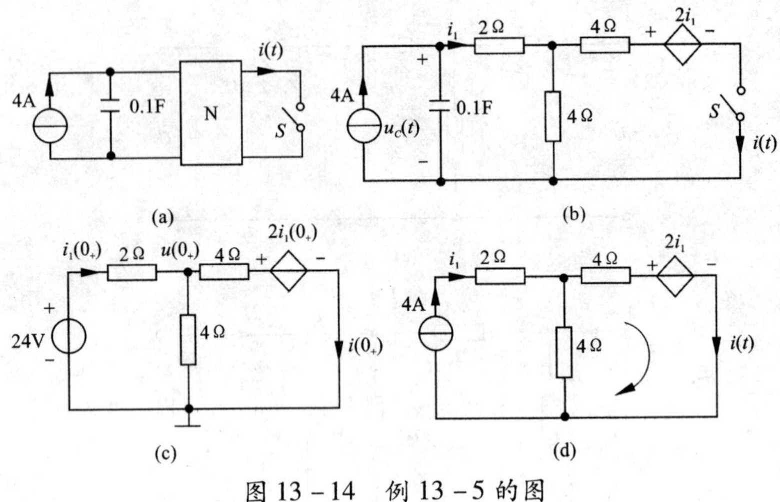

图 13－14　例 13－5 的图

13.4　二端口网络的连接

如果把一个复杂的二端口看成是由若干个简单的二端口按某种方式连接而成，这将使电路分析得到简化。另一方面，在设计和实现一个复杂的二端口时，也可以用简单的二端口作为“积木块”，把它们按一定方式连接成具有所需特性的二端口。一般说来，设计简单的部分电路并加以连接要比直接设计一个复杂的整体电路容易些。因此，讨论二端口的连接具有重要意义。

二端口可按多种不同方式相互连接，这里主要介绍 3 种方式：级联（链联）、串联和并联。在二端口的连接问题上，感兴趣的是复合二端口的参数与部分二端口的参数之间的关系。

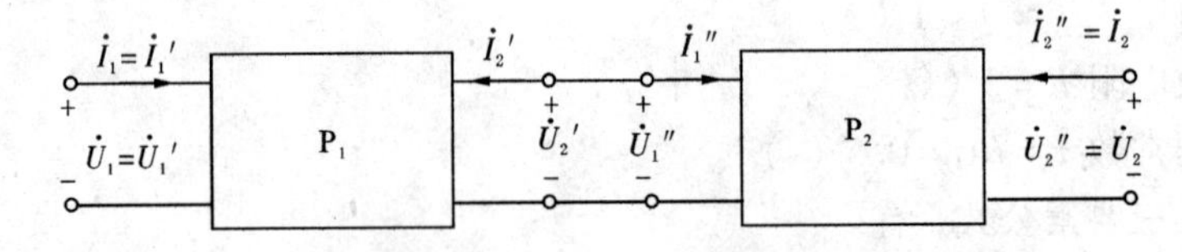

图 13－15　二端口网络的级联

当两个无源二端口 P_1 和 P_2 按级联方式连接后，它们构成了一个复合二端口，如图 13－15 所示。设二端口 P_1 和 P_2 的 T 参数分别为

$$T' = \begin{bmatrix} A' & B' \\ C' & D' \end{bmatrix},\ T'' = \begin{bmatrix} A'' & B'' \\ C'' & D'' \end{bmatrix}$$

则应有

$$\begin{bmatrix} \dot{U}'_1 \\ \dot{I}'_1 \end{bmatrix} = T' \begin{bmatrix} \dot{U}'_2 \\ -\dot{I}'_2 \end{bmatrix},\ \begin{bmatrix} \dot{U}''_1 \\ \dot{I}''_1 \end{bmatrix} = T'' \begin{bmatrix} \dot{U}''_2 \\ -\dot{I}''_2 \end{bmatrix}$$

由 $\dot{U}_1 = \dot{U}'_1$，$\dot{U}'_2 = \dot{U}''_1$，$\dot{U}''_2 = \dot{U}_2$，$\dot{I}_1 = \dot{I}'_1$，$\dot{I}'_2 = -\dot{I}''_1$ 及 $\dot{I}''_2 = \dot{I}_2$，可得

$$\begin{bmatrix} \dot{U}_1 \\ \dot{I}_1 \end{bmatrix} = \begin{bmatrix} \dot{U}'_1 \\ \dot{I}'_1 \end{bmatrix} = T' \begin{bmatrix} \dot{U}'_2 \\ -\dot{I}'_2 \end{bmatrix} = T' \begin{bmatrix} \dot{U}''_1 \\ \dot{I}''_1 \end{bmatrix} = T'T'' \begin{bmatrix} \dot{U}''_2 \\ -\dot{I}''_2 \end{bmatrix}$$

$$= T'T'' \begin{bmatrix} \dot{U}_2 \\ -\dot{I}_2 \end{bmatrix} = T \begin{bmatrix} \dot{U}_2 \\ -\dot{I}_2 \end{bmatrix}$$

其中，T 为复合二端口的 T 参数矩阵，它与二端口 P_1 和 P_2 的 T 参数矩阵的关系为

$$T = T'T''$$

即

$$T = \begin{bmatrix} A'A'' + B'C'' & A'B'' + B'D'' \\ C'A'' + D'C'' & C'B'' + D'D'' \end{bmatrix}$$

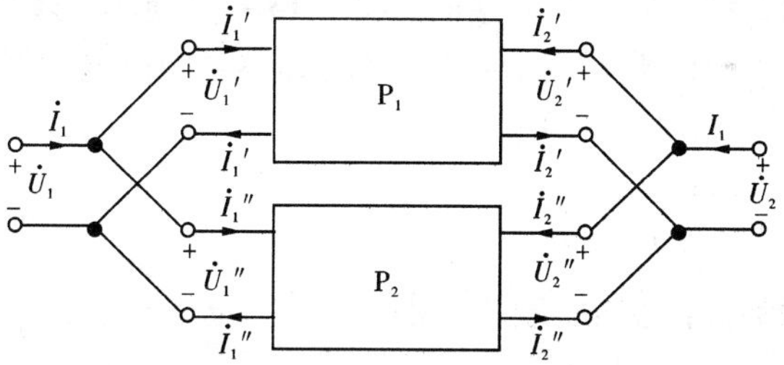

图 13 - 16　二端口网络的并联

当两个二端口 P_1 和 P_2 按并联方式连接时，如图 13 - 16 所示，两个二端口的输入电压和输出电压被分别强制为相同，即 $\dot{U}'_1 = \dot{U}''_1 = \dot{U}_1$，$\dot{U}'_2 = \dot{U}''_2 = \dot{U}_2$。如果每个二端口的端口条件（即端口上流入一个端子的电流等于流出另一端子的电流）不因并联连接而被破坏，则复合二端口网络的总端口的电流应为

$$\dot{I}_1 = \dot{I}'_1 + \dot{I}''_1,\ \dot{I}_2 = \dot{I}'_2 + \dot{I}''_2$$

若设 P_1 和 P_2 的 Y 参数分别为

$$Y' = \begin{bmatrix} Y'_{11} & Y'_{12} \\ Y'_{21} & Y'_{22} \end{bmatrix},\ Y'' = \begin{bmatrix} Y''_{11} & Y''_{12} \\ Y''_{21} & Y''_{22} \end{bmatrix}$$

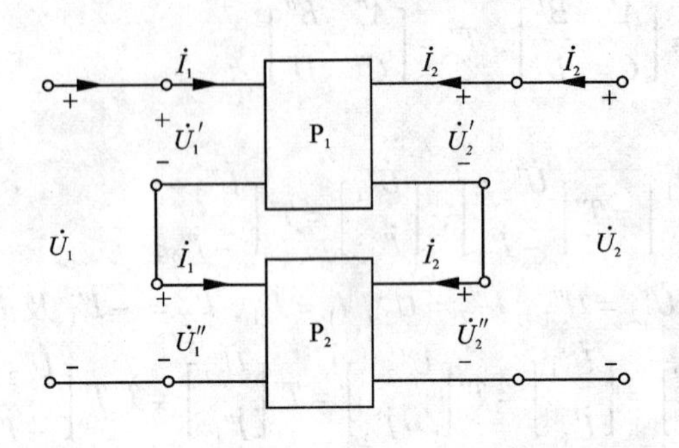

图 13－17　二端口的串联

则应有

$$\begin{bmatrix}\dot{I}_1\\ \dot{I}_2\end{bmatrix}=\begin{bmatrix}\dot{I}'_1\\ \dot{I}'_2\end{bmatrix}+\begin{bmatrix}\dot{I}''_1\\ \dot{I}''_2\end{bmatrix}=Y'\begin{bmatrix}\dot{U}'_1\\ \dot{U}'_2\end{bmatrix}+Y''\begin{bmatrix}\dot{U}''_1\\ \dot{U}''_2\end{bmatrix}=(Y'+Y'')\begin{bmatrix}\dot{U}_1\\ \dot{U}_2\end{bmatrix}=Y\begin{bmatrix}\dot{U}_1\\ \dot{U}_2\end{bmatrix}$$

其中 Y 为复合二端口网络的 Y 参数矩阵，它与二端口网络的 P_1 和 P_2 的 Y 参数矩阵的关系为

$$Y=Y'+Y''$$

当两个二端口按串联方式连接时，如图 13－17 所示，只要端口条件仍然成立，用类似方法，不难得复合二端口网络的 Z 参数矩阵与串联连接的两个二端口网络的 Z 参数矩阵有如下关系

$$Z=Z'+Z''$$

13.5　回转器和负阻抗变换器*

回转器是一种线性非互易的二端口元件，图 13－18 为它的电路符号图。理想回转器的端口电压、电流可用下列方程表示

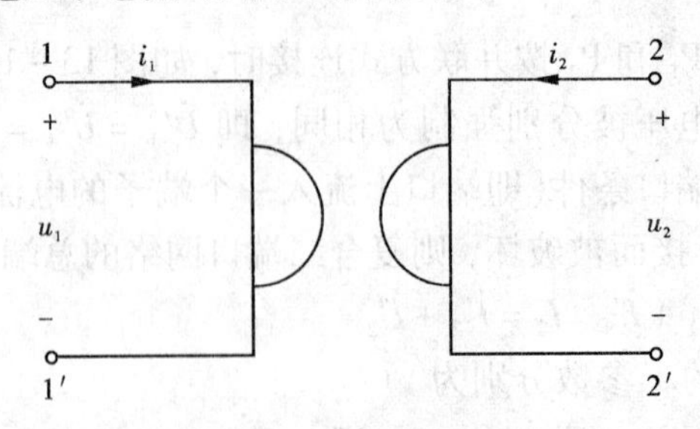

图 13－18　回转器

$$\left.\begin{aligned} u_1 &= -ri_2 \\ u_2 &= ri_1 \end{aligned}\right\} \tag{13-15}$$

或写为

$$\left.\begin{aligned} i_1 &= gu_2 \\ i_2 &= -gu_1 \end{aligned}\right\} \tag{13-16}$$

式中，r 和 g 分别称为回转电阻和回转电导，简称回转常数，分别具有电阻和电导的量纲。

用矩阵形式表示时，式(13－15)和式(13－16)分别写为

$$\begin{bmatrix} u_1 \\ u_2 \end{bmatrix} = \begin{bmatrix} 0 & -r \\ r & 0 \end{bmatrix} \begin{bmatrix} i_1 \\ i_2 \end{bmatrix}$$

或

$$\begin{bmatrix} i_1 \\ i_2 \end{bmatrix} = \begin{bmatrix} 0 & g \\ -g & 0 \end{bmatrix} \begin{bmatrix} u_1 \\ u_2 \end{bmatrix}$$

可见，回转器的 Z 参数矩阵和 Y 参数矩阵分别为

$$Z = \begin{bmatrix} 0 & -r \\ r & 0 \end{bmatrix},\ Y = \begin{bmatrix} 0 & g \\ -g & 0 \end{bmatrix}$$

根据理想回转器的端口方程，即式(13－15)，有

$$u_1 i_1 + u_2 i_2 = -ri_1 i_2 + ri_1 i_2 = 0$$

可见，理想回转器既不消耗功率又不发出功率，它是一个无源线性元件。另外，按式(13－15)或式(13－16)，不难证明互易定理不适用于回转器。

从式(13－15)或式(13－16)可以看出，回转器有把一个端口上的电流“回转”为另一端口上的电压或相反过程的性质。正是这一性质，使回转器具有把一个电容回转为一个电感的本领，这在微电子器件中为易于集成的电容实现难于集成的电感提供了可能性。下面说明回转器的这一功能。

对图 13－19 所示电路，有 $I_2(s) = -sCU_2(s)$（这里采用运算形式），故按式(13－15)或式(13－16)可得

$$U_1(s) = -rI_2(s) = rsCU_2(s) = r^2 sCI_1(s)$$

或

$$I_1(s) = gU_2(s) = -g\frac{1}{sC}I_2(s) = g^2\frac{1}{sC}U_1(s)$$

于是，输入阻抗为

$$Z_{\text{in}} = \frac{U_1(s)}{I_1(s)} = sr^2 C = s\frac{C}{g^2}$$

可见，对于图 13－19 所示电路，从输入端看，相当于一个电感元件，它的

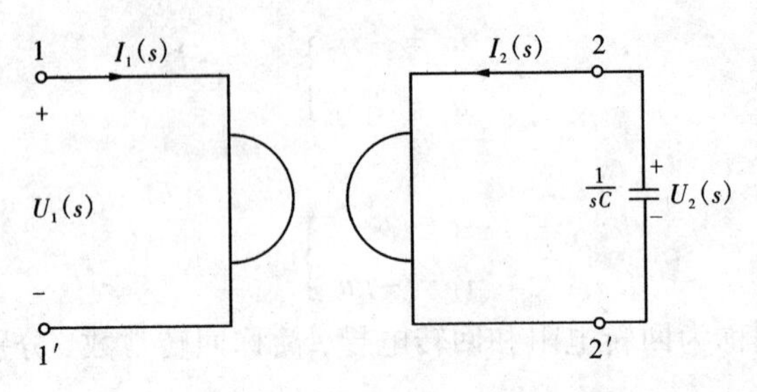

图 13-19 电感的实现

电感值 $L=r^2C=C/g^2$。如果设 $C=1\ \mu\text{F}$，$r=50\ \text{k}\Omega$，则 $L=2500\ \text{H}$，换言之，回转器可把 1 μF 的电容回转成 2500 H 的电感。

负阻抗变换器(简称 NIC)也是一个二端口网络，它的符号如图 13-20(a)所示。它的端口特性可以用下列 T 参数描述[采用运算形式，但为简化起见，略去 U、I 后的“(s)”]。

$$\begin{bmatrix} U_1 \\ I_1 \end{bmatrix} = \begin{bmatrix} 1 & 0 \\ 0 & -k \end{bmatrix} \begin{bmatrix} U_2 \\ -I_2 \end{bmatrix} \qquad [13-17(a)]$$

或

$$\begin{bmatrix} U_1 \\ I_1 \end{bmatrix} = \begin{bmatrix} -k & 0 \\ 0 & 1 \end{bmatrix} \begin{bmatrix} U_2 \\ -I_2 \end{bmatrix} \qquad [13-17(b)]$$

式中 k 为正实常数。

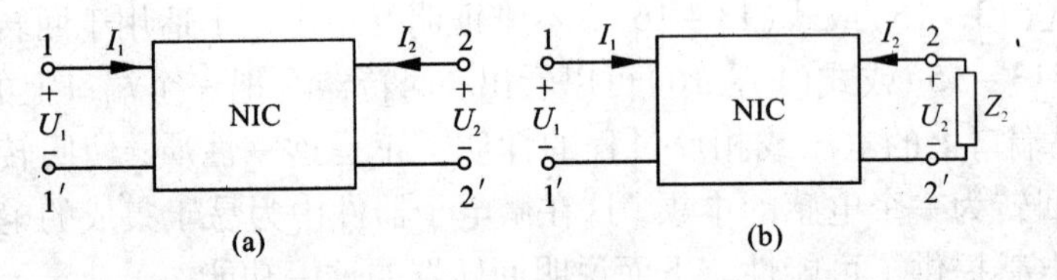

图 13-20 负阻抗变换器

从式[13-17(a)]可以看出，输入电压 U_1 经过传输后成为 U_2，但 U_1 等于 U_2，因此电压的大小和方向均没有改变；但是电流 I_1 经传输后变为 kI_2，换句话说，电流经传输后改变了方向，所以该式定义的 NIC 称为电流反向型的 NIC。

从式[13-17(b)]可以看出，经传输后电压变为 $-kU_1$，改变了方向，电流却不改变方向。这种 NIC 称为电压反向型的 NIC。

下面说明 NIC 把正阻抗变为负阻抗的性质。

在端口 2-2′接上阻抗 Z_2，如图 13-20(b)所示。从端口 1-1′看进去的输

入阻抗为 Z_1，设 NIC 为电流反向型，利用式[13－17(a)]，有

$$Z_1=\frac{U_1}{I_1}=\frac{U_2}{kI_2}$$

由 $U_2=-Z_2I_2$（根据指定的参考方向）得

$$Z_1=-\frac{Z_2}{k}$$

即：输入阻抗 Z_1 是负载阻抗 Z_2（乘以 $\frac{1}{k}$）的负值。所以这个二端口有把一个正阻抗变为负阻抗的本领，即当端口 2－2′接上电阻 R、电感 L 或电容 C 时，则在端口 1－1′将变为 $-\frac{1}{k}R$、$-\frac{1}{k}L$ 或 $-kC$。

负阻抗变换器为电路设计实现负 R、L、C 提供了可能性。

例 13－6　图 13－21 中两个回转器与电容级联后，可等效为一个浮地电感，求出浮地电感 L_e。

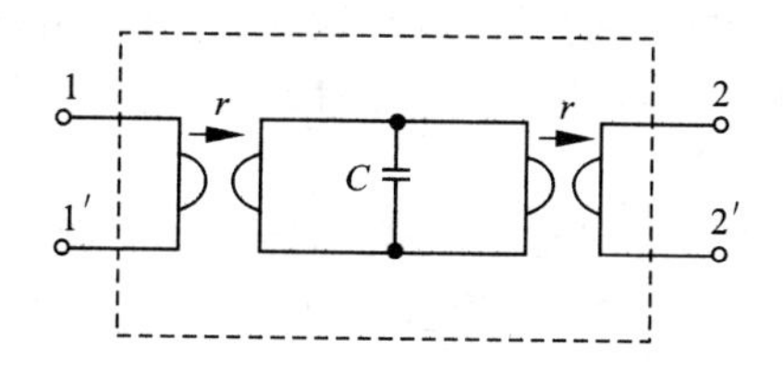

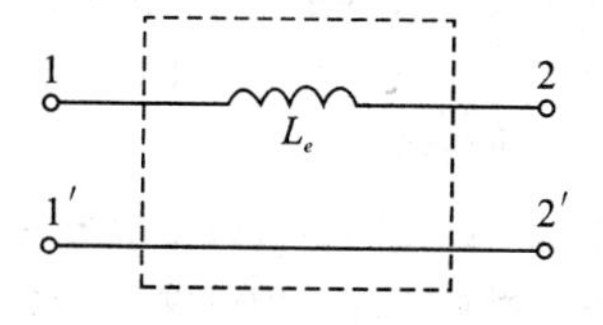

图 13－21　例 13－6 的图

解　由回转器的方程 $\begin{cases}u_1=-ri_2\\u_2=ri_1\end{cases}$，得回转器的 T 参数阵

$$T_1=T_3=\begin{bmatrix}0 & r\\1/r & 0\end{bmatrix}$$

电容 C 的 T 参数阵为 $T_2=\begin{bmatrix}1 & 0\\j\omega C & 1\end{bmatrix}$

级联后复合二端口的 T 参数 $T=T_1\ T_2\ T_3=\begin{bmatrix}1 & j\omega r^2C\\0 & 1\end{bmatrix}$

浮地电感的 T 参数矩阵 $T'=\begin{bmatrix}1 & j\omega L_e\\0 & 0\end{bmatrix}$

若 T' 与 T 等效，则 $L_e=r^2C$

本章小结

二端口网络是一种具有特殊结构的电路，它有两个端口与外电路相连接，而每个端口应满足端口条件。对二端口网络进行分析，主要是着重于端口的伏安关系，而并不关心二端口内部电压和电流的变化情况。

二端口网络的端口伏安关系通过各种参数方程来描述。常用的参数包括4种：Y参数、Z参数、T参数和H参数，其中Y参数表示端口电流与端口电压的关系，Z参数表示端口电压与端口电流的关系，T参数则表示一个端口的电压和电流与另一个端口的电压和电流的关系，H参数则是一种特殊参数，常用于晶体管的小信号模型。应该注意的是，各种参数的计算和实验测定方法可以由参数方程导出相应的公式，而且不同类型参数之间可以相互转换。还要注意的是，在无源网络(不含受控源)和对称性网络的情形，各类参数所满足的约束条件。

与一端口网络相类似，二端口网络也可以求出其等效电路，等效的条件是保持变换前后端口的伏安关系不变。对于无源线性二端口网络，可根据其Y参数或Z参数得出等效的Π形电路或者T形电路。对于含受控源的线性二端口网络，则可用附加受控源的Π形电路或T形电路来等效。

复杂的二端口网络可以分解为若干简单的二端口网络的连接，掌握二端口网络的连接问题有助于简化复杂二端口网络的分析与设计。二端口网络之间典型的连接方式有3种：级联、并联和串联。级联时复合二端口网络的T参数矩阵等于各级联二端口网络T参数矩阵的乘积，并联时复合二端口网络的Y参数矩阵等于各并联二端口网络的Y参数矩阵之和，串联时复合二端口网络的Z参数矩阵等于各串联二端口网络的Z参数矩阵之和。

最后介绍回转器和负阻抗变换器，回转器是一种线性非互易的多端元件，负阻抗变换器为电路设计中实现负R、L、C提供了可能性。

复习思考题

(1) 求图13-22所示二端口的Y、Z和T参数矩阵。

(2) 求图13-23所示二端口的混合参数(H)矩阵，已知$\mu=1/60$。

(3) 已知二端口的Y参数矩阵为

$$Y=\begin{bmatrix}1.5 & -1.2\\ -1.2 & 1.8\end{bmatrix}\mathrm{S}$$

求H参数矩阵，并说明该二端口中是否有受控源。

(4) 已知二端口参数矩阵为

$$(a)\ Z=\begin{bmatrix}60/9 & 40/9\\ 40/9 & 100/9\end{bmatrix}\Omega;$$

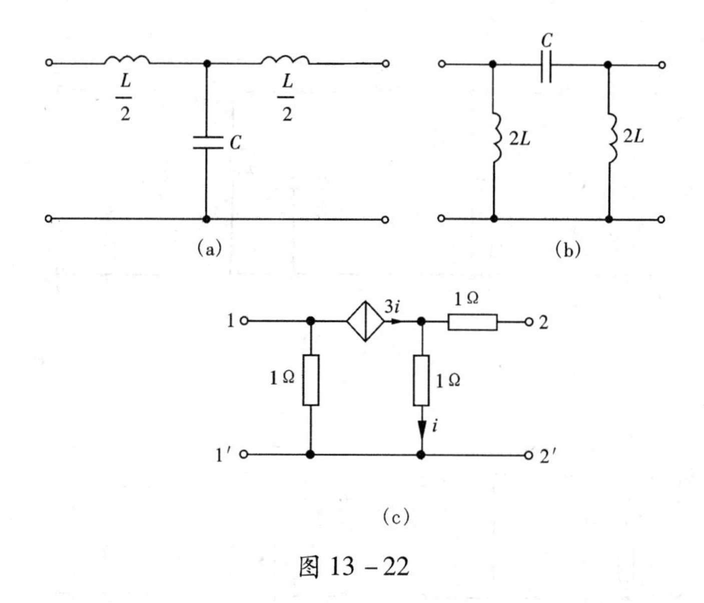

图 13－22

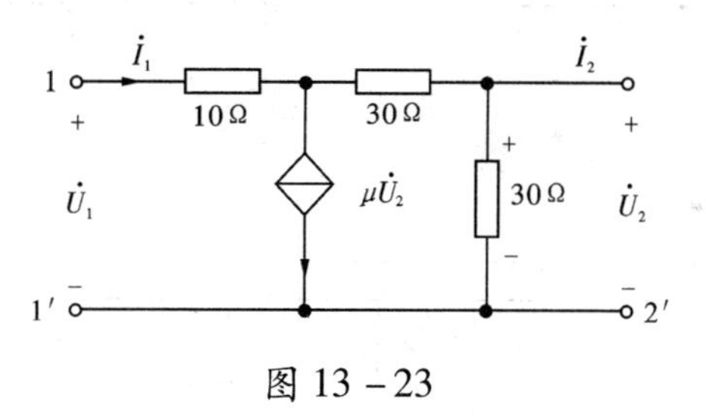

图 13－23

(b) $Y=\begin{bmatrix}5 & -2\\ 0 & 3\end{bmatrix}$S

试问该二端口是否有受控源，并求它的等效 T 形或 Π 形电路。

(5) 利用二端口级联的方法，求出图 13－24 示二端口的 T 参数矩阵。设已知 $\omega L_1=10\Omega$，$\dfrac{1}{\omega C}=20\Omega$，$\omega L_2=\omega L_3=8\Omega$，$\omega M_{23}=4\Omega$。

(6) 求图 13－25 所示二端口的 T 参数矩阵，设内部二端口 P_1 的 T 参数矩阵为 $T_1=\begin{bmatrix}A & B\\ C & D\end{bmatrix}$。

(7) 试证明两个回转器级联后[如图 13－26(a)所示]，可等效为一个变压器[如图 13－26(b)所示]，并求出变比 n 与两个回转器的回转电导 g_1 和 g_2 的关系。

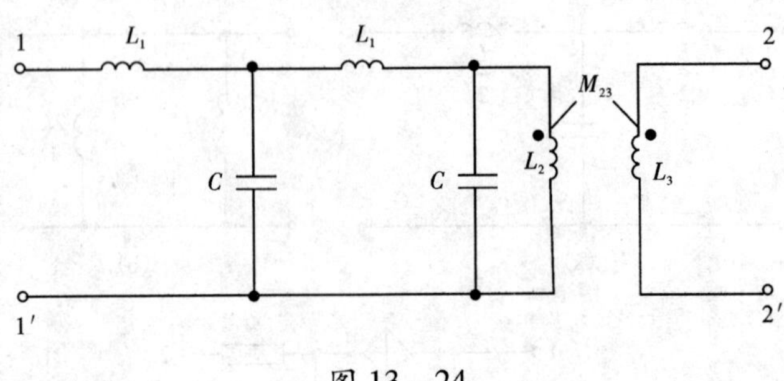

图 13－24

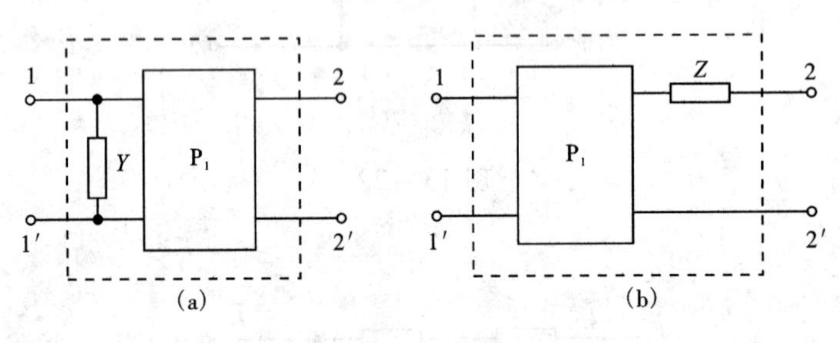

图 13－25

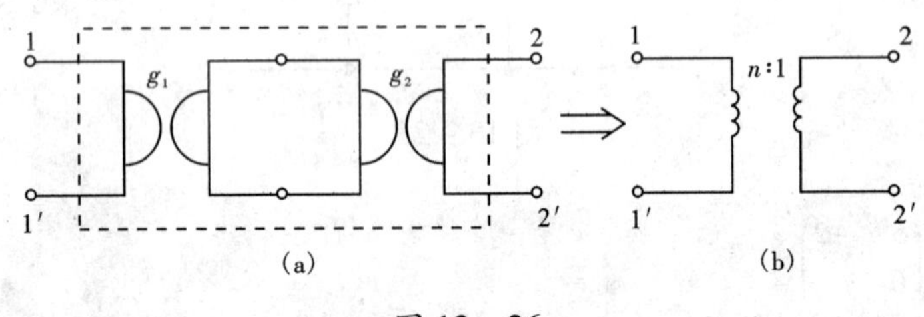

图 13－26

(8) 试求图 13－27 所示电路的输入阻抗 。已知 $C_1=C_2=1\text{F}$, $G_1=G_2=1\text{S}$, $g=2\text{S}$。

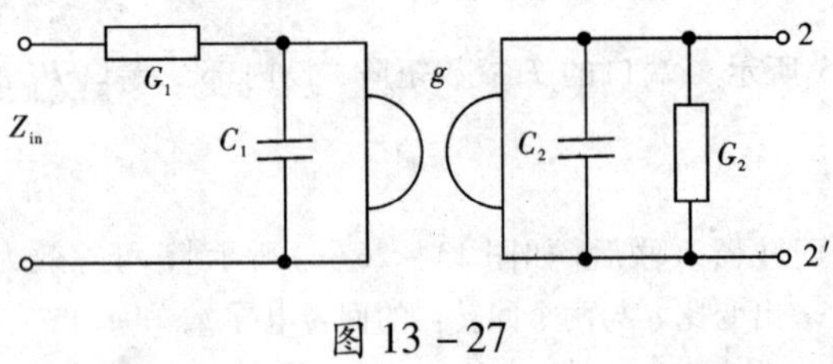

图 13－27

第 14 章　电路方程的矩阵形式*

本章主要介绍电路方程的矩阵形式。首先，在图的基本概念的基础上介绍几个重要的矩阵：关联矩阵、回路矩阵和割集矩阵，并导出用这些矩阵表示的KCL、KVL 方程。然后介绍回路电流方程、结点电压方程和割集电压方程的矩阵形式。最后，简要地介绍电路的状态变量分析方法。

14.1　割集的基本概念

前面章节中介绍了一些列写电路方程式的基本方法，对于规模较小的网络，用那些方法列写出所需方程并不困难。但随着现代电子电路和大型电力系统的发展，电路规模日趋庞大，结构日趋复杂，对于这类“大规模电路”，已不可能再用人工直接列写方程，而往往需要借助计算机，根据输入数据，自动地列写出网络方程并进行分析计算。为此，就需要建立一种便于计算机识别的编写电路方程的系统化方法。在这种方法中要用到网络图论的若干基本概念和线性代数中的矩阵知识。

关于网络图论，前面已介绍了图的定义及有关回路、树等的基本概念。这里补充割集的定义，并介绍与树有关的基本割集组。

对于一连通图 G，常可作一闭合面，使它切割 G 的某些支路（如图 14－1 中支路 4、5、6），若移去被切割的支路，则剩下的图将分成两个分离部分。这样，被切割的支路集合（如支路 4、5、6）就构成一个以下所述的割集。

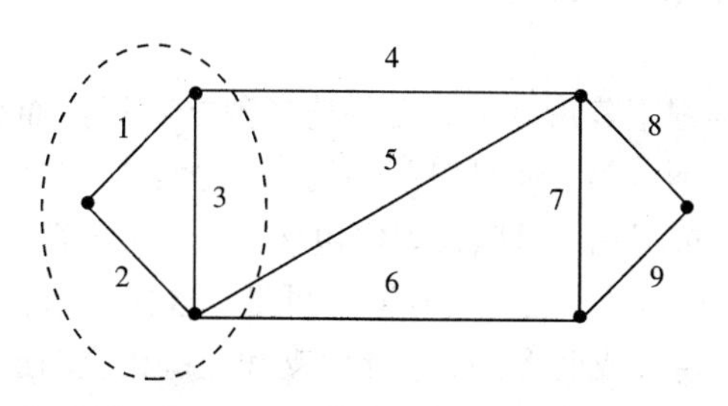

图 14－1　连通图的割集

割集的定义：连通图 G 的一个割集 Q 是指它的具有以下性质的一些支路的

集合，把这些 G 支路移去，图 G 将被分成两个分离部分；只要这些支路中少移去任一条支路，则图仍将连通。

例如：图 14－1 所示的连通图 G，按上述定义可知，支路集合(1、3、5、6)构成一割集，如图 14－2(a)所示；支路集合(1、2)也是割集，其中一个分离部分是一个孤立节点，如图 14－2(b)所示；但支路集合(4、5、6、9)不是割集，因不移去支路9，图仍是分离的，这不符合割集的定义。一个连通图有许多不同的割集。

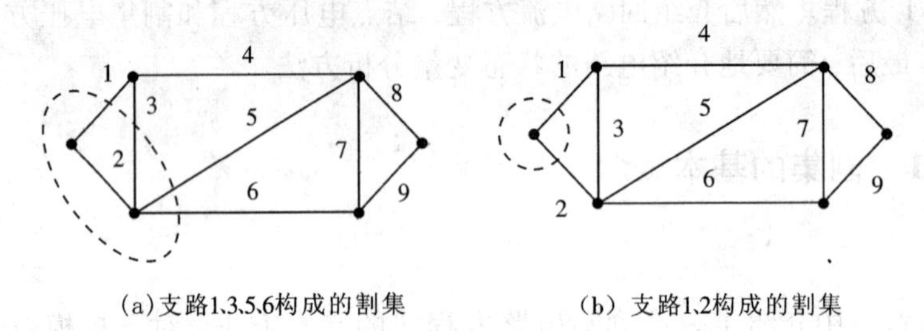

图 14－2　割集的定义

可以证明：适用于结点的 KCL 同样适用于割集，即对任一割集均可列出一个 KCL 方程。当然也可把闭合面内的部分看成广义结点，因为通过任一割集，可作一个闭合面，使图 G 分成两个部分，如图 14－2(a)所示。而此闭合面可看面一个广义结点，这样 KCL 自然适用。

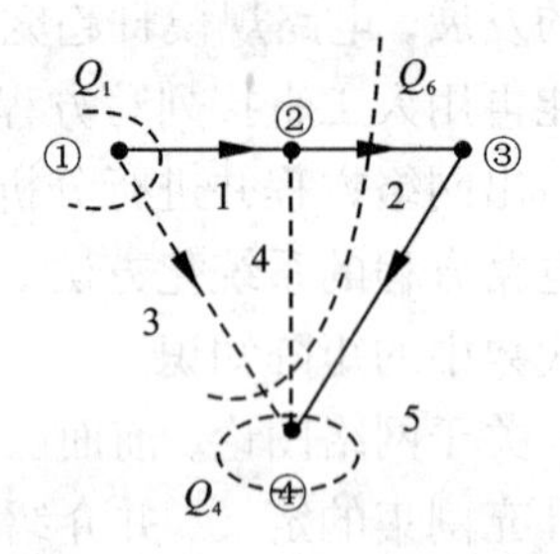

图 14－3　基本割集

对图 G 的所有割集列出的 KCL 方程是相互关联的，或者说是不独立的。但总可以找到其中一组割集电流方程，彼此之间相互独立，称这组方程为一组独立的割集 KCL 方程。而对一个 n 个结点的电路图来说，割集方程的独立数等于独立结点数，即为 $n-1$。

求解割集电压方程矩阵形式时，需要选择独立割集。而在图 G 的若干割集中选一组独立割集并不容易，但可以利用树的概念来找独立割集组。

选择图 G 的一个树 T 后，可以找到仅包含一条树支的割集。因为，图 G 的一个树 T，是图 G 的一个连通子图，但不包含回路。这样一来，移去一条树支和一些相应的连支就把图 G 分成两个部分，此树支和这些相应的连支一起构成基本割集或单树支割集。对应树 T 的所有基本割集分别包含了树 T 的一条不同的树支，因此它们是一组独立割集。这种由树 T 确定的独立割集组称为基本割集组或单树支割集组。基本割集组中割集数等于树支数，也就是独立结点数 $n-1$。

例如，图 14－3 中选树(1、2、5). 基本割集组为[(1、3)；(2、3、4)；(3、4、5)]。

割集的方向可以任意指定，可以规定指向闭合面的方向为正方向，也可以规定背离闭合面的方向为正方向。

14.2　关联矩阵、回路矩阵、割集矩阵

电路的图是电路拓扑结构的抽象描述。若图中每一支路都赋予一个参考方向，它成为有向图。有向图的拓扑性质可以用关联矩阵、回路矩阵和割集矩阵描述。

本节介绍 3 个矩阵以及用它们表示的基尔霍夫定律的矩阵形式。

一条支路连接某两个结点，则称该支路与这两个结点相关联。支路与结点的关联性质可以用关联矩阵描述。设有向图的结点数为 n，支路数为 b，且所有结点与支路均加以编号。于是，该有向图的关联矩阵为一个$(n\times b)$阶的矩阵，用 A_a 表示。它的每一行对应一个结点，每一列对应一条支路，它的任一元素 定义如下：

$a_{jk}=+1$，表示支路 k 与结点 j 关联并且它的方向背离结点；

$a_{jk}=-1$，表示支路 k 与结点 j 关联并且它指向结点；

$a_{jk}=0$，表示支路 k 与结点 j 无关联。

对于图 14－4 所示的有向图，它的关联矩阵是

$$A_a=\begin{array}{c} \\ 1\\ 2\\ 3\\ 4\end{array}\begin{array}{c}\begin{matrix}1 & 2 & 3 & 4 & 5 & 6\end{matrix}\\ \begin{bmatrix}-1 & -1 & 0 & +1 & 0 & 0\\ 0 & 0 & -1 & -1 & -1 & 0\\ +1 & 0 & 0 & 0 & +1 & -1\\ 0 & +1 & +1 & 0 & 0 & +1\end{bmatrix}\end{array}$$

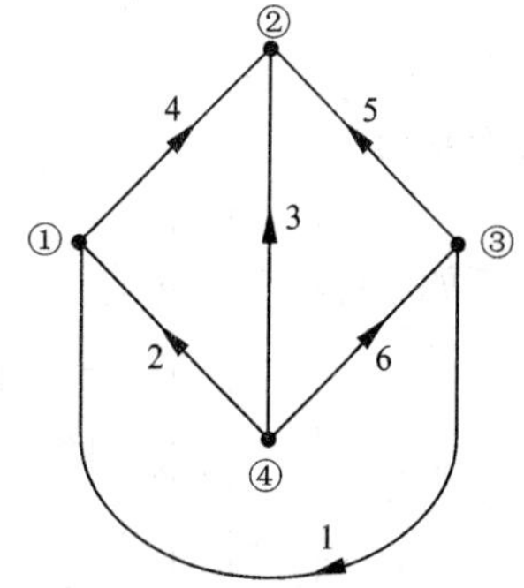

图 14－4　支路与结点的关联

关联矩阵 A_a有的特点是：

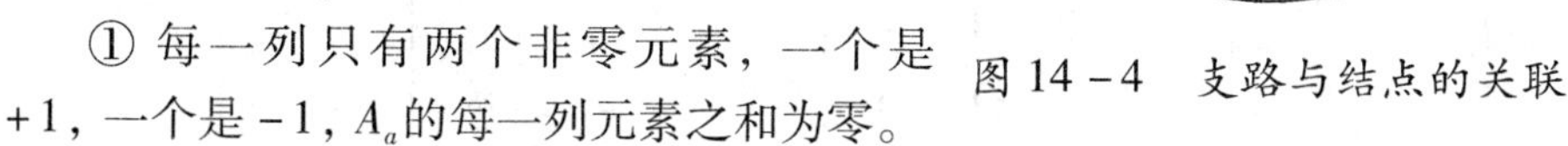

① 每一列只有两个非零元素，一个是+1，一个是－1，A_a的每一列元素之和为零。

② 矩阵中任一行可以从其他 $n-1$ 行中导出，即只有 $n-1$ 行是独立的。

如果把 A_a 的任一行划去，剩下的$(n-1)\times b$ 矩阵用 A 表示，并称为降阶关联矩阵(今后主要用这种降阶关联矩阵，所以往往略去“降阶”二字)，被划去的行对应的结点可以当作参考结点。

例如，若以结点4为参考结点，把上式中A_a的第4行划去，得

$$A=\begin{bmatrix} -1 & -1 & 0 & +1 & 0 & 0 \\ 0 & 0 & -1 & -1 & -1 & 0 \\ +1 & 0 & 0 & 0 & +1 & -1 \end{bmatrix} \tag{14-1}$$

矩阵A的某些列将只具有一个$+1$或一个-1，每一个这样的列必对应于与参考结点相关联的一条支路。

电路中的b个支路电流可以用一个b阶列向量表示，即

$$i=[i_1, i_2, \cdots, i_b]^T$$

若用矩阵A左乘电流列向量，则乘积是一个$(n-1)$阶列向量，由矩阵相乘规则可知，它的每一元素即为关联到对应结点上各支路电流的代数和，即

$$Ai=0 \tag{14-2}$$

式(14-2)是用A表示的$n-1$个独立KCL的矩阵形式。如图14-4，以结点4为参考结点，有

$$Ai=\begin{bmatrix} -i_1-i_2+i_4 \\ -i_3-i_4-i_5 \\ i_1+i_5-i_6 \end{bmatrix}=\begin{bmatrix} 0 \\ 0 \\ 0 \end{bmatrix}$$

电路中b个支路电压可以用一个b阶列向量表示，即

$$u=[u_1, u_2, \cdots, u_b]^T$$

$(n-1)$个结点电压可以用一个$(n-1)$阶列向量表示，即

$$u_n=[u_{n1}, u_{n2}, \cdots, u_{n(n-1)}]^T$$

由于矩阵A的每一列，也就是矩阵A^T的每一行，表示每一对应支路与结点的关联情况，所以有

$$u=A^T u_n \tag{14-3}$$

例如，对图14-4有

$$\begin{bmatrix} u_1 \\ u_2 \\ u_3 \\ u_4 \\ u_5 \\ u_6 \end{bmatrix}=\begin{bmatrix} -1 & 0 & 1 \\ -1 & 0 & 0 \\ 0 & -1 & 0 \\ 1 & -1 & 0 \\ 0 & -1 & 1 \\ 0 & 0 & -1 \end{bmatrix}\begin{bmatrix} u_{n1} \\ u_{n2} \\ u_{n3} \end{bmatrix}=\begin{bmatrix} -u_{n1}+u_{n3} \\ -u_{n1} \\ -u_{n2} \\ u_{n1}-u_{n2} \\ -u_{n2}+u_{n3} \\ -u_{n3} \end{bmatrix}$$

上式表明，电路中的各支路电压可以用与该支路关联的两个结点的结点电压表示，这正是结点电压法的基本思想。同时，可以认为该式是用A表示的KVL的矩阵形式。

设一个回路由某些支路组成，则称这些支路与该回路关联。支路与回路的关联性质可以用所谓回路矩阵描述。下面仅介绍独立回路矩阵，简称为回路矩阵。设有向图的独立回路数为 l，支路数为 b，且所有独立回路和支路均加以编号，于是，该有向图的回路矩阵是一个 $l \times b$ 的矩阵，用 B 表示。B 的行对应一个回路，列对应于支路，它的任一元素为 b_{jk}，定义如下：

$b_{jk} = +1$，表示支路 k 与回路 j 关联，且它们的方向一致；

$b_{jk} = -1$，表示支路 k 与回路 j 关联，且它们的方向相反；

$b_{jk} = 0$，表示支路 k 与回路 j 无关联。

例如，对于图 14－5(a)所示的有向图独立回路数等于 3。若选一组独立回路如图 14－5(b)所示，则对应的回路矩阵为

$$B = \begin{matrix} & \begin{matrix} 1 & 2 & 3 & 4 & 5 & 6 \end{matrix} \\ \begin{matrix} 1 \\ 2 \\ 3 \end{matrix} & \begin{bmatrix} 1 & 0 & 1 & 0 & -1 & 1 \\ 0 & 1 & 1 & 0 & 0 & 1 \\ 0 & 0 & 0 & 1 & -1 & 1 \end{bmatrix} \end{matrix}$$

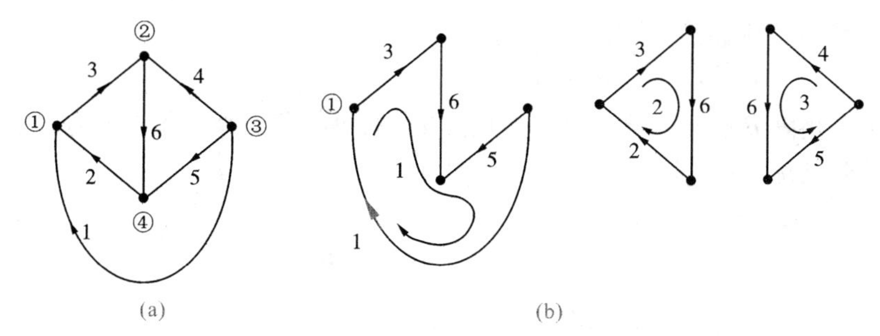

图 14－5　回路与支路的关联性质

如果所选独立回路组是对应于一个树的单连支回路组，这种回路矩阵就称为基本回路矩阵，用 B_f 表示。写 B_f 时，注意安排其行列次序如下：把 l 条连支依次排列在对应于 B_f 的第 1 至第 l 列，然后再排列树支；取每一单连支回路的序号为对应连支所在列的序号，且以该连支的方向为对应的回路的绕行方向，这样 B_f 中将出现一个 l 阶的单位子矩阵，即有

$$B_f = [I_l \,\vdots\, B_t] \tag{14-4}$$

式中下标 l 和 t 分别表示与连支和树支对应的部分。例如对图 14－5(a)所示有向图，若选支路 3、5、6 为树支，则支路 1、2、4 即为连支，所以图 14－5(b)所示的一组独立回路即为一组单连支回路，可以写成基本回路矩阵形式

$$B_f=\begin{matrix} & \begin{matrix}1 & 2 & 4 & 3 & 5 & 6\end{matrix} \\ \begin{matrix}1\\2\\3\end{matrix} & \begin{bmatrix}1 & 0 & 0 & 1 & -1 & 1\\0 & 1 & 0 & 1 & 0 & 1\\0 & 0 & 1 & 0 & -1 & 1\end{bmatrix}\end{matrix}$$

今后，基本回路矩阵一般都写成如式(14－4)的形式。

回路矩阵左乘支路电压列向量，所得乘积是一个 l 阶的列向量。由于矩阵 B 的每一行表示每一对应回路与支路的关联情况，由矩阵的乘法规则可知乘积列向量中每一元素将等于每一对应回路中各支路电压的代数和，即

$$Bu=0 \tag{14-5}$$

式(14－5)是用 B 表示的 KVL 的矩阵形式。例如，对14－5(a)图，若选图14－5(b)所示的一组独立回路，则有

$$Bu=\begin{bmatrix}u_1+u_3-u_5+u_6\\u_2+u_3+u_6\\u_4-u_5+u_6\end{bmatrix}=\begin{bmatrix}0\\0\\0\end{bmatrix}$$

l 个独立回路电流可用一个 l 阶列向量表示，即

$$i_l=[i_{l1},\ i_{l2},\ \cdots i_{ln}]^T$$

由于矩阵 B 的每一列，也就是矩阵 B^T 的每一行，表示每一对应支路与回路的关联情况，所以按矩阵的乘法规则可知

$$i=B^Ti_l \tag{14-6}$$

例如，对图14－5(a)，有

$$\begin{bmatrix}i_1\\i_2\\i_3\\i_4\\i_5\\i_6\end{bmatrix}=\begin{bmatrix}1 & 0 & 0\\0 & 1 & 0\\1 & 1 & 0\\0 & 0 & 1\\-1 & 0 & -1\\1 & 1 & 1\end{bmatrix}\begin{bmatrix}i_{l1}\\i_{l2}\\i_{l3}\end{bmatrix}=\begin{bmatrix}i_{l1}\\i_{l2}\\i_{l1}+i_{l2}\\i_{l3}\\-i_{l1}-i_{l3}\\i_{l1}+i_{l2}+i_{l3}\end{bmatrix}$$

所以式(14－6)表示电路中各支路电流可以用与该支路关联的所有回路中的回路电流表示，这正是回路电流法的基本思想。可以认为该式是用 B 表示的KCL 的矩阵形式。

设一个割集由某些支路构成，则称这些支路与该割集关联。支路与割集的关联性质可用所谓割集矩阵描述。下面仅介绍独立割集矩阵，简称割集矩阵。设有向图的结点数为 n，支路数为 b，则该图的独立割集数为$(n-1)$。对每个割集编号，并指定一个割集方向。于是割集矩阵为一个$(n-1)\times b$ 的矩阵，用

Q 表示。Q 的行对应割集，列对应支路，它的任一元素 q_{jk} 定义如下：

$q_{jk}=+1$，表示支路 k 与割集 j 关联并且具有同一方向；

$q_{jk}=-1$，表示支路 k 与割集 j 关联但是它们的方向相反；

$q_{jk}=0$，表示支路 k 与割集 j 无关。

例如，对图 14－6(a)所示有向图，独立割集数等于 3。若选一组独立割集如图14－6(b)所示，对应的割集矩阵为

$$
\begin{array}{c} \\ 1 \\ Q=2 \\ 3 \end{array}
\begin{array}{c}
\begin{array}{cccccc} 1 & 2 & 3 & 4 & 5 & 6 \end{array} \\
\begin{bmatrix} -1 & 1 & 1 & 0 & 0 & 0 \\ 1 & 0 & 0 & 1 & 1 & 0 \\ -1 & -1 & 0 & -1 & 0 & 1 \end{bmatrix}
\end{array}
$$

如果选一组单树支割集为一组独立割集，这种割集矩阵称为基本割集矩阵，用 Q_f 表示。在写 Q_f 时，注意安排其行列如下：把$(n-1)$条树支依次排列在对应于 Q_f 的第 1 至第$(n-1)$列，然后排列连支，再取每一单树支割集的序号与相应树支所在列的序号相同，且选割集方向与相应树支方向一致，则 Q_f 有如下形式

$$Q_f=[1_t \vdots Q_l] \tag{14－7}$$

式(14－7)中下标 t 和 l 分别表示对应于树支和连支部分。例如，对于图 14－6(a)所示的有向图，若选支路 3、5、6 为树支，一组单树支割集即如图 14－6(b)所示。

$$
\begin{array}{c} \\ 1 \\ Q_f=2 \\ 3 \end{array}
\begin{array}{c}
\begin{array}{cccccc} 3 & 5 & 6 & 1 & 2 & 4 \end{array} \\
\begin{bmatrix} 1 & 0 & 0 & -1 & 1 & 0 \\ 0 & 1 & 0 & 1 & 0 & 1 \\ 0 & 0 & 1 & -1 & -1 & -1 \end{bmatrix}
\end{array}
\tag{14－8}
$$

今后，基本割集矩阵一般都写成如式(14－7)的形式。

前面介绍割集概念时曾指出，属于一个割集所有支路电流的代数和等于零。根据割集矩阵的定义和矩阵的乘法规则可得

$$Qi=0 \tag{14－9}$$

式(14－9)是用矩阵 Q 表示的 KCL 的矩阵形式。例如，对图 14－6(a)所示有向图，若选同图 14－6(b)所示一组独立割集，则有

$$
Qi=\begin{bmatrix} -i_1+i_2+i_3 \\ i_1+i_4+i_5 \\ -i_1-i_2-i_4+i_6 \end{bmatrix}=\begin{bmatrix} 0 \\ 0 \\ 0 \end{bmatrix}
$$

电路中$(n-1)$个树支电压可用$(n-1)$阶列向量表示，即

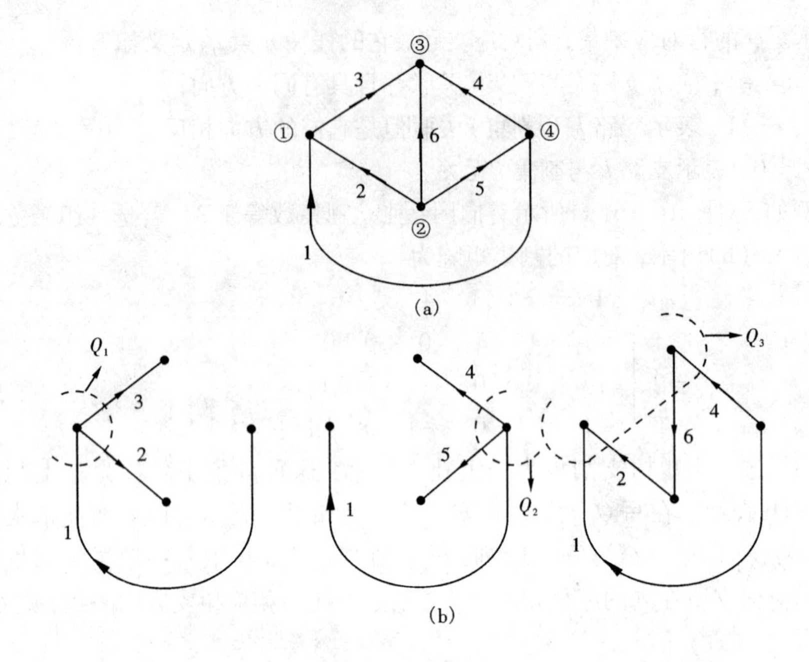

图 14-6 割集与支路的关联性质

$$u_t = [u_{t1} \quad u_{t2} \quad \cdots \quad u_{t(n-1)}]^T$$

由于通常选单树支割集为独立割集，此时树支电压又可视为对应的割集电压，所以 u_t 又是基本割集组的割集电压列向量。由于 Q_f 的每一列，也就是 Q_f^{T} 的每一行，表示一条支路与割集的关联情况，按矩阵相乘的规则可得

$$u = Q_f^{\mathrm{T}} u_t \tag{14-10}$$

式(14-10)是用 Q_f 表示的 KVL 的矩阵形式。例如，对图 14-6(a)所示有向图，若选支路 3、5、6 为树支，Q_f 如式(14-8)，则有

$$u = [u_3 \; u_5 \; u_6 \; u_1 \; u_2 \; u_4]^T$$

而

$$u = Q_f^{\mathrm{T}} u_t = \begin{bmatrix} 1 & 0 & 0 \\ 0 & 1 & 0 \\ 0 & 0 & 1 \\ -1 & 1 & -1 \\ 1 & 0 & -1 \\ 0 & 1 & -1 \end{bmatrix} \begin{bmatrix} u_{t1} \\ u_{t2} \\ u_{t3} \end{bmatrix} = \begin{bmatrix} u_{t1} \\ u_{t2} \\ u_{t3} \\ -u_{t1} + u_{t2} - u_{t3} \\ u_{t1} - u_{t3} \\ u_{t2} - u_{t3} \end{bmatrix}$$

式(14-10)表明电路的支路电压可以用树支电压(割集电压)表示，这就是后

面将介绍的割集电压法的基本思想。

14.3　结点电压方程的矩阵形式

结点电压法以结点电压为电路的独立变量，并用KCL列出足够的独立方程。由于描述支路与结点关联性质的是关联矩阵A，因此宜用以A表示的KCL和KVL推导结点电压方程的矩阵形式。设结点电压列向量为u_n，按式(14-3)有

$$u = A^T u_n$$

上述KVL方程表示了结点电压u_n与支路电压列向量u的关系，它提供了选用结点电压u_n作为独立电路变量的可能性。而用关联矩阵A表示的KCL，为

$$Ai = 0$$

式中i表示支路电流列向量，它是作为导出结点电压方程的依据。

在列矩阵形式电路方程时，还必须有一组支路的约束方程，因此需要规定一条支路的结构和内容。目前在电路理论中还没有统一的规定，但可以采用所谓“复合支路”。对于结点电压法，可采用如图14-7所示复合支路。其中下标k表示第k条支路，$\dot{U}_{sk}$和$\dot{I}_{sk}$分别表示独立电压源和独立电流源，Z_k(或Y_k)表示阻抗(或导纳)，且规定它只可能是单一的电阻、电感或电容，而不能是它们的组合，即

$$Z_k = \begin{cases} R_k \\ j\omega L_k \\ \dfrac{1}{j\omega C_k} \end{cases}$$

总之，复合支路的定义规定了一条支路最多可以包含的不同元件数及其连接方式，但不是说每条支路都必须包含这几种元件。所以可以允许一条支路缺少其中某些元件。另外，还需指出，图14-7中的复合支路是在采用相量法条件下画出的。应用运算法时，可以采用相应的运算形式。为了写出复合支路的支路方程，还应规定电压和电流的参考方向。本章中采用的电压和电流的参考方向如图14-7所示。下面分3种情况推导出整个电路的支路方程的矩阵形式。

(1)当电路中无受控电源(即$\dot{I}_{dk}=0$)，电感间无耦时，对于第k条支路有

$$\dot{I}_k = Y_k\dot{U}_{ek} - \dot{I}_{sk} = Y_k(\dot{U}_k + \dot{U}_{sk}) - \dot{I}_{sk} \tag{14-11}$$

若设：

$\dot{I}=[\dot{I}_1 \quad \dot{I}_2 \quad \cdots \quad \dot{I}_b]^T$为支路电流列向量；

$\dot{U}=[\dot{U}_1 \quad \dot{U}_2 \quad \cdots \quad \dot{U}_b]^T$为支路电压列向量。

$\dot{I}_s=[\dot{I}_{s1} \quad \dot{I}_{s2} \quad \cdots \quad \dot{I}_{sb}]^T$为支路电流源的电流列向量；

$\dot{U}_s=[\dot{U}_{s1} \quad \dot{U}_{s2} \quad \cdots \quad \dot{U}_{sb}]^T$为支路电压源的电压列向量；

对整个电路有

$$\begin{bmatrix}\dot{I}_1\\ \dot{I}_2\\ \vdots\\ \dot{I}_b\end{bmatrix}=\begin{bmatrix}Y_1 & & 0\\ & Y_2 & \\ & & \vdots\\ O & & Y_b\end{bmatrix}\begin{bmatrix}\dot{U}_1+\dot{U}_{s1}\\ \dot{U}_2+\dot{U}_{s2}\\ \vdots\\ \dot{U}_b+\dot{U}_{sb}\end{bmatrix}-\begin{bmatrix}\dot{I}_{s1}\\ \dot{I}_{s2}\\ \vdots\\ \dot{I}_{sb}\end{bmatrix}$$

即有

$$\dot{I}=Y(\dot{U}+\dot{U}_s)-\dot{I}_s \tag{14-12}$$

式中 Y 称为支路导纳矩阵，它是一个对角阵。

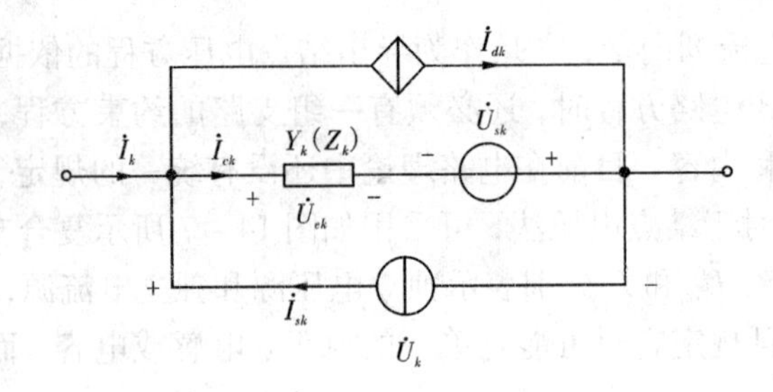

图 14－7　复合支路

(2)当电路中无受控源，但电感之间有耦合时，式(14－11)还应计及互感电压的影响。当电感之间有耦合时，电路的支路阻抗矩阵 Z 不再是对角阵，其主对角线元素为各支路阻抗，而非对角线元素将是相应的支路之间的互感阻抗。而这种情况下 Z 的求解在 14.4 节将详细介绍。如令 $Y=Z^{-1}$（Y 仍称为支路导纳矩阵），则由 $\dot{U}=Z(\dot{I}+\dot{I}_s)-\dot{U}_s$ 可得

$$Y\dot{U}=\dot{I}+\dot{I}_s-Y\dot{U}_s$$

或

$$\dot{I}=Y(\dot{U}+\dot{U}_s)-\dot{I}_s$$

这个方程形式完全与式(14－12)相同，唯一的差别是此时 Y 不再是对角阵。

(3)当电路中含有受控电流源时，设第 k 支路中有受控电流源并受第 j 支路中无源元件上的电压 $\dot{U}_{ej}$或电流 $\dot{I}_{ej}$控制，如图 14－7 所示，其中 $\dot{I}_{dk}=g_{kj}\dot{U}_{ej}$或 $\dot{I}_{dk}=\beta_{kj}\dot{I}_{ej}$。

此时，对第 k 支路有

$$\dot{I}_k = Y_k(\dot{U}_k + \dot{U}_{sk}) + \dot{I}_{dk} - \dot{I}_{sk}$$

在 VCCS 情况下，上式中的$\dot{I}_{dk} = g_{kj}(\dot{U}_j + \dot{U}_{sj})$。而在 CCCS 的情况下，$\dot{I}_{dk} = \beta_{kj}Y_j(\dot{U}_j + \dot{U}_{Sj})$。于是有

$$\begin{bmatrix} \dot{I}_1 \\ \dot{I}_2 \\ \vdots \\ \dot{I}_j \\ \vdots \\ \dot{I}_k \\ \vdots \\ \dot{I}_b \end{bmatrix} = \begin{bmatrix} Y_1 & & & & & & & \\ 0 & Y_2 & & & & & & \\ \vdots & \vdots & \ddots & & & 0 & & \\ 0 & 0 & \cdots & Y_j & & & & \\ \vdots & \vdots & & \vdots & \ddots & & & \\ 0 & 0 & \cdots & Y_{kj} & \cdots & Y_k & & \\ \vdots & \vdots & & \vdots & & \vdots & \ddots & \\ 0 & 0 & \cdots & 0 & \cdots & 0 & \cdots & Y_b \end{bmatrix} \begin{bmatrix} \dot{U}_1 + \dot{U}_{s1} \\ \dot{U}_2 + \dot{U}_{s2} \\ \vdots \\ \dot{U}_j + \dot{U}_{sj} \\ \vdots \\ \dot{U}_k + \dot{U}_{sk} \\ \vdots \\ \dot{U}_b + \dot{U}_{sb} \end{bmatrix} - \begin{bmatrix} \dot{I}_{s1} \\ \dot{I}_{s2} \\ \vdots \\ \dot{I}_{sj} \\ \vdots \\ \dot{I}_{sk} \\ \vdots \\ \dot{I}_{sb} \end{bmatrix}$$

式中

$$Y_{kj} = \begin{cases} g_{kj} & (\text{当 } \dot{I}_{dk} \text{ 为 VCCS 时}) \\ \beta_{kj}Y_j & (\text{当 } \dot{I}_{dk} \text{ 为 CCCS 时}) \end{cases}$$

即

$$\dot{I} = Y(\dot{U} + \dot{U}_s) - \dot{I}_s$$

可见此时支路方程在形式上仍与情况(1)相同，只是矩阵 Y 的内容不同而已，注意此时 Y 也不再是对角阵。

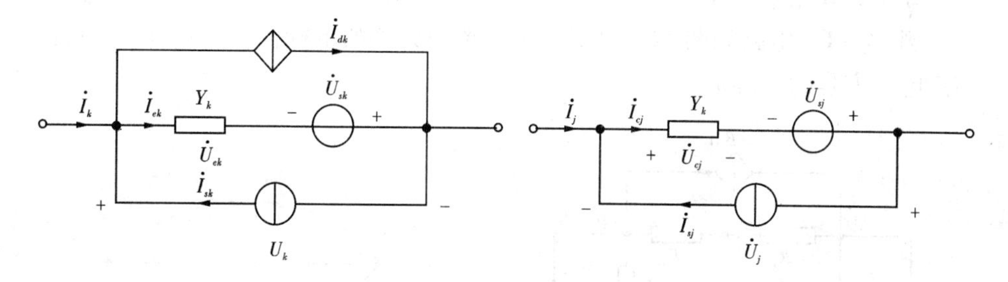

图 14－8　受控电流源的控制关系

为了推导出结点电压方程的矩阵形式，将用 A 表示的 KCL 和 KVL 以及用支路导纳表示的支路方程重写如下

KCL　$A\dot{I} = 0$

KVL　$\dot{U} = A^{\mathrm{T}}\dot{U}_n$

支路方程　$\dot{I} = Y(\dot{U} + \dot{U}_s) - \dot{I}_s$

把支路方程代入 KCL 可得

$$A[Y(\dot{U}+\dot{U}_s)-\dot{I}_s]=0$$
$$AY\dot{U}+AY\dot{U}_s-A\dot{I}_s=0$$

再把 KVL 代入便得

$$AYA^T\dot{U}_n=A\dot{I}_s-AY\dot{U}_s \tag{14-13}$$

上式即结点电压方程的矩阵形式。由于乘积 AY 的行和列数分别为$(n-1)$和 b，乘积$(AY)A^T$的行和列数都是$(n-1)$，所以乘积 AYA^T是一个$(n-1)$阶方阵。同理，乘积 $A\dot{I}_s$ 和 $AY\dot{U}_s$ 都是$(n-1)$阶的列向量。

如设：

$$Y_n \overset{\text{def}}{=\!=} AYA^T,\ \dot{J}_n \overset{\text{def}}{=\!=} A\dot{I}_s-AY\dot{U}_s$$

则式 $AYA^T\dot{U}_n=A\dot{I}_s-AY\dot{U}_s$ 写为

$$Y_n\dot{U}_n=\dot{J}_n$$

Y_n 称为结点导纳矩阵，它的元素相当第 3 章中结点电压方程等号左边的系数；$\dot{J}_n$ 为由独立电源引起的注入结点的电流列向量，它的元素相当于第 3 章中结点电压方程等号右边的常数项。

列出结点电压法的一般步骤可归纳如下：

①画有向图，选参考节点，给支路和独立节点编号；

②列写支路导纳矩阵 Y 和关联矩阵 A，按标准复合支路的规定列写支路电压源列向量 U_s 和支路电流源列向量 I_s；

③用矩阵相乘形成结点电压方程：$AYA^T\dot{U}_n=A\dot{I}_s-AY\dot{U}_s$，即：$Y_n\dot{U}_n=\dot{J}_n$

例 14-1　电路如图 14-9(a)所示，图中元件的下标代表支路编号，写出结点电压方程的矩阵形式。

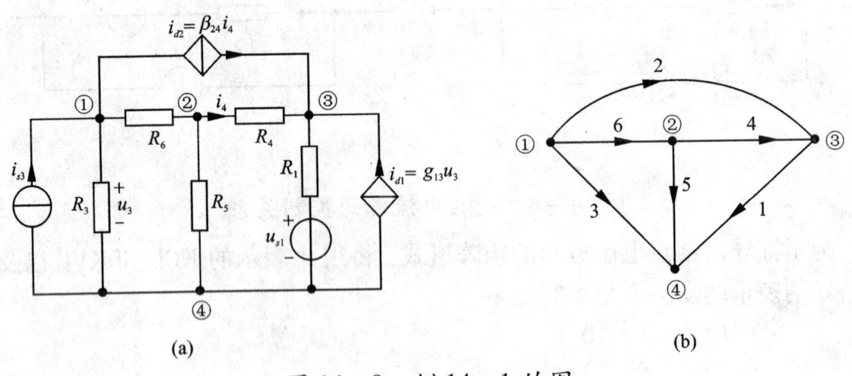

图 14-9　例 14-1 的图

解　有向图如图 14-9(b)所示，选结点④为参考结点，有关联矩阵

$$A=\begin{bmatrix}0 & 1 & 1 & 0 & 0 & 1\\ 0 & 0 & 0 & 1 & 1 & -1\\ 1 & -1 & 0 & -1 & 0 & 0\end{bmatrix}$$

结点电压列向量$\dot{U}_n=[\dot{U}_{n1}\quad \dot{U}_{n2}\quad \dot{U}_{n3}]^{\mathrm{T}}$

支路电压源列向量 $\dot{U}_s=[-\dot{U}_{s1}\quad 0\quad 0\quad 0\quad 0\quad 0]^{\mathrm{T}}$

支路电流源列向量$\dot{I}_s=[0\quad 0\quad \dot{I}_{s3}\quad 0\quad 0\quad 0]^{\mathrm{T}}$

支路导纳矩阵

$$Y=\begin{bmatrix}\frac{1}{R_1} & 0 & -g_{13} & 0 & 0 & 0\\ 0 & 0 & 0 & \frac{\beta_{24}}{R_4} & 0 & 0\\ 0 & 0 & \frac{1}{R_3} & 0 & 0 & 0\\ 0 & 0 & 0 & \frac{1}{R_4} & 0 & 0\\ 0 & 0 & 0 & 0 & \frac{1}{R_5} & 0\\ 0 & 0 & 0 & 0 & 0 & \frac{1}{R_6}\end{bmatrix}$$

$$Y_n=AYA^{\mathrm{T}}=\begin{bmatrix}\frac{1}{R_3}+\frac{1}{R_6} & \frac{\beta_{24}}{R_4}-\frac{1}{R_6} & -\frac{\beta_{24}}{R_4}\\ -\frac{1}{R_6} & \frac{1}{R_4}+\frac{1}{R_5}+\frac{1}{R_6} & -\frac{1}{R_4}\\ -g_{13} & -\frac{\beta_{24}+1}{R_4} & \frac{1}{R_1}+\frac{\beta_{24}+1}{R_4}\end{bmatrix}$$

$$\dot{J}_n=A\dot{I}_s-AY\dot{U}_s=\begin{bmatrix}\dot{I}_{s3}\\ 0\\ \frac{\dot{U}_{s1}}{R_1}\end{bmatrix}$$

代入得结点电压方程的矩阵形式为 $Y_n\dot{U}_n=\dot{J}_n$。

14.4　回路电流方程的矩阵形式

在第 3 章中曾介绍了网孔电流法和回路电流法，它们的特点是分别以网孔电流和回路电流作为电路的独立变量，并用 KVL 列出足够的电路方程。

由于描述支路与回路关联性质的是回路矩阵 B，所以宜用以 B 表示的 KCL 和 KVL 推导出回路电流方程的矩阵形式。首先设回路电流列向量为 i_l，有

$$\text{KCL} \qquad i = B^{\mathrm{T}} i_l$$

$$\text{KVL} \qquad Bu = 0$$

对于回路电流法采用图 14-10 所示复合支路。

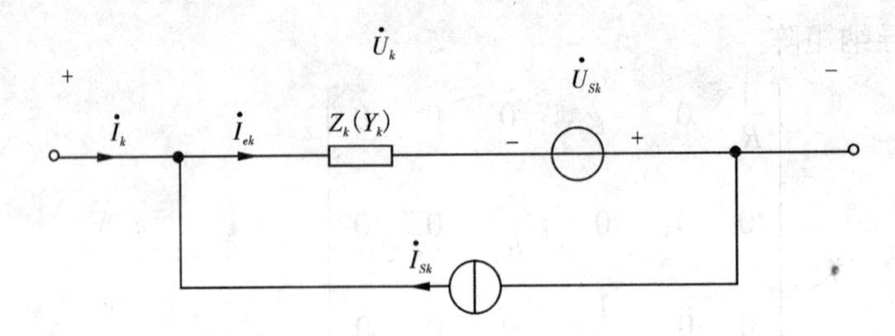

图 14-10 复合支路

下面分两种不同情况推导整个电路的支路方程的矩阵形式。

(1) 当电路中电感之间无耦合时，对于第 k 条支路有

$$\dot{U}_k = Z_k(\dot{I}_k + \dot{I}_{sk}) - \dot{U}_{sk} \tag{14-14}$$

对整个电路有

$$\begin{bmatrix} \dot{U}_1 \\ \dot{U}_2 \\ \vdots \\ \dot{U}_b \end{bmatrix} = \begin{bmatrix} Z_1 & & & 0 \\ & Z_2 & & \\ & & \ddots & \\ 0 & & & Z_b \end{bmatrix} \begin{bmatrix} \dot{I}_1 + \dot{I}_{s1} \\ \dot{I}_2 + \dot{I}_{s2} \\ \vdots \\ \dot{I}_b + \dot{I}_{sb} \end{bmatrix} - \begin{bmatrix} \dot{U}_{s1} \\ \dot{U}_{s2} \\ \vdots \\ \dot{U}_{sb} \end{bmatrix}$$

即

$$\dot{U} = Z(\dot{I} + \dot{I}_s) - \dot{U}_s \tag{14-15}$$

式中 Z 称为支路阻抗矩阵，它是一个对角阵。

(2) 当电路中电感之间有耦合时，式(14-14)还应计及互感电压的作用。若设第 1 支路至第 g 支路之间相互均有耦合，则有

$$\begin{aligned} \dot{U}_1 &= Z_1\dot{I}_{e1} \pm j\omega M_{12}\dot{I}_{e2} \pm j\omega M_{13}\dot{I}_{e3} + \cdots \pm j\omega M_{1g}\dot{I}_{eg} - \dot{U}_{s1} \\ \dot{U}_2 &= \pm j\omega M_{21}\dot{I}_{e1} + Z_2\dot{I}_{e2} \pm j\omega M_{23}\dot{I}_{e3} + \cdots \pm j\omega M_{2g}\dot{I}_{eg} - \dot{U}_{s2} \\ &\vdots \\ \dot{U}_g &= \pm j\omega M_{g1}\dot{I}_{e1} + \pm j\omega M_{g2}\dot{I}_{e2} \pm j\omega M_{g3}\dot{I}_{e3} + \cdots \pm Z_g\dot{I}_{eg} - \dot{U}_{sg} \end{aligned}$$

式中所有互感电压前取“+”号或“−”号决定于各电感的同名端和电流、电压的参考方向。其次要注意 $\dot{I}_{e1} = \dot{I}_1 + \dot{I}_{s1}$，$\dot{I}_{e2} = \dot{I}_2 + \dot{I}_{s2}$，…，$M_{12} = M_{21}$，…，其余支

路之间由于无耦合，故得

$$\dot{U}_h = Z_h\dot{I}_{eh} - \dot{U}_{sh}$$

$$\vdots$$

$$\dot{U}_b = Z_{\dot{b}eb} - \dot{U}_{sb}$$

这样，支路电压与支路电流之间的关系可用下列矩阵形式表示

$$\begin{bmatrix} \dot{U}_1 \\ \dot{U}_2 \\ \vdots \\ \dot{U}_g \\ \dot{U}_h \\ \vdots \\ \dot{U}_b \end{bmatrix} = \begin{bmatrix} Z_1 & \pm j\omega M_{12} & \cdots & \pm j\omega M_{1g} & 0 & \cdots & 0 \\ \pm j\omega M_{21} & Z_2 & \cdots & \pm j\omega M_{2g} & 0 & \cdots & 0 \\ \vdots & \vdots & \vdots & \vdots & \vdots & & \vdots \\ \pm j\omega M_{g1} & \pm j\omega M_{g2} & \cdots + Z_g & 0 & \cdots & 0 & \\ 0 & 0 & \cdots & 0 & Z_h & \cdots & 0 \\ \vdots & \vdots & & \vdots & \vdots & & \vdots \\ 0 & 0 & \cdots & 0 & 0 & \cdots & Z_b \end{bmatrix} \times$$

$$\begin{bmatrix} \dot{I}_1 + \dot{I}_{s1} \\ \dot{I}_2 + \dot{I}_{s2} \\ \vdots \\ \dot{I}_g + \dot{I}_{sg} \\ \dot{I}_h + \dot{I}_{sh} \\ \vdots \\ \dot{I}_b + \dot{I}_{sb} \end{bmatrix} - \begin{bmatrix} \dot{U}_{s1} \\ \dot{U}_{s2} \\ \vdots \\ \dot{U}_{sg} \\ \dot{U}_{sh} \\ \vdots \\ \dot{U}_{sb} \end{bmatrix}$$

或写成

$$\dot{U} = Z(\dot{I} + \dot{I}_s) - \dot{U}_s$$

式中 Z 为支路阻抗矩阵，其主对角线元素为各支路阻抗，而非对角线元素将是相应的支路之间的互感阻抗，因此 Z 不再是对角阵。显然，这个方程形式完全与式(14－15)一样。

为了导出回路电流方程的矩阵形式，重写所需 3 组方程

KCL　$\dot{I} = B^{\mathrm{T}}\dot{I}_l$

KVL　$B\dot{U} = 0$

支路方程　$\dot{U} = Z(\dot{I} + \dot{I}_s) - \dot{U}_s$

把支路方程代入 KVL 可得

$$B[Z(\dot{I} + \dot{I}_s) - \dot{U}_s] = 0$$

$$BZ\dot{I} + BZ\dot{I}_S - B\dot{U}_s = 0$$

再把 KCL 代入便得到

$$BZB^T\dot{I}_l = B\dot{U}_s - BZ\dot{I}_s \tag{14-16}$$

式(14-16)即为回路电流方程的矩阵形式。由于乘积 BZ 的行、列数分别为 l 和 b，乘积 $(BZ)B^{\mathrm{T}}$ 的行、列数均为 l，所以 BZB^{T} 是一个 l 阶方阵。同理乘积 $B\dot{U}_s$ 和 $BZ\dot{I}_s$ 都是 l 阶列向量。

如设 $Z_l \stackrel{\text{def}}{=\!=} BZB^T$，它是一个 l 阶的方阵，称为回路阻抗矩阵，它的主对角元素即为自阻抗，非主对角元素即为互阻抗。

当电路中含有与无源元件串联的受控电压源(控制量可以是另一支路上无源元件的电压或电流)时，复合支路将如图14-11所示。这样，支路方程的矩阵形式仍为式(14-15)，只是其中支路阻抗矩阵的内容不同而已。此时，Z 的非主对角元素将可能是与受控电压源的控制系数有关的元素。

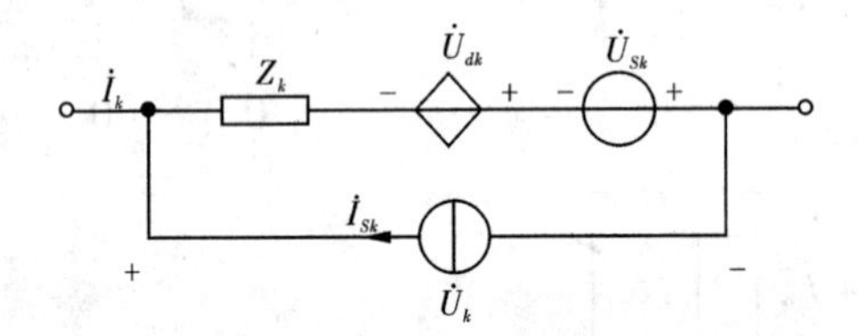

图14-11　含受控电压源的复合支路

例14-2　如图14-12(a)所示，用矩阵形式列出电路的回路电流方程。

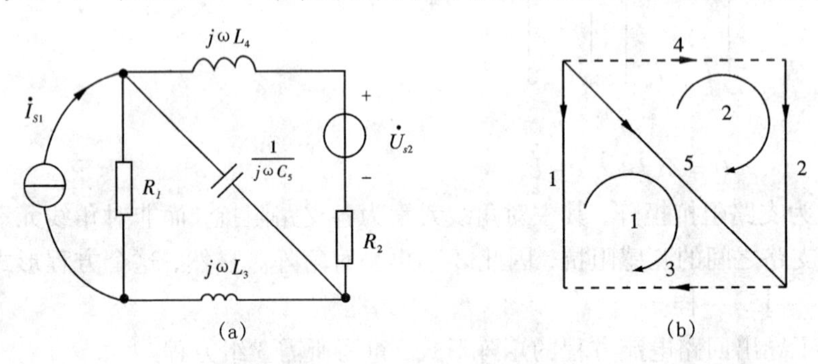

图14-12　例14-3的图

解　作出有向图，并选支路1、2、5为树支[图14-12(b)实线所示]。两个单连支回路1、2如图14-12(b)所示，有

$$B = \begin{matrix} \\ 1 \\ 2 \end{matrix}\begin{matrix} \begin{matrix} 1 & 2 & 3 & 4 & 5 \end{matrix} \\ \begin{bmatrix} -1 & 0 & 1 & 0 & 1 \\ 0 & 1 & 0 & 1 & -1 \end{bmatrix} \end{matrix}$$

$$Z = \text{diag}\left[R_1, R_2, j\omega L_3, j\omega L_4, \frac{1}{j\omega C_5}\right]$$

$$\dot{U}_s = [0 \quad -\dot{U}_{s2} \quad 0 \quad 0 \quad 0]^T$$

$$\dot{I}_s = [\dot{I}_{s1} \quad 0 \quad 0 \quad 0 \quad 0]^T$$

把上式各矩阵代入式(14－16)便得回路电流方程的矩阵形式

$$\begin{bmatrix} R_1 + j\omega L_3 + \frac{1}{j\omega C_5} & -\frac{1}{j\omega C_5} \\ -\frac{1}{j\omega C_5} & R_2 + j\omega L_4 + \frac{1}{j\omega C_5} \end{bmatrix} \begin{bmatrix} \dot{I}_{l1} \\ \dot{I}_{l2} \end{bmatrix} = \begin{bmatrix} R_1 \dot{I}_{s1} \\ -\dot{U}_{s2} \end{bmatrix}$$

列写矩形式回路电流方程的步骤可归纳如下：

(1)画有向图，给支路编号，选树；

(2)写出支路阻抗矩阵 Z 和回路矩阵 B。按标准复合支路的规定写出支路电压源列向量 Us 和支路电流源列向量 Is；

(3)计算 BZ、BZB^{T} 和 $BUs - BZIs$；

(4)写出矩阵形式回路电流方程。

编写回路电流方程必须选择一组独立回路，一般用基本回路组，从而可以通过选择一个合适的树处理。树的选择固然可以在计算机上按编好的程序自动进行，但比之结点电压法，这就显得麻烦些。另外，由于实际的复杂电路中，独立结点数往往少于独立回路数，再加上其他一些原因，目前在计算机辅助分析的程序中(如电力系统的潮流计算，电子电路的分析等)，广泛采用结点法，而不采用回路法。

14.5　割集电压方程的矩阵形式

式(14－10)表明，电路中所有支路电压可以用树支电压表示，所以树支电压与独立结点电压一样可被选做电路的独立变量。当所选独立割集组不是基本割集组时，式(14－10)中的 u_t 可理解为一组独立的割集电压。这时割集电压是指由割集划分的两组结点(或两分离部分)之间的一种假想电压，正如回路电流是沿着回路流动的一种假想电流一样。以割集电压为电路独立变量的分析法称为割集电压法。设复合支路的定义如图 14－7，支路方程的形式与式(14－12)相似，按以 Q_f 表示的 KCL 和 KVL，就可以导出割集电压(树支电压)方程的矩阵形式。把这 3 组方程(相量形式)重新列出如下

KCL　　$Q_f \dot{I} = 0$

KVL　　$\dot{U} = Q_f^{\mathrm{T}} \dot{U}_t$

支路方程 $\dot{I}=Y\dot{U}+Y\dot{U}_s-\dot{I}_s$

先把支路方程代入KCL，可得

$$Q_fY\dot{U}+Q_fY\dot{U}_s-Q_f\dot{I}_s=0$$

再把KVL代入上式，便可得割集电压方程如下

$$Q_fYQ_f^{\mathrm{T}}\dot{U}_T=Q_f\dot{I}_s-Q_f\dot{U}_s \tag{14-17}$$

不难看出，乘积 $Q_fYQ_f^{\mathrm{T}}$ 是一个$(n-1)$阶方阵，乘积 $Q_f\dot{I}_s$ 和 $Q_fY\dot{U}_s$ 都是$(n-1)$阶列向量。若 $Y_t\overset{\mathrm{def}}{=\!=}Q_fYQ_f^{\mathrm{T}}$，$Y_t$ 称为割集导纳矩阵。

值得指出，割集电压法是结点电压法的推广，或者说结点电压法是割集电压法的一个特例。若选择一组独立割集，使每一割集都由汇集在一个结点上的支路构成时，割集电压法便成为结点电压法。

例 14-3 以运算形式写出图 14-13(a)所示电路的割集电压方程的矩阵形式。设 L_3、L_4、C_5 的初始储能为零。

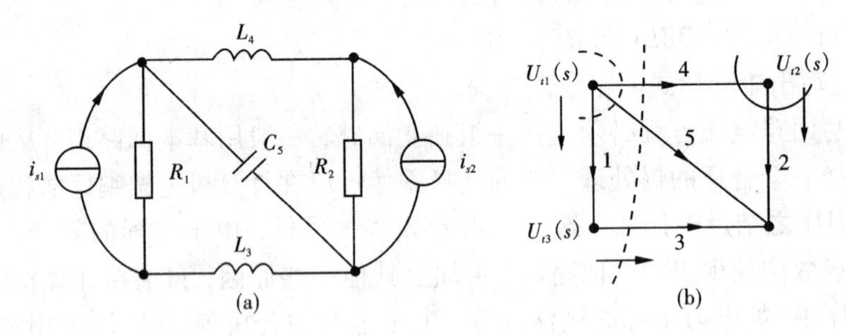

图 14-13 例 14-4 的图

解 作出有向图如图(b)所示，选支路1、2、3为树支，3个单树支割集如虚线所示，树支电压 $U_{t1}(s)$、$U_{t2}(s)$ 和 $U_{t3}(s)$ 也就是割集电压，它们的方向也是割集的方向。

基本割集矩阵 Q_f 为

$$Q_f=\begin{matrix} \\ 1 \\ 2 \\ 3\end{matrix}\begin{matrix}\begin{matrix}1 & 2 & 3 & 4 & 5\end{matrix}\\ \begin{bmatrix}1 & 0 & 0 & 1 & 1\\ 0 & 1 & 0 & -1 & 0\\ 0 & 0 & 1 & 1 & 1\end{bmatrix}\end{matrix}$$

用拉氏变换表示时，有

$$U_s(s)=0$$

$$I_s(s)=[I_{s1}(s)\quad I_{s2}'(s)\quad 0\quad 0\quad 0]^{\mathrm{T}}$$

$U_s(s)$和$I_s(s)$分别为电压源和电流源列向量，支路导纳矩阵为

$$Y(s)=\mathrm{diag}\left[\frac{1}{R_1},\frac{1}{R_2},\frac{1}{sL_3},\frac{1}{sL_4},sC_5\right]$$

把上述矩阵代入式(14－17)，便可得所求割集电压方程的矩阵形式

$$\begin{bmatrix}\frac{1}{R_1}+\frac{1}{sL_4}+sC_5 & -\frac{1}{sL_4} & \frac{1}{sL_4}+sC_5\\ -\frac{1}{sL_4} & \frac{1}{R_2}+\frac{1}{sL_4} & -\frac{1}{sL_4}\\ \frac{1}{sL_4}+sC_5 & -\frac{1}{sL_4} & \frac{1}{sL_3}+\frac{1}{sL_4}+sC_5\end{bmatrix}\begin{bmatrix}U_{t1}(s)\\ U_{t2}(s)\\ U_{t3}(s)\end{bmatrix}=\begin{bmatrix}I_{s1}(s)\\ I_{s2}(s)\\ 0\end{bmatrix}$$

列写割集电压方程的矩阵形式的步骤可归纳如下：

(1)画有向图，给支路编号，选树；

(2)列写支路导纳矩阵 Y 和割集矩阵 Q_f，按标准复合支路的规定写支路电压源列向量$\dot{U}_s$ 和电流源列向量$\dot{I}_s$；

(3)计算 Q_fY、Q_fY、Q_f^{T} 和 Q_f、$\dot{I}_s-QY$、$\dot{U}_s$，写出矩阵形式割集电压方程。

14.6　状态变量分析

随着近代系统工程和电子计算机的发展，引出了分析电路动态过程的又一种方法，称为状态变量法。这种方法最先被应用于控制理论中，随后也被应用于电网络分析。

用拉普拉斯变换分析线性动态电路时，常将研究对象的特性用一网络函数(或传递函数)表示，然后根据激励(输入)函数求出响应(输出)函数。这种方法有时也称为“输入－输出”法。和输入－输出法相比，状态变量法是一种“内部法”，因它首先选择和分析能反映网络内部特性的某些物理量，这些物理量称为状态变量，然后通过这些量和输入量，求得所需的输出量。

状态变量法不仅适用于线性网络，也适用于非线性网络，而且所列出的方程便于利用计算机进行数值求解。

1. 状态变量与状态方程

网络中的所有电压、电流、电位、电荷、磁链等统称为网络变量。一个网络在某一瞬间所处的状态，完全由网络变量在该时刻的数值反映。但是，并不是所有的网络变量都是独立的。或者说，反映网络状态并不一定需要所有网络变量，而只需要足够个数的独立网络变量即可。从网络变量中挑选出足以反映网络状态的最少个数的独立变量，称为状态变量。在线性网络中，通常选择电容电压 u_C 和电感电流 i_L 作为状态变量。这是因为(1) u_C 和 i_L 是相互独立的，

并且一般情况下它们的数目等于储能元件的数目(含纯电容回路或纯电感割集的网络例外)；(2)在第10章已知，只要 u_C 和 i_L 的初始状态[$u_C(0_+)$]，$i_L(0_+)$)和电源给定，电路在任意时刻的状态就能确定。

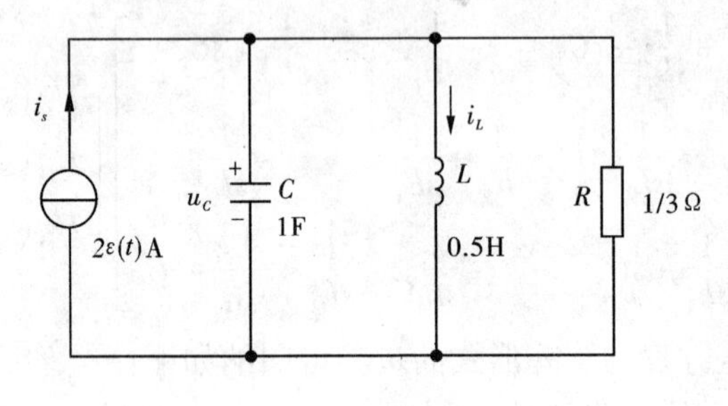

图 14－14　动态电路示例

以状态变量为待求量建立的一阶微分方程组，称为状态方程。

如图14－14所示的动态电路，选状态变量为 u_C 和 i_L，根据KCL和KVL可列方程如下

$$\left.\begin{aligned} C\frac{\mathrm{d}u_C}{\mathrm{d}t}+i_L+\frac{u_C}{R}&=i_s \\ L\frac{\mathrm{d}i_L}{\mathrm{d}t}&=u_C \end{aligned}\right\}$$

将此微分方程组整理得

$$\left.\begin{aligned} \frac{\mathrm{d}u_C}{\mathrm{d}t}&=-\frac{1}{RC}u_C-\frac{1}{C}i_L+\frac{1}{C}i_s \\ \frac{\mathrm{d}i_L}{\mathrm{d}t}&=\frac{1}{L}u_C \end{aligned}\right\} \tag{14-18}$$

式(14－18)的形式称为标准状态方程。

标准状态方程应具备下列条件：

(1)方程中只含有状态变量和电源，不含任何非状态变量；

(2)一个方程中仅含一个导数，且位于等式的左边；

(3)等式的右边是状态变量的一次多项式，且状态变量的前后顺序与对应变量的导数在方程组的出现顺序相一致。如在式(14－18)中左侧为 u_C 的导数在该式右侧 u_C 第一个出现，则在每个方程的右侧 u_C 也必须排在第一项。

将式(14－18)代入已知数据，并写成矩阵形式，有

$$\begin{bmatrix} \dfrac{\mathrm{d}u_C}{\mathrm{d}t} \\ \dfrac{\mathrm{d}i_L}{\mathrm{d}t} \end{bmatrix} = \begin{bmatrix} -3 & -1 \\ 2 & 0 \end{bmatrix} \begin{bmatrix} u_C \\ i_L \end{bmatrix} + \begin{bmatrix} 1 \\ 0 \end{bmatrix} [2\varepsilon(t)]$$

标准状态方程还可进一步写成一般矩阵形式

$$\frac{\mathrm{d}}{\mathrm{d}t}x = Ax + Bv$$

式中，x——状态变量列向量，$n \times 1$；

$\frac{\mathrm{d}}{\mathrm{d}t}x$——状态变量的一个阶导数列向量；

v——电源列向量，$m \times 1$；

A——状态变量的系数矩阵，$n \times n$；

B——电源列向量的系数矩阵，$n \times m$。

2. 状态方程的直观编写法

对于简单的网络，用观察法选择合适的回路和割集，应用 KCL、KVL 和支持的 VCR 列出网络的状态方程并不困难。但是，一般不会像图 14－14 所示电路那样简单，有时需要消去非状态变量，有时需要消去一阶导数。下面以例题加以说明。

例 14－4　列写如图 14－15 所示电路的状态方程和以 u_{n1}、u_{n2} 为变量的输出方程。

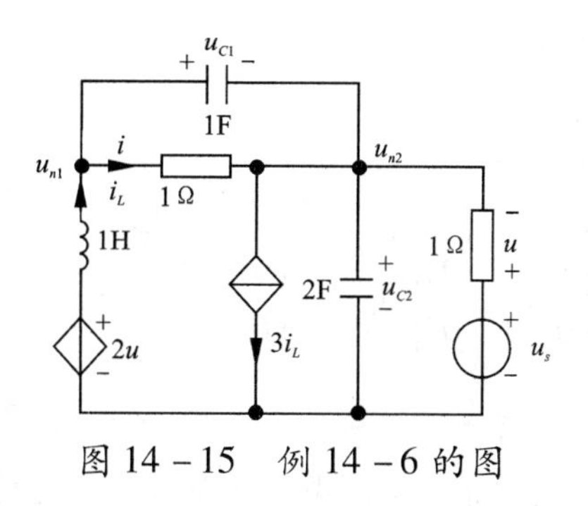

图 14－15　例 14－6 的图

解　状态变量取 $X = [u_{C_1}, u_{C_2}, i_L]^{\mathrm{T}}$。

选取单一电容节点列写 KCL 方程和单一电感回路列写 KVL 方程，有

$$\frac{\mathrm{d}u_{C_1}}{\mathrm{d}t} + i = i_L$$

$$-u_s+2\frac{\mathrm{d}u_{C_2}}{\mathrm{d}t}+3i_L=i_L$$

$$\frac{\mathrm{d}i_L}{\mathrm{d}t}+u_{C_1}+u_{C_2}=2u$$

$$i=\frac{u_{C_1}}{1}\qquad u=u_s-u_{C_2}$$

整理并消取中间变量，得

$$\frac{\mathrm{d}u_{C_1}}{\mathrm{d}t}=-u_{C_1}+i_L$$

$$\frac{\mathrm{d}u_{C_2}}{\mathrm{d}t}=-\frac{1}{2}u_{C_2}-i_L+\frac{1}{2}u_s$$

$$\frac{\mathrm{d}i_L}{\mathrm{d}t}=-u_{C_1}-3u_{C_2}+2u_s$$

写成标准形式

$$\begin{bmatrix}\frac{\mathrm{d}u_{C_1}}{\mathrm{d}t}\\ \frac{\mathrm{d}u_{C_2}}{\mathrm{d}t}\\ \frac{\mathrm{d}i_L}{\mathrm{d}t}\end{bmatrix}=\begin{bmatrix}-1 & 0 & 1\\ 0 & -\frac{1}{2} & -1\\ -1 & -3 & 0\end{bmatrix}\begin{bmatrix}u_{C_1}\\ u_{C_2}\\ i_L\end{bmatrix}+\begin{bmatrix}0\\ \frac{1}{2}\\ 2\end{bmatrix}u_s$$

取 $Y=[u_{n1},u_{n2}]^{\mathrm{T}}$，$Y=Cx+Du$

$u_{n1}=u_{C_1}+u_{C_2}\qquad u_{n2}=u_{C_2}$

输出方程写成标准形式

$$\begin{bmatrix}u_{n1}\\ u_{n2}\end{bmatrix}=\begin{bmatrix}1 & 1 & 0\\ 0 & 1 & 0\end{bmatrix}\begin{bmatrix}u_{C_1}\\ u_{C_2}\\ i_L\end{bmatrix}+\begin{bmatrix}0\\ 0\end{bmatrix}u_s$$

3. 状态方程的系统编写法

对于比较复杂的电路仅靠观察法编写状态方程有时是很困难的，有必要寻找一种系统的编写方法，这种方法的一般公式推导须经过相当复杂的矩阵运算，读者有兴趣可阅读有关文献。本节仅介绍系统编写方法的思路，借助此思路编写状态方程，往往会起到事半功倍的效果。

简单地说，系统编写法就是选择一个适当的树，使其包含全部电容而不包含电感，对含电容的单树支割集运用 KCL 可列写一组含有$\frac{\mathrm{d}u_C}{\mathrm{d}t}$的方程。对于含电感的单连支回路运用 KVL 可列写出一组含$\frac{di_L}{dt}$的方程。这些方程中仅含一个导数项，若再加上其他约束方程，便可求得标准状态方程。

系统编写法的基本内容可概括如下：

(1)把一个元件作为一条支路处理。

(2)选一个树——“特有树”，其树支包含全部电压源和电容及部分电导，而连支包含全部电感和电流源及部分电阻。若网络中没有纯电容或电容和电压源构成的回路，也没有纯电感或电感和电流源构成的割集时，这种“特有树”是一定存在的。

(3)支路编号顺序为：电压源，电容，电导，电阻，电感，电流源。

(4)对单树支割集可列写 KCL 方程，对单连支回路列写 KVL 方程。

(5)利用不含导数项的方程消除含导数项方程的非状态变量，整理后便得状态方程的标准方式。

例 14－5　试列写图 14－16(a)电路的状态方程。

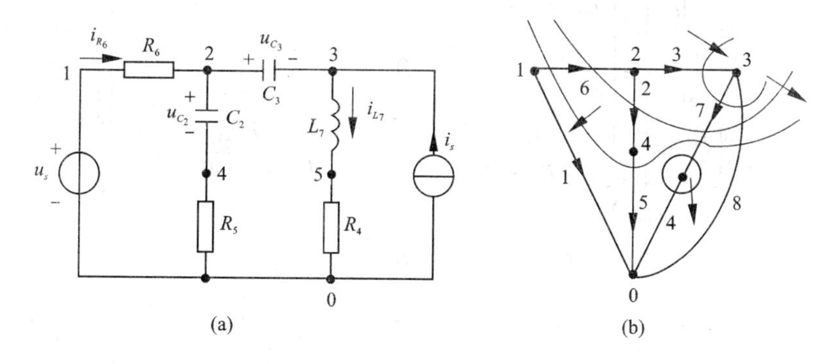

图 14－16　例 14－7 的图

解　(a)将每一元件作为一条支路，电路的有向图如图 14－16(b)所示。选 u_{C2}、u_{C3}、i_{L7}作为状态变量。各支路编号与元件下标相同。

(b)选支路 1、2、3、4、5 为特有树。

(c)对应特有树的单树支割集如图 14－16(b)所示，对单树支割集列写 KCL 方程，对单连支回路列写 KVL 方程。

对含 C_2 的割集有　$$C_2\frac{du_{C_2}}{dt}=-i_{L_7}+i_{R_6}+i_s \tag{1}$$

对含 C_3 的割集有　$$C_3\frac{du_{C_3}}{dt}=i_{L_7}-i_s \tag{2}$$

对含 L_7 的回路有 $L_7\frac{\mathrm{d}i_{L_7}}{\mathrm{d}t}=u_{C_2}-u_{C_3}+u_{R_5}-u_{R_4}$ (3)

对含 R_5 的割集有 $u_{R_5}/R_5=-i_{L_7}+i_{R_6}+i_s$ (4)

对含 R_4 的割集有 $U_{R_4}/R_4=i_{L_7}$ (5)

对含 R_6 的回路有 $R_6 i_{R_4}=-u_{C_2}-u_{R_6}+u_s$ (6)

(d)在式(1)、式(2)、式(3)中尚有3个非状态变量，且有式(4)、式(5)、式(6)可以利用，由式(4)、式(5)、式(6)可得

$$i_{R_6}=\frac{-1}{(R_5+R_6)}u_{C_2}+\frac{R_5}{R_5+R_6}i_{L_7}+\frac{1}{R_5+R_6}u_s-\frac{R_5}{R_5+R_6}i_s \tag{7}$$

$$u_{R_6}=\frac{-R_5}{R_5+R_6}u_{C_2}-\frac{R_5R_6}{R_5+R_6}i_{L_7}+\frac{R_5}{R_5+R_6}u_s+\frac{R_5R_6}{R_5+R_6}i_s \tag{8}$$

$$u_{R_4}=R_4 i_{L_7} \tag{9}$$

将式(7)、式(8)、式(9)代入式(1)、式(2)、式(3)、整理后得状态方程

$$\begin{bmatrix}\frac{\mathrm{d}u_{C_2}}{\mathrm{d}t}\\ \frac{\mathrm{d}u_{C_3}}{\mathrm{d}t}\\ \frac{\mathrm{d}i_{L_7}}{\mathrm{d}t}\end{bmatrix}=\begin{bmatrix}\frac{-1}{C_2(R_5+R_6)} & 0 & \frac{-R_6}{C_2(R_5+R_6)}\\ 0 & 0 & \frac{1}{C_3}\\ \frac{R_6}{L_7(R_5+R_6)} & -\frac{1}{L_7} & -\frac{1}{L_7}\left(\frac{R_5R_6}{R_5+R_6}-R_4\right)\end{bmatrix}\begin{bmatrix}u_{C_2}\\ u_{C_3}\\ i_{L_7}\end{bmatrix}$$

$$+\begin{bmatrix}\frac{1}{C_2(R_5+R_6)} & \frac{R_5}{C_2(R_5+R_6)}\\ 0 & -\frac{1}{C_5}\\ \frac{R_5}{L_7(R_5+R_6)} & \frac{R_5R_6}{L_7(R_5+R_6)}\end{bmatrix}\begin{bmatrix}u_s\\ i_s\end{bmatrix}$$

本章小结

本章在介绍网络图论基础概念的基础上，介绍了几个重要的矩阵，即关联矩阵、回路矩阵、割集矩阵，并导出用这些矩阵表示的KCL、KVL方程。然后导出回路电流方程、结点电压方程、割集电压方程，同时还介绍了状态变量法和状态方程。

复习思考题

(1) 以结点⑤为参考，写出图14－17所示有向图的关联矩阵 A。

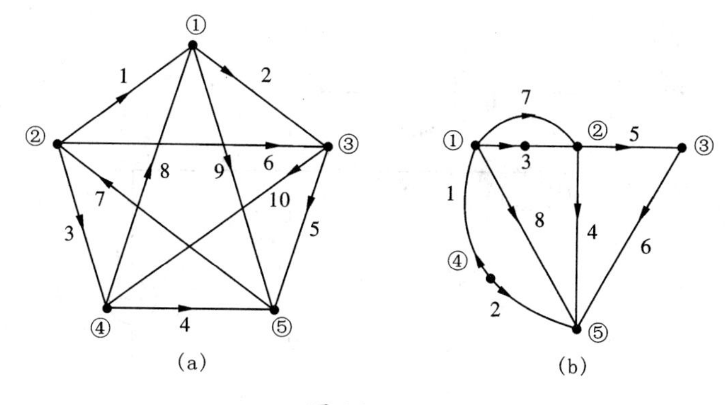

图 14－17

（2）图 14－18(a)和(b)，与用虚线画出的闭合面 S 相切割的支路集合是否构成割集？为什么？

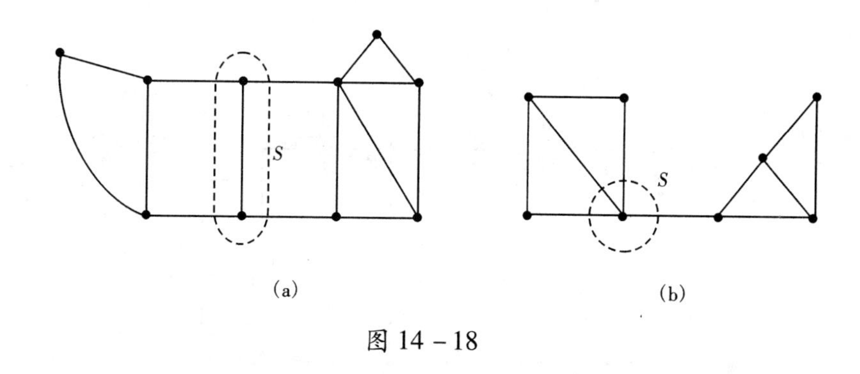

图 14－18

（3） 图 14－19 所示有向图，若选支路 1、2、3、7 为树，试写出基本割集矩阵和基本回路矩阵；另外，以网孔作为回路写出回路矩阵。

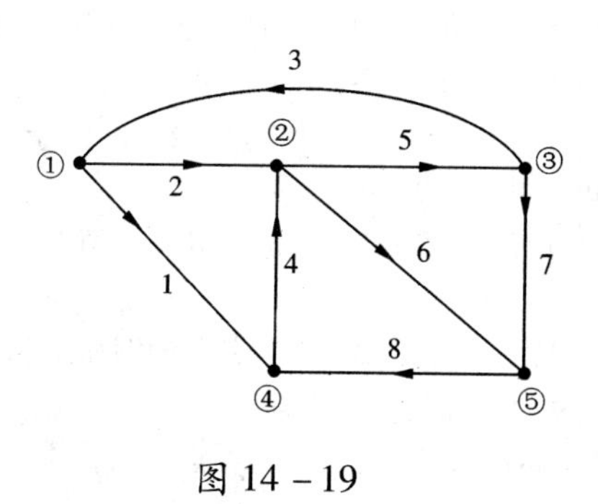

图 14－19

(4) 写出图 14－20 所示电路的结点电压方程的矩阵形式。

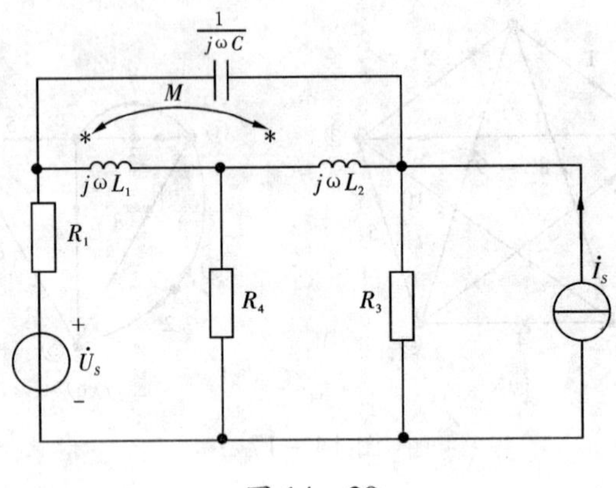

图 14－20

(5) 图 14－21 电路中电源角频率为 ω，试以结点④为参考结点，列出该电路结点电压方程的矩阵形式。

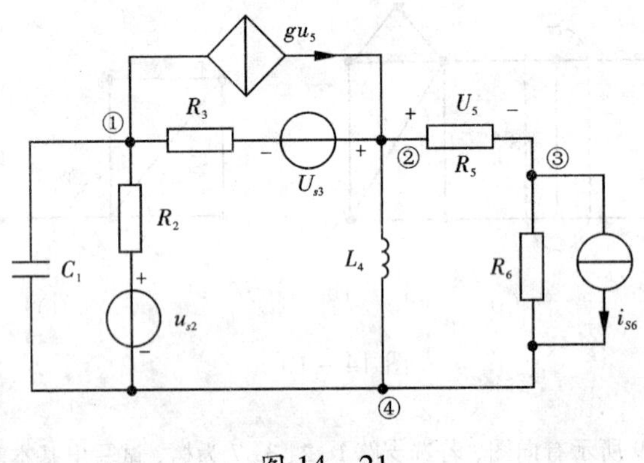

图 14－21

(6) 图 14－22 示电路，选支路 1、2、4、7 为树，用矩阵形式列出其回路电流方程。各支路电阻均为 5Ω，各电压源电压均为 3V，各电流源电流均为 2A。

(7) 电路如图 14－23(a)所示，其有向图如图 4－23(b)所示。以支路 3、4、5 为树支，写出基本回路矩阵和回路电流方程的矩阵形式。

(8) 电路如图 14－24(a)所示，图 14－24(b)为其有向图。选支路 1、2、6、7 为树，列出矩阵形式的割集电压方程。

(9) 图 14－25(a)所示电路为正弦电流电路，其有向图如图 14－25(b)所示。设支路 1、2、6 为树支，试写出基本割集矩阵和割集导纳矩阵。

(10)列出图 14－26 的电路的状态方程。若选结点①和②的结点电压为输出量，写出输出方程。

(11) 列出图 14 - 27 电路的状态方程。设 $C_1 = C_2 = 1$ F，$L_2 = 1$ H，$L_2 = 2$H，$R_1 = R_2 = 1\ \Omega$，$u_s(t) = 2\sin t$ V，$i_S(t) = 2e^{-t}$ A。

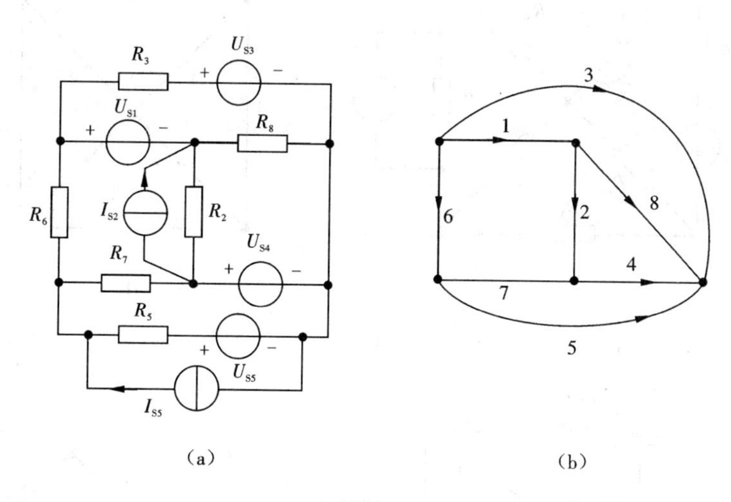

图 14 - 22

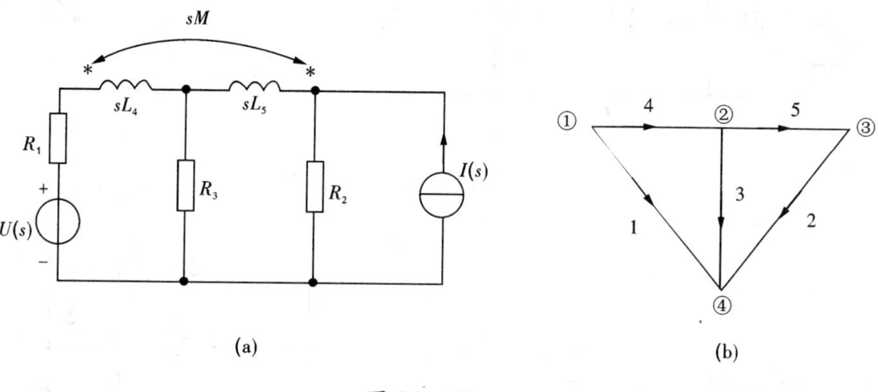

图 14 - 23

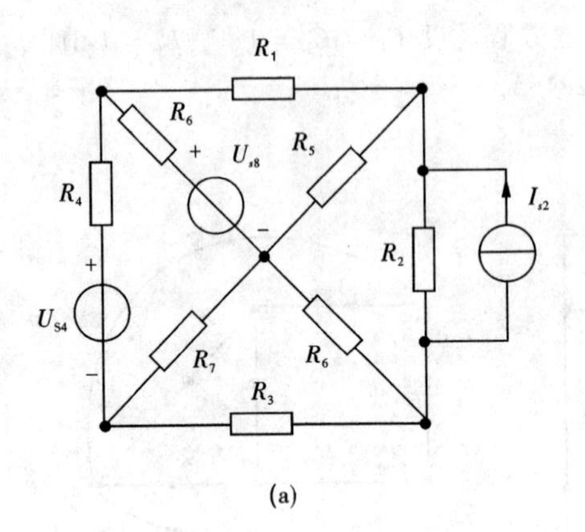

(a)

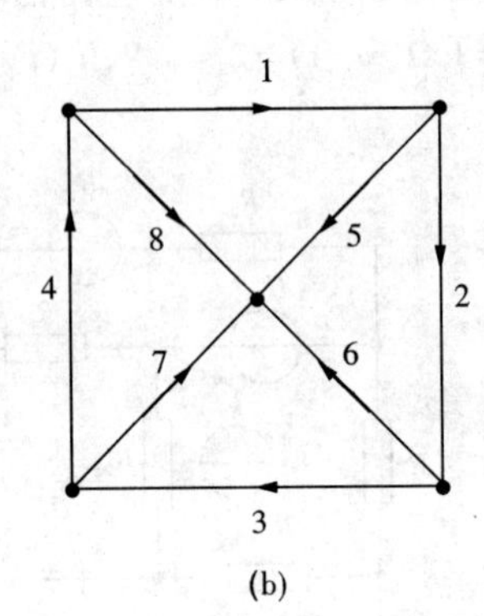

(b)

图 14 - 24

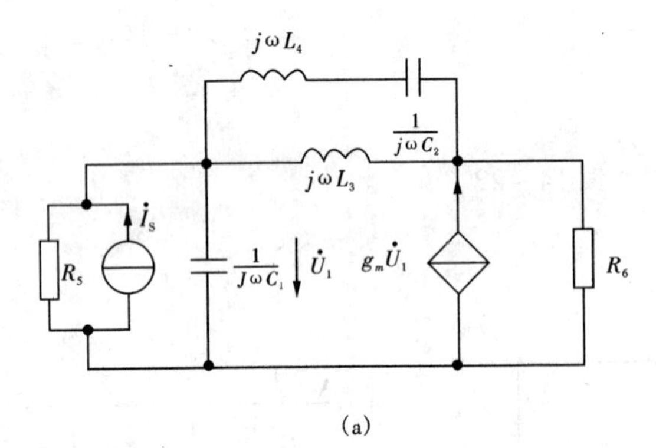

(a)

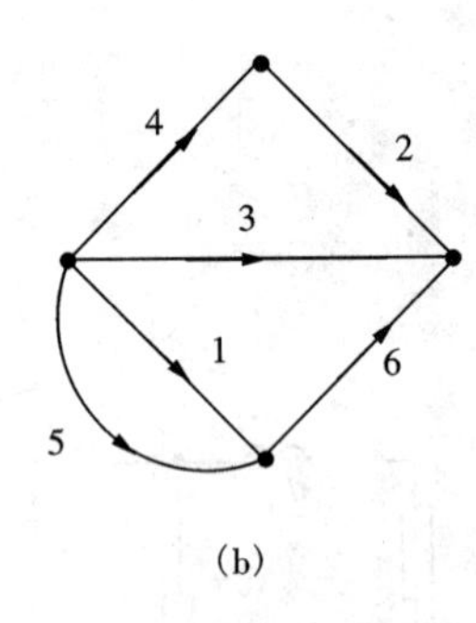

(b)

图 14 - 25

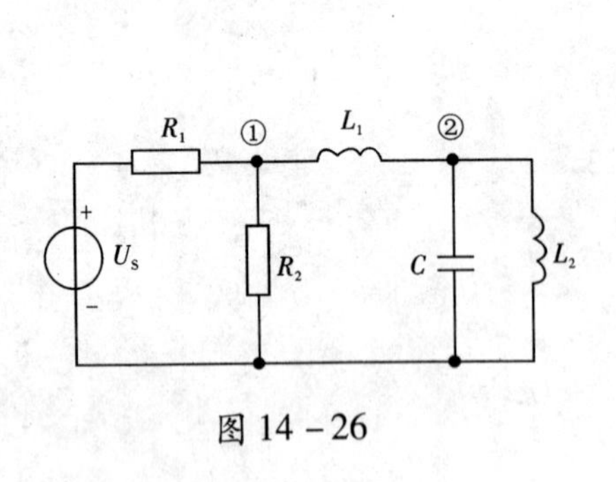

图 14 - 26

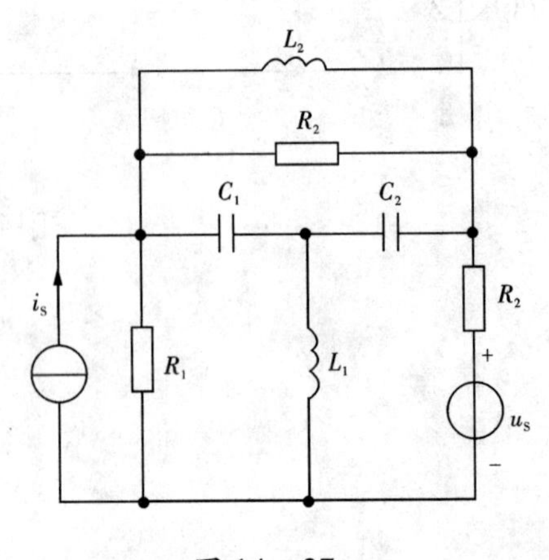

图 14 - 27

第 15 章　非线性电阻电路

非线性是自然界中一切实际系统所固有的根本性质，是物质运动的普遍规律。严格地说，实际电路都是非线性的，不过，实际电路的工作电压、工作电流都限制在一定的范围之内，在正常工作条件下大多可以近似为线性电路，特别是对于那些非线性程度比较薄弱的电路元件，将它当成线性元件处理不会带来大的差异。但是，对于非线性特征较为显著的电路，或近似为线性电路的条件不满足，就不能忽视其非线性特性，否则，将使理论分析结果与实际测量结果相差过大，甚至发生质的差异，而无法解释其中的物理现象。对这类电路的分析必须采用非线性电路的分析方法。本章介绍非线性电阻元件，并说明非线性电阻元件的串联和并联。同时，介绍分析非线性电阻电路的一些常用方法，如小信号法，分段线性化方法。

15.1　非线性电阻

线性电阻元件的伏安特性可用欧姆定律 $u=Ri$ 表示，在 $u-i$ 平面上是通过坐标原点的一条直线。伏安关系不符合上述直线关系的电阻元件称为非线性电阻，其电路中的符号如图 15－1 所示。

非线性电阻上的电压、电流之间的关系是非线性函数关系。根据不同的函数关系，可将非线性电阻分为下列 3 种类型。

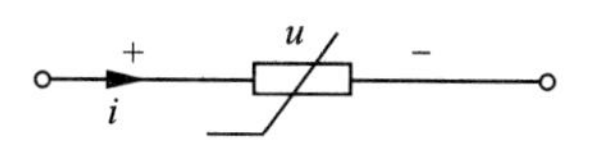

图 15－1　非线性电阻

1. 流控型非线性电阻

若非线性电阻元件两端的电压是其电流的单值函数，这种电阻称为流控型非线性电阻，它的伏安关系可以表示为

$$u=f(i) \tag{15-1}$$

其典型的伏安关系曲线如图 15－2 所示。由图可见，在特性曲线上，对应于各电流值，有且仅有一个电压值与之相对应；反之，对于同一电压值，电流可能是多值的，充气二极管就具有这样的特性。

2. 压控型非线性电阻

若非线性电阻元件两端的电流是其电压的单值函数，这种电阻称为压控型非线性电阻。它的伏安关系可以表示为

$$i = g(u) \tag{15-2}$$

其典型的伏安关系曲线如图 15-3 所示。由图可见，在特性曲线上，对应于各电压值，有且仅有一个电流值与之相对应；反之，对于同一电流值，电压可能是多值的，隧道二极管就具有这样的特性。

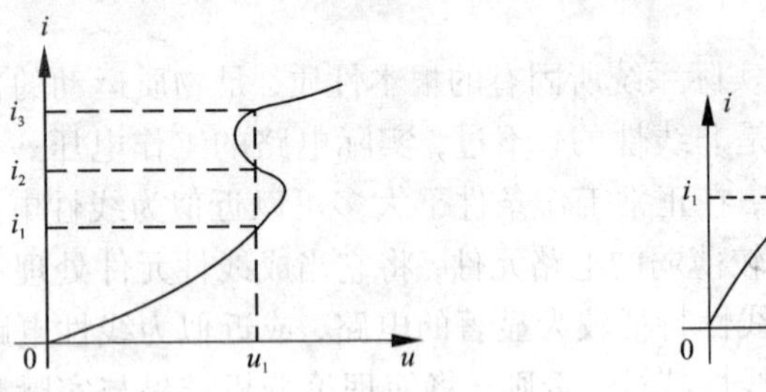

图 15-2 流控型非线性电阻特性曲线

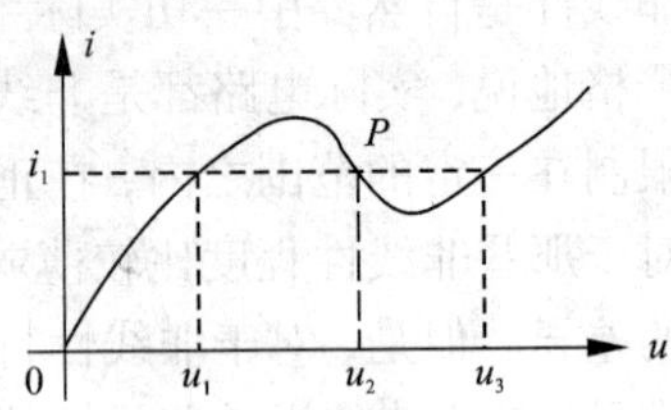

图 15-3 压控型非线性电阻特性曲线

3. 单调型非线性电阻

若非线性电阻的伏安关系是单调增长或单调下降的，则称之为单调型非线性电阻。它既可以看成压控型电阻又可看成流控型电阻。因此，其伏安关系既可以用式(15-1)表示，也可用式(15-2)表示，其典型的伏安关系曲线如图 15-4 表示，p-n 结二极管就属于这类电阻。

为了今后定量分析非线性电路的方便，下面引入“静态电阻”和“动态电阻”的概念。

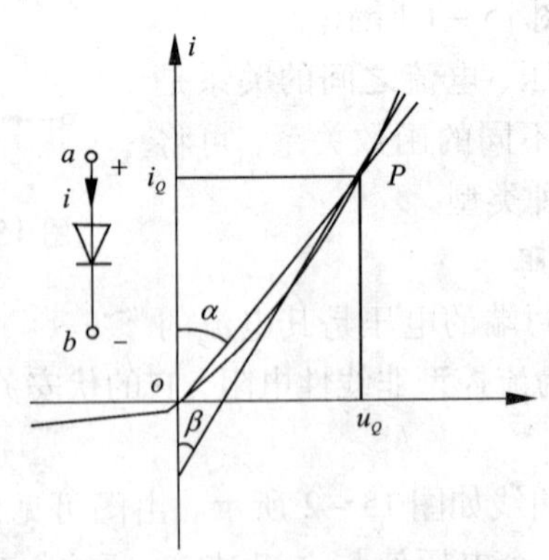

图 15-4 单调型非线性电阻特性曲线

所谓静态电阻 R 是指电阻元件在某一工作点(如图 15-4 中的 P 点)的电压值 u 与电流值 i 的比值，即

$$R=\frac{u}{i}\bigg|_P \tag{15-3}$$

当 u、i 的单位均为国际单位制且比例相同时，α 是 P 点与 i 轴的夹角，则 P 点的静态电阻 R 的几何含义为 R 正比于 $\tan\alpha$。

非线性电阻在不同工作点的静态电阻一般情况下是不同的，而线性电阻各点的静态电阻是相同的。

所谓动态电阻 R_d 是指电阻元件在某一工作点（如图 15－4 中的 P 点）的电压 u 对电流 i 的导数，即

$$R_d=\frac{\mathrm{d}u}{\mathrm{d}i}\bigg|_P \tag{15-4}$$

当 u、i 的单位均为国际单位制且比例相同时，β 是 P 点的切线与 i 轴的夹角，则 P 点的动态电阻 R_d 的几何含义为 R_d 正比于 $\tan\beta$。

非线性电阻特性曲线上不同点的动态电阻一般是不同的，而线性电阻的动态电阻是一个常数，它与工作点无关。静态电阻总是正的，但动态电阻可能出现负值，当电压增加、电流下降时动态电阻就是负值，如图 15－3 中的 P 点。

非线性电阻在某一工作点的静态电阻与动态电阻一般是不相等的，而线性电阻的静态电阻与动态电阻在各个点都是相等的，所以线性电阻对静态电阻与动态电阻不加区分。

例 15－1　设有一个非线性电阻的伏安特性用下式表示：$u=f(i)=50i+i^3$

（1）分别求出 $i_1=2\text{A}$，$i_2=2\cos314t$ A 和 $i_3=10\text{A}$ 时的电压 u_1、u_2、u_3。

（2）设 $u_{12}=f(i_1+i_2)$，问 u_{12} 是否等于 (u_1+u_2)？

（3）忽略等号右边第二项 i^3，即把此非线性电阻视为 50Ω 的线性电阻，当 $i=10\text{mA}$ 时，求由此产生的误差为多大？

解　（1）当 $i_1=2\text{A}$ 时，$u_1=50\times2+2^3=108\text{V}$

当 $i_2=2\cos314t\text{A}$ 时，$u_2=50\times2\cos314t+8\cos^3314t\text{V}$

利用三角恒等式 $\cos3\theta=4\cos^3\theta-3\cos\theta$，得

$$\begin{aligned}u_2&=100\cos314t+6\cos314t+2\cos942t\\&=106\cos314t+2\cos942t\text{V}\end{aligned}$$

当 $i_3=10\text{A}$ 时，$u_3=50\times10+10^3=1500\text{V}$

（2）现在 $u_{12}=f(i_1+i_2)$.

$$\begin{aligned}u_{12}&=50(i_1+i_2)+(i_1+i_2)^3\\&=50(i_1+i_2)+(i_1^3+i_2^3)+3i_1i_2(i_1+i_2)\\&=u_1+u_2+3i_1i_2(i_1+i_2)\end{aligned}$$

所以　　$u_{12}\neq u_1+u_2$

(3)当 $i=10\text{mA}$ 时,

$$u=50\times10\times10^{-3}+(10\times10^{-3})^{3}$$
$$=0.5(1+2\times10^{-6})\approx0.5\text{V}$$

可见,如果把此非线性电阻视为50Ω的线性电阻,则误差仅为0.0002%。

由本例可以看到非线性电阻的一些主要性质:

(1)非线性电阻可以产生频率不同于输入频率的输出,因此可以用来进行各种需要的频率变换;

(2)当输入信号很小时,把非线性电阻作为线性电阻来处理,所产生的误差并不很大;

(3)叠加定理仅适用于线性电阻电路,不适用于非线性电阻电路。

15.2 非线性电阻电路的串联和并联

前已述及,非线性电阻元件的阻值都是电流 i 或电压 u 的函数。因此,对于非线性电阻元件,一般是给出用实验方法测得的 $u-i$ 特性曲线,有的则是给出它的近似数学模型。

含有非线性元件的电路称为非线性电路,当非线性电路中元件都是电阻元件时,该电路称为非线性电阻电路。基尔霍夫电流定律和电压定律对于非线性电路依然适用。

图15-5表示两个非线性电阻元件的串联,它们的 $u-i$ 特性 $u_1=f_1(i_1)$ 和 $u_2=f_2(i_2)$,如图15-6所示。

根据基尔霍夫电流定律和电压定律,对图15-5(a),有

$$\left.\begin{aligned}&i=i_1=i_2\\&u=u_1+u_2=f_1(i_1)+f_2(i_2)=f(i)\end{aligned}\right\}\tag{15-5}$$

因此,在图15-5中,只要在同一电流 i 值下,将 $f_1(i_1)$ 和 $f_2(i_2)$ 曲线上对应的电压值 u_1、u_2 相加,即可得到电压 u。取不同的 i 值,可逐点求出 $u-i$ 特性 $u=f(i)$,如图15-6所示。曲线 $u=f(i)$ 即是图15-5(a)中两个非线性电阻元件串联的等效非线性电阻元件的 $u-i$ 特性,如图15-5(b)所示。

图15-7(a)表示两个非线性电阻元件的并联,它们的 $u-i$ 特性 $i_1=f_1(u_1)$ 和 $i_2=f_2(u_2)$,如图15-8所示。

根据基尔霍夫电压定律和电流定律,对图15-7(a),有

$$\left.\begin{aligned}&u=u_1=u_2\\&i=i_1+i_2=f_1(u_1)+f_2(u_2)=f(u)\end{aligned}\right\}\tag{15-6}$$

因此,在图15-8中,只要在同一电压 u 值下,将和曲线上对应的电流值

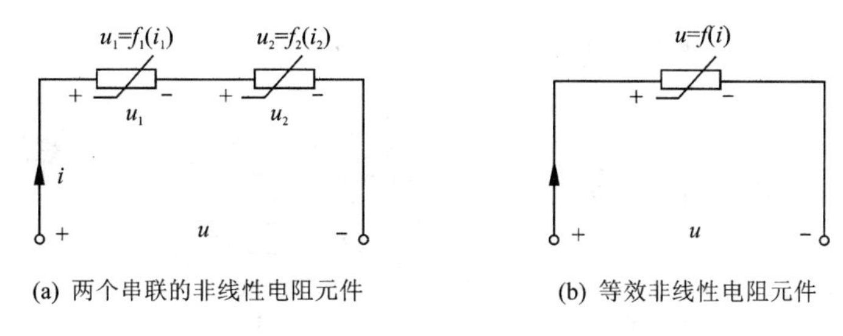

图 15－5　非线性电阻元件的串联

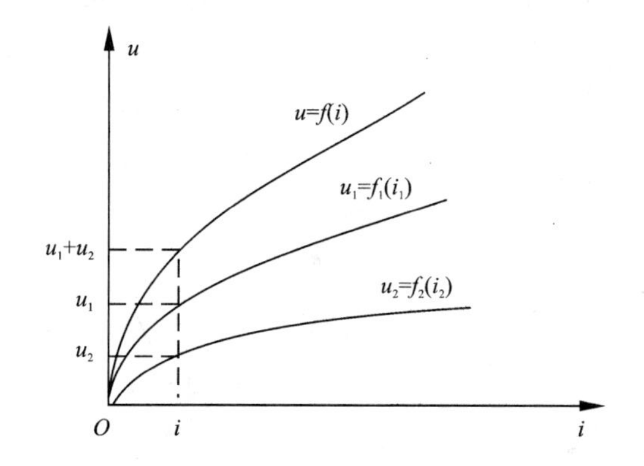

图 15－6　非线性电阻元件的 $u-i$ 特性曲线

i_1，i_2 相加，即可得到电流 i，取不同的 u 值，可逐点求出 $u-i$ 特性 $i=f(u)$。如图 15－8 所示。曲线 $i=f(u)$ 即是图 15－7(a)中两个非线性电阻元件并联的等效非线性电阻元件的 $u-i$ 特性，如图 15－7(b)所示。

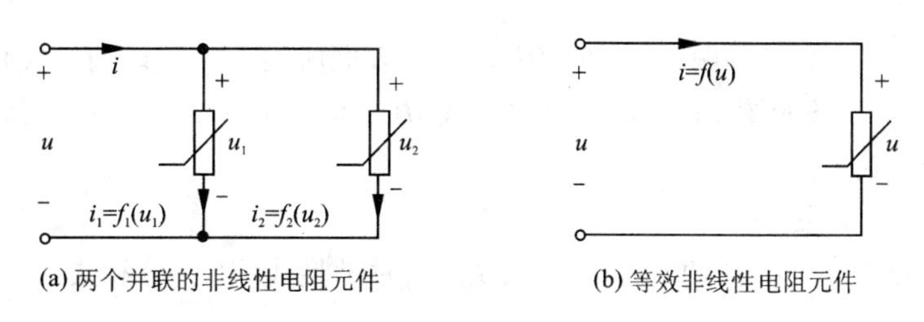

图 15－7　非线性电阻元件的并联

仅含一个非线性电阻的电路是电路中常见的。这样的电路可以看做是一个有源线性一端口网络两端接一非线性电阻 R 所组成，如图 15－9 所示。对于这样的非线性电阻电路，可以用“曲线相交法”来求出电路中的电流 i 和电压 u。

对于图 15－9(a)所示电路，根据 KVL，得

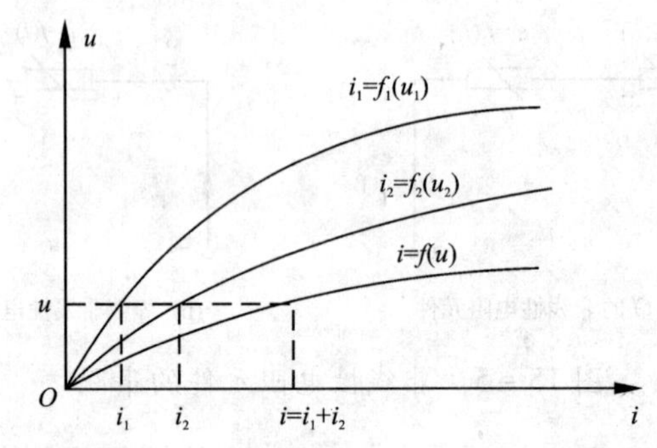

图 15－8　非线性电阻元件的 $u-i$ 特性曲线

$$U_0=R_0i+u$$

即

$$u=U_0-R_0i \tag{15-7}$$

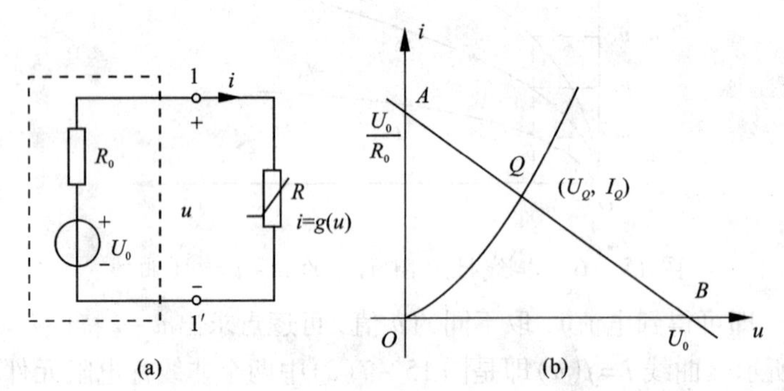

图 15－9　含有一个非线性电阻的电路

式(15－7)可以看做是图 15－9(a)虚线方框所表示一端口的伏安特性。它在 平面上是一条如图 15－9(b)中的直线$\overline{AB}$。而图 15－9(a)中非线性电阻 R 的伏安特性为

$$i=g(u) \tag{15-8}$$

直线$\overline{AB}$与 $i=g(u)$ 的交叉点(U_Q, I_Q)同时满足式(15－7)和式(15－8)，所以有

$$U_0=R_0I_Q+U_Q$$
$$I_Q=g(U_Q)$$

交点 $Q(U_Q,\ I_Q)$ 称为电路的静态工作点，它就是图 15－9(a)所示电路的解。在电子电路中，直流电压源往往表示偏置电压，R_0 表示负载，故直线$\overline{AB}$有时称为负载线。

15.3　小信号分析法

在电子电路中遇到的非线性电路，不仅有作为偏置电压的直流电源 U_0 作用，同时还有随时间变动的输入电压 $u_s(t)$ 作用。假设在任何时刻有 $U_0 \gg |u_s(t)|$，则把 $u_s(t)$ 称为小信号电压。分析这类电路，可以采用小信号分析法。

在图15－10(a)所示电路中，直流电压源 U_0 为偏置电压，电阻 R_0 为线性电阻，非线性电阻 R 是电压控制型的，其伏安特性 $i=g(u)$，图15－10(b)为其伏安特性曲线，小信号时变电压为 $u_s(t)$，且 $|u_s(t)| \ll U_0$ 总成立。

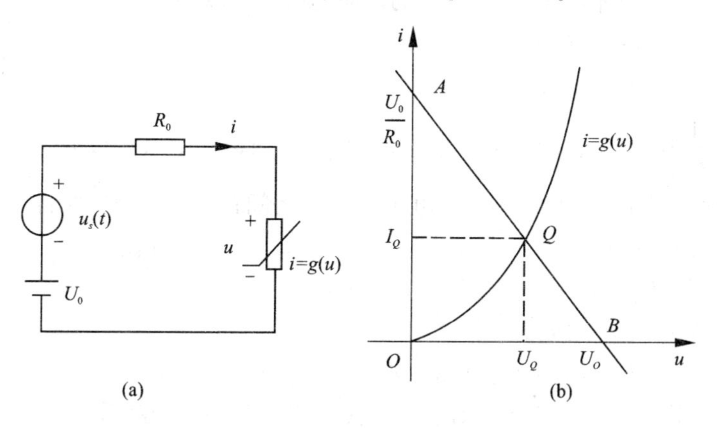

图15－10　非线性电路的小信号分析

首先按照KVL列出电路方程

$$U_0+u_s(t)=R_0 i(t)+u(t) \tag{15-9}$$

在上述方程中，当 $u_s(t)=0$ 时，即只有直流电压源单独作用时，负载线 $\overline{AB}$ 见图15－10(b)，它与特性曲线的交点 $Q(U_Q, I_Q)$ 即静态工作点。在 $|u_s(t)| \ll U_0$ 的条件下，电路的解 $u(t)$、$i(t)$ 必在工作点 (U_Q, I_Q) 附近，所以可以近似地把 $u(t)$、$i(t)$ 写为

$$\left.\begin{aligned} u(t)&=U_Q+u_1(t) \\ i(t)&=I_Q+i_1(t) \end{aligned}\right\} \tag{15-10}$$

式中 $u_1(t)$ 和 $i_1(t)$ 是由于信号 $u_s(t)$ 引起的偏差。在任何时刻 t，$u_1(t)$ 和 $i_1(t)$ 相对 U_Q、I_Q 都是很小的量。

由于 $i=g(u)$，由式(15－10)，有

$$I_Q+i_1(t)=g[U_Q+u_1(t)] \tag{15-11}$$

由于 $u_1(t)$ 很小，可以将上式右方在 Q 点附近用泰勒级数展开，取级数前面两

项而略去一次项以上的高次项，式(15-11)可写为

$$I_Q+i_1(t)\approx g(U_Q)+\left.\frac{\mathrm{d}g}{\mathrm{d}u}\right|_{U_Q}u_1(t) \tag{15-12}$$

由于 $I_Q=g(U_Q)$，故从式(15-12)得

$$i_1(t)\approx\left.\frac{\mathrm{d}g}{\mathrm{d}u}\right|_{U_Q}u_1(t)$$

而

$$\left.\frac{\mathrm{d}g}{\mathrm{d}u}\right|_{U_Q}=G_d=\frac{1}{R_d} \tag{15-13}$$

为非线性电阻在工作点(U_Q, I_Q)处的动态电导，所以

$$\left.\begin{aligned}i_1(t)&=G_du_1(t)\\u_1(t)&=R_di_1(t)\end{aligned}\right\} \tag{15-14}$$

由于 $G_d=\frac{1}{R_d}$ 在工作点(U_Q, I_Q)处是一个常量，所以从上式可以看出，由小信号电压 $u_s(t)$ 产生的电压 $u_1(t)$ 和电流 $i_1(t)$ 之间的关系是线性的。这样，式(15-9)可改写为

$$U_0+u_s(t)=R_0[I_Q+i_1(t)]+U_Q+u_1(t) \tag{15-15}$$

但是 $U_0=R_0I_Q+U_Q$，故得

$$u_s(t)=R_0i_1(t)+u_1(t) \tag{15-16}$$

又因为在工作点处有 $u_1(t)=R_di_1(t)$，代入式(15-16)，最后得

$$u_s(t)=R_0i_1(t)+R_di_1(t) \tag{15-17}$$

上式是一个线性代数方程，由式(15-17)可以作出给定非线性电阻在工作点(U_Q, I_Q)处的小信号等效电路如图15-11所示。于是，求得

$$i_1(t)=\frac{u_s(t)}{R_0+R_d}$$

$$u_1(t)=R_di_1(t)=\frac{R_du_s(t)}{R_0+R_d}$$

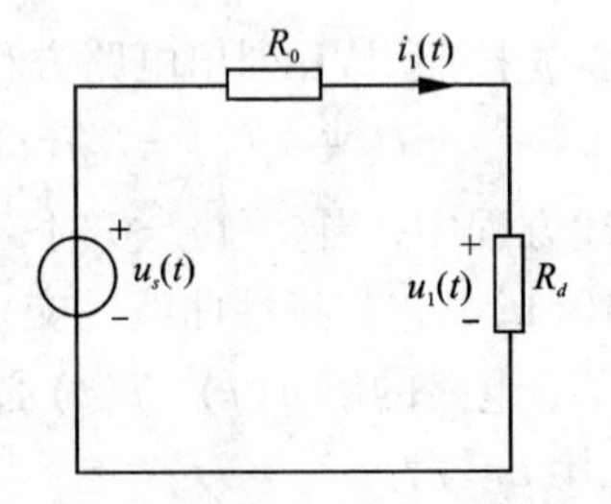

图 15-11 小信号等效电路

例 15-2 如图 15-12(a)所示电路，直流电流源 $I_0=10\text{A}$，$R_0=1/3\Omega$，非线性电阻为电压控制型，其伏安特性如图 15-12(b)所示，用函数表示为

$$i=g(u)=\begin{cases}u^2 & (u\geqslant0)\\0 & (u<0)\end{cases}$$

小信号电流源 $i_s(t)=0.5\cos t$ A 。试求工作点和在工作点处由小信号产生的电压和电流。

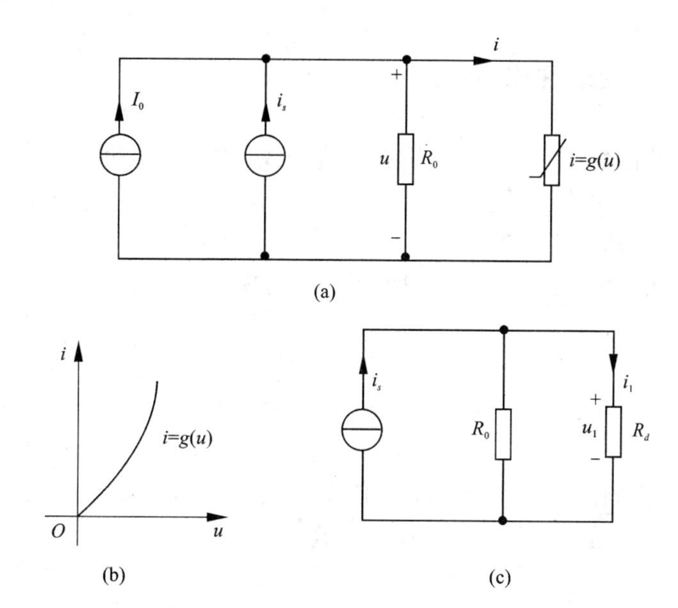

图 15－12　例 15－2 的图

解　应用 KCL，有

$$\frac{1}{R_0}u+i=I+i_s$$

或

$$3u+g(u)=10+0.5\cos t$$

令 $i_s=0$，由上式得

$$3u+g(u)=10$$

把 $g(u)=u^2\ (u>0)$ 代入上式并求解所得方程，可得对应工作点的电压 $U_Q=2$ V，$I_Q=4$ A。工作点处的动态电导为

$$G_d=\left.\frac{\mathrm{d}g(u)}{\mathrm{d}u}\right|_{U_Q}=\left.\frac{\mathrm{d}}{\mathrm{d}u}(u^2)\right|_{U_Q}=\left.2u\right|_{U_Q=2}=4\ \mathrm{S}$$

作出小信号等效电路如图 15－13(c)，从而求出非线性电阻的小信号电压和电流为

$$u_1=\frac{0.5}{7}\cos t=0.0714\cos t\ \mathrm{V}$$

$$i_1=\frac{2}{7}\cos t=0.286\cos t\ \mathrm{A}$$

则非线性电阻的电压、电流分别为

$$u = U_Q + u_1 = (2 + 0.0714\cos t)\,\text{V}$$
$$i = I_Q + i_1 = (4 + 0.286\cos t)\,\text{A}$$

15.4 分段线性化方法*

分段线性化方法(又称折线法)是研究非线性电路的一种有效方法，它的特点在于能把非线性的求解过程分成几个线性区段，就每个线性区段来说，又可以应用线性电路的计算方法。

在分段线性化方法中，常引用理想二极管模型，它的特性是：在电压为正向时，二极管完全导通，它相当于短路；在电压反向时，二极管完全不导通，电流为零，它相当于开路，其伏安特性如图15-13所示。一个实际二极管的模型可由理想二极管和其他元件组成。例如用理想二极管与线性电阻组成实际二极管的模型，其伏安特性可以用图15-14的折线$\overline{BOA}$表示，当这个二极管加正向电压时，它相当于一个线性电阻，其伏安特性用直线$\overline{OA}$表示；当电压反向时，二极管完全不导通，其伏安特性用$\overline{BO}$表示。

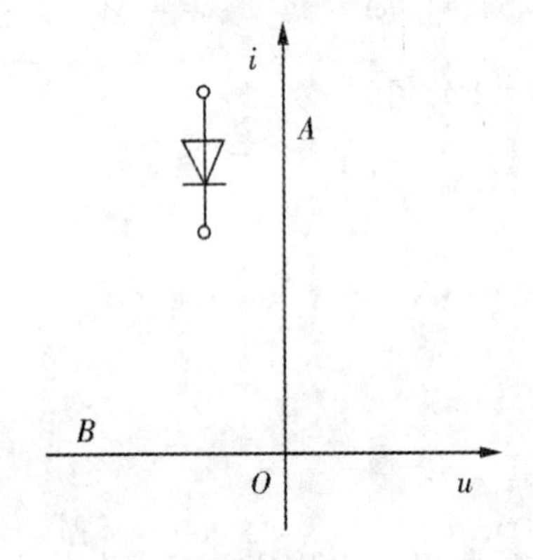

图15-13 理想二极管

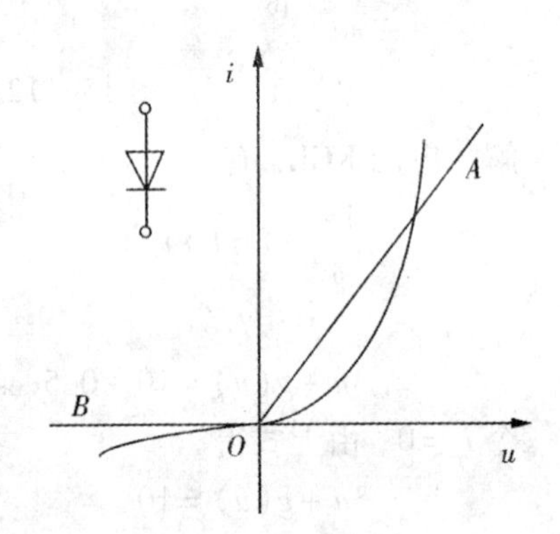

图15-14 p-n结二极管伏安特性

例15-3 (1)图15-15(a)所示电路由线性电阻R、理想二极管和直流电压源串联组成。电阻R的伏安特性如图15-15(b)所示。画出此串联电路的伏安特性。(2)把图15-15(a)中的电阻R和二极管与直流电流源并联，如图15-15(d)。画出此并联电路的伏安特性。

解 (1)各元件的伏安特性示于图15-15(b)中，电路方程为

$$u = Ri + u_d + U_0,\ i > 0$$

需求解的伏安特性可用图解法求得，如图15-15(c)的折线$\overline{ABC}$(当$u < U_0$

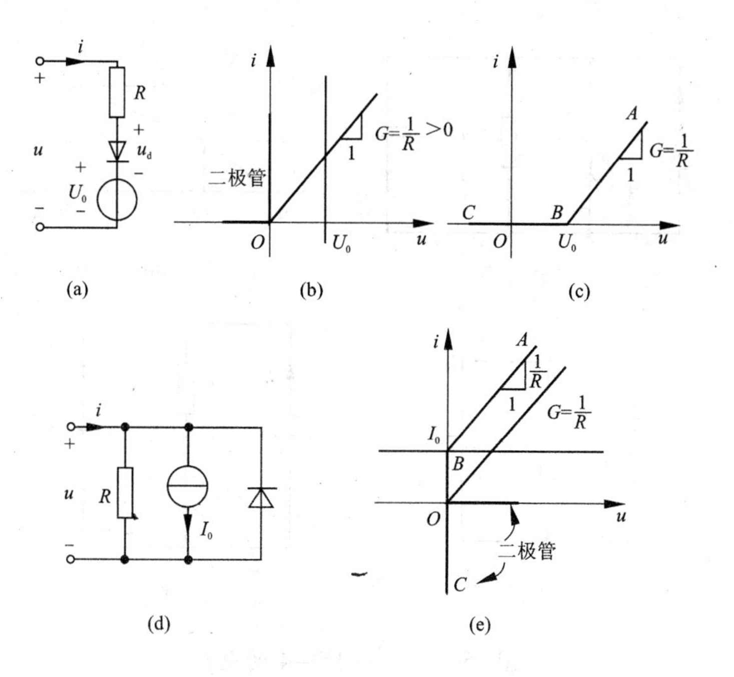

图 15－15　例 15－3 的电路

时，$i=0$）。

（2）电路方程为

$$i=\frac{u}{R}+I_0 \quad u>0$$

当 $u<0$ 时，二极管完全导通，电路被短路。当 $u>0$ 时，用图解法求得的伏安特性，如图 15－15（e）中的折线 $\overline{ABO}$。

例 15－4　如图 15－16（a）所示电路，已知 $C=0.25$ F，$I_S=10$ A，非线性电阻的伏安特性曲线如图 15－16（b）所示。当 $t<0$ 时，开关 S 是闭合的，电路已处于稳态。当 $t=0$ 时，开关 S 打开。求 $t\geqslant 0$ 时的电压 $u(t)$。

解　由非线性电阻的伏安特性曲线可知，它分为两段，当 $0<u\leqslant 10$ V 时（第 1 个线性段），线段的方程为 $u=2i$，故非线性电阻可等效为线性电阻 $R_1=2$ Ω；当 $u>10$ V 时（第 2 个线性段），线段的方程为 $u=4i-10$，故可等效为线性电阻 $R_2=4$ Ω 和 -10 V 的电压源相串联。由于该电路是对零状态电容充电的电路，所以电容电压由 0 V 逐渐上升，设电容电压 $u(t)$ 达 10 V 所对应的时间为 t_1，则：

（1）在 $0\leqslant t\leqslant t_1$ 期间，非线性电阻工作在第 1 个线性段，此时非线性电阻

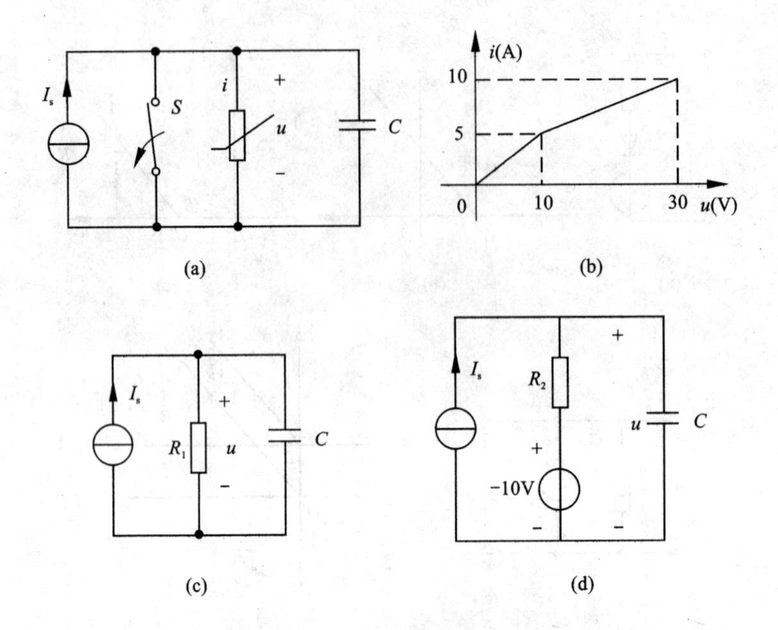

图 15-16 例 15-4 的电路

等效为线性电阻 $R_1=2\ \Omega$，整个电路等效为一阶线性电路，如图 15-16(c)所示。电容电压的初始值 $u(0_+)=u(0_-)=0$，稳定值 $u(\infty)=R_1 I_S=20\ \text{V}$，时间常数 $\tau=R_1 C=0.5\ \text{s}$；代入三要素公式，得

$$u(t)=20(1-\mathrm{e}^{-2t})\,\text{V}$$

由于 $u(t_1)=10\ \text{V}$，代入上式得 $t_1=-0.5\ln(0.5)=0.35\ \text{s}$。

(2)在 $t_1\sim t_2$ 期间，非线性电阻工作在第2个线性段，此时非线性电阻等效为线性电阻和电压源串联支路，整个电路等效为一阶线性电路，如图 15-16(d)所示，电容电压的初始值 $u(t_1)=10$，稳态值 $u(\propto)=R_2 I_S-10=30\ \text{V}$，时间常数 $\tau=R_2 C=1\ \text{s}$；代入三要素公式，得

$$u(t)=(30-20\mathrm{e}^{-(t-0.35)})\,\text{V},\ t\geqslant 0.35\ \text{s}$$

本章小结

本章主要介绍了非线性电路的概念以及非线性电阻元件的分类，非线性电阻电路的串联和并联，同时介绍分析非线性电路的一些常用方法，如小信号分析法、分段线性化方法，并通过例题说明这些方法的应用。

复习思考题

（1）如果通过非线性电阻的电流为 $\cos(\omega t)$ A，要使该电阻两端的电压中含有 4ω 角频率的电压分量，试求该电阻的伏安特性，写出其解析表达式。

（2）两个非线性电阻的伏安特性分别如图 15－17 中的曲线 1 和 2。画出这两个非线性电阻串联后的等效伏安特性和并联后的等效伏安特性。

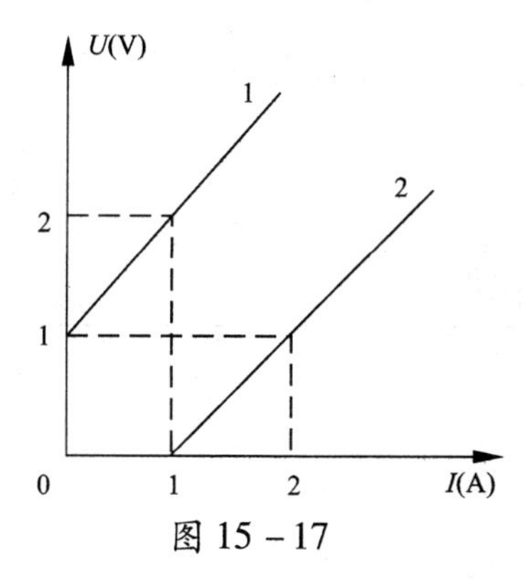

图 15－17

（3）如图 15－18(a)所示电路中，非线性电阻的伏安特性如图 15－18(b)，求 u 和 i 的值。

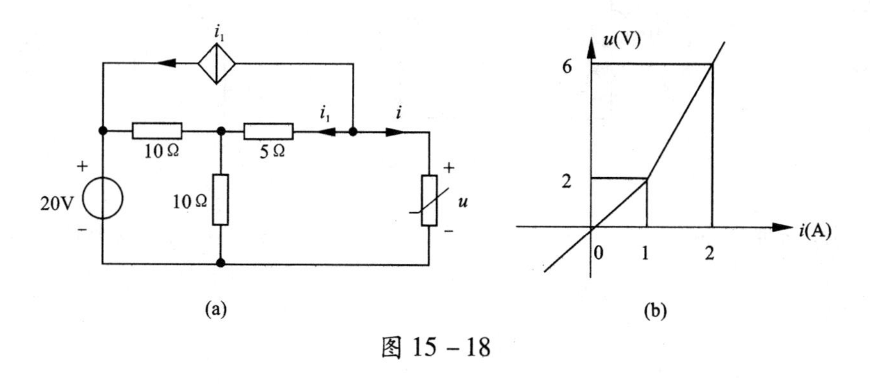

图 15－18

(4) 已知图 15 - 19 电路中非线性电阻的伏安特性为 $u=\begin{cases}0 & (i\leqslant 0)\\ i^2+1 & (i>0)\end{cases}$ 求 i，u 及 i_1。

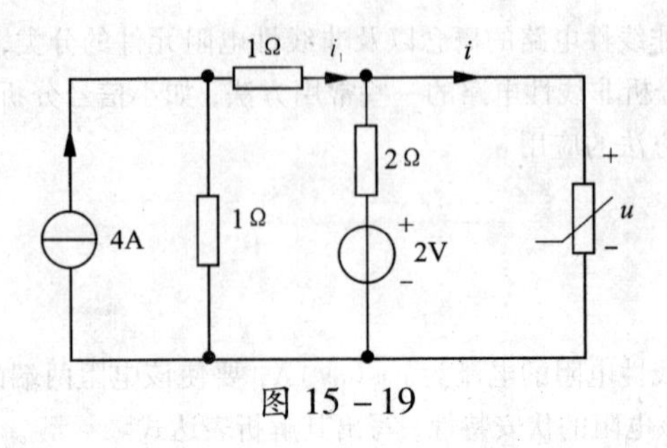

图 15 - 19

(5) 图 15 - 20 所示非线性电路中，已知非线性电阻的伏安特性为 $u=i^2(i>0\text{A})$，小信号电压 $u_s(t)=160\cos 314t$ mV，试用小信号分析方法求电流 i。

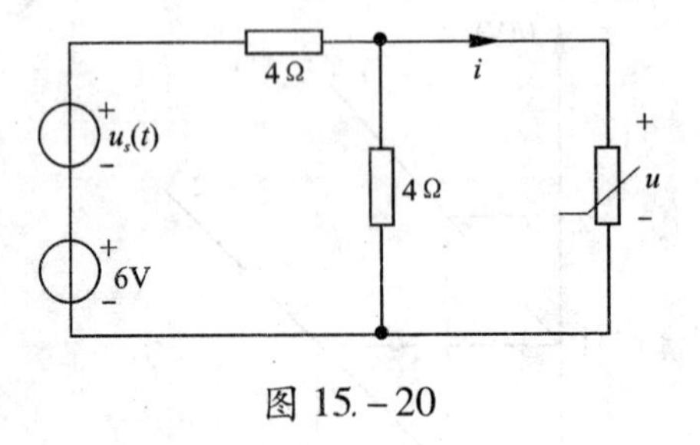

图 15. - 20

(6) 如图 15 - 21 所示电路中非线性电阻的伏安特性为 $u=0.1i^2(i>0)$，求 u 和 i 的值。

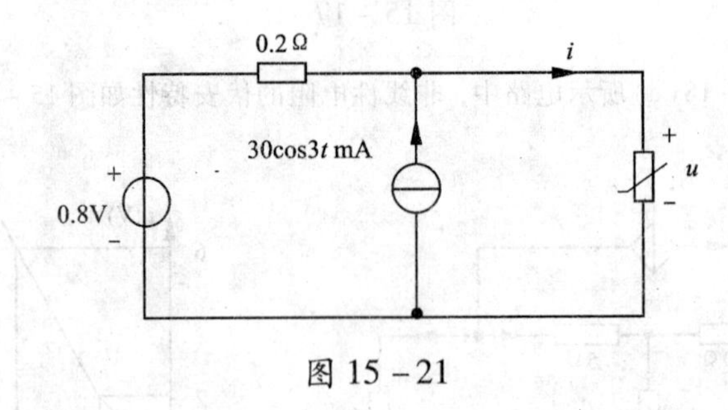

图 15 - 21

(7) 含理想二极管电路如图 15 - 22 所示，在 $u-i$ 平面上绘出该电路伏安特性。

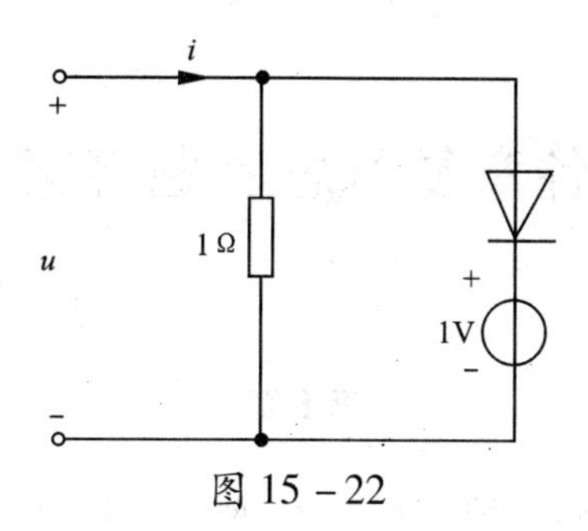

图 15 - 22

(8) 图 15 - 23(a)所示电路中线性电阻、理想电流源与理想二极管的伏安特性分别如图 15 - 23(b)中曲线 1、2 与 3 所示，在 $u-i$ 平面上绘出该并联电路的伏安特性。

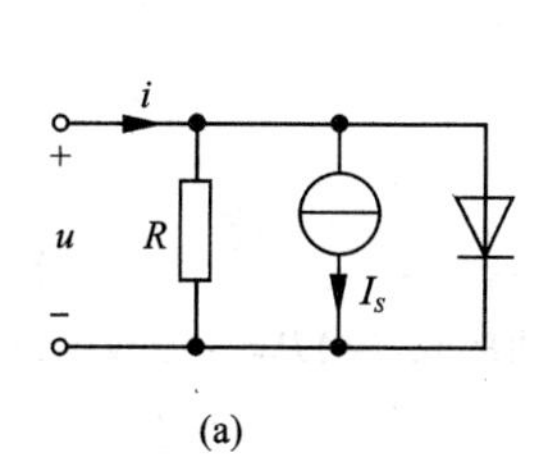

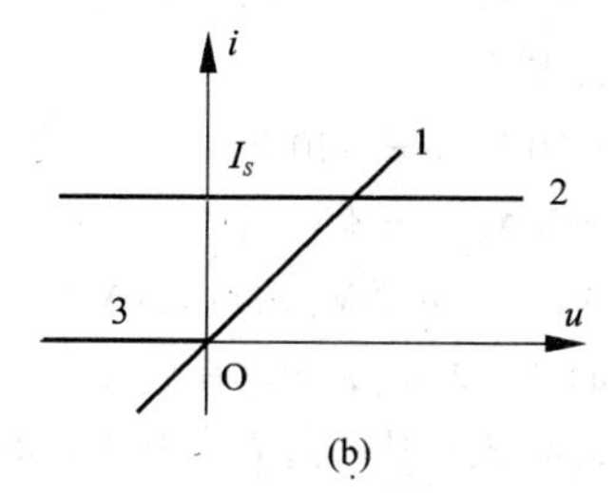

图 15 - 23

各章复习思考题答案

第1章

(1) (a)$P=0.01$ W(吸收功率), (b)$P=\sin^2\omega t$W(吸收功率), (c)$P=-0.01$ W(发出功率), (d)$P=12$ W(发出功率)

(2) ①$u_a=30$ V, ②$i_b=-1$ A, ③$i_C=-1$ A, ④$i_d=-1$ mA

(3) (a)$i=0.5$ A, (b)$u=-6$ V, (c) $=-15e^{-t}$V, (d)$i=1.75\cos 2t$A, (e)$R=3$ Ω, (f)$P=1.8\cos^2 2t$ W

(5) $u=10$ V; $u=-10$ V

(6) $i_L=2$ A, $u_C=8$ V

(7) $u_L(t)=-e^{-2t}$ V, $u(t)=0$ V

(8) (a)$P=12$ W(发出功率), (b)$P=40$ W(吸收功率), (c)$P=-2$ W(吸收功率), (d) $P_V=26$ W(发出功率), $P_A=10$ W(吸收功率)

(9) ①8 V, 64 W(发出功率)

②0.5 A, 15 W(吸收功率)

(10) $U_s=90$ V, $I=1$ A

(11) $u_1=-3.33$ V, $i_1=-3$A

(12) $u=7.5$ V

(13) $u=4$ V

(14) $u_s=12$ V

(15) $R=3$ Ω

(16) $u_x=2$ V

(17) (a)$n=4$, $b=6$, (b)$n=5$, $b=8$

(20) $U_1=-4$ V, $U_2=0$ V, $U_3=-5$ V, $U_4=9$ V

第2章

(1) (a)$U=10I+10$, (b)$U=10I+25$, (c)$U=5I-45$

(2) 开关断开时, 1.5A 和 $U_{ab}=0.5$ V

开关闭合时, 3.08A 和 0.77A

(3) (a)$R_{ab}=2.5$ Ω, (b)$R_{ab}=13.33$ Ω, (c)$R_{ab}=7$ Ω, (d)$R_{ab}=1$ Ω, (e)$R_{ab}=5.4$ Ω, (f)$R_{ab}=33.33$ Ω

(5) $I=0.5$ A

(7) $I_1=2$ A, $I_2=4$ A, $P_{2A}=72$ W(发出功率), $P_{20V}=40$ W(吸收功率), $P_{18V}=210$ W(发出功率)

(8) (a)$U_o=-100$ V, $I_o=-20$ A, (b)$U_o=12$ V, $I_o=-1$ A, (c)$U_o=8$ V, $I_o=-4$ A

(9) (a)$R_{in}=6\ \Omega$, (b) $R_{in}=7.5\ \Omega$

(10) (a)$R_{in}=0\ \Omega$, (b)$R_{in}=2.1\ \Omega$

第3章

(1) $i_1=-6$ A, $i_2=-2$ A, $i_3=-4$ A

$P_{R_1}=252$ W, $P_{R_2}=44$ W, $p_{R_3}=112$ W

(2) $i_{m1}=1$ A, $i_{m2}=0.5$ A

(3) $P_{9V}=22.5$ W, $P_{15V}=45$ W

(5) $I=-4$ A

(6) $U_o=4.5$ V

(7) $u=-7.2$ V

(10) $P=80$ W(发出)

(12) $U_{n1}=-0.6$ V, $U_{n2}=-1.7$ V

(14) $U_A=4$ V, $I_S=-8$ A

(17) $R_{eq}=0.833\ \Omega$

(18) -4 V, -6 W(发出功率)

第4章

(1) $R=6\ \Omega$

(2) $u=17$ V, $i=3$ A

(3) $I=11$ A

(4) $i_2=0.2$ A, $U_S=12$ V, $R_S=10\ \Omega$

(5) $R=\frac{5}{3}\ \Omega$

(6) $R=1\ \Omega$

(7) $R_{eq}=0$, $u_{OC}=5$ V; $R_{eq}=\infty$, $i_{sc}=7.5$ A

(8) (a)3.86 Ω, 4 V; (b)4 Ω, 8 V; (c)10 Ω, 20 V

(9) $U_{OC}=6$ V, $R_0=2\ \Omega$

(11) $R_L=4\ \Omega$, $P_{max}=2.25$ W

(12) $P_{S1}=-1$ W, $P_{S2}=6$ W

(13) $u_{s2}=54$V

(14) $U_S=4$ V 的电压源

(15) $U_{OC}=4$V

(16) $I=3$ A

(17) $U_{S2}=10$ V, $I''_1{}'=-0.5$A

第5章

(1) ① 3.54 A, 2πrad/s, 1 s, 120°

② 10 A, 3rad/s, 209 s, −75°

③ 14.14 V, $\frac{\pi}{6}$rad/s, 12 s, −12°

(2) $I=14.14$ A, $U=20$ V, $f=50$ Hz, $\Delta\varphi=0°$

(3) ① $5\sqrt{2}\angle -135°$

② $5\angle 143.13°$

③ $44.72\angle 63.43°$

④ $10\angle 90°$

⑤ $3\angle +180°$

⑥ $9.61\angle 73.19°$

(4) ① $-j10$; ② -5; ③ $-7.07-j7.07$

(5) $\dot{U}_1=120\angle 90°$; $\dot{U}_2=14.14\angle -135°$; $\dot{U}_3=100\angle -150°$

(6) $i(t)=0.707\cos(100t+45°)$ A

(7) $2\sqrt{2}\cos(2t+45°)$

(8) (a) 67.08 V, (b) 25 V

(9) ① 7.07 A, ② 40.31 A

(10) $1-j19$, 或 $19.03\angle -86.99°$ V

(11) ① $8.67\angle -26.7°$ Ω 容性, ② $20\angle 60°$ Ω 感性, ③$20\angle 90°$ Ω 纯电感

(12) 66.14 Ω, $i=\sqrt{2}\cos(10^3t-20.70°)$ A

第6章

(1) (a)$6+j12$ Ω; (b)$100+j100$ Ω; (c)$j\omega L-r$ Ω; (d) $-j\frac{1}{\omega C(1+\beta)}$Ω

(2) $Z=3-j5\sqrt{3}$ Ω, 电路等效为 R 与 C 串联, $R=3$ Ω, $C=\frac{1}{50\sqrt{3}}$ F

(3) $R=10\sqrt{2}$ Ω, $X_C=10\sqrt{2}/3$ Ω, $X_L=5\sqrt{2}$ Ω

(4) $A_1=2$ A, $A_2=0$, $Z=0$

(5) $R=X_L$, $X_C=-X_L$

(6) $Z_1=5.13\angle 77.5°$ Ω(or $34.2\angle 88.14°$ Ω), $Z_2=22\angle -62.96°$ Ω

(7) $C=0.1$ μF

(8) $W=10^3$ rad/s(or $f=159.155$Hz), $I_C=20$ mA

(9) $C=1000$ pF

(10) $3.5\pm j15$ Ω

(11) (a)$\dot{U}_{OC}=\dfrac{\dot{U}_sR_3}{R_1+R_2+R_3+j\omega CR_3(R_1+R_2)}$, $Z_{eq}=\dfrac{R_3(R_1+R_2-\alpha R_2)}{R_1+R_2+R_3+j\omega CR_3(R_1+R_2)}$

(b)$\dot{U}_{OC}=40\sqrt{2}\angle -135^\circ$ V, $Z_{eq}=22.36\angle 153.43^\circ$ Ω

(13) $\overline{S}_I=22+j46$ V·A, $\overline{S}_U=46+j72$ V·A

(14) $A_2=20$ A, $W=100$ W, $Z_{in}=1$ Ω

(15) 44.72 V

(16) ①$A=21.264$ A, $\lambda=0.847$, $W=1800$ W; ② $R=10.22$ Ω, $\lambda=0.926$, $W=2778$ W; ③$C=25.8$ μF

(17) ①$\dot{U}_{OC}=14.98\angle 4.6^\circ$ V, $Z=4-j4$ Ω, ②$Z=j8$

(18) $R_2=5$ Ω, $X_2=8.66$ Ω, $P=5$ W, $Q=8.66$ Var

(19) $A_1=0.6$ A, $A_2=0.6$ A

(20) $R_1=5$ Ω, $R_2=5$ Ω, $C=367$ μF, $L=27.6$ mH

(21) $L=0.016$ H, $R=0.167$ Ω, $Q=240$

(22) $R=10$ Ω, $L=5.007\times10^{-5}$ H, $C=2.003\times10^{-10}$ F, $Q=50$, $\Delta\omega=199704$ rad/s

(23) ①$C=289.9$ pF, $Q=127.17$; ② $=234.8$ pF; ③$V_{C1}=190.8$ mV, $U_{C2}=6.39$ mV

(24) $C=0.533$ μF, $\dot{U}=25\angle 60^\circ$ V, $\dot{I}_R=5\angle 60^\circ$ A, $\dot{I}_L=0.033\angle -30^\circ$ A, $\dot{I}_C=0.033\angle 150^\circ$ A

(25) (a)$\omega_1=\dfrac{1}{\sqrt{L_1C_1}}$, $\omega_2=\dfrac{1}{\sqrt{L_2C_2}}$, $\omega=\sqrt{\dfrac{L_1+L_2}{(C_1+C_2)L_1L_2}}$

(b)$\omega=\dfrac{1}{\sqrt{3LC}}$

第7章

(3)(a)$\dfrac{j2\omega-3\omega^2}{2+j4\omega}$; (b)$j\omega\dfrac{5.7\omega^2-1}{50.07\omega^2-1}$; (c)$j\omega\dfrac{1}{2.89-\omega^2}$; (d)$j\omega\dfrac{5+2b}{3}$

(4) $U_2=8.22\angle -99.5^\circ$ V

(5) $Z_{AB}=1.14\angle -47.7^\circ$ Ω

(6) $u(t)=0.8\sqrt{2}\cos(t-40^\circ)$ V

(9) $\dot{U}_{oc}=10\sqrt{2}\angle 45^\circ$ V, $Z_0=6+j6$ Ω

(11) $M=0.5$H

(12) $Z_{in}(j\omega)=R/n^2-j(1-1/n)2X_c$, $Z_{21}(j\omega)=R/n$

(13) $C=0.2$ F, $P_{max}=2.5$ mW

(14) $R_i=\dfrac{8}{3}$ Ω

第8章

(2) $\dot{I}_A=22\angle -53.1^\circ$ A, $\dot{I}_B=22\angle -173.1^\circ$ A, $\dot{I}_C=22\angle -66.9^\circ$ A

$\dot{U}_{A'B'}=297.62\angle 27.06°$ V，$\dot{U}_{B'C'}$ V $=297.62\angle -92.94°$ V，$\dot{U}_{C'A'}=297.62\angle 147.06°$ V

(3) ①$\dot{I}_A=11\angle -30°$ A，$\dot{I}_B=11\angle -150°$ A，$\dot{I}_C=11\angle 90°$ A，$\dot{I}_N=0$

②和①中一样

③$\dot{I}_A$、$\dot{I}_B$ 不变，$\dot{I}_C=11\angle 120°$ A，$\dot{I}_N=5.694\angle -165°$ A

(4) $P=1\,251.2$ W

(5) ①$P_1=0$，$P_2=3949$；$P=P_1+P_2=3\,949.558$ W；②$P_1=P_2=1311$W，$P=2622$W

(6) $I'_A=3.11\angle -45°$

$I'_B=3.11\angle -165°$ A

$I'_C=3.11\angle 75°$ A，$P_1=1028.96$W，$P_2=1141.51$W

(7) $\dot{I}_A=23.1\angle -2.43°$ A，$\dot{I}_B=15.65\angle -123.6°$ A

$\dot{I}_C=15.65\angle 116.4°$ A，$\dot{I}_N=7.5$ A

(8) 总有功功率 $P=326.8$ W；总无功功率 $Q=567.97$

(10) $L=110.32$ mH，$C=91.93$ μF

(14) ①51.8 A ②$2116j1520\sqrt{3}$(V、A)

第9章

(2) $1/\pi$，$1/27$

(3) 77.14 V，63.63 V

(4) ① 12.25V，② 7.21 A，③ 30.36 W

(7) $0.5+\sqrt{2}\sin(1.5t+45°)+\sqrt{2}\sin(21t+36.8°)$ V，3.75 W

(8) 11.1 μF，8.88 μF

第10章

(1) 12 V，1 A，−2 A，3A，3 V，6 V，6 V，6 V

(2) $6e^{-1.25t}$ V，$-1.5e^{-1.25t}$ A，$0.5e^{-1.25t}$ A

(3) 547 MΩ

(4) $8\times10^{-3}\dfrac{di_L(t)}{dt}+16i_L(t)=0$；$0.6e^{-2\times10^3t}$ A；1.44 mJ，0.64 mJ，0.195 mJ，0.026 mJ

(8) $5\dfrac{du_C}{dt}+u_C=15$，5 s，$15-12e^{-0.2t}$ V，$3e^{-0.2t}+15(1-e^{-0.2t})$ V

(9) $u_C(t)=u'_C(t)+u''_C(t)$，$u'_C(t)=8(1-e^{-1.25t})$ V$(0\leqslant t\leqslant 1.6\text{s})$，

$u''_C(t)=12-5.08e^{-(t-1.6)}$ V$(t\geqslant 1.6\text{s})$

(10) $2.5\times10^{-3}\dfrac{di_L(t)}{dt}+8i_L(t)=24$，0.315 ms，$3-e^{-3.2\times10^3t}$ A，$2e^{-3.2\times10^3t}+3(1-e^{-3.2\times10^3t})$ A

(11) $i_L(t)=i'_L(t)+i''_L(t)$，$i'_L(t)=6(1-e^{-500t})$ mA$(0\leqslant t\leqslant 0.01\text{s})$，$i''_L(t)=5.96e^{-200(t-0.01)}$ mA$(t\geqslant 0.01\text{s})$

(12) $\frac{du_C(t)}{dt}+3u_C(t)=20$, $\frac{1}{3}$s, $\frac{20}{3}(1-e^{-3t})$ V, e^{-3t} A

(13) $-2\frac{du_C(t)}{dt}+u_C(t)=8$, $\frac{1}{2}$ s^{-1}, -2 s, $8(1-e^{\frac{1}{2}t})$ V

(14) $i_C(t)=8-0.667e^{-4.17\times10^5t}$ A, $i_C(t)=0.833e^{-4.17\times10^5t}$ A, $u_C(t)=4-2e^{-4.17\times10^5t}$

(16) $20(1-e^{-\frac{1}{3}\times10^6t})\cdot\varepsilon(t)$ mA

(17) 1 μs, $20e^{-10^6t}\cdot\varepsilon(t)-20e^{-10^6(t-10)}\cdot\varepsilon(t)$ V

(18) $20(1-e^{-0.5t})\cdot\varepsilon(t)+20[1+e^{-0.5(t-1)}]\cdot\varepsilon(t-1)-60[1-e^{-0.5(t-2)}]\cdot\varepsilon(t-2)$ $+20[1-e^{-0.5}(t-3)]\cdot\varepsilon(t-3)$ V

第 11 章

(1) $10.125e^{-t}-2.125e^{-9t}$V; $2.12e^{-9t}-1.12e^{-t}$A

(2) $-7.5e^{-0.2t}\sin0.4t$V; $-3e^{-0.2t}\cos0.4t-15e^{-0.2t}\sin0.4t$

(3) $\frac{d^2i}{dt^2}+5.3\frac{di}{dt}+2.5i=0$; $2.011e^{-0.522t}-0.011e^{-4.77t}$A

(4) $0.466e^{-3.856t}-12.466e^{-0.144t}+12$A; $-(12+6.672t)e^{-0.556}+12$A;
$e^{-0.25t}(4.21\sin0.7025t-12\cos0.07025t)+12$A; $-12\cos0.764t+12$A

(5) $1.623e^{-0.548t}-11.623e^{-0.0765}+10$V

(6) $-10.8e^{-78.42t}+0.121e^{-16.58t}+1.23$A

(7) $i_L(t)=e^{-t}\sin2t$A

(8) ① $i_L(t)=(1-\frac{4}{3}e^{-t}+\frac{1}{3}e^{-4t})\varepsilon(t)$ A; ② $u_C(t)=-\frac{1}{3}e^{-t}+\frac{4}{3}e^{-4t}$V

第 12 章

(4) $i_1(t)=(1-\frac{1}{5}e^{-\frac{1}{5}t})$ V; $i_2(t)=\frac{2}{5}e^{-\frac{1}{5}t}$ A

(5) $i(t)=6.667-0.446e^{-6.34t}-6.22e^{-23.66t}$ A

(6) $u_2(t)=2.732\,e^{-7.464t}-0.732\,e^{-0.536t}$ V, $u_3(t)=-1.57\,e^{-7.46t}+81.35\,e^{-0.536t}-79\,e^{-0.5t}$ V

(7) $u_c(t)=4e^{-t}\cos t-6e^{-t}\sin t$ V

(8) $u_1(t)=\frac{2}{3}-\frac{2}{3}e^{-3t}$ V; $u_2(t)=\frac{1}{3}+\frac{2}{3}e^{-3t}$ V

(11) $h(t)=(e^{-t}+e^{-3t})\varepsilon(t)$; $s(t)=\frac{1}{3}(4-3e^{-t}-e^{-3t})\varepsilon(t)$

(14) $i_L(t)=\sqrt{5}e^{-1000t}\sin(2000t+63.4°)$ A, $u_C(t)=100e^{-1000t}\sin(2000t+126.9°)$ V

(15) $i(t)=3\varepsilon(t)$ A; $u_K(t)=6\delta(t)+6\varepsilon(t)$ V

第 13 章

(1) (c) $Y=\begin{bmatrix}1 & -3\\0 & 2\end{bmatrix}$ S, $Z=\begin{bmatrix}1 & 1.5\\0 & 0.5\end{bmatrix}$ Ω, T 参数不存在

(2) $H=\begin{bmatrix} 4 & .8 \\ 0.8 & 8/75 \end{bmatrix}$

(3) $H=\begin{bmatrix} 0.067 & 0.8 \\ -0.8 & 0.84 \end{bmatrix}$

(5) $T=\begin{bmatrix} 3.25 & j27 \\ j0.025 & 0.1 \end{bmatrix}$

(6) (a) $T=\begin{bmatrix} A & B \\ AY+C & BY+D \end{bmatrix}$; (b) $T=\begin{bmatrix} A & AZ+B \\ C & CZ+D \end{bmatrix}$

(7) $n=g_2/g_1$

(8) $Z_{in}(s)=\dfrac{S^2+2S+5}{S^2+S+4}$

第14章

(3) $B_L=\begin{bmatrix} 4 & 5 & 6 & 8 & 1 & 2 & 3 & 7 \\ 1 & 0 & 0 & 0 & 1 & -1 & 0 & 0 \\ 0 & 1 & 0 & 0 & 0 & 1 & 1 & 0 \\ 0 & 0 & 1 & 0 & 0 & 1 & 1 & -1 \\ 0 & 0 & 0 & 1 & -1 & 0 & -1 & 1 \end{bmatrix}$;

$$Q_f=\begin{bmatrix} 4 & 5 & 6 & 8 & 1 & 2 & 3 & 7 \\ -1 & 0 & 0 & 1 & 1 & 0 & 0 & 0 \\ 1 & -1 & -1 & 0 & 0 & 1 & 0 & 0 \\ 0 & -1 & -1 & 1 & 0 & 0 & 1 & 0 \\ 0 & 0 & 1 & -1 & 0 & 0 & 0 & 1 \end{bmatrix}$$

(5) $$\begin{bmatrix} j\omega C_1+\frac{1}{R_2}+\frac{1}{R_3} & g-\frac{1}{R_3} & -g \\ -\frac{1}{R_3} & \frac{1}{R_3}+\frac{1}{R_5}+\frac{1}{j\omega L_4}-g & g-\frac{1}{R_5} \\ 0 & -\frac{1}{R_5} & \frac{1}{R_5}+\frac{1}{R_6} \end{bmatrix}\begin{bmatrix} \dot{U}_{n1} \\ \dot{U}_{n2} \\ \dot{U}_{n3} \end{bmatrix}=\begin{bmatrix} \frac{\dot{U}_{S2}}{R_2}-\frac{\dot{U}_{S3}}{R_3} \\ \frac{\dot{U}_{S3}}{R_3} \\ -I_{S6} \end{bmatrix}$$

(6) $$\begin{bmatrix} 10 & 0 & 5 & 5 \\ 0 & 10 & -5 & 0 \\ 5 & -5 & 15 & 5 \\ 5 & 0 & 5 & 10 \end{bmatrix}\begin{bmatrix} I_{l1} \\ I_{l2} \\ I_{l3} \\ I_{l4} \end{bmatrix}=\begin{bmatrix} 13 \\ -10 \\ 13 \\ 13 \end{bmatrix}$$

(7) $B_f=\begin{matrix} \\ 1 \\ 2 \end{matrix}\begin{bmatrix} 1 & 2 & 3 & 4 & 5 \\ 1 & 0 & -1 & -1 & 0 \\ 0 & 1 & -1 & 0 & 1 \end{bmatrix}$

$$\begin{bmatrix} R_1+R_3+sL_4 & R_3+sM \\ R_3+sM & R_2+R_3+sL_5 \end{bmatrix}\begin{bmatrix} I_{l1}(s) \\ I_{l2}(s) \end{bmatrix}=\begin{bmatrix} -U(s) \\ -R_2I(s) \end{bmatrix}$$

(9) $Q_f=\begin{bmatrix}1&2&3&4&5&6\\1&0&1&1&1&0\\0&1&0&-1&0&0\\0&0&1&1&0&1\end{bmatrix}$

$$Y_t=Q_fYQ_f^{\mathrm{T}}=\begin{bmatrix}j\omega C_1+\frac{1}{j\omega L_3}+\frac{1}{j\omega L_4}+\frac{1}{j\omega L_4}+\frac{1}{R_5} & -\frac{1}{j\omega L_4} & \frac{1}{j\omega L_3}+\frac{1}{j\omega L_4}\\ -\frac{1}{j\omega L_4} & j\omega C_2+\frac{1}{j\omega L_4} & -\frac{1}{j\omega L_4}\\ gm+\frac{1}{j\omega L_3}+\frac{1}{j\omega L_4} & -\frac{1}{j\omega L_4} & \frac{1}{j\omega L_3}+\frac{1}{j\omega L_4}+\frac{1}{R_6}\end{bmatrix}$$

(10) $A=\begin{bmatrix}0&\frac{1}{C}&-\frac{1}{C}\\-\frac{1}{4}&-\frac{R_1R_2}{(R_1+R_2)L_1}&0\\-\frac{1}{L_2}&0&0\end{bmatrix}$, $B=\begin{bmatrix}0\\\frac{R_2}{(R_1+R_2)L_1}\\0\end{bmatrix}$

$X=[u_{C1}\quad i_{L1}\quad i_{L2}]^{\mathrm{T}}$, $V=[u_s(t)]$, $Y=\begin{bmatrix}u_{n1}\\u_{n2}\end{bmatrix}$

$C=\begin{bmatrix}0&-\frac{R_1R_2}{R_1+R_2}&0\\1&0&0\end{bmatrix}$, $D=\begin{bmatrix}\frac{R_1R_2}{(R_1+R_2)}\\0\end{bmatrix}$

第15章

(1) $8i^4-8i^2-1$

(3) $i=\frac{4}{3}$ A, $u=\frac{10}{3}$ V

(4) $i=2$ A, $u=5$ V, $i_1=3.5$ A, or $i=1$ A, $u=2$ V, $i_1=1$ A

(5) $i=1+0.02\cos 314t$ A

(6) $u=1.6+4.8\times10^{-3}\cos 3t$ V, $i=4+6\times10^{-3}\cos 3t$ A

参考文献

[1] James W N, Susan A R. Electric Circuits(Seven Edition) Beijing: Publishing House of Electronics lndustry, 2005

[2] 李瀚荪编. 简明电路分析基础(第3版). 北京: 高等教育出版社, 2002

[3] 向国菊, 孙鲁扬, 孙勤编. 电路典型题解. 北京: 清华大学出版社,1999

[4] 邱关源主编. 电路(第4版). 北京: 高等教育出版社, 1999

[5] 吴大正主编, 王松林, 王玉华编. 电路基础(第2版). 西安: 西安电子科技大学出版社, 2002

[6] 吴锡龙编. 电路分析导论. 北京: 高等教育出版社, 1987

[7] 江缉光主编. 电路原理. 北京: 清华大学出版社, 1996

[8] 霍锡其, 侯自立. 电路分析. 北京: 北京邮电大学出版社, 1994

[9] 许庆山, 李秀人, 常丽东编著. 电路信号与系统. 北京: 航空工业出版社, 2002

[10] 徐光藻, 陈洪亮编. 电路分析理论. 合肥: 中国科技大学出版社, 1990

[11] 范世贵主编. 电路基础. 西安: 西北工业大学出版社, 1993

[12] Chua L O, Desoer C A, Kuh E S. Linear and Nonlinear Circuits. McGraw-Hill, Inc. , 1987

[13] 林争辉. 电路理论. 北京: 高等教育出版社, 1988

[14] 江晓安, 杨有瑾, 陈生潭编著. 计算机电子电路技术. 西安: 西安电子科技大学出版社, 1999

[15] 江泽佳主编. 电路原理(第3版). 北京: 高等教育出版社, 1992

[16] 俞大光编. 电工基础(中册)(修订本). 北京: 高等教育出版社, 1965

[17] 周长源主编. 电路理论基础(第2版). 北京: 高等教育出版社, 1996

[18] 肖达川编著. 电路分析. 北京: 科学出版社, 1984

[19] 邱关源主编. 电工基础(上册). 北京: 高等教育出版社, 1965

[20] 邱关源编著. 网络理论分析. 北京: 科学出版社, 1982

[21] 张永瑞主编. 电路分析基础. 北京: 电子工业出版社, 2003

图书在版编目(CIP)数据

电路理论基础/赖旭芝主编．—3版．—长沙：中南大学出版社，2009

(21世纪电工电子学课程系列教材)
ISBN 978-7-81105-689-1

Ⅰ．电… Ⅱ．赖… Ⅲ．电路理论—高等学校—教材
Ⅳ．TM13

中国版本图书馆CIP数据核字(2009)第227358号

电路理论基础

(第3版)

主编 赖旭芝

□责任编辑 刘 辉
□责任印制 易红卫
□出版发行 中南大学出版社
社址：长沙市麓山南路 邮编:410083
发行科电话：0731-88876770 传真:0731-88710482
□印 装 长沙德三印刷有限公司

□开 本 730×960 1/16 □印张 25.5 □字数 462千字
□版 次 2009年12月第1版 □2017年9月第3次印刷
□书 号 ISBN 978-7-81105-689-1
□定 价 48.00元